大 学 物 理 学

（上 册）

燕山大学理学院大学物理系 编

燕山大学出版社
·秦皇岛·

图书在版编目(CIP)数据

大学物理学/燕山大学理学院大学物理系编. —秦皇岛:燕山大学出版社,2024.2
ISBN 978-7-5761-0402-8

Ⅰ. ①大… Ⅱ. ①燕… Ⅲ. ①物理学—高等学校—教材 Ⅳ. ①O4

中国版本图书馆 CIP 数据核字(2022)第 178023 号

大学物理学

燕山大学理学院大学物理系 编

出 版 人:陈 玉
责任编辑:孙志强
责任印制:吴 波　　**封面设计**:吴 波
出版发行:燕山大学出版社 YANSHAN UNIVERSITY PRESS　　**电 话**:0335-8387555
地 址:河北省秦皇岛市河北大街西段 438 号　　**邮政编码**:066004
印 刷:涿州市般润文化传播有限公司　　**经 销**:全国新华书店

开 本:787 mm×1092 mm 1/16　　**印 张**:27
版 次:2024 年 2 月第 1 版　　**印 次**:2024 年 2 月第 1 次印刷
书 号:ISBN 978-7-5761-0402-8　　**字 数**:530 千字
定 价:98.00 元(全 2 册)

《大学物理学》编委会

主　编：王明利　王晓颖　张素红

副主编：侯岩雪　李子敬　曹立朋

前　　言

党的二十大报告指出，教育是国之大计、党之大计，强调要深化教育领域综合改革，加强教材建设，推进教育数字化，建设全民终身学习的学习型社会、学习型大国。在这一精神的指引下，本着以学生为中心、提升学生自主学习能力这一目标，编者结合多年的教学实践，编写了这套大学物理教材。

本教材是参照2010版和2023版《理工科类大学物理课程教学基本要求》，在总结编者多年教材改革实践的基础上，汲取了当前国内外优秀教学改革成果而编写的。教材既包括了工科大学物理课程指导委员会制定的教学基本要求的全部内容，又加强了近现代物理知识。本教材结合大学物理在线课程资源，添加了部分习题视频讲解，使全书内容更丰富、更符合新工科大学物理教学的需要。这套教材的主要特点是：

(1) 充分利用数字化在线学习。为了帮助师生提高效率和兴趣、增加教学手段和方法，我们对教材进行了互联网立体化建设，建设了重要知识点和典型例题的视频讲解在线资源。在学习过程中师生可以灵活利用互联网平台进行在线学习。

(2) 用现代观点审视和组织教材内容。在编写过程中，借鉴了国内外部分新版优秀教材，力求贯彻“理论体系精练、理论联系实际”的原则；内容达到“精炼经典物理，加强近代物理”的目标；同时做到在精炼基础理论知识的同时，加强对学生分析和解决实际问题能力的培养；重视物理原理在现代技术中的应用，以缩小学校教育与社会需求之间的差距。根据理工科各学科专业分布情况，既兼顾传统工程技术所需要的经典物理内容，又反映与现代工程技术相结合的近代物理内容，内容不与高中理科物理、工科物理实验、电工学重复，概念体系不与理论力学等工程技术型课程重叠。

(3) 以结构逻辑和教学逻辑科学地优化教材的体系结构。精炼每章的基础理论知识，内容图文并茂，从结构逻辑和教学逻辑上使教材体系更加科学完整，使教材层次分明，结构合理，系统性强，符合教学规律。

本教材分为上、下两册，共十五章。上册包括：力学、机械振动与机械波、波动光学；下册包括电磁学、热学、狭义相对论和量子力学。本教材可作为工科院校工科类学生的基本教材或选用教材，也可作为物理专业学生和大学物理教师的参考书。

本教材由燕山大学理学院大学物理系编写，参加编写工作的主要人员有：曹立朋(第一章、第二章、第三章、第四章、第五章)，王晓颖(第六章、第七章、第八章)，张素红(第九章、第十章)，李子敬(第十一章)，王明利(第十二章、第十三章)，侯岩雪(第十四章、第十五章)。

编写适合教学要求、符合现代化教学手段的教材是一种新的探索，由于编者水平有限，虽经多次审校，书中的疏漏和错误之处在所难免，敬请广大教师、读者批评指正。

编者
2023年8月

目　　录

第一章　质点运动学

力学中描述物体运动的内容叫作运动学，运动学的任务是研究物体的空间位置随时间的变化关系。实际物体由于结构复杂，形状各异，其运动状态通常是复杂的。为了简化物体的运动，引入质点模型，则物体运动可以抽象为质点或质点系的运动。本章首先引入质点和参考系的概念，然后重点介绍描述质点运动的物理量——位矢、位移、速度、加速度等，并讨论如何解决质点运动学中的问题。

第一节　质点　参考系　坐标系

一、质点

实际物体都有一定的大小和形状，物体在运动时，其大小和形状可能会发生变化，因此要描述实际物体的运动规律通常比较复杂。当物体在做某些特定的运动时，物体的大小和形状对于所研究的问题没有影响，或影响很小而可以忽略时，就可以将物体看作**质点**，即只有质量而不考虑大小和形状的几何点。

质点是一个理想物理模型，能否把物体看作质点取决于问题本身，需要具体问题具体分析。例如研究地球绕太阳公转时，由于地球与太阳的间距远大于地球的直径，因此可以将地球看作质点。当研究地球表面附近物体的运动时，通常就不能把地球看作质点了。在研究刚体、流体等运动时，不能把研究对象看作质点，但是可以将其看成由大量质点组成的质点系。因此质点运动学是研究一般物体运动的基础。

二、参考系

运动是绝对的，一切物质都在永不停息地运动。但是对运动的描述是相对的，运动是相对于某个物体（或几个保持相对静止的物体群）为基准而言的。例如，坐在匀速行驶的汽车上的人，相对于地面在做匀速运动，而相对于汽车则保持静止。描述物体运动时所参考的物体或物体群,称为**参考系**。研究运动学问题时,参考系可以任意选择,但是一般以分析问题方便为准。例如,研究地球表面附近的物体运动,通常选取地球作为参考系,而研究地球绕太阳公转时,则可以选择太阳作为参考系。

三、坐标系

要定量地研究物体的运动,需要在参考系上建立一个坐标系,从而确定物体的位置。在力学中常用的坐标系包括**直角坐标系**、**自然坐标系**、**平面极坐标系**。

直角坐标系是最为常见的,若已知某质点在直角坐标系中的位置坐标(x,y,z),就可以确定该质点在空间中的位置。

如果物体的运动被约束在固定的轨道上,例如火车沿铁轨的运动,车辆沿固定的路线行驶等,处理这类曲线运动时用自然坐标系较为方便和直观。所谓自然坐标系就是选定运动轨道上任意一点 O 为原点,规定一个正方向,用质点和 O 点之间的轨道长度及其正负来确定质点的位置。如图 1-1 所示,用 s 表示 P 点的自然坐标,s 是一个代数量。

平面极坐标系,如图 1-2 所示,在某个平面内建立极点 O 和极轴 Ox,则平面内质点 A 的位置可以用OA 的间距r 和OA 与Ox 轴的夹角θ 表示,即 A 点的平面极坐标为(r,θ),其中r 称为极径,取正值,θ 称为角坐标,从极轴沿逆时针方向旋转时,θ 为正,反之为负。若质点在平面内以 O 点为中心做圆周运动,则 r 为常数,变量只有角坐标 θ,因此用平面极坐标是较为方便的。

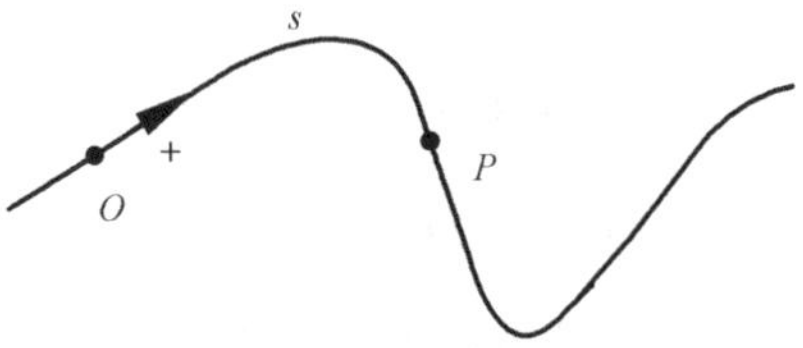

图 1-1　自然坐标系

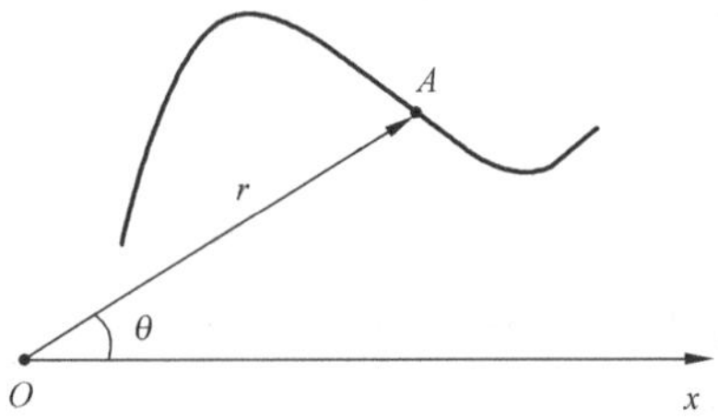

图 1-2　平面极坐标系

第二节　直角坐标系中质点运动的描述

一、位置矢量

质点在某一时刻位于 P 点,为了描述质点位置,选定 O 点为参考点。由参考点 O 指向 P

点的有向线段 $\overrightarrow{OP}$，以 $\boldsymbol{r}$ 表示，称为该时刻质点的**位置矢量**，简称**位矢**。以 O 为原点建立直角坐标系，如图 1-3 所示，P 点的坐标为(x,y,z)，则位矢 $\boldsymbol{r}$ 表示为

$$\boldsymbol{r}=x\boldsymbol{i}+y\boldsymbol{j}+z\boldsymbol{k} \tag{1-1}$$

式中，$\boldsymbol{i}$、$\boldsymbol{j}$、$\boldsymbol{k}$ 分别为 x、y、z 轴方向的单位矢量。位置矢量的大小为

$$r=\sqrt{x^2+y^2+z^2}$$

位置矢量的方向由 $\boldsymbol{r}$ 和 x、y、z 轴的夹角 α、β、γ 的余弦来表示

$$\cos\alpha=\frac{x}{r},\cos\beta=\frac{y}{r},\cos\gamma=\frac{z}{r}$$

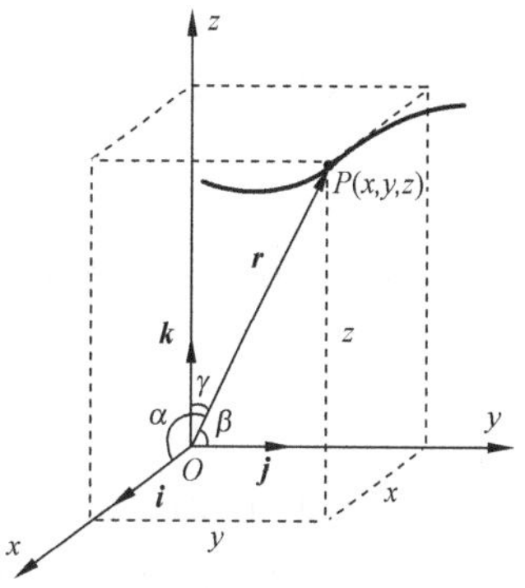

图 1-3　位置矢量

二、运动学方程

质点在运动过程中，位置随时间变化的函数关系，称为质点的**运动学方程**。在直角坐标系中用坐标(x,y,z)表示质点位置，则运动学方程表示为

$$\begin{cases}x=x(t)\\y=y(t)\\z=z(t)\end{cases} \tag{1-2}$$

用位矢表示质点位置，则运动学方程表示为

$$\boldsymbol{r}=\boldsymbol{r}(t) \tag{1-3}$$

质点运动的路径称为质点的运动轨道，表示该轨道的函数称为**轨道方程**。从式(1-2)中消去参量 t，得到直角坐标系中 x、y、z 之间的关系 $f(x,y,z)=0$，即为质点运动的轨道方程。

三、位移

如图 1-4 所示，质点沿曲线运动，在 t 时刻位丁 A 点，位矢为 $\boldsymbol{r}_A$，$t+\Delta t$ 时刻位于 B 点，位矢为 $\boldsymbol{r}_B$，则质点在 Δt 时间内的位移为

$$\Delta\boldsymbol{r}=\boldsymbol{r}_B-\boldsymbol{r}_A \tag{1-4}$$

即质点在某一时间段内的**位移**等于质点在该时间段内位矢的增量。位移是矢量，描述质点位置的变化，只与质点始末位置有关，而与坐标原点的选取无关。

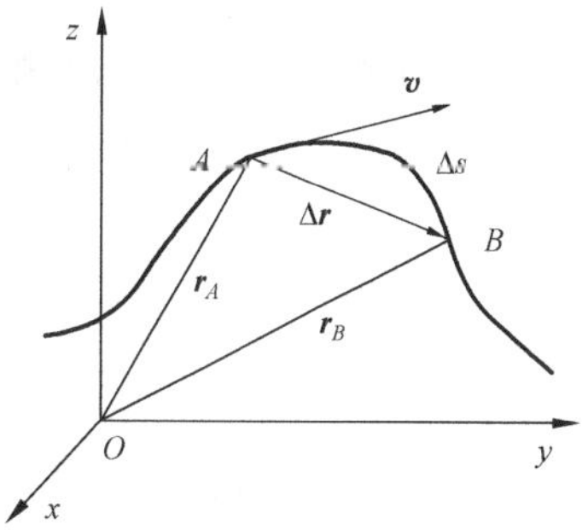

图 1-4　位移和速度

在直角坐标系中,位移表达式为

$$\Delta \boldsymbol{r} = \Delta x \boldsymbol{i} + \Delta y \boldsymbol{j} + \Delta z \boldsymbol{k} \tag{1-5}$$

位移的大小为

$$|\Delta \boldsymbol{r}| = \sqrt{\Delta x^2 + \Delta y^2 + \Delta z^2}$$

其方向由 $\Delta \boldsymbol{r}$ 和 x、y、z 轴的夹角 α、β、γ 的余弦来表示

$$\cos\alpha = \frac{\Delta x}{|\Delta \boldsymbol{r}|}, \cos\beta = \frac{\Delta y}{|\Delta \boldsymbol{r}|}, \cos\gamma = \frac{\Delta z}{|\Delta \boldsymbol{r}|}$$

位移的大小 $|\Delta \boldsymbol{r}|$ 为线段 AB 的长度,注意与位矢大小的增量 $|\Delta r| = |\boldsymbol{r}_B| - |\boldsymbol{r}_A|$ 进行区分,$|\Delta r|$ 为线段 OB 和 OA 的长度差。

质点在 Δt 时间内经过的路径长度 Δs 称为路程,一般情况下,$\Delta s \neq |\Delta \boldsymbol{r}|$。

四、速度

速度是描述质点位置变化快慢的物理量。如图 1-4 所示,在 Δt 时间内,质点的位移为 $\Delta \boldsymbol{r}$,则定义质点在 Δt 时间内的**平均速度** $\bar{\boldsymbol{v}}$ 为质点位移 $\Delta \boldsymbol{r}$ 与发生这一位移所经历的时间 Δt 之比,即

$$\bar{\boldsymbol{v}} = \frac{\Delta \boldsymbol{r}}{\Delta t}$$

平均速度是矢量,反映了一段时间内质点位置矢量随时间的平均变化率。

若质点在 Δt 时间内,运动的路程为 Δs,类似的,定义质点在 Δt 时间内的**平均速率** $\bar{v}$ 为质点的路程 Δs 与经历这段路程所用时间 Δt 之比,即

$$\bar{v} = \frac{\Delta s}{\Delta t}$$

一般情况下,$\bar{v} \neq |\bar{\boldsymbol{v}}|$。

为了反映质点在某个时刻的运动情况,取平均速度在 $\Delta t \to 0$ 的极限,该极限值就反映了质点在 t 时刻运动的快慢和方向,这一极限值称为质点在该时刻的**瞬时速度**,简称**速度**,以 $\boldsymbol{v}$ 表示,即

$$\boldsymbol{v} = \lim_{\Delta t \to 0} \frac{\Delta \boldsymbol{r}}{\Delta t} = \frac{\mathrm{d}\boldsymbol{r}}{\mathrm{d}t} \tag{1-6}$$

速度是矢量,等于位矢对时间的一阶导数,方向为运动轨道上该点的切线方向。

速度的大小称为**速率**,速率是标量,恒取正值,即

$$v = |\boldsymbol{v}| = \left|\frac{\mathrm{d}\boldsymbol{r}}{\mathrm{d}t}\right| \tag{1-7}$$

在国际单位制(SI)中,速度与速率的单位均是米·秒$^{-1}$(m·s^{-1})。

在直角坐标系中,速度的表达式为

$$\boldsymbol{v}=\frac{\mathrm{d}\boldsymbol{r}}{\mathrm{d}t}=\frac{\mathrm{d}x}{\mathrm{d}t}\boldsymbol{i}+\frac{\mathrm{d}y}{\mathrm{d}t}\boldsymbol{j}+\frac{\mathrm{d}z}{\mathrm{d}t}\boldsymbol{k}=v_x\boldsymbol{i}+v_y\boldsymbol{j}+v_z\boldsymbol{k} \tag{1-8}$$

式中,v_x、v_y、v_z 分别表示速度 $\boldsymbol{v}$ 在 x、y、z 轴的投影。速度的大小(速率)为

$$v=\sqrt{v_x^2+v_y^2+v_z^2}$$

速度的方向由 $\boldsymbol{v}$ 和 x、y、z 轴的夹角 α、β、γ 的余弦来表示

$$\cos\alpha=\frac{v_x}{v},\cos\beta=\frac{v_y}{v},\cos\gamma=\frac{v_z}{v}$$

五、加速度

加速度是描述质点速度变化快慢的物理量。如图 1-5 所示,t 时刻质点位于 A 点,速度为 $\boldsymbol{v}_A$,$t+\Delta t$ 时刻质点位于 B 点,速度为 $\boldsymbol{v}_B$,则 Δt 时间内质点速度的增量为 $\Delta\boldsymbol{v}=\boldsymbol{v}_B-\boldsymbol{v}_A$,定义质点在 Δt 时间内的**平均加速度** $\bar{\boldsymbol{a}}$ 为

$$\bar{\boldsymbol{a}}=\frac{\Delta\boldsymbol{v}}{\Delta t}=\frac{\boldsymbol{v}_B-\boldsymbol{v}_A}{\Delta t}$$

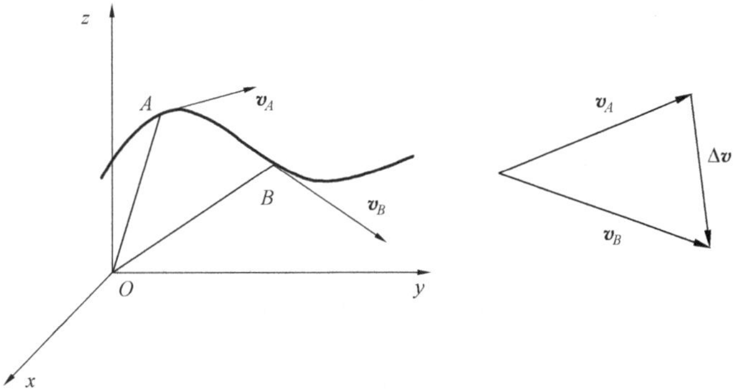

图 1-5　加速度

平均加速度为矢量,反映了质点在 Δt 时间内速度对时间的平均变化率。与瞬时速度的定义相似,为了反映质点在某个时刻速度的变化情况,定义质点的**瞬时加速度**(简称**加速度**)为 $\Delta t\to 0$ 时平均加速度的极限值,即

$$\boldsymbol{a}=\lim_{\Delta t\to 0}\frac{\Delta\boldsymbol{v}}{\Delta t}=\frac{\mathrm{d}\boldsymbol{v}}{\mathrm{d}t}=\frac{\mathrm{d}^2\boldsymbol{r}}{\mathrm{d}t^2} \tag{1-9}$$

加速度是矢量,等于速度对时间的一阶导数,或等于位矢对时间的二阶导数,方向为速度增量 d$\boldsymbol{v}$ 的方向,一般情况下,加速度的方向与速度方向不一致。在国际单位制(SI)中,加速

度的单位是米・秒$^{-2}$($m\cdot s^{-2}$)。

在直角坐标系中,加速度的表达式为

$$\begin{aligned}\boldsymbol{a}&=\frac{\mathrm{d}\boldsymbol{v}}{\mathrm{d}t}=\frac{\mathrm{d}v_x}{\mathrm{d}t}\boldsymbol{i}+\frac{\mathrm{d}v_y}{\mathrm{d}t}\boldsymbol{j}+\frac{\mathrm{d}v_z}{\mathrm{d}t}\boldsymbol{k}\\&=\frac{\mathrm{d}^2\boldsymbol{r}}{\mathrm{d}t^2}=\frac{\mathrm{d}^2x}{\mathrm{d}t^2}\boldsymbol{i}+\frac{\mathrm{d}^2y}{\mathrm{d}t^2}\boldsymbol{j}+\frac{\mathrm{d}^2z}{\mathrm{d}t^2}\boldsymbol{k}\\&=a_x\boldsymbol{i}+a_y\boldsymbol{j}+a_z\boldsymbol{k}\end{aligned}\tag{1-10}$$

加速度的大小为

$$a=\sqrt{a_x^2+a_y^2+a_z^2}$$

其方向由 $\boldsymbol{a}$ 和 x、y、z 轴的夹角 α、β、γ 的余弦来表示

$$\cos\alpha=\frac{a_x}{a},\cos\beta=\frac{a_y}{a},\cos\gamma=\frac{a_z}{a}$$

例 1-1

一质点在 xy 平面上运动,运动学方程为 $x=2t$,$y=4t^2-8$(SI)。

(1) 求质点运动的轨道方程;

(2) 求 $t_1=1$ s 和 $t_2=2$ s 时,质点的位置、速度和加速度。

解 (1)在运动学方程中消去 t,可得轨道方程为

$$y=x^2-8$$

(2) 由

$$\boldsymbol{r}=2t\boldsymbol{i}+(4t^2-8)\boldsymbol{j}$$

得

$$\boldsymbol{v}=\frac{\mathrm{d}\boldsymbol{r}}{\mathrm{d}t}=2\boldsymbol{i}+8t\boldsymbol{j}$$

$$\boldsymbol{a}=\frac{\mathrm{d}\boldsymbol{v}}{\mathrm{d}t}=8\boldsymbol{j}$$

可得,$t_1=1$ s 时,

$$\boldsymbol{r}_1=2\boldsymbol{i}-4\boldsymbol{j},\quad \boldsymbol{v}_1=2\boldsymbol{i}+8\boldsymbol{j},\quad \boldsymbol{a}_1=8\boldsymbol{j}$$

$t_2=2$ s 时,

$$\boldsymbol{r}_2=4\boldsymbol{i}+8\boldsymbol{j},\quad \boldsymbol{v}_2=2\boldsymbol{i}+16\boldsymbol{j},\quad \boldsymbol{a}_2=8\boldsymbol{j}$$

例 1-2

有一个小球在某液体中沿 y 方向由原点开始轴竖直下落,其初速度大小为 v_0,它的加速度为 $a=-kv$(SI),其中 k 为大于 0 的常数。

(1) 求任意时刻小球的速度大小；

(2) 小球的运动方程。

解 (1)由

$$a=\frac{\mathrm{d}v}{\mathrm{d}t}=-kv$$

得

$$\frac{\mathrm{d}v}{v}=-k\,\mathrm{d}t$$

$$\int_{v_0}^{v}\frac{\mathrm{d}v}{v}=-\int_0^t k\,\mathrm{d}t$$

积分可得任意时刻小球的速度大小为

$$v=v_0\mathrm{e}^{-kt}$$

(2) 由

$$v=\frac{\mathrm{d}y}{\mathrm{d}t}=v_0\mathrm{e}^{-kt}$$

得

$$\mathrm{d}y=v_0\mathrm{e}^{-kt}\,\mathrm{d}t$$

$$\int_0^y\mathrm{d}y=\int_0^t v_0\mathrm{e}^{-kt}\,\mathrm{d}t$$

解得小球的运动方程为

$$y=\frac{v_0}{k}(1-\mathrm{e}^{-kt})$$

例 1-3

一质点沿 x 轴正向运动过程中，其加速度为 $a=-2x$。试求该质点的速度 v 与位置坐标 x 之间的关系。假设当 $x=0$ 时，$v_0=4\mathrm{m}\cdot\mathrm{s}^{-1}$。

解 依题意

$$a=\frac{\mathrm{d}v}{\mathrm{d}t}=\frac{\mathrm{d}v}{\mathrm{d}x}\frac{\mathrm{d}x}{\mathrm{d}t}=v\frac{\mathrm{d}v}{\mathrm{d}x}=-2x$$

$$\int_0^x-2x\,\mathrm{d}x=\int_{v_0}^{v}v\,\mathrm{d}v$$

积分得

$$-x^2=\frac{1}{2}(v^2-v_0^2)$$

$$v=\sqrt{v_0^2-2x^2}=\sqrt{16-2x^2}$$

第三节　自然坐标系中质点运动的描述

一、自然坐标系中的速度

如图 1-6 所示,质点沿某曲线运动,t 时刻在 P 点处,自然坐标为 $s(t)$,速度为 $\boldsymbol{v}$,$t+\Delta t$ 时刻,在 Q 点处,自然坐标为 $s(t+\Delta t)$。$\boldsymbol{\tau}$ 和 $\boldsymbol{n}$ 分别表示 P 点切向正方向和法向正方向(指向轨道曲率中心)的单位矢量。质点运动时,自然坐标以及切线和法线方向都将发生变化。用自然坐标表示的质点的运动学方程为

$$s=s(t) \tag{1-11}$$

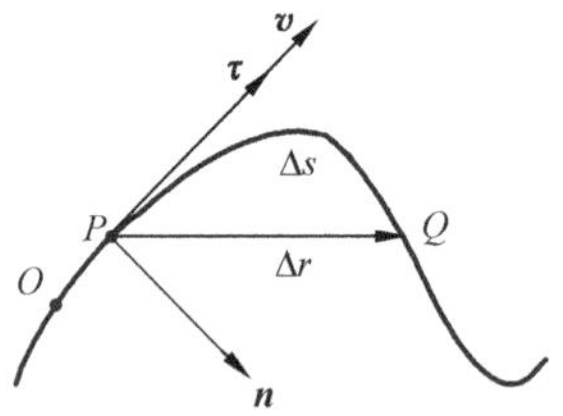

图 1-6　自然坐标系中的速度

由于质点速度的方向始终沿轨道的切线方向,因此速度只有切向分量,没有法向分量。根据速度定义 $\boldsymbol{v}=\lim\limits_{\Delta t\to 0}\dfrac{\Delta \boldsymbol{r}}{\Delta t}$,如图 1-6 所示,$\Delta t\to 0$ 时,$\Delta \boldsymbol{r}$ 的方向趋于位移起点处的切线,其大小趋于对应的弧长 $|\Delta s|$,其中 $\Delta s=s(t+\Delta t)-s(t)$,$\Delta s$ 为代数量。因此当 $\Delta t\to 0$ 时,$\Delta \boldsymbol{r}\to \Delta s\boldsymbol{\tau}$,则

$$\boldsymbol{v}=\lim_{\Delta t\to 0}\frac{\Delta \boldsymbol{r}}{\Delta t}=\lim_{\Delta t\to 0}\frac{\Delta s}{\Delta t}\boldsymbol{\tau}=\frac{\mathrm{d}s}{\mathrm{d}t}\boldsymbol{\tau}$$

因此自然坐标系中质点的速度表示为

$$\boldsymbol{v}=v\boldsymbol{\tau}=\frac{\mathrm{d}s}{\mathrm{d}t}\boldsymbol{\tau} \tag{1-12}$$

式中,$v=\dfrac{\mathrm{d}s}{\mathrm{d}t}$为速度沿切线方向的投影。

二、自然坐标系中的加速度

根据式(1-12),质点在曲线运动过程中,速度的大小和方向均会发生变化,因此质点运动的加速度可以表示为

$$\boldsymbol{a}=\frac{\mathrm{d}\boldsymbol{v}}{\mathrm{d}t}=\frac{\mathrm{d}(v\boldsymbol{\tau})}{\mathrm{d}t}=\frac{\mathrm{d}v}{\mathrm{d}t}\boldsymbol{\tau}+v\,\frac{\mathrm{d}\boldsymbol{\tau}}{\mathrm{d}t}$$

即加速度可以写为两项的矢量和。第一项$\dfrac{\mathrm{d}v}{\mathrm{d}t}\boldsymbol{\tau}$ 的方向沿切线方向,因此称该项为**切向加速度**,其值为速度的值对时间的一阶导数,反映速度大小的变化情况。切向加速度用 $\boldsymbol{a}_\tau$ 表示,即

$$\boldsymbol{a}_\tau = a_\tau \boldsymbol{\tau} = \frac{\mathrm{d}v}{\mathrm{d}t}\boldsymbol{\tau} = \frac{\mathrm{d}^2 s}{\mathrm{d}t^2}\boldsymbol{\tau} \tag{1-13}$$

如图 1-7 所示，质点沿任意曲线运动，在 t 时刻位于 P 点，$t+\mathrm{d}t$ 时刻位于 P_1 点，走过的路程为 $|\mathrm{d}s|$，对应的切向单位矢量方向变化了 $\mathrm{d}\theta$ 角度。质点由 P 点运动到 P_1 点，切向的单位矢量方向由 $\boldsymbol{\tau}$ 改变为 $\boldsymbol{\tau}_1$，单位矢量的增量 $\mathrm{d}\boldsymbol{\tau}=\boldsymbol{\tau}_1-\boldsymbol{\tau}$。由于 $\mathrm{d}\theta$ 是无穷小量，则 $\mathrm{d}\boldsymbol{\tau}\perp\boldsymbol{\tau}$，即与 P 点法向的单位矢量 $\boldsymbol{n}$ 方向相同，因此加速度的第二项 $v\dfrac{\mathrm{d}\boldsymbol{\tau}}{\mathrm{d}t}$ 沿法线方向，称为**法向加速度**，反映速度方向变化的情况，用 $\boldsymbol{a}_n$ 表示。由 $\mathrm{d}\theta$ 为无穷小量，得

$$\mathrm{d}\tau = 1 \cdot \mathrm{d}\theta = \frac{\mathrm{d}s}{\rho}$$

即

$$\frac{\mathrm{d}\boldsymbol{\tau}}{\mathrm{d}t} = \frac{\mathrm{d}s}{\rho \mathrm{d}t}\boldsymbol{n} = \frac{v}{\rho}\boldsymbol{n}$$

式中，ρ 为 P 点的曲率半径，则法向加速度为

$$\boldsymbol{a}_n = a_n \boldsymbol{n} = v\frac{\mathrm{d}\boldsymbol{\tau}}{\mathrm{d}t} = \frac{v^2}{\rho}\boldsymbol{n} \tag{1-14}$$

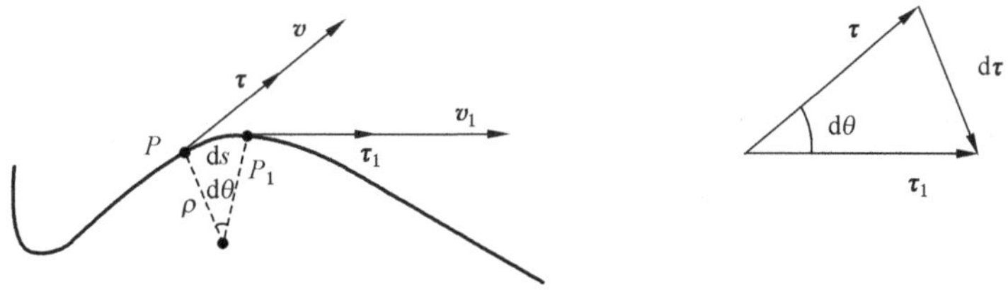

图 1-7　自然坐标系中的加速度

综上，做曲线运动的质点的加速度等于切向加速度 $\boldsymbol{a}_\tau$ 和法向加速度 $\boldsymbol{a}_n$ 的矢量和，即

$$\boldsymbol{a} = \boldsymbol{a}_\tau + \boldsymbol{a}_n = a_\tau \boldsymbol{\tau} + a_n \boldsymbol{n} = \frac{\mathrm{d}v}{\mathrm{d}t}\boldsymbol{\tau} + \frac{v^2}{\rho}\boldsymbol{n} \tag{1-15}$$

加速度的大小为

$$|\boldsymbol{a}| = a = \sqrt{a_\tau^2 + a_n^2} \tag{1-16}$$

加速度的方向可以用 $\boldsymbol{a}$ 与 $\boldsymbol{\tau}$ 或 $\boldsymbol{n}$ 的夹角表示。

质点做一般曲线运动时，速度的方向和大小可能都会改变，即法向加速度和切向加速度都不为零。而当质点做直线运动时，法向加速度恒为零；质点做匀速率曲线运动时，切向加速度恒为零。因此，直线运动和匀速率曲线运动可以看作是一般曲线运动的特殊情况。

质点做一般曲线运动时，速度 $\boldsymbol{v}$ 与加速度 $\boldsymbol{a}$ 的方向可能不同，如图 1-8 所示。由于切向加速度是反映速度大小变化的物理量，因此可以通过判断切向加速度 $\boldsymbol{a}_\tau$ 和速度 $\boldsymbol{v}$ 的方向之

间的关系来判断质点运动速率的变化。当切向加速度和速度方向一致时,质点的速率增大;当切向加速度和速度方向相反时,质点的速率减小。

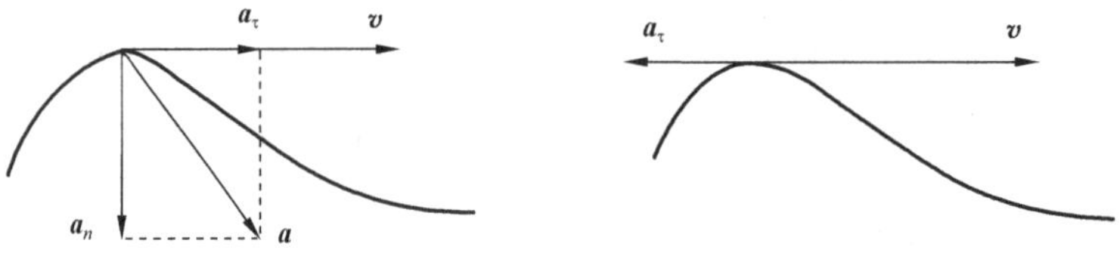

图 1-8 加速运动和减速运动

例 1-4

已知质点的运动学方程为 $x=t^2$,$y=(t-1)^2$(SI),求 t 时刻质点的切向加速度和法向加速度的值。

解 t 时刻质点的速度和加速度为

$$v_x=\frac{\mathrm{d}x}{\mathrm{d}t}=2t,v_y=\frac{\mathrm{d}y}{\mathrm{d}t}=2(t-1)$$

$$a_x=\frac{\mathrm{d}v_x}{\mathrm{d}t}=2(\mathrm{m}\cdot\mathrm{s}^{-2}),a_y=\frac{\mathrm{d}v_y}{\mathrm{d}t}=2(\mathrm{m}\cdot\mathrm{s}^{-2})$$

速度大小为

$$v=\sqrt{v_x^2+v_y^2}=\sqrt{4t^2+4(t-1)^2}$$

切向加速度的值为

$$a_\tau=\frac{\mathrm{d}v}{\mathrm{d}t}=\frac{\mathrm{d}}{\mathrm{d}t}\sqrt{4t^2+4(t-1)^2}=\frac{2(2t-1)}{\sqrt{t^2+(t-1)^2}}$$

总加速度大小为

$$a=\sqrt{a_x^2+a_y^2}=2\sqrt{2}(\mathrm{m}\cdot\mathrm{s}^{-2})$$

因此,法向加速度大小为

$$a_n=\sqrt{a^2-a_\tau^2}=\frac{2}{\sqrt{t^2+(t-1)^2}}$$

第四节 圆周运动 角量和线量的关系

一、圆周运动的角量描述

圆周运动是一种特殊的曲线运动,用平面极坐标系处理比较方便。如图 1-9 所示,以圆心 O 为极点,Ox 为极轴,极径为圆的半径 r,在圆周上 r 处处相等,因此质点的位置只取决于

角坐标 θ(从极轴沿逆时针方向为正,反之为负)。处理圆周运动问题时常用角量来描述。

用角坐标 θ 表示的圆周运动的运动学方程为

$$\theta=\theta(t) \tag{1-17}$$

与位移、速度、加速度等线量的定义方法类似,可以定义以下角量:

角位移
$$\Delta\theta=\theta_2-\theta_1 \tag{1-18}$$

角速度
$$\omega=\frac{\mathrm{d}\theta}{\mathrm{d}t} \tag{1-19}$$

角加速度
$$\alpha=\frac{\mathrm{d}\omega}{\mathrm{d}t}=\frac{\mathrm{d}^2\theta}{\mathrm{d}t^2} \tag{1-20}$$

在国际单位制(SI)中,角度的单位是弧度(rad),角速度的单位是弧度・秒$^{-1}$(rad・s^{-1}),角加速度的单位是弧度・秒$^{-2}$(rad・s^{-2})。

二、圆周运动中角量与线量的关系

质点做圆周运动时,由图 1-9 中的几何关系可以看出 $\mathrm{d}s=r\mathrm{d}\theta$,因此可得角量(角速度、角加速度)和线量(速度、加速度)之间存在如下关系:

$$\begin{cases} v=\dfrac{\mathrm{d}s}{\mathrm{d}t}=r\dfrac{\mathrm{d}\theta}{\mathrm{d}t}=r\omega \\ a_n=\dfrac{v^2}{r}=r\omega^2 \\ a_\tau=\dfrac{\mathrm{d}v}{\mathrm{d}t}=r\dfrac{\mathrm{d}\omega}{\mathrm{d}t}=r\alpha \end{cases} \tag{1-21}$$

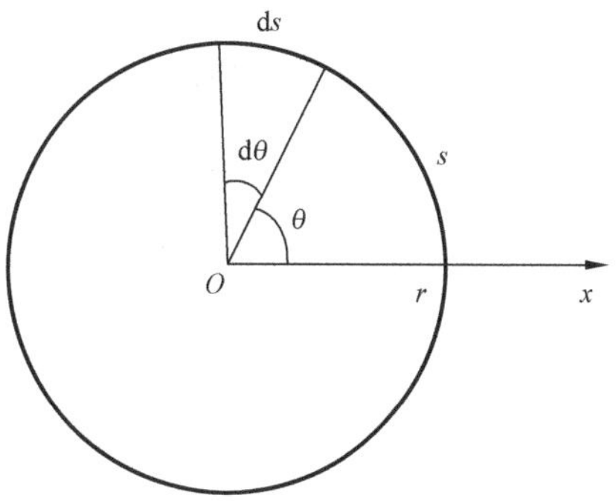

图 1-9　圆周运动的角量描述

若质点做圆周运动的速率(或角速度)不变,称为**匀速率圆周运动**,这时切向加速度为零,法向加速度大小为恒定值。若质点做圆周运动时的切向加速度(或角加速度)为恒定值,则称为匀变速率圆周运动,设 $t=0$ 时刻质点的角坐标为 θ_0,角速度为 ω_0,角加速度为 α,读者可自行推导,这时的运动情况用角量表示为

$$\begin{cases} \theta=\theta_0+\omega_0 t+\dfrac{1}{2}\alpha t^2 \\ \omega=\omega_0+\alpha t \\ \omega^2-\omega_0^2=2\alpha(\theta-\theta_0) \end{cases}$$

例 1-5

一质点沿半径为 0.1 m 的圆周运动,其运动学方程为 $\theta=2+4t^3$(SI),试求:

(1) 在 $t=2$ s 时,质点的切向加速度和法向加速度的大小;

(2) 当θ等于多少时,质点的加速度与半径的夹角为45°?

解 (1) 质点的角速度和角加速度为

$$\omega=\frac{\mathrm{d}\theta}{\mathrm{d}t}=12t^2$$

$$\alpha=\frac{\mathrm{d}\omega}{\mathrm{d}t}=24t$$

切向加速度和法向加速度的大小为

$$a_\tau=r\alpha=24rt$$

$$a_n=r\omega^2=144rt^4$$

当$t=2\mathrm{s}$时,有

$$a_\tau=4.8(\mathrm{m\cdot s^{-2}})$$

$$a_n=230.4(\mathrm{m\cdot s^{-2}})$$

(2) 设时刻t'时,加速度与半径的夹角为45°,此时$a_n=a_\tau$,即

$$144rt'^4=24rt'$$

得

$$t'^3=\frac{1}{6}(\mathrm{s})$$

$$\theta(t')=2+4t'^3=2.67(\mathrm{rad})$$

第五节 相对运动

第一节中提到,运动是绝对的,但运动的描述是相对的。例如,在做匀速直线运动的汽车上,竖直上抛一个小球,在车上的观察者看到小球在竖直方向上做直线运动,而在地面上的观察者则看到小球运动轨迹为抛物线。因此,选取不同的参考系,对同一个运动的描述就会不同。这里考虑两个相对做平移运动的参考系,研究对运动的描述在两个参考系之间的变换关系。

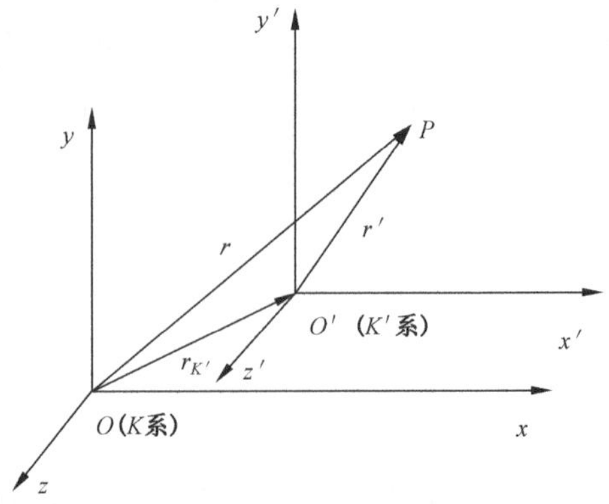

图1-10 质点运动在两个坐标系中的变换

如图1-10所示,参考系K'的原点O'相对于参考系K做任意的直线或曲线运动,但它们坐标轴的方向始终保持平行。通常称参考系K为基本参考系,质点相对于基本参考系K的运动为绝对运动;称参考系K'为运动参考系,质点相对于

运动参考系 K' 的运动为相对运动；运动参考系 K' 相对于基本参考系 K 的运动称为牵连运动。

设质点 P 在参考系 K 和参考系 K' 中的位矢、速度和加速度分别为

$$K: \boldsymbol{r}、\boldsymbol{v}、\boldsymbol{a}$$

$$K': \boldsymbol{r}'、\boldsymbol{v}'、\boldsymbol{a}'$$

$\boldsymbol{r}_{K'}$ 代表 O' 相对于参考系 K 的原点 O 的位矢，则参考系 K' 中的位矢

$$\boldsymbol{r}' = \boldsymbol{r} - \boldsymbol{r}_{K'} \tag{1-22}$$

参考系 K' 中的速度

$$\boldsymbol{v}' = \frac{\mathrm{d}\boldsymbol{r}'}{\mathrm{d}t} = \frac{\mathrm{d}\boldsymbol{r}}{\mathrm{d}t} - \frac{\mathrm{d}\boldsymbol{r}_{K'}}{\mathrm{d}t} = \boldsymbol{v} - \boldsymbol{v}_{K'} \tag{1-23}$$

式中，$\boldsymbol{v}_{K'} = \dfrac{\mathrm{d}\boldsymbol{r}_{K'}}{\mathrm{d}t}$ 为参考系 K' 相对参考系 K 的速度，称为牵连速度。

参考系 K' 中的加速度

$$\boldsymbol{a}' = \frac{\mathrm{d}\boldsymbol{v}'}{\mathrm{d}t} = \frac{\mathrm{d}\boldsymbol{v}}{\mathrm{d}t} - \frac{\mathrm{d}\boldsymbol{v}_{K'}}{\mathrm{d}t} = \boldsymbol{a} - \boldsymbol{a}_{K'} \tag{1-24}$$

式中，$\boldsymbol{a}_{K'} = \dfrac{\mathrm{d}\boldsymbol{v}_{K'}}{\mathrm{d}t}$ 为参考系 K' 相对参考系 K 的加速度，称为牵连加速度。

本章提要

1. 基本概念

质点：只有质量而不考虑大小和形状的几何点。

参考系：研究物体运动时所参考的物体或彼此不做相对运动的物体系。

2. 基本物理量

位矢	$\boldsymbol{r}$	角位置	θ
位移	$\Delta\boldsymbol{r} = \boldsymbol{r}_2 - \boldsymbol{r}_1$	角位移	$\Delta\theta = \theta_2 - \theta_1$
速度	$\boldsymbol{v} = \dfrac{\mathrm{d}\boldsymbol{r}}{\mathrm{d}t}$	角速度	$\omega = \dfrac{\mathrm{d}\theta}{\mathrm{d}t}$
加速度	$\boldsymbol{a} = \dfrac{\mathrm{d}\boldsymbol{v}}{\mathrm{d}t} = \dfrac{\mathrm{d}^2\boldsymbol{r}}{\mathrm{d}t^2}$	角加速度	$\alpha = \dfrac{\mathrm{d}\omega}{\mathrm{d}t} = \dfrac{\mathrm{d}^2\theta}{\mathrm{d}t^2}$

3. 质点运动的描述

运动学方程　$\boldsymbol{r} = \boldsymbol{r}(t)$　　$s = s(t)$　　$\theta = \theta(t)$

直角坐标系 $\begin{cases} \boldsymbol{r}=x\boldsymbol{i}+y\boldsymbol{j}+z\boldsymbol{k} \\ \boldsymbol{v}=\dfrac{\mathrm{d}x}{\mathrm{d}t}\boldsymbol{i}+\dfrac{\mathrm{d}y}{\mathrm{d}t}\boldsymbol{j}+\dfrac{\mathrm{d}z}{\mathrm{d}t}\boldsymbol{k} \\ \boldsymbol{a}=\dfrac{\mathrm{d}^2x}{\mathrm{d}t^2}\boldsymbol{i}+\dfrac{\mathrm{d}^2y}{\mathrm{d}t^2}\boldsymbol{j}+\dfrac{\mathrm{d}^2z}{\mathrm{d}t^2}\boldsymbol{k} \end{cases}$ 自然坐标系 $\begin{cases} \boldsymbol{a}=a_\tau\boldsymbol{\tau}+a_n\boldsymbol{n} \\ a_\tau=\dfrac{\mathrm{d}v}{\mathrm{d}t} \\ a_n=\dfrac{v^2}{\rho} \end{cases}$

4. 相对运动

$$\boldsymbol{r}'=\boldsymbol{r}-\boldsymbol{r}_{K'}$$

$$\boldsymbol{v}'=\boldsymbol{v}-\boldsymbol{v}_{K'}$$

$$\boldsymbol{a}'=\boldsymbol{a}-\boldsymbol{a}_{K'}$$

思 考 题

1-1 “分子很小,可以当作质点;地球很大,不能当作质点”,这种说法对吗?

1-2 质点位置矢量方向不变,质点是否一定做直线运动?质点沿直线运动,其位置矢量的方向是否一定不变?

1-3 (1) 位移和路程有什么区别?

(2) 速度和速率有什么区别?

(3) 瞬时速度和平均速度的区别和联系是什么?

1-4 任意平面曲线运动的加速度方向是否总指向曲线凹侧?

1-5 在参考系一定的条件下,质点运动的初始条件的具体形式是否与计时起点和坐标系的选择有关?

1-6 质点做斜上抛运动时,在何处速率最大,在何处速率最小?

1-7 一质点做匀速率圆周运动,取圆心为坐标原点,问质点的位矢与速度、位矢与加速度、速度与加速度的方向之间有何关系?

1-8 质点沿圆周运动,且速率随时间均匀增大,问 a_n、a_τ、a 三者的大小是否都随时间改变?

习 题

1-1 选择题

(1) 某质点的运动方程为 $x=3t-5t^3+6$(SI)，则该质点做（ ）。

(A) 匀加速直线运动，加速度为正值 (B)匀加速直线运动，加速度为负值

(C) 变加速直线运动，加速度为正值 (D)变加速直线运动，加速度为负值

(2) 对于沿曲线运动的物体，以下几种说法中正确的是（ ）。

(A) 切向加速度必不为零

(B) 除拐点、折返点外，法向加速度必不为零

(C) 由于速度沿切线方向，法向分速度必为零，因此法向加速度必为零

(D) 若物体做匀速率运动，其总加速度必为零

(3) 如图所示，湖中有一小船，岸上有人用绳跨过定滑轮以匀速 v 拉船靠岸。不考虑水流的速度，小船运动的速度和加速度为（ ）。

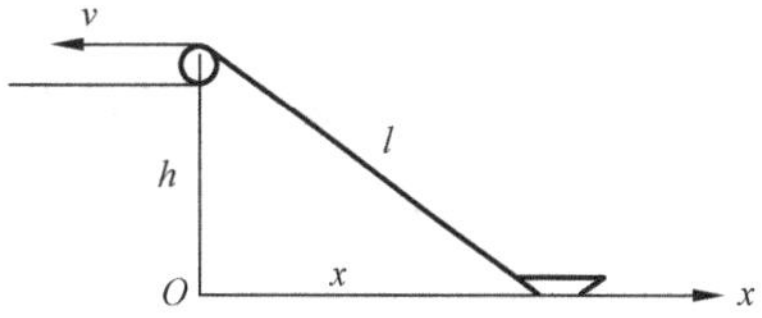

选择题(3)图

(A) $\dfrac{xv}{l}, 0$ (B) $\dfrac{lv}{x}, -\dfrac{h^2v^2}{x^3}$

(C) $-\dfrac{lv}{x}, -\dfrac{h^2v^2}{x^3}$ (D) $-\dfrac{xv}{l}, -\dfrac{2xv^2}{l^2}$

(4) 上题中，小船的运动是（ ）。

(A) 匀加速运动 (B) 匀减速运动 (C) 匀速运动

(D) 变加速运动 (E) 变减速运动

(5) 质点沿半径为 R 的圆周按规律 $s=bt-ct^2/2$（b、c 为大于零的常数）运动，则质点的加速度大小为（ ）。

(A) c (B) $\dfrac{(b-ct)^2}{R}+c$ (C) $\dfrac{(b-ct)^2}{R}-c$ (D) $\sqrt{\dfrac{(b-ct)^4}{R^2}+c^2}$

1-2 质点的运动学方程为

(1)$\boldsymbol{r}=(3+2t)\boldsymbol{i}+5\boldsymbol{j}$，(2)$\boldsymbol{r}=(2-3t)\boldsymbol{i}+(4t-1)\boldsymbol{j}$ (SI)

求质点的轨道方程并作图表示。

1-3 火车进入弯道时减速，最初列车向正北以 90 km·h^{-1} 的速率行驶，3 min 后以 70 km·h^{-1} 的速率向北偏西 30°的方向行驶。求这段时间列车的平均加速度。

1-4 一质点沿 Ox 轴运动，运动学方程为 $x=4t-2t^3$(SI)，试计算：

(1) 2 s 末的速度和加速度；

(2) 在最初的 2 s 内的位移、路程，以及质点沿 Ox 轴方向运动所能达到的坐标极大值。

1-5　如图所示，跨过滑轮 C 的绳子，一端挂有重物 B，另一端 A 被人拉着沿水平方向(x 轴正向)以匀速率 $v_0=1\ \mathrm{m\cdot s^{-1}}$ 运动。A、C 离地高度分别为 $h=1.5\ \mathrm{m}$、$H=10\ \mathrm{m}$，滑轮半径忽略不计。运动开始时，重物 B 放在地面上，此时绳的另一端 A 在铅直位置刚好绷紧。求：

(1) 重物 B 上升的运动学方程；

(2) 重物 B 在 t 时刻的速率和加速度；

(3) 重物 B 到达 C 处所需的时间。

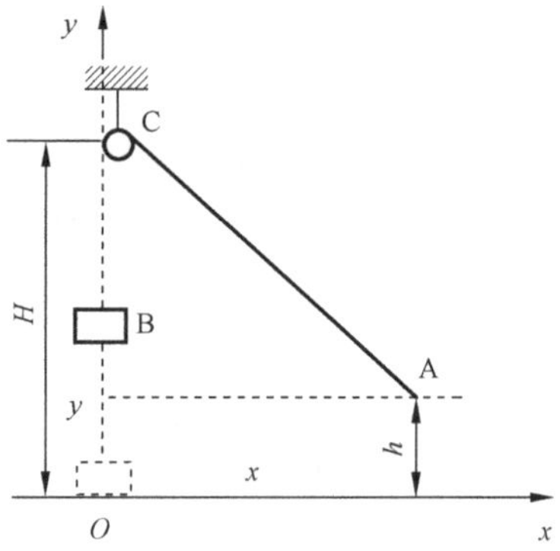

习题 1-5 图

1-6　一质点在 xy 平面上运动，运动学方程为 $x=2t$，$y=4t^2-8$(SI)，求 t 时刻质点的切向加速度和法向加速度。

1-7　一质点自原点开始沿抛物线 $2y=x^2$ 运动，它在 Ox 轴上的分速度为一恒量 $v_x=4.0\ \mathrm{m\cdot s^{-1}}$，求质点位于 $x=2.0\ \mathrm{m}$ 的速度和加速度。

1-8　质点沿半径为 1 m 的圆周运动，运动学方程为 $\theta=2+3t^3$(SI)，求：

(1) $t=2$ s 时，质点的切向加速度和法向加速度；

(2) 当加速度的方向和半径成 45°角时，其角位移为多少？

1-9　一质点沿半径为 R 的圆周按规律 $s=v_0t-\dfrac{1}{2}bt^2$ 运动，v_0、b 都是常量。

(1) 求 t 时刻质点的总加速度；

(2) t 为何值时总加速度在数值上等于 b？

(3) 当加速度达到 b 时，质点已经沿圆周运行了多少圈？

1-10　一质点沿半径 $R=1$ m 的圆周运动。$t=0$ 时，质点位于 A 点，如图所示，然后沿顺时针方向运动，运动学方程为 $s=\pi t^2+\pi t$(SI)，试求：

(1) 质点绕行一周所经历的路程、位移、平均速度和平均速率；

(2) 质点在 1 s 末的速度和加速度的大小。

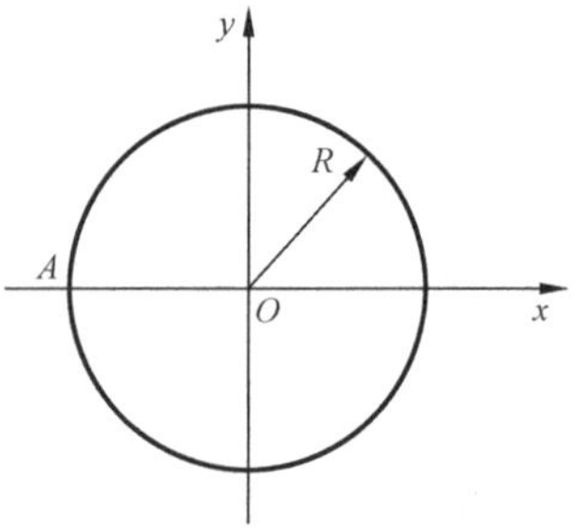

习题 1-10 图

1-11　汽车在半径 $R=400$ m 的圆弧弯道上减速行驶。设在某一时刻，汽车的速率为 $v=10\ \mathrm{m\cdot s^{-1}}$，切向加速度的大小为 $a_\tau=0.2\ \mathrm{m\cdot s^{-2}}$。求汽车的法向加速度和总加速度的大小和方向。

1-12　一船以速率 $v_1 = 30\ \mathrm{km \cdot h^{-1}}$ 沿直线向东行驶，另一小艇在其前方以速率 $v_2 = 40\ \mathrm{km \cdot h^{-1}}$ 沿直线向北行驶，问在船上看小艇的速度是多少？在小艇上看船的速度又是多少？

第二章　牛顿运动定律

第一节　牛顿运动定律

上一章介绍了质点运动学，本章将介绍质点运动的原因，进入动力学的研究。动力学的基本定律是牛顿三定律，以牛顿三定律为基础的力学体系就是经典力学，而经典力学又是整个物理学的基础，因此掌握好牛顿运动定律是十分必要的。

一、牛顿第一定律

牛顿第一定律可以描述为：任何质点都将保持静止或匀速直线运动状态，直到外力迫使它改变这种运动状态为止。牛顿第一定律表明，任何质点都有保持原来的运动状态不变的特性，即**惯性**，所以牛顿第一定律又叫**惯性定律**。惯性是物体的固有属性，质量是惯性大小的量度。

我们已经明确，任何物体的运动都是相对于一定的参考系才有意义，所以牛顿第一定律还定义了一种参考系。在这种参考系下，一个不受力的物体将保持静止或者匀速直线运动，并称这样的参考系为**惯性参考系**，简称**惯性系**。

牛顿第一定律也提出了力的概念，并且指出力是改变物体运动状态的原因。完全不受力的物体在自然界中是不存在的，因此牛顿第一定律无法直接用实验来验证。

二、牛顿第二定律

牛顿第一定律给出了质点在不受外力情况下的运动状态，牛顿第二定律则描述质点在合外力不为零的情况下运动状态是如何改变的。

质点的质量为 m，定义质点的动量为质量与速度之积，用 $\boldsymbol{p}$ 表示，即 $\boldsymbol{p}=m\boldsymbol{v}$。**牛顿第二定律**可以表述为：某时刻质点动量对时间的变化率等于该时刻作用在质点上的合外力，即

$$\boldsymbol{F}=\frac{\mathrm{d}\boldsymbol{p}}{\mathrm{d}t}=\frac{\mathrm{d}(m\boldsymbol{v})}{\mathrm{d}t} \tag{2-1}$$

当质点的质量在运动过程中可以视为常量时，牛顿第二定律可以表示为

$$\boldsymbol{F}=m\frac{\mathrm{d}\boldsymbol{v}}{\mathrm{d}t}=m\boldsymbol{a} \tag{2-2}$$

这是常用的牛顿第二定律的表示形式，式(2-2)表明一质点在外力作用下，加速度的大小与合外力的大小成正比，且二者方向相同。

牛顿第二定律显示了质点在外力作用下运动状态改变的难易程度，如用同一力作用在质量不同的质点上，质点质量(惯性)越大，获得的加速度越小，改变运动状态越难；质点质量(惯性)越小，获得的加速度越大，改变运动状态越容易。外力与加速度之间的关系是瞬时关系，加速度只在外力作用时才产生，外力改变时，加速度也随之变化。力是改变物体运动状态的原因，而不是维持运动状态的原因。

当质点同时受到几个外力的作用时，满足**力的叠加原理**，即产生的加速度等于每个力单独作用时产生的加速度的矢量叠加，也等于这几个力的合力所产生的加速度，即

$$\boldsymbol{F}=\sum_i\boldsymbol{F}_i=\sum_i m\boldsymbol{a}_i=m\boldsymbol{a} \tag{2-3}$$

对于特定的问题，可以将牛顿第二定律在不同方向上进行投影，也可以单独对某个方向用牛顿第二定律解决问题。

在直角坐标系中，牛顿第二定律沿三个坐标轴方向的投影式分别为

$$\begin{cases}F_x=ma_x=m\dfrac{\mathrm{d}v_x}{\mathrm{d}t}=m\dfrac{\mathrm{d}^2x}{\mathrm{d}t^2}\\[2ex]F_y=ma_y=m\dfrac{\mathrm{d}v_y}{\mathrm{d}t}=m\dfrac{\mathrm{d}^2y}{\mathrm{d}t^2}\\[2ex]F_z=ma_z=m\dfrac{\mathrm{d}v_z}{\mathrm{d}t}=m\dfrac{\mathrm{d}^2z}{\mathrm{d}t^2}\end{cases} \tag{2-4}$$

在自然坐标系中，牛顿第二定律沿切向和法向的投影式分别为

$$\begin{cases}F_\tau=ma_\tau=m\dfrac{\mathrm{d}v}{\mathrm{d}t}\\[2ex]F_n=ma_n=m\dfrac{v^2}{\rho}\end{cases} \tag{2-5}$$

三、牛顿第三定律

牛顿第三定律指出力具有物体间相互作用的性质，并给出了相互作用的定量关系。**牛顿第三定律**可以表述为：两个物体之间的作用力 $\boldsymbol{F}$ 和反作用力 $\boldsymbol{F}'$ 大小相等，方向相反，且在同一直线上。牛顿第三定律也称为作用与反作用定律，其数学表达式为

$$\boldsymbol{F}=-\boldsymbol{F}' \tag{2-6}$$

理解牛顿第三定律时需要注意:作用力与反作用力虽然沿同一直线,但由于分别作用在两个不同的物体上,因此不能抵消;作用力与反作用力总是同时存在、互为依存的,不能孤立地存在;作用力与反作用力性质相同,例如作用力是摩擦力,反作用力也一定是摩擦力。

例 2-1

在光滑的水平桌面上,放着 4 个完全一样的立方体,质量均为 $m=1.0\ \mathrm{kg}$,如图 2-1 所示,有一恒力 $\boldsymbol{F}(F=9.8\ \mathrm{N})$作用在第 1 个立方体上,问第 3 个立方体共受几个力? 其大小、方向如何? 如果第 4 个立方体右端紧挨着一堵墙,试重复上面的讨论。

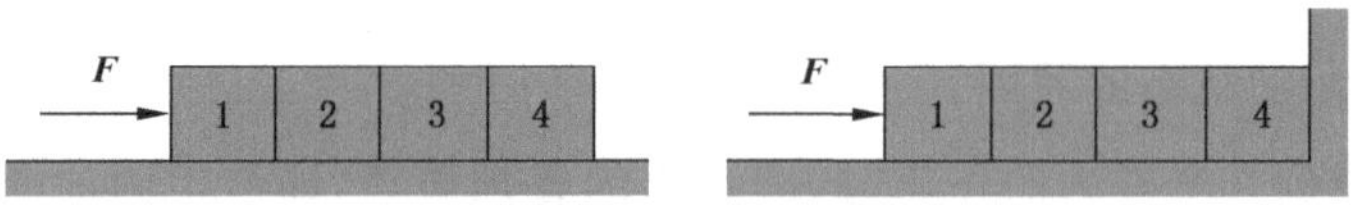

图 2-1 受力分析练习

解 把 4 个立方体作为整体看,有

$$F=4ma$$

对第 4 个立方体,有

$$F_{43}=ma$$

第 3 个立方体的受力情况如图 2-2 所示,故有

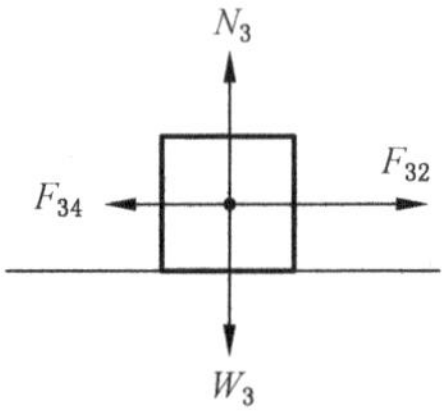

图 2-2 第 3 个立方体受力情况

$$F_{32}-F_{34}=ma$$

$$N_3-W_3=0$$

解上述方程可得

$$F_{34}=F_{43}=\frac{F}{4}=2.45(\mathrm{N})$$

$$F_{32}=\frac{1}{2}F=4.9(\mathrm{N})$$

$$N_3=W_3=9.8(\mathrm{N})$$

各力方向如图。

若右端紧挨着一堵墙,此时 4 个立方体都是静止的,第 3 个立方体所受合力为零,则有

$$F_{32}=F_{34}=F=9.8(\mathrm{N})$$

$$N_3=W_3=9.8(\mathrm{N})$$

第二节 几种常见的力

运用牛顿运动定律解决问题,关键是正确地进行受力分析,因此了解力学中常见的几种

力是必要的。

一、万有引力　重力

宇宙间的任何两个物体都存在相互吸引的力，这种力被称为万有引力。对于两个相距为 r，质量分别为 m_1、m_2 的质点，其万有引力大小与它们质量的乘积成正比，与它们间距的平方成反比，力的方向沿它们的连线方向，这就是**万有引力定律**。其数学表达式为

$$F = G\frac{m_1 m_2}{r^2} \tag{2-7}$$

式中，G 为引力常量，大小为 $G=6.67\times10^{-11}\ \mathrm{N\cdot m^2\cdot kg^{-2}}$。

万有引力定律的公式适用于质点，但是计算结果表明，两个质量分布均匀的球体之间，或者质量分布为球对称的物体对质点的万有引力也可以直接用式(2-7)计算，其中 r 为两个物体中心的间距。

地球质量为 M，某个质量为 m 的质点，与地球球心间距为 r，则质点受到地球的万有引力大小为

$$F = G\frac{Mm}{r^2}$$

在地球表面附近的质点，与地球中心的间距等于地球的半径 R，质点受到地球的万有引力的大小可以认为近似等于它的**重力** W。质点在重力的作用下，产生**重力加速度** g，根据牛顿第二定律，得

$$W = mg = G\frac{Mm}{R^2}$$

所以，重力加速度为

$$g = G\frac{M}{R^2}$$

通常可以认为重力加速度为常数，大小为

$$g \approx 9.8\ \mathrm{m\cdot s^{-2}} \tag{2-8}$$

二、弹性力

当两个物体彼此接触并且挤压时，会发生形变。当形变物体有恢复原状的趋势时，物体间就会产生力的作用，这种力称为**弹性力**。

弹簧形变产生的弹性力 F 是一种典型的弹性力，称为**弹性回复力**，F 和弹簧的形变量 x 之间的关系可表示为

$$F=-kx \tag{2-9}$$

上式称为**胡克定律**,其中 k 为弹簧的劲度系数,负号表明回复力的方向和形变方向相反。

常见的弹性力还有绳索受到拉伸时产生的弹性力 T,称为**张力**,其大小取决于绳索被拉伸的程度,方向总是沿着绳而指向绳要收缩的方向。相互压紧的两个物体,在接触面上会产生弹性力 N,其大小取决于两个物体相互压紧的程度,方向总是垂直于接触面。

三、摩擦力

两个相互接触的物体之间有相对运动或有相对运动的趋势时,它们之间就会产生**摩擦力**。若没有发生相对运动,但沿接触面方向有相对运动的趋势,则在接触面之间产生的阻碍相对运动的力,称为**静摩擦力**。静摩擦力存在一个最大值,即最大静摩擦力,静摩擦力的数值介于零和最大静摩擦力之间。实验证明,最大静摩擦力 f_0 与正压力 N 成正比,方向与接触面上相对滑动趋势方向相反,即

$$f_0=\mu_0 N \tag{2-10}$$

式中,μ_0 称为静摩擦系数,与物体的材料性质和接触面的表面情况有关。

若两个相互接触的物体沿接触面方向发生相对运动时,则在接触面之间产生的阻碍相对运动的力,称为**滑动摩擦力**。滑动摩擦力 f 的大小与物体的正压力 N 成正比,方向与相对运动的方向相反,即

$$f=\mu N \tag{2-11}$$

式中,μ 称为滑动摩擦系数,也与物体的材料性质和接触面的表面情况等有关。一般情况下,μ 可以当作常数,且 $\mu<\mu_0$。

若物体相对于流体(液体或气体)运动时,会产生阻碍相对运动的力 f。在相对运动速度较小时,f 与相对速率 v 成正比,称为**黏滞阻力**,即

$$f=-kv \tag{2-12}$$

式中,k 叫作黏滞阻尼系数。在相对运动速度较大时,阻力与相对速率的关系比较复杂。

第三节　牛顿运动定律的应用

应用牛顿运动定律解决质点运动问题的一般方法和步骤如下:选取合适的物体作为研究对象;对研究对象进行受力分析;建立合适的坐标系;根据已知条件和牛顿运动定律列方程;求解和讨论。下面通过几个例题进行说明。

例 2-2

地球同步卫星的发射精度比一般卫星发射精度要求高得多，技术也难得多。它在赤道上空运行的周期与地球自转周期 T_e 严格相等，试计算地球同步卫星的运行速率 v 和它距赤道表面的高度 h，如图 2-3 所示。

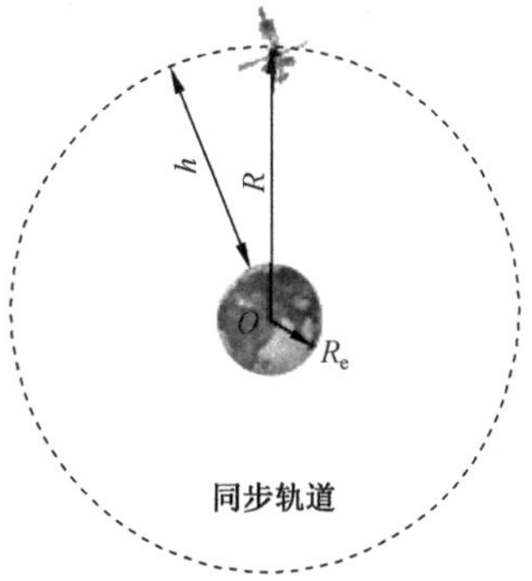

图 2-3　地球同步卫星

解　取卫星为研究对象，设它的质量为 m，地球的质量为 M_e，地球的半径为 R_e，同步轨道的半径为 R，卫星受地球的万有引力作用。根据牛顿第二定律，有

$$G\frac{M_e m}{R^2}=m\frac{v^2}{R}$$

同步卫星的运行周期为

$$T_e=\frac{2\pi R}{v}$$

解以上两式并注意到

$$R=R_e+h$$

可得

$$v=\left(\frac{2\pi GM_e}{T_e}\right)^{\frac{1}{3}}$$

$$h=\left(\frac{GM_eT_e^2}{4\pi^2}\right)^{\frac{1}{3}}-R_e$$

例 2-3

卡车本身连同所载人员、货物共重 4 t。车身在钢板弹簧上振动，其位移满足规律 $y=0.08\sin 4\pi t$(m)，求卡车对弹簧的压力。

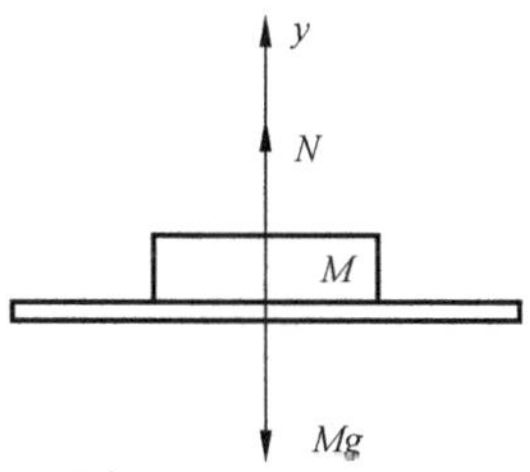

图 2-4　车身受力分析

解　选车身为研究对象，车身受力如图 2-4 所示，有

$$N-Mg=Ma=M\frac{d^2y}{dt^2}=-0.08(4\pi)^2M\sin 4\pi t$$

$$N=Mg+Ma=(3.92-5.05\sin 4\pi t)\times 10^4(\text{N})$$

由牛顿第三定律，卡车对弹簧的压力为

$$N'=-(3.92-5.05\sin 4\pi t)\times 10^4(\text{N})$$

例 2-4

光滑的水平桌面上放置一个固定的圆环带，半径为 R。一物体贴着环带内侧运动(如

图 2-5 所示)，物体与环带间的滑动摩擦系数为 μ。设物体在某一时刻经 A 点时速率为 v_0，求此后 t 时刻物体的速率以及从 A 点开始所经过的路程。

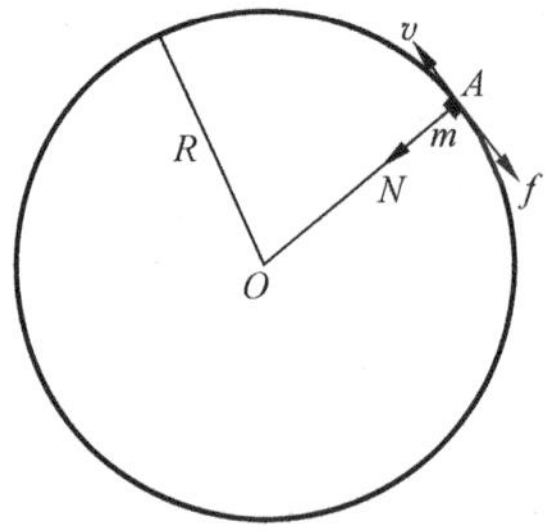

图 2-5　物体在圆环带内侧运动

解　选做圆周运动的物体为研究对象，在法向上有 $N=m\dfrac{v^2}{R}$，因为 $f=\mu N$，所以在切向上有

$$-f=m\frac{\mathrm{d}v}{\mathrm{d}t}$$

由以上三式可得

$$\frac{\mathrm{d}v}{\mathrm{d}t}=-\mu\frac{v^2}{R}$$

由此得

$$\int_{v_0}^{v}\frac{\mathrm{d}v}{v^2}=-\int_0^t\frac{\mu}{R}\mathrm{d}t$$

$$v=\frac{v_0R}{R+v_0\mu t}$$

在时间 t 内物体经过的路程为

$$s=\int_0^t v\mathrm{d}t=v_0R\int_0^t\frac{\mathrm{d}t}{R+v_0\mu t}=\frac{R}{\mu}\ln\left(1+\frac{v_0\mu t}{R}\right)$$

例 2-5

质量为 45.0 kg 的物体，由地面以初速度 60.0 $\mathrm{m\cdot s^{-1}}$ 竖直向上发射，物体受到空气的阻力为 $f=-kv$，且 $k=0.03\ \mathrm{N\cdot s\cdot m^{-1}}$。

(1) 求物体发射到最大高度所需的时间；

(2) 最大高度为多少?

解　(1)物体在空中受重力 mg 和空气阻力 f 作用而减速。由牛顿定律得

$$-mg-kv=m\frac{\mathrm{d}v}{\mathrm{d}t}$$

根据始末条件对上式积分，有

$$\int_0^t \mathrm{d}t = -\int_{v_0}^0 \frac{m\,\mathrm{d}v}{mg + kv}$$

解得

$$t = \frac{m}{k}\ln\left(1 + \frac{kv_0}{mg}\right) \approx 6.11(\mathrm{s})$$

（2）由$\frac{\mathrm{d}v}{\mathrm{d}t} = \frac{\mathrm{d}v}{\mathrm{d}y}\cdot\frac{\mathrm{d}y}{\mathrm{d}t} = \frac{v\,\mathrm{d}v}{\mathrm{d}y}$，得

$$-mg - kv = m\frac{v\,\mathrm{d}v}{\mathrm{d}y}$$

分离变量后积分

$$\int_0^y \mathrm{d}y = -\int_{v_0}^0 \frac{mv\,\mathrm{d}v}{mg + kv}$$

解得

$$y = -\frac{m}{k}\left[\frac{mg}{k}\ln\left(1 + \frac{kv_0}{mg}\right) - v_0\right] = 183(\mathrm{m})$$

第四节　牛顿运动定律的适用范围

牛顿运动定律是经典力学的基础，在很多方面有着重要应用，并且也经受了实践的检验，但是牛顿运动定律也存在一定适用范围，主要表现在以下几点。

（1）牛顿第一、第二运动定律适用于质点或可以视为质点的物体。

当物体做平动时，也就是物体上的每个点运动状态都相同，那么通常可以将物体当作质点进行处理，可以应用牛顿运动定律。

（2）牛顿运动定律适用于**惯性系**。

第一章中提到，运动状态的描述是相对的，与参考系的选取直接相关。例如有一个小球静止在汽车的水平光滑地板上，当汽车突然开动时，在汽车中静止的乘客观察到小球向后运动，但是小球在水平方向并没有受力而运动状态发生了改变，因此以汽车为参考系牛顿第一定律是不成立的；站在地面上的观察者则看到小球始终处于静止状态，因此，以地球为参考系时，牛顿第一定律成立。能使牛顿运动定律成立的参考系为**惯性参考系**或**惯性系**；相反，不能使牛顿第一定律成立的参考系为**非惯性参考系**。因此，参考系不能任意选取，通常在处理实际问题时，把地球当作惯性系。相对于惯性系做匀速直线运动的参考系也是惯性系，而相对于惯性系做变速运动的参考系为非惯性系，在非惯性系中，牛顿运动定律不再适用。

(3) 牛顿运动定律适用于宏观物体低速运动的情况。

对于微观粒子和高速运动(与光速相比拟)的情况,需要用到量子力学和相对论的知识,牛顿运动定律就不再适用了。但是对于大多数实际的工程问题,都是属于低速和宏观的情况,因此牛顿运动定律仍然是一般科学技术的理论基础和解决实际问题的重要工具。

本章提要

1. 牛顿运动定律

牛顿第一定律:惯性定律

牛顿第二定律:$\boldsymbol{F}=\frac{\mathrm{d}\boldsymbol{p}}{\mathrm{d}t}=m\boldsymbol{a}$

牛顿第三定律:作用与反作用定律 $\boldsymbol{F}=-\boldsymbol{F}'$

2. 牛顿第二定律的常用形式

在直角坐标系中,沿三个坐标轴方向的投影式为

$$\begin{cases} F_x=ma_x=m\dfrac{\mathrm{d}v_x}{\mathrm{d}t}=m\dfrac{\mathrm{d}^2x}{\mathrm{d}t^2} \\ F_y=ma_y=m\dfrac{\mathrm{d}v_y}{\mathrm{d}t}=m\dfrac{\mathrm{d}^2y}{\mathrm{d}t^2} \\ F_z=ma_z=m\dfrac{\mathrm{d}v_z}{\mathrm{d}t}=m\dfrac{\mathrm{d}^2z}{\mathrm{d}t^2} \end{cases}$$

在自然坐标系中,沿切向和法向的投影式为

$$\begin{cases} F_\tau=ma_\tau=m\dfrac{\mathrm{d}v}{\mathrm{d}t} \\ F_n=ma_n=m\dfrac{v^2}{\rho} \end{cases}$$

3. 万有引力定律

$$F=G\frac{m_1m_2}{r^2}$$

4. 常见的几种力

重力 $W=mg=G\dfrac{Mm}{R^2}$

弹性回复力 $F=-kx$(胡克定律)

摩擦力 $f=\mu N$

思　考　题

2-1　人推车的力和车推人的力是一对作用力与反作用力，为什么人可以推车前进呢？

2-2　当质点受到的力的合力为零时，质点能否沿曲线运动，为什么？

2-3　一车辆沿弯曲公路运动，试问作用在车辆上的力的方向是指向道路外侧还是道路内侧？

2-4　如图所示，用两段同样的线悬挂两个物体，若突然向下拉下面的物体，下面的线易断，若缓慢拉，上面线易断，为什么？

思考题 2-4 图

2-5　有三种说法：当质点沿圆周运动时，

(1) 质点所受指向圆心的力即向心力；

(2) 维持质点做圆周运动的力即向心力；

(3) $m\dfrac{v^2}{r}$即向心力。

这三种说法是否确切？

2-6　在空间站中的宇航员“没有重量”，你怎样判断地球引力对他们的影响呢？

习　　题

2-1　选择题

(1) 以下五种运动形式中，加速度保持不变的运动是(　)。

(A)单摆的运动　(B)匀速率圆周运动　(C)行星的椭圆轨道运动

(D)圆锥摆运动　(E)自由抛体运动

(2) 一质点的运动方程为 $\boldsymbol{r}=(2t^3-1)\boldsymbol{i}+3t^2\boldsymbol{j}$，此质点的运动为(　)。

(A)变速运动，质点所受合力是变力　(B)匀变速运动，质点所受合力是变力

(C)匀速运动，质点所受合力是恒力　(D)匀变速运动，质点所受合力是恒力

(3) 竖直上抛一小球，设空气阻力为恒力，则球上升时间比下降时间(　)。

(A)长　(B)短　(C)相等　(D)不能确定

(4) 关于牛顿第二定律，下列说法错误的是(　)。

(A)反映了力和加速度的瞬时对应关系

(B)质量是质点惯性大小的量度

(C)力指的是质点所受的合外力

(D)力的方向和加速度的方向无关

2-2 质量为 2 kg 的质点的运动学方程为

$$\boldsymbol{r}=(6t^2-1)\boldsymbol{i}+(3t^2+3t+1)\boldsymbol{j}\,(\mathrm{SI})$$

求证质点受恒力运动,并求力的大小和方向。

2-3 质量为 16 kg 的质点在 xy 平面内运动,受一恒力作用,力的分量为 $f_x=6$ N,$f_y=-7$ N,当 $t=0$ 时,$x=y=0$,$v_x=-2\ \mathrm{m\cdot s^{-1}}$,$v_y=0$。求当 $t=2$ s 时质点的位矢和速度。

2-4 一质量为 10 kg 的质点在力 $F=(120t+40)$ N 作用下,沿 x 轴做直线运动。在 $t=0$ 时,质点位于 $x=5$ m 处,其速度 $v_0=6\ \mathrm{m\cdot s^{-1}}$。求质点在任意时刻的速度和位置。

2-5 地球半径约 6 370 km,自地球表面垂直上抛一物体,不计空气阻力,要使它不返回地面,其初速度最小为多少?

2-6 桌上有一质量 $M=1$ kg 的板,板上放一质量 $m=2$ kg 的物体,物体和板之间、板和桌面之间的滑动摩擦系数均为 $\mu=0.25$,静摩擦系数均为 $\mu_0=0.30$,以水平力 $\boldsymbol{F}$ 作用于板上,如图所示。

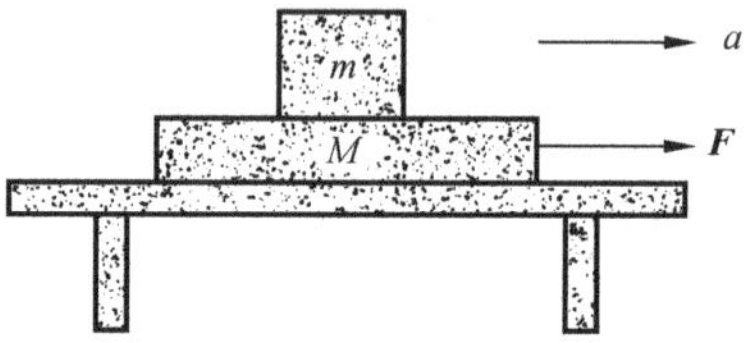

习题 2-6 图

(1) 若物体与板一起以 $a=1\ \mathrm{m\cdot s^{-2}}$ 的加速度运动,试计算物体与板以及板与桌面之间相互作用的摩擦力;

(2) 若欲使板从物体下面抽出,问力 $\boldsymbol{F}$ 至少要加到多大?

2-7 质量为 m'的长平板以速度 v'在光滑平面上做直线运动,现将质量为 m 的木块轻轻平稳地放在长平板上,板与木块之间的滑动摩擦系数为 μ,求木块在长平板上滑行多远才能与板的速度相同?

2-8 质量为 m 的小圆环,套在位于竖直面内半径为 R 的光滑大圆环上,如图所示。若大圆环绕通过其中心的竖直轴以恒定角速度 ω 转动,而小圆环相对于大圆环静止。则大圆环作用于小圆环的力的大小为多少?小圆环相对静止的位置角 θ 为多少?

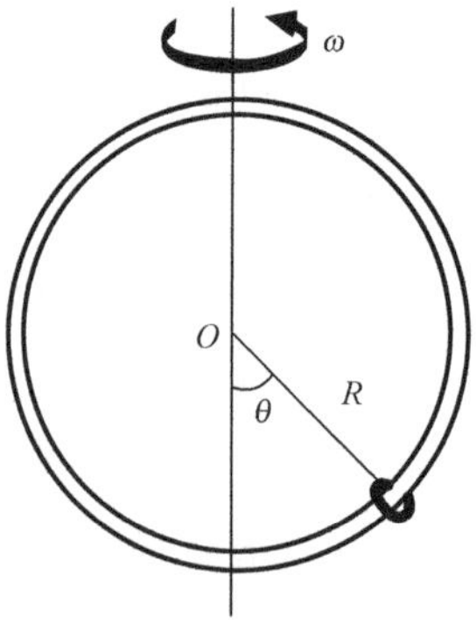

习题 2-8 图

2-9 一质量为 10 kg 的物体沿 x 轴无摩擦地运动,设 $t=0$ 时,物体位于原点,速度为零。问:

(1) 设物体在力 $F=3+4t$(SI)的作用下运动了 3 s,它的速度和加速度为多大?

(2) 设物体在力 $F=3+4x$(SI)的作用下移动了 3 m,它的速度和加速度为多大?

2-10　质点在流体中做直线运动，水平方向受与速度成正比的阻力 kv（k 为正常数）作用，竖直方向重力与浮力平衡。当 $t=0$ 时质点速度为 v_0，方向水平，位于 $x=0$ 处。求：

(1) t 时刻质点的速度；

(2) t 时间内质点经过的距离 x；

(3) 质点最后静止时所能达到的最大距离 $x_{\max}$。

2-11　摩托艇以速度 v_0 行驶，它受到的阻力与速度平方成正比，可表示为 $f=-kv^2$，其中，k 为正常数。设摩托艇的质量为 m，当摩托艇的发动机关闭后，求：

(1) 摩托艇的速率随时间的变化规律；

(2) 摩托艇的路程随时间的变化规律；

(3) 摩托艇的速率和路程的关系。

2-12　如图所示，质量为 m_2 的斜面可在光滑的水平面上滑动，斜面倾角为 α，质量为 m_1 的运动员与斜面之间也没有摩擦，求运动员相对于斜面的加速度及其对斜面的压力。

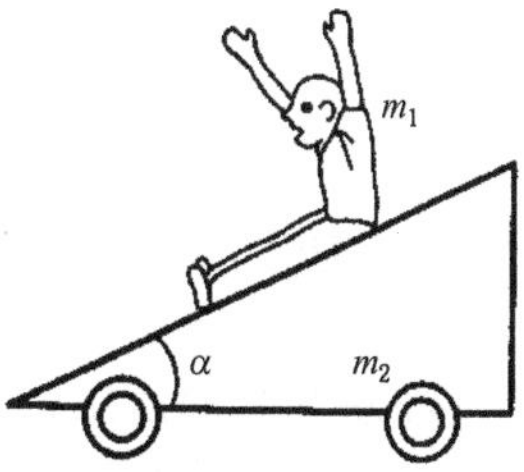

习题 2-12 图

2-13　质量为 m 的摩托车，在恒定的牵引力 F 的作用下工作，它所受的阻力与其速率的平方成正比，它能达到的最大速率是 v_m。试计算从静止加速到 $\frac{v_m}{2}$ 所需的时间以及所走过的路程。

第三章　功和能

功和能是物理学中两个非常重要的概念。本章介绍功和功率的定义及其计算方法，讨论质点及质点系动能定理，介绍保守力做功的特点，引入势能概念，讨论机械能守恒定律，并简要介绍能量守恒定律。

第一节　功　动能定理

一、功

如图 3-1(a)所示，质点在恒力 $\boldsymbol{F}$ 的作用下，沿直线由 a 运动到 b，位移为 $\Delta\boldsymbol{r}$，则该过程中定义力 $\boldsymbol{F}$ 所做的**功**为

$$A = F\ |\Delta\boldsymbol{r}|\ \cos\theta$$

式中，θ 为 $\boldsymbol{F}$ 与位移 $\Delta\boldsymbol{r}$ 的夹角。将其表示为矢量点乘的形式

$$A = \boldsymbol{F} \cdot \Delta\boldsymbol{r} \tag{3-1}$$

功是标量，在国际单位制(SI)中，功的单位为焦耳(J)。

若质点在变力 $\boldsymbol{F}$ 的作用下沿任意曲线 L 由 a 运动到 b，如图 3-1(b)所示，则计算做功时，不能直接使用上面的公式，需要将质点运动的路径分割为无数多个无限小的元位移 $\mathrm{d}\boldsymbol{r}$，则在发生元位移 $\mathrm{d}\boldsymbol{r}$ 的过程中可以认为 $\boldsymbol{F}$ 是恒力，由式(3-1)得，力 $\boldsymbol{F}$ 在发生元位移 $\mathrm{d}\boldsymbol{r}$ 的过程中对质点所做的**元功**为

$$\mathrm{d}A = \boldsymbol{F} \cdot \mathrm{d}\boldsymbol{r} \tag{3-2}$$

质点沿此曲线由 a 运动到 b 的过程中，力 $\boldsymbol{F}$ 做的总功

$$A = \int_{a(L)}^{b} \mathrm{d}A = \int_{a(L)}^{b} \boldsymbol{F} \cdot \mathrm{d}\boldsymbol{r} \tag{3-3}$$

在直角坐标系中上式可以表示为

$$A = \int_{a(L)}^{b} (F_x\mathrm{d}x + F_y\mathrm{d}y + F_z\mathrm{d}z)$$

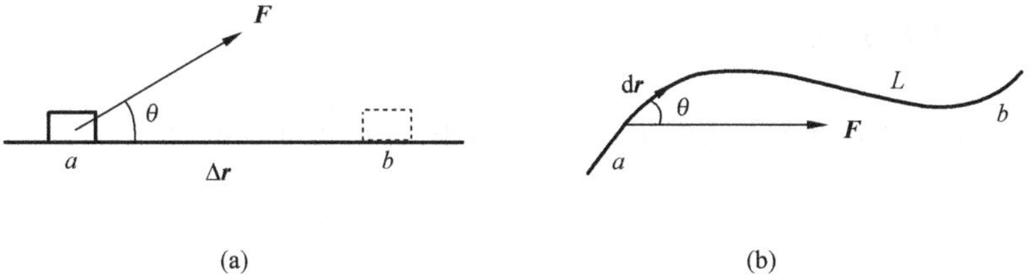

图 3-1 功的定义

若质点同时受到几个力的作用，则质点沿曲线 L 由 a 运动到 b 的过程中，这些力做的总功为

$$A=\sum_i A_i=\sum_i\int_{a(L)}^{b}\boldsymbol{F}_i\cdot \mathrm{d}\boldsymbol{r}=\int_{a(L)}^{b}\left(\sum_i\boldsymbol{F}_i\right)\cdot \mathrm{d}\boldsymbol{r}$$

即，这些力在某一过程中对质点做功的总和，等于这些力的合力在同一过程中对质点做的功。

例 3-1

计算沿 x 方向的力 $F(x)=\alpha x^2-\beta$ 在从 x_1 到 x_2 这段位移中所做的功。设 $\alpha=3\ \mathrm{N\cdot m^{-2}}$，$\beta=2\ \mathrm{N}$，$x_1=1\ \mathrm{m}$，$x_2=3\ \mathrm{m}$。

解 在发生位移的过程中，力 F 为变力。F 在 $x\to x+\mathrm{d}x$ 这一段元位移 $\mathrm{d}x$ 中做的元功

$$\mathrm{d}A=F(x)\mathrm{d}x=(\alpha x^2-\beta)\mathrm{d}x$$

力 F 在从 x_1 到 x_2 这段位移中所做的总功为

$$A=\int \mathrm{d}A=\int_{x_1}^{x_2}(\alpha x^2-\beta)\mathrm{d}x=\left(\frac{1}{3}\alpha x^3-\beta x\right)\Bigg|_{x_1}^{x_2}=22\ (\mathrm{J})$$

二、功率

力在单位时间内所做的功，称为**功率**。功率是反映力做功快慢的物理量。若 Δt 时间内做功 ΔA，则这段时间内的平均功率为

$$\overline{P}=\frac{\Delta A}{\Delta t}$$

当 $\Delta t\to 0$ 时，可得瞬时功率为

$$P=\frac{\mathrm{d}A}{\mathrm{d}t}$$

即瞬时功率等于功随时间的变化率。力 $\boldsymbol{F}$ 对质点做功的功率为

$$P=\frac{\mathrm{d}A}{\mathrm{d}t}=\frac{\boldsymbol{F}\cdot \mathrm{d}\boldsymbol{r}}{\mathrm{d}t}=\boldsymbol{F}\cdot\boldsymbol{v} \tag{3-4}$$

在国际单位制(SI)中，功率的单位为瓦特(W)，简称瓦。

三、质点的动能定理

由式(3-2)可得,力 $\boldsymbol{F}$ 在发生元位移 $\mathrm{d}\boldsymbol{r}$ 过程中做的元功可表示为

$$\mathrm{d}A=\boldsymbol{F}\cdot\mathrm{d}\boldsymbol{r}=F\ |\mathrm{d}\boldsymbol{r}|\cdot\cos\theta=F_{\tau}\ |\mathrm{d}\boldsymbol{r}|=m\ \frac{\mathrm{d}v}{\mathrm{d}t}\mathrm{d}s=mv\mathrm{d}v \tag{3-5}$$

若质点在 a 点的速率为 v_1,在 b 点的速率为 v_2,则由 a 到 b 力 $\boldsymbol{F}$ 做的功为

$$A=\int\mathrm{d}A=\int_{v_1}^{v_2}mv\mathrm{d}v=\frac{1}{2}mv_2^2-\frac{1}{2}mv_1^2 \tag{3-6}$$

定义 $E_{\mathrm{k}}=\dfrac{1}{2}mv^2$ 为质点的**动能**,在国际单位制(SI)中,动能的单位为焦耳(J)。则上式记为

$$A=E_{\mathrm{k2}}-E_{\mathrm{k1}} \tag{3-7}$$

即合外力对质点所做的功等于质点动能的增量,这就是质点的**动能定理**。式(3-5)为动能定理的微分形式。

四、质点系的动能定理

若研究对象为由 n 个质点组成的质点系,质点 i 的质量为 m_i。在发生某段位移的过程中,质点 i 受到质点系的内力和外力所做的功分别为 $A_{i内}$ 和 $A_{i外}$,根据质点的动能定理有

$$A_i=A_{i内}+A_{i外}=\frac{1}{2}m_iv_{i2}^2-\frac{1}{2}m_iv_{i1}^2$$

考虑对所有质点列出动能定理表示式并进行求和,可得

$$\sum_i A_i=\sum_i A_{i内}+\sum_i A_{i外}=\sum_i\ \frac{1}{2}m_iv_{i2}^2-\sum_i\ \frac{1}{2}m_iv_{i1}^2=E_{\mathrm{k2}}-E_{\mathrm{k1}}$$

即,作用于各质点的所有力做功的总和,等于质点系动能的增量,这就是质点系的**动能定理**。虽然所有内力的矢量和为零,但所有内力做的总功不一定为零,因此对质点系,动能的变化不仅与外力做功有关,也与内力做功有关。和牛顿运动定律相同,动能定理仅适用于惯性系。

动能与质点的质量和速度有关,是一个状态量;而功与质点受力并发生位移的具体过程有关,即功是过程量。做功可以改变动能,功是能量变化的量度。

例 3-2

有一个沿 x 轴正方向的力作用在质量为 3.0 kg 的质点上。已知质点的运动方程为 $x=3t-4t^2+t^3$(SI)。试求:

(1) 力在最初 4.0 s 内做的功;

(2) 在 $t=1$ s 时,力的瞬时功率。

解　(1) 由运动方程先求出质点的速度，依题意有

$$v=\frac{\mathrm{d}x}{\mathrm{d}t}=3-8t+3t^2$$

质点的动能为

$$E_k(t)=\frac{1}{2}mv^2=\frac{1}{2}\times 3.0\times(3-8t+3t^2)^2$$

根据动能定理，力在最初 4.0 s 内所做的功为

$$A=\Delta E_k=E_k(4.0)-E_k(0)=528(\mathrm{J})$$

(2)
$$a=\frac{\mathrm{d}v}{\mathrm{d}t}=6t-8$$

$$F=ma=3\times(6t-8)$$

瞬时功率为

$$P(t)=Fv=3\times(6t-8)\times(3-8t+3t^2)$$

$$P(1)=12(\mathrm{W})$$

这就是 $t=1$ s 时力的瞬时功率。

例 3-3

如图 3-2 所示，A 和 B 两个物体的质量相等，$m_A=m_B$，物体 B 与桌面间的滑动摩擦系数 $\mu_k=0.20$，滑轮质量和摩擦不计。试求物体 A 自静止落下 $h=1.0$ m 时的速度。

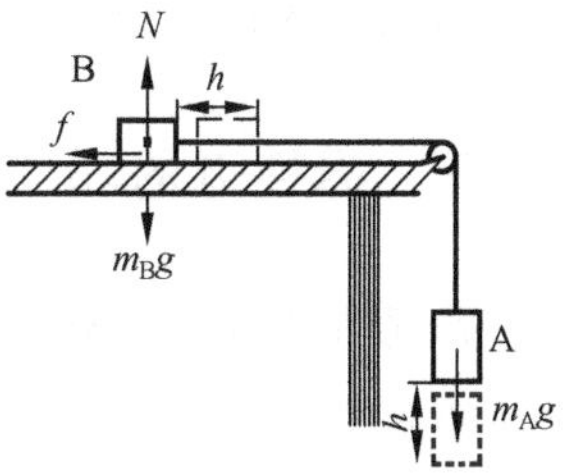

图 3-2　物体运动情况分析

解　对两个物体用动能定理可得

$$-fh+m_Agh=\frac{1}{2}(m_A+m_B)v^2$$

又由于 $f=\mu_k m_B g$，代入上式可得

$$v=\sqrt{(1-\mu_k)gh}=2.8(\mathrm{m}\cdot\mathrm{s}^{-1})$$

第二节　几种常见力的功

一、重力的功

质量为 m 的质点在重力作用下沿任意曲线自 A 点移动至 B 点，如图 3-3 所示。在直角坐标系中，A、B 两点的 y 轴坐标分别为 y_A、y_B。

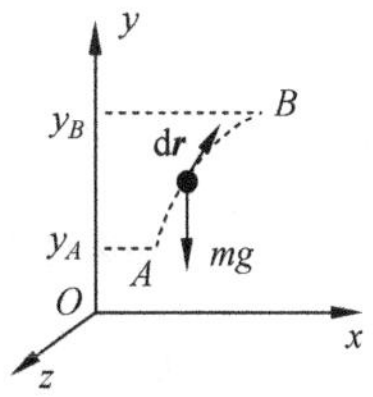

图 3-3　重力的功

根据功的定义式(3-3)，质点从 A 点运动到 B 点的过程中重力所做

的功为

$$A=\int_A^B -mg\boldsymbol{j}\cdot \mathrm{d}\boldsymbol{r}=\int_{y_A}^{y_B} -mg\,\mathrm{d}y=mg(y_A-y_B)$$

式中，$\boldsymbol{j}$ 为 y 方向的单位矢量。可见，重力对质点所做的功只与质点的始、末位置有关，而与质点通过的具体路径无关。

二、万有引力的功

质量为 m 的质点受到质量为 M 的静止质点的万有引力作用，如图 3-4 所示。当 m 从 A 点沿任意曲线运动至 B 点，A、B 两点与 M 的距离分别为 r_A、r_B，则质点由 A 点移动到 B 点的过程中万有引力所做的功为

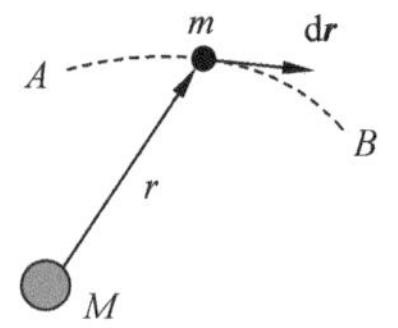

图 3-4 万有引力的功

$$A=\int_A^B -G\frac{Mm}{r^2}\boldsymbol{e}_r\cdot \mathrm{d}\boldsymbol{r}=\int_{r_A}^{r_B} -G\frac{Mm}{r^2}\mathrm{d}r=-GMm\left(\frac{1}{r_A}-\frac{1}{r_B}\right)$$

式中，$\boldsymbol{e}_r$ 为 $\boldsymbol{r}$ 方向的单位矢量。因此，万有引力做功也是只与质点的始、末位置有关，与质点通过的具体路径无关。

三、弹性力的功

劲度系数为 k 的轻弹簧放在光滑水平面上，一端固定，另一端与质量为 m 的物体相连，以弹簧原长位置 O 为坐标原点，如图 3-5 所示。

物体由坐标为 x_A 的 A 点移动到坐标为 x_B 的 B 点，弹性力所做的功为

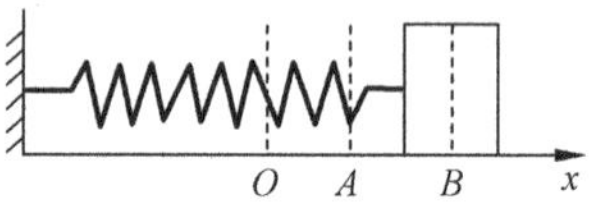

图 3-5 弹性力的功

$$A=\int_A^B -kx\boldsymbol{i}\cdot \mathrm{d}\boldsymbol{x}=\int_{x_A}^{x_B} -kx\,\mathrm{d}x=\frac{1}{2}kx_A^2-\frac{1}{2}kx_B^2$$

式中，$\boldsymbol{i}$ 为 x 方向的单位矢量。显然弹性力做功也是只与物体的始、末位置有关，而与弹簧发生形变的具体过程无关。

例 3-4

一轻弹簧的劲度系数为 $k=100\ \mathrm{N\cdot m^{-1}}$，用手推一质量 $m=0.1$ kg 的物体 A 把弹簧压缩到离平衡位置为 $x_1=0.02$ m 处，如图 3-6 所示，放手后，物体沿水平面移动距离 $x_2=0.1$ m 后停止。求物体与水平面间的滑动摩擦系数。

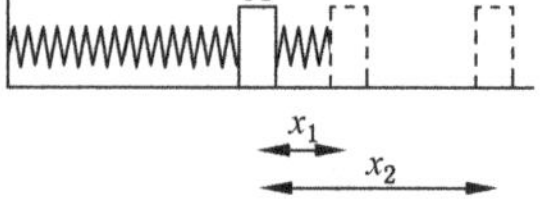

图 3-6 物体位置图示

解 在弹簧原长处，物体和弹簧分离，在物体运动的整个过程中，弹性力做功 $\frac{1}{2}kx_1^2$，摩擦

力做功$-\mu mgx_2$，根据动能定理有

$$\frac{1}{2}kx_1^2-\mu mgx_2=0-0=0$$

$$\mu=\frac{kx_1^2}{2mgx_2}=0.20$$

第三节 保守力 势能

一、保守力

上一节中通过计算重力、万有引力、弹性力所做的功，发现这三种力有一个共同特点，即力所做的功只与受力质点的始、末位置有关，而与质点经过的具体路径无关，这种力被称为**保守力**。反之，若力做功不仅取决于质点的始末位置，还与路径相关，则称为**非保守力**，如摩擦力等。

若质点沿任意闭合路径运动一周，质点始末位置重合，则保守力所做的功为零，即

$$\oint_L \boldsymbol{F}_{保}\cdot \mathrm{d}\boldsymbol{r}=0$$

二、势能

保守力做功与路径无关，只与始、末位置有关，而功总是与能的改变量相关，因此，必然存在一个与位置相关的能量。这种在保守力场中与位置相关的能量，称为**势能**，用E_p表示。若$E_{\mathrm{p}A}$和$E_{\mathrm{p}B}$分别为质点在初始位置A和末位置B的势能，则质点由初始位置运动到末位置，保守力做的功为

$$A=\int_A^B \boldsymbol{F}_{保}\cdot \mathrm{d}\boldsymbol{r}=E_{\mathrm{p}A}-E_{\mathrm{p}B}=-(E_{\mathrm{p}B}-E_{\mathrm{p}A})=-\Delta E_\mathrm{p}$$

对于其中一个元过程，则有

$$\mathrm{d}A=\boldsymbol{F}_{保}\cdot \mathrm{d}\boldsymbol{r}=-\mathrm{d}E_\mathrm{p} \tag{3-8}$$

即保守力做功等于势能增量的负值，或势能的减少量。确定了质点的始末位置，可以通过上式计算两点势能的差值。但是要想确定某个位置势能的具体数值，需要选定一个参考点，即**零势能点**。原则上零势能点可以任意选取，但通常都会选取解决问题更为方便的位置。定义质点在某点的**势能**值，等于质点从该点移动至零势能点的过程中保守力所做的功，即任意点A的势能值为

$$E_{pA}=\int_A^{“0”}\boldsymbol{F}_{保}\cdot \mathrm{d}\boldsymbol{r} \tag{3-9}$$

只有对保守力才能引入势能的概念。势能是相对量,其数值与零势能点的选取有关。势能属于以保守力相互作用的整个系统,不属于某一个物体。例如,重力势能属于地球以及受到重力作用的质点共同所有,弹性势能属于弹簧以及所连接的质点共同所有。

下面根据式(3-9)计算质点在几种保守力场中的势能。

(1) 重力势能

如图 3-3 所示,设质点在 $y=0$ 的水平面时势能为零,则质量为 m 的质点位于 $y=h$ 处时,重力势能为

$$E_p=\int_h^0 -mg\,\mathrm{d}y=mgh$$

即在 y 相等的水平面内,任意点的势能相等,称为**等势面**。

(2) 万有引力势能

如图 3-4 所示,处理万有引力问题时,通常选两质点相距无穷远时势能为零,则质量为 m 的质点处于与 M 相距为 r 的位置时,系统的万有引力势能为

$$E_p=\int_r^{\infty} -G\frac{Mm}{r^2}\mathrm{d}r=-G\frac{Mm}{r}$$

(3) 弹性势能

如图 3-5 所示,选择弹簧处于原长状态时的势能为零,则弹簧形变量为 x 时的弹性势能为

$$E_p=\int_x^0 -kx\,\mathrm{d}x=\frac{1}{2}kx^2$$

例 3-5

一质量为 m 的人造地球卫星沿一圆形轨道运动,离开地面的高度等于地球半径的 2 倍(即 $2R$)。试以 m、R、引力常量 G、地球质量 M 表示出:

(1) 卫星的动能;

(2) 卫星在地球引力场中的引力势能。

解 (1) 卫星受到的万有引力提供了向心力,根据牛顿第二定律

$$G\frac{Mm}{(3R)^2}=m\frac{v^2}{3R}$$

式中,v 为卫星的速率。由此式可得卫星的动能为

$$E_k=\frac{1}{2}mv^2=\frac{GMm}{6R}$$

(2) 引力势能为

$$E_p = -\frac{GMm}{3R}$$

三、势能曲线

将势能与位置的函数关系用一条曲线描述出来，就是势能曲线。图 3-7(a)、(b)、(c)分别为重力势能、万有引力势能和弹性势能的势能曲线。

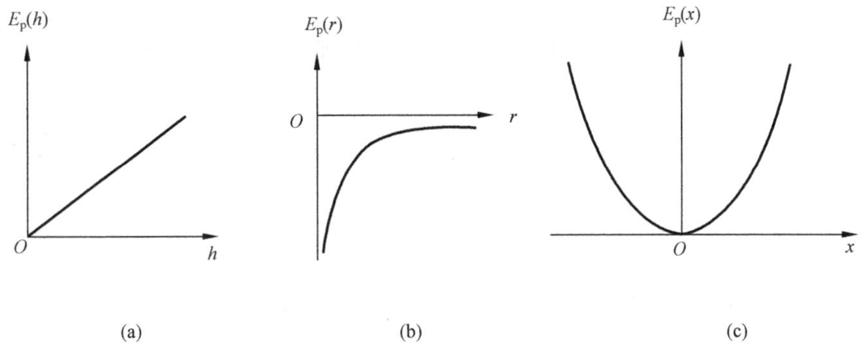

图 3-7　势能曲线

若质点在保守力 $F(x)$ 的作用下沿 x 轴方向做一维运动，根据式(3-8)可得

$$\mathrm{d}A_{保} = F(x)\mathrm{d}x = -\mathrm{d}E_p$$

则保守力为

$$F(x) = -\frac{\mathrm{d}E_p}{\mathrm{d}x}$$

即，质点所受保守力等于势能沿 x 轴空间变化率的负值。同理，若质点在三维空间运动，则有

$$\boldsymbol{F} = F_x\boldsymbol{i} + F_y\boldsymbol{j} + F_z\boldsymbol{k} = -\left(\frac{\partial E_p}{\partial x}\boldsymbol{i} + \frac{\partial E_p}{\partial y}\boldsymbol{j} + \frac{\partial E_p}{\partial z}\boldsymbol{k}\right) \tag{3-10}$$

若已知势能函数，可以根据上式计算质点所受的保守力。

第四节　机械能守恒定律　能量守恒定律

一、机械能守恒定律

质点系由状态 1 变化到状态 2，其受到的力包括外力和内力，内力又分为保守内力和非保守内力，根据质点系的动能定理可知

$$A = A_{外} + A_{保内} + A_{非保内} = E_{k2} - E_{k1}$$

根据势能和保守力做功之间的关系式

$$A_{保内} = E_{p1} - E_{p2} = -(E_{p2} - E_{p1})$$

前式可变形为

$$A_{外} + A_{非保内} = (E_{k2} + E_{p2}) - (E_{k1} + E_{p1}) \tag{3-11}$$

式中,$E_k + E_p$ 为系统的动能和势能之和,称为系统的**机械能**。

式(3-11)表明:系统外力和非保守内力做功之和等于系统机械能的增量,此即为质点系的**功能原理**。

如果作用于质点系的外力和非保守内力都不做功,则由式(3-11)可得

$$E_k + E_p = 常量$$

即质点系的**机械能守恒**,这就是**机械能守恒定律**。系统只有保守内力做功时,机械能守恒,但系统内动能和势能可以相互转化。

例 3-6

如图 3-8 所示,有一质量略去不计的轻弹簧,其一端系在铅直放置的圆环的顶点 P,另一端系一质量为 m 的小球,小球穿过圆环并在圆环上做摩擦可略去不计的运动。设开始时小球静止于 A 点,弹簧处于自然状态,其长度为圆环的半径 R;当小球运动到圆环的底端 B 点时,小球对圆环没有压力,求此弹簧的劲度系数。

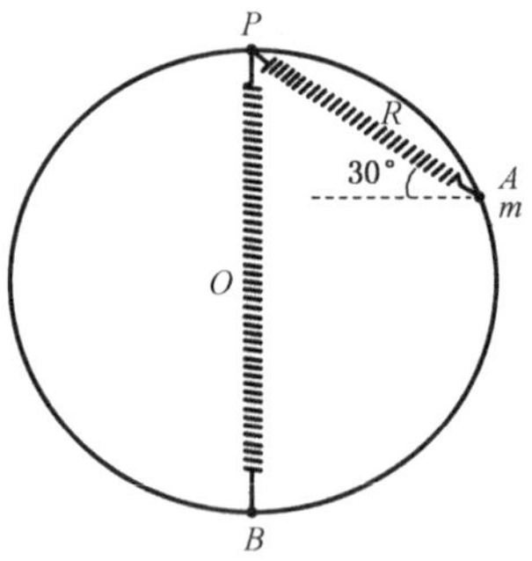

图 3-8 系统运动过程

解 取弹簧、小球和地球为一个系统,小球与地球间的重力、小球与弹簧间的弹性力均为保守内力。而圆环对小球的支持力和点 P 对弹簧的拉力虽然都为外力,但都不做功。所以,小球从 A 运动到 B 的过程中,系统的机械能守恒。因小球在点 A 时弹簧为自然状态,故取小球在点 A 时系统的弹性势能为零,另取小球在 B 点时系统的重力势能为零。那么,由机械能守恒定律可得

$$\frac{1}{2}mv^2 + \frac{1}{2}kR^2 = mgR(2 - \sin 30°)$$

式中,v 是小球在 B 点时的速率。小球在 B 点时对圆环无压力,由牛顿第二定律得

$$kR - mg = \frac{mv^2}{R}$$

两式联立解得

$$k = \frac{2mg}{R}$$

二、能量守恒定律

根据功能原理，若系统中有非保守内力做功，那么系统的机械能将不守恒。比如一个物体沿着有摩擦力的斜面下滑，摩擦力做功，系统机械能减少，但是会发现物体和斜面的温度升高了，说明系统的热能增加了。热能与机械能是不同形式的能量，自然界中的能量还有电磁能、内能、化学能、原子能等多种形式。对一个孤立的系统来说，系统内各种形式的能量是可以相互转换的，但是不论如何转换，系统内的所有能量的总和是不变的，能量既不能产生，也不能消灭，这一结论叫作**能量守恒定律**。能量守恒定律是从大量事实中综合归纳得出的结论，适用于任何变化过程，能量守恒定律是自然界的基本规律之一。

本 章 提 要

1. 基本物理量

功
$$A=\int_{a(L)}^{b}\mathrm{d}A=\int_{a(L)}^{b}\boldsymbol{F}\cdot\mathrm{d}\boldsymbol{r}$$

功率
$$P=\frac{\mathrm{d}A}{\mathrm{d}t}$$

动能
$$E_{\mathrm{k}}=\frac{1}{2}mv^{2}$$

势能
$$E_{\mathrm{p}A}=\int_{A}^{\text{“0”}}\boldsymbol{F}\cdot\mathrm{d}\boldsymbol{r}$$

机械能
$$E=E_{\mathrm{k}}+E_{\mathrm{p}}$$

2. 质点系的动能定理

$$\sum_i A_i=\sum_i A_{i内}+\sum_i A_{i外}=\sum_i\frac{1}{2}m_iv_{i2}^2-\sum_i\frac{1}{2}m_iv_{i1}^2=E_{\mathrm{k2}}-E_{\mathrm{k1}}$$

即，作用于各质点的所有力做功的总和，等于质点系动能的增量。

3. (1)重力势能(零势能点在 $y=0$ 的水平面内)

$$E_{\mathrm{p}}=\int_{h}^{0}-mg\,\mathrm{d}y=mgh$$

(2) 万有引力势能(零势能点在无穷远处)

$$E_{\mathrm{p}}=\int_{r}^{\infty}-G\frac{Mm}{r^2}\mathrm{d}r=-G\frac{Mm}{r}$$

(3) 弹性势能(零势能点在弹簧原长处)

$$E_p = \int_x^0 -kx\,dx = \frac{1}{2}kx^2$$

4. 机械能守恒定律

如果作用于质点系的外力和非保守内力都不做功,则质点系的机械能守恒。

5. 能量守恒定律

对一个孤立的系统来说,系统内各种形式的能量是可以相互转换的,但是不论如何转换,系统内的所有能量的总和是不变的,能量既不能产生,也不能消灭。

思 考 题

3-1 从五楼的窗口向外扔石块,一次水平扔出,一次斜向上扔出,一次斜向下扔出。如果三个石块质量一样,在下落到地面的过程中,重力对哪一个石块做的功最多?

3-2 把物体抛向空气中,哪些力对它做功,这些力是否都是保守力?

3-3 在弹性限度内,如果将弹簧的伸长量增加到原来的两倍,那么弹性势能是否也增加为原来的两倍?

3-4 有两个同样的物体,处于同一位置,其中一个水平抛出,另一个沿斜面无摩擦地自由滑下,问哪一个物体先到达地面?到达地面时两者速率是否相等?

3-5 弹簧A和B,劲度系数$k_A > k_B$。(1)将弹簧拉长同样的距离;(2)拉长两个弹簧到某个长度时,所用的力相同。在这两种情况下拉伸弹簧的过程中,对哪个弹簧做的功更多?

3-6 人从静止开始步行,如鞋底不在地面上打滑,作用于鞋底的摩擦力是否做功?人体的动能是从哪里来的?分析这个问题用质点系动能定理还是用能量守恒定律分析较为方便?

3-7 一对静摩擦力所做功的代数和是否总是负的?正的?为零?

3-8 作用在质点系各质点上的非保守力在运动过程中所做功的总和为零,问该质点系的机械能是否一定守恒?

习 题

3-1 选择题

(1) 一个质点在几个力同时作用下的位移为 $\Delta \boldsymbol{r} = 4\boldsymbol{i} - 5\boldsymbol{j} + 6\boldsymbol{k}$ (m),其中一个力为恒力 $\boldsymbol{F} = -3\boldsymbol{i} - 5\boldsymbol{j} + 9\boldsymbol{k}$ (N),则这个力在该位移过程中所做的功为( )。

(A) 67 J (B) 91 J (C) 17 J (D) −67 J

(2) 对于一个物体系来说，在下列条件中，哪种情况下系统的机械能守恒(　)。

(A) 合外力为 0　　　　(B) 外力不做功

(C) 外力与非保守内力都不做功　　　　(D) 外力和保守内力都不做功

(3) 以下说法正确的是(　)。

(A) 功是标量，能也是标量，不涉及方向问题

(B) 某方向的合力为零，功在该方向的投影必为零

(C) 某方向合外力做的功为零，该方向的机械能守恒

(D) 物体的速度大，合外力做的功多，物体所具有的功也多

(4) 质点的动能定理：外力对质点所做的功，等于质点动能的增量。其中所描述的外力为(　)。

(A) 质点所受的任意一个外力　　　　(B) 质点所受的保守力

(C) 质点所受的非保守力　　　　(D) 质点所受的合外力

(5) 地球绕太阳公转，从近日点向远日点运动的过程中，下面叙述中正确的是(　)。

(A) 太阳的引力做正功　　　　(B) 地球的动能在增加

(C) 系统的引力势能在增加　　　　(D) 系统的机械能在减少

3-2　一物体在介质中按规律 $x=ct^3$ 做直线运动，c 为一常量。设介质对物体的阻力正比于速度的平方，阻力系数为 k。试求物体由 $x=0$ 运动到 $x=l$ 时，阻力所做的功。

3-3　质量 $m=2.0$ kg 的质点在力 $\boldsymbol{F}=12t\boldsymbol{i}$(SI)的作用下，从静止出发沿 x 轴正向做直线运动，求前 3 s 内该力所做的功。

3-4　如图所示，一绳索跨过无摩擦的滑轮，系在质量为 1.0 kg 的物体上，起初物体静止在无摩擦的水平平面上。若用 5 N 的恒力作用在绳索的另一端，使物体向右做加速运动，当系在物体上的绳索从与水平面成 30°角变成 37°角时，力对物体所做的功为多少？已知滑轮与水平面间的距离为 1.0 m。

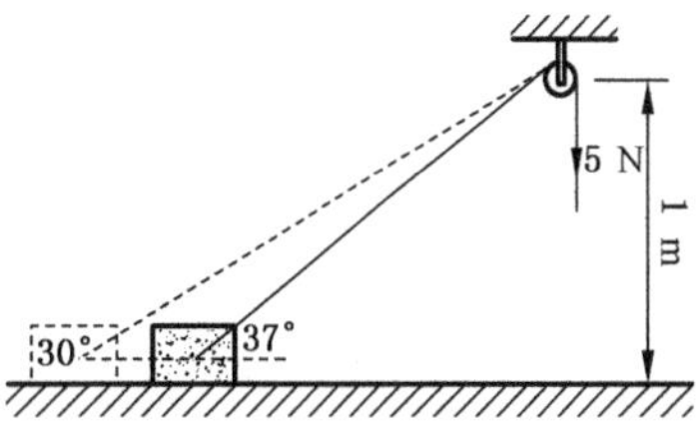

习题 3-4 图

3-5　一人从 10.0 m 深的井中提水，起始桶和水的质量为 10.0 kg，由于水桶漏水，每升高 1.0 m 要漏去 0.2 kg 的水。水桶被匀速地从井中提到井口，求人所做的功。

3-6　如图所示，光滑水平桌面上放一屏障，一滑块质量为 m 以速度 v_0 进入屏障，从另一端滑出，滑块与屏障间的滑动摩擦系数为 μ，屏障半圆部分的半径为 R，求这个过程中摩擦力所做的功。

3-7　如图所示，质量为 m 的物体与轻弹簧相连，最初，m 处于弹簧原长位置，并以速度

v_0 向右运动。弹簧的劲度系数为 k,物体与支撑面间的滑动摩擦系数为 μ,求物体能达到的最远距离 l。

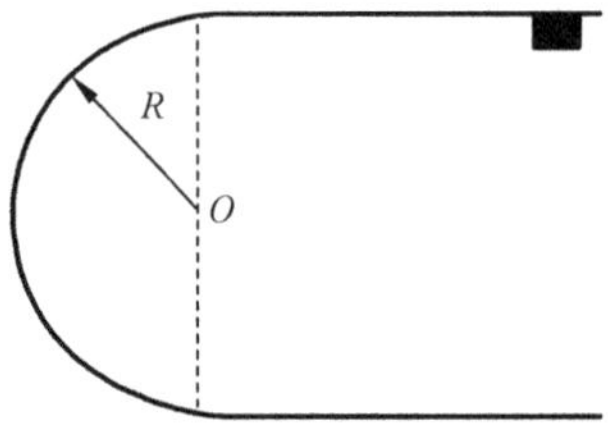

习题 3-6 图

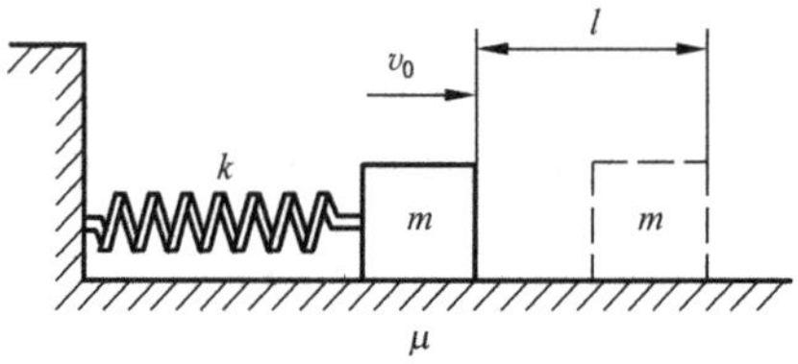

习题 3-7 图

3-8 用铁锤把钉子敲入木板,设木板对钉子的阻力与钉子进入木板的深度成正比。若第一次敲击,能把钉子钉入木板 1.0 cm,第二次敲击时,保持第一次敲击的速度,那么第二次能把钉子钉入多深?

3-9 如图所示,长度为 l 的轻绳一端固定,另一端系一质量为 m 的小球,绳的悬挂点下方距悬挂点的距离为 d 处有一钉子。小球从水平位置无初速度释放,欲使小球在以钉子为中心的圆周上绕一圈,试证 d 至少为 $0.6l$。

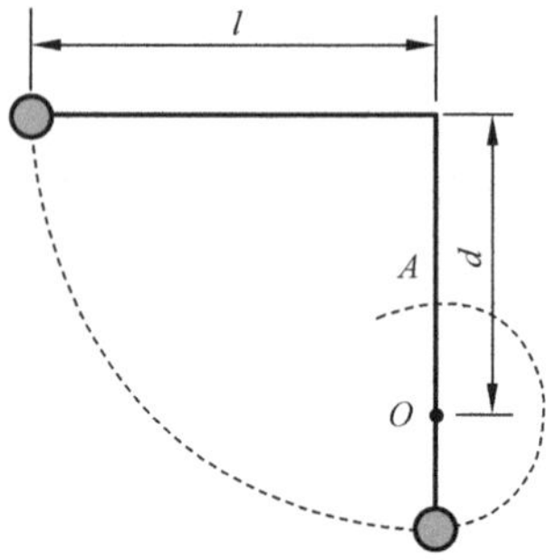

习题 3-9 图

第四章　动量和角动量

动量是描述物体机械运动的一个重要物理量。本章首先介绍冲量的概念，在此基础上讨论质点和质点系的动量定理和动量守恒定律。接着介绍描述物体转动特征的重要物理量——角动量，然后给出角动量定理，并进一步导出另一条重要的守恒定律——角动量守恒定律。

第一节　动量定理

一、冲量

若作用在物体上的力为 $\boldsymbol{F}$，则力 $\boldsymbol{F}$ 在 $\mathrm{d}t$ 时间内的元冲量定义为

$$\mathrm{d}\boldsymbol{I}=\boldsymbol{F}\mathrm{d}t \tag{4-1}$$

在 t_1 到 t_2 时间内，力 $\boldsymbol{F}$ 的总**冲量**为

$$\boldsymbol{I}=\int\mathrm{d}\boldsymbol{I}=\int_{t_1}^{t_2}\boldsymbol{F}\mathrm{d}t \tag{4-2}$$

冲量是矢量，反映了力在一段时间内的累积作用，单位为牛顿·秒(N·s)。

在某段时间内，由于力是变化的，因此引入平均力 $\overline{\boldsymbol{F}}$，即力对时间的平均值。力的冲量可以用平均力表示为

$$\boldsymbol{I}=\overline{\boldsymbol{F}}(t_2-t_1) \tag{4-3}$$

若有几个力同时作用，则合力的冲量等于各分力产生冲量的矢量和，即

$$\boldsymbol{I}=\int_{t_1}^{t_2}\sum_i\boldsymbol{F}_i\mathrm{d}t=\sum_i\int_{t_1}^{t_2}\boldsymbol{F}_i\mathrm{d}t=\sum_i\boldsymbol{I}_i \tag{4-4}$$

例 4-1

一小球在弹簧的作用下振动(如图 4-1 所示)，弹力 $F=-kx$，而位移 $x=A\cos\omega t$，其中 k、A、ω 都是常量。求在 $t=0$ 到 $t=\dfrac{\pi}{2\omega}$ 的时间间隔内弹力施于小球的冲量。

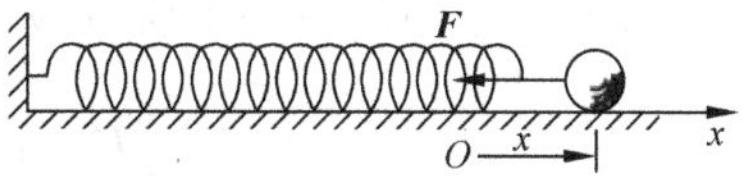

图 4-1　小球在弹力作用下振动

解 小球所受的冲量为

$$I=\int_0^{\frac{\pi}{2\omega}}F\,\mathrm{d}t=-k\int_0^{\frac{\pi}{2\omega}}A\cos\omega t\,\mathrm{d}t=-\frac{kA}{\omega}$$

负号表示此冲量的方向为 x 轴负向。

二、质点的动量定理

由牛顿第二定律表达式 $\boldsymbol{F}=\frac{\mathrm{d}\boldsymbol{p}}{\mathrm{d}t}$,可得

$$\mathrm{d}\boldsymbol{I}=\boldsymbol{F}\,\mathrm{d}t=\mathrm{d}\boldsymbol{p} \tag{4-5}$$

即,作用在质点上合外力的元冲量等于质点动量的微分,称为动量定理的微分形式。

对上式积分可得

$$\boldsymbol{I}=\int_{t_1}^{t_2}\boldsymbol{F}\,\mathrm{d}t=\int_{p_1}^{p_2}\mathrm{d}\boldsymbol{p}=\boldsymbol{p}_2-\boldsymbol{p}_1 \tag{4-6}$$

即,在一段时间内质点所受的合外力的冲量等于在这段时间内质点动量的增量,称为**质点的动量定理**。和牛顿第二定律一样,质点的动量定理仅适用于惯性系。

在解决问题时,也可以在不同方向上应用动量定理,在直角坐标系中,动量定理的分量表达式为

$$\begin{cases}I_x=\int_{t_1}^{t_2}F_x\,\mathrm{d}t=p_{2x}-p_{1x}\\ I_y=\int_{t_1}^{t_2}F_y\,\mathrm{d}t=p_{2y}-p_{1y}\\ I_z=\int_{t_1}^{t_2}F_z\,\mathrm{d}t=p_{2z}-p_{1z}\end{cases} \tag{4-7}$$

三、质点系的动量定理

若系统可以视为由 n 个质点组成的质点系,其中第 i 个质点受到系统外的合力为 $\boldsymbol{F}_{i外}$,受到系统内其他质点作用的合力为 $\boldsymbol{F}_{i内}$,根据质点动量定理,有

$$\int_{t_1}^{t_2}\boldsymbol{F}_{i外}\,\mathrm{d}t+\int_{t_1}^{t_2}\boldsymbol{F}_{i内}\,\mathrm{d}t=\boldsymbol{p}_{i2}-\boldsymbol{p}_{i1}$$

对质点系中的每一个质点应用质点动量定理,然后求和可得

$$\int_{t_1}^{t_2}\left(\sum_i\boldsymbol{F}_{i外}\right)\mathrm{d}t+\int_{t_1}^{t_2}\left(\sum_i\boldsymbol{F}_{i内}\right)\mathrm{d}t=\sum_i\boldsymbol{p}_{i2}-\sum_i\boldsymbol{p}_{i1}$$

根据牛顿第三定律,每一对内力的作用力和反作用力总是成对出现,大小相等、方向相反,作用于系统的内力的矢量和恒为零,内力产生的总冲量恒等于零,因此可得

$$\int_{t_1}^{t_2}\left(\sum_i \boldsymbol{F}_{i外}\right)\mathrm{d}t=\sum_i \boldsymbol{p}_{i2}-\sum_i \boldsymbol{p}_{i1} \tag{4-8}$$

即，在一段时间内质点系所受合外力的冲量等于在这段时间内质点系动量的增量，称为**质点系的动量定理**。

质点系的动量定理表明，系统内力不改变质点系的动量，只有外力产生的冲量才对质点系动量的增量有贡献，但是内力可以改变系统内相应质点的动量。质点系的动量定理同样可以在不同方向上使用分量表达式解决问题。

例 4-2

一个质量 $m=50\ \mathrm{g}$，以速率 $v=20\ \mathrm{m\cdot s^{-1}}$ 做匀速圆周运动的小球，在 $\frac{1}{4}$ 周期内向心力给它的冲量是多大？

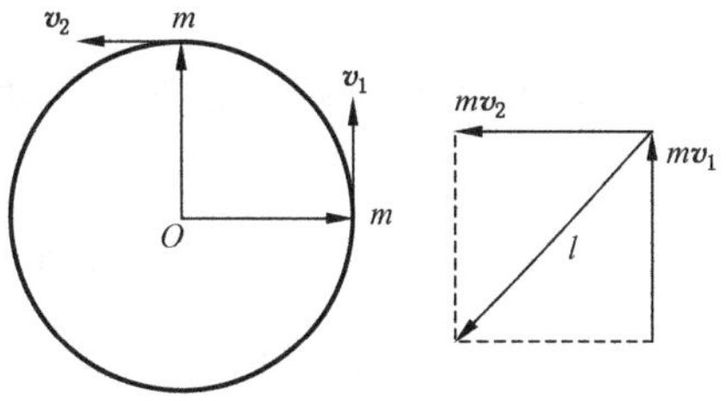

图 4-2　小球所受冲量

解　如图 4-2 所示，$v_1=v_2=v$，根据质点的动量定理

$$I=|m\boldsymbol{v}_2-m\boldsymbol{v}_1|=\sqrt{2}mv=\sqrt{2}\times 0.05\times 20=1.41(\mathrm{N\cdot s})$$

例 4-3

一辆装煤车以 $v=3\ \mathrm{m\cdot s^{-1}}$ 的速率从煤斗下面通过，如图 4-3 所示，每秒钟落入车厢的煤为 $\Delta m=500\ \mathrm{kg}$。如果使车厢的速率保持不变，应用多大的牵引力拉车厢？（车厢与钢轨间的摩擦忽略不计）

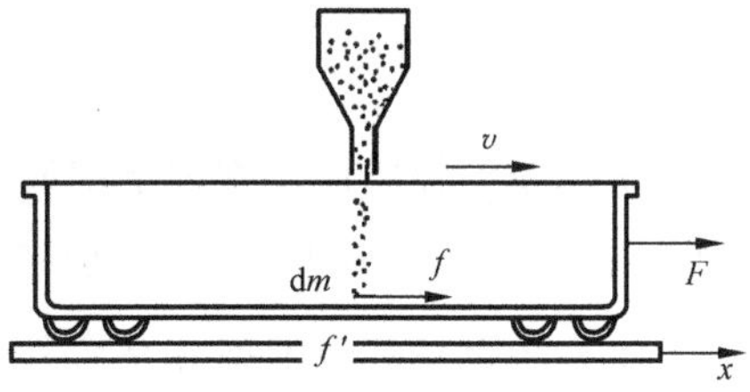

图 4-3　质量为 dm 的煤落入车厢

解　考虑煤落入车厢后运动状态的改变。如图 4-3 所示，在 $\mathrm{d}t$ 时间内有质量为 $\mathrm{d}m$ 的煤落入车厢，在车厢对它的力 f 的作用下，x 方向的速率由 0 增加到 v。对 $\mathrm{d}m$ 在 x 方向上应用动量定理，有

$$f\mathrm{d}t=\mathrm{d}p=\mathrm{d}m\cdot v-0$$

对车厢，x 方向的运动状态不变，因此牵引力 F 与煤 $\mathrm{d}m$ 对车厢的反作用力 f' 大小相等，即

$$F=f'$$

f 与 f' 为作用力与反作用力，因此

$$f=f'$$

综上解得

$$F=\frac{\mathrm{d}m}{\mathrm{d}t}v=500\times3=1\ 500(\mathrm{N})$$

第二节　动量守恒定律

根据质点系动量定理，对于一个质点系而言，如果 $\sum_i \boldsymbol{F}_{i外}=0$，则 $\sum_i \boldsymbol{p}_{i1}=\sum_i \boldsymbol{p}_{i2}$，即

$$\sum_i \boldsymbol{p}_i=常矢量 \tag{4-9}$$

式(4-9)表明，若系统所受合外力为零，则系统的总动量保持不变，这一规律称为**动量守恒定律**。

在应用动量守恒定律时，应注意以下几点：

(1) 质点系所受合外力为零时，总动量保持不变，但是由于内力的冲量作用，质点系内每个质点的动量可以变化。

(2) 如果系统所受合外力在某个方向上的分量为零，那么系统在该方向上动量守恒，例如，$\sum_i F_{ix}=0$，则

$$\sum_i p_{ix}=常量 \tag{4-10}$$

(3) 动量守恒定律是物理学中最普遍的定律之一，适用于惯性参考系。动量守恒定律不仅适用于宏观物体，而且在原子、原子核等微观粒子领域仍然适用。

(4) 系统动量守恒的条件是合外力为零，然而当质点系所受的外力比内力小得多时，外力对系统的总动量变化影响非常小，这时可以认为系统的动量近似守恒。典型的如碰撞过程。碰撞问题是应用动量守恒定律解决的常见问题。碰撞过程中相互作用时间短，一般认为在碰撞发生的时间内物体来不及发生位移。碰撞时相互撞击的内力往往很大，所以，此时即使有摩擦力或重力等外力，也可以忽略它们，而认为系统的动量守恒。根据碰撞后物体运动状态的不同，将碰撞过程分为以下几种：

(1) 完全弹性碰撞，即碰撞前后系统的动能不变；

(2) 完全非弹性碰撞，即碰撞之后的物体并不分开，以相同的速度运动；

(3) 非完全弹性碰撞，介于上面二者之间。

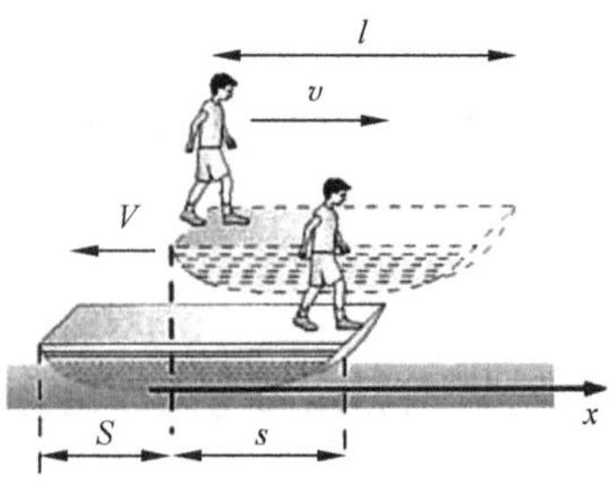

图 4-4　人和船相对运动

例 4-4

如图 4-4 所示，一长 $l=4\ \mathrm{m}$，质量 $M=150\ \mathrm{kg}$ 的

船，静止浮在湖面上。今有一质量 $m=50$ kg 的人，从船头走到船尾。求人和船相对于湖岸各自移动的距离，设水对船的阻力忽略不计。

解　选人和船组成的系统为研究对象，由于水对船的阻力不计，故系统在水平方向不受外力作用，因此水平方向动量守恒。

设以 V 和 v 分别表示任一时刻船和人相对于湖岸的速度，选如图所示的 x 坐标轴，根据动量守恒定律，有

$$mv-MV=0$$

即

$$mv=MV$$

此式在任意时刻都成立。设 $t=0$ 时人在船头，t 时刻到达船尾，对上式积分，有

$$m\int_0^t v\mathrm{d}t=M\int_0^t V\mathrm{d}t$$

用 S 和 s 分别表示船和人相对于湖岸移动的距离，则有

$$S=\int_0^t V\mathrm{d}t,s=\int_0^t v\mathrm{d}t$$

于是有

$$ms=MS$$

由图可知

$$S+s=l$$

解以上两式，得

$$S=1(\mathrm{m})$$

$$s=3(\mathrm{m})$$

例 4-5

一个原来静止的原子核，放射性蜕变时放出一个动量大小为 $p_1=9.22\times10^{-21}\mathrm{kg\cdot m\cdot s^{-1}}$ 的电子，同时还在垂直于此电子运动的方向上放出一个动量大小为 $p_2=5.33\times10^{-21}\mathrm{kg\cdot m\cdot s^{-1}}$ 的中微子。求蜕变后原子核的动量的大小。

解　原子核蜕变过程应满足动量守恒定律。以 $\boldsymbol{p}_3$ 表示蜕变后原子核的动量，应有

$$\boldsymbol{p}_1+\boldsymbol{p}_2+\boldsymbol{p}_3=\boldsymbol{0}$$

由图 4-5 可知，$\boldsymbol{p}_3$ 的大小为

$$p_3=\sqrt{p_1^2+p_2^2}=1.07\times10^{-20}(\mathrm{kg\cdot m\cdot s^{-1}})$$

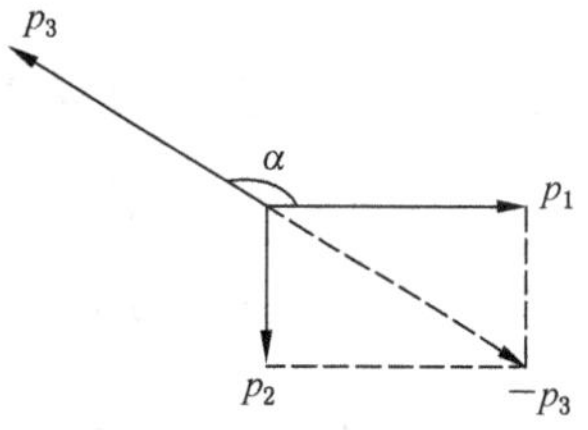

图 4-5　原子核蜕变

第三节　质点的角动量　角动量守恒定律

本节将介绍描述质点运动的另一个重要的物理量——角动量,又称为动量矩。角动量概念的建立和转动密切相关,在自然界中质点绕某个中心转动的情况很常见,如地球绕太阳公转、电子绕原子核转动等,在描述转动系统时引入了角动量。

一、力对参考点的力矩

如图 4-6 所示,O 为一参考点,质点 A 受到力 $\boldsymbol{F}$ 的作用,$\boldsymbol{r}$ 为 O 点指向质点的矢量,θ 为 $\boldsymbol{F}$ 和 $\boldsymbol{r}$ 的夹角,定义力 $\boldsymbol{F}$ 对点 O 的力矩的值为

$$M=Fr\sin\theta$$

国际单位制中,力矩的单位是牛·米(N·m)。将**力矩**写成矢量形式

$$\boldsymbol{M}=\boldsymbol{r}\times\boldsymbol{F} \tag{4-11}$$

力矩是矢量,其方向用右手定则确定:右手四指指向 $\boldsymbol{r}$ 方向,然后通过小于 180°的夹角转向 $\boldsymbol{F}$ 方向,此时大拇指的方向就是力矩的方向。

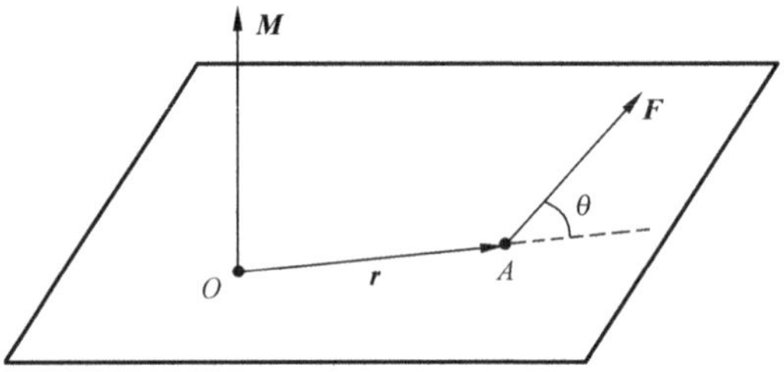

图 4-6　力 $\boldsymbol{F}$ 对 O 点的力矩

当质点受到几个力作用时,可以证明,作用于质点上的合力的力矩等于作用于质点上每个力的力矩的矢量和,即

$$\boldsymbol{M}=\boldsymbol{r}\times\sum_i\boldsymbol{F}_i=\sum_i(\boldsymbol{r}\times\boldsymbol{F}_i)=\sum_i\boldsymbol{M}_i$$

根据力矩的定义,如果力矩为零,可能是如下情况:$\theta=0$ 或 $\theta=\pi$,即力 $\boldsymbol{F}$ 的作用线通过参考点 O。如果一个质点所受力的作用线始终通过某个参考点,这种力称为有心力,该参考点称为力心,显然,有心力对力心的力矩恒为零。

二、质点对参考点的角动量

如图 4-7 所示,O 为一参考点,某个时刻质点 A 的动量为 $\boldsymbol{p}$,$\boldsymbol{r}$ 为 O 点指向质点的矢量,θ

为 $\boldsymbol{p}$ 和 $\boldsymbol{r}$ 的夹角，定义质点 A 对于点 O 的**角动量**为

$$\boldsymbol{L}=\boldsymbol{r}\times\boldsymbol{p}=\boldsymbol{r}\times m\boldsymbol{v} \tag{4-12}$$

即质点对某参考点的角动量等于质点对该点的位矢与其动量的矢积。角动量的大小为 $L=rp\sin\theta=rmv\sin\theta$，方向垂直于位矢 $\boldsymbol{r}$ 与其动量 $\boldsymbol{p}$ 所在的平面，由右手定则确定。显然角动量与所选取的参考点的位置有关系，如图 4-7 所示，如果质点的动量确定，而改变参考点 O 的位置，则该质点对 O 点的角动量的大小和方向都将随之改变。因此，在描述一个质点的角动量时，必须指明是相对于哪一个参考点而言的。角动量也称为**动量矩**，国际单位制中，角动量的单位是千克·米^2·秒$^{-1}$($\mathrm{kg\cdot m^2\cdot s^{-1}}$)。

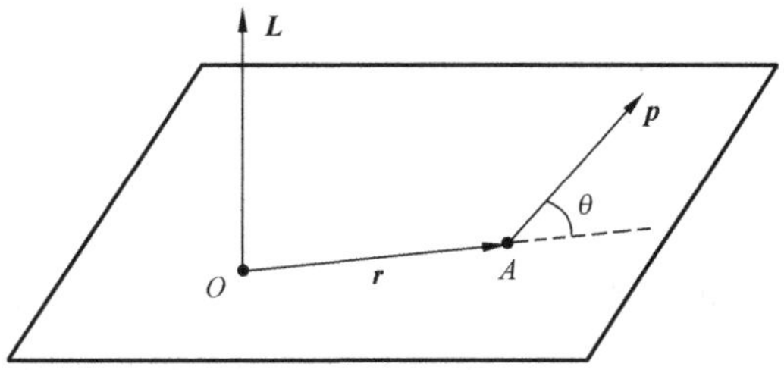

图 4-7 质点的角动量

一个质点沿半径为 r 的圆周运动，其动量大小为 $p=mv$ 时，质点对圆心的角动量大小为

$$L=rp=mrv$$

角动量的方向用右手定则判断，如图 4-8 所示。

三、质点对参考点的角动量定理和守恒定律

将质点对参考点 O 的角动量 $\boldsymbol{L}$ 对时间 t 求导，得

$$\frac{\mathrm{d}\boldsymbol{L}}{\mathrm{d}t}=\frac{\mathrm{d}}{\mathrm{d}t}(\boldsymbol{r}\times\boldsymbol{p})=\boldsymbol{r}\times\frac{\mathrm{d}\boldsymbol{p}}{\mathrm{d}t}+\frac{\mathrm{d}\boldsymbol{r}}{\mathrm{d}t}\times\boldsymbol{p}=\boldsymbol{r}\times\boldsymbol{F}+\boldsymbol{v}\times\boldsymbol{p}$$

式中，第一项 $\boldsymbol{r}\times\boldsymbol{F}$ 为作用于质点的合力 $\boldsymbol{F}$ 对参考点 O 的力矩 $\boldsymbol{M}$，第二项 $\boldsymbol{v}\times\boldsymbol{p}=\boldsymbol{v}\times(m\boldsymbol{v})=0$，因此，上式为

$$\frac{\mathrm{d}\boldsymbol{L}}{\mathrm{d}t}=\boldsymbol{M} \tag{4-13}$$

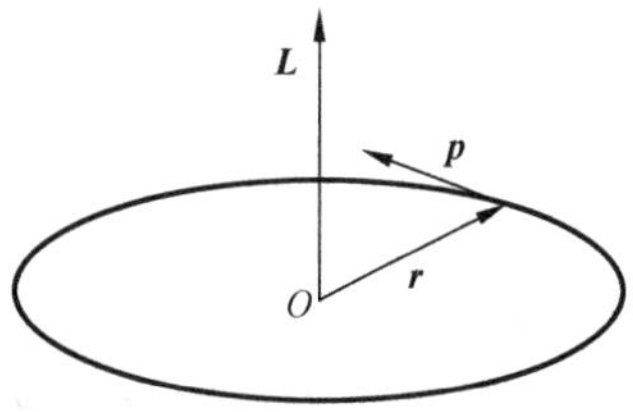

图 4-8 做圆周运动的质点对圆心的角动量

即，质点对参考点 O 的角动量对时间的变化率等于作用在质点上的合力对该点的力矩，这就是质点对参考点 O 的**角动量定理**。

将上式改写为

$$\boldsymbol{M}\mathrm{d}t=\mathrm{d}\boldsymbol{L}$$

并考虑 t_1 时刻至 t_2 时刻的运动，等式两边取积分，可得

$$\int_{t_1}^{t_2}\boldsymbol{M}\mathrm{d}t=\int_{L_1}^{L_2}\mathrm{d}\boldsymbol{L}=\boldsymbol{L}_2-\boldsymbol{L}_1 \tag{4-14}$$

式中,$\boldsymbol{L}_1$ 和 $\boldsymbol{L}_2$ 分别为质点在 t_1 时刻和 t_2 时刻对参考点 O 的角动量,定义 $\int_{t_1}^{t_2}\boldsymbol{M}\mathrm{d}t$ 为质点在 t_2-t_1 时间内所受到的**冲量矩**。因此,对同一参考点 O,质点所受到的冲量矩等于质点角动量的增量,这是质点对参考点的角动量定理的积分形式。

根据质点对参考点的角动量定理

$$\boldsymbol{M}=\boldsymbol{0}\text{ 时},\frac{\mathrm{d}\boldsymbol{L}}{\mathrm{d}t}=\boldsymbol{0},\boldsymbol{L}=\text{常矢量}$$

即若作用于质点的合力对参考点 O 的力矩恒为零,则质点对该点的角动量不变,称为质点对参考点 O 的**角动量守恒**定律。根据前面对有心力的讨论,若质点在有心力的作用下运动,则质点对力心的角动量守恒。

例 4-6

哈雷彗星绕太阳运动的轨道是一个椭圆。它离太阳最近的距离是 $r_1=8.75\times10^{10}\,\mathrm{m}$,此时它的速率是 $v_1=5.46\times10^4\,\mathrm{m\cdot s^{-1}}$。它离太阳最远时的速率是 $v_2=9.08\times10^2\,\mathrm{m\cdot s^{-1}}$,这时它离太阳的距离 r_2 是多少?

解 彗星运行时受到的引力指向太阳,所以它对太阳的角动量守恒。它在走过离太阳最近或最远的地点时,速度的方向均与对太阳的矢径方向垂直,所以根据角动量守恒有

$$mr_1v_1=mr_2v_2$$

由此得

$$r_2=\frac{r_1v_1}{v_2}=5.26\times10^{12}(\mathrm{m})$$

例 4-7

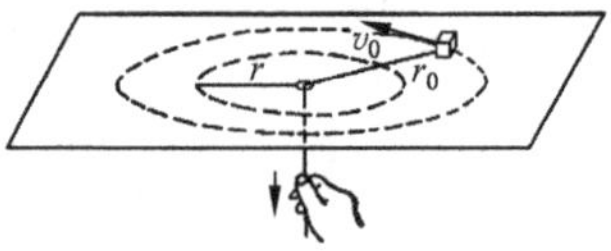

图 4-9 物体在有心力作用下运动

用绳系一小方块使之在光滑水平面上做圆周运动,如图 4-9 所示,圆半径为 r_0,速率为 v_0。今缓慢地拉下绳的另一端,使圆半径逐渐减小。求圆半径缩短至 r 时,小方块的速率 v 是多大。

解 绳缩短时,方块受的拉力指向圆心。此力对圆心的力矩为零,因而方块运动的角动量守恒。以 m 表示物块的质量,应有

$$mr_0v_0=mrv$$

由此可得

$$v=v_0\frac{r_0}{r}$$

四、质点系对参考点的角动量定理和守恒定律

若系统可以视为质点系，其中第 i 个质点相对于参考点 O 的角动量为 $\boldsymbol{L}_i$，所受力矩为 $\boldsymbol{M}_i$，其中，内力矩为 $\boldsymbol{M}_{i内}$，外力矩为 $\boldsymbol{M}_{i外}$，则根据式(4-13)得

$$\frac{\mathrm{d}\boldsymbol{L}_i}{\mathrm{d}t}=\boldsymbol{M}_i=\boldsymbol{M}_{i内}+\boldsymbol{M}_{i外}$$

对所有质点求和，有

$$\sum_i\frac{\mathrm{d}\boldsymbol{L}_i}{\mathrm{d}t}=\frac{\mathrm{d}\sum\limits_i\boldsymbol{L}_i}{\mathrm{d}t}=\frac{\mathrm{d}\boldsymbol{L}}{\mathrm{d}t}=\sum_i\boldsymbol{M}_i=\sum_i\boldsymbol{M}_{i内}+\sum_i\boldsymbol{M}_{i外}=\boldsymbol{M}_{内}+\boldsymbol{M}_{外}$$

式中，$\boldsymbol{L}$ 为质点系的角动量。如图 4-10 所示，质点 m_1 所受的内力 $\boldsymbol{f}_{12}$ 与质点 m_2 所受的内力 $\boldsymbol{f}_{21}$ 为一对作用力与反作用力，根据力矩的定义，显然 $\boldsymbol{f}_{12}$ 与 $\boldsymbol{f}_{21}$ 对 O 点的力矩之和为零。质点系中内力总是成对出现的，其力矩矢量和为零，即

$$\boldsymbol{M}_{内}=\boldsymbol{0}$$

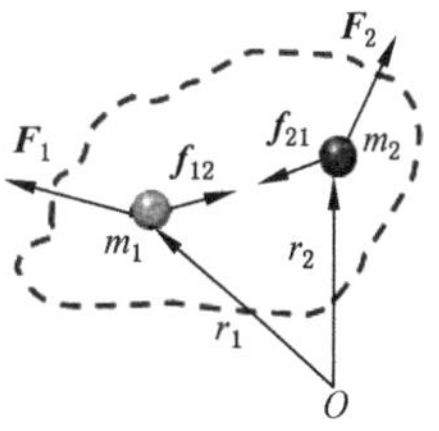

图 4-10　质点系的内力矩

则有

$$\frac{\mathrm{d}\boldsymbol{L}}{\mathrm{d}t}=\boldsymbol{M}_{外}$$

即，质点系对于参考点 O 的角动量随时间的变化率等于外力对该点力矩的矢量和，称为质点系对参考点 O 的**角动量定理**。积分形式可表示为

$$\int_{t_1}^{t_2}\boldsymbol{M}_{外}\,\mathrm{d}t=\boldsymbol{L}_2-\boldsymbol{L}_1 \tag{4-15}$$

内力矩不改变质点系的总角动量，但是可以改变系统内某个质点的角动量。

根据质点系对参考点的角动量定理

$$\boldsymbol{M}_{外}=\boldsymbol{0}\text{ 时},\frac{\mathrm{d}\boldsymbol{L}}{\mathrm{d}t}=\boldsymbol{0},\boldsymbol{L}=\text{常矢量}$$

即当质点系所受的外力对 O 点力矩的矢量和恒为零时，质点系对该点的角动量不变，称为质点系对参考点 O 的**角动量守恒**定律。

例 4-8

如图 4-11 所示，质量分别为 m_1 和 m_2 的两个小钢球固定在一个长为 a 的轻质硬杆的两

端,杆的中点有一轴 O 使杆可在水平面内自由转动,杆原来静止。另一泥球质量为 m_3,以水平速度 $\boldsymbol{v}_0$ 垂直于杆的方向与 m_2 发生碰撞,碰撞后二者粘在一起。设 $m_1=m_2=m_3$,求碰撞后杆转动的角速度。

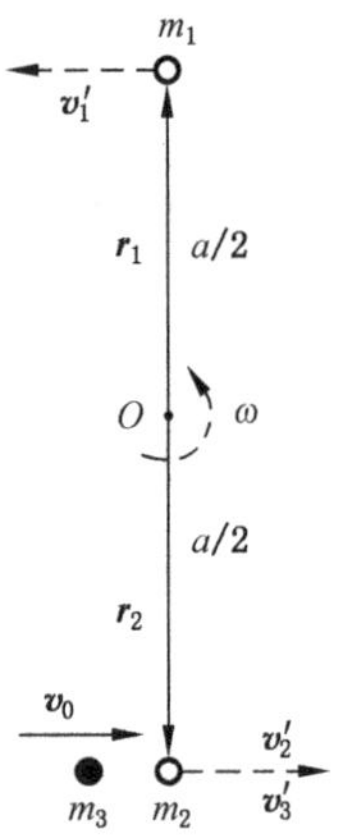

图 4-11 例 4-8 图

解 考虑这三个质点组成的质点系。相对于杆的中点,在碰撞过程中合外力矩为零,因此对此点的角动量守恒。碰撞前,此三质点系统的总角动量为 $m_3\boldsymbol{r}_2\times\boldsymbol{v}_0$。设碰撞后杆转动的角速度为 ω,则三质点的速率 $v_1'=v_2'=v_3'=\dfrac{a}{2}\omega$,它们的总角动量为 $m_1\boldsymbol{r}_1\times\boldsymbol{v}_1'+m_2\boldsymbol{r}_2\times\boldsymbol{v}'_2+m_3\boldsymbol{r}_2\times\boldsymbol{v}'_3$。考虑这些矢积的方向相同,角动量守恒给出如下标量关系:

$$m_3r_2v_0=m_1r_1v_1'+m_2r_2v_2'+m_3r_2v_3'$$

由 $m_1=m_2=m_3$,$r_1=r_2=\dfrac{a}{2}$,$v_1'=v_2'=v_3'=\dfrac{a}{2}\omega$,得

$$\omega=\frac{2v_0}{3a}$$

值得注意的是,在此碰撞过程中,质点系的总动量并不守恒(读者可根据系统始末动量自行校核)。这是因为在 m_2 和 m_3 的碰撞过程中,系统还受到了轴 O 的冲量。

本 章 提 要

1. 几个基本概念

冲量:$\boldsymbol{I}=\int \mathrm{d}\boldsymbol{I}=\int_{t_1}^{t_2}\boldsymbol{F}\,\mathrm{d}t$

动量:$\boldsymbol{p}=m\boldsymbol{v}$

力矩:$\boldsymbol{M}=\boldsymbol{r}\times\boldsymbol{F}$

角动量:$\boldsymbol{L}=\boldsymbol{r}\times\boldsymbol{p}=\boldsymbol{r}\times m\boldsymbol{v}$

2. 动量定理

质点的动量定理:

$$\boldsymbol{I}=\int_{t_1}^{t_2}\boldsymbol{F}\,\mathrm{d}t=\int_{\boldsymbol{p}_1}^{\boldsymbol{p}_2}\mathrm{d}\boldsymbol{p}=\boldsymbol{p}_2-\boldsymbol{p}_1$$

即,在一段时间内质点所受的合外力的冲量等于在这段时间内质点动量的增量。

质点系的动量定理:

$$\int_{t_1}^{t_2}(\sum_i \boldsymbol{F}_{i外})\mathrm{d}t=\sum_i \boldsymbol{p}_{i2}-\sum_i \boldsymbol{p}_{i1}$$

即，在一段时间内质点系所受合外力的冲量等于在该段时间内质点系总动量的增量。

3. 动量守恒定律

$$若\ \sum_i \boldsymbol{F}_{i外}=\boldsymbol{0},则\sum_i \boldsymbol{m}_i\boldsymbol{v}_{i1}=\sum_i \boldsymbol{m}_i\boldsymbol{v}_{i2},\sum_i \boldsymbol{p}_i=常矢量$$

即，若质点系所受外力矢量和为零，则质点系的总动量保持不变。

4. 质点系的角动量定理和角动量守恒定律

质点系的角动量定理：

$$\frac{\mathrm{d}\boldsymbol{L}}{\mathrm{d}t}=\boldsymbol{M}_{外}$$

即，质点系对于参考点 O 的角动量随时间的变化率等于外力对该点力矩的矢量和。

角动量守恒定律：

$$\boldsymbol{M}_{外}=0\ 时,\frac{\mathrm{d}\boldsymbol{L}}{\mathrm{d}t}=0,\boldsymbol{L}=常矢量$$

即，当质点系所受的外力对 O 点力矩的矢量和始终为零时，质点系对 O 点的角动量保持不变。

思　考　题

4-1　质量为 m 的小球以速度 v 水平地向墙壁碰去，碰后又以相同的速率沿水平方向弹回，在碰撞过程中小球动量的增量是多少？小球施于墙壁的冲量是多少？方向如何？

4-2　质点系的动量守恒，是否意味着该系统中，一部分质点速率变大时，另一部分质点的速率一定变小？

4-3　两个物体系于轻绳的两端，绳跨过一个定滑轮，若把两物体和绳看作一个系统，哪些力是外力？哪些力是内力？

4-4　棒球运动员在接球时为何要戴厚而软的手套？篮球运动员接急球时往往持球缩手，这是为什么？

4-5　悬浮在空中的气球下面吊有软梯，有一人站在上面，最初，均处于静止，后来，人开始向上爬，问气球是否运动？

4-6　跳伞运动员临着陆时用力向下拉降落伞，这是为什么？

4-7　人从大船上容易跳上岸，而从小舟上则不容易跳上岸了，为什么？

4-8　判断下列说法是否正确：

(1) 一定质量的质点在运动中某时刻的加速度一经确定,则质点所受的合力就可以确定了,同时,作用于质点的力矩也就被确定了;

(2) 质点做圆周运动必定受到力矩的作用,质点做直线运动必定不受力矩作用;

(3) 做匀速圆周运动的质点,其质量 m、速率 v 及圆周半径 r 都是常量,虽然其速度方向时时在改变,但却总与半径垂直,所以其角动量守恒。

习　　题

4-1　选择题

(1) 船静止在水中,若水的阻力不计,当先后以相对地面相等的速率,分别从船头与船尾水平抛出两个质量相等的物体,抛出时两物体的速度方向相反,则两物体抛出以后,船的状态是(　)。

(A) 仍保持静止状态　　(B) 船向前运动

(C) 船向后运动　　(D) 无法判断

(2) 如图所示,A、B 两物体的质量比 $m_A : m_B = 3 : 2$,它们原来静止在平板车 C 上,A、B 间有一根被压缩了的弹簧,A、B 与平板车上表面间滑动摩擦系数相同,地面光滑,当弹簧突然释放后,则有(　)。

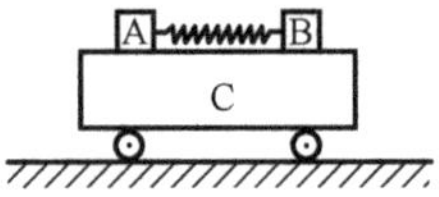

选择题(2)图

(A) A、B 系统动量守恒　　(B) A、B、C 系统动量守恒

(C) 小车向右运动　　(D) 不能确定

(3) 一质量为 m 的质点受力为 $F = F_0 e^{-kt}$,该质点在 $t=0$ 时的速度为零,该质点能达到的最大速度为多少(　)。

(A) $\dfrac{F_0}{k}$　　(B) $\dfrac{F_0}{m}$　　(C) $\dfrac{F_0}{mk}$　　(D) $F_0 k$

(4)假设卫星环绕地球中心做椭圆运动,则在运动过程中,卫星对地球中心的(　)。

(A) 角动量守恒,动能守恒　　(B) 角动量守恒,机械能守恒

(C) 角动量不守恒,机械能守恒　　(D) 角动量不守恒,机械能也不守恒

4-2　一个质量为 m 的质点在 xy 平面上运动,其位置矢量为

$$\boldsymbol{r} = a\cos\omega t\boldsymbol{i} + b\sin\omega t\boldsymbol{j}$$

求 $t=0$ 到 $t=\dfrac{\pi}{2\omega}$时间内质点动量的改变量。

4-3　自动步枪连发时每分钟可射出 120 发子弹,每颗子弹质量为 7.9 g,出口速率为

735 m·s^{-1}，求射击时(以分钟计)枪托对肩部的平均压力。

4-4　跳伞者的质量 $m=70$ kg，自悬停在高空中的直升机中跳出，当速度达到 $v_1=55$ m·s^{-1} 时，把伞打开，经过时间 $\Delta t=1.25$s 后，速度减到 $v_2=5$ m·s^{-1}。试求这段时间内绳索作用于人的平均拉力。

4-5　如图所示，已知绳能承受的最大拉力 $T_0=9.8$ N，小球质量 $m=0.5$ kg，绳长 $l=0.3$ m，求水平冲量 I 等于多大时才能把绳子拉断(小球原来静止)。

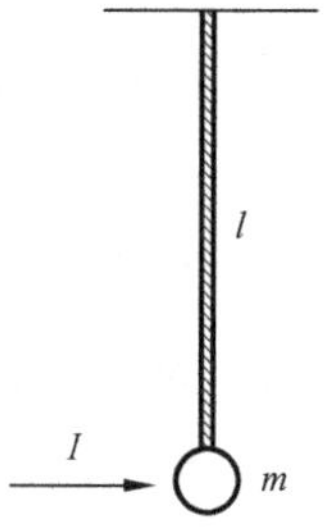

习题 4-5 图

4-6　质量为 m 的质点做圆锥摆运动，质点的速率为 v，圆半径为 R。圆锥母线与轴线之间的夹角为 α，计算拉力在一周内的冲量。

4-7　一颗子弹由枪口射出时速率为 v_0，当子弹在枪筒内被加速时，它所受的合力为 $F=a-bt$(SI)，a、b 为常数。

(1) 假设子弹运行到枪口处合力刚好为零，试计算子弹走完枪筒全长所需时间；

(2) 求子弹所受的冲量；

(3) 求子弹的质量。

4-8　质量为 70 kg 的人和质量为 210 kg 的小船最初处于静止，后来人从船尾向船头匀速走了 3.2 m 停下来。问船向哪个方向运动？移动了几米？不计船所受的阻力。

4-9　如图所示，炮车固定在车厢内，最初均处于静止。向右发射一枚弹丸，车厢向左方运动。弹丸射在对面墙上后随即顺墙壁落下。问此过程中车厢移动的距离是多少？已知炮车和车厢总质量为 m，弹丸质量为 m'，炮口到对面墙上的距离为 L，不计铁轨作用于车厢的阻力。

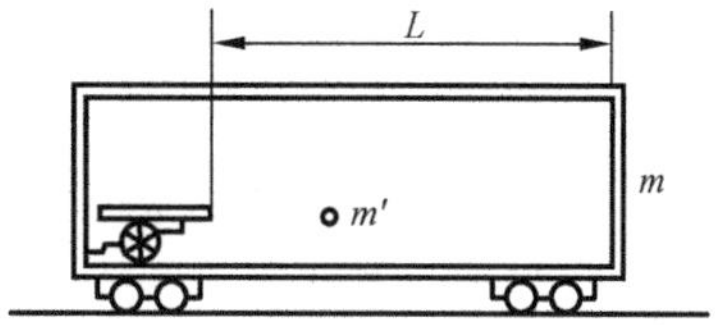

习题 4-9 图

4-10　如图所示，一枚手榴弹投出方向与水平面成 45°角，投出的速率为 25 m·s^{-1}。在刚要接触与发射点同一水平面的目标时爆炸，设分成质量相等的三块，一块以速度 v_3 竖直朝下，一块顺爆炸处切线方向以 $v_2=15$ m·s^{-1} 飞出，一块沿法线方向以 v_1 飞出，求 v_1 和 v_3，不计空气阻力。

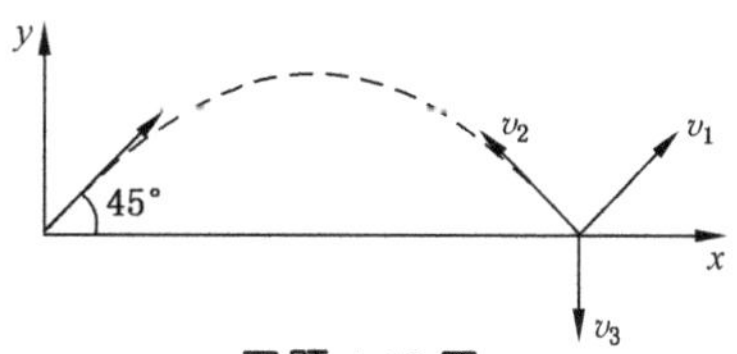

习题 4-10 图

4-11　体重为 W 的人拿着重为 w 的物体跳远，起跳仰角为 φ，初速度为 v_0。到达最高点时，该人将手中的物体以水平向后的相对速度 u 抛出，问跳远成绩因此增加了多少？

4-12　一质量为 $M=10\ \mathrm{kg}$ 的物体放在光滑的水平桌面上，今有一质量 $m=1\ \mathrm{kg}$ 的小球以水平速度 $v_0=4\ \mathrm{m\cdot s^{-1}}$ 飞来，与物体 M 相撞后以 $v_1=2\ \mathrm{m\cdot s^{-1}}$ 的速度弹回，问小球 m 和物体 M 的碰撞是完全弹性碰撞吗？

4-13　一质量为 200 g 的托盘，用一弹簧悬挂起来，使弹簧伸长 10 cm。今有一质量为 200 g 的铅块在高 30 cm 处从静止开始落进托盘，如图所示，求此托盘向下移动的最大距离。弹簧质量不计，空气阻力不计。

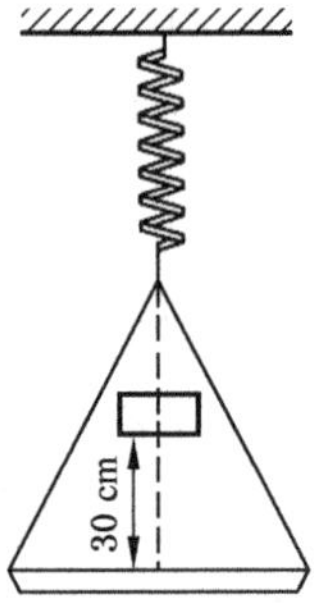

习题 4-13 图

4-14　质量为 $m_1=0.79\ \mathrm{kg}$ 和 $m_2=0.80\ \mathrm{kg}$ 的物体与劲度系数为 $10\ \mathrm{N\cdot m^{-1}}$ 的轻弹簧相连，置于光滑水平桌面上。最初弹簧处于自由伸长状态，质量为 0.01 kg 的子弹以速率 $v_0=100\ \mathrm{m\cdot s^{-1}}$ 沿水平方向射入 m_1 内，问弹簧最大压缩量为多少？

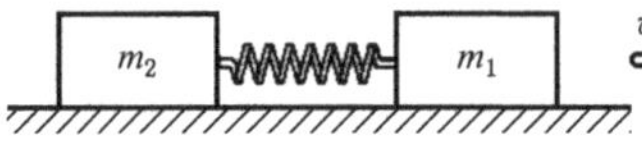

习题 4-14 图

4-15　我国发射的第一颗人造地球卫星近地点高度 $d_{近}=439\ \mathrm{km}$，远地点 $d_{远}=2\ 384\ \mathrm{km}$，地球半径 $R_{地}=6\ 370\ \mathrm{km}$，求卫星在近地点和远地点的速度之比。

第五章　刚体的定轴转动

刚体是一种理想的物理模型，指在运动过程中大小和形状始终保持不变的物体。当物体的形状、大小变化对研究问题的影响可以忽略不计时，即可视为刚体。本章将重点讨论刚体的定轴转动。

第一节　刚体的运动

一、刚体的平动

在刚体运动过程中，如果刚体内任意一条直线始终和自身保持平行，这种运动就称为刚体的**平动**。如图 5-1 所示，在刚体平动时，刚体上每一个质点的运动轨迹都相同，且在任意时刻各点的速度、加速度也都相同。因此，刚体平动时，可以将其看为质点，前面章节中讨论过的质点运动学规律都适用于刚体的平动。

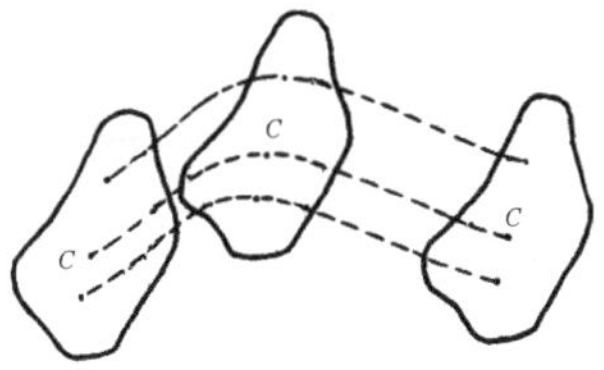

图 5-1　刚体的平动

二、刚体的定轴转动

若刚体中各质点都在绕同一条固定的直线做圆周运动，则称为**刚体的定轴转动**，该固定直线称为转轴。刚体的平动和绕定轴转动是刚体运动的两种基本形式，刚体的任意运动都可以看作这两种运动的合成。刚体绕定轴转动时，各质点在不同的平面内做半径不同的圆周运动，其位移、速度和加速度不同，但是各质点做圆周运动的角位移、角速度和角加速度是相同的，因此，常用角量来描述刚体的定轴转动。

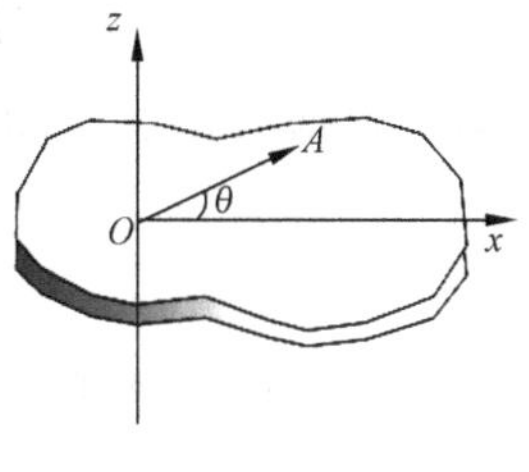

图 5-2　刚体的定轴转动

如图 5-2 所示，A 点为刚体内任一点，过 A 点作垂直于转轴的平面，则刚体定轴转动时 A 点的运动轨迹就处于这一平面内，因此该平面即为转动平面。O 点为转轴与转动平面的交点，A 点在转动平面内绕 O 点做圆周运动，则 OA 与 Ox 轴的夹角 θ 就可以描述该时刻绕定轴转动刚体的位置。与第一章中圆周运动的角量描述相同，定义 θ 角为刚体的**角位置**或**角坐标**。θ 角自 Ox 轴起，从 z 轴的正端向负端看,规定 θ 角沿逆时针方向为正,反之为负。

同样定义**角速度** ω 为

$$\omega = \frac{d\theta}{dt} \tag{5-1}$$

刚体上任一点 A 的线速度 v 与刚体转动的角速度 ω 之间关系为

$$v = \omega r \tag{5-2}$$

式中,r 为 OA 的距离。定义**角加速度**

$$\alpha = \frac{d\omega}{dt} \tag{5-3}$$

参考第一章中的公式,同样可以得到绕定轴转动的刚体中任一点(离开转轴距离为 r)的速度和加速度可以表示为

$$\begin{cases} v = \dfrac{ds}{dt} = r\dfrac{d\theta}{dt} = r\omega \\ a_n = \dfrac{v^2}{r} = r\omega^2 \\ a_\tau = \dfrac{dv}{dt} = r\dfrac{d\omega}{dt} = r\alpha \end{cases}$$

若刚体绕定轴做匀变速转动,$t=0$ 时刻质点的角坐标为 θ_0,角速度为 ω_0,则刚体的运动学公式为

$$\begin{cases} \theta = \theta_0 + \omega_0 t + \dfrac{1}{2}\alpha t^2 \\ \omega = \omega_0 + \alpha t \\ \omega^2 - \omega_0^2 = 2\alpha(\theta - \theta_0) \end{cases}$$

例 5-1

半径 $r=0.6$ m 的飞轮边缘上一点 A 的运动方程为 $s=0.1t^3$(SI),试求当 A 点的速度大小 $v=30\ \text{m}\cdot\text{s}^{-1}$ 时,A 点的切向加速度和法向加速度的大小。

解 根据 A 点的运动方程,可得

$$v = \frac{ds}{dt} = 0.3t^2$$

A 点的切向加速度、法向加速度分别为

$$a_\tau = \frac{d^2 s}{dt^2} = 0.6t$$

$$a_n = \frac{v^2}{r} = \frac{0.09t^4}{r}$$

当 $v=30\ \mathrm{m \cdot s^{-1}}$ 时，$t=10\ \mathrm{s}$，代入上式得

$$a_\tau = 6\ (\mathrm{m \cdot s^{-2}})$$

$$a_n = 1\ 500\ (\mathrm{m \cdot s^{-2}})$$

第二节　刚体定轴转动的转动定律

一、力对轴的力矩

第四章中介绍了力对固定点的力矩，本节将介绍力对轴的力矩，力对轴的力矩是影响刚体定轴转动的决定因素。将刚体视为质点系，所有内力的矢量和为零，因此内力对任意参考点或轴的合力矩为零。有外力 $\boldsymbol{F}$ 作用于绕定轴转动的刚体上，将 $\boldsymbol{F}$ 分解为平行于转轴的分量 $\boldsymbol{F}_{//}$ 和垂直于转轴的分量 $\boldsymbol{F}_{\perp}$。显然 $\boldsymbol{F}_{//}$ 不会对刚体的转动产生任何影响，因此定义 $\boldsymbol{F}_{//}$ 对转轴的力矩为零。这样，只需要考虑 $\boldsymbol{F}_{\perp}$ 产生的对转轴的力矩即可。

如图 5-3 所示，力 $\boldsymbol{F}$ 作用在刚体上的 P 点，现在考虑力 $\boldsymbol{F}$ 在垂直于转轴的平面上的分量 $\boldsymbol{F}_{\perp}$，O 点为 P 点的转动平面和转轴的交点，O 点至 P 点的距离为 r，φ 为从 z 正端向负端看，由 $\boldsymbol{r}$ 逆时针转至 $\boldsymbol{F}_{\perp}$ 转过的角度。力 $\boldsymbol{F}$ 对转轴 z 的力矩可转换为力 $\boldsymbol{F}_{\perp}$ 对 O 点的力矩，根据前面力对参考点的力矩定义，该力矩为 $\boldsymbol{M}=\boldsymbol{r}\times\boldsymbol{F}_{\perp}$。力矩是矢量，根据质点对固定点的力矩的定义，$\boldsymbol{F}_{\perp}$ 对 O 点的力矩方向只可能是沿着 z 轴正向或负向，因此通常可以把力对转轴的力矩视作代数量。从 z 正端向负端看，若 $\boldsymbol{F}$ 有驱动刚体沿逆时针方向旋转的趋势，也就是 $\boldsymbol{r}\times\boldsymbol{F}_{\perp}$ 矢量沿 z 轴正方向，则力矩为正，反之为负。所以，**力 $\boldsymbol{F}$ 对转轴 z 的力矩为**

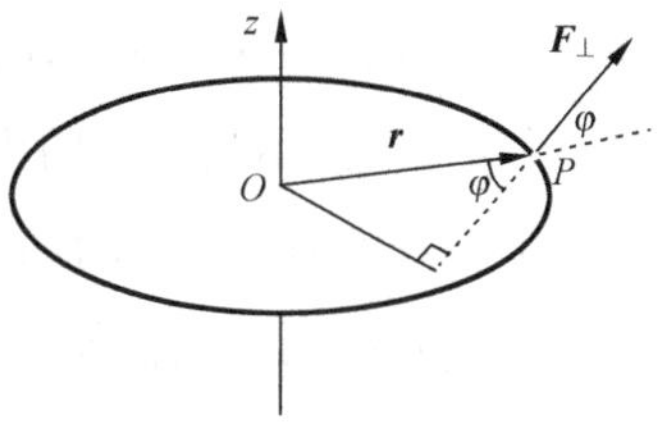

图 5-3　力对转轴的力矩

$$M_z = rF_{\perp}\sin\varphi \tag{5-4}$$

即力 $\boldsymbol{F}$ 对 z 轴的力矩等于受力点到 z 轴的垂直距离与力 $\boldsymbol{F}$ 垂直于 z 轴的分量以及按照前面定义的 φ 角正弦的乘积。

由于本章后面讨论的均为刚体的定轴转动问题，为简化形式，常略去标示转轴的下标。

二、刚体定轴转动的转动定律

把绕定轴转动的刚体看作质点系，其中第 i 个质点质量为 Δm_i，和固定转轴的垂直距离为 r_i，设作用在质点 i 上的外力的合力为 $\boldsymbol{F}_i$，内力的合力为 $\boldsymbol{f}_i$，根据牛顿第二定律，得

$$\boldsymbol{F}_i + \boldsymbol{f}_i = \Delta m_i \boldsymbol{a}_i$$

质点 i 在绕转轴做半径为 r_i 的圆周运动,将质点的受力分解到切线方向和法线方向,在切线方向上应用牛顿第二定律,得

$$F_{i\tau}+f_{i\tau}=\Delta m_i a_{i\tau}=\Delta m_i r_i \alpha$$

式中,α 为角加速度。将上式两端乘以 r_i,并对整个刚体进行求和,得到

$$\sum_i F_{i\tau} r_i+\sum_i f_{i\tau} r_i=\sum_i \Delta m_i r_i^2 \alpha$$

式中,左边第一项为所有外力在切线方向的分量对转轴的力矩之和,由于法线方向的分量对转轴的力矩为零,因此,第一项就是合外力矩 M;第二项为所有内力对转轴的力矩之和,由于内力都是成对出现的,大小相等,方向相反,因此这一项为零。等式右边 α 对所有质点都相等,则 $\sum_i \Delta m_i r_i^2 \alpha=\left(\sum_i \Delta m_i r_i^2\right) \alpha=J \alpha$,上式改写为

$$M=J \alpha \tag{5-5}$$

式中,J 称为刚体对定轴的转动惯量。即刚体绕定轴转动时,所受到的对转轴的合外力矩等于刚体对转轴的转动惯量与角加速度之积,这个关系称为刚体定轴转动的**转动定律**。

刚体定轴转动的转动定律是解决刚体定轴转动动力学问题的基本方程,在分析和解决问题时,可以与质点运动学中的牛顿第二定律进行类比。两者在形式上对比可以看出转动惯量 J 对应于质点的质量 m,角加速度 α 对应于质点的加速度 a。质量描述质点的运动惯性,转动惯量则描述刚体的转动惯性,是刚体转动惯性大小的量度。

第三节 转动惯量 平行轴定理

一、转动惯量

把绕定轴转动的刚体看作质点系,第 i 个质点的质量为 Δm_i,与固定转轴的垂直距离为 r_i,则刚体对该转轴的**转动惯量**为

$$J=\sum_i \Delta m_i r_i{}^2$$

对于质量连续分布的刚体对某转轴的转动惯量,则将上式改为用积分表示

$$J=\int_m r^2 \mathrm{d} m \tag{5-6}$$

式中,r 为刚体中的质元 $\mathrm{d}m$ 到转轴的垂直距离。

转动惯量是刚体转动惯性大小的量度。根据转动惯量的定义可知,刚体的转动惯量与以下两个因素有关:刚体的质量及其形状和密度分布;转轴的位置。同一刚体对不同转轴的转动惯量不同,因此描述刚体的转动惯量必须指出是对哪一个转轴而言的。在国际单位制中,

转动惯量的单位是千克·米^2(kg·m^2)。

例 5-2

如图 5-4 所示，求半径为 R、质量为 m 的均匀圆环对通过环心并与环面垂直的转轴的转动惯量。

解 在圆环上取任意质元 dm，根据转动惯量的定义，得此质元对转轴的转动惯量为

$$\mathrm{d}J = R^2\mathrm{d}m$$

环上所有质元到轴的距离相等，均为 R，所以整个圆环对轴的转动惯量为

$$J = \int \mathrm{d}J = \int_m R^2\mathrm{d}m = mR^2$$

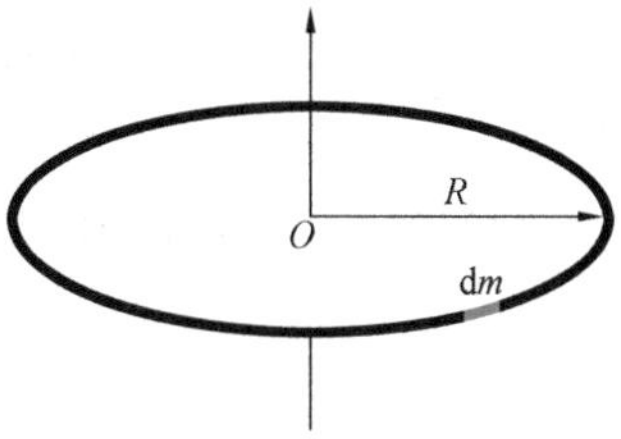

图 5-4 均质圆环的转动惯量

例 5-3

如图 5-5 所示，求半径为 R、质量为 m 的均匀圆盘对过圆盘中心且与盘面垂直的转轴的转动惯量。

解 均匀圆盘单位面积的质量为

$$\sigma = \frac{m}{\pi R^2}$$

在圆盘上取半径为 r，宽为 dr 的圆环为质元，则质元的质量为

$$\mathrm{d}m = \sigma \cdot \mathrm{d}S$$

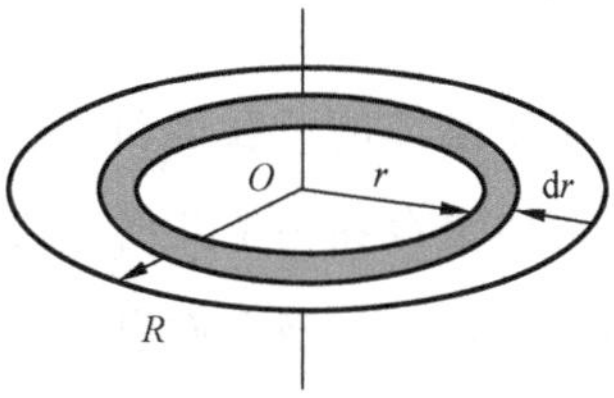

图 5-5 均质圆盘的转动惯量

式中，dS 为质元面积，$\mathrm{d}S=2\pi r\mathrm{d}r$。由例 5-2 可知质元对轴的转动惯量为

$$\mathrm{d}J = r^2 \cdot \mathrm{d}m = r^2 \cdot \frac{m}{\pi R^2}2\pi r\mathrm{d}r = \frac{2m}{R^2}r^3\mathrm{d}r$$

所以整个圆盘的转动惯量 J 为

$$J = \int \mathrm{d}J = \int_0^R \frac{2m}{R^2}r^3\mathrm{d}r = \frac{2m}{R^2}\ \frac{1}{4}r^4\Big|_0^R = \frac{1}{2}mR^2$$

例 5-4

求长度为 L、质量为 m 的均匀细棒对下面转轴的转动惯量：

(1)转轴过棒中点并与棒垂直；

(2)转轴过棒端点并与棒垂直。

解 如图 5-6 所示，在棒上距轴 x 处，取长为 dx 的质元，细棒单位长度的质量为 $\lambda=\dfrac{m}{L}$，则质元质量为 $\mathrm{d}m=\lambda\mathrm{d}x$。该质元对转轴的转动惯量为

$$\mathrm{d}J=x^2\mathrm{d}m=\lambda x^2\mathrm{d}x$$

图 5-6　均质细棒的转动惯量

(1) 如图(a)所示,棒对过中心转轴的转动惯量为

$$J=\int \mathrm{d}J=\int_{-L/2}^{L/2}\lambda x^2\mathrm{d}x=\frac{1}{3}\lambda x^3\Big|_{-L/2}^{L/2}=\frac{1}{12}mL^2$$

(2) 如图(b)所示,棒对过棒一端转轴的转动惯量为

$$J=\int \mathrm{d}J=\int_0^L\lambda x^2\mathrm{d}x=\frac{1}{3}\lambda x^3\Big|_0^L=\frac{1}{3}mL^2$$

二、平行轴定理

对于刚体的一般运动,每个质点的运动情况各不相同,但是分析刚体的整体运动情况,可发现刚体上存在一个几何点,这个点的运动规律就像刚体的质量都集中在该点,同时全部外力也集中作用在该点而引起的运动一样。这个特殊点就是刚体的质心。

平行轴定理:如图 5-7 所示,质量为 m 的刚体对通过其质心的转轴 z_C 的转动惯量为 J_C,如果转轴 z 与转轴 z_C 平行,两个平行轴之间的距离为 d,则刚体对 z 轴的转动惯量为

$$J=J_C+md^2 \tag{5-7}$$

利用平行轴定理,例 5-4 的第二问可以计算如下:

$$J=J_C+md^2=\frac{1}{12}mL^2+m\left(\frac{L}{2}\right)^2=\frac{1}{3}mL^2$$

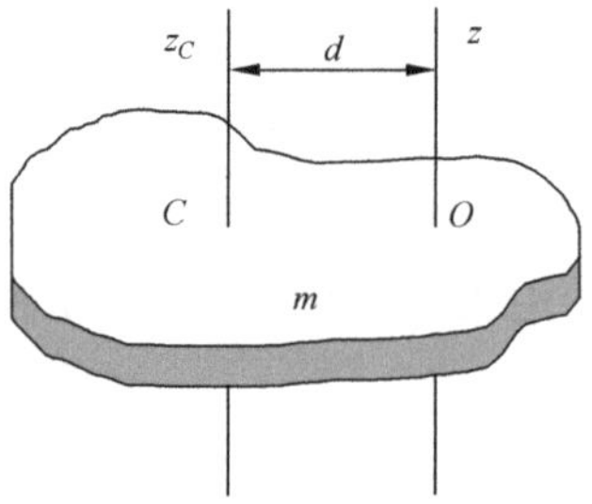

图 5-7　平行轴定理

表 5-1 给出了几种常见形状刚体的转动惯量。

表 5-1　一些常见刚体的转动惯量

刚体	转轴	转动惯量	图示
均质圆环（质量为 M，半径为 R）	通过圆环中心与环面垂直	MR^2	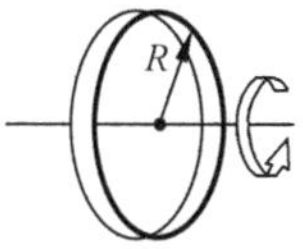
均质圆盘（质量为 M，半径为 R）	通过圆盘中心与盘面垂直	$\frac{1}{2}MR^2$	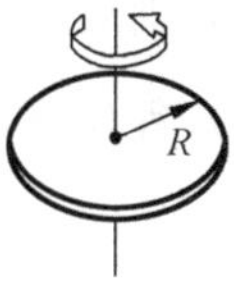
均质球体（质量为 M，半径为 R）	沿直径	$\frac{2}{5}MR^2$	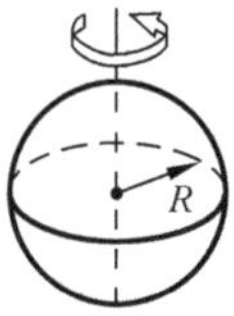
均质球壳（质量为 M，半径为 R）	沿直径	$\frac{2}{3}MR^2$	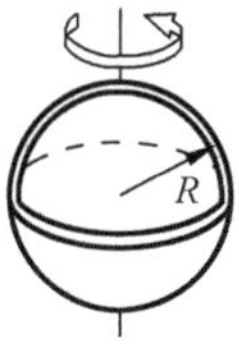
均质圆柱体（质量为 M，半径为 R）	沿几何轴	$\frac{1}{2}MR^2$	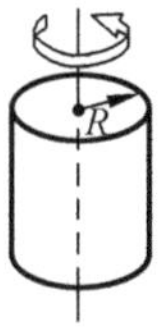
均质细杆（质量为 M，长为 L）	通过中心与杆垂直	$\frac{1}{12}ML^2$	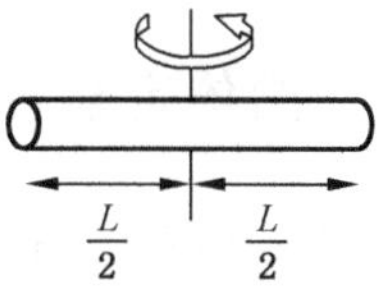

例 5-5

如图 5-8 所示，两物体质量分别为 m_1 和 m_2，定滑轮的质量为 m，半径为 R，可视作均匀圆盘。已知 m_2 与桌面间的滑动摩擦系数为 μ，求 m_1 的加速度和两段绳子中的张力各是多少？设滑轮与绳子间无相对滑动，滑轮轴受的摩擦力忽略不计。

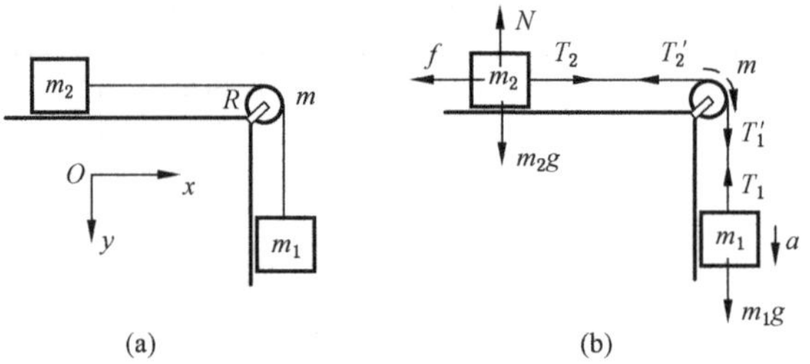

图 5-8　物体与滑轮运动分析

解　分别对 m_1、m_2 和 m 作受力分析，取坐标如图(a)所示，运用牛顿第二定律和刚体转动定律列方程如下

$$\begin{cases} m_1 g - T_1 = m_1 a \\ T_2 - \mu m_2 g = m_2 a \\ RT_1 - RT_2 = J\alpha \\ a = R\alpha \\ J = \dfrac{1}{2} mR^2 \end{cases}$$

解方程，得

$$\begin{cases} a = \dfrac{(m_1 - \mu m_2) g}{m_1 + m_2 + m/2} \\ T_1 = m_1 g \dfrac{(1+\mu) m_2 + m/2}{m_1 + m_2 + m/2} \\ T_2 = m_2 g \dfrac{(1+\mu) m_1 + \mu m/2}{m_1 + m_2 + m/2} \end{cases}$$

第四节　刚体定轴转动的角动量

一、刚体定轴转动的角动量

如图 5-9 所示，质点 m 绕 z 轴做圆周运动，O 点为质点所在平面与 z 轴的交点，则质点对 z 轴的角动量就等于质点对 O 点的角动量，即

$$\boldsymbol{L} = \boldsymbol{r} \times m\boldsymbol{v}$$

角动量的方向只有两种可能，z 轴正向或负向。因此，通常可以将质点对转轴的角动量视作代数量，其大小为 $L = mrv$。

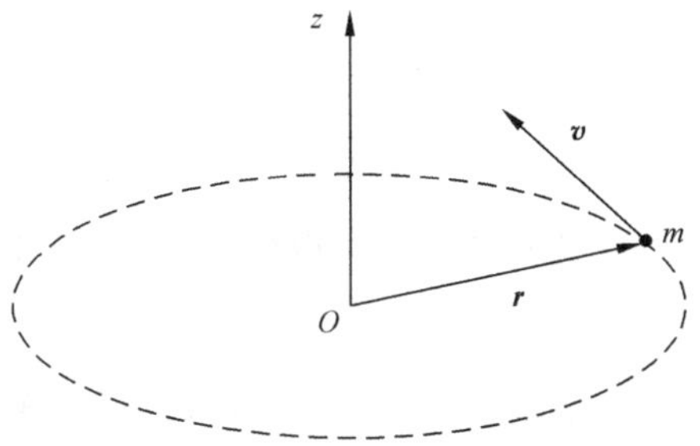

图 5-9　质点对转轴的角动量

将绕定轴转动的刚体视为质点系，其每一个质点都在绕转轴做圆周运动，并且方向相同，角速度也相同。设刚体转动的角速度为 ω，第 i 个质点质量为 Δm_i，与转轴 z 的距离为 r_i，则速度的大小为 $v_i=\omega r_i$。质点 i 对转轴 z 的角动量为 $L_i=\Delta m_i r_i v_i=\Delta m_i r_i^2\omega$。绕定轴转动的刚体上所有质点的角动量方向相同，因此刚体对转轴 z 的总角动量为

$$L=\sum_i L_i=\sum_i \Delta m_i r_i^2\omega$$

式中，$\sum_i \Delta m_i r_i^2=J$ 为刚体对 z 轴的转动惯量，即

$$L=J\omega \tag{5-8}$$

刚体绕定轴转动的角动量，等于刚体对该轴的转动惯量乘以角速度。

二、刚体定轴转动的角动量定理　角动量守恒定律

将式(5-8)两边对 t 求导，并结合式(5-5)，得

$$\frac{\mathrm{d}L}{\mathrm{d}t}=\frac{\mathrm{d}(J\omega)}{\mathrm{d}t}=M \tag{5-9}$$

即绕定轴转动刚体角动量对时间的导数，等于作用于刚体的合外力矩。对绕定轴转动的刚体，J 为常数时，上式可写为 $J\frac{\mathrm{d}\omega}{\mathrm{d}t}=M$，即刚体定轴转动的转动定律。可以证明，对 J 为变量的系统，上式仍然成立，即与转动定律相比，上式更具有普遍性。

绕定轴转动的刚体在合外力矩 M 的作用下，t_1 时刻至 t_2 时刻，由

$$M\mathrm{d}t=\mathrm{d}L \tag{5-10}$$

得

$$\int_{t_1}^{t_2} M\mathrm{d}t=\int_{L_1}^{L_2}\mathrm{d}L=L_2-L_1 \tag{5-11}$$

式中，$\int_{t_1}^{t_2} M\mathrm{d}t$ 为合外力矩的时间累积结果，是合外力矩对转轴的**冲量矩**。也就是说，绕定轴转动的刚体受到的合外力矩对转轴的冲量矩等于刚体对转轴角动量的增量，这就是刚体定轴

转动的**角动量定理**。

当 $M=0$ 时,$\mathrm{d}L=0$,则

$$L = 常量 \tag{5-12}$$

即,绕定轴转动的刚体不受外力矩或所受合外力矩恒为零时,刚体的角动量保持不变,这就是**角动量守恒定律**。

角动量守恒定律不限于刚体、定轴转动等条件,也可以适用于微观问题,以及可以发生形变的系统。对可形变系统,上述角动量定理和角动量守恒的描述依然适用,即系统受到的合外力矩对轴的冲量矩等于系统角动量的增量;若系统不受外力矩或所受合外力矩恒为零时,系统的角动量保持不变。如果一个可形变系统受到的合外力矩为零,但是有内力矩的作用,则内力矩可以改变系统内各部分的角动量,但不改变总角动量。角动量守恒在日常生活中很常见,如花样滑冰运动员或舞蹈演员在旋转时,开始两臂伸开转动,然后很快地把两臂收拢到胸前,转动惯量变小,从而使转动角速度加快。

例 5-6

一质量为 $m=0.25$ kg 的小球,可在一细长均质管中滑动,管长 $L=1$ m,质量为 $M=1$ kg,可绕过杆中点 C 且垂直于管的铅直轴转动。小球的尺寸忽略不计,设小球通过 C 点时,管的角速度为 $\omega_0=10\ \mathrm{rad\cdot s^{-1}}$。试求小球离开管口时管的角速度。

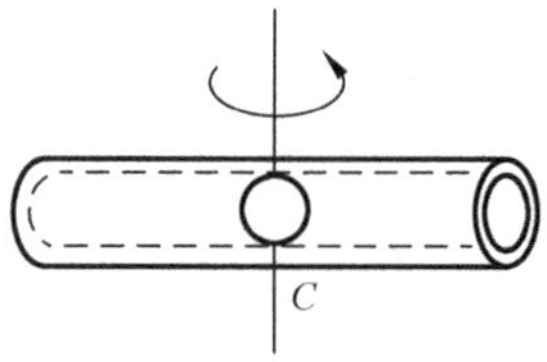

图 5-10　小球随均质管转动

解　管和小球组成的系统角动量守恒,有

$$\frac{1}{12}ML^2\omega_0=\frac{1}{12}ML^2\omega+m\left(\frac{L}{2}\right)^2\omega$$

解得小球离开管口时管的角速度为

$$\omega=\frac{M\omega_0}{M+3m}=5.71(\mathrm{rad\cdot s^{-1}})$$

例 5-7

一个质量为 M、半径为 R 的水平均匀圆盘可绕通过中心的光滑竖直轴自由转动。在盘边缘上站着一个质量为 m 的人,二者最初都相对地面静止。当人在盘边缘相对于盘走一周时,盘相对地面转过的角度多大?

解　如图 5-11 所示,对盘和人组成的系统,所受的对转轴的外力矩为零,所以系统对该轴的角动量守恒。人和盘对中心转轴的转动惯量分别为 $j=mR^2$ 和 $J=\frac{1}{2}MR^2$。以 ω 和 Ω 分别表示人和盘绕轴转动的角速度。二者最初都相对地面静止,由角动量守恒

$$j\omega - J\Omega = 0$$

以 θ 和 Θ 分别表示人和盘相对地面转过的角度大小，则

$$\omega = \frac{d\theta}{dt}, \Omega = \frac{d\Theta}{dt}$$

代入上式，有

$$mR^2 \frac{d\theta}{dt} = \frac{1}{2}MR^2 \frac{d\Theta}{dt}$$

两边都乘以 dt，并积分

$$\int_0^\theta mR^2 d\theta = \int_0^\Theta \frac{1}{2}MR^2 d\Theta$$

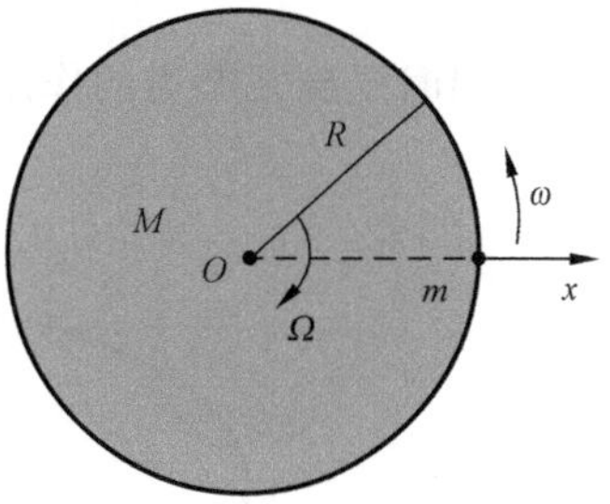

图 5-11 人与盘绕中心轴转动

得

$$m\theta = \frac{1}{2}M\Theta$$

人相对于盘走一周时

$$\theta + \Theta = 2\pi$$

代入上式可得盘相对地面转过的角度大小为

$$\Theta = \frac{4\pi m}{2m + M}$$

第五节 刚体定轴转动的动能定理

一、力矩的功

如图 5-12 所示，外力 $\boldsymbol{F}$ 作用于绕定轴转动刚体的 P 点处，考虑刚体绕轴转过角位移 $d\theta$ 时，力作用点 P 的位移值为 $dr = r d\theta$。将力 $\boldsymbol{F}$ 分解为平行于转轴的分量 $\boldsymbol{F}_{//}$ 和垂直于转轴的分量 $\boldsymbol{F}_{\perp}$，φ 为从 z 正端向负端看，由 r 逆时针转至 $\boldsymbol{F}_{\perp}$ 转过的角度。按功的定义，质点在平行转轴方向没有位移，$\boldsymbol{F}_{//}$ 做功为零，因此力 $\boldsymbol{F}$ 在发生位移 $d\boldsymbol{r}$ 过程中所做的元功为

$$dA = F_{\perp} dr\cos\left(\frac{\pi}{2} - \varphi\right) = F_{\perp} r d\theta \sin\varphi$$

结合力矩的定义式(5-4)，力 $\boldsymbol{F}$ 对转轴的力矩为 $M = rF_{\perp}\sin\varphi$，上式写为

$$dA = M d\theta \tag{5-13}$$

若刚体在力矩 M 的作用下角坐标由 θ_1 变化至 θ_2，则在该过程中，力矩做的总功为

$$A = \int dA = \int_{\theta_1}^{\theta_2} M d\theta \tag{5-14}$$

若在该过程中,力矩的大小和方向都不变,则力矩做的总功为

$$A = M(\theta_2 - \theta_1)$$

如果刚体同时受到几个力的作用,则合外力矩 M 做的总功 A 仍可以用上面的公式计算。

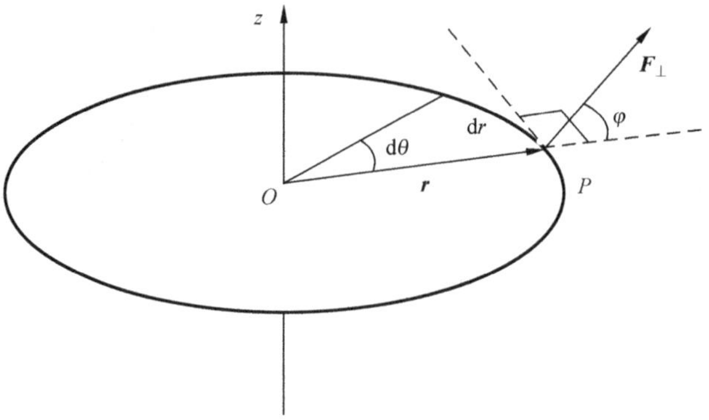

图 5-12 力矩的功

二、刚体定轴转动的动能

绕定轴转动刚体对转轴的转动惯量为 J,角速度为 ω,将刚体视为质点系,第 i 个质点质量为 Δm_i,与转轴 z 的距离为 r_i,则速率可表示为 $v_i = \omega r_i$。质点 i 的动能为

$$E_{ki} = \frac{1}{2}\Delta m_i v_i^2 = \frac{1}{2}\Delta m_i r_i^2 \omega^2$$

刚体的总动能为

$$E_k = \sum_i \frac{1}{2}\Delta m_i r_i^2 \omega^2 = \frac{1}{2}\omega^2 \sum_i \Delta m_i r_i^2 = \frac{1}{2}J\omega^2 \tag{5-15}$$

即,刚体定轴转动的动能等于刚体对转轴的转动惯量与角速度平方乘积的一半。

三、刚体定轴转动的动能定理

由转动定律(5-5)和力矩做功公式(5-13),可得

$$dA = M d\theta = J\alpha d\theta = J\frac{d\omega}{dt}d\theta = J\omega d\omega$$

即

$$dA = d\left(\frac{1}{2}J\omega^2\right) \tag{5-16}$$

考虑刚体在外力矩作用下转动,角速度从 t_1 时刻的 ω_1 变为 t_2 时刻的 ω_2,则该过程中外力矩做功的代数和为

$$A=\int \mathrm{d}A=\frac{1}{2}J\omega_2^2-\frac{1}{2}J\omega_1^2 \tag{5-17}$$

即，绕定轴转动的刚体所受外力矩做功的代数和等于刚体转动动能的增量，称为**刚体定轴转动的动能定理**，式(5-16)是其微分形式。由于刚体不发生形变，所以刚体在任何运动过程中，其所有内力做功的总和恒为零。

例 5-8

长为 1 m、质量为 2.5 kg 的均质棒，垂直悬挂在转轴 O 点上，用 $F=100$ N 的水平力撞击棒的下端，该力的作用时间为 0.02 s，如图 5-13 所示，求：

(1) 棒所获得的角动量大小；

(2) 棒的端点上升的高度。

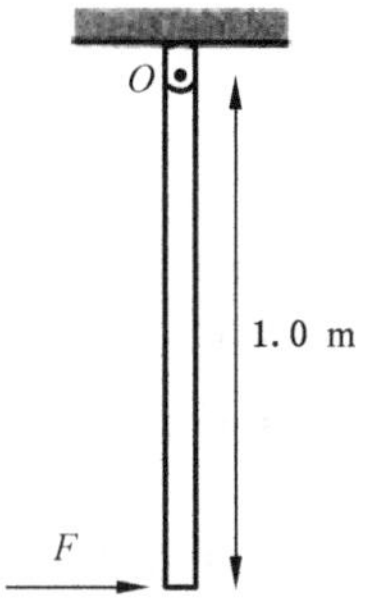

图 5-13　水平力撞击均质棒下端

解　(1)根据角动量定理，力 $\boldsymbol{F}$ 作用于棒的冲量矩等于棒的角动量的增量，依题意棒的初角动量为零，所以棒所获得的角动量即末角动量大小为

$$L=\int_0^{0.02} Fl\,\mathrm{d}t=100\times 1\times 0.02=2\ (\mathrm{kg\cdot m^2\cdot s^{-1}})$$

(2) 撞击后的运动过程中，系统的机械能守恒。设棒初始位置时重力势能为零，则

$$\frac{1}{2}J\omega^2=mgh$$

式中，转动惯量 $J=\dfrac{1}{3}ml^2$，ω 为撞击后棒获得的角速度，$L=J\omega$，h 为棒的质心上升的最大高度。

综上可得棒的端点上升的高度为

$$H=2h=\frac{J\omega^2}{mg}=\frac{3}{g}\left(\frac{J\omega}{ml}\right)^2=0.196(\mathrm{m})$$

例 5-9

如图 5-14 所示，一质量为 M、半径为 R 的均匀圆盘，可绕垂直通过盘心的无摩擦的水平轴转动。圆盘上绕有轻绳，一端挂有质量为 m 的物体。问物体从静止开始，下落高度为 h 时，其速率为多少？

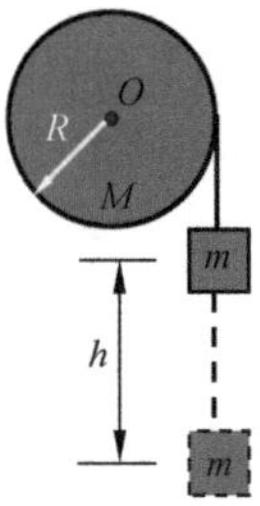

图 5-14　物体与圆盘运动图示

解　以圆盘和物体作为研究系统，在物体下落过程中，圆盘轴对圆盘的支持力以及圆盘的重力都不做功。绳的拉力对圆盘做正功，对物体做负功，由于物体下落距离和圆盘边缘转过的距离相等，所以这一对力对系统做功之和为零。物体的重力对系统做功为 mgh。对系统应用动能定理

$$mgh = \frac{1}{2}J\omega^2 + \frac{1}{2}mv^2 - 0$$

式中,$J = \frac{1}{2}MR^2$ 为圆盘对中心轴的转动惯量。物体下落速率 v 和圆盘转动角速度 ω 关系如下

$$\omega = \frac{v}{R}$$

代入上式,得物体下落速率为

$$v = 2\sqrt{\frac{mgh}{M + 2m}}$$

本章提要

1. 描述刚体定轴转动的物理量

(1) 角位置 θ 与角位移 $\Delta\theta$

(2) 角速度 $\omega = \frac{\mathrm{d}\theta}{\mathrm{d}t}$

(3) 角加速度 $\alpha = \frac{\mathrm{d}\omega}{\mathrm{d}t}$

2. 刚体对转轴的转动惯量

$$J = \sum_i m_i r_i^2, J = \int_m r^2 \mathrm{d}m$$

平行轴定理

$$J = J_c + md^2$$

3. 刚体定轴转动的转动定律

$$M = J\alpha$$

4. 刚体定轴转动的角动量

$$L = J\omega$$

刚体定轴转动的角动量定理

$$\int_{t_1}^{t_2} M\mathrm{d}t = L_2 - L_1$$

角动量守恒定律:绕定轴转动的刚体不受外力矩或所受合外力矩恒为零时,刚体的角动量保持不变。

5. 力矩的功

$$A=\int \mathrm{d}A=\int_{\theta_1}^{\theta_2} M\mathrm{d}\theta$$

刚体定轴转动的动能

$$E_\mathrm{k}=\frac{1}{2}J\omega^2$$

刚体定轴转动的动能定理

$$A=\int \mathrm{d}A=\frac{1}{2}J\omega_2^2-\frac{1}{2}J\omega_1^2$$

即，绕定轴转动的刚体所受外力矩做功的代数和等于刚体转动动能的增量。

思 考 题

5-1 如果一个刚体所受合外力为零，其所受合力矩是否也一定为零？如果刚体所受合外力矩为零，其合外力是否也一定为零？

5-2 以恒定角速度转动的飞轮上有两个点，一个点在飞轮的边缘，另一个点在转轴和边缘之间的一半处，问：在 Δt 时间内，哪一个点运动的路程较长？哪一个点转过的角度较大？哪一个点具有较大的线速度、角速度、线加速度和角加速度？

5-3 为什么质点系动能的改变不仅与外力有关，而且与内力也有关，而刚体定轴转动动能的改变只与外力矩有关，而与内力矩无关呢？

5-4 两个半径相同的轮子，质量相同，但有一个轮子的质量聚集在边缘附近，另一个轮子的质量分布比较均匀，二者均绕通过其中心且与轮面垂直的轴转动，试问：

(1) 如果它们的角动量相同，哪个轮子转得快？

(2) 如果它们的角速度相同，哪个轮子的角动量大？

5-5 圆桶内装厚薄均匀的冰，绕其中轴线旋转，不受任何力矩。冰融化后，桶的角速度如何变化？

5-6 花样滑冰运动员想高速旋转时，先把一条腿和两臂伸开，并用脚蹬冰面使自己转动起来，然后再收拢腿和臂，这时转速就明显加快了，这是利用了什么原理？

5-7 “平动的刚体，可视为质点。”应如何看待这句话？

5-8 如果一个质点系的总角动量等于零，能否说此质点系中每一个质点都是静止的？如果一质点系的总角动量为一常量，能否说作用在质点系上的合外力为零？

5-9 刚体在力矩作用下绕定轴转动，当力矩增大或减小时，其角速度和角加速度将如何变化？

5-10 一个人随着转台转动,将两臂伸平,两手各拿一只重量相等的哑铃,这时他和转台转动的角速度为 ω,然后他将哑铃丢下,但两臂不动,问角动量是否守恒?他的角速度是否改变?

习　　题

5-1 选择题

(1) 花样滑冰运动员绕通过自身的竖直轴转动,开始时两臂伸开,转动惯量为 J_0,角速度为 ω_0。然后她将两臂收回,使转动惯量减少为$\frac{1}{3}J_0$。这时她转动的角速度变为(　)。

(A) $\frac{1}{3}\omega_0$　　(B) $\frac{1}{\sqrt{3}}\omega_0$　　(C) $\sqrt{3}\omega_0$　　(D) $3\omega_0$

(2) 一个人站在有光滑固定转轴的转动平台上,双臂伸直水平地举起两个哑铃,在该人把两个哑铃水平收缩到胸前的过程中,人、哑铃与转动平台组成的系统的(　)。

(A) 机械能守恒,角动量守恒　　(B) 机械能守恒,角动量不守恒

(C) 机械能不守恒,角动量守恒　　(D) 机械能不守恒,角动量不守恒

(3) 以下说法正确的是(　)。

(A) 合外力为零,合外力矩一定为零

(B) 合外力为零,合外力矩一定不为零

(C) 合外力为零,合外力矩可以不为零

(D) 合外力不为零,合外力矩一定不为零

(4) 均匀细棒 OA 可绕通过其一端 O 且与棒垂直的水平固定光滑轴转动,如图所示。今使棒从水平位置由静止开始自由下落,在棒摆到竖直位置的过程中,下述说法正确的是(　)。

(A) 角速度从小到大,角加速度不变

(B) 角速度从小到大,角加速度从小到大

(C) 角速度从小到大,角加速度从大到小

(D) 角速度不变,角加速度为零

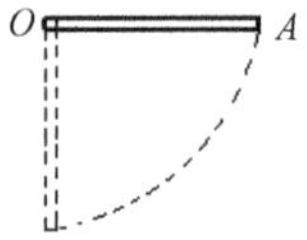

选择题(4)图

5-2 掷铁饼运动员手持铁饼转动 1.25 圈后松手,此时铁饼的速度值达到 $v=25\ \mathrm{m\cdot s^{-1}}$。设转动时铁饼沿半径为 $R=1.0\ \mathrm{m}$ 的圆周运动并且均匀加速,求:

(1) 铁饼离手时的角速度;

(2) 铁饼的角加速度;

(3) 铁饼在手中加速的时间(把铁饼视为质点)。

5-3　一飞轮由一直径为 30 cm、厚度为 2.0 cm 的圆盘和两个直径都为 10 cm、长为 8 cm 的共轴圆柱体组成，设飞轮的密度为 $7.8\times10^{3}\,\mathrm{kg\cdot m^{-3}}$，求飞轮对轴的转动惯量。

5-4　一个哑铃由两个质量为 m、半径为 R 的铁球和中间一根长 l 的连杆组成，如图所示，和铁球相比，连杆的质量可以忽略。求此哑铃对于通过连杆中心并和它垂直的轴的转动惯量。

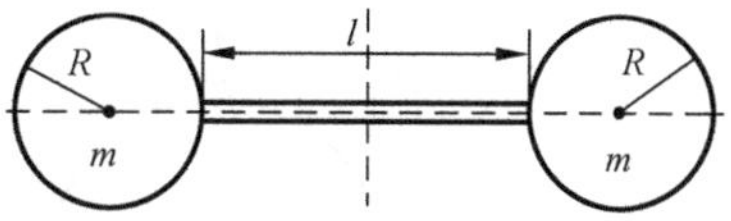

习题 5-4 图

5-5　如图所示，在质量为 m、半径为 R 的均质圆盘上挖出半径为 r 的两个圆孔，圆孔中心在半径 R 的中点，求剩余部分对过大圆盘中心且与盘面垂直的轴线的转动惯量。

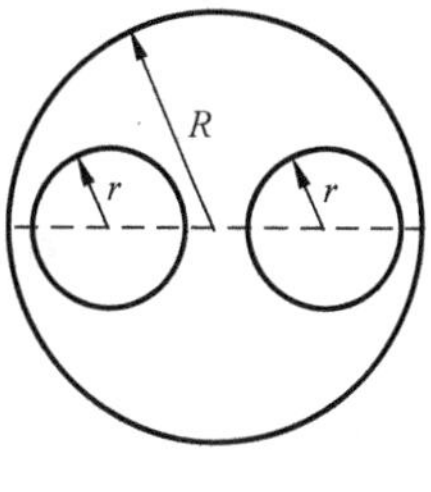

习题 5-5 图

5-6　如图所示的装置，定滑轮半径为 r，绕转轴的转动惯量为 J，滑轮两边分别悬挂质量为 m_1 和 m_2 的物体 A、B。A 置于倾角为 θ 的斜面上，它和斜面间的摩擦系数为 μ，若 B 向下做加速运动时，求：

(1) 其下落的加速度大小；

(2) 滑轮两边绳子的张力。（设绳的质量及伸长均不计，绳与滑轮间无滑动，滑轮轴光滑。）

5-7　如图所示，一均匀细杆长为 l，质量为 m，平放在摩擦系数为 μ 的水平桌面上，设开始时杆以角速度 ω_0 绕过中心 O 且垂直于桌面的轴转动，试求：

(1) 作用于杆的摩擦力矩；

(2) 经过多长时间杆才会停止转动。

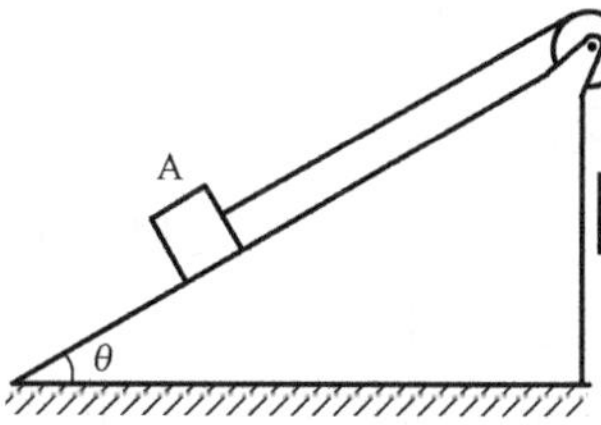

习题 5-6 图

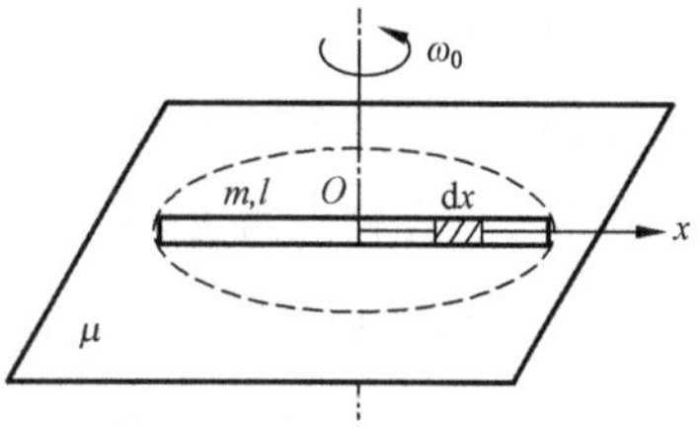

习题 5-7 图

5-8　如图所示，一转动系统的转动惯量为 $8.0\,\mathrm{kg\cdot m^2}$，转速为 $\omega=41.9\,\mathrm{rad\cdot s^{-1}}$，两制动闸瓦对轮的压力都是 392 N，闸瓦与轮之间的摩擦系数为 $\mu=0.4$，轮半径为 $r=0.4$ m，问从开始制动到静止需要多长时间？

5-9　一木杆质量 $M=1$ kg、长 $l=40$ cm，可绕通过其中心并与之垂直的轴转动。一质量

$m=10\ \mathrm{g}$ 的子弹以 $v=200\ \mathrm{m\cdot s^{-1}}$ 的速度射入木杆的一端，子弹运动方向与杆及轴相正交。若子弹陷入杆中，求杆所获得的角速度。

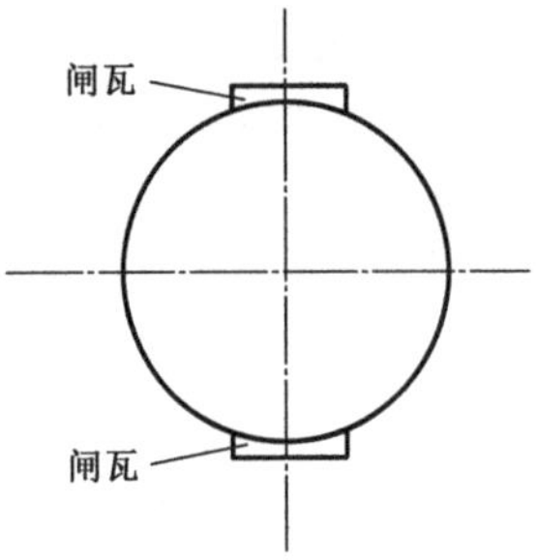

习题 5-8 图

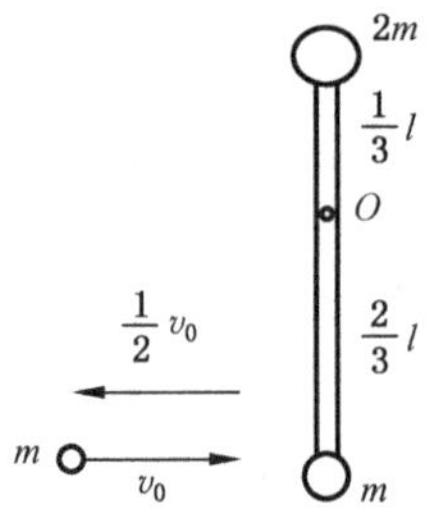

习题 5-10 图

5-10　如图所示，长为 l 的轻杆，两端各固定质量分别为 m 和 $2m$ 的小球，杆可绕水平光滑固定轴 O 在竖直面内转动，转轴 O 距两端分别为 $\frac{1}{3}l$ 和 $\frac{2}{3}l$，轻杆原来静止在竖直位置。今有一质量为 m 的小球，以水平速度 v_0 与杆下端小球 m 作对心碰撞，碰后以 $\frac{1}{2}v_0$ 的速度返回，求碰撞后轻杆所获得的角速度。

5-11　如图所示，一质量为 m 的物体与绕在定滑轮上的绳子相连，绳子的质量可以忽略，它与定滑轮之间无滑动。假定定滑轮的质量为 M、半径为 R，其转动惯量为 $\frac{1}{2}MR^2$，试求该物体由静止开始下落的过程中，下落速度与时间的关系。

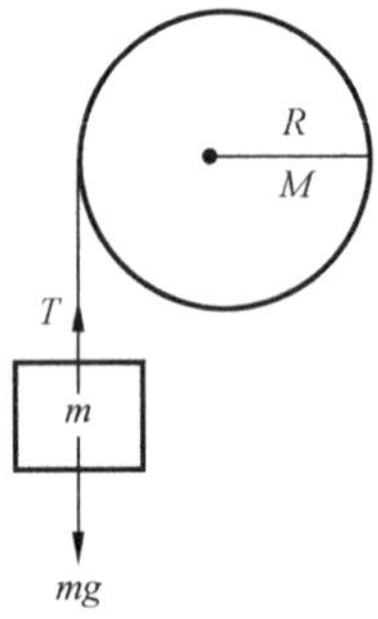

习题 5-11 图

5-12　如图所示，均质杆可绕支点 O 转动，当与杆垂直的冲力作用在某点 A 时，支点 O 对杆的作用力并不因此冲力而发生变化，则 A 点称为打击中心。设杆长为 L，求打击中心与支点的距离。

5-13　如图所示，质量为 2.97 kg、长为 1.0 m 的均质等截面细杆可绕水平光滑的轴线 O 转动，最初杆静止于竖直方向。一弹片质量为 10 g，以水平速度 $200\ \mathrm{m\cdot s^{-1}}$ 射入并嵌入杆的下端，和杆一起运动，求杆的最大摆角。

5-14　如图所示，滑轮转动惯量为 $0.01\ \mathrm{kg\cdot m^2}$，半径为 7 cm；物体的质量为 5 kg，用一细绳与劲度系数 $k=200\ \mathrm{N\cdot m^{-1}}$ 的弹簧相连，若绳与滑轮间无相对滑动，滑轮轴上的摩擦忽略不计，求：

(1) 当绳拉直、弹簧无伸长时使物体由静止而下落的最大距离；

(2) 物体的速度达到最大值时的位置及最大速率。

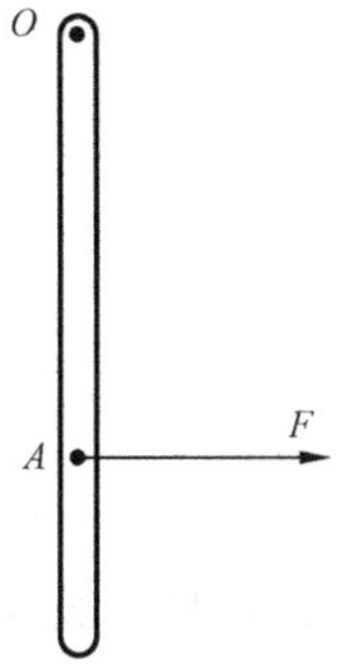

习题 5-12 图

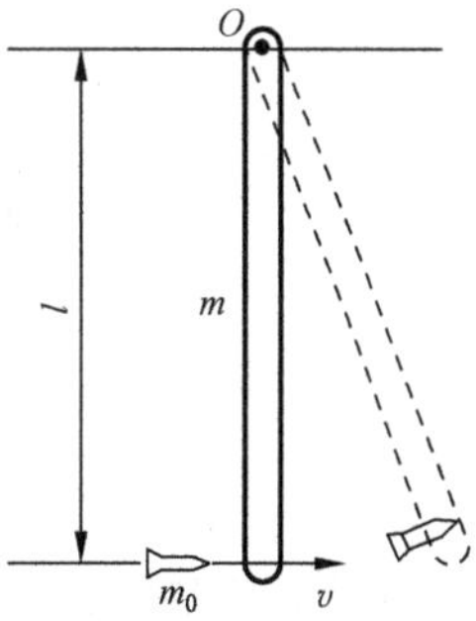

习题 5-13 图

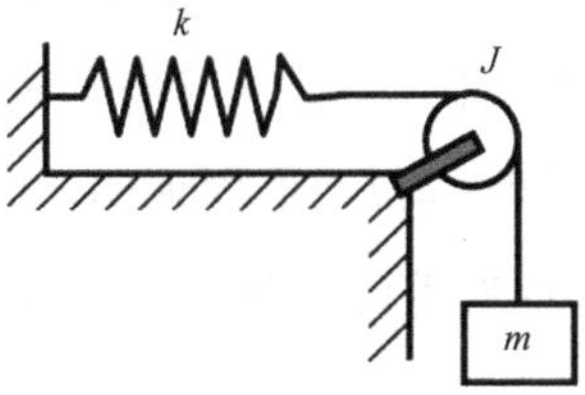

习题 5-14 图

第六章　机械振动

振动是物质运动的基本形式，它广泛地存在于各种自然现象和科学技术的各个领域之中。所谓**机械振动**是指物体在平衡位置附近所做的周期性往复运动，例如心脏的跳动、钟摆的摆动等。广义地说，凡描述物质运动状态的物理量，在某一数值附近做周期性的变化，都叫作振动。例如，交流电路中电流的周期性变化、光波中电磁场的周期性变化等。振动中最基本、最简单的振动是**简谐振动**（简称谐振动）。可以证明，任何复杂的振动均可以认为是若干个或者极多个简谐振动的叠加。本章着重讨论简谐振动的特征。掌握了简谐振动的规律，对其他复杂的振动就不难理解了。

第一节　简谐振动的描述

一、简谐振动的表达式

如图 6-1 所示，一端固定、质量可忽略、弹性系数为 k 的弹簧，在另一端固结一个质量为 m 的物体，把它平放在光滑的水平面上，则物体在竖直方向受力平衡。在水平方向上，当弹簧长度等于自然长度时，物体不受力，这时物体的位置 O 是它的平衡位置。设沿弹簧长度方向移动物体（拉伸或压缩弹簧），则放开后物体就在弹簧的弹性力作用下振动起来。沿弹簧长度方向取 x 轴，把原点取在物体的平衡位置，这时物体的位置坐标 x 同时也代表弹簧的伸长量和物体离开平衡位置的位移。设把物体移到 B 点（拉长弹簧，并在弹性限度内），放开后物体由静止开始，在弹簧的弹性力作用下向 O 点加速运动。抵达平衡位置时，物体所受弹性力减小到零，但由于惯性物体会继续向左运动，致使弹簧被压缩，弹簧的弹性力将阻碍物体的运动，使物体的运动速度减小，到达 C 点时，速度减小到零。此后，物体又将在弹性力的作用下，从 C 点向右加速运动。这样，在弹性力的作用下，物体将在平衡位置 O 点附近往复运动，这一包含弹簧和物体的振动系统就叫作**弹簧振子**。

由胡克定律可知，物体所受的弹性力 f，与物体相对平衡位置的位移 x 成正比，弹性力的方向与位移的方向相反，始终指向平衡位置，故此力通常称为线性回复力。于是有

$$f = -kx$$

式中，比例常数 k 为弹簧的弹性系数，它由弹簧本身的性质(材料、形状、大小等)决定，负号表示力与位移的方向相反。

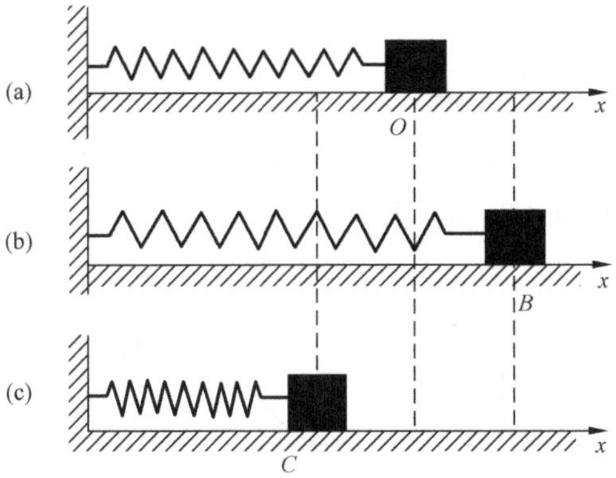

图 6-1　弹簧振子的振动

根据牛顿第二定律可得

$$f = ma = m\frac{d^2x}{dt^2} \tag{6-1}$$

即

$$m\frac{d^2x}{dt^2} = -kx$$

则有

$$\frac{d^2x}{dt^2} + \frac{k}{m}x = 0 \tag{6-2}$$

对于一个给定的弹簧振子，k 和 m 都是常量，而且都是正值，故引入常量 ω，令

$$\omega^2 = \frac{k}{m} \tag{6-3}$$

则上式可写成

$$\frac{d^2x}{dt^2} + \omega^2x = 0 \tag{6-4}$$

这就是弹簧振子系统中物体运动的动力学方程，它表明物体的加速度与物体离开平衡位置的位移成正比而且反向。一般地说，我们把服从这种规律的物体的运动称为简谐振动。

式(6-4)的解为正弦函数或余弦函数，在本书中我们一律取余弦函数，即

$$x = A\cos(\omega t + \varphi) \tag{6-5}$$

这就是简谐运动的运动学方程。式中 A 和 φ 为待定常数，须由初始条件确定。

将式(6-5)对时间分别求一阶和二阶导数,可以得到简谐振动物体的速度 v 和加速度 a 的表达式

$$v=\frac{\mathrm{d}x}{\mathrm{d}t}=-\omega A\sin(\omega t+\varphi) \tag{6-6}$$

$$a=\frac{\mathrm{d}^2 x}{\mathrm{d}t^2}=-\omega^2 A\cos(\omega t+\varphi) \tag{6-7}$$

图 6-2 给出了简谐振动的位移、速度和加速度与时间 t 的关系曲线。由图可以看出,物体做简谐运动时,它的位移、速度和加速度都是周期性变化的。

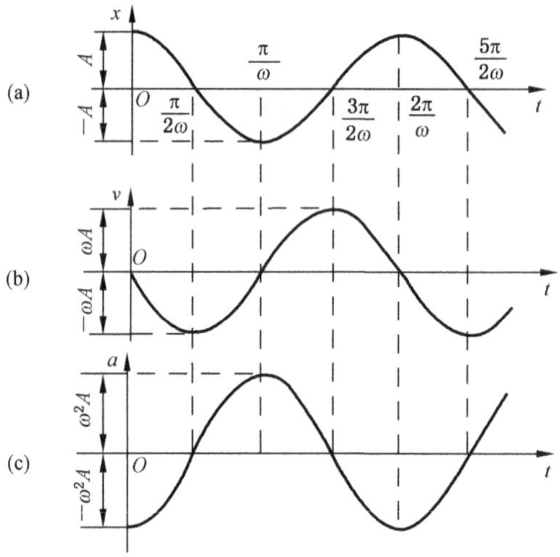

图 6-2 简谐振动的位移、速度和加速度与时间 t 的关系曲线

二、简谐振动的特征量

现在我们来讨论式(6-5)中描述简谐运动特征的物理量。

1. 振幅

显然,式(6-5)中的 A 是振动过程中物体位移 x 的最大值(绝对值),它表明了振动的幅度或振动的空间范围,称为简谐振动的**振幅**。

2. 周期 频率

简谐振动具有时间周期性,用周期和频率表示。振动物体完成一次完全振动所需的时间称为简谐振动的周期,用 T 表示,单位为秒(s)。由式(6-5)可求出周期 T。因为 t 时刻和 $t+T$ 时刻振动的位移相同,故有

$$A\cos(\omega t+\varphi)=A\cos[\omega(t+T)+\varphi]$$

余弦函数的周期为 2π,故有

$$\omega T = 2\pi$$

即

$$T = \frac{2\pi}{\omega} \tag{6-8}$$

对于弹簧振子，由式(6-3)和式(6-8)可得

$$T = 2\pi\sqrt{\frac{m}{k}} \tag{6-9}$$

单位时间内物体完成全振动的次数叫作**频率**，用 ν 表示。显然，频率与周期的关系为

$$\nu = \frac{1}{T} \tag{6-10}$$

在国际单位制中频率的单位为赫兹，符号为 Hz。

由式(6-8)和式(6-10)可得

$$\omega = \frac{2\pi}{T} = 2\pi\nu \tag{6-11}$$

ω 表示物体在 2π 秒时间内完成全振动的次数，称作振动的**角频率**（或**圆频率**），单位是秒$^{-1}$，符号为 s^{-1}。由式(6-9)和式(6-10)可知，简谐振动的周期和频率仅与振动系统本身的物理性质有关，因此我们通常把简谐振动的周期、频率和角频率叫作固有周期、固有频率和固有角频率。

3. 相位和初相位

在简谐振动过程中，物体的运动状态随时间不断变化，某一时刻的运动状态由物体的位置（离开平衡位置的位移）和速度共同决定。由谐振动的位移和速度表达式(6-5)、(6-6)可看出，当振幅 A 和角频率 ω 一定时，物体在任一时刻对平衡位置的位移和速度都决定于物理量 $\omega t+\varphi$，称该量为振动的**相位**（也叫**周相**或**位相**），它是决定谐振动物体运动状态的物理量。由式(6-5)和式(6-6)可知，在 t_1 时刻，当相位 $\omega t_1+\varphi=\frac{\pi}{2}$时，有 $x=0, v=-\omega A$，其表明系统此时的振动状态是：振子处于平衡位置并以速率 ωA 向 x 轴负方向运动；而在 t_2 时刻，当相位 $\omega t_2+\varphi=\frac{3\pi}{2}$时，有 $x=0, v=\omega A$，其表明系统此时的振动状态是：振子处于平衡位置并以速率 ωA 向 x 轴正方向运动。可见，在 t_1 和 t_2 时刻，振动相位不同，系统的振动状态就不同。此外，当振动系统的相位发生了 2π 的变化，亦即振动经历了一个周期时，相位由 $\omega t+\varphi$ 变为 $\omega(t+T)+\varphi$，物体又回到原来的运动状态。由此可见，用相位描述系统的振动状态，能充分体现出简谐运动的周期性，即两个相同的振动状态所对应的相位之间必定相差 2π 或者 2π 的整数倍。

当 $t=0$ 时，相位 $\omega t+\varphi=\varphi$，故 φ 叫作**初相位**（简称**初相**）。它是决定在起始时刻振动物

体运动状态的物理量。例如,如果 $\varphi=0$,则在 $t=0$ 时,由式(6-5)和式(6-6)可分别得出 $x_0=A$,$v_0=0$,这表明在计时开始时,物体正处于正向最大位移处,且速率等于零。

4. 振幅和初相的确定

如前所述,简谐振动方程 $x=A\cos(\omega t+\varphi)$ 中的角频率 ω 由振动系统自身的性质决定,而振幅和初相则由振动的初始条件决定。设 $t=0$ 时振子的位移为 x_0,速度为 v_0,把此初始条件代入式(6-5)、式(6-6)得

$$\begin{cases} x_0=A\cos\varphi \\ v_0=-\omega A\sin\varphi \end{cases} \tag{6-12}$$

由上式得

$$\begin{cases} A=\sqrt{x_0^2+\dfrac{v_0^2}{\omega^2}} \\ \varphi=\arctan\left(-\dfrac{v_0}{x_0\omega}\right) \end{cases} \tag{6-13}$$

上式表明,若已知初始位移 x_0 和初速度 v_0,就能求出谐振动的振幅,但在确定初相时需要注意:由式(6-13)求出的 φ 在 $0\sim2\pi$ 之间有两个值,要判断应取哪一个值,尚需借助于式(6-12),能使式(6-12)中两式同时成立的 φ 值,才是所要求的初相位。

另外,应用后面将要叙述的简谐振动的旋转矢量表示法,确定 A、φ 将更方便。

例 6-1

一弹簧振子沿着 x 轴做简谐振动,已知弹簧的弹性系数 $k=15.8\ \mathrm{N\cdot m^{-1}}$,物体质量 $m=0.1\ \mathrm{kg}$,在 $t=0$ 时物体相对平衡位置的位移为 $x_0=0.05\ \mathrm{m}$,速度 $v_0=-0.628\ \mathrm{m\cdot s^{-1}}$。写出此简谐振动的表达式。

解 要写出此简谐振动的表达式,就是要求出它的三个特征量 A、ω、φ。角频率取决于系统本身的性质,由式(6-3)可得

$$\omega=\sqrt{\frac{k}{m}}=\sqrt{\frac{15.8}{0.1}}=12.57=4\pi(\mathrm{s^{-1}})$$

A 和 φ 由初始条件决定,由式(6-13)得

$$A=\sqrt{x_0^2+\frac{v_0^2}{\omega^2}}=\sqrt{0.05^2+\frac{(-0.628)^2}{12.57^2}}=7.07\times10^{-2}(\mathrm{m})$$

$$\varphi=\arctan\left(-\frac{v_0}{x_0\omega}\right)=\arctan 1=\frac{\pi}{4}\ \text{或}\ -\frac{3\pi}{4}$$

由于 $x_0=A\cos\varphi=0.05\ \mathrm{m}>0$,所以取 $\varphi=\pi/4$。

由此，可求出此简谐振动的方程为

$$x=7.07\times10^{-2}\cos\left(4\pi t+\frac{\pi}{4}\right)$$

例 6-2

单摆的小角度摆动。如图 6-3 所示单摆摆长为 l，摆锤质量为 m。证明单摆的小角度摆动为简谐振动，并求其周期。

证明　规定摆锤在平衡位置时 $\theta=0$，逆时针方向为正方向，θ 增加，即摆锤在平衡位置右侧时，θ 为正；在左侧时，θ 为负。设在某一时刻摆线的角位移为 θ，此时，重力 P 沿着切向方向的分量 F_τ 使摆锤产生切向加速度，由牛顿第二定律

$$F_\tau=-mg\sin\theta=ma_\tau$$

负号表示力的方向与角位移 θ 的方向总是相反，称之为回复力。如果 θ 很小（小于 5 °），$\sin\theta\approx\theta$，上式可近似化简为

$$-mg\theta=ma_\tau$$

这表明回复力与角位移成正比而且反向。若不计阻力，摆锤的动力学方程为

$$-mg\theta=ml\frac{\mathrm{d}^2\theta}{\mathrm{d}t^2}$$

整理后可得

$$\frac{\mathrm{d}^2\theta}{\mathrm{d}t^2}+\frac{g}{l}\theta=0$$

令

$$\omega^2=\frac{g}{l}$$

$$\omega=\sqrt{\frac{g}{l}}$$

则有

$$\frac{\mathrm{d}^2\theta}{\mathrm{d}t^2}+\omega^2\theta=0$$

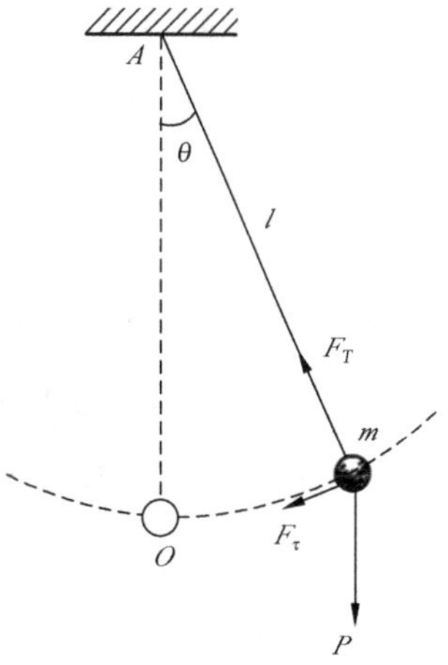

图 6-3　单摆

此式与式(6-4)在数学形式上完全相同，ω 也是由系统自身决定的常数，因此单摆的小角度摆动是简谐振动，ω 为系统振动的角频率。

根据式(6-8)可知，单摆的振动周期为

$$T=\frac{2\pi}{\omega}=2\pi\sqrt{\frac{l}{g}}$$

第二节 简谐振动的旋转矢量表示法

简谐振动的描述除了用振动方程和振动曲线表示之外,还可以采用旋转矢量表示法。旋转矢量表示法可以更直观地说明简谐振动运动学方程中各特征量的物理意义。如图 6-4 所示,在 x 轴上任取一点 O 作为平衡位置,由 O 点作一矢量 $\boldsymbol{A}$,其大小正好等于简谐振动的振幅,$t=0$ 时 $\boldsymbol{A}$ 与 x 轴正方向之间的夹角等于简谐振动的初相 φ。令 $\boldsymbol{A}$ 沿逆时针方向且用与角频率相同值的角速度 ω 匀速旋转,矢量 $\boldsymbol{A}$ 称为旋转矢量。在任意时刻 t,$\boldsymbol{A}$ 与 x 轴的夹角为 $\omega t+\varphi$,等于简谐振动在 t 时刻的相位。于是,矢量 $\boldsymbol{A}$ 在 x 轴上的投影为 $x=A\cos(\omega t+\varphi)$。显然,矢量 $\boldsymbol{A}$ 的端点在 x 轴上的投影点 P 的运动是简谐振动。

旋转矢量 $\boldsymbol{A}$ 旋转一周,其投影点完成一次全振动,所需时间 $T=\dfrac{2\pi}{\omega}$ 为简谐振动的周期,1 s 内 $\boldsymbol{A}$ 转过的周数为简谐振动的频率。简谐振动的这种表示法称为**旋转矢量法**。

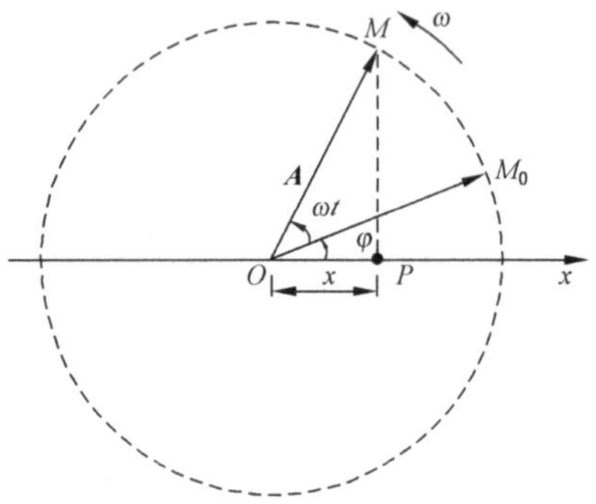

图 6-4 旋转矢量图示法

用旋转矢量法表示简谐振动形象直观,一目了然,用它来确定振幅 $\boldsymbol{A}$ 和初相位 φ 非常方便,在以后分析简谐振动的合成时更为有用。在运用时,可以想象:矢量 $\boldsymbol{A}$ 以角速度 ω 沿逆时针方向匀速旋转,它的端点在 x 轴上的投影点的运动就是简谐振动。初始时刻($t=0$),$\boldsymbol{A}$ 与 x 轴正方向之间的夹角就是振动的初相。

除此之外,用旋转矢量图还可以确定简谐振动的速度 v 与加速度 a。从图 6-4 可以看出,旋转矢量 $\boldsymbol{A}$ 在 x 轴上的投影为

$$x=A\cos(\omega t+\varphi)$$

而 $\boldsymbol{A}$ 的端点的线速度($v_m=\omega A$)在 x 轴上的投影为

$$v=-\omega A\sin(\omega t+\varphi)$$

$\boldsymbol{A}$ 的端点的法向加速度($a_m=\omega^2 A$)在 x 轴上的投影为

$$a=-\omega^2 A\cos(\omega t+\varphi)$$

以上各式,读者均可根据图 6-4 自行验证。

利用旋转矢量还可以比较两个同频率简谐振动的“步调”。设有下列两个简谐振动,其振动方程分别为

$$x_1 = A_1\cos(\omega t + \varphi_1)$$

$$x_2 = A_2\cos(\omega t + \varphi_2)$$

由于它们的初相不同，因此同一时刻的相位差为

$$\Delta\varphi = (\omega t + \varphi_2) - (\omega t + \varphi_1) = \varphi_2 - \varphi_1 \tag{6-14}$$

即两个同频率、同方向的简谐振动的相位差就是它们的初相差。如果 $\Delta\varphi = \varphi_2 - \varphi_1 = 2k\pi, k = 0, \pm 1, \pm 2, \cdots$ 则称这两个振动的相位相同（或同相），即它们将同时到达正最大位移处，同时到达平衡位置，又同时到达负最大位移处，两个振动的"步调"完全一致。若 $A_1 = A_2$，则任一时刻它们的运动状态（x、v）将完全相同。当 $\Delta\varphi = \varphi_2 - \varphi_1 = (2k+1)\pi, k = 0, \pm 1, \pm 2, \cdots$ 时，则称这两个振动的相位相反（或反相），即当它们中的一个到达正最大位移处时，另一个则位于负最大位移处；一个经过平衡位置沿 x 轴正方向运动时，另一个则经过平衡位置沿 x 轴负方向运动，也就是两个振动的"步调"完全相反。如果 $\Delta\varphi = \varphi_2 - \varphi_1 > 0$，如图 6-5(a)所示，我们就说 x_2 振动相位超前 x_1 振动 $\Delta\varphi$，或者说 x_1 振动相位落后于 x_2 振动 $\Delta\varphi$。另一方面，由于简谐振动的周期性、连续性，为方便计，通常可以把 $|\Delta\varphi|$ 的值取为 $\leqslant \pi$ 的值。例如当 $\Delta\varphi = \frac{3}{2}\pi$ 时，如图 6-5(b)所示，我们通常不说 x_2 振动相位超前 x_1 振动 $\frac{3}{2}\pi$，而说成 x_2 振动相位落后于 x_1 振动 $\frac{1}{2}\pi$，或说 x_1 振动相位超前 x_2 振动 $\frac{1}{2}\pi$。

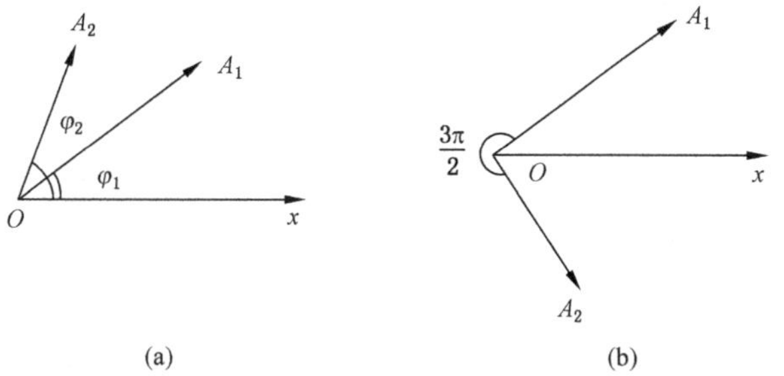

图 6-5 两个简谐振动的相位差

例 6-3

弹簧振子沿 x 轴做简谐振动，振幅为 0.4 m，周期为 2 s，当 $t=0$ 时，位移为 0.2 m，且向 x 轴负方向运动。求简谐振动的振动方程。

解 设此简谐振动的方程为

$$x = A\cos(\omega t + \varphi)$$

将 $A = 0.4\ \text{m}, \omega = \frac{2\pi}{T} = \pi, t = 0$ 时，$x_0 = 0.2\ \text{m}$，代入 $x = A\cos(\omega t + \varphi)$ 得

$$\varphi = \pm \frac{\pi}{3}$$

利用旋转矢量图，$t=0$ 时与此简谐振动相对应的旋转矢量的可能位置有两个，如图 6-6 所示。由于振子在 $t=0$ 时向 x 轴负方向运动，也即旋转矢量在 x 轴上的投影点向 x 轴负方向运动，而旋转矢量沿着逆时针方向转动，因此可以判断此简谐振动的初相位 $\varphi=\frac{\pi}{3}$。

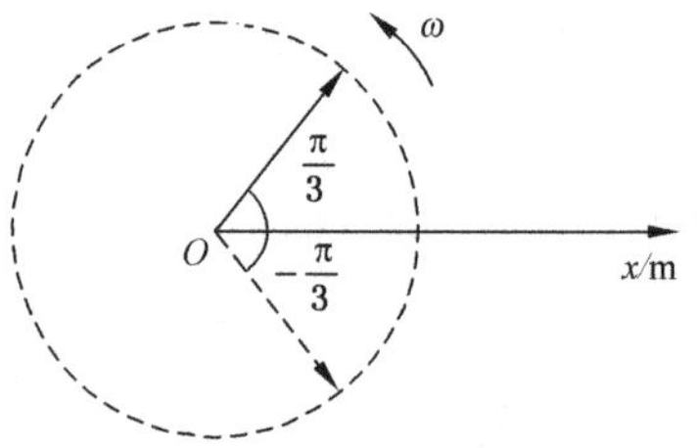

图 6-6　旋转矢量图

于是此简谐振动的振动方程为

$$x = 0.4\cos\left(\pi t + \frac{\pi}{3}\right)$$

例 6-4

某质点简谐振动的 x-t 曲线如图 6-7 所示，求振动方程。

解　设此简谐振动的方程为

$$x = A\cos(\omega t + \varphi)$$

从图中可以看出，$A=0.1\ \text{m}$，$t=0$ 时，$x_0=0.05\ \text{m}$，代入 $x=A\cos(\omega t+\varphi)$ 得

$$\varphi = \pm \frac{\pi}{3}$$

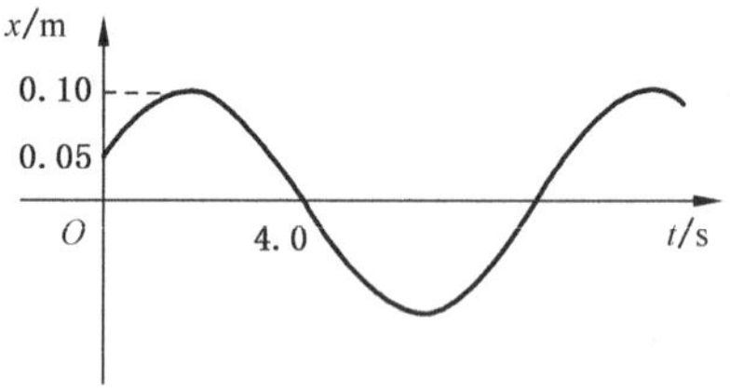

图 6-7　x-t 曲线

由图 6-7 可知，$t=0$ 时，振子向 x 轴正方向运动。利用图 6-6 可得，与此简谐振动对应的初相位 $\varphi=-\frac{\pi}{3}$。

当 $t=4\text{s}$ 时，$x=0$，此时旋转矢量从 $-\frac{\pi}{3}$ 位置转到了 $\frac{\pi}{2}$ 的位置，如图 6-8 所示。

因此

$$\omega \times 4 - \frac{\pi}{3} = \frac{\pi}{2}$$

$$\omega = \frac{5\pi}{24}$$

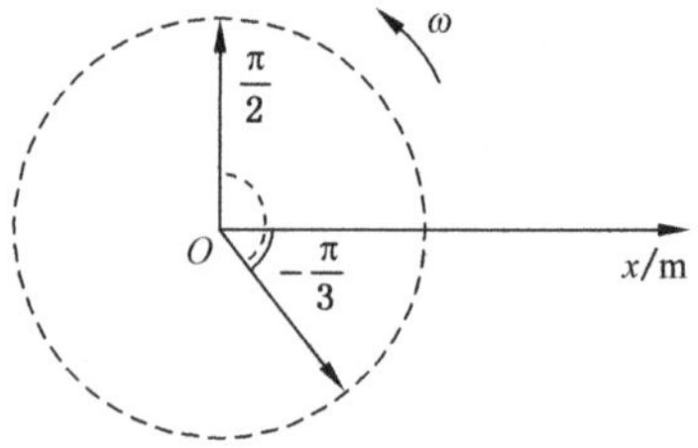

图 6-8　例 6-4 图

此简谐振动的方程为

$$x = 0.1\cos\left(\frac{5\pi}{24}t - \frac{\pi}{3}\right)$$

第三节 简谐振动的能量

做简谐振动的弹簧振子系统，在运动过程中，物体的速度和弹簧的长度在不断地变化，因而物体的动能和系统的弹性势能也在不断变化。由式(6-5)和式(6-6)，可得任一时刻系统的弹性势能(设平衡位置处势能为零)和动能(弹簧质量不计)分别为

$$E_p=\frac{1}{2}kx^2=\frac{1}{2}kA^2\cos^2(\omega t+\varphi) \tag{6-15}$$

$$E_k=\frac{1}{2}mv^2=\frac{1}{2}mA^2\omega^2\sin^2(\omega t+\varphi) \tag{6-16}$$

利用 $\omega^2=\frac{k}{m}$，可把动能式(6-16)化为

$$E_k=\frac{1}{2}kA^2\sin^2(\omega t+\varphi) \tag{6-17}$$

系统的总能量

$$E=E_k+E_p=\frac{1}{2}kA^2=\frac{1}{2}m\omega^2A^2 \tag{6-18}$$

显然，谐振动系统的动能和势能都是时间 t 的函数，势能达到最大值时，动能为最小；而势能达到最小值时，动能最大。初相 $\varphi=0$ 时，它们随时间变化的曲线如图 6-9 所示。振子在振动过程中，振动系统的动能和势能相互转换，但它的总能量恒定不变。

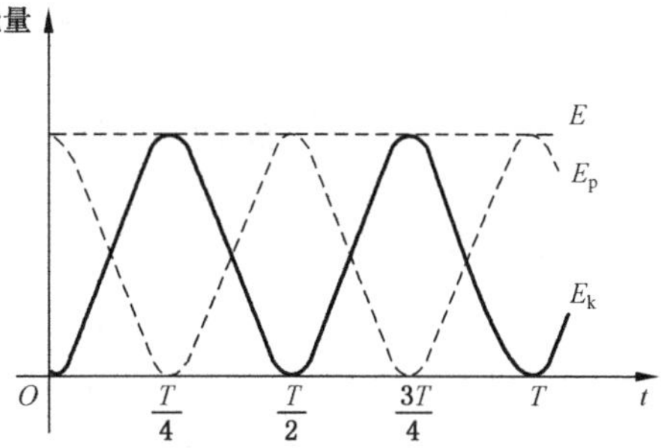

图 6-9 谐振子的动能、势能和总能量随时间变化曲线

例 6-5

一弹簧振子，其上所挂物体的质量为 0.1 kg，以振幅 1.0×10^{-2} m 做简谐振动，其最大加速度为 4.0 $\mathrm{m\cdot s^{-2}}$，求：

(1)振动的周期；

(2)振动的总能量；

(3)物体在何处时动能和势能相等。

解 (1)因为简谐振动的最大加速度为

$$a_{max}=A\omega^2$$

因此
$$\omega=\sqrt{\frac{a_{max}}{A}}=\sqrt{\frac{4.0}{1.0\times10^{-2}}}=20(s^{-1})$$

得
$$T=\frac{2\pi}{\omega}=0.314(s)$$

(2) 振动的总能量

$$E=\frac{1}{2}m\omega^2A^2=\frac{1}{2}\times0.1\times20^2\times(1.0\times10^{-2})^2=2.0\times10^{-3}(J)$$

(3) 当 $E_k=E_p$ 时，$E_p=\frac{E}{2}$，即$\frac{1}{2}kx^2=\frac{1}{2}\times\frac{1}{2}kA^2$，得

$$x=\pm\frac{\sqrt{2}A}{2}$$

即
$$x=\pm0.7(cm)$$

第四节 简谐振动的合成

在很多实际问题中，物体的振动往往是由几个振动合成的。当一个质点同时参与几个振动时，根据运动叠加原理，这时质点的运动就是这几个振动的叠加，称为**振动的合成**。一般的振动合成问题比较复杂，下面只讨论两种特殊情况的简谐振动的合成。

一、同方向同频率简谐振动的合成

设一个质点同时参与两个同方向同频率的简谐振动，它们的振动方程分别为

$$x_1=A_1\cos(\omega t+\varphi_1)$$
$$x_2=A_2\cos(\omega t+\varphi_2)$$

式中，A_1、A_2 和 φ_1、φ_2 分别为两个谐振动的振幅和初相。

根据运动叠加原理，质点的合成运动仍在这一直线上，它离开平衡位置的位移为

$$x=x_1+x_2=A_1\cos(\omega t+\varphi_1)+A_2\cos(\omega t+\varphi_2)$$

应用三角恒等式关系，上式化为

$$x=A\cos(\omega t+\varphi) \tag{6-19}$$

式中，A 和 φ 的值分别为

$$A=\sqrt{A_1^2+A_2^2+2A_1A_2\cos(\varphi_2-\varphi_1)} \tag{6-20}$$

$$\varphi=\arctan\frac{A_1\sin\varphi_1+A_2\sin\varphi_2}{A_1\cos\varphi_1+A_2\cos\varphi_2} \tag{6-21}$$

式(6-19)表示的合振动，也可以采用旋转矢量法直观地表示。如图 6-10 中，旋转矢量$\boldsymbol{A}_1$和$\boldsymbol{A}_2$以相同的角速度绕原点 O 逆时针匀速转动。它们在 x 轴上的投影分别沿 x 轴做简谐振动。由于角速度相同，$\boldsymbol{A}_1$与$\boldsymbol{A}_2$在转动过程中，始终保持一定的夹角 $\varphi_2-\varphi_1$，并且它们的矢量和 $\boldsymbol{A}$ 始终保持一定的大小，又以同样的角速度 ω 绕原点转动，$\boldsymbol{A}$ 的端点在 x 轴上的投影同样做简谐振动。从图中可看出，$x=x_1+x_2$，由此得出结论：两个同方向同频率简谐振动的合成运动也是一个简谐振动，其运动方程为

$$x=A\cos(\omega t+\varphi)$$

式中的初相 φ 与合振幅 A 可从图中直接得出，它们分别为

$$\varphi=\arctan\frac{A_1\sin\varphi_1+A_2\sin\varphi_2}{A_1\cos\varphi_1+A_2\cos\varphi_2}$$

$$A=\sqrt{A_1^2+A_2^2+2A_1A_2\cos(\varphi_2-\varphi_1)}$$

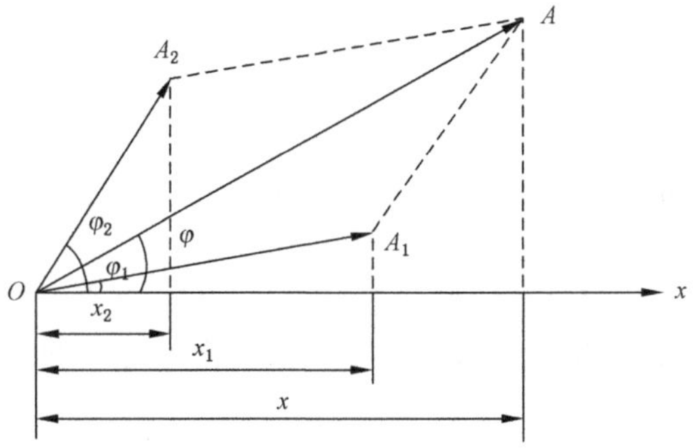

图 6-10 同方向同频率简谐振动的合成

如图 6-10 所示的合振动旋转矢量 $\boldsymbol{A}$ 也可以看成将$\boldsymbol{A}_1$与$\boldsymbol{A}_2$首尾相连后，从$\boldsymbol{A}_1$的始端到$\boldsymbol{A}_2$的末端所画出的矢量，即$\boldsymbol{A}_1$与$\boldsymbol{A}_2$和 $\boldsymbol{A}$ 构成一个三角形，这就是矢量合成的三角形法则，如图 6-11 所示。上面所讲的用旋转矢量求简谐振动合成的方法，也可以推广到多个同方向同频率的简谐振动的合成。运用矢量合成多边形法则求合振动更为方便，此时各分矢量首尾相连，从第一个矢量的始端到最后一个矢量的末端所画出的矢量即为合矢量。如果多个矢量依次相接而构成一个闭合图形，则合振幅为零。

总之，同方向、同频率的两个简谐振动的合振动仍是一个简谐振动。合振动的频率等于两个分振动的频率，合振动的振幅 A 不但和两个分振动的振幅有关，而且与两个分振动的相位差 $\varphi_2-\varphi_1$ 有关。下面讨论两种典型情况。

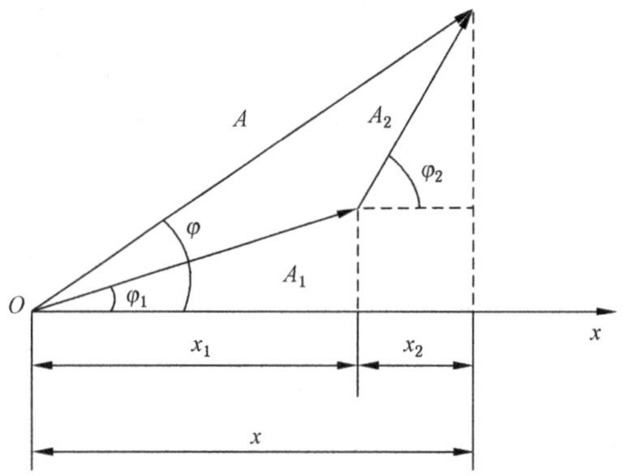

图 6-11 矢量合成的三角形法则

(1) 两分振动同相 即 $\varphi_2-\varphi_1=\pm 2k\pi(k=0,1,2,\cdots)$,则 $\cos(\varphi_2-\varphi_1)=1$,即

$$A=\sqrt{A_1^2+A_2^2+2A_1A_2}=A_1+A_2$$

即当两个分振动的相位相同或相位差为 2π 的整数倍时,合振动的振幅等于两个分振动的振幅之和。

(2) 两分振动反相 即 $\varphi_2-\varphi_1=\pm(2k+1)\pi(k=0,1,2,\cdots)$,则 $\cos(\varphi_2-\varphi_1)=-1$,即

$$A=\sqrt{A_1^2+A_2^2-2A_1A_2}=|A_1-A_2|$$

即当两个分振动反相时,合振动的振幅等于两个分振动振幅之差的绝对值。如果 $A_1=A_2$,此时合振动的振幅等于零。

例 6-6

已知两个同方向同频率的简谐振动的方程分别为

$$x_1=0.05\cos\left(10t+\frac{3}{4}\pi\right)$$

$$x_2=0.06\cos\left(10t+\frac{1}{4}\pi\right)$$

试求:

(1)合振动方程;

(2)若另有一个简谐振动 $x_3=0.07\cos(10t+\varphi_3)$,问 φ_3 为何值时,x_1+x_3 的振幅为最大;φ_3 为何值时,x_2+x_3 的振幅为最小。

解 由题意知,这是同方向同频率简谐振动的合成问题。

(1) 合振动的振幅为

$$A=\sqrt{A_1{}^2+A_2{}^2+2A_1A_2\cos(\varphi_2-\varphi_1)}$$

$$=\sqrt{0.05^2+0.06^2+2\times0.05\times0.06\times\cos\left(\frac{\pi}{4}-\frac{3\pi}{4}\right)}=0.078(\mathrm{m})$$

合振动的初相为

$$\varphi=\arctan\frac{A_1\sin\varphi_1+A_2\sin\varphi_2}{A_1\cos\varphi_1+A_2\cos\varphi_2}=\arctan 11=0.47\pi$$

所以合振动的方程为

$$x=0.078\cos(10t+0.47\pi)$$

(2) x_1+x_3 振幅为最大值的条件为

$$\Delta\varphi=\varphi_3-\varphi_1=\varphi_3-\frac{3}{4}\pi=0$$

$$\varphi_3=\frac{3}{4}\pi$$

x_2+x_3 振幅为最小值的条件为

$$\Delta\varphi=\varphi_3-\varphi_2=\varphi_3-\frac{\pi}{4}=\pi$$

$$\varphi_3=\frac{5}{4}\pi$$

二、同方向不同频率简谐振动的合成

设质点同时参与两个同方向，但角频率分别为 ω_1 和 ω_2 的简谐振动，为了突出频率不同引起的效果，假设两个分振动的振幅和初相位相等，振动方程分别为

$$x_1=A_0\cos(\omega_1 t+\varphi)$$

$$x_2=A_0\cos(\omega_2 t+\varphi)$$

合振动方程为

$$x=x_1+x_2=2A_0\cos\left(\frac{\omega_2-\omega_1}{2}t\right)\cos\left(\frac{\omega_2+\omega_1}{2}t+\varphi\right) \tag{6-22}$$

由上式可知，合振动不再是简谐振动。但若两分振动的角频率满足 $|\omega_2-\omega_1|\ll\omega_1+\omega_2$，则合振动将表现出非常值得注意的特点。这时式(6-22)中第一项因子 $2A_0\cos\left(\frac{\omega_2-\omega_1}{2}t\right)$ 的周期要比另一因子 $\cos\left(\frac{\omega_2+\omega_1}{2}t+\varphi\right)$ 的周期大得多。也就是第一个因子的变化比第二个因子的变化缓慢得多。于是可将式(6-22)表示的运动看作是振幅 A 按照

$$A=\left|2A_0\cos\left(\frac{\omega_2-\omega_1}{2}t\right)\right| \tag{6-23}$$

缓慢变化,而角频率等于$\frac{\omega_2+\omega_1}{2}$的“准简谐振动”,这是一种振幅有周期性变化的“简谐振动”。或者说,合振动描述的是一个高频振动受到一个低频振动调制的运动。

由于振幅的周期性变化,就会出现振动的忽强忽弱现象,称为拍。单位时间内振动加强或减弱的次数叫拍频。拍的合成曲线如图 6-12 所示。由式(6-23)知,余弦函数的绝对值在一个周期内将有两次达最大值,所以单位时间内最大振幅出现的次数,即拍频

$$\nu=2\times\frac{1}{2\pi}\times\frac{|\omega_2-\omega_1|}{2}=\left|\frac{\omega_2}{2\pi}-\frac{\omega_1}{2\pi}\right|=|\nu_2-\nu_1| \tag{6-24}$$

也就是说,拍频为两分振动频率之差的绝对值。

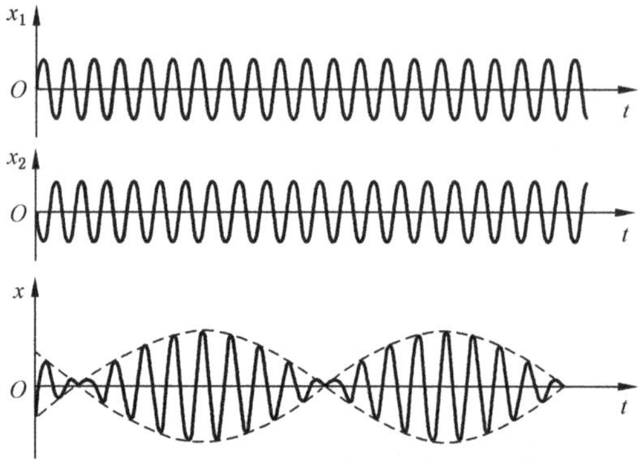

图 6-12 拍现象

拍现象在声振动、电磁振荡和波动中经常遇到。例如,当两个频率相近的音叉同时振动时,就可以听到时强时弱的“嗡、嗡……”的拍音。利用拍现象还可以测定振动频率,校正乐器和制造拍振荡器等。

*第五节 阻尼振动和受迫振动

一、阻尼振动

前面所讨论的简谐振动是一种理想状况,即谐振子系统做无阻尼自由振动,是等幅振动。而在实际中,阻尼是不可消除的,如果没有能量补充,由于机械能的损耗,振动的振幅将不断地衰减。这种振幅随时间不断衰减的振动叫作阻尼振动。

仍以弹簧振子为例,当物体受到与速度成正比的阻力作用时,阻尼振动的方程可以由牛顿第二定律推出,即

$$m\frac{\mathrm{d}^2x}{\mathrm{d}t^2}=-kx-\gamma\frac{\mathrm{d}x}{\mathrm{d}t} \tag{6-25}$$

式中，γ 是阻力系数。两边除以 m，得

$$\frac{d^2x}{dt^2}=-\frac{k}{m}x-\frac{\gamma}{m}\frac{dx}{dt}$$

令

$$\omega_0^2=\frac{k}{m},\beta=\frac{\gamma}{2m}$$

式中，ω_0 为振动系统的固有角频率，β 为阻尼系数，二者和振动系统的性质以及介质的性质有关。于是，方程可写为

$$\frac{d^2x}{dt^2}+2\beta\frac{dx}{dt}+\omega_0^2x=0 \tag{6-26}$$

式(6-26)的解，与阻尼的大小有关。当 $\beta<\omega_0$ 时，称为弱阻尼，方程的解为

$$x=A_0e^{-\beta t}\cos(\omega t+\varphi) \tag{6-27}$$

式中，$\omega=\sqrt{\omega_0^2-\beta^2}$，$A_0$、$\varphi$ 为由初始条件确定的积分常数。阻尼振动的位移随时间变化的曲线如图 6-13(a)所示，图中虚线表示阻尼振动的振幅 $A_0e^{-\beta t}$ 随着时间 t 按指数衰减，阻尼越大(在 $\beta<\omega_0$ 范围内)振幅衰减越快。阻尼振动的准周期为

$$T=\frac{2\pi}{\omega}=\frac{2\pi}{\sqrt{\omega_0^2-\beta^2}} \tag{6-28}$$

可见，阻尼振动的周期比系统的固有周期长。

若 $\beta=\omega_0$，称为临界阻尼，这时式(6-26)的解为

$$x=(C_1+C_2t)e^{-\beta t} \tag{6-29}$$

此时系统不再做往复运动，而是较快地回到平衡位置并停下来，如图 6-13(b)所示。

若 $\beta>\omega_0$，称为过阻尼，这时式(6-26)的解为

$$x=C_1e^{-(\beta-\sqrt{\beta^2-\omega_0^2})t}+C_2e^{-(\beta+\sqrt{\beta^2-\omega_0^2})t} \tag{6-30}$$

这时系统也不做往复运动，而是非常缓慢地回到平衡位置，如图 6-13(b)所示。

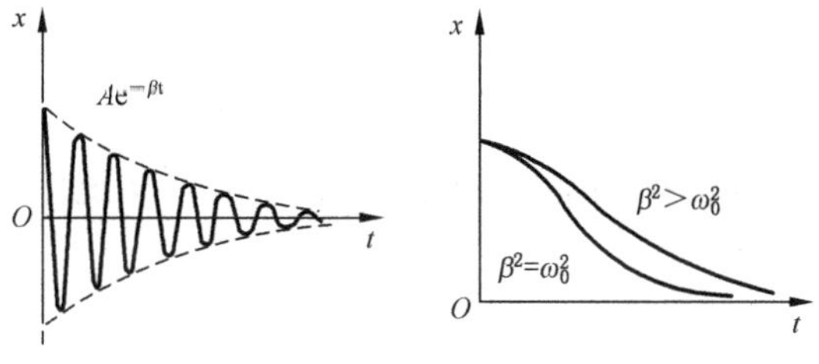

(a) $\beta^2<\omega_0^2$　　(b) $\beta^2\geqslant\omega_0^2$

图 6-13　阻尼振动曲线

在实际中，常利用改变阻尼的方法来控制系统的振动情况。例如，各类机器的防震器大

多采用一系列的阻尼装置。摩天大楼的楼顶很多都会安装一个几百吨重的质量调谐减震器，以减轻地震、台风等外加载荷作用下楼体的振动。有些精密仪器，如物理天平、灵敏电流计等，利用电磁阻尼装置并调整至临界阻尼状态，使得测量快速准确。

二、受迫振动

阻尼振动是减幅振动，要使有阻尼的振动系统维持等幅振动，必须给振动系统不断补充能量，即施加持续的周期性外力作用。振动系统在持续的周期性外力作用下发生的振动叫作受迫振动，周期性的外力叫作策动力。

为简单起见，假设策动力取如下形式：

$$F = F_0 \cos pt \tag{6-31}$$

仍以弹簧振子为例，讨论弱阻尼简谐振子的受迫振动，其动力学方程为

$$m\frac{\mathrm{d}^2 x}{\mathrm{d}t^2} = -kx - \gamma\frac{\mathrm{d}x}{\mathrm{d}t} + F_0 \cos pt \tag{6-32}$$

令 $\omega_0 = \sqrt{\frac{k}{m}}$，$\beta = \frac{\gamma}{2m}$，$f_0 = \frac{F_0}{m}$，则得到

$$\frac{\mathrm{d}^2 x}{\mathrm{d}t^2} + 2\beta\frac{\mathrm{d}x}{\mathrm{d}t} + \omega_0^2 x = f_0 \cos pt \tag{6-33}$$

该方程的解为

$$x = A_0 \mathrm{e}^{-\beta t}\cos(\omega t + \varphi_0) + A\cos(pt + \varphi) \tag{6-34}$$

该解的第一项是弱阻尼振动的通解，随着时间的推移，很快会衰减为零，故第一项称为衰减项。第二项才是稳定项，即式(6-34)的稳定解为

$$x = A\cos(pt + \varphi) \tag{6-35}$$

可见，稳定受迫振动的频率等于策动力的频率。

将式(6-35)代入式(6-33)，并采用待定系数法可以确定稳定受迫振动的振幅为

$$A = \frac{f_0}{\sqrt{(\omega_0^2 - p^2)^2 + 4\beta^2 p^2}} \tag{6-36}$$

这说明，稳定受迫振动的振幅与系统的初始条件无关，而是与系统固有频率、阻尼系数及策动力的频率和幅值有关。

三、共振

共振是受迫振动中一个重要而且有实际意义的现象，下面分别从位移共振和速度共振两方面加以讨论。

1. 位移共振

由式(6-36)可知，受迫振动的振幅不仅与策动力的大小有关，还与策动力的频率有关。振幅愈大，振动系统的能量就愈大。把振幅达到最大值的振动状态叫作位移共振。

由式(6-36)对 p 求导数，并令 $\frac{\mathrm{d}A}{\mathrm{d}p}=0$，可得

$$p_r=\sqrt{\omega_0^2-2\beta^2} \tag{6-37}$$

p_r 称为共振角频率，它由反映系统本身性质的 ω_0 和阻尼系数 β 决定，即当策动力的角频率 p 等于共振角频率 p_r 时，将式(6-37)代入式(6-36)可得共振的振幅

$$A_r=\frac{f_0}{2\beta\sqrt{\omega_0^2-\beta^2}} \tag{6-38}$$

此结果说明阻尼越小，共振频率越接近于系统的固有角频率 ω_0，同时共振的振幅 A_r 也越大，若阻尼系数趋近于零，则 p_r 趋于 ω_0，A_r 趋于无穷大。图 6-14(a)是不同阻尼情况下位移共振振幅随 p 变化的关系曲线。

2. 速度共振

由式(6-35)可得受迫振动的速度为

$$v=\frac{\mathrm{d}x}{\mathrm{d}t}=-Ap\sin(pt+\varphi)$$

其速度振幅

$$v_{\mathrm{m}}=Ap=\frac{pf_0}{\sqrt{(\omega_0^2-p^2)+4\beta^2p^2}} \tag{6-39}$$

令 $\mathrm{d}v_{\mathrm{m}}/\mathrm{d}p=0$，可得(设此条件下的策动力角频率为 p_v)

$$p_v=\omega_0 \tag{6-40}$$

即当策动力角频率 p 等于系统固有频率 ω_0 时，速度振幅达到极大值，称此振动状态为速度共振。由于速度振幅达到极大值时，振动系统的动能也达到最大值，所以速度共振也叫作能量共振。此状态下，振动系统从外界吸收的能量最多。

共振现象十分普遍而重要，在实际中有着广泛的应用。例如一些乐器利用共振现象可提高音响效果；电视机、收音机等利用共振从空间众多的电磁波信号中选择出感兴趣的节目。地震仪、超声发生器、交流电频率仪、测速仪及核磁共振仪等常见仪器仪表也是利用共振原理工作的。此外，如何避免共振对桥梁、烟囱、水坝、高楼等建筑物的破坏，也是设计制造者必须要考虑的问题。

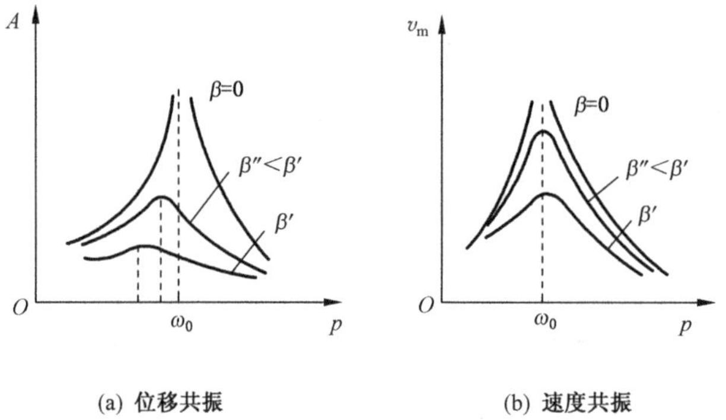

图 6-14 共振曲线

本章提要

1. 简谐振动的特征方程 $\frac{d^2x}{dt^2}+\omega^2x=0$

2. 简谐振动的运动方程 $x=A\cos(\omega t+\varphi)$

3. 简谐振动的特征量 振幅,角频率,相位——$A,\omega=2\pi\nu=\frac{2\pi}{T},\omega t+\varphi$

4. 振幅和初相的确定 $A=\sqrt{x_0^2+\frac{v_0^2}{\omega^2}}$;$\varphi=\arctan\left(-\frac{v_0}{x_0\omega}\right)$

5. 振动的能量 $E=E_k+E_p=\frac{1}{2}mv^2+\frac{1}{2}kx^2=\frac{1}{2}kA^2=\frac{1}{2}m\omega^2A^2$

6. 简谐振动的合成

(1) 同方向同频率两个简谐振动合成,合振动仍然是简谐振动,如果两分振动方程为

$$x_1=A_1\cos(\omega t+\varphi_1)$$

$$x_2=A_2\cos(\omega t+\varphi_2)$$

则合振动方程为

$$x=A\cos(\omega t+\varphi)$$

式中

$$A=\sqrt{A_1^2+A_2^2+2A_1A_2\cos(\varphi_2-\varphi_1)}$$

$$\varphi=\arctan\frac{A_1\sin\varphi_1+A_2\sin\varphi_2}{A_1\cos\varphi_1+A_2\cos\varphi_2}$$

(2) 同方向、振幅相同、频率接近的两个简谐振动合成,合振动不再是简谐振动,合振动

方程为

$$x=x_1+x_2=2A_0\cos\left(\frac{\omega_2-\omega_1}{2}t\right)\cdot\cos\left(\frac{\omega_2+\omega_1}{2}t+\varphi\right)$$

7. 阻尼振动,受迫振动,共振

(1) 阻尼振动特征方程

$$\frac{\mathrm{d}^2x}{\mathrm{d}t^2}+2\beta\frac{\mathrm{d}x}{\mathrm{d}t}+\omega_0^2x=0$$

(2) 受迫振动特征方程

$$\frac{\mathrm{d}^2x}{\mathrm{d}t^2}+2\beta\frac{\mathrm{d}x}{\mathrm{d}t}+\omega_0^2x=f_0\cos pt$$

(3) 共振 系统受迫振动时,当合振动振幅达到最大时,称为位移共振;当合振动的速度振幅达到最大时,称为速度共振。

思 考 题

6-1 简谐振动在运动学和动力学上都有哪些特征?

6-2 振幅和初相是由哪些条件决定的?

6-3 一单摆从偏离竖直方向小角度 φ 处静止释放,则其振动的初相位是否等于 φ?

6-4 一个人在加速上升的电梯中测得的单摆振动周期与电梯静止时测得的单摆振动周期是否相同?

6-5 弹性系数为 k 的弹簧,如将其等分为 2 个弹簧。一个物体先后挂在分割前和分割后的弹簧下,使其做简谐振动,哪种情况下振动频率大?

6-6 一质量未知的物体和一弹性系数未知的弹簧组成的弹簧振子,只要将系统竖直放置,测出弹簧相对于原长的伸长量,就可知道此系统的振动周期,为什么?

6-7 两个相同的弹簧挂着不同质量的物体做振幅相同的简谐振动,问二者振动的能量是否相同?

6-8 音乐家利用拍现象给乐器调音。一小提琴 A 弦绷得有点过紧,把它对着 440 Hz 的标准音叉发音,听到拍频为 4 Hz,试判断此时小提琴 A 弦的振动频率。

6-9 两个同方向的简谐振动的合振动一定还是简谐振动吗?

6 10 什么是阻尼振动?

6-11 什么是共振?产生共振要满足什么条件?

习　题

6-1　选择题

(1) 一弹性系数为 k 的轻弹簧截成三等份,取出其中的两根,将它们并联在一起,下面挂一质量为 m 的物体,则系统的振动频率为(　)。

(A) $\frac{1}{2\pi}\sqrt{\frac{k}{m}}$　(B) $\frac{1}{2\pi}\sqrt{\frac{6k}{m}}$　(C) $\frac{1}{2\pi}\sqrt{\frac{3k}{m}}$　(D) $\frac{1}{2\pi}\sqrt{\frac{k}{3m}}$

(2) 一质点做简谐振动,周期为 T,当它由平衡位置向 x 轴正方向运动时,从二分之一最大位移处到最大位移处所用的时间为(　)。

(A) $T/4$　(B) $T/12$　(C) $T/6$　(D) $T/8$

(3) 一弹簧振子做简谐振动,总能量为 E,若振幅增加为原来的 2 倍,振子的质量增加为原来的 4 倍,则系统的振动能量为(　)。

(A) $2E$　(B) $4E$　(C) $8E$　(D) $16E$

(4) 有两个同方向的简谐振动:$x_1=A_1\cos\omega t$,$x_2=A_2\sin\omega t$,且 $A_2<A_1$ 则合成振动的振幅为(　)。

(A) A_1+A_2　(B) A_1-A_2　(C) $(A_1^2+A_2^2)^{1/2}$　(D) $(A_1^2-A_2^2)^{1/2}$

6-2　弹性系数为 k_1 和 k_2 的两根弹簧,与质量为 m 的小球按图中所示的两种方式连接,分别求出它们的振动周期。

习题 6-2 图

6-3　设有一质点沿 x 轴做简谐运动,振幅为 A,角频率为 ω。今在下述情况下开始计时:(1)质点在最大位移处;(2)质点在平衡位置处且向 x 轴负方向运动;(3)质点在平衡位置处且向 x 轴正方向运动;(4)质点在 $x=-A/2$ 处且向 x 轴正方向运动;(5)质点的速度为零,而加速度为正值。试按振动方程 $x=A\cos(\omega t+\varphi)$的形式,分别确定振动初相。

6-4　一弹簧振子沿 x 轴做简谐振动,已知物体的质量 $m=0.10$ kg,弹簧的弹性系数 $k=4.9\ \mathrm{N\cdot m^{-1}}$。(1)物体在平衡位置,速度为 $1.4\ \mathrm{m\cdot s^{-1}}$ 时开始计时;(2)把物体从平衡位置移到 0.15 m 处,在释放的同时,再给物体 $1.4\ \mathrm{m\cdot s^{-1}}$ 的初速度,这时开始计时。试求上述两种情况下的振动角频率、振幅、初相和运动方程。

6-5 弹簧振子竖直悬挂时，不计阻力，证明其振动是简谐振动。

6-6 一立方体木块，静止时浸入水中的深度为 h，现将木块向下轻压一下后放手，木块开始在竖直方向振动起来，忽略黏滞阻力以及水面高度的变化，证明木块的振动是简谐振动并求振动周期。

6-7 图中所示为两个谐振动的曲线，试分别写出其谐振动方程。

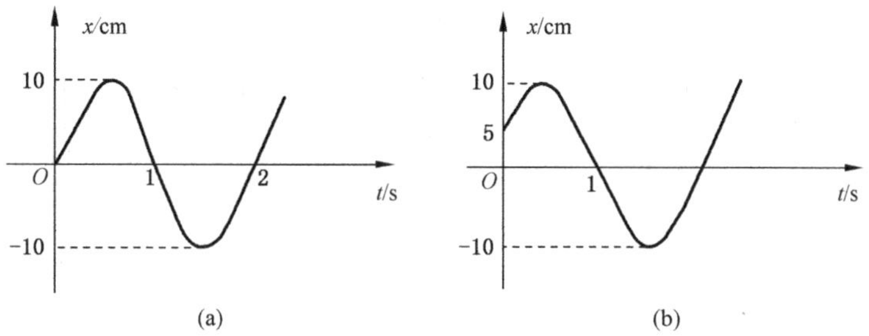

习题 6-7 图

6-8 一物体沿 x 轴做简谐振动，振幅为 0.12 m，周期为 2 s。当 $t=0$ 时位移为 0.06 m，且向 x 轴负方向运动。试求：

(1)振动方程；

(2)$t=0.5$ s 时，物体的位移、速度和加速度。

6-9 一轻弹簧的弹性系数为 k，其下端悬有一质量为 M 的盘子。现有一质量为 m 的物体从离盘底高度为 h 处自由下落到盘中并和盘子粘在一起，于是盘子开始振动：

(1) 此时的振动周期与空盘子做振动时的周期有何不同?

(2) 此时的振动振幅多大?

6-10 如图所示，质量为 1.00×10^{-2} kg 的子弹，以 500 m·s^{-1} 的速度射入并嵌在木块中，同时使弹簧压缩从而做简谐振动。设木块的质量为 4.99 kg，弹簧的弹性系数为 8.00×10^{3} N·m^{-1}。若以弹簧原长时物体所在处为坐标原点，向左为 x 轴正向，求简谐运动方程。

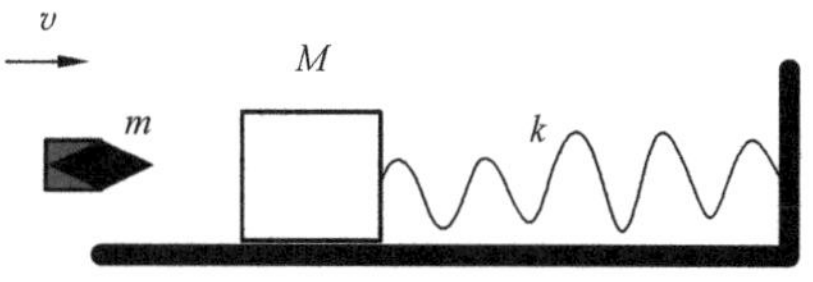

习题 6-10 图

6-11 有一轻弹簧，下面悬挂质量为 1.0 g 的物体时，伸长量为 4.9 cm。用这个弹簧和一个质量为 8.0 g 的小球构成弹簧振子，将小球由平衡位置向下拉开 1.0 cm 后，给予向上的初速度 5.0 cm·s^{-1}，取竖直向上为 x 轴正方向，求振动周期和振动方程。

6-12 两质点沿 x 轴做同频率和同振幅的简谐振动，每当它们相互反向经过时，它们的位移均为它们振幅的一半，试求它们之间的相位差。

6-13　如图所示,一质点做简谐振动,在一个周期内相继通过距离为 12 cm 的两点 A、B,历时 2 s,并且在 A、B 两点处具有相同的速度;再经过 2 s 后,质点又从另一方向通过 B 点。试求质点运动的周期和振幅。

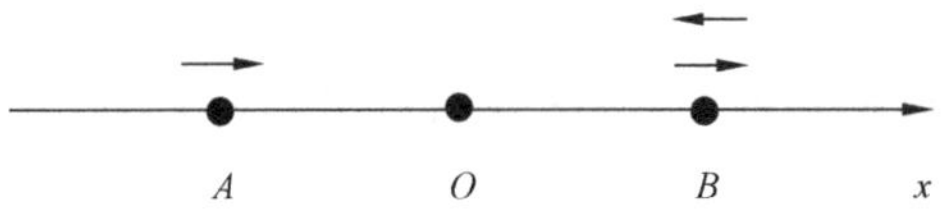

习题 6-13 图

6-14　一质点同时参与两个在同一直线上的简谐振动,振动方程分别为

$$x_1 = 5\times 10^{-2}\cos\left(4t+\frac{\pi}{3}\right)\ (\mathrm{SI})$$

$$x_2 = 3\times 10^{-2}\sin\left(4t-\frac{1}{6}\pi\right)\ (\mathrm{SI})$$

试求合振动的方程。

6-15　一物体放置在平板上,此板沿水平方向做简谐振动,已知振动频率为 2 Hz,物体与板面的最大静摩擦系数为 0.5。问要使物体在板上不发生滑动,最大振幅是多少?

6-16　一物体质量为 0.25 kg,在弹性力作用下做简谐振动,弹簧的弹性系数 $k=25\ \mathrm{N\cdot m^{-1}}$,如果起振时具有势能 0.06 J 和动能 0.02 J。求:

(1) 振幅;

(2) 动能恰等于势能时的位移;

(3) 经平衡位置时的速度。

第七章　机械波

振动在空间的传播称为波动，简称波。波动是一种常见的物质运动形式。机械振动在介质中的传播称为机械波，如声波、水波、地震波等。变化的电场和磁场在空间的传播称为电磁波，例如无线电波、光波等。虽然各类波的本质不同，有各自的特殊性质和规律，但是它们都具有波动的共同特征，即都有一定的传播速度，且都伴随着能量的传播，能产生反射、折射、干涉和衍射现象，而且有相似的数学表达式。近代物理的研究表明，微观粒子具有明显的二象性——粒子性与波动性，因此研究微观粒子的运动时，波动概念也是重要的基础。

本章将通过对机械波的研究，得出波动的基本规律，主要内容包括：机械波的产生，波函数和波的能量，惠更斯原理及其在波的干涉、衍射方面的应用。

第一节　机械波的几个概念

一、机械波产生的条件

机械振动在弹性媒质（固体、液体和气体）内传播就形成了机械波。在弹性媒质中的任一处，由外来的振动源或扰动源（统称为波源）激起的质元振动必定会带动邻近质元也发生振动，从而把振动由近及远地传播出去。各质元传播振动时都是靠与邻近质元间的弹性力作用而在各自的平衡位置附近做振动，并不随着波的传播而离开其原来的位置发生流动。这样，弹性媒质内部具有弹性相互作用的性质决定了振动不会局限于一处，而是要传播出去。简单地说，波就是振动的传播。例如，将绳子一端固定并使其伸展，用手拿着另一端上下抖动，于是在振动的一端先后形成凸起和凹下的状态。这些凸凹相间的状态就会沿着绳子以一定的速度向前传播，在绳子上形成凸、凹相间的波形，如图 7-1(a)所示，绳子上凸起最高处称为**波峰**；凹下最低处称为**波谷**。牵着绳子的手就是波源，绳子是传播振动的媒质。又如图 7-1(b)所示，将一根水平放置的长弹簧的一端固定起来，用手水平拍打另一端，各部分弹簧就依次左右振动起来，在弹簧中交替出现了“稀疏”和“稠密”的区域，并且以一定的速度向右传播。

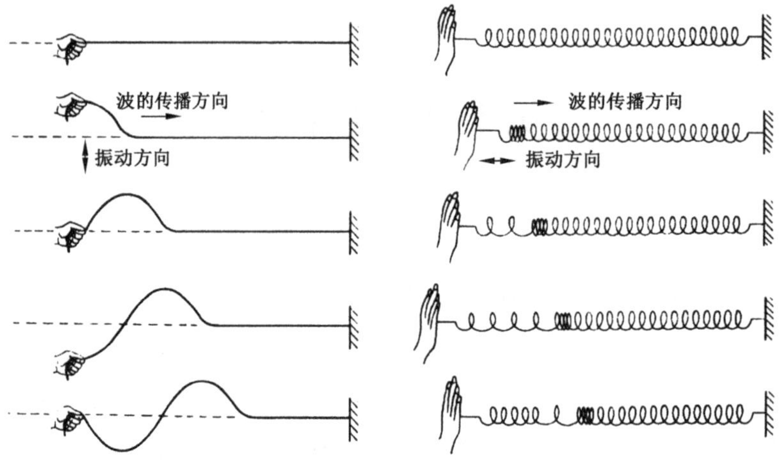

(a) 横波　　(b) 纵波

图 7-1　机械波的形成

由此可见,产生机械波的条件有两个:(1)波源,即做机械振动的物体;(2) 弹性媒质,即传播机械振动的媒介。如果只有弹性媒质而无波源,则是“一潭死水”,不会产生波动;如果只有波源而无弹性媒质,机械波也无法形成。因此波源和弹性媒质是产生机械波的两个必要条件。

二、横波和纵波

按照质点振动方向和波的传播方向的关系,波可分为横波和纵波。

如果质点的振动方向与波的传播方向垂直,这种波称为**横波**。如图 7-1(a)所示的绳上的波,质点的振动方向垂直于绳长,因此是横波。又如自由空间中传播的电磁波,其中振动(变化)的电场强度与磁场强度的方向都是与传播方向垂直的,因此电磁波也是横波。如果质点的振动方向与波的传播方向平行,这种波称为**纵波**。如图 7-1(b)所示弹簧中传播的疏密波就是纵波。

在机械波中,横波是由于介质的切变弹性引起的,因此固体可以传播横波。由于液体和气体没有切变弹性,所以横波不能在液体和气体中传播。纵波是由介质的体变弹性或长变弹性引起的,在固体、液体和气体中都能传播纵波。例如声音在空气中传播时,气体分子的振动方向与波传播方向平行,所以声波是一种纵波。

三、波长　周期和频率　波速

描述波动的几个主要物理量是波长、频率、周期和波速。

沿波传播方向两个相邻的、相位差为 2π 的振动质点之间的距离,即一个完整波形的长度，叫作**波长**，用 λ 表示。显然，横波上相邻的两个波峰之间或者相邻的两个波谷之间的距离，都是一个波长；纵波上相邻的两个密部或相邻的两个疏部对应点之间的距离，也是一个波长。

波的**周期**是波前进一个波长的距离所需要的时间，用 T 表示。显然波的周期与波源的振动周期相同。周期反映了波的时间周期性。周期的倒数叫作波的**频率**，用 ν 表示，即 $\nu=\frac{1}{T}$。波的频率是在单位时间内波动推进的距离中所包含的完整波形的数目。波的周期和频率与媒质的性质无关。

波是波源振动状态（相位）的传播过程，某振动状态在单位时间内传播的距离称为**波速**，用 u 表示。波速、波长和周期的关系为

$$u=\frac{\lambda}{T} \tag{7-1}$$

理论和实验都证明，在固体中横波和纵波的波速为

$$u=\sqrt{\frac{G}{\rho}}\quad（横波） \tag{7-2}$$

$$u=\sqrt{\frac{Y}{\rho}}\quad（纵波） \tag{7-3}$$

纵波在流体中的传播速度为

$$u=\sqrt{\frac{B}{\rho}} \tag{7-4}$$

横波在绳或弦中的传播速度为

$$u=\sqrt{\frac{T}{\mu}} \tag{7-5}$$

上述公式中 G 为切变模量，Y 为杨氏模量，B 为体积弹性模量，ρ 为媒质的密度，T 为绳或弦的张力，μ 为线密度（单位长度的质量）。由于 u 决定于媒质的性质，由式(7-1)可知，波长也与媒质性质有关，同一列波在不同的媒质中传播时，频率相同，波长、波速均不相同。另外，因为同种材料的切变模量 G 总是小于其杨氏模量 Y，因此在同一种介质中，横波的传播速度比纵波要小一些。

应该指出，波速和波动过程中某一介质质点的振动速度是物理含义完全不同的两个物理量，必须注意两者的区别。

四、波线　波面　波前

波源在弹性介质中振动时，振动将向各个方向传播，形成波动，为了方便讨论波的传播情

况,我们引入波线、波面和波前的概念。

在波的传播过程中,任一时刻媒质中各振动相位相同的点连接成的曲面称为**波面**(也叫**波阵面**)。任一时刻波面可以有任意多个,一般只画几个作为代表,如图 7-2 所示,一般使相邻两个波面之间的距离等于一个波长。在某一时刻,波传播到的最前面的波面叫作**波前**。随着波的传播,波阵面在空间不断推进。在各向同性介质中,波的传播方向与波阵面垂直,沿波的传播方向所画的射线称为**波射线**,简称为**波线**。

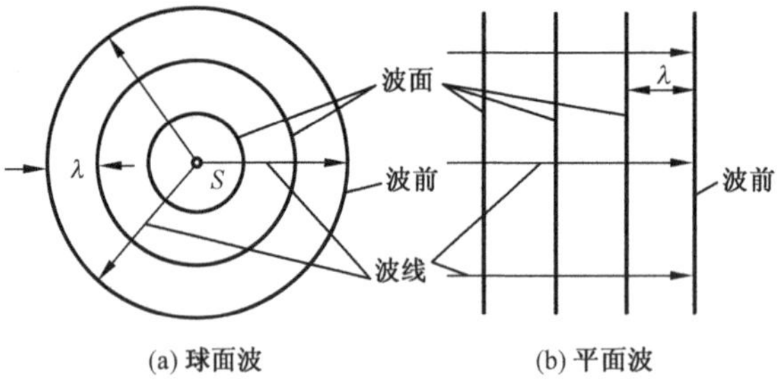

图 7-2 波面和波线

我们常按波前形状将波分为球面波和平面波等。波前是球面的波叫**球面波**;波前是平面的波叫**平面波**。在离波源较远的局部区域内球面波可近似看成平面波。平面波和球面波都是波动传播过程中的理想近似。在均匀的各向同性媒质中,球面波的波线是由点波源发出的呈辐射状的径向直线,平面波的波线是垂直于波面、相互平行的直线。可以用任意一条波线上的波动情况代表整个平面波的传播情况。

第二节 平面简谐波的波函数

我们已经明白机械波是机械振动在弹性介质内的传播,是大量质点参与的一种集体运动形式。如果波沿 x 方向传播,那么,要描述它,就应该知道 x 处质点在任意时刻 t 的位移 y,换句话说应该知道 $y(x,t)$。我们把这种描述波传播的函数 $y(x,t)$叫作**波函数**。

通常,波函数的表达式是比较复杂的。有一种最简单而又最基本的波,这种波的波源的振动是简谐振动,当其传播达到稳定时,媒质中质点的振动也是简谐振动,振动的频率与波源的频率相同,振幅与波源有关。这种由简谐振动的传播构成的波,称为**简谐波**。若它的波阵面是平面,这种波称为**平面简谐波**。

简谐波在介质中传播时,各质点都在做简谐振动,它们的位移随时间不断改变。假定波在理想的无吸收(媒质不吸收所传播的振动能量)、均匀、各向同性且为无限大的弹性媒质中传播。对于平面简谐波,因位于同一波面上的各质点都具有相同的相位和位移,因此,只要讨论一条波线上的波的规律，就可知道整个波的传播规律了。这种定量地描述简谐波各质点的位移 y 随其位置 x 和时间 t 变化的数学表达式叫作**简谐波的波函数**。

一、平面简谐波的波函数

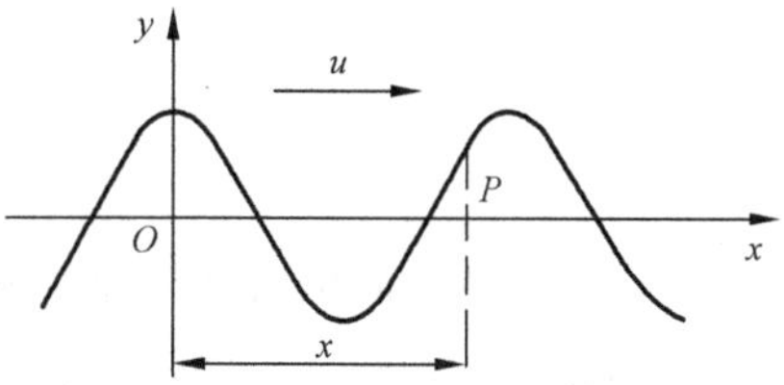

图 7-3　推导波函数用图

如图 7-3 所示，一平面简谐波在无吸收的均匀媒质中以速度 u 传播，以平面简谐波的一条波线为 x 轴，在其上取任意一点 O 为坐标原点，某质点 P 在波线上的平衡位置可用坐标 x 表示，质点相对于平衡位置的位移用坐标 y 表示（对于横波，位移 y 的方向与 Ox 轴垂直，对于纵波位移 y 沿 Ox 轴方向）。

对平面简谐波来说，波线上各点都在做简谐振动，设 O 点处的质点振动方程为

$$y_O = A\cos(\omega t + \varphi) \tag{7-6}$$

式中，A、ω 和 φ 分别是该质点的振幅、角频率和初相位。

由于振动传播过程中媒质不吸收振动的能量，所以波所能到达之处，各质点的振幅相等。当振动沿 x 轴的正方向以波速 u 传播到坐标为 x 的 P 点时，P 处的质点将以相同的振幅和频率重复 O 点的振动，但它的相位要比 O 点处的质点落后。波从原点 O 传到点 P 所需的时间为 $\Delta t = \dfrac{x}{u}$，因此，在 t 时刻 P 点处质点的位移就是 O 点处的质点在 $t - \Delta t = t - \dfrac{x}{u}$ 时刻的位移，由此可得，P 点处质点在 t 时刻的位移

$$y = A\cos\left[\omega\left(t - \frac{x}{u}\right) + \varphi\right] \tag{7-7}$$

因为质点 P 是任意的，式(7-7)描述了沿着波传播方向上任一质点的振动规律，体现了沿着波动传播的方向相位依次落后的振动的集合。式(7-7)就是**平面简谐波的波函数**，也常称为**平面简谐波的波动方程**。

如果平面简谐波沿 x 轴负方向传播，则图 7-3 中点 P 的振动总是比 O 点超前一段时间 $\Delta t = \dfrac{x}{u}$，P 处质点在时刻 t 的位移和 O 点处质点在 $t + \dfrac{x}{u}$ 时刻的位移相等，即

$$y = A\cos\left[\omega\left(t + \frac{x}{u}\right) + \varphi\right] \tag{7-8}$$

上述方程即为平面简谐波沿 x 轴负方向传播时的波函数。

利用关系式 $\omega = \dfrac{2\pi}{T} = 2\pi\nu$ 和 $\lambda = uT$，可将波函数表示为

$$y = A\cos\left[2\pi\left(\frac{t}{T} \mp \frac{x}{\lambda}\right) + \varphi\right]$$
$$= A\cos\left[2\pi\left(\nu t \mp \frac{x}{\lambda}\right) + \varphi\right]$$
$$= A\cos\left[\omega t \mp \frac{2\pi}{\lambda}x + \varphi\right] \tag{7-9}$$

对于沿 x 轴方向传播的平面简谐波,上述表达式是等价的。当波沿 x 轴正方向传播时,式(7-9)中小括号内取负号;当波沿 x 轴负方向传播时,式(7-9)中小括号内取正号。

二、波函数的物理意义

(1) 当 $x = x_0$ 时(即在波线上取一定点),y 仅为时间 t 的函数,这时波函数变为表示坐标为 x_0 处的给定质点在不同时刻的位移,即该质点做谐振动的情况。由式(7-7)可得

$$y = A\cos\left[\omega\left(t - \frac{x_0}{u}\right) + \varphi\right] = A\cos\left[\omega t + \left(\varphi - \frac{2\pi x_0}{\lambda}\right)\right] \tag{7-10}$$

说明 x_0 处质点做角频率为 ω、初相为 $\varphi - \frac{2\pi x_0}{\lambda}$ 的谐振动。其相应的 y-t 曲线如图 7-4 所示。

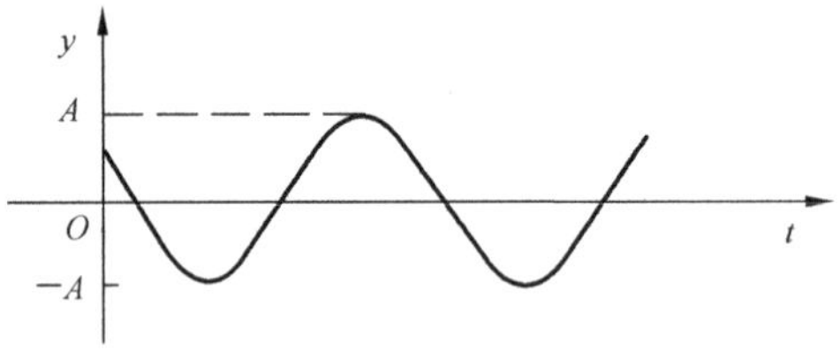

图 7-4 振动曲线

(2) 当 $t = t_0$ 时,y 仅是 x 的函数,这时波函数变为表示 t_0 时刻波线上各质点的位移分布情况。此时式(7-7)为

$$y = A\cos\left[\omega\left(t_0 - \frac{x}{u}\right) + \varphi\right] \tag{7-11}$$

以 y 为纵坐标,x 为横坐标,可得到一条余弦函数曲线,称为波形曲线,如图 7-5 所示。

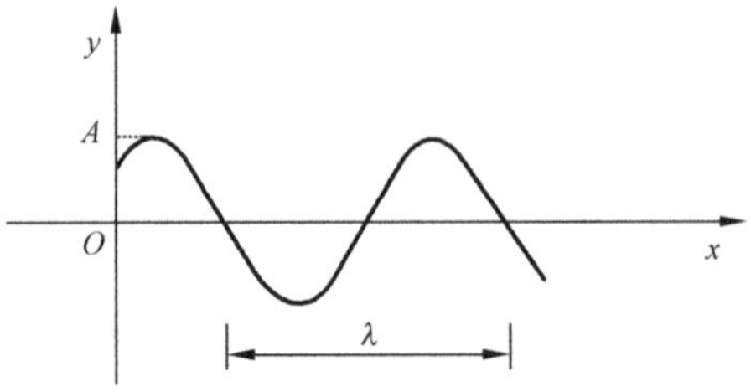

图 7-5 波形曲线

由式(7-11)可以看出，在同一时刻，不同坐标处的质点其振动相位是不同的，沿着波的传播方向，质点的振动相位依次落后。坐标为 x_1 和 x_2 的两个质点之间的振动的相位差

$$\Delta\varphi=\left[\omega\left(t_0-\frac{x_1}{u}\right)+\varphi\right]-\left[\omega\left(t_0-\frac{x_2}{u}\right)+\varphi\right]$$

$$=2\pi\frac{x_2-x_1}{\lambda}=2\pi\frac{\Delta x}{\lambda} \tag{7-12}$$

式中，$\Delta x=x_2-x_1$ 称为波程差。

对于沿着 x 轴正方向传播的简谐波，当 $x_2>x_1$ 时，有 $\Delta\varphi=2\pi\frac{\Delta x}{\lambda}>0$，说明质点 x_1 的振动相位超前于质点 x_2 的振动相位，也就是质点 x_2 的振动相位落后于质点 x_1 的振动相位。

(3) 当 x 和 t 均变化时，波函数表示波线上各个不同质点在不同时刻的位移在空间的分布情况。形象地说，波函数反映了波形的传播。如图 7-6 所示，在 t_1 时刻和 $t_1+\Delta t$ 时刻的波形曲线分别如实线和虚线所示。

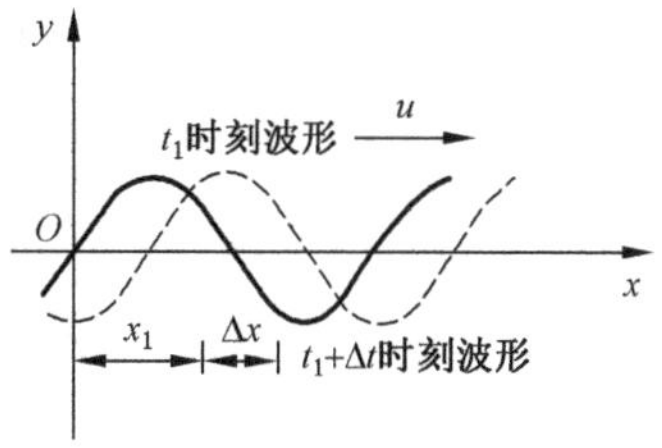

图 7-6 波的传播

t_1 时刻 x_1 处质点的位移为

$$y_1=A\cos\left[\omega\left(t_1-\frac{x_1}{u}\right)+\varphi\right]$$

经 Δt 时间后，振动状态沿波线传播了 $\Delta x=u\Delta t$ 的距离，因此在 $t_2=t_1+\Delta t$ 时刻 $x_2=x_1+\Delta x=x_1+u\Delta t$ 处质点的位移为

$$y_2=A\cos\left[\omega\left(t_2-\frac{x_2}{u}\right)+\varphi\right]$$

$$=A\cos\left[\omega\left(t_1+\Delta t-\frac{x_1+u\Delta t}{u}\right)+\varphi\right] \tag{7-13}$$

$$=A\cos\left[\omega\left(t_1-\frac{x_1}{u}\right)+\varphi\right]=y_1$$

上式说明 t_2 时刻 x_2 处质点的位移 y_2 恰好等于 t_1 时刻 x_1 处质点的位移 y_1。也就是说，在 Δt 时间内，整个波形以波速 u 向前推进了 $\Delta x=u\Delta t$ 的距离。即波函数描述了波形的传播。

例 7-1

一列平面简谐波以波速 u 沿 x 轴正方向传播，波长为 λ。已知在 $x_0=\lambda/4$ 处的质点的振动表达式为 $y_{x_0}=A\cos\omega t$。试写出波函数，并在同一坐标图中画出 $t=T$ 和 $t=\frac{5T}{4}$时的波形曲线。

解 设在 x 轴上 P 点处的质点的坐标为 x，则它的振动要比 x_0 处质点落后$(x-x_0)/u=(x-\frac{\lambda}{4})/u$ 这样一段时间，因此 P 点振动的表达式为

$$y = A\cos\omega\left(t - \frac{x - \lambda/4}{u}\right)$$

$$= A\cos\left(\omega t - \frac{2\pi x}{\lambda} + \frac{\pi}{2}\right)$$

这就是所求的波函数。

$t = T$ 时刻的波形方程为 $$y = A\sin\frac{2\pi x}{\lambda}$$

由于波的时空周期性,在 $t = \frac{5}{4}T$ 时的波形曲线应较 $t = T$ 时的波形曲线向 x 轴正向平移 $\Delta x = u\Delta t = u\,\frac{T}{4} = \frac{\lambda}{4}$。两时刻的波形曲线如图 7-7 所示。

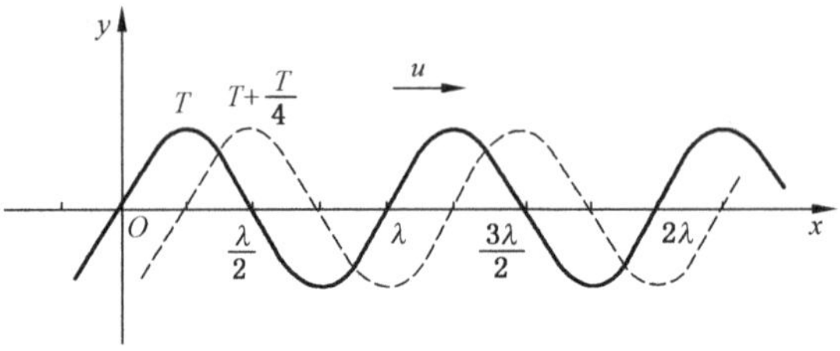

图 7-7 不同时刻波形曲线

例 7-2

一条长绳用水平力张紧,其上产生一列简谐横波向左侧传播,波速为 $20\ \mathrm{m\cdot s^{-1}}$。在 $t=0$ 时它的波形曲线如图 7-8 所示。

(1) 求波的振幅、波长和波的周期;

(2) 写出波函数;

(3) 写出质点振动速度表达式。

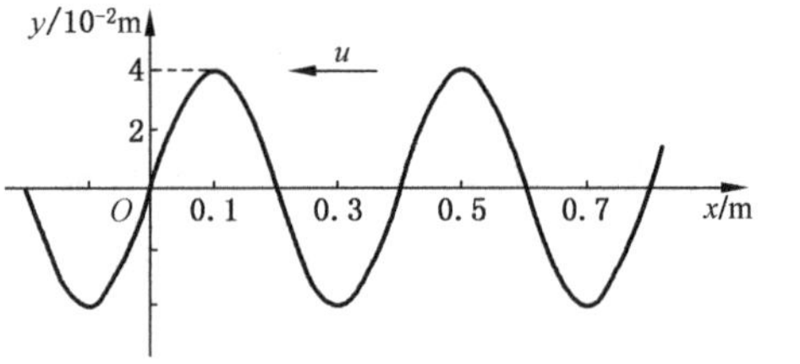

图 7-8 波形曲线

解 (1)由图可以直接看出 $A = 4.0\times10^{-2}\ \mathrm{m}$,$\lambda = 0.4\ \mathrm{m}$,于是得

$$T = \frac{\lambda}{u} = \frac{0.4}{20} = 0.02(\mathrm{s})$$

(2) 在波传播的过程中,波形向左平移,因此,$t=0$ 时刻,坐标原点处质点正经过平衡位置,向正方向运动。由旋转矢量法易判断出其振动初相位为 $-\frac{\pi}{2}$,于是可得出原点 O 处质点的振动方程表达式为

$$y_0 = A\cos\left(2\pi\frac{t}{T} - \frac{\pi}{2}\right)$$

而波函数为

$$y = A\cos\left(2\pi\frac{t}{T} + 2\pi\frac{x}{\lambda} - \frac{\pi}{2}\right)$$

将前述 A、T 和 λ 代入可得

$$y = 4.0\times10^{-2}\cos\left(100\pi t + 5\pi x - \frac{\pi}{2}\right)\ (\mathrm{m})$$

(3) 位于 x 处的介质质点的振动速度为

$$v = \frac{\partial y}{\partial t} = 12.6\cos(100\pi t + 5\pi x)\ (\mathrm{m\cdot s^{-1}})$$

第三节 波的能量

在波的传播过程中，媒质中质点都在各自的平衡位置附近振动，因而具有动能；同时弹性媒质要产生形变，因而具有势能。下面将证明，波的传播一定伴随能量的传播。这是波动的一个重要特征。

一、波的能量和能量密度

设有一平面简谐波在密度为 ρ 的媒质中以速度 u 沿 x 轴正方向传播，波函数为

$$y = A\cos\left[\omega\left(t - \frac{x}{u}\right) + \varphi\right]$$

在坐标 x 处任取一体积元 $\mathrm{d}V$，相应质元的质量为 $\mathrm{d}m = \rho\mathrm{d}V$，由于 $\mathrm{d}V$ 很小，因此 $\mathrm{d}m$ 可视为质点。当波动传到该处时，其振动速度为

$$v = \frac{\partial y}{\partial t} = -\omega A\sin\left[\omega\left(t - \frac{x}{u}\right) + \varphi\right]$$

振动动能为

$$\mathrm{d}E_{\mathrm{k}} = \frac{1}{2}(\mathrm{d}m)v^2 = \frac{1}{2}\rho\mathrm{d}V\omega^2A^2\sin^2\left[\omega\left(t - \frac{x}{u}\right) + \varphi\right] \tag{7-14}$$

可以证明（此处从略），质元由于弹性形变而具有的势能为

$$\mathrm{d}E_{\mathrm{p}} = \frac{1}{2}\rho\mathrm{d}V\omega^2A^2\sin^2\left[\omega\left(t - \frac{x}{u}\right) + \varphi\right] \tag{7-15}$$

于是该体积元的总能量为

$$\mathrm{d}E = \mathrm{d}E_{\mathrm{k}} + \mathrm{d}E_{\mathrm{p}} = \rho\mathrm{d}V\omega^2A^2\sin^2\left[\omega\left(t - \frac{x}{u}\right) + \varphi\right] \tag{7-16}$$

比较式(7-14)和式(7-15)可以看出：

(1)在波传播过程中，任一质元的动能和势能都随时间发生变化，且在任何时刻都是同相位的，而其量值也完全相等，即动能达到最大值时，势能也达到最大值；动能为零时，势能也为零。波动中任一质元的动能与势能的这种变化关系与简谐振动系统的振动动能和势能的变化关系完全不同。

(2)正如式(7-16)指出，在波动传播过程中，任一质元的总机械能不是常量，而是随着时间做周期性变化，这与简谐振动系统的总能量是一个常量完全不同。

(3)与前面通过波函数分析波在媒质中传播过程同样的方法，通过分析式(7-16)可知，能量以速度 u 在媒质中伴随波一起传播，在均匀、各向同性媒质中，能量的传播速度和传播方向与波的传播速度和传播方向总是相同的。综合上面的分析可知，波动传播过程也就是能量的传播过程。

在媒质中单位体积内的能量，称为**能量密度**，用 w 表示，即

$$w=\frac{\mathrm{d}E}{\mathrm{d}V}=\rho\omega^2A^2\sin^2\left[\omega\left(t-\frac{x}{u}\right)+\varphi\right] \tag{7-17}$$

由此可以看出，波的能量密度是时间 t 的周期函数。一个周期内能量密度的平均值称为**平均能量密度**。

$$\overline{w}=\frac{1}{T}\int_0^T\rho A^2\omega^2\sin^2\left[\omega\left(t-\frac{x}{u}\right)+\varphi\right]\mathrm{d}t=\frac{1}{2}\rho A^2\omega^2 \tag{7-18}$$

显然，平均能量密度正比于振幅的平方、频率的平方和媒质的体密度。

二、能流密度

能流密度是用来描述波的能量传播的物理量。单位时间内，沿波速方向垂直通过单位面积的平均能量，叫作**波的能流密度**。能流密度的大小用 I 表示。如图 7-9 所示，在媒质中取一垂直于波的传播方向(即速度 u 的方向)的面积 S，已知媒质中的平均能量密度为 $\overline{w}$，则在 S 面左方的体积 uTS 内的能量在一个周期 T 的时间内通过面积 S。因而能流密度的大小为

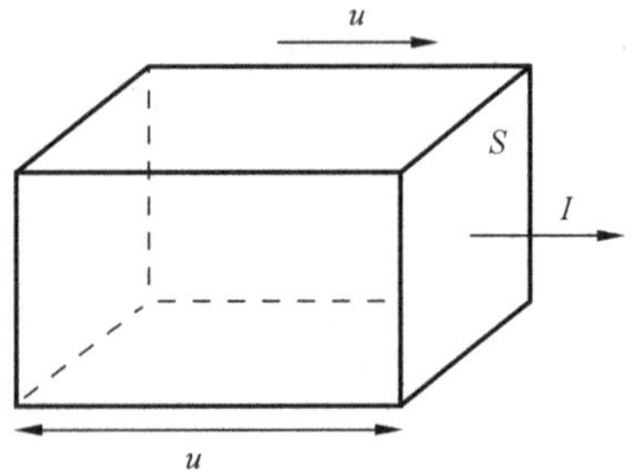

图 7-9　1 s 内通过 S 面的能量

$$I=\frac{\overline{w}uTS}{TS}=\overline{w}u \tag{7-19}$$

或写成

$$I=\frac{1}{2}\rho A^2\omega^2u=2\pi^2\rho A^2\nu^2u \tag{7-20}$$

能流密度也叫作**波的强度**，单位是瓦·米$^{-2}$（$W \cdot m^{-2}$）。由式(7-20)可见，波的强度正比于振幅的平方。这一结论不仅对简谐波适用，而且具有普遍的意义。

第四节　惠更斯原理

一、惠更斯原理　波的衍射

观察水面上的水波时，如果在水波前进的方向上有一个障碍物，该障碍物上有一个小孔 a，则穿过小孔后在障碍物的后方形成一个圆形的波，小孔可以看作一个新的波源，如图 7-10 所示。

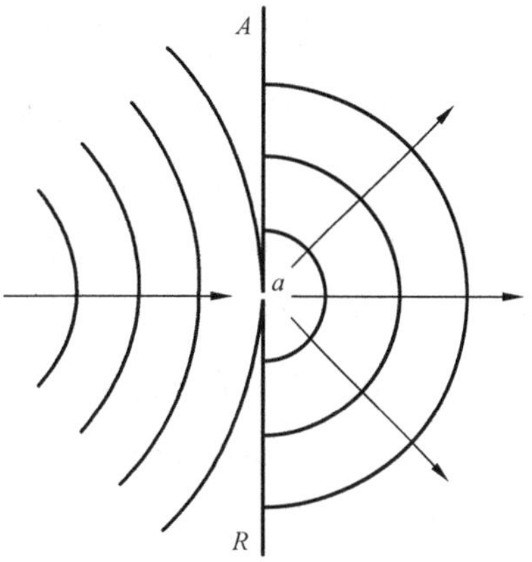

图 7-10　水波绕过障碍物的波形示意图

惠更斯于 1690 年提出：介质中任一波阵面上的点，均可以看作是发射子波的波源，在其后任一时刻，这些子波的包迹决定新的波阵面，这一论述称为**惠更斯原理**。

该原理对机械波和电磁波都适用，这些波动经过的介质不管是均匀的还是不均匀的，只要知道某一时刻的波阵面，就能用几何方法确定下一时刻的波阵面，由此确定波的传播方向。下面通过具体例子说明惠更斯原理的应用。在各向同性的均匀介质中，波动从波源 O 处以速度 u 向外传播，已知 t 时刻波阵面是半径为 R_1 的球面 S_1，用惠更斯原理找到下一时刻 $t+\Delta t$ 的波阵面 S_2。由图 7-11(a)可以看出，S_2 就是以 O 为中心，以 $R_2=u(t+\Delta t)$ 为半径的球面。即在 Δt 时间内波阵面 S_1 向前传出 $u\Delta t$ 的距离。如果已知平面波某时刻的波阵面 S_1，根据惠更斯原理，用同样的方式可求以后各时刻的波阵面，如图 7-11(b)所示。

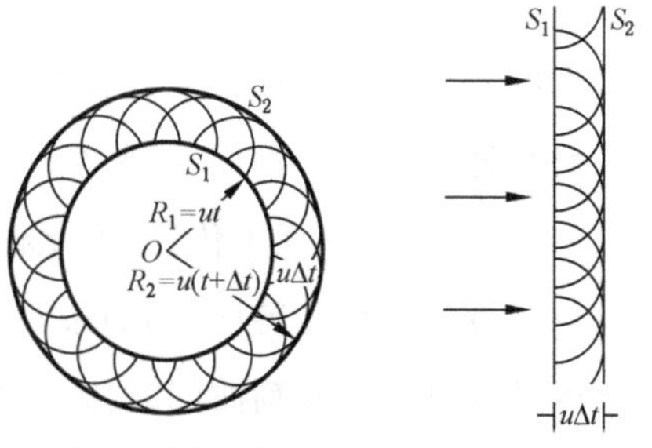

(a) 用惠更斯原理求球面波的新波阵面　(b) 用惠更斯原理求平面波的新波阵面

图 7-11　惠更斯原理作图法

波在各向同性的均匀介质中传播时，用上述作图方法确定的波阵面的几何形状总保持不变，而波在不均匀（或各向异性）介质中传播时，也可以用上述方法确定其波阵面，但是波阵面的几何形状和波的传播方向都可能发生变化。

二、波的衍射现象

波在向前传播过程中遇到障碍物时，波线发生弯曲并绕过障碍物边缘的现象，称为波的**衍射现象**。衍射现象是波的重要特征之一。

利用惠更斯原理能够定性地解释波的衍射现象。当波到达障碍物的边缘时，这些地方将发射子波，许多子波所形成的包迹是新的波面，它不再保持原来波面的形状，即波线发生了弯曲，从而使障碍物后边的质点发生振动。如图 7-12 所示，当一平面波到达障碍物 AB 上的一条宽度为 d 的狭缝处时，根据惠更斯原理，缝上各点都可以看作发射次波的波源，做出这些次波的包络面，就得到新的波面。此时波面已经不再是原来那样的平面了，在靠近障碍物的边缘处，波面发生了弯曲，也就是波的传播方向发生了变化，波绕过障碍物向前传播，这就是波的衍射现象。

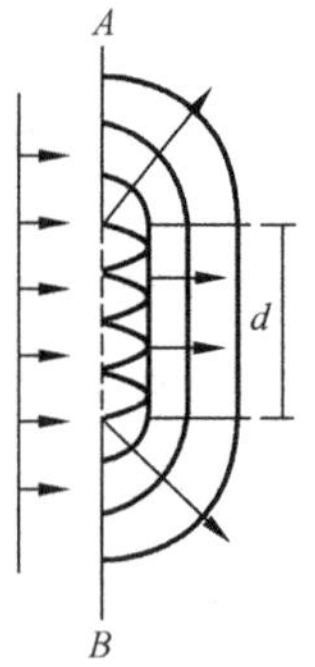

图 7-12 波的衍射

由惠更斯原理不但可以定性地说明波的衍射现象、讨论波的传播方向，而且还可以说明波在两种介质交界面上发生的反射和折射现象，但是不能具体讨论子波的强度分布，也不能对衍射现象做定量分析，这些问题将在以后的光学部分讨论。

第五节 波的叠加 波的干涉

一、波的叠加原理

波动的一个重要特征就是具有可叠加性。在同一媒质中，经常遇到有几个波源产生的波在传播时相遇的现象。例如，将两个小石块同时投入平静的水中，它们将分别激起一列圆形的波纹，这些波纹在水面上传播，彼此相遇，交叉而过，却不改变各自的传播特性，绝不因对方的存在而改变原有波的特性(例如振幅、频率、波长、振动方向及传播方向等)，这种性质，称为波传播的独立性。在几列波同时传到空间的某一点处而相遇时，其相互叠加的区域内任何一点的振动是各个波在该点引起的分振动的合成，位移就是各个波在该点引起的分位移的矢量和，这就是**波的叠加原理**。

生活中许多现象都反映了波的这种性质，如管弦乐队合奏时人们可以分辨出不同乐器的声音，在嘈杂的场合可以分辨出自己熟悉的声音，这些都是具体例子。

应当指出的是，波的叠加原理并不是在任何情况下都成立的。实践证明，通常在波的强度不是很大时，描述波动过程的波动微分方程是线性的，叠加原理才成立。如果描述波动的波动微分方程是非线性的，则波的叠加原理不再成立。例如强烈的爆炸形成的声波，就不遵守上述叠加原理。本书只限于讨论叠加原理成立的情形。

二、波的干涉现象

1. 波的干涉和相干条件

一般地说，振幅、频率、相位等都不相同的几列波在某一点叠加时，情形是复杂的。如果两列频率相同、振动方向相同、相位差恒定的波相遇，我们会观察到，在叠加区域的某些位置上，振动始终加强，而在另一些位置上振动始终减弱，这种现象称为波的干涉。频率相同、振动方向相同、相位差恒定这三个条件称为**相干条件**。满足上述相干条件而能产生干涉现象的波称为相干波。发射相干波的波源，称为**相干波源**。

2. 干涉加强和减弱的条件

现在进一步讨论空间某点出现干涉加强或减弱（即振幅极大或振幅极小）的条件。

如图 7-13 所示，设有位于 S_1 点和 S_2 点的两个相干波源，它们的振动方程分别为

$$y_{10}=A_{10}\cos(\omega t+\varphi_1)$$

$$y_{20}=A_{20}\cos(\omega t+\varphi_2)$$

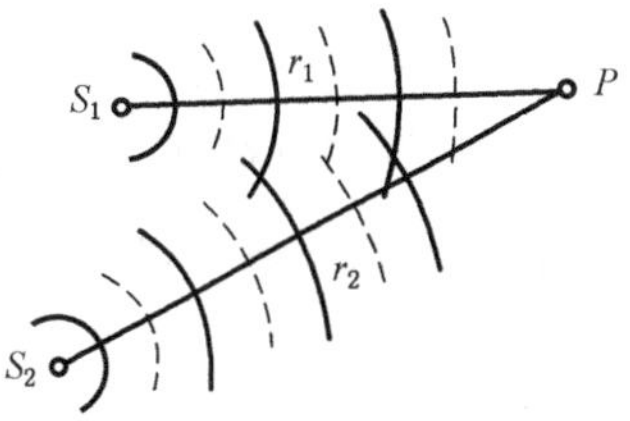

图 7-13 波的干涉

式中，A_{10} 和 A_{20} 分别为波源 S_1 和 S_2 的振动振幅。从这两个波源发出的两列波若在空间某点 P 相遇，P 点的振动情况可根据叠加原理来分析。设 P 点到 S_1 和 S_2 的距离分别为 r_1 和 r_2，两列波到达 P 点的振幅分别为 A_1 和 A_2，在 P 点两列波引起的分振动方程分别为

$$y_1=A_1\cos\left(\omega t+\varphi_1-\frac{2\pi r_1}{\lambda}\right)$$

$$y_2=A_2\cos\left(\omega t+\varphi_2-\frac{2\pi r_2}{\lambda}\right)$$

上式为两个同方向、同频率的简谐振动，因此，P 点的合振动为

$$y=y_1+y_2=A\cos(\omega t+\varphi)$$

显然，P 点的振动仍然是简谐振动。合振动的振幅为

$$A=\sqrt{A_1^2+A_2^2+2A_1A_2\cos\left(\varphi_2-\varphi_1-2\pi\frac{r_2-r_1}{\lambda}\right)} \tag{7-21}$$

初相为

$$\varphi=\arctan\frac{A_1\sin\left(\varphi_1-\frac{2\pi r_1}{\lambda}\right)+A_2\sin\left(\varphi_2-\frac{2\pi r_2}{\lambda}\right)}{A_1\cos\left(\varphi_1-\frac{2\pi r_1}{\lambda}\right)+A_2\cos\left(\varphi_2-\frac{2\pi r_2}{\lambda}\right)}$$

两相干波在空间任一点的相位差为

$$\Delta\varphi=\varphi_2-\varphi_1-2\pi\frac{r_2-r_1}{\lambda} \tag{7-22}$$

分析式(7-21)可知，当相位差 $\Delta\varphi$ 满足条件

$$\Delta\varphi=\varphi_2-\varphi_1-2\pi\frac{r_2-r_1}{\lambda}=2k\pi\quad(k=0,\pm1,\pm2,\cdots) \tag{7-23}$$

振幅达到最大，$A=A_1+A_2$，这些点的振动始终加强。

当相位差 $\Delta\varphi$ 满足条件

$$\Delta\varphi=\varphi_2-\varphi_1-2\pi\frac{r_2-r_1}{\lambda}=(2k+1)\pi\quad(k=0,\pm1,\pm2,\cdots) \tag{7-24}$$

振幅达到最小，$A=|A_1-A_2|$，这些点的振动始终减弱。

综上，当两列波在空间某点 P 相遇，若在该点两列波引起的振动的相位差是 π 的偶数倍，则合振动的振幅最大，称为干涉加强；若两振动的相位差是 π 的奇数倍，则合振动的振幅最小，称为干涉减弱。

如果两相干波源初相位相同，即 $\varphi_1=\varphi_2$，则

$$\Delta\varphi=2\pi\frac{r_2-r_1}{\lambda}$$

用 $\delta=r_2-r_1$ 表示两列相干波从波源 S_1 和 S_2 出发到达 P 点时所经路程之差，称为**波程差**。则干涉加强和减弱的条件就变为

$$\delta=r_2-r_1=k\lambda\quad(k=0,\pm1,\pm2,\cdots)\qquad\text{干涉加强} \tag{7-25}$$

$$\delta=r_2-r_1=(2k+1)\frac{\lambda}{2}\quad(k=0,\pm1,\pm2,\cdots)\qquad\text{干涉减弱} \tag{7-26}$$

即两相干波在空间相遇，如果波源的初相相同，则波程差等于零或波长的整数倍的各点，振动始终加强；波程差等于半波长的奇数倍的各点，振动始终减弱。

应当指出，如果两个波源的频率不同，则在两列波叠加区域内，每一点的相位差不是恒量，合振幅也不是恒量。如果两个波源的初相差 $\varphi_2-\varphi_1$ 不是恒定的，则任一点的相位差和合振幅也都不是恒量；如果两个波源的振动方向不相同，设它们互相垂直，则每一点的两个分振动合成后，不会出现明显的加强或减弱。由此可知，要想得到某些点的振动始终加强，而另一些点的振动始终减弱或完全抵消的干涉现象，两个波源必须是相干波源，满足前述的相干

条件。

波的干涉现象是波动过程所独有的重要特征之一。干涉现象不仅在波动光学、声学等领域非常重要，而且在近代物理的发展中也起到了重要作用。

例 7-3

如图 7-14 所示，A、B 两点为同一介质中两相干波源。其振幅皆为 5 cm，频率皆为 100 Hz，但当 A 为波峰时，B 为波谷。设波速为 10 $\mathrm{m\cdot s^{-1}}$，试分析 A、B 发出的两列波传播到 P 时的干涉结果。

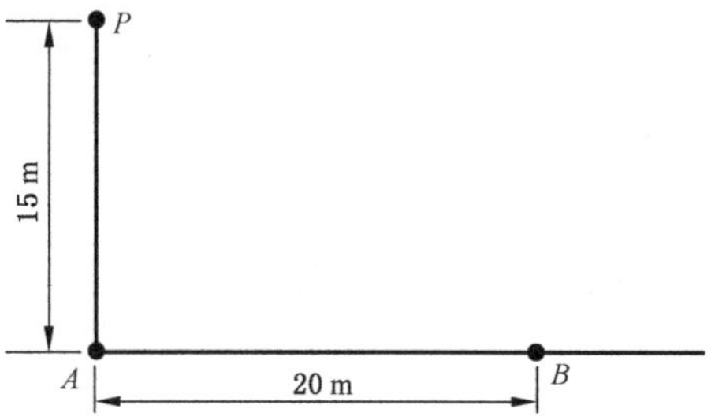

图 7-14　例 7-3 图

解　由图可知，$AP=15$ m，$AB=20$ m，故 $BP=25$ m。又已知 $\nu=100$ Hz，$u=10$ $\mathrm{m\cdot s^{-1}}$，因此

$$\lambda=\frac{u}{\nu}=0.1(\mathrm{m})$$

设 A 的相位较 B 超前 π，即 $\varphi_A-\varphi_B=\pi$。根据相位差公式计算 P 点的相位差

$$\Delta\varphi=\varphi_B-\varphi_A-2\pi\frac{BP-AP}{\lambda}=-\pi-2\pi\frac{25-15}{0.1}=-201\pi$$

相位差 $\Delta\varphi$ 等于 π 的奇数倍，满足干涉减弱的条件，因此 P 点的合振幅 $A=|A_1-A_2|=0$，即 P 点因两波干涉减弱而不发生振动。

例 7-4

如图 7-15 所示，两波源分别位于同一媒质中 B 和 D 处，振动方向相同，振幅相等，频率皆为 100 Hz，但 B 处波源比 D 处波源相位落后 π。若 BD 相距 10 m，波速为 $u=400$ $\mathrm{m\cdot s^{-1}}$，试求 BD 之间因干涉而静止的点的位置。

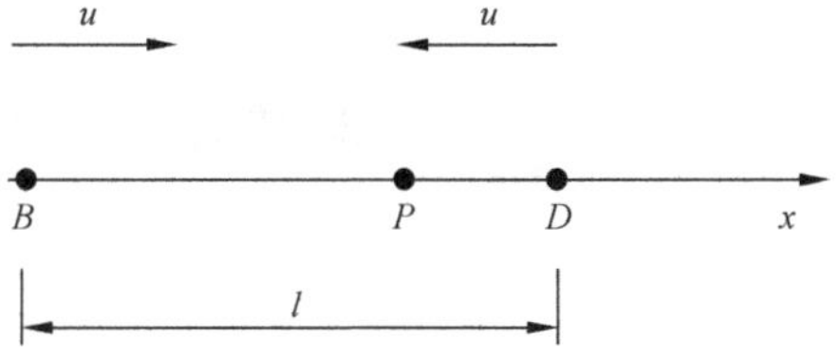

图 7-15　例 7-4 图

解　设 $t=0$ 时，波源 B 的初相 $\varphi_B=0$，波源 D 的初相 $\varphi_D=\pi$，则 B、D 两波源的振动方程分别为

$$y_B = A\cos(\omega t + \varphi_B) = A\cos(200\pi t)$$

$$y_D = A\cos(\omega t + \varphi_D) = A\cos(200\pi t + \pi)$$

以 B 为坐标原点,向右为正方向,则两列波的波函数分别为

$$y'_B = A\cos 200\pi\left(t - \frac{x}{400}\right)$$

$$y'_D = A\cos\left[200\pi\left(t + \frac{x-10}{400}\right) + \pi\right]$$

因干涉而静止时,相位差等于 π 的奇数倍,即

$$\left[200\pi\left(t + \frac{x-10}{400}\right) + \pi\right] - 200\pi\left(t - \frac{x}{400}\right) = (2k+1)\pi$$

解得 $$x = 2k + 5 \quad (k = 0, \pm 1, \pm 2)$$

即在 $x = 1, 3, 5, 7, 9$ (m)处的质点因相干而静止。

第六节　驻波

一、驻波的产生

驻波是干涉的特例,两列振幅相同、传播方向相反的相干波叠加就会形成驻波。可以通过下列实验来形成驻波。如图 7-16 所示,悬线的一端系在音叉上,另一端系着砝码使悬线拉紧。当音叉振动时,调节劈尖至适当的位置,可以看到 AB 段悬线被分成几段长度相等的做稳定振动的部分,即在整个悬线上,并没有波形的传播。线上各点的振幅不同,有些点始终静止不动,即振幅为零,而另一些点则振动最强,即振幅为最大。驻波是怎样形成的呢?当音叉带动 A 端振动所引起的波向右传播到 B 点时,产生的反射波沿悬线向左传播。这样,由向右的入射波和向左的反射波发生干涉,结果在悬线上产生了驻波。

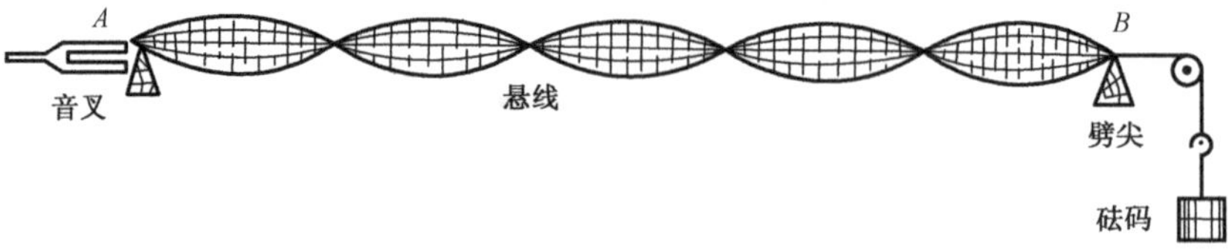

图 7-16　驻波实验

下面分析驻波的形成过程。如图 7-17 所示,一列波沿 x 轴正方向传播,另一列具有相同振幅、相同振动方向、相同频率的波沿 x 轴负方向传播,由于它们的波形完全相同,为了研究

方便，我们取两波形完全重合时为计时起点($t=0$)，并取其中一个波峰的位置为 x 轴的坐标原点。在图中，用长虚线表示沿 x 轴正方向传播的波，用短线表示沿 x 轴反方向传播的波，而实线表示它们叠加而成的合成波，图中给出了每隔 $T/8$ 时它们各自的波形。在 $t=0$ 时，两列波刚好重合，其合成波形为两列波在各点相加所得，表明各点振动加强了。$t=T/8$ 时，两列波向左和向右分别传播了 $\lambda/8$ 的距离，其合成波形仍为一条余弦曲线。在 $t=T/4$ 时，两列波向左和向右分别传播了 $\lambda/4$，在同一点处每列波引起的位移刚好相反，合成波形为一直线。在 $t=3T/8$ 和 $t=T/2$ 时，其合成波形在各点的合位移分别与 $t=T/8$ 和 $t=0$ 时的合位移大小相等，但方向相反。

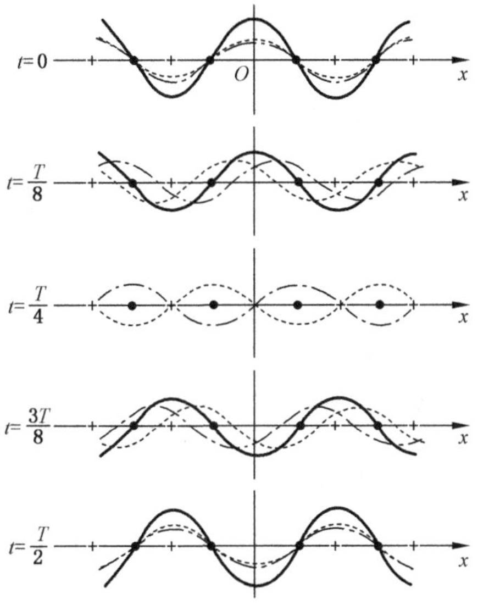

图 7-17 驻波的形成

二、驻波方程

现在用简谐波的波函数定量地对驻波进行描述。如图 7-17 所示，我们可以把正、负方向传播的两列波写为

$$y_1=A\cos\omega\left(t-\frac{x}{u}\right)=A\cos\left(\omega t-2\pi\frac{x}{\lambda}\right)$$

$$y_2=A\cos\omega\left(t+\frac{x}{u}\right)=A\cos\left(\omega t+2\pi\frac{x}{\lambda}\right)$$

叠加后的驻波方程为

$$y=y_1+y_2=A\cos\left(\omega t-2\pi\frac{x}{\lambda}\right)+A\cos\left(\omega t+2\pi\frac{x}{\lambda}\right)$$

$$=\left(2A\cos\frac{2\pi}{\lambda}x\right)\cos\omega t \tag{7-27}$$

由上式可以看出,形成驻波后,x 轴上的各点都在做周期性的简谐振动,但是各点的振幅 $\left|2A\cos\frac{2\pi}{\lambda}x\right|$ 与点的位置 x 有关(与时间无关)。

下面对驻波方程作进一步讨论。

1. 波节和波腹的位置

由驻波方程可知,当
$$\left|2A\cos\frac{2\pi}{\lambda}x\right|=0$$

即
$$\frac{2\pi}{\lambda}x=(2k+1)\frac{\pi}{2}$$

$$x=(2k+1)\frac{\lambda}{4}\quad(k=0,\pm1,\pm2,\cdots) \tag{7-28}$$

满足上述条件的位置处的质点振幅为零,这些点始终静止不动,称之为**波节**。

两相邻波节之间的距离为

$$x_{k+1}-x_k=[2(k+1)+1]\frac{\lambda}{4}-(2k+1)\frac{\lambda}{4}=\frac{\lambda}{2}$$

同样的道理,振幅最大值出现在下列位置:

$$\left|2A\cos\frac{2\pi}{\lambda}x\right|=2A$$

即
$$\frac{2\pi}{\lambda}x=k\pi$$

$$x=k\frac{\lambda}{2}\quad(k=0,\pm1,\pm2,\cdots) \tag{7-29}$$

这些位置的质点振幅最大,称之为**波腹**。相邻两个波腹之间的距离为

$$x_{k+1}-x_k=(k+1)\frac{\lambda}{2}-k\frac{\lambda}{2}=\frac{\lambda}{2}$$

由上述分析可知,在形成的驻波中,波节点始终静止不动,波腹点处的振幅最大。两个相邻的波节以及两个相邻的波腹之间的距离均为半个波长。至于不满足式(7-28)和式(7-29)的各点,其振幅在 0 与 $2A$ 之间。

2. 驻波的相位

从驻波方程表面看来,在同一时刻 t,似乎所有点的振动都具有相同的相位 ωt。但是,因为 $2A\cos\frac{2\pi}{\lambda}x$ 可正可负,这就使得各质点的振动相位不都相同。在两个相邻的波节之间,

$\cos\frac{2\pi}{\lambda}x$ 有相同的符号，表明两个相邻波节间的所有质点的振动相位相同；在波节两侧，$\cos\frac{2\pi}{\lambda}x$ 有相反的符号，表明波节两侧质点的振动相位相反，相位相差 π。可见当驻波形成时，介质在做分段振动。同一段内各质点的振动步调一致，只是各质点振幅不同；波节两侧相邻两段质点的振动步调相反。所以在驻波中没有振动状态的传播，也没有波形的传播。

3. 驻波的能量

在形成的驻波中，当介质中各点的位移达到最大值时，其速度为零，故动能为零，然而此时介质的弹性形变最大，而且波节附近的相对形变最大，所以此时两波节之间的总势能最大，且主要集中在波节附近；当各点同时到达平衡位置时，介质中各质元形变量均为零，因此势能为零，但此时各质元均具有最大的振动速度，因而动能达到最大值，由于波腹处振动速度最大，所以此时动能主要集中在波腹附近。至于其他时刻，动能和势能同时存在。可见，形成驻波时，动能和势能不断相互转换，形成能量不断由波腹附近传向波节附近，再由波节附近传回到波腹附近的情形。这说明驻波的能量并没有作定向传播，这是驻波和行波的一个重要的区别。

三、半波损失

从图 7-16 可以看出，B 点处形成一个波节。这表明，当反射点固定不动时，反射波与入射波在固定端 B 点是反相位的。就是说，当反射点固定不动时，反射波在反射点的相位较入射波突变 π。因为距离半波长的两点相位差 π，所以相位突变 π 也称为“半波损失”。进一步实验表明，如果反射点是自由端，入射波和反射波在自由端叠加后形成波腹，反射波没有半波损失。

进一步研究表明，当波在空间传播时，在两种介质的分界面处究竟出现波节还是波腹，取决于波的种类和两种介质的有关特性及入射角的大小。在波垂直入射的情况下，它由介质的密度 ρ 和波速 u 的乘积 ρu 决定，ρu 较大的介质称为波密介质，ρu 较小的称为波疏介质。当波由波疏介质传播到波密介质交界面上反射时，反射波就出现半波损失（即在反射点出现波节）；反之，如果波由波密介质传播到波疏介质时，则交界面上反射波不存在半波损失（即反射点出现波腹）。

*四、简正模式

在范围有限的介质内产生的驻波有很多重要的特征。例如将一弦线的两端用一定的张力固定在相距 L 的两点间，当拨动弦线时，弦线中就会产生来回的波，合成后就可能形成驻波。但并不是所有波长的波都能在这根长度固定的弦线上形成驻波。由于弦线的两个端点固定不动,所以要形成驻波,这两点必须是波节,因此驻波的波长必须满足以下条件

$$L = n\frac{\lambda}{2} \quad (n = 1,2,3,\cdots)$$

以 λ_n 表示与某一 n 值对应的波长,则由上式可得允许波长为

$$\lambda_n = \frac{2L}{n} \quad (n = 1,2,3,\cdots) \tag{7-30}$$

这就是说能在弦线上形成驻波的波长是不连续的,或者,用近代物理学的语言来说,波长是量子化的。由关系式 $\nu = \frac{u}{\lambda}$ 可知,频率也是量子化的,相应的可能频率为

$$\nu_n = n\frac{u}{2L} \quad (n = 1,2,3,\cdots) \tag{7-31}$$

式中,$u = \sqrt{T/\mu}$ 为弦线中的波速。上式中的频率为弦振动的本征频率,也就是它发出的声波的频率。每一频率对应于一种可能的振动方式,称为弦线振动的**简正模式**,其中最低频率 ν_1 称为基频,其他较高频率 $\nu_2,\nu_3,\cdots$ 都是基频的整数倍,分别称为二次、三次……**谐频**。图 7-18 给出了频率为 ν_1,ν_2,ν_3 的三种简正模式。

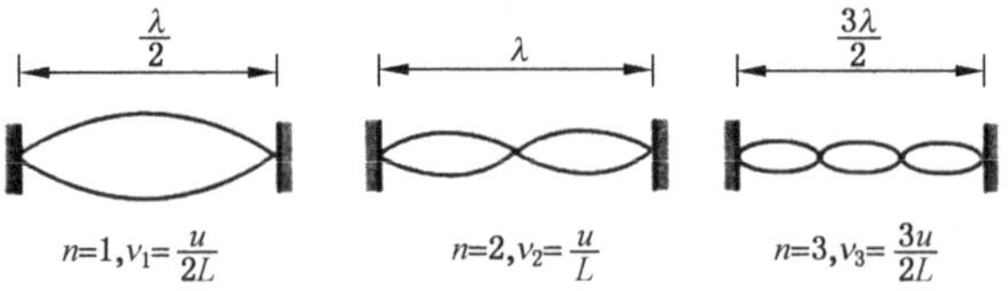

图 7-18　两端固定弦的几种简正模式

简正模式的频率称为系统的固有频率。如上所述,一个驻波系统有许多个固有频率,这和弹簧振子只有一个固有频率不同。当外界驱动源以某一频率激起系统振动时,如果这一频率与系统的某一简正模式的固有频率相同,就会激起强驻波,这种现象称为驻波共振。在驻波共振中,系统究竟按哪种模式振动,取决于初始条件。

第七节　多普勒效应

生活中我们都有这样的经验。当列车进站时,我们听到汽笛声不仅越来越大,而且音调升高;列车离去后,汽笛声不仅越来越小,而且音调降低。反之,若声源未动而观察者运动,或者声源和观察者都在运动,也会发生观测频率与波源频率不一致的现象。由于波源或观察者的运动而出现观测频率与波源频率不一致的现象,称为**多普勒效应**,是奥地利物理学家多普

勒(J. C. Doppler 1803—1853)在 1842 年发现的。对机械波来说,所谓运动或静止都是相对于媒质的。下面分几种情况讨论。

一、波源静止而观察者运动

我们先分析静止波源的振动在均匀各向同性媒质中传播的情况。设波相对于静止媒质以波速 u 传播,以 ν 表示波源振动的频率,则波长 λ、波速 u 和频率 ν 间的关系为 $\nu=u/\lambda$。现在设观察者相对于媒质以速率 v_O 朝波源运动。由于经典力学不考虑相对论效应,即从不同参考系测量同一物体的长度是相同的。所以,尽管观察者以 v_O 运动,他测量到的波长仍等于 λ。但是观察者相对媒质以速率 v_O 朝波源运动,所以他观测到的波速应为 $u+v_O$,观测频率 ν' 应为

$$\nu'=\frac{u+v_O}{\lambda}$$

将 $\nu=\frac{u}{\lambda}$ 代入上式,得

$$\nu'=\frac{u+v_O}{u}\nu \tag{7-32}$$

如果观察者背离波源而运动,仍用 v_O 表示观察者的速率,他观察到的波速为 $u-v_O$,观测频率 ν' 与波源频率 ν 的关系为

$$\nu'=\frac{u-v_O}{u}\nu \tag{7-33}$$

将上面两式合写在一起,可得

$$\nu'=\frac{u\pm v_O}{u}\nu \tag{7-34}$$

可见,若观察者朝波源运动,式(7-34)中取正号,观测频率高于波源频率,即由于观察者迎着波传来的方向运动,使得单位时间内观测到的完整波形增多了;反之,若观察者背离波源的方向运动。式中取负号,观测频率低于波源频率。

二、观察者静止而波源运动

仍然假定波源的振动在均匀各向同性媒质中传播。设 $t=0$ 时点波源在 S 点相对于媒质以速率 v_S 朝观察者运动,见图 7-19。$t=0$ 时,波源在 S 点。在 $t=T$ 时,波源已运动至 S' 点,此时波源的振动状态与它在 S 点时的相位差为 2π。而波源在 $t=0$ 时的振动状态已经在介质中传播到了 B' 点,即 S' 点与 B' 点的相位差为 2π,二者之间的距离为此时介质中的波长。从

图 7-19 中可以看到,由于波源的运动,介质中的波长发生了变化,观察者观测到波长 λ' 为

$$\lambda' = (u - v_S)T$$

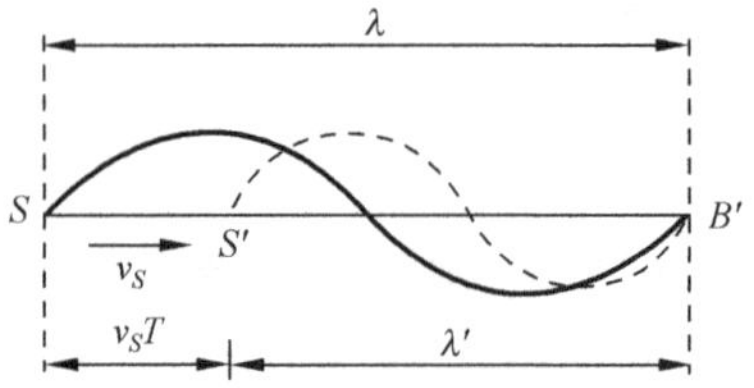

图 7-19 波源运动而观察者静止时的多普勒效应

由于观察者相对于媒质不动,所以他观测得到的波速就是媒质中的波速。于是观测频率

$$\nu' = \frac{u}{\lambda'} = \frac{u}{(u - v_S)T} = \frac{u}{u - v_S}\nu \tag{7-35}$$

反之,若波源背离观察者运动,仍用 v_S 表示波源速率,则观测频率等于

$$\nu' = \frac{u}{u + v_S}\nu \tag{7-36}$$

将两种情况合并为一式,得

$$\nu' = \frac{u}{u \mp v_S}\nu \tag{7-37}$$

这便是波源朝着或背离静止在媒质中的观察者运动时,观察者的观测频率与波源频率的关系式。波源朝观察者运动时,式(7-37)中取负号,观测频率高于波源频率;反之,波源背离观察者运动,式(7-37)中取正号,观测频率低于波源频率。通过上面公式的推导可以看到,这里观测频率和波源频率之所以不同,是由于媒质中波长发生了变化的缘故。

三、波源和观察者同时相对于介质运动

根据上边的讨论,观察者相对于介质的运动导致观察者接收到的波速发生变化,波源相对于介质的运动导致介质中波长发生变化,如果二者同时相对介质运动,则观察者接收到的频率为

$$\nu' = \frac{u \pm v_O}{u \mp v_S}\nu \tag{7-38}$$

式中,如果观察者向着波源方向运动,则分子上取正号,远离时取负号;如果波源向着观察者方向运动,则分母中取负号,远离时取正号。

例 7-5

A、C 为两个汽笛,其频率均为 $\nu = 500$ Hz,A 是静止的,C 以 $v_C = 60\ \mathrm{m \cdot s^{-1}}$ 的速率远离 A 向右运动。在两个汽笛之间有一观察者 B,以 $v_B = 30\ \mathrm{m \cdot s^{-1}}$ 的速率也向右运动。已知空

气中的声速 $u=330\ \mathrm{m\cdot s^{-1}}$,求：

(1) 观察者听到来自 A 的频率；

(2) 观察者听到来自 C 的频率；

(3) 观察者听到的拍频。

解 (1) 由于观察者远离波源 A 运动,式(7-34)分子上应该取负号故观察者听到来自 A 的频率为

$$\nu'=\frac{u-v_B}{u}\nu=\frac{330-30}{330}\times 500=454.5(\mathrm{Hz})$$

(2) 观察者向着波源 C 运动,式(7-38)分子上应该取正号;而波源远离观察者运动,式(7-38)分母上应该取正号,故观察者听到来自 C 的频率为

$$\nu''=\frac{u+v_B}{u+v_C}\nu=\frac{330+30}{330+60}\times 500=461.5(\mathrm{Hz})$$

(3) 拍频

$$\Delta\nu=|\nu''-\nu'|=7(\mathrm{Hz})$$

除了机械波的多普勒效应,电磁波也有多普勒效应。与机械波不同的是,因为电磁波的传播不需要介质,相应的,在电磁波的多普勒效应中,观察者的接收频率取决于光源和观察者之间的相对运动速度 v。用相对论可以证明,当光源和观察者在同一条直线上运动时,观察者接收到的频率为

$$\nu_{\text{接近}}=\sqrt{\frac{c+v}{c-v}}\nu \tag{7-39}$$

$$\nu_{\text{远离}}=\sqrt{\frac{c-v}{c+v}}\nu \tag{7-40}$$

由式(7-40)可知,当光源远离观察者运动时,接收到的频率变小、波长变长,这种现象称为“红移”,即移向光谱中的红光一侧。天文学家将来自不同天体的光谱与地球上相同元素的光谱进行比较,发现来自遥远天体的光谱几乎都发生了红移,这说明遥远的天体都在远离地球而运动,这一结果是“大爆炸”宇宙理论的重要证据之一。

多普勒效应在科学技术中还有很多重要的应用。例如,利用声波的多普勒效应可以测定声源的频率、波速等;利用超声波的多普勒效应来诊断心脏的跳动情况;利用电磁波的多普勒效应测定移动物体的速度,可用于报警、车速检查等;利用激光多普勒效应可以实现对中性原子的冷却,获得超低温原子。

本章提要

1. 描述波的特征量　　波长,周期,波速　　$u=\lambda\nu=\dfrac{\lambda}{T}$

2. 波函数　　$y=A\cos\left[\omega\left(t-\dfrac{x}{u}\right)+\varphi\right]$

3. 波的能量　　$\mathrm{d}E=\mathrm{d}E_{\mathrm{k}}+\mathrm{d}E_{\mathrm{p}}=\rho\mathrm{d}V\omega^2A^2\sin^2\left[\omega\left(t-\dfrac{x}{u}\right)+\varphi\right]$

4. 波的强度　　$I=\bar{w}u=\dfrac{1}{2}\rho A^2\omega^2u=2\pi^2\rho A^2\nu^2u$

5. 波的干涉

两个频率相同、振动方向相同、相位相同或相位差恒定的波源所发出的波的叠加:合振动的振幅为

$$A=\sqrt{A_1^2+A_2^2+2A_1A_2\cos\left(\varphi_2-\varphi_1-2\pi\frac{r_2-r_1}{\lambda}\right)}$$

空间任一点的相位差　　$\Delta\varphi=\varphi_2-\varphi_1-2\pi\dfrac{r_2-r_1}{\lambda}=$常数

当相位差满足 $\Delta\varphi=\varphi_2-\varphi_1-2\pi\dfrac{r_2-r_1}{\lambda}=2k\pi\quad(k=0,\pm1,\pm2,\cdots)$ 时,振幅达到最大,$A=A_1+A_2$,这些点的振幅始终加强。

当相位差满足 $\Delta\varphi=\varphi_2-\varphi_1-2\pi\dfrac{r_2-r_1}{\lambda}=(2k+1)\pi\quad(k=0,\pm1,\pm2,\cdots)$ 时,振幅达到最小,$A=|A_1-A_2|$,这些点的振幅始终减弱。

6. 驻波

振幅相同的两列相干波,在同一直线上、沿相反方向传播时所产生的叠加情形。

$$y=y_1+y_2=\left(2A\cos\frac{2\pi}{\lambda}x\right)\cos\omega t$$

$$x=k\frac{\lambda}{2}\quad(k=0,\pm1,\pm2,\cdots)\qquad\text{波腹}$$

$$x=(2k+1)\frac{\lambda}{4}\quad(k=0,\pm1,\pm2,\cdots)\qquad\text{波节}$$

7. 机械波的多普勒效应　　$\nu'=\dfrac{u\pm v_O}{u\mp v_S}\nu$

思　考　题

7-1　什么叫波动？振动与波动有什么区别和联系？

7-2　必须有哪些条件才能形成机械波？波源的振动能否是无阻尼的自由振动？

7-3　横波和纵波有什么区别？地震时，先感受到横波还是先感受到纵波？

7-4　波从一种介质进入另一种介质，波长、频率、波速各物理量中，哪些要变化？哪些不变化？

7-5　什么叫波面？波面和波前有何异同？波面和波线之间有什么关系？

7-6　为什么液体和气体不能传播横波？

7-7　简谐波的波函数和谐振动的方程有何不同？有什么联系？

7-8　若波沿着 Ox 轴负方向传播，且已知坐标为 x_0 的质点振动方程为 $y_{x_0}=A\cos(\omega t+\varphi)$，则此波的波函数是什么？

7-9　波动过程中，体积元中的能量随时间而改变，这与能量守恒定律是否矛盾？为什么？

7-10　你能说出声波的衍射比光波衍射更明显的道理吗？

7-11　两列波相遇发生干涉的条件有哪些？

7-12　驻波是怎样形成的？与行波相比驻波有哪些特点？

7-13　什么叫多普勒效应？在有北风的情况下，站在南方的人听到北方的警笛发出的声音和无风的情况下有什么不同？

习　　题

7-1　选择题

(1) 一平面简谐波表达式为 $y=-0.05\sin\pi(t-2x)$(SI)，则该波的频率 ν(Hz)，波速 u $(\mathrm{m\cdot s^{-1}})$ 及波线上各点振动的振幅 A(m)依次为(　)。

(A) 1/2，1/2，−0.05　　(B) 1/2，1，−0.05

(C) 2，2，0.05　　(D) 1/2，1/2，0.05

(2) 一平面简谐波在弹性媒质中传播，在质元从最大位移处回到平衡位置的过程中(　)。

(A) 它的势能转化为动能

(B) 它的动能转化为势能

(C) 它从相邻的一段媒质质元中获得能量，其能量逐渐增加

(D) 它把自己的能量传给相邻的一段媒质质元,其能量逐渐减少

(3) S_1 和 S_2 是波长均为 λ 的两个相干波的波源,相距 $3\lambda/4$,S_1 相位比 S_2 超前 $\pi/2$,若两波单独传播时,在过 S_1 和 S_2 的直线上各点的强度相同,不随距离变化,且两波的强度都是 I,则在 S_1 和 S_2 连线上 S_1 外侧和 S_2 外侧各点,合成波的强度分别是(　)。

(A) $4I,4I$　　(B) 0,0　　(C) $0,4I$　　(D) $4I,0$

(4) 关于驻波的特性,以下说法错误的是(　)。

(A) 驻波是一种特殊的振动,波节处的势能与波腹处的动能相互转化

(B) 两相邻波节之间的距离等于产生驻波的相干波的波长

(C) 一波节两边的质点的振动步调(或相位)相反

(D) 相邻两波节之间的质点的振动步调(或相位)相同

(5) 一辆汽车以 25 $\mathrm{m\cdot s^{-1}}$ 的速度远离一静止的正在鸣笛的机车,机车汽笛的频率为 600 Hz,已知空气中的声速为 330 $\mathrm{m\cdot s^{-1}}$,汽车中的乘客听到机车鸣笛声音的频率是(　)。

(A) 558 Hz　　(B) 646 Hz　　(C) 555 Hz　　(D) 649 Hz

7-2　两波源 B、D 相距为 10 m,它们的振幅均为 0.5 m,频率都是 200 Hz,开始计时时,B 点为波峰,D 点为波谷,由它们激起的两列波在同一理想媒质中无损耗的以波速 $u=200\ \mathrm{m\cdot s^{-1}}$ 相向传播,B 点在坐标原点 O 处,D 点坐标为 $x_D=10$ m。试求:

(1)两波源的振动方程;

(2)两列波的波动方程。

7-3　一沿 x 轴正方向传播的波,其波长为 0.01 m,原点 O 的振动方程为

$$y=0.03\cos \pi t\,(\mathrm{m})$$

式中,各量均采用国际单位制。求波动方程表达式。若波沿 x 轴负方向传播,波动方程又如何?

7-4　一沿 x 轴正方向传播的平面简谐波,频率为 250 Hz,波长为 0.10 m,振幅为 0.02 m,原点处质点振动的初相 $\varphi=\pi$。试求:

(1)波动方程;

(2)距原点为 $x=1.0$ m 处质点的振动方程和振动速度;

(3)$t=10$ s 时的波形方程。

7-5　一波源做简谐振动,频率为 $\nu=0.5$ Hz,振幅为 $A=3\times10^{-2}$ m,以经平衡位置向 y 轴正方向运动时作为计时的起点。波沿 x 轴正方向传播的速度 $u=400\ \mathrm{m\cdot s^{-1}}$,坐标原点取在波源处。试求:

(1)沿 x 轴正方向传播的波动方程;

(2)距波源分别为 20 m 和 40 m 处两质点振动的初相;

(3)上述两质点振动的相位差。

7-6 如图所示,有一平面简谐波在空间传播,已知 P 点的振动方程 $y_p=A\cos(\omega t+\varphi_0)$。

(1)分别就图中给出的两种坐标写出其波动方程;

(2)两种情况下,PQ 两点振动的相位差分别是多少?

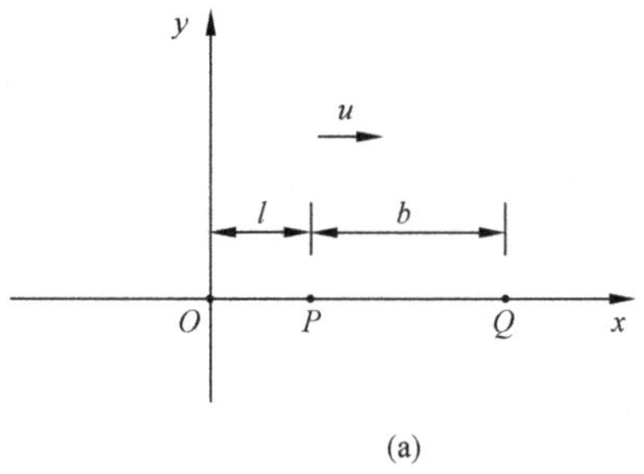

习题 7-6 图

7-7 一平面简谐波沿 x 轴负方向传播,波长为 λ,P 处质点的振动规律如图所示,求:

(1) P 处质点的振动方程;

(2)此波的波动方程;

(3)图中 $d=\frac{1}{2}\lambda$ 时,坐标原点 O 处质点的振动方程。

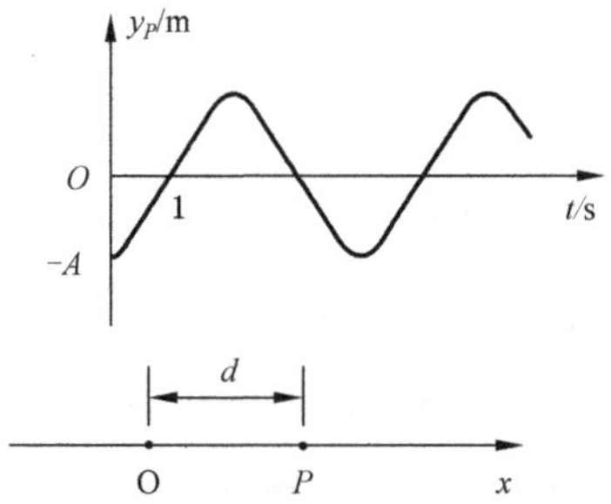

习题 7-7 图

7-8 如图中(a)表示 $t=0$ 时刻的波形图,(b)表示原点($x=0$)处质元的振动曲线,试求此波的波动方程。

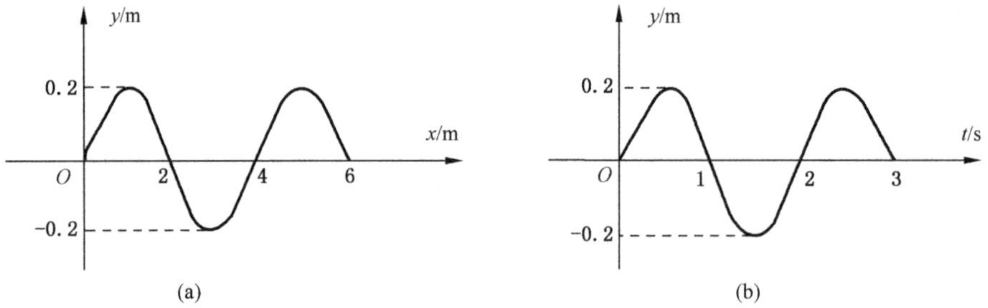

习题 7-8 图

7-9 S_1 和 S_2 为两个相干波源,它们的振动方程分别为

$$y_1 = 0.01\cos 2\pi t$$

$$y_2 = 0.01\cos(2\pi t + \pi)$$

由它们发出的两列波都以波速 $u = 20\ \text{m} \cdot \text{s}^{-1}$ 传到 P 点相遇。S_1、S_2 和 P 不在同一条直线上,$PS_1 = 40\ \text{m}$,$PS_2 = 50\ \text{m}$。试求两列波在 P 点引起的分振动方程及合振幅(设媒质为理想弹性媒质)。

7-10 A、B 为两个同频率、同相位、振动方向相同的相干波源,处于同一种均匀媒质中且它们的振幅相同。已知 A、B 之间的距离为波长的 1.5 倍,P 为 AB 连线上在 B 外侧的任一点,试求:

(1)两列波在 P 点引起的振动的相位差;

(2)P 点合振动的振幅。

7-11 两相干波源,频率为 100 Hz,相位差为 π,两者相距 20 m,在两波源中垂线上距离波源为 15 m 的点,其振动情形如何?(设波速 $u = 20\ \text{m} \cdot \text{s}^{-1}$)

7-12 一平面简谐波沿 x 轴正向传播,如图所示。已知振幅为 A,频率为 ν,波速为 u。

(1) 若 $t = 0$ 时,原点处质元正好由平衡位置向位移正方向运动,写出波动方程;

(2) 若从分界面反射的波的振幅与入射波振幅相等,试写出反射波的波动方程,并求 OP 之间由入射波与反射波形成的驻波的波节和波腹的位置。

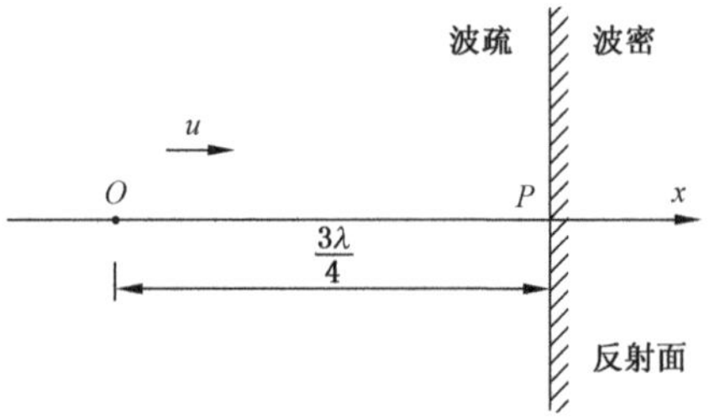

习题 7-12 图

7-13 两列火车分别以 72 $km\cdot h^{-1}$ 和 54 $km\cdot h^{-1}$ 的速度相向而行,第一列火车发出频率为 600 Hz 的汽笛声,若声速为 330 $m\cdot s^{-1}$,求第二列火车上的观测者听见该声音的频率在相遇前和相遇后分别是多少?

7-14 利用多普勒效应监测汽车行驶的速度。一固定波源发出频率为 100 kHz 的超声波,当汽车迎着波源行驶过来时,与波源安装在一起的接收器接收到从汽车反射回来的超声波的频率为 110 kHz,已知空气中的声速为 330 $m\cdot s^{-1}$,求汽车的行驶速度。

第八章　波动光学

光波和机械波一样具有波动的共同特征。本章将介绍光作为一种波动所表现的一些规律性，干涉和衍射现象、光的偏振特征，以及双折射现象。

第一节　相干光源　光程

一、光的电磁理论

光是一种电磁波(横波)，用振动矢量(电场强度 $\boldsymbol{E}$、磁场强度 $\boldsymbol{H}$)来描述。光是电磁场中电场强度矢量与磁场强度矢量的周期性变化在空间的传播。实验证明，电磁波中能引起视觉和使感光材料感光的原因主要是电场强度，因而我们只关心电场的振动，并把电场的振动称为光振动，电场强度称为**光矢量**。可见光是电磁波谱中很小的一部分，它与无线电波、X 射线等其他电磁波的区别只是频率不同。光的颜色由光的频率决定，而频率一般仅由光源决定，与介质无关。可见光的频率在 7.7×10^{14} Hz 到 3.9×10^{14} Hz 之间，相应的在真空中的波长在 390 ～ 760 nm 之间。

光在真空中传播的速度为

$$c=3.0\times10^{8}\ \mathrm{m\cdot s^{-1}}$$

光在介质中的传播速度

$$v=\frac{c}{n} \tag{8-1}$$

式中，n 为介质的**折射率**，由介质本身的性质决定。折射率较大的介质，称为**光密介质**；折射率较小的介质，称为**光疏介质**。如水相对于空气是光密介质，相对于玻璃则是光疏介质。

在光的传播过程中伴随着能量的传递。人眼或感光仪器所检测到的光的强弱是由平均能流密度决定的，平均能流密度正比于电场强度的平方，所以光的强度，也即**光强**

$$I\propto E^{2} \tag{8-2}$$

二、光源与相干光的获得

1. 光源

物理学上光源是指能发出一定波长范围的电磁波(包括可见光与紫外线、红外线和 X 射线等)的物体,通常指能发出可见光的发光体,如太阳、恒星、灯以及燃烧着的物质等。光源的发光是一种微观过程,处于激发态的原子是不稳定的,它会自发地回到能量较低的激发态或者基态,这一过程叫作能级跃迁。在跃迁过程中,向外辐射出电磁波。原子或分子每次发光的持续时间约为 $10^{-10}\sim10^{-8}$ s,也就是说原子或分子每次发出的是一段长度有限、频率一定和振动方向一定(电磁波是横波)的光波,这一段光波叫作一个波列。普通光源中大量原子或分子各自独立地发出一个个光波列,彼此之间无确定联系,即使频率相同,其相位和光矢量的振动方向也不一定相同。即使同一个原子前后两次发射的光波列,其相位和光矢量振动方向也是随机出现,各不相同。

2. 相干光源

干涉现象是波动过程的基本特征之一。光是一种电磁波,也能产生干涉现象。但是,为什么用两个灯泡照明时,在墙上并没有出现明暗相间的条纹分布呢?我们已知两列机械波相遇发生干涉的条件是:振动频率相同、振动方向相同和相位差恒定。光的干涉也需要满足上述三个相干条件。

对于普通的光源,根据光源的发光原理可知,不同的原子、分子发射的光波列或者同一个原子、分子前后发出的不同的光波列,其光矢量的振动方向和振动相位都是随机出现的,不满足上面的相干条件,无法形成干涉。

虽然普通光源不能满足相干条件,但是我们可以采用光学方法,将原子或者分子发出的一个光波列分成两束,使它们通过不同的路径传播,然后在某一空间相遇,发生叠加。在此过程中,将每一个光波列都分成两个频率相同、振动方向相同、相位差恒定的波列,这两个波列是相干的,在相遇区域能产生干涉现象。此可谓,同出一点,一分为二,各行其路,合二为一,这是实现光的干涉的基本原则。根据这一原则,实际中通常用分波阵面法和分振幅法获得相干光。

(1) 分波阵面法:从某一狭缝或小孔射出的光去照射其他平行排列的狭缝或小孔,从这些狭缝或小孔发出的光即是相干光,在这些狭缝或小孔后面用接收屏可观察到明暗相间的干涉条纹。如图 8-1(a)所示,S 是单色点光源,S_1 和 S_2 的位置相对于 S 来说处于对称位置上,且与 S 距离相等。当光波传到 S_1、S_2 处时,根据惠更斯原理,S_1 和 S_2 可以看作是发射子波的两个新的波源。由于两者处于同一波振面上,所以 S_1 和 S_2 是两个相干波源,从它们发出的光满足相干条件。这种从一点光源发出的同一波振面上取出两部分作为相干光源的方法，称为**分波阵面法**。后面将要讨论的杨氏双缝、劳埃德镜等光的干涉实验都是用分波阵面法获得相干光的。

(2) 分振幅法：利用反射和折射从某个光源获得相干光。如图 8-1(b)所示，从普通光源某一点发出的光，利用反射和折射将它“一分为二”，沿两条不同的路径传播并相遇，这时原来的每一个波列都分成了频率相同、振动方向相同、相位差恒定的两部分，当他们相遇时就能产生干涉现象。由于光束 1′和 1″都是从光束 1 中分出来的，都只占入射光强的一部分，所以这种方法称为**分振幅法**。

我们日常生活中看到油膜、肥皂膜上呈现出五颜六色的花纹，这是光在薄膜上干涉的结果，也是分振幅法获得相干光的例子。

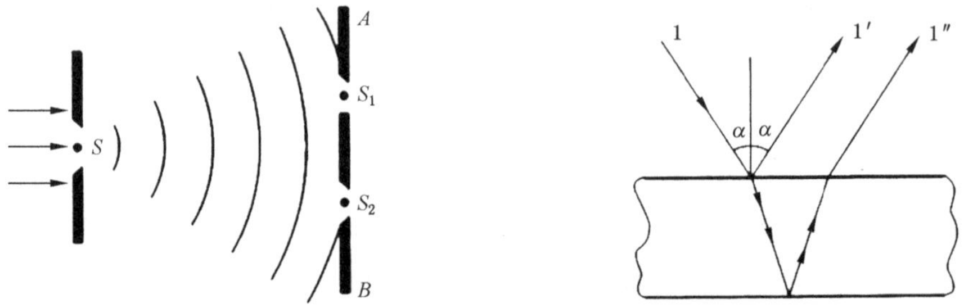

(a) 分波阵面法　　(b) 分振幅法

图 8-1　获得相干光示意图

还需指出，如果想产生明显的干涉现象，两束光除了要满足上述干涉的必要条件，即频率相同、振动方向相同、相位差恒定之外，还必须满足一个附加条件，即两相干光的光振幅不能相差太大，否则会使干涉加强的光振幅 E_1+E_2 和干涉减弱的光振幅 $|E_1-E_2|$ 区别不大，显示不出明显的明暗区别。

三、光程　光程差

相位差的概念在分析光的叠加现象时非常重要，为了方便计算光经过不同介质时引起的相位差，引入光程的概念。光在介质中传播时，沿着传播方向光振动的相位依次落后。以 λ_n 表示光在介质中的波长，则光在介质中通过的路程为 r 时，光振动相位落后的值为

$$\Delta\varphi=\frac{2\pi}{\lambda_n}r$$

设光在真空中的速度为 c，频率为 ν，波长为 λ，由于光在穿过各种不同介质时其频率保持不变，由前述光在介质中的传播速度公式可得出光在折射率为 n 的介质中波长为

$$\lambda_n = \frac{v}{\nu} = \frac{c}{n\nu} = \frac{\lambda}{n}$$

可得

$$\Delta\varphi = \frac{2\pi}{\lambda} nr$$

上式也可以看成是光在真空中传播路程 nr 时引起的相位变化。由此可知,同一频率的光在折射率为 n 的介质中通过 r 的距离时引起的相位变化和在真空中通过 nr 的距离时引起的相位变化相同。我们引入光程的概念,将光波在某一介质中经历的路程 r 和这一介质的折射率 n 的乘积 nr 定义为**光程**。它实际上是把光在介质中通过的路程按相位变化相同折合成真空中的路程。这样折合的好处是可以用光在真空中的波长来计算相位的变化。

当一束光连续经过几种介质时

$$\text{光程} = \sum_i n_i r_i \tag{8-3}$$

下面通过一个例子进一步了解光程的意义。如图 8-2 所示,相干光源 S_1 和 S_2 的初相位相同,光束 S_1P 和 S_2P 分别在折射率为 n_1 和 n_2 的介质中传播,在 P 点两束光相遇,其光振动的相位差为

$$\Delta\varphi = \frac{2\pi}{\lambda_2} r_2 - \frac{2\pi}{\lambda_1} r_1 = \frac{2\pi}{\lambda} n_2 r_2 - \frac{2\pi}{\lambda} n_1 r_1$$

即

$$\Delta\varphi = \frac{2\pi}{\lambda}(n_2 r_2 - n_1 r_1) \tag{8-4}$$

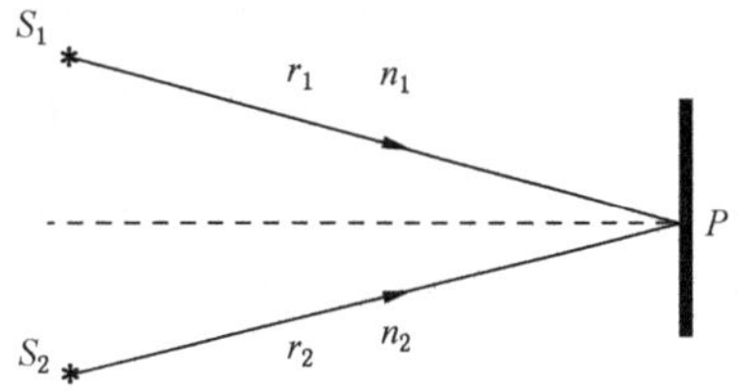

图 8-2 光程和光程差

在式(8-4)中,令

$$\delta = n_2 r_2 - n_1 r_1 \tag{8-5}$$

式中,δ 称为**光程差**,利用式(8-5),式(8-4)可以写为

$$\Delta\varphi = \frac{2\pi}{\lambda}\delta \tag{8-6}$$

有了光程和光程差的概念,在以后计算光经过不同介质的干涉问题时就方便多了。

在此简单说明光波通过薄透镜传播时的光程情况,以后讨论光的干涉、衍射现象时,经常会用到透镜。如图 8-3(a)所示,当光波的波阵面 ABC 与透镜光轴垂直时,平行于该光轴的近轴光线通过透镜会聚于焦点 F 处,并在这点互相加强产生亮点。因为在 ABC 面上各光线相位是相同的,经过透镜后在焦点处形成亮点表明不同光线发生的相位变化相同,也就是不同光线走过的光程相等,即光线经过透镜 L 时没有产生附加光程差,只是改变了光线方向。如图 8-3(b)所示,当光波的波阵面 $A'B'C'$ 与透镜光轴不垂直时,将通过透镜会聚于焦平面上的

F'处，并在这点互相加强产生亮点。即从$A'B'C'$到F'，各光线光程也是相等的。综合起来就是，平行光经过透镜后，透镜只改变光线的传播方向，不产生附加光程差。

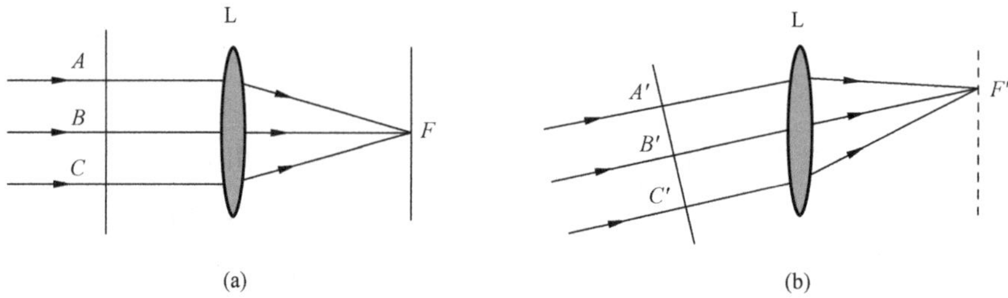

图 8-3 透镜不产生附加光程差

第二节 杨氏双缝干涉

一、杨氏双缝干涉实验

英国物理学家托马斯·杨于1801年首次在实验上观察到了光的干涉现象，并测定了光的波长，为光的波动说奠定了基础。实验装置如图8-4所示，杨氏双缝干涉是一种典型的利用分波阵面法获得相干光的例子。

光源发出波长为λ的光波，经过第一个狭缝S，S即成为一个很好的线光源。单缝到双缝之间形成柱面波。S_1和S_2为对称放置的两个狭缝。从狭缝S发出的光在双缝S_1和S_2处形成新的光振动，它们发出的柱面波在双缝右边的空间叠加。由于这两个次波来自同一个光源S，它们的振动频率和振动方向相同，任一相遇位置有恒定的相位差，因此它们是相干光。在双缝后面放置一个屏，则在屏上可以看到图中所示的干涉条纹。

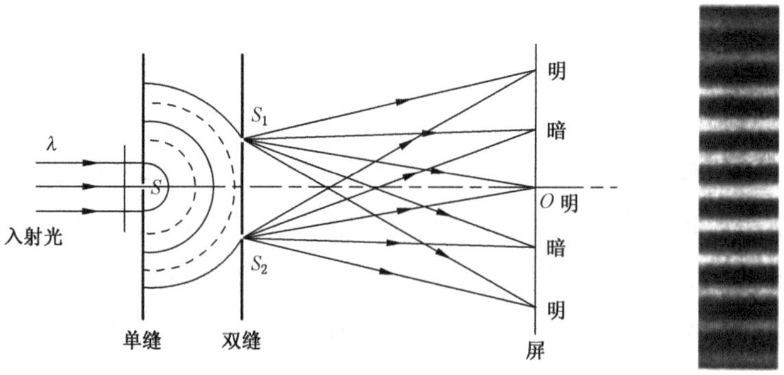

图 8-4 双缝干涉

下面我们来分析干涉条纹的位置和条纹间距。双缝干涉的光程差分析如图 8-5 所示。S_1、S_2 为两缝，相距 d，E 为屏，到双缝距离为 $D(d \ll D)$，O 为 S_1、S_2 中垂线与 E 的交点，P 为 E 上的一点，距 O 为 x，距 S_1、S_2 为 r_1、r_2，S_1、S_2 发出的光在 P 点相遇时，光程差为

$$\delta = r_2 - r_1$$

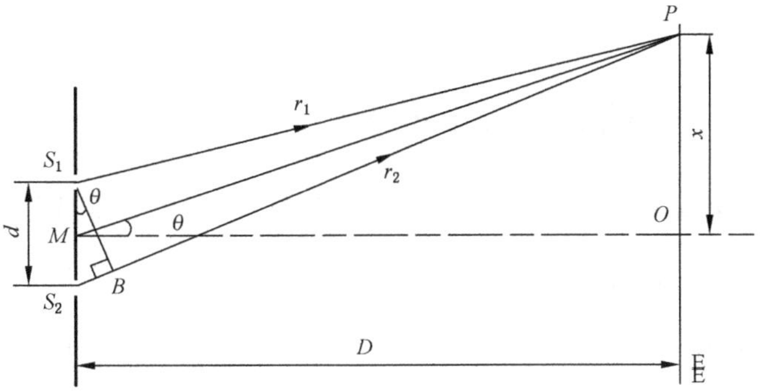

图 8-5 双缝干涉光程差分析

作 $S_1B \perp S_2P$，由于 $d \ll D$，θ 很小，可知

$$\delta = r_2 - r_1 \approx d\sin\theta \approx d\tan\theta$$

即 $$\delta = d\,\frac{x}{D} \tag{8-7}$$

1. 明纹

根据干涉加强和减弱的条件，可得 P 点干涉加强（明纹）的条件为

$$\delta = d\,\frac{x}{D} = \pm k\lambda$$

即 $$x = \pm k\,\frac{D\lambda}{d} \qquad (k=0,1,2,\cdots) \tag{8-8}$$

由式(8-8)可知，当 $k=0$ 时，$x=0$，屏幕上 O 点处呈明纹，称为中央明纹；当 $k=1,2,\cdots$ 时，相应的 $x=\pm\frac{D}{d}\lambda,\pm\frac{2D}{d}\lambda,\cdots$，依次为第一级、第二级…明条纹，它们对称地分布于中央明纹两侧。

2. 暗纹

P 点干涉减弱（暗纹）的条件为

$$\delta = d\,\frac{x}{D} = \pm(2k-1)\,\frac{\lambda}{2}$$

即 $$x = \pm(2k-1)\frac{D\lambda}{2d} \quad (k=1,2,3,\cdots) \tag{8-9}$$

由式(8-9)可知，当 $k=1,2,\cdots$ 时，相应的 $x=\pm\frac{D}{2d}\lambda,\pm\frac{3D}{2d}\lambda,\cdots$ 处为暗条纹。若两光束到达 P 点时的光程差不能满足上述两种情况，则 P 点光强介于最明和最暗之间。

3. 条纹特征

(1) 由式(8-8)和式(8-9)可以计算出相邻明纹(或暗纹)间的距离均为

$$\Delta x=x_{k+1}-x_k=\frac{D\lambda}{d} \tag{8-10}$$

这表明杨氏双缝干涉的明暗条纹是等间距分布的。

(2) $\Delta x\propto D$，屏幕离双缝的距离越远，条纹间距越大，条纹分得越开；而 $\Delta x\propto\frac{1}{d}$，所以 d 越小，条纹间距越大，条纹越稀疏。

(3) 当 D、d 不变时，相邻条纹间距 Δx 与入射光波长 λ 成正比，即入射光波长越大，条纹间距也越大。若用白光照射双缝时，则中央明纹为白亮纹(白色)，其他各级明纹因入射光波长不同而彼此错开，结果在中央明纹的两侧将出现彩色明条纹。同一级条纹中，波长小的紫色条纹离中央明纹近，波长大的红色条纹离中央明纹远，如图 8-6 所示。

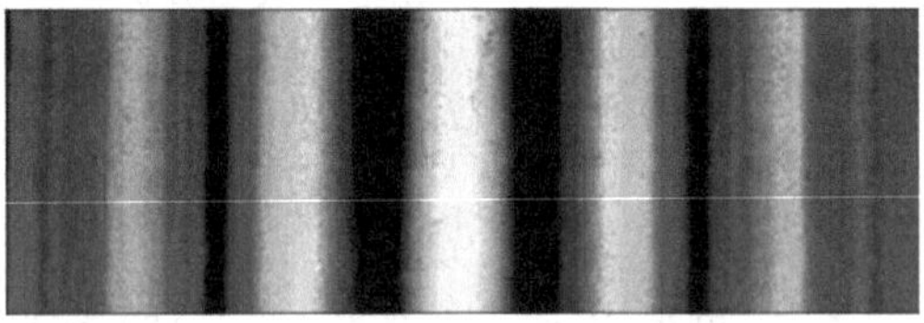

图 8-6 白光的杨氏双缝干涉条纹

例 8-1

以单色光垂直照射到相距为 0.2 mm 的双缝上，接收屏到缝的距离为 1 m。

(1)如果第一级明纹到同侧第四级明纹距离为 7.5 mm，求入射光波长；

(2)若入射光波长为 600 nm，求相邻明纹间距离。

解 (1) 明纹坐标为 $$x=\pm k\frac{D\lambda}{d}$$

由题意有

$$x_4-x_1=4\frac{D\lambda}{d}-\frac{D\lambda}{d}=\frac{3D\lambda}{d}$$

$$\lambda=\frac{d}{3D}(x_4-x_1)=\frac{0.2\times10^{-3}}{3\times1}\times7.5\times10^{-3}=500(\text{nm})$$

(2) 当 $\lambda=600$ nm 时，相邻明纹间距为

$$\Delta x = \frac{D\lambda}{d} = \frac{1 \times 600 \times 10^{-9}}{0.2 \times 10^{-3}} = 3 \times 10^{-3} = 3(\text{mm})$$

例 8-2

利用波长为 550 nm 的光进行双缝干涉实验，如果将很薄的云母片($n=1.58$)覆盖在实验装置的一条缝后，这时屏幕上的第七级明纹恰好移动到原来零级明纹的位置，试求该云母片的厚度。

解 设云母片厚度为 h，覆盖在双缝中的 r_1 光路上。根据题意，原来没有光程差的中央明纹所在位置现在变成了第七级明纹，说明因为覆盖了云母片后，从两个狭缝传播到屏幕中央的两列波之间存在了 7λ 的光程差。因此，

$$\delta = [nh + (r_1 - h)] - r_2 = (n-1)h = 7\lambda$$

于是可得云母片的厚度为

$$h = \frac{7\lambda}{n-1} = \frac{7 \times 550 \times 10^{-9}}{1.58 - 1} = 6.6 \times 10^{-6}(\text{m})$$

例 8-3

用白光作为光源观察双缝干涉。设双缝间距为 d，试求能观察到的清晰可见的光谱的级次。

解 白光波长在 390～760 nm 范围。明纹条件为

$$d\sin\theta = \pm k\lambda$$

在 $\theta=0$ 处，各种波长的光光程差都等于零，所以各种波长的零级明纹在屏幕上 $x=0$ 处重叠，形成中央白色明纹。

在中央明纹两侧，各种波长的同一级次的明纹，由于波长不同而位置不同，因而彼此错开，形成彩色条纹。最先发生重叠的是某一级次的红光(波长为 λ_r)和高一级次的紫光(波长 λ_v)。因此，能观察到的从紫到红清晰可见的光谱的级次可由下式求得

$$k\lambda_r = (k+1)\lambda_v$$

因而

$$k = \frac{\lambda_v}{\lambda_r - \lambda_v} = \frac{390}{760 - 390} = 1.05$$

由于 k 只能取整数，所以 $k=1$。计算结果表明，从紫色到红色排列的清晰可见的光谱只有正负各一级。第二级和第三级光谱之间就已经发生部分重叠，如图 8-6 所示。

二、劳埃德镜

如图 8-7 所示，M 为一平面反射镜，从狭缝 S_1 射出的光，一部分(用①表示)直接射到屏幕 P

上,另一部分光掠射到反射镜 M 上,反射后(用②表示)到达屏幕上。反射光可看成是由虚光源 S_2 发出的。S_1、S_2 构成一对相干光源。这时在屏幕上可以观察到明、暗相间的干涉条纹。

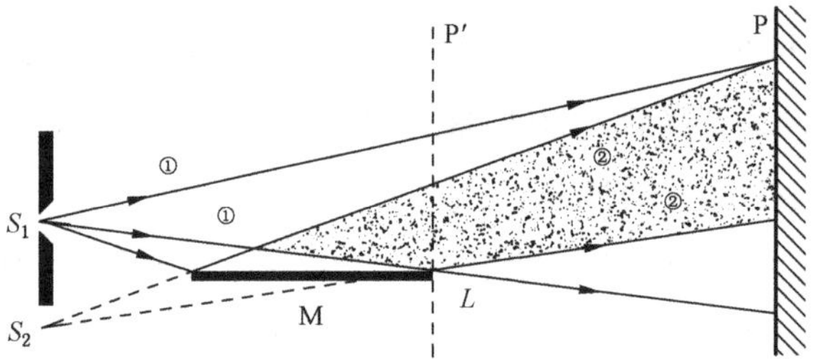

图 8-7　劳埃德镜示意图

如果我们把屏幕放在和镜面接触的 L 的位置,此时从 S_1、S_2 发出的光线到达接触点 L 的路程相等,在 L 处应该出现干涉明纹,但是实验上我们观察到这里出现的却是暗纹。这表明,直接射到屏幕上的光线和在此处反射的光线的相位相反,相位差为 π。这一相位跃变,相当于反射光和入射光之间附加了半个波长($\lambda/2$)的光程差,故常称作**半波损失**。

劳埃德镜实验不但显示了光的干涉现象,同时还证明了光的半波损失现象。当光从光速较大(折射率较小)的光疏介质射向光速较小(折射率较大)的光密介质时,反射光的相位发生跃变,即产生了半波损失现象。

第三节　薄膜干涉

薄膜干涉是日常生活中常见的光学现象,具有丰富多彩的内容。例如,在太阳光下,肥皂膜或者水面上的油膜都呈现出绚丽的彩色条纹。很多精密测量和检验都会用到薄膜干涉的原理。例如照相机的镜头、眼镜镜片的镀膜,气体折射率的测量,等等。下面我们将对薄膜干涉现象进行具体分析。

一、薄膜干涉

如图 8-8 所示,在折射率为 n_1 的均匀介质中,有一厚度为 e、折射率为 n_2 的薄膜,且 $n_2>n_1$。由单色光源 S 上发出的光线以入射角 i 入射到界面处的 A 点,一部分由 A 点反射(图中的光线 1),另一部分射进薄膜并在薄膜下表面 B 点反射后再从薄膜上表面的 C 折射出来(图中的光线 2)。显然光线 1、2 是两条平行光线,经透镜 L 汇聚于屏幕 P。由于光线 1、2 是同一入射光的两部分,因经历了不同的路径而有了相位差,因此它们是相干光。这属于分振幅法获得相干光。

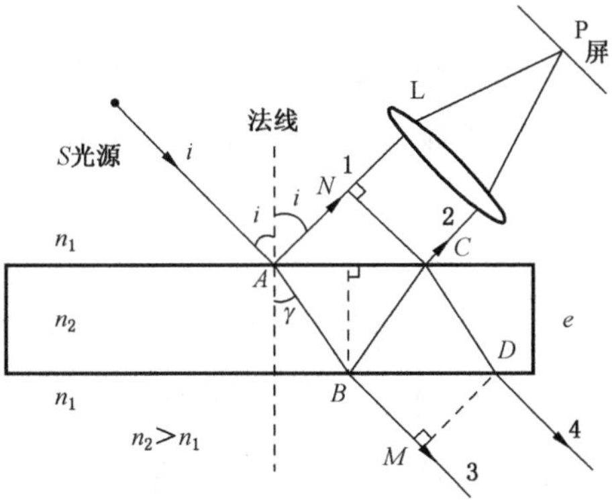

图 8-8 薄膜干涉示意图

现在我们计算光线 1 和 2 的光程差。由图中所示，1 和 2 两条光线的光程差源于它们经过的路径及介质不同。同时考虑半波损失，可得

$$\delta = n_2(AB+BC) - \left(n_1 AN - \frac{\lambda}{2}\right) = 2n_2 AB - n_1 AN + \frac{\lambda}{2}$$

$$= 2n_2 \frac{e}{\cos r} - n_1 AC \sin i + \frac{\lambda}{2} = 2n_2 \frac{e}{\cos r} - n_1 \cdot 2e \cdot \tan\gamma \cdot \sin i + \frac{\lambda}{2}$$

$$= \frac{2e}{\cos\gamma}(n_2 - n_1 \sin\gamma \cdot \sin i) + \frac{\lambda}{2}$$

由折射定律可知

$$n_1 \sin i = n_2 \sin\gamma$$

代入上式得

$$\delta = 2e\sqrt{n_2^2 - n_1^2 \sin^2 i} + \frac{\lambda}{2} \tag{8-11}$$

于是得到明纹和暗纹条件：

(1) $\delta = 2e\sqrt{n_2^2 - n_1^2 \sin^2 i} + \frac{\lambda}{2} = k\lambda \quad (k=1,2,3,\cdots)$ (8-12)

光线 1 和 2 干涉加强，P 处为明纹。

(2) $\delta = 2e\sqrt{n_2^2 - n_1^2 \sin^2 i} + \frac{\lambda}{2} = \left(k+\frac{1}{2}\right)\lambda \quad (k=0,1,2,\cdots)$ (8-13)

光线 1 和 2 干涉减弱，P 处为暗纹。

透射光也有干涉现象。在图 8-8 中，不难看出，光线 AB 到达 B 点处时，一部分直接透射，即光线 3，一部分经过两次反射后在 D 点透射出来，即光线 4。由已知条件可知，3、4 两条光线从 B 点分开后均无半波损失，3、4 光线的光程差为

$$\delta = n_2(BC + CD) - n_1 BM = 2e\sqrt{n_2^2 - n_1^2 \sin^2 i} \tag{8-14}$$

可见透射光的光程差式(8-14)与反射光的光程差式(8-11)相差 $\lambda/2$。即当反射光线干涉加强时，透射光线干涉减弱；反射光线干涉减弱时，透射光线干涉加强。显然，这是符合能量守恒定律的要求的。

例 8-4

一游轮漏出的油(折射率 $n_1 = 1.20$)污染了某海域，在海水($n_2 = 1.30$)表面形成了一层薄薄的油膜。(1)如果太阳正位于海域上空，一直升机的驾驶员从飞机上向下观察，如果他所正对的油层的厚度是 $d = 460$ nm，则他将观察到什么颜色？(2)如果一潜水员潜入该区域水下，又将观察到油层呈什么颜色？

解 这是一个薄膜干涉的问题。太阳垂直照射，飞机驾驶员和潜水员看到的分别是反射光和透射光的干涉结果。

(1) 由于油层的折射率 n_1 小于水的折射率 n_2 但大于空气的折射率(空气折射率近似等于 1)，所以在油层上下表面反射的太阳光均发生了相位跃变。两反射光之间的光程差为

$$\delta = 2n_1 d$$

当 $\delta = k\lambda$，即 $\lambda = \dfrac{2n_1 d}{k}$，$k = 1, 2, \cdots$ 时，反射光干涉形成极大，把 $n_1 = 1.20$，$d = 460$ nm 代入，得到干涉加强的光的波长为

$$k = 1, \lambda_1 = 2n_1 d = 1\ 104(\text{nm})$$

$$k = 2, \lambda_2 = n_1 d = 552(\text{nm})$$

$$k = 3, \lambda_3 = \frac{2}{3} n_1 d = 368(\text{nm})$$

式中，波长为 $\lambda_2 = 552$ nm 的绿光在可见光范围内，而 λ_1 和 λ_3 则分别在红外线和紫外线的波长范围，所以驾驶员将看到油膜呈现绿色。

(2) 对于透射光可类似分析。透射光的光程差

$$\delta = 2n_1 d + \frac{\lambda}{2}$$

令 $\delta = k\lambda$，$k = 1, 2, \cdots$，得

$$k = 1, \lambda_1 = \frac{2n_1 d}{1 - \dfrac{1}{2}} = 2\ 208(\text{nm})$$

$$k = 2, \lambda_2 = \frac{2n_1 d}{2 - \dfrac{1}{2}} = 736(\text{nm})$$

$$k=3,\lambda_3=\frac{2n_1d}{3-\frac{1}{2}}=441.6(\text{nm})$$

$$k=4,\lambda_4=\frac{2n_1d}{4-\frac{1}{2}}=315.4\ (\text{nm})$$

式中，波长为 $\lambda_2=736$ nm 的红光和波长 $\lambda_3=441.6$ nm 的紫光在可见光范围内，而 λ_1 是红外线，λ_4 是紫外线。所以，潜水员看到的油膜呈红紫色。

利用薄膜干涉不仅可以测定波长或薄膜的厚度，而且还可提高或降低光学仪器的透射率。在光学仪器中，由于光在介质表面存在反射，将减小透射光的强度。为了减少因反射而损失的光能，常在透镜表面镀上一层薄膜。

如图 8-9 所示，在玻璃表面镀上一层厚度为 d 的氟化镁（MgF_2）薄膜，它的折射率 $n_2=1.38$，比玻璃的折射率小，比空气的折射率大，所以在氟化镁上下两界面的反射光 2 和 3 都有 π 的相位跃变，从而可以不再计入附加光程差。所以 2 和 3 光线的光程差 $\delta=2n_2d$。

为了增加透射率，要求反射光干涉减弱，则根据能量守恒定律，透射光便干涉加强，即

$$\delta=2n_2d=\left(k+\frac{1}{2}\right)\lambda$$

因为光通过介质的时候也要损失一部分能量，所以膜的厚度越小越好，因此取 $k=0$，得到膜的最小厚度为

$$d=\frac{\lambda}{4n_2}$$

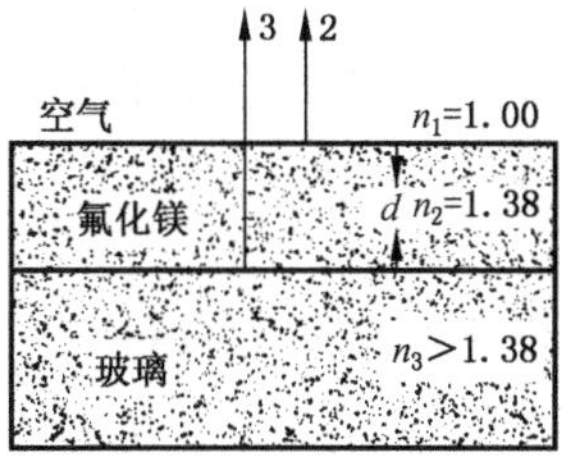

图 8-9　增透膜

此即增透膜的原理。如想让某特定波长的光线透射增强，比如 $\lambda=552$ nm，则

$$d=\frac{\lambda}{4n_2}=\frac{552\times10^{-9}}{4\times1.38}=0.1(\mu\text{m})$$

有些光学仪器需要减少透射率，增加反射光的强度。此时，也可在表面涂上一层折射率更大的透明介质，如硫化锌（ZnS，折射率为 2.35）使得 $n_1<n_2$，$n_2>n_3$，此时光线 2 有相位跃变，而光线 3 无相位跃变。要使反射光加强，则

$$\delta=2n_2d+\frac{\lambda}{2}=k\lambda$$

膜的最小厚度为

$$d=\frac{\lambda}{4n_2}$$

此即增反膜。

二、等倾干涉

从薄膜干涉的光程差的公式 $\delta=2e\sqrt{n_2^2-n_1^2\sin^2 i}+\frac{\lambda}{2}$ 可见，对于厚度均匀的薄膜来说，光程差随入射光线的入射角 i 而改变。因此，不同的干涉明条纹和干涉暗条纹相应地具有不同的倾角，而同一干涉条纹上的各点都对应相同的倾角。所以，在厚度相同的薄膜上产生的这种干涉条纹叫作等倾干涉条纹。

观察等倾干涉条纹的实验装置如图 8-10(a)所示，其中 S 为一具有一定发光面积的面光源，发出的光射向一半透半反镜，L 为透镜，P 为置于透镜焦平面上的屏。考虑发光面上一点发出的光线。在这些光线中，能以相同入射角射向薄膜表面的光处在同一圆锥面上，而它们的反射光经过透镜 L 会聚后，将在 L 的焦平面上形成一个圆形条纹。所以，呈现在焦平面上的等倾干涉条纹，是一组明暗相间的同心圆环，如图 8-10(b)所示。至于光源 S 上其他各发光点，也都产生一组这样的干涉圆环，且 S 上所有点发出的光中，入射角相同的光线都将会聚在屏幕上的同一个圆周上。由于光源上不同点发出的光线之间彼此不相干，所以所有的干涉圆环将彼此进行非相干叠加，从而提高了条纹的清晰度。这就是为什么常用扩展光源观察等倾干涉的缘故。

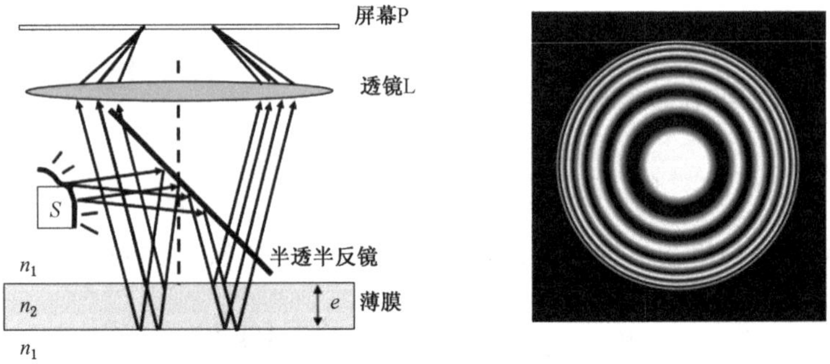

(a) 观察等倾干涉的装置　　(b) 等倾干涉条纹

图 8-10　等倾干涉光路图和干涉条纹

第四节　劈尖干涉　牛顿环　迈克尔逊干涉仪

我们在此讨论平行光线入射到厚度不均匀的薄膜上所产生的干涉现象，其干涉条纹称为等厚干涉条纹。

一、劈尖干涉

两块平板玻璃，将它们的一端互相叠合，另一端垫入一细丝或者薄纸片，如图 8-11 所示，这样就在两玻璃板之间形成了一层劈尖状的空气薄层，称为空气劈尖。两玻璃片接触处称为棱边，与棱边平行的线上劈尖的厚度相等。两玻璃片的夹角称为劈尖角，一般劈尖角很小。当波长为 λ 的平行光垂直入射时，在空气劈尖上、下表面反射的光线 a 与 b 将发生干涉。由于空气的折射率小于玻璃的折射率，因此，从空气劈尖下表面反射的光线 b 有半波损失。在劈尖厚度为 e 处，反射光 a 与 b 两条光线的光程差为

$$\delta = 2e + \frac{\lambda}{2} \tag{8-15}$$

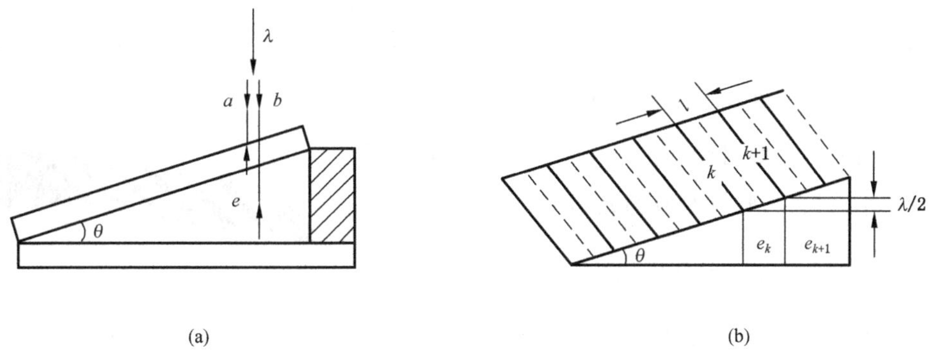

图 8-11 劈尖干涉示意图

干涉明纹和干涉暗纹的条件为

$$\delta = 2e + \frac{\lambda}{2} = \begin{cases} k\lambda, & k = 1,2,3,\cdots(\text{明}) \\ (2k+1)\dfrac{\lambda}{2}, & k = 0,1,2,\cdots(\text{暗}) \end{cases} \tag{8-16}$$

从上式可以看出，凡是劈尖厚度相等的地方光程差都相同，对应于同一条干涉条纹，所以，劈尖干涉条纹是一系列平行于棱边的明暗相间的直条纹，这种与厚度相对应的干涉条纹，叫作等厚干涉条纹。

在棱边处，$e=0$，因此棱边处出现的是暗纹，在实验上确实也观察到了这一现象，进一步证明了半波损失的存在。下面我们分析条纹间距及相邻条纹对应的膜厚差。

(1) 相邻条纹对应的膜厚差，由式(8-16)可得

$$\Delta e_k = e_{k+1} - e_k = \frac{\lambda}{2} \tag{8-17}$$

这表明空气劈尖相邻的明条纹或者暗条纹处的空气厚度差都相等。

(2) 设劈尖角为 θ，由于 θ 很小，因此条纹间距为

$$l=\frac{\Delta e_k}{\sin\theta}=\frac{\lambda}{2\sin\theta}\approx\frac{\lambda}{2\theta} \tag{8-18}$$

由上式可知，劈尖角 θ 越小，条纹分布越稀疏；反之，θ 越大，条纹分布越密集。当劈尖角 θ 大到一定程度后，干涉条纹将密得无法分辨，这时将看不到干涉现象。条纹间距还与波长有关，波长越大条纹间距越大。

从式(8-18)还可以看出，如果已知夹角 θ，则测出条纹间距 l，就可以计算出波长 λ；反之，如果波长 λ 已知，则测出条纹间距 l，就可以计算出微小角度 θ。

例 8-5

制造半导体元件时，常要确定硅基体上二氧化硅(SiO_2)薄膜的厚度 h，这可以用化学方法把 SiO_2 薄膜的一部分腐蚀成劈尖形，SiO_2 的折射率为 $n=1.46$，Si 的折射率为 3.42。已知单色光垂直入射，波长为 546.1 nm，若观察到如图所示的 7 条暗纹（图 8-12 中实线表示暗条纹），求 SiO_2 薄膜的厚度。

解 入射光垂直照射时，在 SiO_2 薄膜上下表面的反射光都存在半波损失，暗纹对应的光程差为

$$\delta=2nh=(2k+1)\frac{\lambda}{2}$$

图 8-12 例 8-5 图

劈尖顶点处为明纹，第七条暗纹相当于 $k=6$，因此

$$h=\frac{(2k+1)\lambda}{4n}=\frac{(2\times6+1)\times546.1\times10^{-9}}{4\times1.46}=1.22(\mu\text{m})$$

即二氧化硅薄膜的厚度为 1.22 μm。

例 8-6

把金属细丝夹在两块平板玻璃之间，形成空气劈尖，如图 8-13 所示。金属丝和棱边相距为 $D=28.880$ mm。用波长为 589.3 nm 的钠黄光垂直照射，测得 30 条明纹中心之间的总距离为 4.295 mm，求金属细丝的直径 d。

解 由图示几何关系可得

$$d=D\tan\alpha$$

式中，α 为劈尖角。相邻明纹间距和劈尖角的关系为 $l=\frac{\lambda}{2\sin\alpha}$，因为 α 很小，$\tan\alpha\approx\sin\alpha=\frac{\lambda}{2l}$，于是有

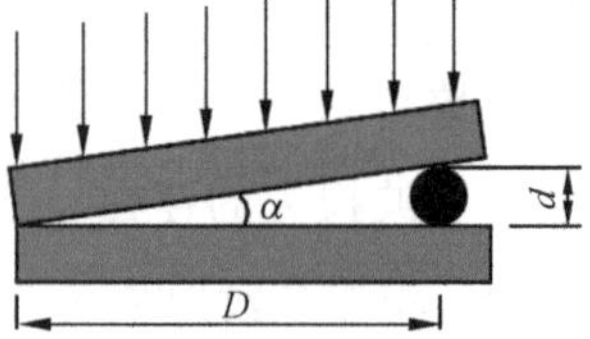

图 8-13 例 8-6 图

$$d=D\frac{\lambda}{2l}=28.880\times\frac{589.3\times10^{-9}}{2\times\frac{4.295}{29}}=5.746\times10^{-2}(\mathrm{mm})$$

加工业中常常需要加工一些很平的平面，对于已经加工好的平面需要对其平整度进行检查。利用薄膜干涉检验平面平整度的方法是在被测工件表面覆盖一块标准平面的玻璃板，使它们之间形成一劈尖空气薄膜，如图 8-14(a)所示；利用单色光垂直照射，在反射方向观察。如果待检验的平板平整度很好，则可观察到空气膜处有均匀的明暗相间的直线状干涉条纹，否则干涉条纹是扭曲的，如图 8-14(b)所示。从干涉条纹的扭曲程度和走向，以及某条条纹弯曲的最大畸变量 a，就可以判断待测平板在此处是凹的还是凸的，还可以进一步计算其凹凸的大小。

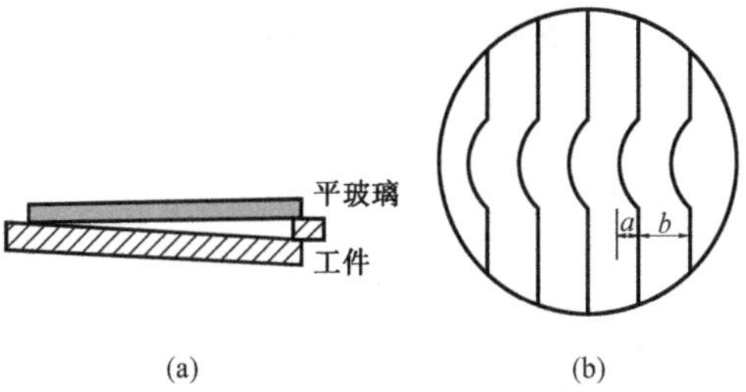

图 8-14　工件表面检验示意图

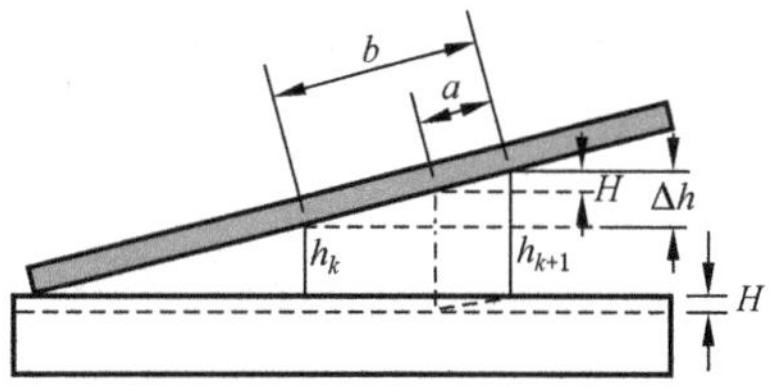

图 8-15　计算纹路深度用图

为了计算纹路深度，参考图 8-15，图中 b 为条纹间隔，a 是条纹弯曲部分顶点到条纹平行部分的距离，h_k 和 h_{k+1} 分别是和第 k 级及第 $k+1$ 级条纹对应的正常空气膜厚度，以 Δh 表示相邻两条纹对应的空气膜的厚度差，H 为纹路深度，则由相似三角形的关系可得

$$\frac{H}{\Delta h}=\frac{a}{b}$$

由于对空气膜来说，$\Delta h=\lambda/2$，代入上式即可得

$$H=\frac{\lambda a}{2b}$$

二、牛顿环

牛顿环是牛顿首先观察到并加以描述的等厚干涉现象，它的装置由一个曲率半径很大的平凸透镜放在一块平面玻璃板上组成，如图 8-16 所示。透镜和玻璃板之间形成一厚度不均匀的空气层，平行光垂直入射，在反射方向观察。此时，在空气层下表面反射光有相位跃变，因此光程差公式

$$\delta=2h+\frac{\lambda}{2} \tag{8-19}$$

在中心点 $O, h=0, \delta=\lambda/2$，故该点为暗点。由于玻璃间的接触实际上是一个很小的圆面，因此中心处实际上会出现一个很小的暗斑。

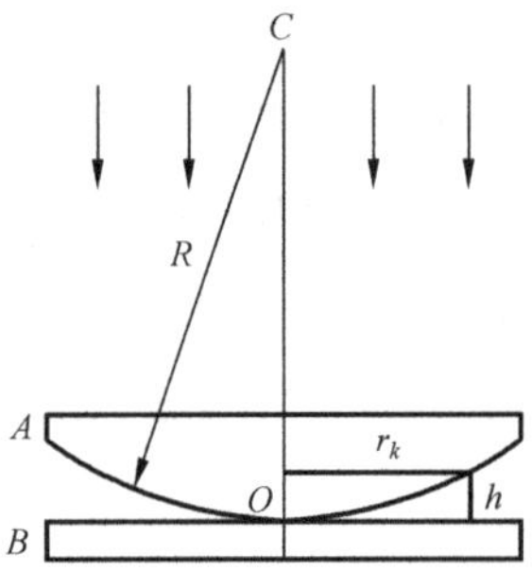

图 8-16　牛顿环干涉示意图

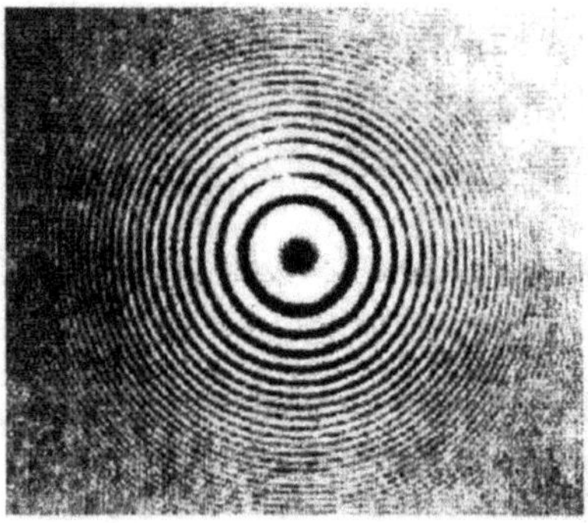

图 8-17　牛顿环干涉图样

下面讨论明环和暗环的半径 r_k。由于 $R \gg h$，由几何关系可知

$$r_k^2=R^2-(R-h)^2=h(2R-h)\approx 2Rh$$
$$r_k=\sqrt{2Rh} \tag{8-20}$$

暗环半径　　$$\delta=2h+\frac{\lambda}{2}=(2k+1)\frac{\lambda}{2}\quad (k=0,1,2,\cdots)$$

$$r_k=\sqrt{k\lambda R} \tag{8-21}$$

明环半径　　$$\delta=2h+\frac{\lambda}{2}=k\lambda\quad (k=1,2,3,\cdots)$$

$$r_k=\sqrt{\left(k-\frac{1}{2}\right)\lambda R} \tag{8-22}$$

对于暗环，由式(8-21)可知

$$\Delta r=r_{k+1}-r_k=\sqrt{\lambda R}\left(\sqrt{k+1}-\sqrt{k}\right)$$

可见，随着 k 的增大，相邻暗条纹间的距离越来越小，也就是说对于牛顿环，从中心向外环间距越来越小。对于明环可做同样的讨论，图 8-17 示出了牛顿环的照片。

例 8-7

用等厚干涉测量平凸透镜的曲率半径，若光的波长 $\lambda=589.3\ \text{nm}$，测得牛顿环第 k 级暗环的直径为 $D_k=6.220\ \text{mm}$，又测得第 $k+5$ 级暗环的直径为 $D_{k+5}=8.188\ \text{mm}$，求平凸透镜的曲率半径。

解　应用牛顿环暗环半径的公式，空气的折射率近似等于 1，有

$$r_k^2=\left(\frac{D_k}{2}\right)^2=kR\lambda$$

$$r_{k+5}^2=\left(\frac{D_{k+5}}{2}\right)^2=(k+5)R\lambda$$

可得

$$5R\lambda=\frac{D_{k+5}^2-D_k^2}{4}$$

因此，平凸透镜的曲率半径为

$$R=\frac{D_{k+5}^2-D_k^2}{4\times5\lambda}=\frac{(8.188\times10^{-3})^2-(6.220\times10^{-3})^2}{4\times5\times589.3\times10^{-9}}=2.4(\text{m})$$

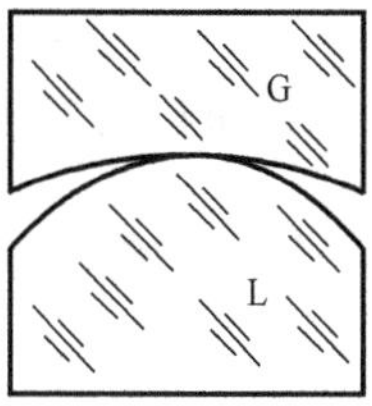

图 8-18 用牛顿环检查透镜

在光学器件的加工车间，可以用牛顿环方法快速检验透镜的质量，如图 8-18 所示。用一样板 G 覆盖在待测件 L 上，如果两者完全密合，即达到标准值要求，则不出现牛顿环。如果被测件曲率半径小于或大于标准值，则产生牛顿环。圆环条数越多，误差越大；若条纹不圆，则说明被测件曲率半径不均匀。此时，用手均匀轻压样板，牛顿环各处空气隙的厚度必然减小，相应的光程差也减少，条纹发生移动。若条纹向边缘扩散，说明零级条纹在中心，可知被测件曲率半径小于标准件；若条纹向中心收缩，说明零级条纹在边缘，可知被测件曲率半径大于标准件。这样，通过现场检测，及时判断，再对不合格元件进行相应精加工研磨，直到合乎标准为止。

三、迈克尔逊干涉仪

在现代科学技术中，干涉原理广泛应用于测量微小长度、角度等，迈克尔逊干涉仪就是一种典型的精密测量仪器。它的构造和原理如图 8-19 所示。

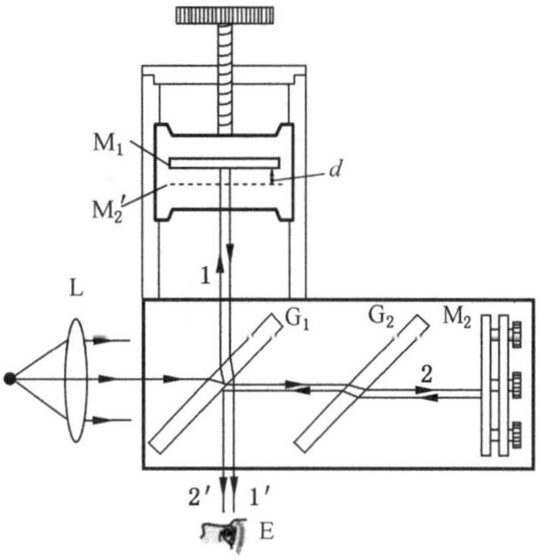

图 8-19 迈克尔逊干涉仪装置结构

M_1 和 M_2 是一对精密磨制抛光的平面反射镜，G_1 和 G_2 是厚度和折射率都均匀相同的玻璃板。G_1 叫作分光板，其背面镀了一层很薄的银膜，使光源射来的光反射和透射的强度差不多相等，反射光射到 M_1 经 M_1 反射后再次透过 G_1 到 E；透射光射到 M_2 经 M_2 反射后，再经 G_1 的半镀银面反射到 E，两束光在 E 处重叠而干涉。G_2 叫作补偿板，用来补偿光程，使得两条支路的光均三次通过玻璃板，从而避免路径不同引起较大光程差，同时保证了在 E 处叠加时其强度近似相等。

设想 M_2 在薄银层所成的虚像是 M'_2，所以 M_2

处反射的光可以看成是从虚像 M'_2 发出来的，于是在 M'_2 和 M_1 之间就构成了一个虚拟的“空气薄层”。对 E 处的观察者来说，光自 M_1 和 M_2 上的反射就相当于自相距为 d 的 M_1 和 M'_2 上的反射，可当作薄膜干涉来处理。如果 M_1 和 M_2 不是严格垂直，则 M'_2 和 M_1 之间的“空气膜”就是劈尖状，形成的干涉条纹为平行的等厚条纹；如果 M_1 和 M_2 严格垂直，用扩展光源观察，干涉条纹则为一系列的等倾干涉圆环。

根据劈尖干涉的理论，当调节 M_1 向前或者向后平移 $\frac{\lambda}{2}$ 距离时（“空气薄膜”的厚度变化 $\frac{\lambda}{2}$），就可以观察到干涉条纹平移过一条。因此，数一数在视场中条纹移动的数目 ΔN，便可知 M_1 移动的距离

$$\Delta d = \Delta N \frac{\lambda}{2} \tag{8-23}$$

如果知道 Δd，利用上式则可测量波长 λ；如果知道 λ，则可用来测量微小的位移。

在用迈克尔逊干涉仪做实验时会发现，当 M_1 和 M'_2 之间的距离超过一定的限度后，就观察不到干涉现象。这是因为一切实际光源发射的光都是一个个的波列，每个波列有一定的长度。例如在迈克尔逊干涉仪的光路中，光源发出的两个波列 a 和 b，每个波列都被分光板分成两个波列，用 a_1、a_2，b_1、b_2 表示。当两光路光程差不大时，如图 8-20(a)所示，由同一波列分出来的两波列如 a_1 和 a_2，b_1 和 b_2 等可以重叠，这时能够发生干涉。但如果两光路的光程差过大，如图 8-20(b)所示，则由同一波列分出的两列波不再重叠，而相互重叠的却是不同波列 a、b 分出来的波列，例如 a_2 和 b_1。由光的相干条件可知，不同波列之间由于初相位的随机性，导致重叠的两列光波列不能满足相位差恒定的条件，因此，这时就不能发生干涉。

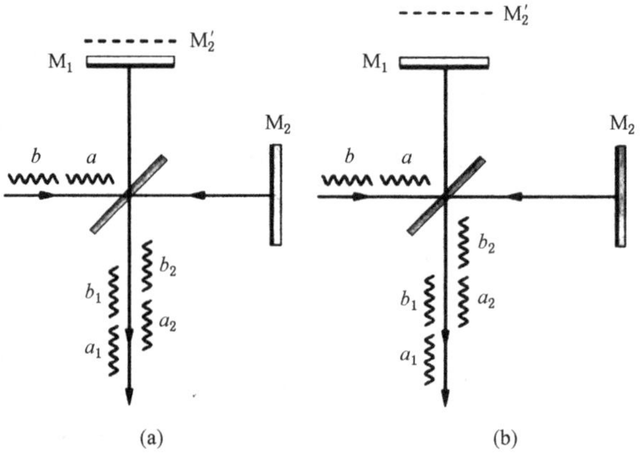

图 8-20　光程差大小对干涉结果的影响

例 8-8

把折射率 $n=1.40$，一端为劈尖状的透明薄膜插入迈克尔逊干涉仪的一臂，观察到了 7 条条纹的移动，求膜的厚度 d。(设入射光的波长为 589 nm)

解 根据题意，插入薄膜后，该光路的光程变化了

$$\Delta\delta=2(n-1)d$$

因为干涉条纹每移动一条，对应于光程差变化一个波长，所以

$$2(n-1)d=7\lambda$$

故薄膜的厚度为

$$d=\frac{7\lambda}{2(n-1)}=\frac{7\times589\times10^{-9}\,\text{m}}{2\times(1.40-1)}=5.154(\mu\text{m})$$

第五节 惠更斯-菲涅耳原理

一、光的衍射现象

在第七章讲过，波能绕过障碍物继续传播的现象叫作波的衍射。如声波可以绕过墙壁，使人不见其影却闻其声；水波遇到障碍物小孔，在小孔后方因为衍射而形成以小孔为中心的半圆形波继续向前传播。与机械波类似，光波也存在衍射现象。当光波遇到障碍物或者狭缝时，光的传播方向发生变化，可以绕到障碍物的阴影区域形成明暗相间的条纹，这种现象称为光的衍射。

二、菲涅耳衍射和夫琅禾费衍射

根据光源、衍射孔(或障碍物)、屏三者的相互位置，可以把衍射分为两种。

当光源、接收屏与衍射孔之间的距离有限时，这种衍射称为菲涅尔衍射，如图 8-21(a)所示。当光源、接收屏和衍射孔之间的距离都是无限远时，这种衍射称之为**夫琅禾费衍射**，如图 8-21(b)所示。在实验室中，常把光源放在透镜的焦点上，并把屏幕放在透镜的焦平面上，这样到达孔的光和孔后边的衍射光都满足夫琅禾费衍射的条件。

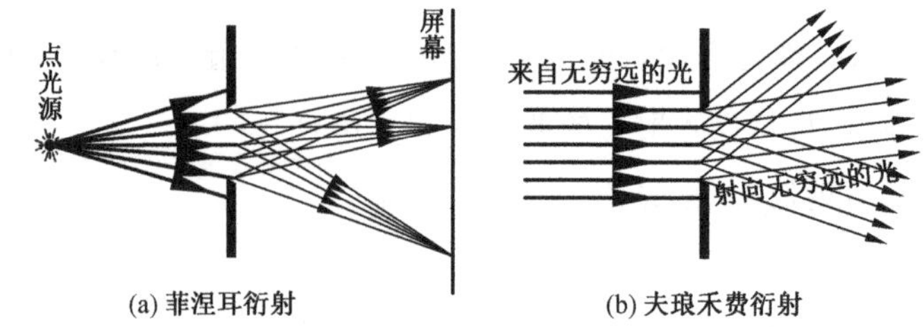

图 8-21 衍射的分类

三、惠更斯-菲涅耳原理

对于衍射理论的分析，在第七章曾提到过惠更斯原理，即波面上每一点都可以看作一个次级扰动的中心，所有这些次波中心所发出的球面次波的包络面就是某一后续时刻的波面。但利用惠更斯原理只能定性地解释衍射现象中光的传播方向的问题。为了说明光波衍射图样中的强度分布，菲涅耳吸收了惠更斯原理中的次波概念，并受到干涉现象的启示，补充了次波相干叠加这一重要思想。从而将惠更斯原理发展成一个全新的、更加严格和完善、可以定量处理各类衍射问题的原理，后人称之为**惠更斯-菲涅耳原理**。

惠更斯-菲涅耳原理内容为：波面上每一点都可看作次波中心，光场中某一点的扰动是包围光源的任何一个闭合曲面上所有点发出的次波在该点的相干叠加。

利用惠更斯-菲涅耳原理计算衍射图样中光强分布时，需要考虑发出的次波的振幅和传播距离及传播方向的关系。这种计算对于菲涅耳衍射来讲是相当复杂的，而对于夫琅禾费衍射则比较简单。为了比较简单地阐述衍射的规律，同时考虑到夫琅禾费衍射有许多重要的实际应用，本书将主要讲述夫琅禾费衍射。

第六节 单缝夫琅禾费衍射

一、单缝衍射

由于单缝夫琅禾费衍射的计算简单，结果明确，这一节我们将对单缝夫琅禾费衍射的条纹分布和光强分布进行较详细的讨论。如图 8-22 所示是单缝夫琅禾费衍射装置图，图 8-23 为单缝夫琅禾费衍射花样。

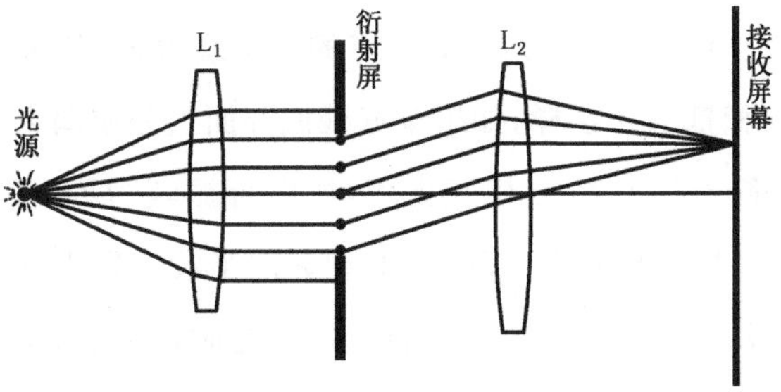

图 8-22 单缝夫琅禾费衍射装置图

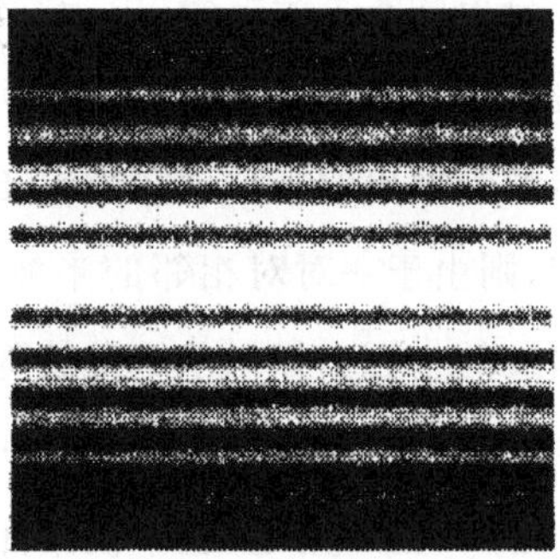

图 8-23 单缝夫琅禾费衍射花样

图 8-24 给出了分析单缝夫琅禾费衍射的光路图，为了便于说明，在此图中夸大了缝的宽度 a（缝的长度方向是垂直于纸面的）。

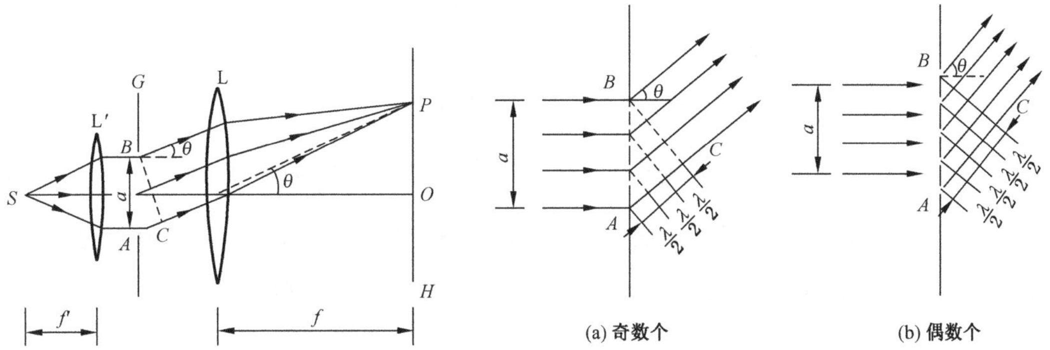

(a) 奇数个　　(b) 偶数个

半波带

图 8-24 单缝夫琅禾费衍射光路图

根据惠更斯-菲涅耳原理，单缝后面空间任一点 P 的光振动是单缝处所有子波源发出的子波传到 P 点的振动的叠加。为了考虑在 P 点的振动的合成，我们想象在衍射角 θ 为某些特定值时能将单缝处宽度为 a 的波阵面 AB 分成许多宽度相等的长条带，并使相邻两条带上对应点，例如每个条带的最下端、中点或最上端，发出的光在 P 点的光程差为半个波长。这样的条带称为半波带。利用这样的半波带来分析衍射图样的方法叫作**半波带法**。

衍射角 θ 是衍射光线与单缝平面法线间的夹角。衍射角不同，则单缝处波阵面分出的半波带数目也不同。半波带的数目取决于单缝两边缘处衍射光线之间的光程差 AC（BC 和衍射光线垂直）。由图 8-24 可见

$$AC = a\sin\theta \tag{8-24}$$

当 AC 等于半波长的奇数倍时，单缝处波阵面可分为奇数个半波带，如图 8-24(a)所示；当 AC 为半波长的偶数倍时，单缝处波阵面可分为偶数个半波带，如图 8-24(b)所示。

这样分出的各个半波带，由于它们到 P 点的距离近似相等，因而各个半波带发出的子波在 P 点的振幅近似相等，而相邻两半波带的对应点上发出的子波在 P 点的相位差为 π。因此相邻两半波带发出的光振动在 P 点合成时将互相抵消。这样，如果单缝处波阵面被分成偶数个半波带，则由于一对对相邻的半波带发的光都分别在 P 点相互抵消，所以合振幅为零，P 点形成暗纹的中心。如果单缝处波阵面被分成奇数个半波带，则一对对相邻的半波带发出的光分别在 P 点相互抵消后，还剩余一个半波带发出的光到达 P 点进行合成。这时，P 点为明条纹的中心，而且 θ 角越大，半波带面积越小，明纹光强越小。当 $\theta=0$ 时，各衍射光光程差为零，通过透镜后会聚在透镜焦点上，这就是中央明纹（或零级明纹）中心的位置，该处光强最大。

综上所述，当平行光垂直于单缝平面入射时，单缝衍射形成的明暗条纹的位置用衍射角 θ 表示，由以下公式决定：

$$\text{中央明纹中心}\quad \theta=0 \tag{8-25}$$

$$\text{暗纹中心}\quad a\sin\theta=\pm k\lambda\quad (k=1,2,3,\cdots) \tag{8-26}$$

$$\text{明纹中心}\quad a\sin\theta=\pm(2k+1)\frac{\lambda}{2}\quad (k=1,2,3,\cdots) \tag{8-27}$$

式(8-27)中之所以 k 不取 0，是因为 $k=0$ 时，其对应的衍射角 θ 小于第一级暗纹的衍射角，光线会聚位置仍在中央明纹范围内，因此式(8-27)中 k 值从 1 开始。

必须指出，对于任意衍射角 θ，AB 一般不能恰巧分成整数个半波带，即 AC 不一定等于 $\frac{\lambda}{2}$ 的整数倍，对应于这些衍射角的衍射光束，经透镜会聚后，在屏幕上的光强介于该级次最明与最暗之间。图 8-25 给出了单缝衍射相对光强的分布，I_0 为中央明纹中心的光强。两个第一级暗纹中心之间，即 $a\sin\theta_0=-\lambda$ 与 $a\sin\theta_0=\lambda$ 之间，为中央明纹。当 θ_0 很小时，$\theta_0\approx\sin\theta_0=\pm\frac{\lambda}{a}$，因此中央明纹的角宽度（条纹对透镜中心所张开的角度）即为 $2\theta_0\approx2\frac{\lambda}{a}$，有时也用半角宽度描述，即

$$\theta_0=\frac{\lambda}{a} \tag{8-28}$$

以 f 表示透镜的焦距，则在屏幕上观察到的中央明纹的线宽度为

$$\Delta x_0=2f\tan\theta_0\approx2f\sin\theta_0=2\frac{\lambda}{a}f \tag{8-29}$$

类似地，可以求出其他各明条纹的角宽度为第 $k+1$ 级暗纹中心与第 k 级暗纹中心之间的衍射角的差值

$$\Delta\theta=(k+1)\frac{\lambda}{a}-k\frac{\lambda}{a}=\frac{\lambda}{a} \tag{8-30}$$

其他各级明条纹的线宽度为

$$\Delta x=\frac{\lambda}{a}f \tag{8-31}$$

式(8-29)和式(8-31)表明,单缝夫琅禾费衍射的中央明纹宽度是其他各级明纹宽度的两倍。图 8-23 的衍射花样也证实了这一结论。

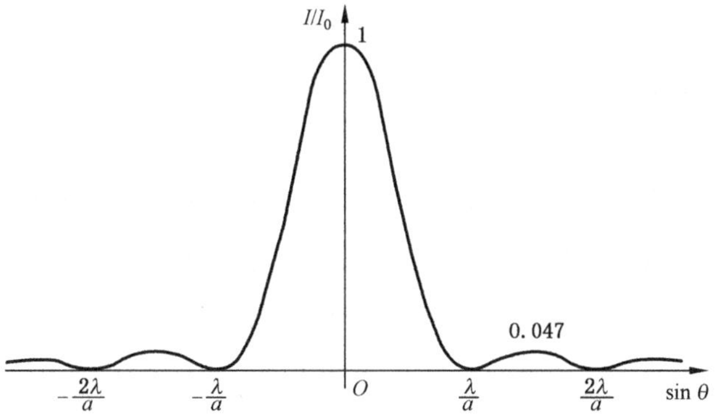

图 8-25　单缝衍射光强分布

另外,各级明条纹的亮度随着级次的增大而迅速减小。这是因为衍射角 θ 越大,AB 波面被分成的半波带的数目越多,每个半波带的面积越小,相应的每个半波带对应的光的能量越少,因而从未被抵消的半波带上发出的光在屏幕上产生的明条纹的亮度越弱。如图 8-25 所示,第一级明纹中心的光强仅为中央明纹中心光强的 4.7%。

由上述讨论可知,中央明纹的宽度是其他明纹宽度的 2 倍,且中央明纹宽度正比于波长 λ,反比于缝宽 a。当 $a\gg\lambda$ 时,各级条纹向中央明纹靠拢,以至于无法分辨各级条纹,此时,我们只能观察到一条亮线,这就是几何光学中的透镜成像。如果 $a\ll\lambda$,则中央明纹特别宽,而此时由单缝透射过来的光强很小,显然中央明纹亮度就变得很小,以至于几乎和背景无法区别。如果采用白光照射,各个波长的中央明纹都在同一个位置,故中央明条纹仍为白色。由于其他明条纹的衍射角与波长有关,因此不同波长的明条纹将相互错开,出现彩色条纹。同级条纹中,从内到外,颜色由紫到红。而且,第 k 级条纹红光对应衍射角可能大于第 $k+1$ 级条纹的紫光对应的衍射角,出现光谱的重叠,读者可自行分析。

例 8-9

用波长为 λ 的单色光垂直照射狭缝,得到单缝的夫琅禾费衍射图样,第 3 级暗纹位于屏上的 P 处,问:

(1)若将狭缝的宽度缩小一半,那么 P 处是明纹还是暗纹?

(2)若用波长为 1.5λ 的单色光垂直照射狭缝，P 处是明纹还是暗纹？

解 根据已知条件，在屏上 P 处出现第 3 级暗纹，与之对应的在狭缝处的波面可分为 6 个半波带。设 P 处对应的衍射角为 θ，原来的缝宽为 a，则

$$a\sin\theta=3\lambda=6\ \frac{\lambda}{2}$$

(1)当缝宽减小一半时，对于 P 处，对应的波面可分为 3 个半波带，则 P 处为第 1 级明纹。

(2)改用波长为 $\lambda'=1.5\lambda$ 的单色光照射

$$a\sin\theta=3\lambda=2\lambda'$$

则 P 处将出现第 2 级暗纹。

例 8-10

一单色平行光垂直入射于一单缝，其衍射第 3 级明纹位置恰与波长为 600 nm 的单色光垂直入射该缝时的第 2 级明纹位置重合，试求该单色光的波长。

解 对应于同一观察点，两次衍射的光程差相同，由于衍射明条纹的条件为 $a\sin\theta=\pm(2k+1)\dfrac{\lambda}{2}$，故有

$$(2k_1+1)\frac{\lambda_1}{2}=(2k_2+1)\frac{\lambda_2}{2}$$

将 $\lambda_2=600\ \text{nm}$，$k_2=2$，$k_1=3$ 代入

得

$$\lambda_1=\frac{5}{7}\lambda_2=428.6(\text{nm})$$

例 8-11

一单色平行光斜入射到宽度为 b 的单缝上，如图 8-26(a)，求各级暗纹的衍射角 θ。

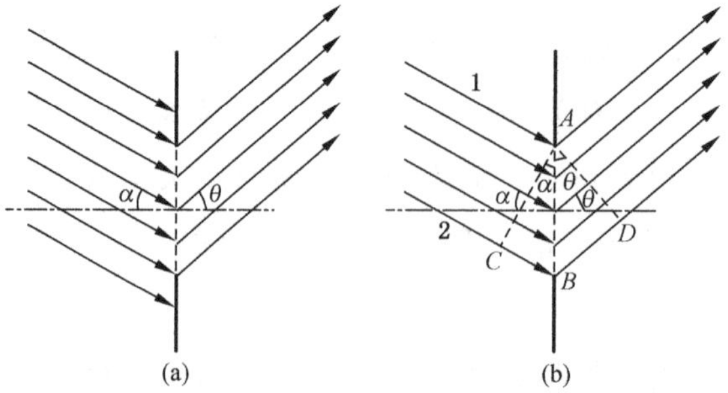

图 8-26 例 8-11 图

解　如图 8-26(b)所示，作 AC 垂直于入射波波线，AD 垂直于衍射波波线，α 为斜射角，θ 为衍射角。θ 与 α 在单缝的法线同侧时 θ 取正值，θ 与 α 在法线异侧时 θ 取负值。

则由图可得光线 1 和 2 的光程差为

$$BD+BC=b\sin\theta+b\sin\alpha$$

由产生暗纹的条件

$$b(\sin\theta+\sin\alpha)=\pm k\lambda \quad (k=1,2,\cdots)$$

得

$$\theta=\arcsin\left(\frac{\pm k\lambda}{b}-\sin\alpha\right) \quad (k=1,2,\cdots)$$

二、圆孔衍射

通常，光学仪器中所用的光阑和透镜都是圆形的，所以研究圆孔夫琅禾费衍射，对于评价仪器成像质量具有重要意义。如图 8-27(a)所示，平行单色光垂直照射小圆孔时，在透镜 L 的焦平面处的屏幕上将出现中央为亮斑，周围为明、暗交替的环形的衍射图样，如图 8-27(b)所示。中央的光斑集中了入射光强的约 84%的能量，称作艾里斑。若艾里斑的直径为 d，透镜的焦距为 f，圆孔直径为 D，单色光波长为 λ，则理论计算可得艾里斑对透镜中心的张角 2θ 为

$$2\theta=\frac{d}{f}=2.44\frac{\lambda}{D} \tag{8-32}$$

艾里斑对透镜中心的半角宽度为

$$\theta=\frac{d}{2f}=1.22\frac{\lambda}{D} \tag{8-33}$$

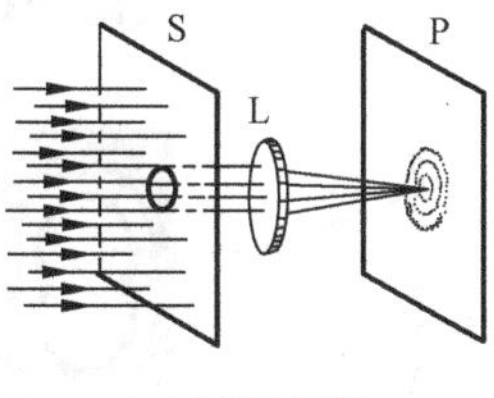

(a)圆孔衍射

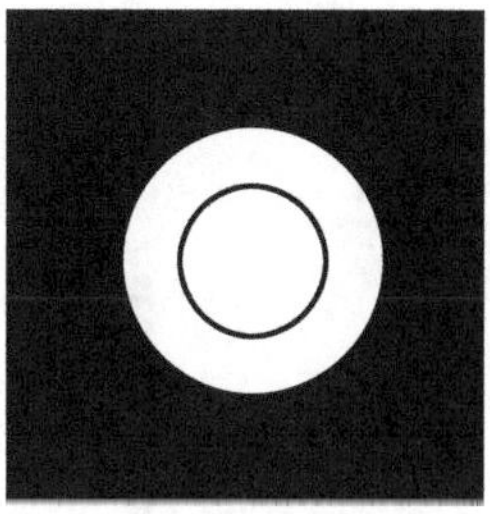

(b)衍射图样

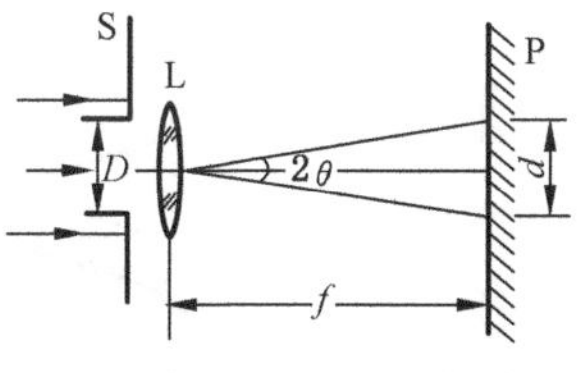

(c)艾里斑对透镜光心的张角与圆孔直径、单色光波长的关系

图 8-27　圆孔衍射与艾里斑

光学仪器中的透镜、光阑等都相当于一个透光的小圆孔。每一物点通过光学仪器成像时，形成的是一定大小的艾里斑。因此，如果两个物点相距很近，它们的艾里斑就会出现部分重叠，重叠程度较大时我们将无法分辨出两个物点的像。这对光学仪器的分辨能力产生了很大的影响。下面我们来具体分析这一问题。

如图 8-28(a)所示，如果两个点光源 S_1 与 S_2 相距较远，则两个艾里斑中心的距离大于艾里斑的半径。这时，两衍射图样重叠部分的光强较艾里斑中心处的光强要小得多。因此，两物点的像是能够分辨的。

而在图 8-28(c)中，两点光源 S_1 和 S_2 相距很近，此时两个艾里斑中心的距离小于艾里斑的半径。两个衍射图样重叠而混为一体，两物点不能被分辨出来。

在图 8-28(b)中，S_1 的艾里斑的中心恰好落在 S_2 的艾里斑的边缘上，通常把这种情形作为两物点刚好能被分辨的临界情形，这一判定能否分辨的准则叫作**瑞利判据**。此时两个物点 S_1 和 S_2 对透镜中心的张角 θ_0 叫作最小分辨角，由式(8-33)可知

$$\theta_0 = 1.22\frac{\lambda}{D} \tag{8-34}$$

在光学中，光学仪器的最小分辨角的倒数 $1/\theta_0$ 叫作**光学仪器的分辨率**，即

$$K = \frac{1}{\theta_0} = \frac{D}{1.22\lambda} \tag{8-35}$$

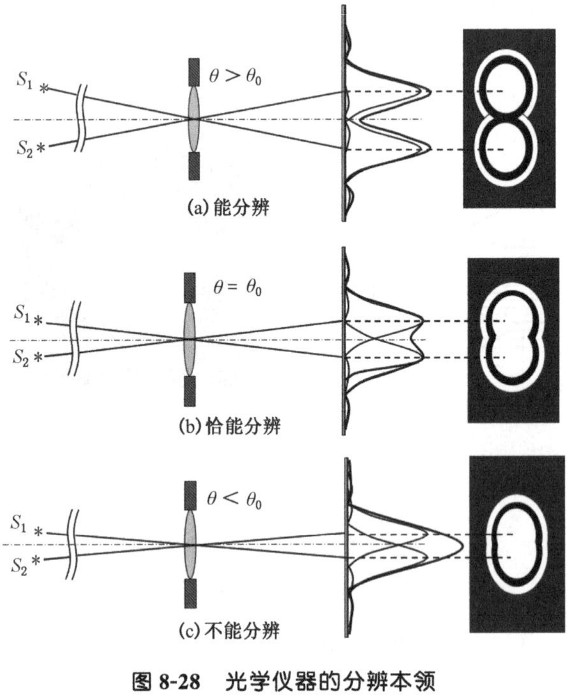

图 8-28　光学仪器的分辨本领

在天文观察上，望远镜的直径越做越大，目的就是提高望远镜的分辨率。另一个增大分辨率的办法是减小入射波长，如用 X 射线衍射测量晶体结构。近代物理指出，电子亦有波动性，相应的物质波波长要比可见光波长小 3～4 个数量级，所以利用电子束作为入射波的电子显微镜的分辨率要比普通光学显微镜的分辨率大数千倍。各种类型的电子显微镜已经被广泛地应用于科学研究中。

例 8-12

在正常光照下，人眼瞳孔的直径约为 3 mm，在可见光中，人眼最灵敏的波长为 550 nm，问：

(1)人眼的最小分辨角是多大?

(2)如果在黑板上画两条平行直线，相距 $l=2$ mm，问坐在距黑板多远处的同学恰能分辨?

解 (1) 已知人眼瞳孔的直径 $D=3\ \text{mm}=3\times10^{-3}\ \text{m}$，因此，人眼的最小分辨角为

$$\theta_0=1.22\frac{\lambda}{D}=1.22\times\frac{550\times10^{-9}}{3\times10^{-3}}=2.2\times10^{-4}(\text{rad})$$

(2)设人离开黑板的距离为 x，平行线间距为 $l=2$ mm，平行线恰能被分辨时满足 $\frac{l}{x}=\theta_0$，因此

$$x=\frac{l}{\theta_0}=\frac{2\times10^{-3}}{2.2\times10^{-4}}=9.1(\text{m})$$

第七节 光栅衍射

从上节的讨论我们知道，原则上可以用单色光的单缝衍射时所产生的衍射条纹来测定单色光的波长。但是为了测量的准确，要求衍射条纹必须分得很开，条纹既细且明亮，然而对单缝衍射来说，这两个要求难以同时达到。因为若要条纹分得很开，单缝的宽度 a 就要很小，这样通过单缝的光的能量就很小，以致条纹不够明亮且难以看清楚；反之，若加大缝宽 a，虽然观察到的条纹较明亮，但条纹间距变小，不容易分辨。所以，实际上测量光的波长时，往往不使用单缝，而是采用能满足上述测量要求的衍射光栅。

一、光栅的结构和光栅方程

在一块透明的平板上刻有大量相互平行等宽等间距的刻痕，这样一块平板就是一种透射光栅，其中刻痕为不透光部分。若刻痕间距为 a，刻痕宽度为 b，则 $d=a+b$ 称为光栅常数。通常光栅常数是很小的，例如在 10 mm 内刻有 5 000 条等宽等间距的狭缝，此时，$d=2\times$

10^{-3} mm。

下面我们来分析光栅衍射的条纹分布。图 8-29 所示为一透射光栅，对于光栅上每一条透光缝来说，相当于一个单缝，每一个单缝发出的光本身会发生衍射，都将在屏幕上形成单缝衍射图样，但是光栅含有一系列平行狭缝，由于各缝发出的衍射光都是相干光，所以它们彼此之间还要发生干涉。因此，光栅上每个缝自身的衍射和各缝之间的干涉共同决定了光通过光栅后的光强分布，即光栅衍射条纹是单缝衍射和缝与缝之间干涉的总效果。

如图 8-29 所示，选择两个相邻透光缝进行分析。由这相邻狭缝沿 θ 角度发出的光经过透镜汇聚于屏上 P 处，相应的光程差为 $\delta = d\sin\theta$。如果 δ 为波长 λ 的整数倍，则两个相邻狭缝中所有对应位置的光线干涉相互加强。显然，其他任意两个狭缝沿 θ 方向的光程差也都是波长的整数倍，其干涉结果也是相互加强的。如果光栅的总缝数为 N，则 P 点对应光的合振幅为单缝衍射在此处光的振幅的 N 倍，而合光强为单缝衍射在此处光强的 N^2 倍，因此，光栅衍射的条纹亮度要比单缝衍射大得多。根据上述分析，光栅衍射明纹的条件为

$$d\sin\theta = \pm k\lambda \quad (k=0,1,2,\cdots) \tag{8-36}$$

上式称为**光栅方程**，满足此方程的明条纹称为**主极大条纹**。对应 $k=0$ 的叫作**中央主极大**，$k=1,2,3,\cdots$的分别称为第一级，第二级，第三级，……主极大条纹。

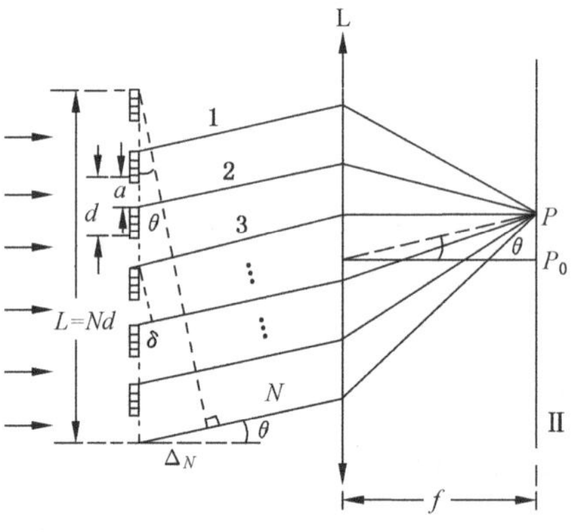

图 8-29　光栅衍射光路图

二、暗纹和次明纹

上面我们分析了主极大出现的条件，下面我们分析暗纹和次明纹。我们知道，屏上任一点光振幅矢量 $\boldsymbol{A}$ 是来自各缝光矢量 $\boldsymbol{A}_1, \boldsymbol{A}_2, \boldsymbol{A}_3, \cdots, \boldsymbol{A}_N$ 的矢量和。由于各缝的面积相等，对应同一衍射角 θ 的各光矢量 $\boldsymbol{A}_1, \boldsymbol{A}_2, \boldsymbol{A}_3, \cdots, \boldsymbol{A}_N$ 的模相等，因此，可应用矢量合成的多边形法则求得合矢量 $\boldsymbol{A}$。如图 8-30 所示，在衍射角 θ 方向相邻两缝发出的对应光线的光程差为

$d\sin\theta$，相应的相位差为

$$\Delta\varphi=\frac{2\pi}{\lambda}d\sin\theta \tag{8-37}$$

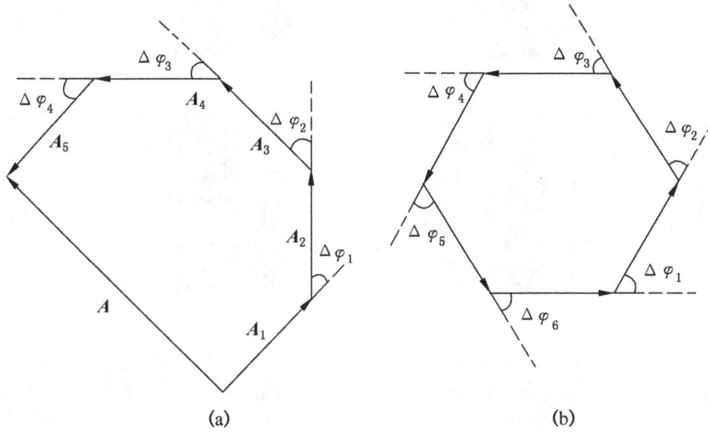

图 8-30　矢量多边形法求合振幅

该值就是 $\boldsymbol{A}_1,\boldsymbol{A}_2,\boldsymbol{A}_3,\cdots,\boldsymbol{A}_N$ 各矢量之间依次的夹角。如果合矢量 $\boldsymbol{A}=\sum_{i=1}^{N}\boldsymbol{A}_i=\boldsymbol{0}$，则 P 处为极小，如图 8-30(b)所示(图中 $\Delta\varphi_1=\Delta\varphi_2=\cdots=\Delta\varphi_6=\Delta\varphi$)，这时 $\boldsymbol{A}_i$ 矢量组成闭合多边形。因此，形成极小的条件为

$$N\Delta\varphi=\pm m2\pi(m\neq kN) \tag{8-38}$$

上式中，如果 m 为 N 的整数倍，此时，$\boldsymbol{A}_1,\boldsymbol{A}_2,\boldsymbol{A}_3,\cdots,\boldsymbol{A}_N$ 在同一条直线上首尾顺次相连，合矢量为 $N\boldsymbol{A}_1$，由前面分析可知此时对应的是主极大位置。将 $\Delta\varphi=(2\pi/\lambda)d\sin\theta$ 代入上式，可得极小的条件为

$$Nd\sin\theta=\pm m\lambda \tag{8-39}$$

式中，$m=1,\ 2,\cdots,(N-1),(N+1),\cdots,(2N-1),(2N+1),\cdots$。

由上述分析可知，在相邻的主极大之间有 $N-1$ 个极小，显然在 $N-1$ 个极小之间还分布着 $N-2$ 个光强很小的次极大。由于次极大光强很小，以致在缝数很大的情况下相邻主极大之间形成了一片暗区。

图 8-31 给出了缝数不同时得到的衍射条纹的图像。从图中可以看到，缝数越大，则衍射条纹越细，条纹越清晰，越容易分辨。

(a) 1条缝　(b) 2条缝　(c) 3条缝　(d) 5条缝　(e) 6条缝　(f) 20条缝

图 8-31　光栅衍射花样

三、谱线的缺级

上面我们只研究了由光栅各缝发出的光因干涉在屏幕上形成极大的情形，而没有分析每个单缝衍射光强对屏上明纹的影响。

如果对应某一衍射角 θ，既满足光栅衍射的主极大条件

$$d\sin\theta = \pm k\lambda \quad (k=1,2,\cdots) \tag{8-40}$$

同时也满足单缝衍射的暗纹条件

$$a\sin\theta = \pm k'\lambda \quad (k'=1,2,\cdots) \tag{8-41}$$

这时，对应衍射角 θ，由于各单缝衍射光强为零，当然就不再存在多光束干涉相互加强的问题了。因此，与满足光栅方程相对应的衍射角 θ 对应的主极大就不可能再出现了，这种现象我们称之为缺级。由上面两式，可得到缺级的级数为

$$k = \frac{d}{a}k' \tag{8-42}$$

例如，当 $d=3a$，对应 $k'=1,2,3,\cdots$ 可得 $k=3,6,9,\cdots$ 缺级。

图 8-32 给出了单缝衍射对光栅衍射的调制作用的效果图。图 8-32(b)表示如果每个单缝沿着任意衍射角光强都相等时的多缝干涉结果，每个主极大的光强都相等。但实际情况

是，单缝衍射沿着不同的衍射角，其光强是不同的，如图 8-32(a)所示。因此，实际的光栅衍射光强的分布就变成了图 8-32(c)所示的样子。由此可见，光栅方程是产生主极大条纹的必要条件，但不是充分条件。也就是说，在研究光栅衍射时，除了考虑缝与缝之间的干涉外，还必须考虑单缝衍射的调制作用，即光栅衍射是缝与缝之间的干涉和单缝衍射的综合结果。

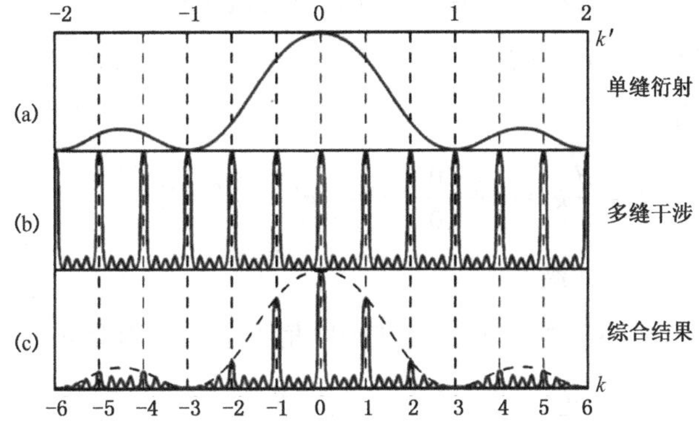

图 8-32　单缝衍射对光栅衍射光强的调制

四、光栅光谱

根据光栅方程可知，当复色光入射时，除中央主极大外，不同波长的同级明条纹以不同的衍射角出现，这样就形成光栅光谱。例如当白光垂直入射时，由于各个波长的光线的中央明条纹对应的衍射角都是零，因此它们并没有分开，仍为白光。在中央主极大两侧对称地分布由紫到红彩色光带。如图 8-33 所示，对于同一级光谱条纹由于波长短的光衍射角小，波长大的光衍射角大，所以光谱中紫光(图中以 V 表示)靠近中央主极大，红光(图中以 R 表示)则远离中央主极大。在第 2 级光谱和第 3 级光谱中，发生了重叠，级数越高，重叠情况越复杂，实际上很难区分。

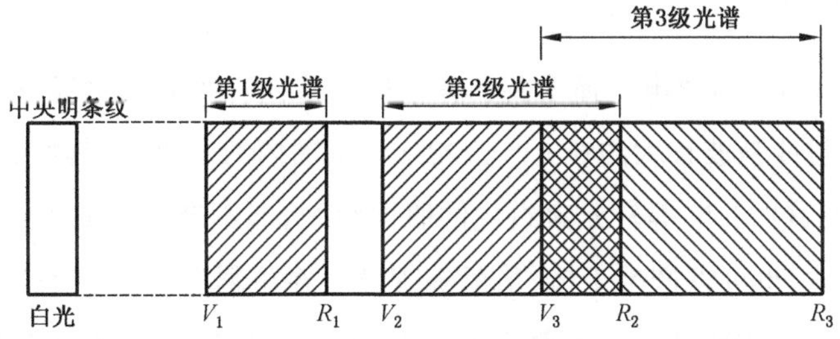

图 8-33　光栅光谱

例 8-13

用一块刻痕间距为 $a=1.0\times10^{-3}$ mm，500 条/mm 的光栅，观察波长 $\lambda=$ 590 nm 的光谱线，试求：

(1)当平行光垂直入射时，最多能观察到第几级光谱线，实际能观察到几条光谱线；

(2)如果光线以 $\alpha=30^\circ$角斜入射，最多能看到第几级主极大？

解 (1)由已知条件 $a=1.0\times10^{-3}$ mm，$d=1/500$ mm $=2.0\times10^{-3}$ mm

光谱缺级的级数为

$$k=\frac{d}{a}k'=\frac{2\times10^{-3}}{1\times10^{-3}}k'=2k' \quad (k'=1,2,\cdots)$$

所以衍射光中第 2，4，6，…级缺级。

平行光垂直入射，能观察到的衍射光线其衍射角小于 90°，因此 k 的最大取值

$$k=\frac{d}{\lambda}\sin\theta<\frac{d}{\lambda}\sin 90^\circ=\frac{2\times10^{-3}}{5.9\times10^{-4}}=3.4$$

故最多能看到第 3 级谱线，考虑到缺级，则实际只能看到 0 级、±1 级、±3 级共 5 条谱线。

(2)斜入射时，类似于例题 8-11 的分析，此时光栅方程可写为

$$d(\sin\alpha+\sin\theta)=k\lambda$$

而衍射角 θ 介于±90°之间，因此

$$k<\frac{d(\sin 30^\circ+\sin 90^\circ)}{\lambda}=\frac{2\times10^{-6}\times(0.5+1)}{590\times10^{-9}}=5.1$$

因此 k 的最大值为 5，最多能看到第 5 级主极大。

*第八节 晶体的 X 射线衍射

一、X 射线衍射

1895 年伦琴发现，当高速电子撞击到固体上时会产生一种新的射线，称为伦琴射线(X 射线)。研究表明，X 射线是波长大约在 4 ～ 100 nm 范围内的电磁波，其特点是波长短、穿透力强(很容易穿过由 H、O、C、N 等轻元素组成的肌肉组织，但不容易穿透骨骼)。

X 射线是电磁波，也可以产生干涉、衍射等现象。在伦琴发现 X 射线后的十多年内，X 射线的波动性一直没有被实验证实。主要原因是 X 射线的波长太短，普通光栅的光栅常数 $d\gg\lambda$(X 射线的波长)，无法观察到衍射现象。

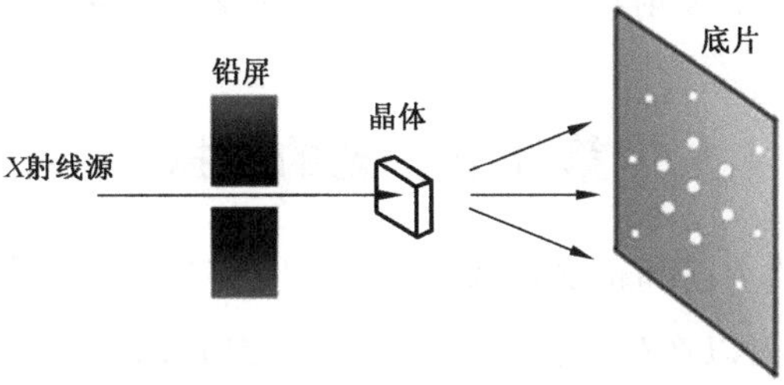

图 8-34　X 射线衍射装置

1912 年，德国物理学家劳厄指出，天然晶体中原子是有规则排列的，相邻原子间距离约为十分之一纳米，与 X 射线波长同数量级。因此，晶体是一种适合 X 射线衍射的三维光栅。劳厄用一束 X 射线通过铅板上的小孔射到晶体上，如图 8-34 所示，结果在照相底片上发现有一定规则分布的斑点，这些斑点称为劳厄斑。劳厄实验证实了 X 射线的波动性。

二、布拉格公式

1913 年，布拉格父子提出了另一种研究 X 射线衍射的方法，这种方法把三维光栅作为一系列平面反射光栅处理，使问题大为简化。他们把晶体看成由一系列彼此相互平行的原子层构成，这些原子层称为晶面。如图 8-35 所示，当一束 X 射线以掠射角 θ（入射线与晶面间夹角）投射到晶体上时，按照惠更斯原理，晶面上每一个原子就成为子波源，向各个方向发出散射光波，实验表明，只有满足反射定律的光波才可能相互干涉而加强。

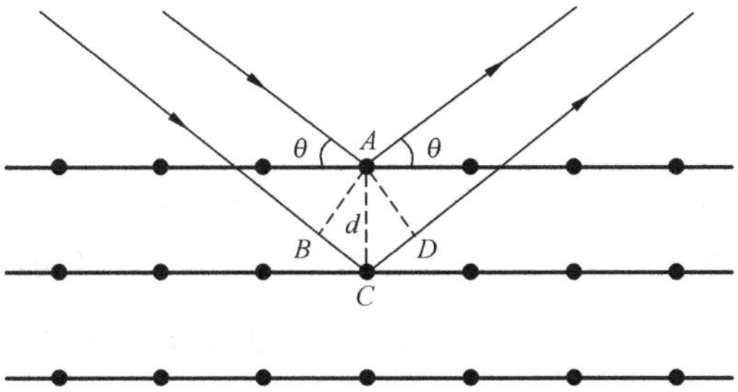

图 8-35　布拉格公式用图

对于不同晶面所散射的 X 射线，其相干叠加后的强度由相邻两束“反射光”的光程差确定，即

$$BC+CD=2d\sin\theta$$

式中，d 为各原子层之间的距离。当符合下列条件时

$$2d\sin\theta=\pm k\lambda\quad(k=1,2,3,\cdots)\tag{8-43}$$

各层“反射光”互相加强，形成亮点。此公式称为布拉格公式。

X 射线晶体结构分析和 X 射线光谱分析在现代科学研究和工程技术上有着重要的应用。

第九节　光的偏振

我们在前边讨论光的干涉和衍射的规律时，并没有考虑光是横波，还是纵波。这就是说无论是横波还是纵波，都可以产生干涉和衍射现象。因此，通过干涉和衍射现象无法判断光究竟是横波还是纵波。从 17 世纪末到 19 世纪初这漫长的一百多年间，相信波动说的人们都将光波与声波比较，无形中已把光视为纵波了，惠更斯也是如此。1817 年，托马斯·杨根据光在晶体中传播产生的双折射现象推断光是横波。菲涅尔当时也领悟到这一思想，并运用横波理论解释了偏振光的干涉。光的偏振现象有力地证明了光是横波的论断。

一、线偏振光　自然光　部分偏振光

1. 线偏振光

光矢量 $\boldsymbol{E}$ 的振动方向保持不变的光称为**线偏振光**。若固定在某一位置观察光矢量随时间的变化，则其末端在 xy 平面上扫描出一个方向确定的线段，如图 8-36 所示。若固定在某一时刻考察光矢量的空间变化，则各处光矢量位于一个取向确定的平面，即 $\boldsymbol{E}$ 与光的传播方向构成的平面，此平面称为振动面。

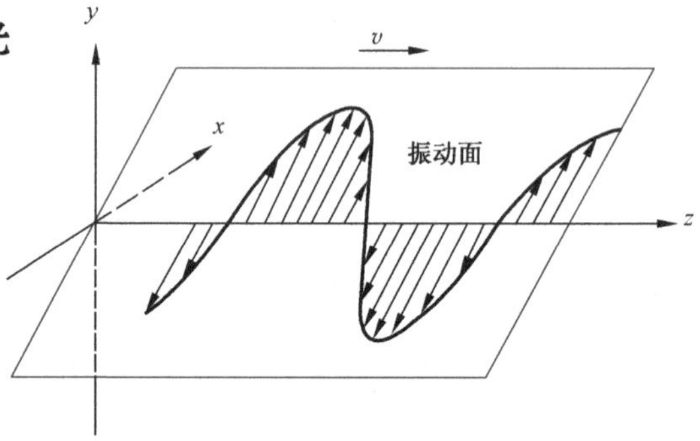

图 8-36　线偏振光及其振动面

2. 自然光

普通光源发出的光并不是线偏振光。由前述光源发光的原理可知，普通光源包含着数目极多的辐射微元(原子或分子)，各个微元发出的光的振动方向和振动相位都是相互独立、彼此无关的。即便是同一个辐射微元，前后发出的光的振动方向和相位也是随机变化的。由于我们的观察响应时间一般总比原子每次辐射的时间长得多，因此，即使对单独的原子光源，其探测结果也是大量接踵而来的、振动方向与初相位做迅速无规则变化的一系列有限长波列的总效应。加之大量原子辐射的同时存在，实际的普通光源的光场中，在任一时刻总存在着各种振动方向及相位独立无关的大量光振动。

考虑到在垂直于光的传播方向的 xy 平面上的空间各向同性，就其在较长时间中的总效果而言，任一方向的振动都不应比其他方向的振动更占优势。因此，在统计平均的意义上，普通光源的光场可以用图 8-37(a)来表示，这里各种方向的振动在 xy 平面上呈各向同性分布，

每一方向的振动幅度或强度都相等，而各振动之间的相位彼此独立无关。显然，若将这种圆模型中的各个线偏振光在两个正交方向(例如 x,y)分解，并注意到各线偏振光之间的相位无关性即非相干性，从而将各 x 分量和 y 分量依强度分别叠加起来，即可将圆模型简化为**正交模型**：两个振动方向互相垂直、振幅或强度相等、相位独立无关的线偏振光，如图 8-37(b)所示。这种光称为**非偏振光**或**自然光**。用自然光的正交模型，其光强可表示为

$$I_n = I_x + I_y = 2I_x = 2I_y \tag{8-44}$$

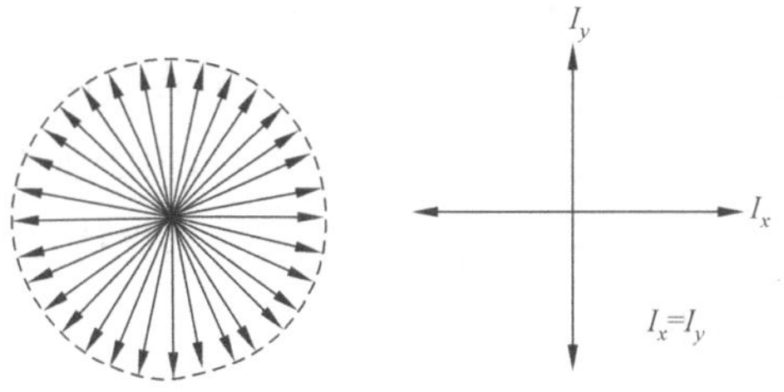

(a) 圆模型　　(b) 正交模型

图 8-37　自然光的两种模型

3. 部分偏振光

若光波中虽然像自然光一样包含各种方向的光振动，但是在某特定方向上的振动占有优势，例如在某一方向上的光振幅最大，而在与之垂直的方向上光振幅最小，则这种光称为部分偏振光。部分偏振光可以看作是自然光和线偏振光的混合。

在本教材中，我们用下面的方法来表示线偏振光、自然光和部分偏振光，如图 8-38 所示。

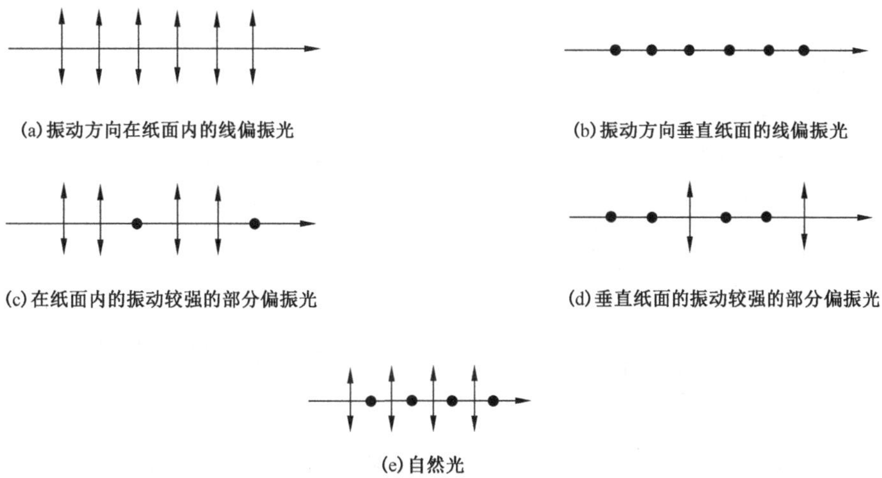

图 8-38　线偏振光、部分偏振光和自然光

二、起偏和检偏　马吕斯定律

1. 起偏与检偏

普通光源发出的光都是自然光。从自然光中获得线偏振光的器件叫作**起偏器**。用来检验光是否为偏振光的器件叫作**检偏器**。实验室中用于起偏和检偏的器件多为偏振片。

广泛使用的偏振片是利用某些具有二向色性物质的透明薄片制成,它能吸收某一方向的光振动,而只让与这个方向垂直的光振动通过,如图 8-39 所示。当自然光照射到偏振片上时,它只允许某一方向的光振动通过,这个方向叫作**偏振化方向**,也叫**透振方向**,通常用记号"↕"把偏振化方向标示在偏振片上。对于理想的偏振片,由于垂直于偏振化方向的光振动全被吸收,平行于偏振化方向的光振动透过偏振片,故当自然光透过偏振片时,其透射的光是强度为入射自然光光强一半的线偏振光。

起偏器不但可以使自然光变成线偏振光,还可以用来检查某一光是否为偏振光(叫作检偏),即起偏器也可作为**检偏器**。如图 8-40 所示,有两块偏振片 P_1 和 P_2,自然光通过 P_1 后变成振动方向与 P_1 的透振方向平行的线偏振光,当把 P_2 绕着光线的传播方向进行旋转时,就会发现透过 P_2 的光强发生变化。当 P_1 和 P_2 的偏振化方向平行时,透过 P_2 的光强最大;当 P_1 和 P_2 的偏振化方向垂直时,透过 P_2 的光强为零,出现消光现象。P_2 转动一周的过程中,透射光强出现两次最强,两次消光。这是线偏振光所特有的现象,可作为检验入射光是否是线偏振光的判据。在上述情况下,P_1 的作用是使自然光变成线偏振光,是起偏器;P_2 用来检验射来的光是否是偏振光,是检偏器。须指出,凡是能作为起偏器的器件,也必然能作为检偏器。

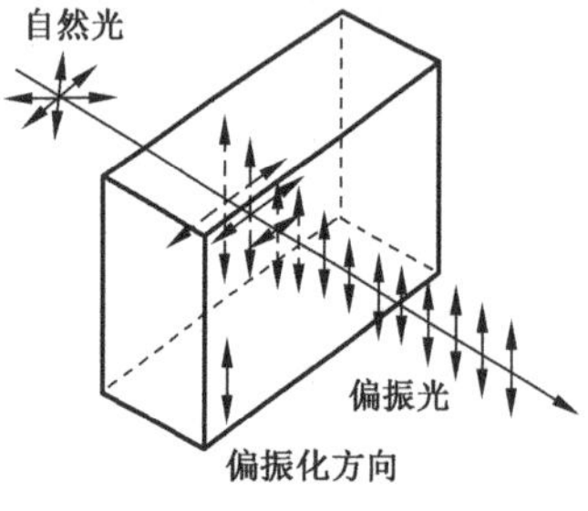

图 8-39　偏振片

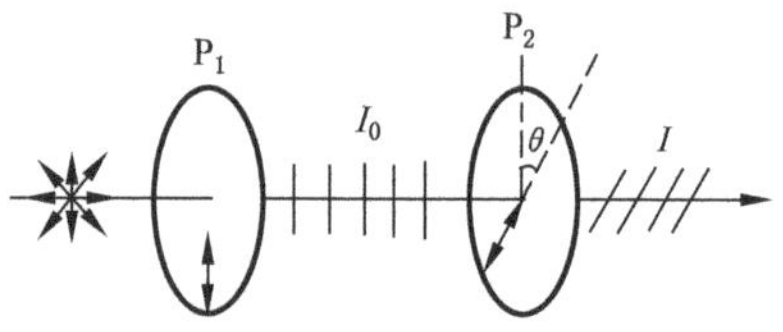

图 8-40　偏振光的检验

2. 马吕斯定律

自然光通过图 8-40 中的偏振片 P_1 后变成线偏振光。此线偏振光再经过透振方向与 P_1 透振方向成 θ 角的检偏器 P_2 后,我们分析经过 P_2 后光强的大小。如图 8-41 所示,设通过 P_1 后的线偏振光振幅为 A_0,强度为 I_0。经过偏振片 P_2 后,只有平行于 P_2 透振方向的分量

$A_0\cos\theta$ 可通过。由于透射光强 I 与入射光强 I_0 之比等于各自振幅的平方之比，则

$$\frac{I}{I_0}=\frac{A^2}{A_0^2}=\cos^2\theta$$

即
$$I=I_0\cos^2\theta \tag{8-45}$$

这一关系是法国的马吕斯于 1809 年发现的，叫作马吕斯定律。

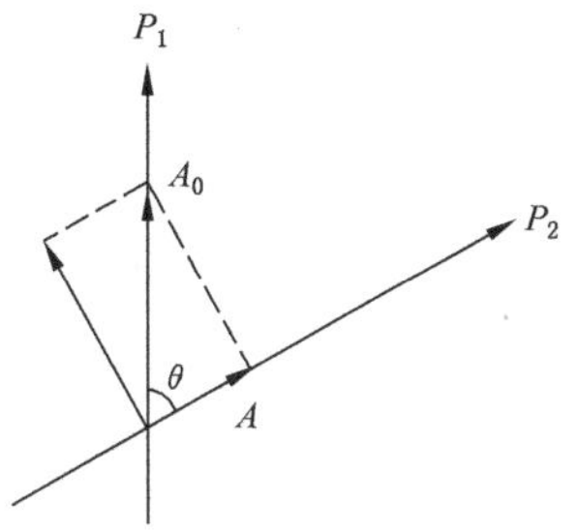

图 8-41 推导马吕斯定律

例 8-14

一束由线偏振光和自然光混合而成的部分偏振光，垂直入射到偏振片，当偏振片以透射光传播方向为轴旋转 360°时，发现透过偏振片的最大光强是最小光强的 5 倍。求入射光中，线偏振光的强度占总光强的比值。

解 设入射光的总光强为 I，其中自然光的强度为 I_n，线偏振光的强度为 I_l，则由马吕斯定律，在转动偏振片的过程中，透过的最大光强为

$$I_{\max}=\frac{I_n}{2}+I_l$$

透过的最小光强为

$$I_{\min}=\frac{I_n}{2}$$

由题意可知

$$I_{\max}=5I_{\min}$$

即

$$\frac{I_n}{2}+I_l=5\,\frac{I_n}{2}$$

$$I_l=2I_n$$

$$\frac{I_l}{I}=\frac{I_l}{I_l+I_n}=\frac{2}{3}$$

因此，入射光中线偏振光的强度占总强度的 2/3。

三、反射光和折射光的偏振　布鲁斯特定律

自然光在两种各向同性的介质分界面上发生反射和折射时，反射光和折射光都将成为部分偏振光；在特定情况下，反射光有可能成为线偏振光。用偏振片来检验，反射光中垂直入射面的振动较强，折射光中则是在入射面内的振动较强，如图 8-42(a)所示。

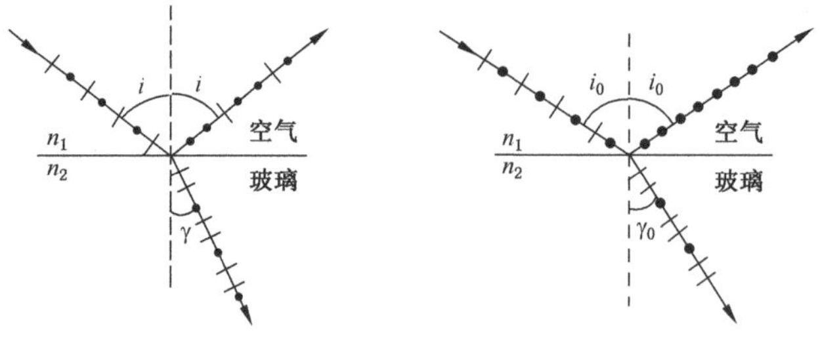

(a) 自然光经反射和折射后产生部分偏振光　　(b) 入射角为布鲁斯特角时，反射光为线偏振光

图 8-42　反射光和折射光的偏振

反射光和折射光的偏振化程度与入射角有关，实验表明，当入射角等于某一特定角度 i_0 时，反射光为线偏振光，其振动方向与入射面垂直，而折射光仍是部分偏振光。角 i_0 称为布鲁斯特角或起偏角。布鲁斯特发现 i_0 和此时对应的折射角 γ_0 之和为 90°，即 $i_0+\gamma_0=90°$，此时折射光线和反射光线正好垂直，于是根据折射定律

$$n_1\sin i_0=n_2\sin\gamma_0$$

因为 $i_0+\gamma_0=90°$，所以 $\sin\gamma_0=\cos i_0$，因此

$$\tan i_0=\frac{n_2}{n_1} \tag{8-46}$$

上式称为**布鲁斯特定律**，由布鲁斯特于 1815 年从实验中得出。

自然光从空气入射到折射率为 1.5 的玻璃上，欲使反射光为线偏振光，根据布鲁斯特定律，起偏角应为 56.3°。如果自然光从空气入射到折射率为 1.33 的水面上，起偏角则应为 53.1°。

在两种介质分界面上，利用起偏角反射是获得线偏振光的一种简单方法。但是，在这种方法中，不但全偏振的反射光与入射光不在一条直线上，使用不便，而且经一次反射获得的偏振的反射光的光强太小，一般也不能使用。至于折射光，又只是部分偏振光。为解决这一矛盾，可采用玻璃片堆作为产生线偏振光的装置。如图 8-43 所示，使入射光的入射角为起偏角，由于经过多片玻璃反射，透射光可以很接近线偏振光，而且与入射光在同一方向上。

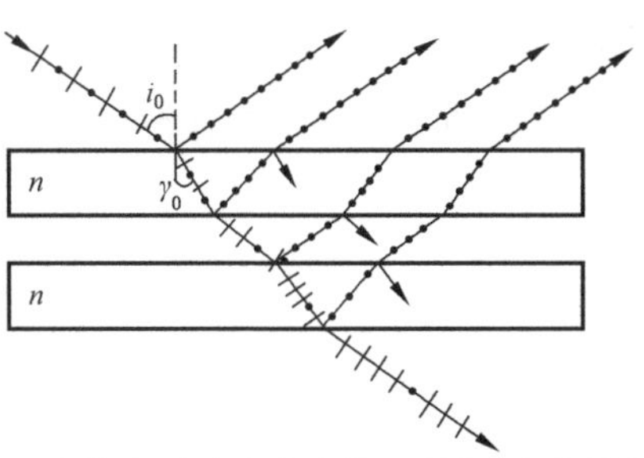

图 8-43 自然光透过玻璃片堆，透射光变为线偏振光

反射、折射时的偏振现象还有一些其他的应用。例如要拍摄玻璃橱窗内的物品，橱窗玻璃反射来的杂光使橱窗内的物品成像模糊不清。再如海边沙滩上逆光拍摄景物时，海面的强烈反光使得景物模糊不清。这些反射光都是部分偏振光，垂直入射面的振动较强。因此，可在相机镜头前加一个偏光镜。偏光镜就是一个偏振片。调节偏光镜的偏振化方向与入射面平行，它可以非常有效地消除或减弱反射光，使成像清晰。

第十节 晶体中的双折射

一、晶体的双折射现象

光波在光学各向同性介质(如空气、水、玻璃)中传播时，光速与光的传播方向和偏振状态无关，但在光学各向异性介质(如方解石、石英等晶体)中传播时，光速与光的传播方向和偏振状态有关。当一束自然光射向光学各向异性晶体时，进入晶体内部的折射光线分为传播方向不同的两束，这种现象称为晶体的双折射现象，如图 8-44(a)所示。其中一束折射光线的方向遵从折射定律，叫作**寻常光线**(或 o **光**)，另一束折射光的方向，不遵从折射定律，其传播速度随入射光的方向变化，且在一般情况下，这束折射光不在入射面内，故叫作**非寻常光线**(或 e **光**)。能产生双折射现象的晶体叫作**双折射晶体**。

图 8-44(b)是一方解石晶体。在方解石一类晶体中存在一个特殊方向，光线沿着这个方向传播时，不产生双折射现象，这个特殊方向称为晶体的光轴。光轴仅标志双折射晶体的一个特定方向，任何平行于这个方向的直线都是晶体的光轴。图 8-44(b)所示为各棱边长度相等的方解石晶体，AB 连线是它的光轴方向。方解石、石英、红宝石等这类只有一个光轴的晶体，称为单轴晶体。还有一类像云母、硫黄等晶体，它们有两个光轴方向，称为双轴晶体。光在双轴晶体内的传播很复杂，本教材不做介绍。

为了说明 o 光和 e 光的偏振方向，特引入主平面的概念。晶体中某光线与晶体光轴所组成的平面，叫作这条光线对应的主平面。通过 o 光和光轴所作的平面就是与 o 光对应的主平面，通过 e 光和光轴所作的平面就是与 e 光对应的主平面。过光轴并与晶体的解理面正交的平面叫作晶体的主截面。天然方解石的主截面被晶体截成一个顶角分别为 71°和 109°的平行四边形。

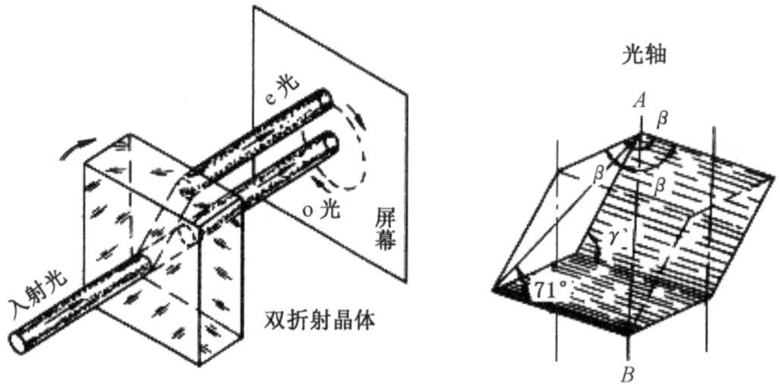

(a)双折射现象　　(b)方解石晶体

图 8-44　晶体中的双折射

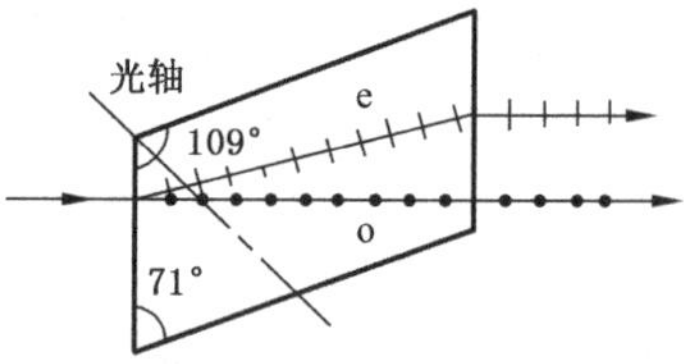

图 8-45　方解石晶体中 o 光和 e 光的偏振

理论和实践证明：o 光光矢量振动方向垂直于 o 光主平面，e 光光矢量的振动方向在 e 光主平面内。一般来讲，对于给定的入射光，o 光和 e 光的主平面并不重合，只有当光轴位于入射面内时，这两个主平面才严格重合。此时，o 光和 e 光两者光矢量的振动方向互相垂直，如图 8-45 所示。

二、惠更斯作图法解释双折射现象

光的双折射现象是由于光在晶体中的速度与传播方向和光的偏振状态有关而产生的。理论证明，o 光沿着晶体中不同方向的传播速率相同，而 e 光沿着晶体中不同方向的传播速率不同。光入射到晶体表面时，波面上的每一点都可以看作次波源。由于 o 光在晶体中各方向速度相同，其波面是球面；而 e 光在晶体中沿各方向速度不同，其波面是旋转椭球面。因此，各次波源同时发出波面为球面和旋转椭球面的次波。如图 8-46 所示，在光轴方向上，o 光和 e 光的传播速率相同；在垂直于光轴的方向上，o 光和 e 光的传播速率相差最大。用 v_o 表示 o 光在晶体中的传播速率，以 v_e 表示 e 光在晶体中沿垂直于光轴方向的传播速率。对于 $v_o > v_e$ 的一类晶体，如石英，称为正晶体，如图 8-46(a)所示；另一类晶体 $v_o < v_e$，如方解石，称为负晶体，如图 8-46(b)所示。

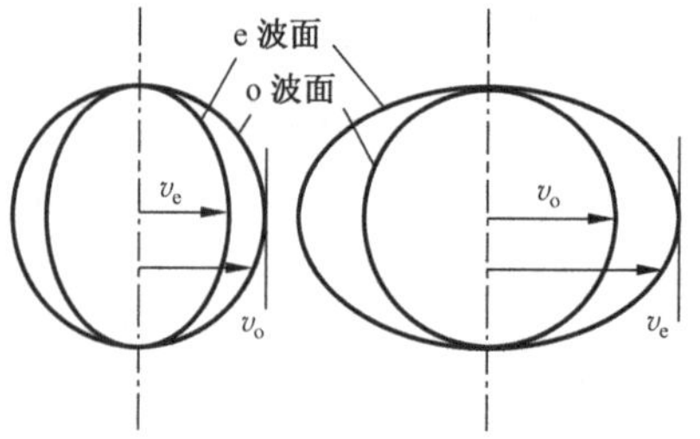

(a)正晶体　　(b)负晶体

图 8-46　单轴晶体中的波面

根据折射率的定义，晶体对 o 光的折射率 $n_o=c/v_o$，由于 o 光在各方向的传播速率 v_o 相同，所以 n_o 是由晶体材料决定的常数，与方向无关。而 e 光在晶体内各方向的传播速率不同，通常把真空中的光速 c 与 e 光沿垂直于光轴方向的传播速度 v_e 之比，叫作 e 光的主折射率，即 $n_e=c/v_e$。e 光在其他方向上的折射率则介于 n_o 和 n_e 之间。

下面我们用惠更斯作图法来确定晶体中 o 光和 e 光的传播方向。

设有一方解石晶体，其表面为一平面 MN，光轴 zz' 在纸面内并与 MN 成一夹角。今有一平面波斜入射到方解石表面，入射线亦在纸面内，如图 8-47 所示。为确定 o 光和 e 光的传播方向，作图的具体步骤如下：

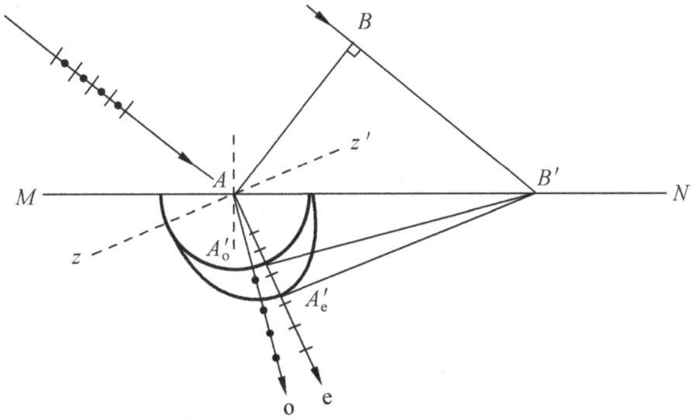

图 8-47　方解石中 o 光和 e 光的传播

(1)画出斜入射的两条平行光线，它们与界面的交点分别为 A 和 B'。

(2)从 A 点向另一条光线作垂线交于 B 点，AB 即为入射光的波面。光从 B 到 B' 所需的时间为 $t=\overline{BB'}/c$。作出此时间内 A 点次波源在方解石内产生的两个次波面：一个是以 v_ot 为半径的球面；另一个是与球面在光轴方向上相切的部分旋转椭球面，其与光轴垂直方向上的长半轴长度为 v_et。在此时间内，AB' 之间各点次波源在方解石内形成半径或半轴逐渐减小的次波面。

(3)通过 B' 点作上述球面的切面 $B'A'_o$ 和旋转椭球面的切面 $B'A'_e$。这两个平面就是界面 AB' 上各点次波源所发次波波面的包络面，它们分别代表方解石中 o 光和 e 光的折射波面。

(4)从 A 点分别连接折射波面与该点次波波面的切点 A'_o 和 A'_e，则射线 AA'_o 和 AA'_e 的方向就分别表示方解石中 o 光和 e 光的传播方向。

下面讨论几种特殊情况，如图 8-48 所示。

在图 8-48(a)中，平行光垂直入射到方解石晶体表面，光轴在入射面内并与晶体表面成一定角度。根据上述作图法，o 光垂直于表面，e 光与表面成一定角度，产生了双折射。在图 8-48(b)中，平行光垂直入射到方解石晶体表面，光轴垂直晶体表面。这时 o 光和 e 光沿光轴的传播速度相等，两个次波波面在光轴方向相切，o光和e光重合不产生双折射。在图8-48(c)中，平行光垂直入射到方解石晶体表面，光轴与晶体表面平行，o光和e光与晶体表面垂直，此时两个次波面不重合，但是两者的波线依然重合，o光和e光不分开，o光和e光具有相位差，依然出现双折射现象。

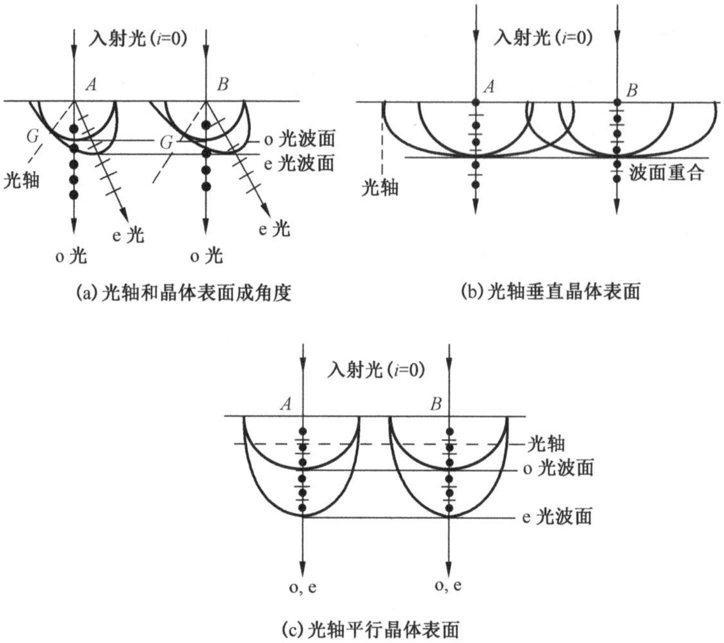

图8-48　用惠更斯原理解释双折射现象

本 章 提 要

1. 相干光的条件　频率相同，振动方向相同，相位差恒定。

2. 获得相干光的方法　分振幅法和分波阵面法

3. 光程差　$\delta = n_2 r_2 - n_1 r_1$

4. 杨氏双缝干涉光程差及条纹位置

光程差　$\delta = r_2 - r_1 \approx d\sin\theta$

明纹位置　$x = \pm k\dfrac{D}{d}\lambda \qquad (k=0,1,2,3,\cdots)$

暗纹位置　$x = \pm\left(k-\dfrac{1}{2}\right)\dfrac{D}{d}\lambda \qquad (k=1,2,3,\cdots)$

条纹间距　$\Delta x=\frac{D}{d}\lambda$

5. 等倾干涉

$$\delta=2e\sqrt{n_2^2-n_1^2\sin^2 i}+\frac{\lambda}{2}=\begin{cases}k\lambda & k=1,2,3,\cdots\text{加强}\\(2k+1)\frac{\lambda}{2} & k=0,1,2,\cdots\text{减弱}\end{cases}$$

6. 劈尖干涉　光线垂直入射，同一级条纹对应薄膜的厚度相等。

$$2e+\frac{\lambda}{2}=\begin{cases}k\lambda & k=1,2,3,\cdots\text{明纹}\\(2k+1)\frac{\lambda}{2} & k=0,1,2,\cdots\text{暗纹}\end{cases}$$

条纹间距　$l=\frac{\lambda}{2\sin\theta}$

7. 牛顿环

明环　　$r=\sqrt{\left(k-\frac{1}{2}\right)R\lambda}\quad(k=1,2,3,\cdots)$

暗环　　$r=\sqrt{kR\lambda}\quad(k=0,1,2,\cdots)$

8. 迈克尔逊干涉仪　　$\Delta d=\Delta N\frac{\lambda}{2}$

9. 惠更斯-菲涅耳原理

同一波面上的任一点，都可以看作新的“次波源”，并发射次波；

在空间某点 P 的振动是所有次波在该点的相干叠加。

10. 夫琅禾费单缝衍射

用菲涅耳半波带法分析。单色光垂直入射时，衍射暗条纹中心满足条件：

$$\delta=a\sin\theta=\pm k\lambda\qquad(k=1,2,3,\cdots)\text{暗纹}$$

$$\delta=a\sin\theta=\pm\left(k+\frac{1}{2}\right)\lambda\qquad(k=1,2,3,\cdots)\text{明纹}$$

$\theta=0$ 对应的是中央明纹

11. 圆孔衍射

单色光垂直入射时，中心亮斑半角宽度(角半径)为

$$\theta=1.22\lambda/D$$

光学仪器的分辨本领

最小分辨角　$\theta_0=1.22\frac{\lambda}{D}$

分辨率 $K=\frac{1}{\theta_0}=\frac{D}{1.22\lambda}$

12. 光栅衍射

光栅方程 $d\sin\theta=\pm k\lambda \quad (k=0,1,2,\cdots)$

光栅产生缺级的条件：

$$k=\frac{d}{a}k' \quad (k'=1,2,3,\cdots)$$

13. 光的偏振性，起偏和检偏，马吕斯定律

$$I=I_0\cos^2\theta$$

14. 反射光和折射光的偏振，布鲁斯特定律

$$\tan i_0=\frac{n_2}{n_1}$$

思　考　题

8-1　在杨氏双缝实验中，如果作如下调节，屏幕上的干涉条纹将如何变化？为什么这样变化？

(1)使两缝之间的距离逐渐减小；

(2)保持双缝间距不变，使双缝与屏幕的距离逐渐减小；

(3)使其中一个缝位置上移；

(4)使其中一个缝加宽；

(5)将整个装置浸在水中。

8-2　水面上的油膜产生的干涉条纹，膜很薄(可近似认为是零)，观察到薄膜边缘处条纹呈干涉相消为黑色，据此判断油膜的折射率比水的折射率是大还是小？

8-3　空气中竖直放置的一个肥皂膜。当用白光照射时，就有彩色条纹逐渐向下移动，且条纹之间的距离逐渐增大。经过一段时间，在薄膜的上部就出现了一些黑斑，并且黑斑的区域很快增大，薄膜随之破裂。试说明引起条纹移动的原因及黑斑的来源。

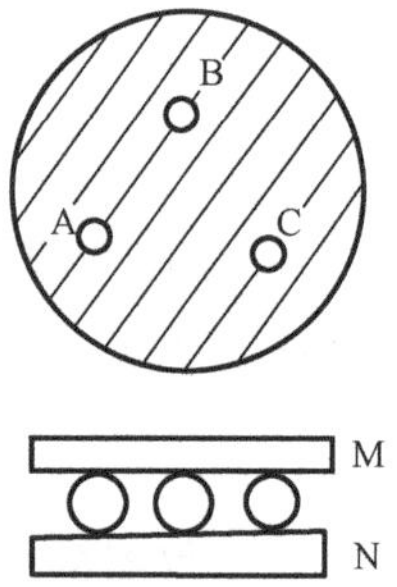

思考题 8-4 图

8-4　如图所示，两个平板玻璃 M、N 之间放三个小球 A、B、C，波长为 λ 的单色光从正上方入射观察等厚条纹。

(1)若条纹如图所示，对 A、B、C 三个球的直径能做何判断？

(2)若手指轻按 C 球上方，可看到条纹更密，由此可对 A、B、C 三个

球的大小作何判断？

(3)基于上面结论，如果此时轻轻按 A、B 球上方，干涉条纹将有什么变化？

8-5　如果牛顿环的装置由三种透明材料做成，各种材料的折射率不同，如图所示，问牛顿环的形状如何？P 处是明的还是暗的？

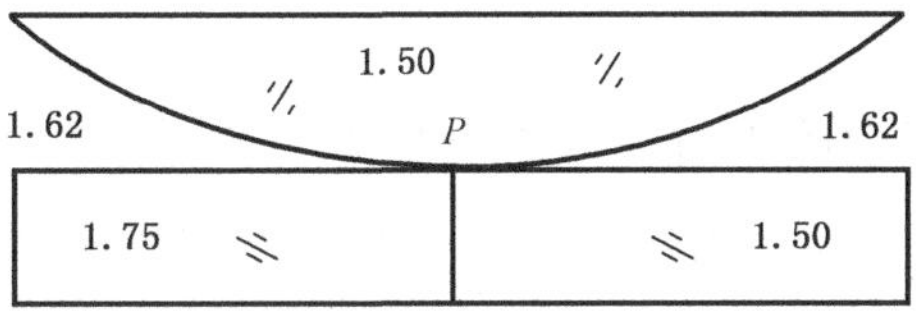

思考题 8-5 图

8-6　劈尖干涉中条纹间距相等，而牛顿环中的条纹间距不等，为什么？要让牛顿环的条纹间距相等，应该对透镜作如何处理？

8-7　如图所示，若劈尖的上表面向上平移，干涉条纹如何变化？如果上表面向右平移，条纹如何变化？劈尖的角度增大，干涉条纹又将怎样变化？

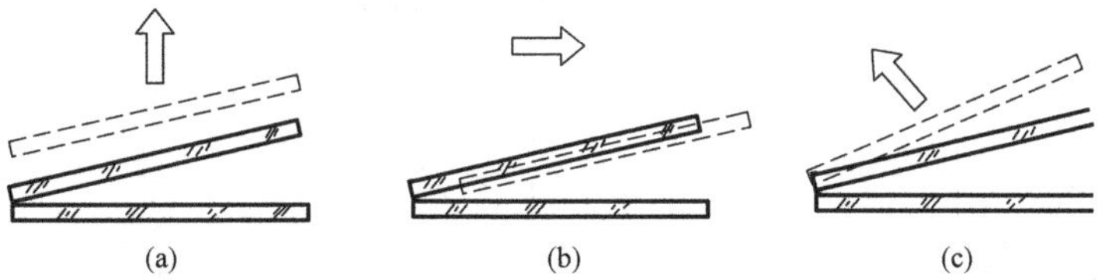

思考题 8-7 图

8-8　在牛顿环实验中，如果将透镜缓慢地向上抬起，则牛顿环将如何变化？

8-9　如图是检查透镜曲率半径的干涉装置。在钠黄光的照射下显示出上方的干涉花样，你能否判断透镜下表面与标准模具之间气隙的厚度最多不超过多少？此时下压透镜，光圈如何变化？

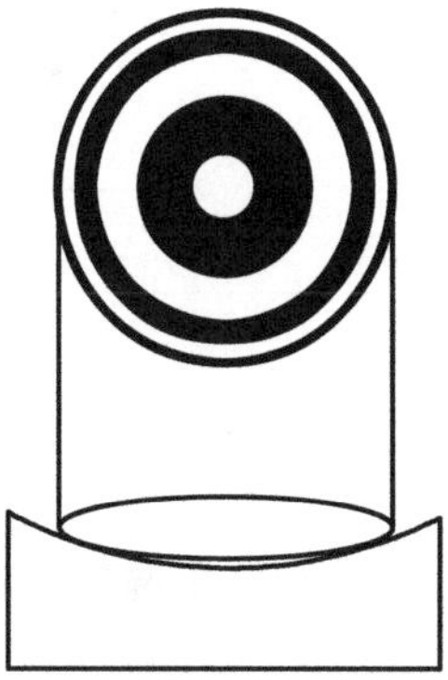

思考题 8-9 图

8-10　在日常经验中，为什么声波的衍射比光波的衍射更加显著？

8-11　在单缝衍射中，如果将单缝向上做微小位移或将透镜向上做微小位移，屏幕上的衍射图样将如何变化？

8-12　在单缝的夫琅禾费衍射中，增大波长与增大缝宽对衍射图样分别产生什么样的影响？为什么衍射角 θ 越大的那些明条纹的亮度就越小？为什么中央条纹总是亮的？如果把全部装置放入水中，其衍射图样有何变化？

8-13　在观察夫琅禾费衍射的装置中，透镜的作用是什么？

8-14　假如可见光波段不是在 390～760 nm，而是在毫米波段，而人眼睛瞳孔仍保持

3 mm左右,设想人们看到的外部世界将是什么景象?

8-15 如何说明不论缝的数目有多少,光栅衍射各主极大的角位置总是和有相同缝宽和缝间距的双缝干涉极大的角位置相同?

8-16 提高光学仪器的分辨率在理论上有哪两种途径?此理论如何指导了相关器件和技术的发展?

8-17 双缝干涉实验装置的缝后各放置一个偏振片,使两个偏振片的透振方向相互平行,单色自然光产生的干涉条纹将出现什么样的变化?如果两个偏振片的透振方向互相垂直呢?

8-18 自然光入射到两个偏振片上,这两个偏振片的取向使得光不能透过。如果在这两个偏振片之间插入第三个偏振片,有光透过,那么这第三个偏振片是怎么放置的?如果仍然没有光透过,那么这个偏振片又是怎么放置的?

8-19 怎样获得偏振光?什么是起偏角?如图所示,若用自然光或者线偏振光分别以起偏角 i_0 或任一角 i 入射到玻璃平面,反射光或折射光将是什么情况?

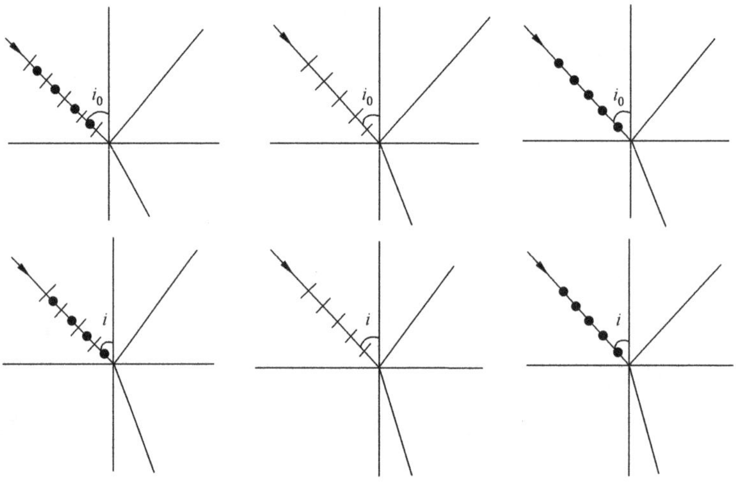

思考题 8-19 图

8-20 用偏振片制成的太阳镜,是怎样减轻眼睛疲劳的?偏振片的透振方向该如何设置?

8-21 一个人在湖边拍照,为了同时把水中的倒影也摄入镜头,拍摄者应该在照相机的镜头前放置一个偏振片,这是为什么?偏振片应该怎么放置?

8-22 在单轴晶体中,e光是否总是以 c/n_e 的速率传播?

8-23 是否只有自然光入射晶体时才能产生o光和e光?

习 题

8-1 选择题

(1)单色平行光垂直照射在薄膜上,经上下两表面反射的两束光发生干涉,如图所示,若薄膜的厚度为 e,且 $n_1<n_2$,$n_2>n_3$,λ_1 为入射光在介质 n_1 中的波长,则两束反射光的光程差为( )。

(A)$2n_2e$ (B)$2n_2e-\dfrac{\lambda_1}{2n_1}$

(C)$2n_2e-\dfrac{n_1\lambda_1}{2}$ (D)$2n_2e-\dfrac{n_2\lambda_1}{2}$

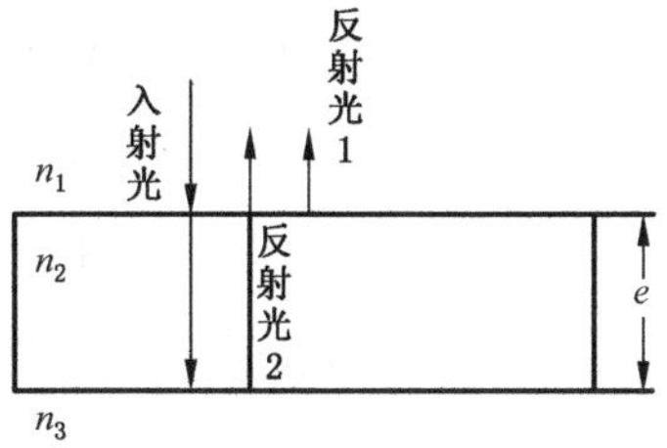

选择题(1)图

(2)在双缝干涉实验中,为使屏上的干涉条纹间距变大,可以采取的办法是( )。

(A)使屏靠近双缝 (B)使两缝的间距变小

(C)把两个缝的宽度稍微调窄 (D)改用波长较小的单色光源

(3)如图所示,用单色光垂直照射在观察牛顿环的装置上,当平凸透镜垂直向上缓慢平移而远离平板玻璃时,可以观察到这些环状干涉条纹( )。

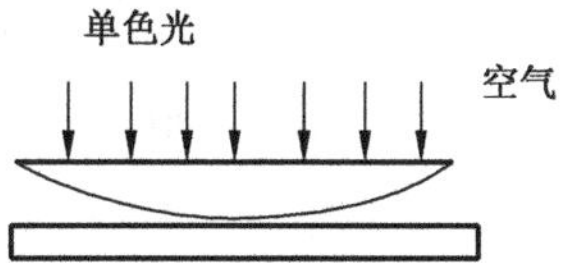

选择题(3)图

(A)向右平移 (B)向中心收缩

(C)向外扩张 (D)静止不动

(4)在迈克耳逊干涉仪的一条光路中,放入一折射率为 n,厚度为 d 的透明薄片,放入后,这条光路的光程改变了( )。

(A)$2(n-1)d$ (B)$2nd$ (C)nd (D)$(n-1)d$

(5)单缝夫琅和费衍射实验中,当把单缝 S 稍微上移时,衍射图样将( )。

(A)向上平移 (B)向下平移 (C)不动 (D)消失

(6)白光垂直照射一光栅,在形成的同一级光栅光谱中,偏离中央明纹最远的是( )。

(A)紫光 (B)绿光 (C)黄光 (D)红光

(7)在光栅光谱中,假如所有偶数级次的主极大都恰好在每缝衍射的暗纹方向上,因而实际上不出现,此光栅每个透光缝宽度 a 和相邻两缝间不透光部分宽度 b 的关系为( )。

(A) $a-b$ (B)$a=2b$ (C)$a=3b$ (D)$b=2a$

(8)两偏振片堆叠在一起,一束自然光垂直入射其上时没有光线通过。当其中一偏振片慢慢转动 180°时透射光强度发生的变化为(　)。

(A)光强先增加,后减小为零　　(B)光强先增加,后减小,再增加

(C)光强单调增加　　(D)光强先增加,后减小,再增加,再减小到零

(9)已知光从玻璃射向空气的临界角为 i_c,则光从玻璃射向空气时,起偏角满足(　)。

(A)$\tan i=\tan i_c$　(B)$\tan i=\sin i_c$　(C)$\tan i=\cos i_c$　(D)$\tan i=\cot i_c$

(10)$ABCD$ 为一块方解石的一个截面,AB 为垂直于纸面的晶体表面与纸面的交线。光轴方向在纸面内且与 AB 夹角为 θ,如图所示。一束单色自然光垂直 AB 端面入射。在方解石内折射光分解为 o 光和 e 光,o 光和 e 光的(　)。

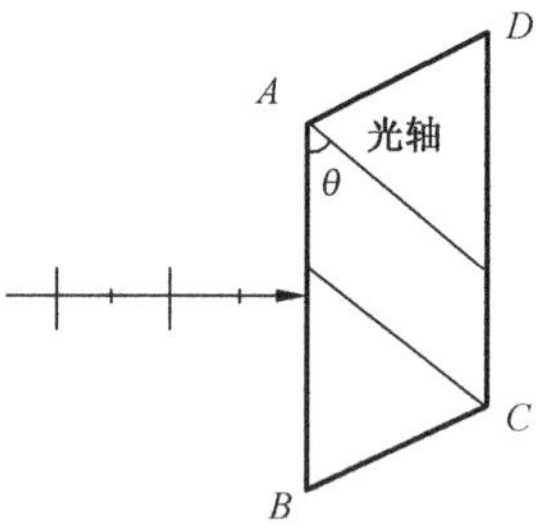

选择题(10)图

(A)传播方向相同,电场强度的振动方向互相垂直

(B)传播方向相同,电场强度的振动方向互相不垂直

(C)传播方向不同,电场强度的振动方向互相垂直

(D)传播方向不同,电场强度的振动方向互相不垂直

8-2　在杨氏实验中,波长为 632.8 nm 的激光照射在缝间距为 0.022 cm 的双缝上,求距离双缝 180 cm 屏幕上形成的干涉条纹间距。

8-3　在杨氏实验中,P 为接收屏上第 5 级亮纹所在的位置。现在将一薄玻璃片插入其中第一个光路中,则 P 点变为中央亮纹的位置,求玻璃片的厚度。(光的波长 $\lambda=600$ nm,玻璃的折射率 $n=1.5$)。

8-4　两块平板玻璃互相叠合在一起,一端相互接触,在离接触线 12.50 cm 处用一金属细丝垫在两板之间,以波长 $\lambda=546$ nm 的单色光垂直照射,测得条纹间距为 1.50 mm,求金属细丝的直径。

8-5　一肥皂膜的厚度为 0.55 μm,折射率为 1.35,白光(波长范围为 390～760 nm)垂直照射,问在反射光中哪些波长的光得到增强?哪些波长的光干涉相消?

8-6　一平面单色光波垂直照射在厚度均匀的薄油膜上,油膜覆盖在玻璃板上,油的折射率为 1.30,玻璃的折射率为 1.50,若单色光的波长由光源连续调节,仅观察到 500 nm 与 700 nm 这两个波长的单色光在反射中消失。求油膜的厚度。

8-7　若把牛顿环装置(都是折射率为 1.52 的玻璃制成的)由空气搬入某种液体中,则干涉条纹怎样变化?若牛顿环在空气中和液体中第 k 级暗环半径分别为 r_1 和 r_2,求液体的折射率。

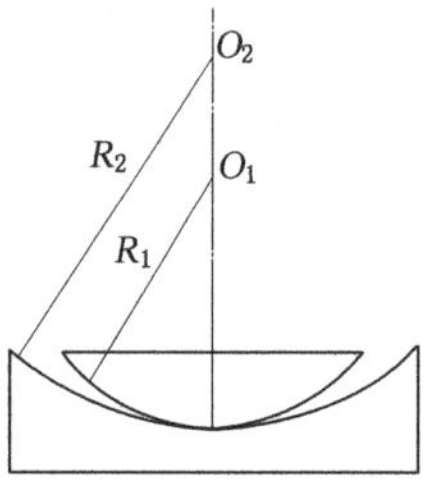

习题 8-8 图

8-8　用牛顿环的干涉条纹测定凹球面的曲率半径,将已知曲率半径的平面凸透镜放在待测的凹球面上,如图所示。在两曲面之间形成空

气层，可以观察到环状干涉条纹。测得第 4 级暗环的半径 $r_4=2.25\ \text{cm}$，已知入射光的波长为 $\lambda=589.3\ \text{nm}$，平凸透镜的曲率半径为 $R_1=102.3\ \text{cm}$，试求 R_2 为多少？

8-9　在折射率 $n_3=1.52$ 的玻璃表面涂有一层折射率为 $n_2=2.35$ 的硫化锌增反膜，若此膜仅适用于波长 $\lambda=550\ \text{nm}$ 的光，则此膜的最小厚度是多少？

8-10　在利用牛顿环测未知单色光波长的实验中，当用波长为 589.3 nm 的钠黄光垂直照射时，测得第 1 和第 4 暗环的距离为 $\Delta r=4\ \text{mm}$；当用波长未知的单色光垂直照射时，测得第 1 和第 4 暗环的距离为 $\Delta r'=3.85\ \text{mm}$，问该单色光的波长为多少？

8-11　如图所示，牛顿环装置的平凸透镜和平玻璃板之间有一小缝隙 e_0，现用波长为 λ 的单色光垂直照射，已知平凸透镜的曲率半径为 R，求反射光形成的牛顿环的各暗环半径。

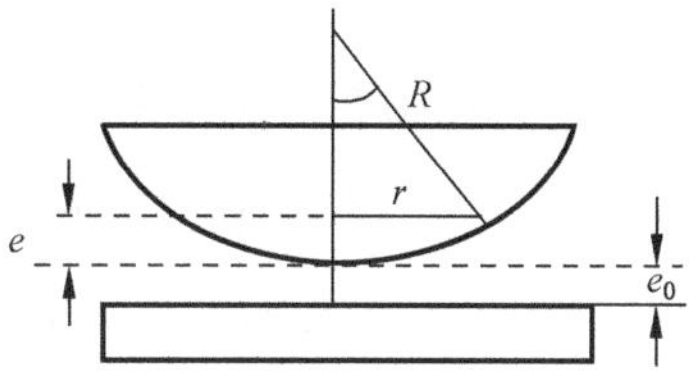

习题 8-11 图

8-12　用迈克尔逊干涉仪可以测量光的波长，某次测得可动反射镜移动距离 $\Delta L=0.3220\ \text{mm}$ 时，等厚干涉条纹移动了 1 204 条，试求所用光的波长。

8-13　迈克尔逊干涉仪中的反射镜 M_1 以匀速 u 平移。用透镜将干涉条纹汇聚到光电元件上，把光强的变化转换成电讯号。若测得电讯号变化频率为 ν，求入射光的波长？

8-14　澳大利亚天文学家通过观察太阳发出的无线电波，第一次把干涉现象应用于天文观测。这无线电波一部分直接射向他们的天线，另一部分经海面反射到他们的天线，如图所示。设无线电波的频率为 $6.0\times10^7\ \text{Hz}$，而无线电接收器距离海面 25 m 高。求观察到干涉相消时太阳光线掠射角 θ 的最小值。

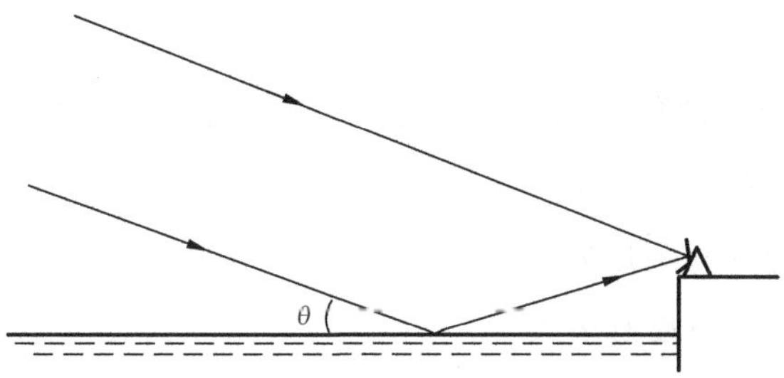

习题 8-14 图

8-15　单缝夫琅禾费衍射实验中，设第 1 级暗纹的衍射角很小，若钠黄光（$\lambda_1=589\ \text{nm}$）中央明纹宽度为 4.0 mm，则蓝紫光（$\lambda_2=442\ \text{nm}$）的中央明纹宽度为多少？

8-16　在夫琅禾费单缝衍射实验中，以钠黄光为光源，$\lambda=589\ \text{nm}$，平行光垂直入射到单缝上。

(1)若缝宽为 0.10 mm，问第 1 级极小出现在多大的角度上？

(2)若要使第1级极小出现在0.50°的方向上,则缝宽应多大?

8-17 用橙黄色的平行光垂直照射到宽度为 $a=0.6$ mm 的单缝上,在单缝后放置一个焦距为 $f=0.4$ m 的透镜,在屏上离中央明纹1.4 mm 处的 P 点处为一明条纹。试求:

(1)入射光的波长;

(2)P 点处条纹的级数;

(3)从 P 点看,对该光波而言,狭缝处的波振面可以分成几个半波带(橙黄色光的波长范围为600~650 nm)。

8-18 在圆孔的夫琅禾费衍射中,设圆孔半径为0.1 mm,透镜焦距为50 cm,所用单色光波长为500 nm,求在透镜焦平面处屏幕上出现的艾里斑半径。如果圆孔半径改为1.0 mm,其他条件不变(包括入射光的能流密度保持不变),艾里斑半径变为多大?前后两次艾里斑的强度对比如何?

8-19 在迎面驶来的汽车上,两盏前灯相距120 cm,求人在离汽车多远的地方,眼睛恰能分辨这两盏灯?设入射光波 $\lambda=550$ nm,夜间人眼瞳孔直径为5.0 mm。

8-20 He-Ne激光器发出的红光,$\lambda=632.8$ nm,垂直入射到一平面透射光栅上,观察其夫琅禾费衍射花样。测得第1级主极大出现在38°的方向上,求光栅常数。能否看到其第2级光谱?

8-21 一双缝,缝间距 $d=0.1$ mm,缝宽 $a=0.02$ mm,用波长 $\lambda=480$ nm 的平行单色光垂直入射该双缝,双缝后放一焦距为50 cm 的透镜,试求:

(1) 透镜焦平面处屏上干涉条纹的间距;

(2) 单缝衍射中央亮纹的宽度;

(3) 单缝衍射的中央包线内有多少条干涉的主极大。

8-22 波长为600 nm 的单色光垂直入射在一光栅上,第2级、第3级明纹分别出现在 $\sin\varphi=0.20$ 和0.30处,第4级缺级。试问:

(1)光栅上相邻两缝的间距是多少?

(2)光栅上狭缝的最小宽度有多大?

(3)按上述的结果,在 $-90°<\varphi<+90°$ 范围内实际呈现的全部级数是多少?

8-23 以波长为500 nm 的单色平行光斜入射在光栅常数为 $d=2.1$ μm,缝宽 $b=0.7$ μm 的光栅上,入射角为 $i=30°$,求能看见哪几级光谱线?

8-24 以某放电管发出的光垂直照射到一个光栅上,测得波长 $\lambda_1=669$ nm 的谱线的衍射角 $\theta=30°$。如果在同样的 θ 角处出现波长 $\lambda_2=446$ nm 的更高级次的谱线,那么光栅常数最小为多少?

8-25　要使一束线偏振光通过偏振片后振动方向转过 90°，至少需要让这束光通过几个理想的偏振片，在此情况下，透射光强最大是原来光强的多少倍？

8-26　使自然光通过两个透振方向相交 60°的偏振片，透射光强为 I_1；今在两个偏振片之间再插入另一个偏振片，它的方向与前两个偏振片均成 30°，则透射光强为多少？入射的自然光光强为多少？

8-27　使一光强为 I_0 的线偏振光先后通过两个偏振片 P_1 和 P_2，P_1 和 P_2 的偏振化方向与原入射光光矢量振动方向的夹角分别是 α 和 90°，则通过这两个偏振片后的光强是多少？

8-28　两偏振片 A 和 B 从左向右排列，两者的透振方向成 45°角，入射光是线偏振光，它的振动方向与 A 的透振方向相同，试求：同一入射光分别由左边入射和右边入射时，出射光的强度之比。

8-29　测得从一池塘表面反射的太阳光是线偏振光，求此时太阳处在地平线多大仰角处？（水的折射率为 1.33）

8-30　某物质全反射的临界角为 45°，则光从空气入射这种物质时的起偏角是多大？

习题答案

第一章　质点运动学习题答案

1-1　选择题

(1)D; (2)B; (3)C; (4)D; (5)D

1-2　(1)$y=5$;(2)$4x+3y-5=0$　图略

1-3　$|\bar{\boldsymbol{a}}|\approx 0.07(\mathrm{m\cdot s^{-2}})$,与正南方向夹角为 49.8°

1-4　(1)$-20\ \mathrm{m\cdot s^{-1}}$,$-24\ \mathrm{m\cdot s^{-2}}$;(2)$-8$ m,12.36 m,2.18 m

1-5　(1)$y=\sqrt{72.25+t^2}-8.5$;(2)$v=\dfrac{t}{\sqrt{72.25+t^2}}$,$a=\dfrac{72.25}{(72.25+t^2)^{3/2}}$;

(3)$t=16.43(\mathrm{s})$

1-6　$a_\tau=\dfrac{32t}{\sqrt{1+16t^2}}$,$a_n=\dfrac{8}{\sqrt{1+16t^2}}$

1-7　$\boldsymbol{v}=4.0\boldsymbol{i}+8.0\boldsymbol{j}(\mathrm{m\cdot s^{-1}})$,$\boldsymbol{a}=16\boldsymbol{j}(\mathrm{m\cdot s^{-2}})$

1-8　(1)$a_\tau=36(\mathrm{m\cdot s^{-2}})$,$a_n=1\ 296(\mathrm{m\cdot s^{-2}})$;(2)$\theta=2.67(\mathrm{rad})$

1-9　(1)$a=\dfrac{\sqrt{R^2b^2+(v_0-bt)^4}}{R}$,$\alpha=\arctan\dfrac{a_n}{a_\tau}=\arctan\left[-\dfrac{(v_0-bt)^2}{Rb}\right]$;(2)$t=\dfrac{v_0}{b}$;

(3)$n=\dfrac{v_0^2}{4\pi bR}$

1-10　(1)$\Delta s=6.28(\mathrm{m})$,$\Delta\boldsymbol{r}=0$,$\bar{\boldsymbol{v}}=0$,$\bar{v}=6.28(\mathrm{m\cdot s^{-1}})$;(2)$v=9.42(\mathrm{m\cdot s^{-1}})$,

$a=89.0(\mathrm{m\cdot s^{-2}})$

1-11　$a_n=0.25(\mathrm{m\cdot s^{-2}})$;$a=0.32(\mathrm{m\cdot s^{-2}})$,与 $\boldsymbol{v}$ 夹角为 128°40′

1-12　$v_{21}=50(\mathrm{km\cdot h^{-1}})$,北偏西 36.87°;$v_{12}=50(\mathrm{km\cdot h^{-1}})$,南偏东 36.87°

第二章　牛顿运动定律习题答案

2-1　选择题

(1)E; (2)D; (3)B; (4)D

2-2　$F=26.83(\mathrm{N})$,与 x 轴夹角 26.57°

2-3　$\boldsymbol{r}=-\dfrac{13}{4}\boldsymbol{i}-\dfrac{7}{8}\boldsymbol{j}(\mathrm{m})$,$\boldsymbol{v}=-\dfrac{5}{4}\boldsymbol{i}-\dfrac{7}{8}\boldsymbol{j}(\mathrm{m\cdot s^{-1}})$

2-4　$v=6+4t+6t^2(\mathrm{m\cdot s^{-1}})$,$x=5+6t+2t^2+2t^3(\mathrm{m})$

2-5 $v=\sqrt{2gR}\approx 11.2\times 10^3(\mathrm{m\cdot s^{-1}})$

2-6 (1)$f_m=2(\mathrm{N})$,$f_M=7.35(\mathrm{N})$;(2)16.17 N

2-7 $\dfrac{m'v'^2}{2\mu g(m'+m)}$

2-8 $N=mR\omega^2,\theta=\arccos\dfrac{g}{R\omega^2}$

2-9 (1)$2.7(\mathrm{m\cdot s^{-1}})$,$1.5(\mathrm{m\cdot s^{-2}})$;(2)$2.32(\mathrm{m\cdot s^{-1}})$,$1.5(\mathrm{m\cdot s^{-2}})$

2-10 (1)$v=v_0\mathrm{e}^{-\frac{k}{m}t}$;(2)$x=\dfrac{mv_0}{k}\left(1-\mathrm{e}^{-\frac{k}{m}t}\right)$;(3)$x_{\max}=\dfrac{mv_0}{k}$

2-11 (1)$v=\dfrac{v_0}{1+\dfrac{kv_0t}{m}}$;(2)$s=\dfrac{m}{k}\ln\left(1+\dfrac{k}{m}v_0t\right)$;(3)$v=v_0\mathrm{e}^{-\frac{k}{m}s}$

2-12 $a=\dfrac{(m_1+m_2)g\sin\alpha}{m_2+m_1\sin^2\alpha}$,$F_N=\dfrac{m_1m_2\cos\alpha}{m_2+m_1\sin^2\alpha}g$

2-13 $t=\dfrac{mv_m}{2F}\ln 3$,$x=\dfrac{mv_m^2}{2F}\ln\dfrac{4}{3}$

第三章　功和能习题答案

3-1 选择题

(1)A;(2)C;(3)A;(4)D;(5)C

3-2 $-\dfrac{27}{7}kc^{\frac{2}{3}}l^{\frac{7}{3}}$

3-3 729 J

3-4 1.69 J

3-5 882 J

3-6 $\dfrac{1}{2}mv_0^2(\mathrm{e}^{-2\pi\mu}-1)$

3-7 $\dfrac{\mu mg}{k}\left(\sqrt{1+\dfrac{kv_0^2}{\mu^2mg^2}}-1\right)$

3-8 0.41 cm

3-9 略

第四章　动量和角动量习题答案

4-1　选择题

(1)A；(2)B；(3)C；(4)B

4-2　$-m\omega(a\boldsymbol{i}+b\boldsymbol{j})$

4-3　11.6 N

4-4　3 486 N

4-5　0.857 kg·m·s^{-1}

4-6　$mg\ \dfrac{2\pi R}{v}\boldsymbol{k}$

4-7　(1)$t=\dfrac{a}{b}$；(2)$\dfrac{a^2}{2b}$；(3)$\dfrac{a^2}{2bv_0}$

4-8　船向后移动 0.8 m

4-9　$L'=\dfrac{m'L}{m+m'}$

4-10　$v_1=90(\text{m}\cdot\text{s}^{-1})$，$v_3\approx127(\text{m}\cdot\text{s}^{-1})$

4-11　$\dfrac{w}{W+w}u\ \dfrac{v_0\sin\varphi}{g}$

4-12　不是

4-13　0.3 m

4-14　0.25 m

4-15　约 1.29

第五章　刚体的定轴转动习题答案

5-1　选择题

(1)D；(2)C；(3)C；(4)C

5-2　(1)25.0 rad·s^{-1}；(2)39.8 rad·s^{-2}；(3)0.628 s

5-3　0.136 kg·m^2

5-4　$m\left(\dfrac{14}{5}R^2+2Rl+\dfrac{l^2}{2}\right)$

5-5　$\dfrac{m}{2}\left(R^2-r^2-\dfrac{2r^4}{R^2}\right)$

5-6　(1)$\dfrac{m_2g-m_1g\sin\theta-\mu m_1g\cos\theta}{m_1+m_2+J/r^2}$；

(2) $T_1=\dfrac{m_1m_2g(1+\sin\theta+\mu\cos\theta)+(\sin\theta+\mu\cos\theta)m_1gJ/r^2}{m_1+m_2+J/r^2}$,

$T_2=\dfrac{m_1m_2g(1+\sin\theta+\mu\cos\theta)+m_2gJ/r^2}{m_1+m_2+J/r^2}$

5-7 (1) $\dfrac{1}{4}\mu mgl$;(2) $\dfrac{\omega_0 l}{3\mu g}$

5-8 2.67 s

5-9 29.1 $\text{rad}\cdot\text{s}^{-1}$

5-10 $\dfrac{3v_0}{2l}$

5-11 $v=\dfrac{2mgt}{M+2m}$

5-12 $\dfrac{2}{3}L$

5-13 $\theta\approx30.34^\circ$

5-14 (1)0.49 m;(2) $x=0.245\text{m}$,$v_{max}=1.31(\text{m}\cdot\text{s}^{-1})$

第六章 机械振动习题答案

6-1 选择题

(1)B; (2)C; (3)B;(4)C

6-2 (a) $2\pi\sqrt{\dfrac{(k_1+k_2)m}{k_1k_2}}$;(b) $2\pi\sqrt{\dfrac{m}{k_1+k_2}}$

6-3 (1)0;(2) $\dfrac{\pi}{2}$;(3) $-\dfrac{\pi}{2}$;(4) $-\dfrac{2\pi}{3}$;(5) $-\pi$

6-4 (1) $\omega=7\ \text{s}^{-1}$,$A=0.2$ m,$\varphi=-\dfrac{\pi}{2}$,$x=0.2\cos\left(7t-\dfrac{\pi}{2}\right)$ m;

(2) $\omega=7\ \text{s}^{-1}$,$A=0.25$ m,$\varphi=-0.93$ rad,$x=0.25\cos(7t-0.93)$ m

6-6 $2\pi\sqrt{\dfrac{h}{g}}$

6-7 (a) $x=10\cos\left(\pi t-\dfrac{\pi}{2}\right)$ cm;(b) $x=10\cos\left(\dfrac{5\pi}{6}t-\dfrac{\pi}{3}\right)$ cm

6-8 (1) $x=0.12\cos\left(\pi t+\dfrac{\pi}{3}\right)$ m;(2) $x=-0.1$ m,$v=-0.19\ \text{m}\cdot\text{s}^{-1}$,$a=1.03\ \text{m}\cdot\text{s}^{-2}$

6-9 (1)空盘时振动周期 $T_1=2\pi\sqrt{\dfrac{M}{k}}$,物体掉在盘上后振动周期 $T_2=2\pi\sqrt{\dfrac{m+M}{k}}$;

(2)$A=\frac{mg}{k}\sqrt{1+\frac{2kh}{(m+M)g}}$

6-10　$x=2.5\times10^{-2}\cos\left(40t+\frac{\pi}{2}\right)$ m

6-11　$T=1.26$ s;$x=\sqrt{2}\times10^{-2}\cos\left(5t-\frac{3\pi}{4}\right)$

6-12　$|\Delta\varphi|=\frac{2}{3}\pi$

6-13　$T=8$ s;$A=6\sqrt{2}$ cm

6-14　$x=2\times10^{-2}\cos\left(4t+\frac{\pi}{3}\right)$　(SI)

6-15　3.1 cm

6-16　(1)0.08 m；(2)±0.057 m;(3) ±0.8 $\mathrm{m\cdot s^{-1}}$

第七章　机械波习题答案

7-1　选择题

(1)D；(2)C；(3)D；(4)B；(5)C

7-2　(1)$y_B=0.5\cos(400\pi t)$,$y_D=0.5\cos(400\pi t+\pi)$;

(2)$y'_B=0.5\cos(400\pi t-2\pi x)$,$y'_D=0.5\cos(400\pi t+2\pi x+\pi)$

7-3　$y=0.03\cos(\pi t-200\pi x)$;$y=0.03\cos(\pi t+200\pi x)$

7-4　(1)$y=0.02\cos(500\pi t-20\pi x+\pi)$;(2)$y=0.02\cos(500\pi t+\pi)$,

$y=-10\pi\sin(500\pi t+\pi)$;(3)$y=0.02\cos(-20\pi x+\pi)$

7-5　(1)$y=0.03\cos\left[\pi\left(t-\frac{x}{400}\right)-\frac{\pi}{2}\right]$;(2)$-0.55\pi$,$-0.6\pi$;(3)$-0.05\pi$

7-6　(1)(a)$y=A\cos\left[\omega\left(t-\frac{x-l}{u}\right)+\varphi_0\right]$,(b)$y=A\cos\left[\omega\left(t+\frac{x}{u}\right)+\varphi_0\right]$;

(2)(a)$-\frac{\omega}{u}b$，(b)$\frac{\omega}{u}b$

7-7　(1)$y_P=A\cos\left(\frac{\pi}{2}t+\pi\right)$;(2)$y=A\cos\left[\frac{\pi}{2}t+\frac{2\pi}{\lambda}(x-d)+\pi\right]$;(3)$y=A\cos\left(\frac{\pi}{2}t\right)$

7-8　$y=0.2\cos\left(\pi t+\frac{\pi}{2}x-\frac{\pi}{2}\right)$

7-9　$y_{1_P}=0.01\cos(2\pi t-4\pi)$,$y_{2_P}=0.01\cos(2\pi t-4\pi)$,$A=0.02$ m

7-10　(1)3π;(2)0

7-11 静止

7-12 (1)$y=A\cos\left[2\pi\nu\left(t-\frac{x}{u}\right)-\frac{\pi}{2}\right]$;(2)$y'=A\cos\left[2\pi\nu\left(t+\frac{x}{u}\right)-\frac{\pi}{2}\right]$;

(3)波节:$x=\frac{\lambda}{4},\frac{3\lambda}{4}$ 波腹:$x=\frac{\lambda}{2}$

7-13 相遇前:667.7 Hz;相遇后:540.0 Hz

7-14 15.7 $m\cdot s^{-1}$

第八章 波动光学习题答案

8-1 选择题

(1)C; (2)B;(3)B; (4)A;(5)C;(6)D; (7)A;(8)A; (9)B;(10)C

8-2 0.518 cm

8-3 6.0 μm

8-4 22.8 μm

8-5 594 nm,424 nm 的光干涉加强, 495 nm 的光干涉相消

8-6 0.673 μm

8-7 条纹变密集;$\left(\frac{r_1}{r_2}\right)^2$

8-8 102.8 cm

8-9 58.5 nm

8-10 546 nm

8-11 $\sqrt{(k\lambda-2e_0)R}$

8-12 534.9 nm

8-13 $\frac{2u}{\nu}$

8-14 5.7°

8-15 3 mm

8-16 (1)0.34°;(2)67 μm

8-17 (1)600 nm;(2)3;(3)7

8-18 0.15 cm;1.5 cm;光强增大 10 000 倍

8-19 8.9 km

8-20 1.03 μm;不能

8-21 (1)2.4 mm;(2)2.4cm;(3)9

8-22 (1)6μm ;(2)1.5μm;(3)0,±1,±2,±3,±5,±6,±7,±9

8-23 −2,−1,0,1,2,4,5,共7条

8-24 2 676 nm

8-25 2个,1/4

8-26 $2.25I_1$;$8I_1$

8-27 $\frac{I_0}{4}\sin^2 2\alpha$

8-28 2∶1

8-29 36.9°

8-30 54.8°

常用基本物理量表

物理量	符号	数值
真空中光束	c	$2.997\ 924\ 58\times10^{8}\ \mathrm{m\cdot s^{-1}}$
真空磁导率	μ_0	$4\pi\times10^{-7}=12.566\ 370\ 614\times10^{-7}\ \mathrm{N\cdot A^{-2}}$
真空电容率	ε_0	$8.854\ 187\ 817\times10^{-12}\ \mathrm{F\cdot m^{-1}}$
万有引力常数	G	$6.674\ 08(31)\times10^{-11}\ \mathrm{m^{3}\cdot kg^{-1}\cdot s^{-2}}$
普朗克常数	h	$6.626\ 070\ 040(81)\times10^{-34}\ \mathrm{J\cdot s}$
阿伏加德罗常数	N_A	$6.022\ 140\ 857\times10^{23}\ \mathrm{mol^{-1}}$
摩尔气体常数	R	$8.314\ 459\ 8\ \mathrm{J\cdot mol^{-1}\cdot K^{-1}}$
玻尔兹曼常数	k	$1.380\ 648\ 52\times10^{-23}\ \mathrm{J\cdot K^{-1}}$
斯特藩-波尔兹曼常数	σ	$5.670\ 367\times10^{-8}\ \mathrm{W\cdot m^{-2}\cdot K^{-4}}$
基本电荷	e	$1.602\ 176\ 620\ 8\times10^{-19}\ \mathrm{C}$
电子静质量	m_e	$9.109\ 383\ 56\times10^{-31}\ \mathrm{kg}$
质子静质量	m_p	$1.672\ 621\ 898\times10^{-27}\ \mathrm{kg}$
中子静质量	m_n	$1.674\ 927\ 471\times10^{-27}\ \mathrm{kg}$
电子磁矩	μ_e	$-9.284\ 764\ 620\times10^{-24}\ \mathrm{J\cdot T^{-1}}$
质子磁矩	μ_p	$1.410\ 606\ 787\ 310^{-26}\ \mathrm{J\cdot T^{-1}}$
中子磁矩	μ_n	$-0.966\ 236\ 50\times10^{-26}\ \mathrm{J\cdot T^{-1}}$
玻尔磁子	μ_B	$9.274\ 009\ 994\times10^{-24}\ \mathrm{J\cdot T^{-1}}$
里德伯常量	R_∞	$10\ 973\ 731.568\ 508\ \mathrm{m^{-1}}$

大 学 物 理 学

（下 册）

燕山大学理学院大学物理系 编

燕山大学出版社

·秦皇岛·

《大学物理学》编委会

主　编:王明利　王晓颖　张素红

副主编:侯岩雪　李子敬　曹立朋

前　　言

党的二十大报告指出，教育是国之大计、党之大计，强调要深化教育领域综合改革，加强教材建设，推进教育数字化，建设全民终身学习的学习型社会、学习型大国。在这一精神的指引下，本着以学生为中心、提升学生自主学习能力这一目标，编者结合多年的教学实践，编写了这套大学物理教材。

本教材是参照2010版和2023版《理工科类大学物理课程教学基本要求》，在总结编者多年教材改革实践的基础上，汲取了当前国内外优秀教学改革成果而编写的。教材既包括了工科大学物理课程指导委员会制定的教学基本要求的全部内容，又加强了近现代物理知识。本教材结合大学物理在线课程资源，添加了部分习题视频讲解，使全书内容更丰富、更符合新工科大学物理教学的需要。这套教材的主要特点是：

(1) 充分利用数字化在线学习。为了帮助师生提高效率和兴趣、增加教学手段和方法，我们对教材进行了互联网立体化建设，建设了重要知识点和典型例题的视频讲解在线资源。在学习过程中师生可以灵活利用互联网平台进行在线学习。

(2) 用现代观点审视和组织教材内容。在编写过程中，借鉴了国内外部分新版优秀教材，力求贯彻“理论体系精练、理论联系实际”的原则；内容达到“精炼经典物理，加强近代物理”的目标；同时做到在精炼基础理论知识的同时，加强对学生分析和解决实际问题能力的培养；重视物理原理在现代技术中的应用，以缩小学校教育与社会需求之间的差距。根据理工科各学科专业分布情况，既兼顾传统工程技术所需要的经典物理内容，又反映与现代工程技术相结合的近代物理内容，内容不与高中理科物理、工科物理实验、电工学重复，概念体系不与理论力学等工程技术型课程重叠。

(3) 以结构逻辑和教学逻辑科学地优化教材的体系结构。精炼每章的基础理论知识，内容图文并茂，从结构逻辑和教学逻辑上使教材体系更加科学完整，使教材层次分明，结构合理，系统性强，符合教学规律。

本教材分为上、下两册，共十五章。上册包括：力学、机械振动与机械波、波动光学；下册包括电磁学、热学、狭义相对论和量子力学。本教材可作为工科院校工科类学生的基本教材或选用教材，也可作为物理专业学生和大学物理教师的参考书。

本教材由燕山大学理学院大学物理系编写,参加编写工作的主要人员有:曹立朋(第一章、第二章、第三章、第四章、第五章),王晓颖(第六章、第七章、第八章),张素红(第九章、第十章),李子敬(第十一章),王明利(第十二章、第十三章),侯岩雪(第十四章、第十五章)。

编写适合教学要求、符合现代化教学手段的教材是一种新的探索,由于编者水平有限,虽经多次审校,书中的疏漏和错误之处在所难免,敬请广大教师、读者批评指正。

编者

2023年8月

目　　录

第九章　静电场

电磁学是物理学内容的重要组成部分，是研究电现象、磁现象、电磁相互作用及其规律的学科。电磁现象是自然界存在的一种极为普遍的现象，自从 19 世纪麦克斯韦建立电磁场理论至今，人类在电磁理论的研究和应用方面有了突飞猛进的发展，电磁学已经渗透到现代科学技术的各个领域，成为许多科学和技术的理论基础。因而学习电磁学具有极其重要的意义。

电场是电荷或变化的磁场在周围空间激发的一种特殊形态的物质。相对于观察者静止的电荷所激发的电场称为静电场，本章介绍静电场的描述方法和基本规律。首先从点电荷间相互作用的库仑定律出发，引入描述静电场的两个基本物理量：电场强度、电势。之后，讨论静电场的两个定理：高斯定理、环路定理。在此基础上，研究静电场与导体和电介质的相互作用，最后探讨静电场的能量。

第一节　库仑定律

电磁学理论的形成是从静电研究开始的。早在 1650 年，德国马德堡的工程师格里凯就发明了产生电荷的装置——摩擦起电机。1733 年，法国物理学家杜菲发明了金属箔验电器，用它对不同材料经摩擦后产生的电做实验，发现了电荷分成树脂型（即负电）和玻璃型（即正电），并总结出静电相互作用的基本特性：同性相斥，异性相吸。1746 年，莱顿大学的马森布罗克发明了收集电荷的莱顿瓶。美国的物理学家富兰克林在 1747—1755 年间做了大量的实验，指出了闪电的本质，统一了天电和地电；富兰克林还命名了正电和负电并提出了著名的电荷守恒定律：在任一封闭系统中，电荷的总量是不变的，它只能被重新分配而不能被创造。在 1909—1913 年，美国物理学家密立根进行了一系列用油滴测量电子电荷的实验，得出结论：电荷总是以一个基本单元的整数倍出现，即

$$q = ne \quad (n = 1, 2, 3, \cdots)$$

这一结论称为**电荷的量子化**。基本单元 e 就是电子所带电量，单位为库仑，用 C 表示。密立根测量的结果 $e = 1.59 \times 10^{-19}$ C 与现代测量值 $e = 1.602 \times 10^{-19}$ C 非常接近。

18世纪中叶,人们开始定量地研究电荷之间的作用力。1766年,普列斯特利根据一系列的实验结果推测:电的吸引与万有引力遵从相同的定律,即按距离的平方反比关系变化。但他没有作进一步研究,也没有对电的斥力作出猜测。要得出电力作用规律的科学结论,还需要从实验上去研究。

一、库仑定律

1785年,法国物理学家库仑通过自己设计的扭秤实验,总结出两个点电荷间相互作用力的规律:真空中两个静止点电荷之间的作用力,与这两个点电荷所带电荷量的乘积成正比,与它们之间距离的平方成反比,作用力的方向沿着这两个点电荷的连线,同号电荷相互排斥,异号电荷相互吸引。这就是**库仑定律**。

“点电荷”是从实际带电体中抽象出来的一种理想模型。如果带电体本身的线度比它到其他带电体的距离小得多,即 $d \ll r$,以致于在讨论问题时完全可以忽略带电体的大小和形状,此时可将带电体抽象为带一定电荷量的几何点,即**点电荷**。

在国际单位制中,库仑定律的数学表达式写为

$$\boldsymbol{F}=\frac{1}{4\pi\varepsilon_0}\frac{q_1 q_2}{r^2}\boldsymbol{e}_r \tag{9-1}$$

式中,ε_0 称为真空电容率,也称为真空介电常量,其值为

$$\varepsilon_0 \approx 8.854\times10^{-12}\,\mathrm{C}\cdot\mathrm{N}^{-1}\cdot\mathrm{m}^{-2}$$

$\boldsymbol{e}_r$ 为由施力电荷指向受力电荷的单位矢量;r 为两点电荷之间的距离,如图9-1所示。

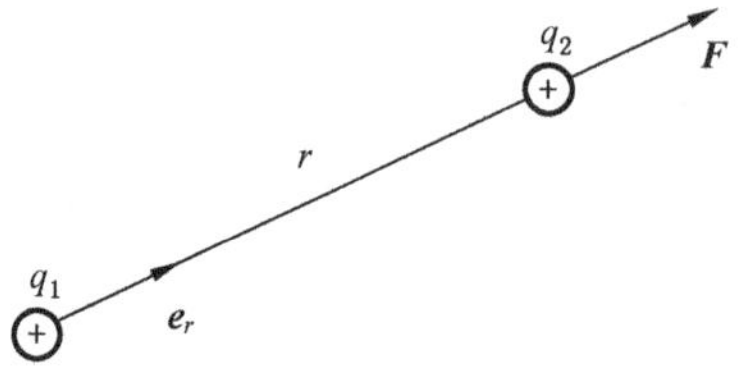

图9-1 库仑定律

二、静电力的叠加原理

实验证明,点电荷 q 在 n 个点电荷 $q_1, q_2, \cdots, q_n$ 共同作用下,它所受到的静电力,等于各个点电荷单独存在时作用于它的静电力的叠加,即

$$\boldsymbol{F}=\boldsymbol{F}_1+\boldsymbol{F}_2+\cdots+\boldsymbol{F}_n=\sum_{i=1}^{n}\boldsymbol{F}_i \tag{9-2}$$

这一结论叫作**静电力的叠加原理**。根据这一原理,可以计算任意两个连续带电体之间的

静电力，具体做法为：先将带电体划分为许多可看成点电荷的电荷元，利用式(9-1)求出每一对电荷元间的作用力，再借助静电力的叠加原理，得到两个连续带电体之间的静电力。

例 9-1

假设两个 α 粒子相距 1.00×10^{-13} m，试计算它们之间的静电斥力大小，并和它们之间的万有引力大小相比较。已知 α 粒子带电量为 $2e$，质量为 6.68×10^{-27} kg，万有引力常量为 $G=6.67\times10^{-11}\ \mathrm{m^3\cdot kg^{-1}\cdot s^{-2}}$。

解　将 α 粒子视为点电荷。

由库仑定律求得其间的静电斥力的大小为

$$F_e=\frac{1}{4\pi\varepsilon_0}\frac{q_1q_2}{r^2}=9.0\times10^9\times\frac{(2\times1.6\times10^{-19})^2}{(1.00\times10^{-13})^2}=9.22\times10^{-2}\ (\mathrm{N})$$

由万有引力定律求得其间的万有引力大小为

$$F_g=G\frac{m_1m_2}{r^2}=6.67\times10^{-11}\times\frac{(6.68\times10^{-27})^2}{(1.00\times10^{-13})^2}=2.98\times10^{-37}\ (\mathrm{N})$$

可见静电力远大于万有引力，所以，在研究带电粒子的相互作用时，它们之间的万有引力通常都可以忽略不计。

第二节　电场　电场强度

一、电场

库仑定律给出了真空中两个点电荷间相互作用力的定量关系，那么这些相互作用是如何传递的呢？关于这个问题，历史上曾经存在长期的争论。一种是超距作用的观点，该观点主张静电力不需要时间，也不需要任何媒介就能够从一个带电体作用到一定距离远处的另一个带电体上。另一种观点认为静电力是近距作用，其传递需要传播媒介，自然也就需要传播时间。关于传播静电力的媒介，19 世纪普遍流行的观点认为是一种充满空间的弹性介质——“以太”。

近代科学实验证明，“超距作用”的观点是错误的，电荷之间作用力的传递虽然速度很快(约 $3\times10^8\ \mathrm{m\cdot s^{-1}}$)，但是并非不需要时间；而“以太”这种介质也是不存在的。19 世纪 30 年代，法拉第提出“场”的观点：任何带电体周围空间都存在着一种“特殊”的物质，称为**电场**。电场的基本特性就是对放入其中的其他电荷有力的作用。电荷与电荷之间的相互作用正是通过电场发生的。当电荷 q_1 位于电荷 q_2 附近，即处于 q_2 的电场中时，q_2 就会通过电场给 q_1 施加作用力。同样，q_2 也处于 q_1 的电场中，q_2 所受到的作用力，是通过 q_1 的电场施加给它的。

近代物理学的理论和实验证实了场的观点的正确性。电磁场是客观存在的一种物质,具有自己的运动规律,和实物一样具有能量、动量等物质属性。空间中两个实物不能占据同一位置,而不同的场可以在空间同一位置同时存在。因此场又区别于实物,是一种特殊物质。本章只讨论相对于观察者静止的电荷在其周围空间激发的电场——静电场。

电场不像实物一样看得见、摸得着,要认识它需要从它的对外表现出发。放在电场中的电荷要受到电场的作用力;电荷在电场中运动时,电场力要对电荷做功。因此接下来将分别从力和能量的角度来研究电场的性质和规律,相应地引入描述电场的电场强度和电势两个重要的物理量。

二、电场强度

激发电场的电荷称为场源电荷。设空间中存在一个带电量为 Q 的物体,它在周围空间激发电场。如图 9-2 所示,在电场中引入一个电荷 q_0,通过研究 q_0 在空间中不同点的受力情况来研究电场的性质,这个被用作探测工具的电荷 q_0 称为**试验电荷**。为保证测量的准确性,试验电荷必须满足两个条件:电量足够小,以致于它的引进几乎不会影响原来电场在空间的分布;几何线度足够小,以保证能反映出空间任一点电场的性质。

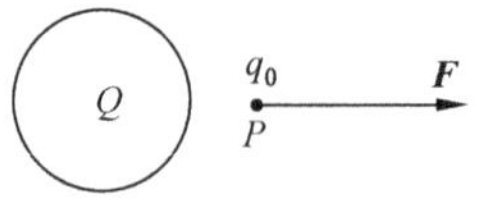

图 9-2 试验电荷在电场中受力

实验表明,在电场中不同位置,试验电荷所受电场力的大小和方向一般不同,这说明不同位置电场的性质一般不同。对于电场中任一确定位置,将带电量不同的试验电荷放入,它们受力也不相同。这说明,电场中某点试验电荷的受力不仅与电场性质有关,也与其自身电荷量有关。然而,试验电荷受力 $\boldsymbol{F}$ 与其电荷量 q_0 的比值是一个确定的矢量,这个矢量只由给定电场中确定点的位置决定,而与试验电荷自身无关。因此,这个矢量反映了确定位置处电场本身的性质。定义电场空间中某点的**电场强度**(简称为场强)$\boldsymbol{E}$ 为

$$\boldsymbol{E}=\frac{\boldsymbol{F}}{q_0} \tag{9-3}$$

由式(9-3)可知,电场中某点电场强度 $\boldsymbol{E}$ 的大小等于单位电荷在该点受力的大小,其方向与正电荷在该点受力方向相同。

在国际单位制中,电场强度的单位为牛顿/库仑($\mathrm{N\cdot C^{-1}}$)。

三、电场强度的叠加原理

当空间中存在多个场源电荷 $q_1,q_2,\cdots,q_n$ 时,这 n 个点电荷构成的系统称为点电荷系。

在场中一点放上试验电荷 q_0，根据电场力的叠加原理，q_0 受到的电场力等于各个点电荷单独存在时对 q_0 施加的电场力的矢量和，即

$$\boldsymbol{F}=\boldsymbol{F}_1+\boldsymbol{F}_2+\cdots+\boldsymbol{F}_n=\sum_{i=1}^{n}\boldsymbol{F}_i$$

则有

$$\frac{\boldsymbol{F}}{q_0}=\frac{\boldsymbol{F}_1}{q_0}+\frac{\boldsymbol{F}_2}{q_0}+\cdots+\frac{\boldsymbol{F}_n}{q_0}=\sum_{i=1}^{n}\frac{\boldsymbol{F}_i}{q_0}$$

由电场强度的定义式(9-3)知，等式左端$\dfrac{\boldsymbol{F}}{q_0}$表示场点的总场强，右端$\dfrac{\boldsymbol{F}_i}{q_0}$表示第 i 个场源电荷单独存在时在场点激发的场强。因此，上式可写为

$$\boldsymbol{E}=\boldsymbol{E}_1+\boldsymbol{E}_2+\cdots+\boldsymbol{E}_n=\sum_{i=1}^{n}\boldsymbol{E}_i \tag{9-4}$$

式(9-4) 称为**电场强度的叠加原理**。它表明：点电荷系在空间任一点激发的场强，等于各个点电荷单独存在时在该点激发场强的矢量和。利用这一原理，可以计算任意带电体所产生的场强。

四、电场强度的计算

用电场强度描述电场，需指出空间场点处电场强度的大小和方向。若电场是由一个放在真空中的点电荷 q 产生的，由库仑定律和电场强度的定义，可以直接求出其周围的电场强度。任取与 q 相距为 r 的点 P，设想把一个试验电荷 q_0 放在 P 点，由库仑定律可知 q_0 受力为

$$\boldsymbol{F}=\frac{1}{4\pi\varepsilon_0}\frac{qq_0}{r^2}\boldsymbol{e}_r$$

式中，$\boldsymbol{e}_r$ 是单位矢量，方向为由点电荷 q 指向点 P。根据电场强度的定义式(9-3)，P 点的电场强度为

$$\boldsymbol{E}=\frac{\boldsymbol{F}}{q_0}=\frac{1}{4\pi\varepsilon_0}\frac{q}{r^2}\boldsymbol{e}_r \tag{9-5}$$

此式即为点电荷的电场强度表示式。当 $q>0$ 时，$\boldsymbol{E}$ 与 $\boldsymbol{e}_r$ 同向；当 $q<0$ 时，$\boldsymbol{E}$ 与 $\boldsymbol{e}_r$ 反向。从式(9-5)中还可以看出，在真空中若以点电荷 q 为球心，以 r 为半径作一球面，则球面上各处 $\boldsymbol{E}$ 的大小相等，$\boldsymbol{E}$ 的方向均沿径矢 $\boldsymbol{e}_r$ 方向，所以点电荷产生的场强具有球对称性。如图 9-3 所示。

有了点电荷产生的电场强度分布公式，结合电场强度叠加原理，我们很容易求出点电荷系产生的电场中任一点的场强。设 P 点相对于各点电荷的位矢分别为 $\boldsymbol{r}_1,\boldsymbol{r}_2,\cdots,\boldsymbol{r}_n$，则第 i 个点电荷单独在 P 点产生的电场强度为

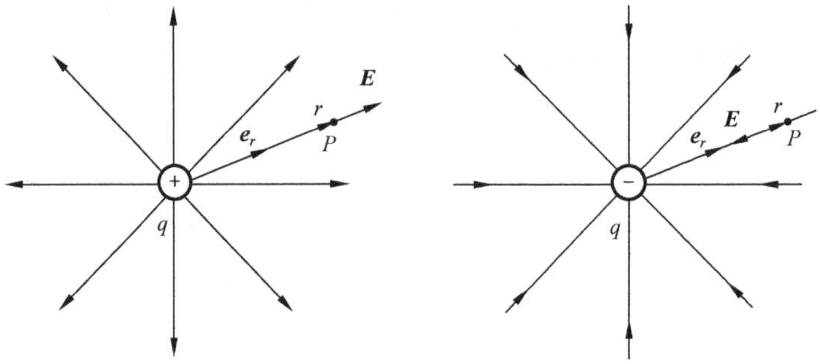

图 9-3 点电荷产生的电场

$$\boldsymbol{E}_i=\frac{1}{4\pi\varepsilon_0}\frac{q_i}{r_i^2}\boldsymbol{e}_{r_i}\quad (i=1,2,3,\cdots,n)$$

所以点电荷系在 P 点产生的总电场强度为

$$\boldsymbol{E}=\sum_{i=1}^{n}\boldsymbol{E}_i=\sum_{i=1}^{n}\frac{1}{4\pi\varepsilon_0}\frac{q_i}{r_i^2}\boldsymbol{e}_{r_i} \tag{9-6}$$

若电场是由电荷连续分布的带电体产生的,可以把带电体看成许多极小的连续分布的电荷元的集合,如图 9-4 所示,每个电荷元 $\mathrm{d}q$ 都可视为点电荷,而电荷元 $\mathrm{d}q$ 在 P 点激发的电场强度为

$$\mathrm{d}\boldsymbol{E}=\frac{1}{4\pi\varepsilon_0}\frac{\mathrm{d}q}{r^2}\boldsymbol{e}_r \tag{9-7}$$

整个带电体在 P 点产生的电场强度,等于所有电荷元在 P 点产生的电场强度的矢量和。由于电荷是连续分布的,可将式(9-6)的求和符号换成积分,求得 P 点的场强为

$$\boldsymbol{E}=\int \mathrm{d}\boldsymbol{E}=\int \frac{1}{4\pi\varepsilon_0}\frac{\mathrm{d}q}{r^2}\boldsymbol{e}_r \tag{9-8}$$

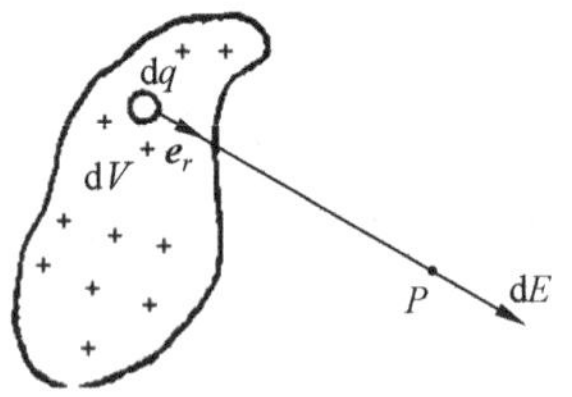

图 9-4 连续带电体场强计算

积分遍及整个带电体。

一般情况下,带电体上电荷的分布是不均匀的,为表示电荷在任意一点附近的分布情况,需引入电荷密度的概念。根据带电体电荷是体分布、面分布或线分布等不同情况,相应地,场强的计算可具体表示为

$$\begin{cases}\boldsymbol{E}=\int_V \dfrac{1}{4\pi\varepsilon_0}\dfrac{\rho\mathrm{d}V}{r^2}\boldsymbol{e}_r\\[2ex] \boldsymbol{E}=\int_S \dfrac{1}{4\pi\varepsilon_0}\dfrac{\sigma\mathrm{d}S}{r^2}\boldsymbol{e}_r\\[2ex] \boldsymbol{E}=\int_l \dfrac{1}{4\pi\varepsilon_0}\dfrac{\lambda\mathrm{d}l}{r^2}\boldsymbol{e}_r\end{cases} \tag{9-9}$$

式中，$\rho=\lim\limits_{\Delta V\to 0}\dfrac{\Delta q}{\Delta V}=\dfrac{\mathrm{d}q}{\mathrm{d}V}$，为电荷体积密度；$\sigma=\lim\limits_{\Delta S\to 0}\dfrac{\Delta q}{\Delta S}=\dfrac{\mathrm{d}q}{\mathrm{d}S}$，为电荷面积密度；$\lambda=\lim\limits_{\Delta l\to 0}\dfrac{\Delta q}{\Delta l}=\dfrac{\mathrm{d}q}{\mathrm{d}l}$，为电荷线密度。

例 9-2

真空中有一对相距为 l 的等量异号点电荷 $+q$ 和 $-q$，如图 9-5 所示。求两电荷连线的延长线上一点 P 和中垂线上点 P' 的电场强度。P 和 P' 到两电荷连线中点 O 的距离都是 r。

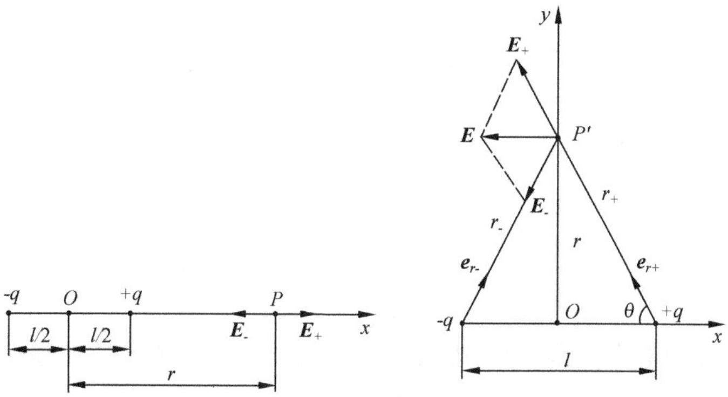

(a) (b)

图 9-5 一对等量异号电荷的电场

解 首先计算点 P 处的场强。选取如图 9-5(a)所示的坐标系，$+q$ 和 $-q$ 在 P 点产生的场强分别为

$$\boldsymbol{E}_+=\frac{1}{4\pi\varepsilon_0}\frac{q}{\left(r-\dfrac{l}{2}\right)^2}\boldsymbol{i}$$

$$\boldsymbol{E}_-=-\frac{1}{4\pi\varepsilon_0}\frac{q}{\left(r+\dfrac{l}{2}\right)^2}\boldsymbol{i}$$

因此，总场强为

$$\boldsymbol{E}=\boldsymbol{E}_++\boldsymbol{E}_-=\frac{q}{4\pi\varepsilon_0}\left[\frac{1}{\left(r-\dfrac{l}{2}\right)^2}-\frac{1}{\left(r+\dfrac{l}{2}\right)^2}\right]\boldsymbol{i}=\frac{q}{4\pi\varepsilon_0}\frac{2rl}{\left(r^2-\dfrac{l^2}{4}\right)^2}\boldsymbol{i}$$

方向沿 x 轴正方向。

再计算点 P' 的场强。选取如图 9-5(b)所示的坐标系，由于 $+q$ 和 $-q$ 到点 P' 的距离都是 $(r^2+l^2/4)^{1/2}$，所以 $\boldsymbol{E}_+$ 和 $\boldsymbol{E}_-$ 的大小相等，即

$$E_+=E_-=\frac{1}{4\pi\varepsilon_0}\frac{q}{r^2+\frac{l^2}{4}}$$

如图 9-5(b)所示,$\boldsymbol{E}_+$ 和 $\boldsymbol{E}_-$ 的方向不同。

由对称性可知,$\boldsymbol{E}_+$ 和 $\boldsymbol{E}_-$ 的 x 轴分矢量大小相等,方向一致;y 轴分矢量大小相等,方向相反,故有

$$\boldsymbol{E}_y=0,\boldsymbol{E}=\boldsymbol{E}_x=(-2E_+\cos\theta)\boldsymbol{i}$$

式中,

$$\cos\theta=\frac{l/2}{\sqrt{r^2+l^2/4}}$$

故总场强为

$$\boldsymbol{E}=-\frac{1}{4\pi\varepsilon_0}\frac{ql}{(r^2+l^2/4)^{3/2}}\boldsymbol{i}$$

方向沿 x 轴负方向。

当 $r\gg l$ 时,这种带电体系称为**电偶极子**。电偶极子是一个重要的物理模型,在研究电介质极化、电磁场的发射与吸收以及中性分子之间的相互作用等问题时都要用到。从 $-q$ 指向 $+q$ 的径矢 $\boldsymbol{l}$ 叫作电偶极子的**轴**,乘积 $q\boldsymbol{l}$ 叫作电偶极子的**电偶极矩**(简称电矩),用 $\boldsymbol{p}$ 表示,即 $\boldsymbol{p}=q\boldsymbol{l}$。将上面的结果取 $r\gg l$ 时的近似值,即得在电偶极子的延长线和中垂线上的场强公式。

当 $r\gg l$ 时,在电偶极子延长线上,$\boldsymbol{E}$ 为

$$\boldsymbol{E}\approx\frac{1}{4\pi\varepsilon_0}\frac{2\boldsymbol{p}}{r^3}$$

在中垂线上,$\boldsymbol{E}$ 为

$$\boldsymbol{E}\approx-\frac{1}{4\pi\varepsilon_0}\frac{\boldsymbol{p}}{r^3}$$

由此可知,电偶极子的场强与 r 的三次方成反比,它比点电荷的场强随 r 递减的速度快。

例 9-3

设真空中有一个均匀带电细线,长为 l,总电量为 q,线外一点 P 到细线的垂直距离为 a,P 点与细线两端的连线与细线之间的夹角分别为 θ_1 和 θ_2,如图 9-6 所示,求 P 点的场强。

解 如图所示建立坐标系,在细线上距坐标原点 O 为 x 处选取线元 $\mathrm{d}x$,$\mathrm{d}x$ 所带电量为 $\mathrm{d}q$。设电荷线密度为 λ,则 $\lambda=q/l$,$\mathrm{d}q=\lambda\,\mathrm{d}x$。

设 $\mathrm{d}x$ 到 P 点的距离为 r,可知 $\mathrm{d}q$ 在场点 P 产生的场强 $\mathrm{d}\boldsymbol{E}$ 的大小为

$$\mathrm{d}E=\frac{1}{4\pi\varepsilon_0}\frac{\mathrm{d}q}{r^2}=\frac{1}{4\pi\varepsilon_0}\frac{\lambda\,\mathrm{d}x}{r^2}$$

d$\boldsymbol{E}$ 的方向如图所示，d$\boldsymbol{E}$ 与 x 轴之间的夹角为 θ。

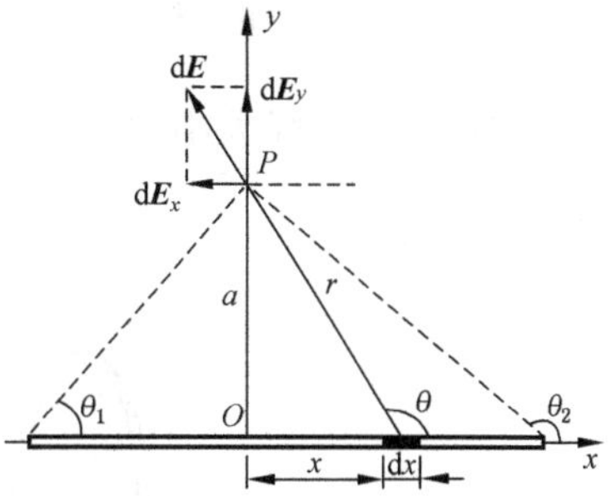

图 9-6 均匀带电细线的电场

由图可知 $x=-a\cot\theta$，故 $\mathrm{d}x=a\csc^2\theta\,\mathrm{d}\theta$，由 $r^2=a^2+x^2=a^2\csc^2\theta$ 得

$$\mathrm{d}E_x=\mathrm{d}E\cos\theta=\frac{\lambda}{4\pi\varepsilon_0 a}\cos\theta\mathrm{d}\theta$$

$$\mathrm{d}E_y=\mathrm{d}E\sin\theta=\frac{\lambda}{4\pi\varepsilon_0 a}\sin\theta\mathrm{d}\theta$$

将上两式积分，得

$$E_x=\int\mathrm{d}E_x=\int_{\theta_1}^{\theta_2}\frac{\lambda}{4\pi\varepsilon_0 a}\cos\theta\mathrm{d}\theta=\frac{\lambda}{4\pi\varepsilon_0 a}(\sin\theta_2-\sin\theta_1)$$

$$E_y=\int\mathrm{d}E_y=\int_{\theta_1}^{\theta_2}\frac{\lambda}{4\pi\varepsilon_0 a}\sin\theta\mathrm{d}\theta=\frac{\lambda}{4\pi\varepsilon_0 a}(\cos\theta_1-\cos\theta_2)$$

所以，P 点场强为

$$\boldsymbol{E}=E_x\boldsymbol{i}+E_y\boldsymbol{j}=\frac{\lambda}{4\pi\varepsilon_0 a}(\sin\theta_2-\sin\theta_1)\boldsymbol{i}+\frac{\lambda}{4\pi\varepsilon_0 a}(\cos\theta_1-\cos\theta_2)\boldsymbol{j}$$

如果这一均匀带电细线为“无限长”，即 $\theta_1=0,\theta_2=\pi$ 则有

$$E_x=0, E_y=\frac{\lambda}{2\pi\varepsilon_0 a}$$

所以

$$E=E_y=\frac{\lambda}{2\pi\varepsilon_0 a} \tag{9-10}$$

$\boldsymbol{E}$ 的方向与直线垂直，λ 为正时，$\boldsymbol{E}$ 沿 y 轴的正向；λ 为负时，$\boldsymbol{E}$ 沿 y 轴的负向。

例 9-4

求半径为 R、均匀带有电荷量 q 的细圆环轴线上一点 P 的场强。

解 如图 9-7 建立坐标系，选取圆环上任一线元 dl，其上所带电量 $\mathrm{d}q=\frac{q}{2\pi R}\mathrm{d}l$，则该电荷元在 P 点产生的场强大小为

$$\mathrm{d}E=\frac{1}{4\pi\varepsilon_0}\frac{\mathrm{d}q}{r^2}=\frac{1}{4\pi\varepsilon_0}\frac{q}{2\pi R}\frac{\mathrm{d}l}{r^2}$$

场强 d$\boldsymbol{E}$ 的方向如图所示。

根据叠加原理，P 点的场强等于圆环上所有电荷元在 P 点产生场强的矢量和。由于圆环上的电荷分布关于 x 轴对称，将 d$\boldsymbol{E}$ 沿着平行于轴线和垂直于轴线两个方向进行分解，则垂

直于轴线方向的分量 $\mathrm{d}\boldsymbol{E}_{\perp}$ 相互抵消,即 $\boldsymbol{E}_{\perp}=\int \mathrm{d}\boldsymbol{E}_{\perp}=0$,$P$ 点场强就等于平行于轴线分量 $\mathrm{d}\boldsymbol{E}_{/\!/}$ 的叠加,因此,场强大小为

$$E=E_{/\!/}=\int \mathrm{d}E_{/\!/}=\int \mathrm{d}E\cos\theta$$

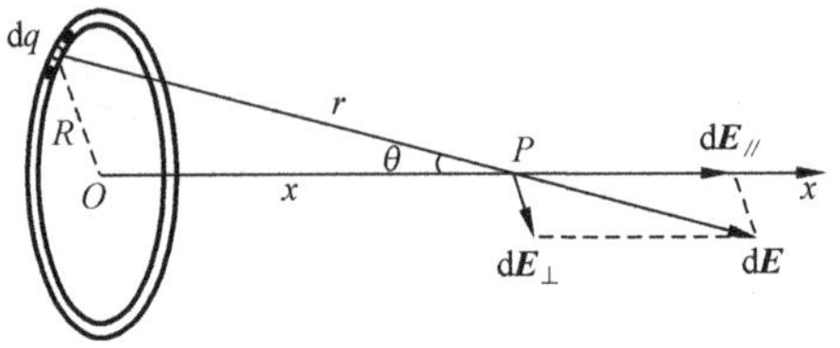

图 9-7　均匀带电的细圆环

将 $\cos\theta=x/r$,$r^2=R^2+x^2$ 代入得

$$E=\int \mathrm{d}E\cos\theta=\frac{1}{4\pi\varepsilon_0}\frac{qx}{2\pi R(R^2+x^2)^{3/2}}\int_0^{2\pi R}\mathrm{d}l=\frac{1}{4\pi\varepsilon_0}\frac{qx}{(R^2+x^2)^{3/2}}$$

考虑 x 轴正半轴上场点:当 q 为正电荷时,场强 $\boldsymbol{E}$ 的方向沿 x 轴正向;q 为负电荷时,$\boldsymbol{E}$ 的方向沿 x 轴负向。当 $x=0$ 时,场强 $E=0$。

例 9-5

求电荷面密度为 σ(设 $\sigma>0$)、半径为 R 的均匀带电薄圆盘轴线上一点 P 的场强。

解　如图 9-8 建立坐标系,把圆盘看成是无数半径 r 不等、宽度为 $\mathrm{d}r$ 的同心细圆环的叠加,则 P 点场强为各圆环在 P 点产生场强的矢量和。而细圆环在 P 点产生的场强可以利用上一例题结果写出。

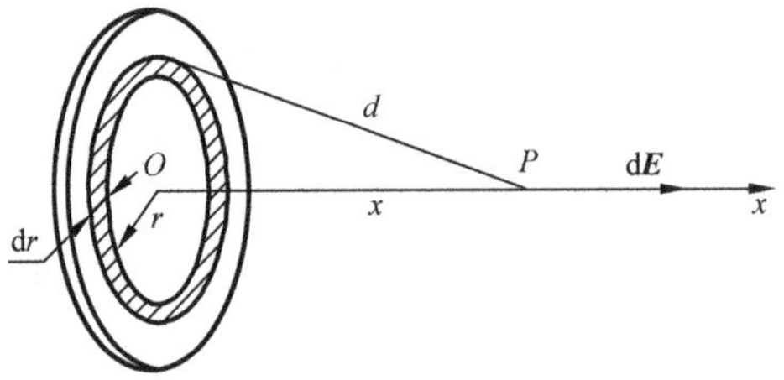

图 9-8　均匀带电的薄圆盘

半径为 r、宽度为 $\mathrm{d}r$ 的细圆环的带电量为

$$\mathrm{d}q=\sigma\cdot 2\pi r\,\mathrm{d}r$$

利用例 9-4 的结果,该细圆环在 P 点产生的场强大小为

$$\mathrm{d}E=\frac{\sigma x\cdot 2\pi r\,\mathrm{d}r}{4\pi\varepsilon_0(r^2+x^2)^{3/2}}$$

各圆环在 P 点产生的场强方向相同，因而整个带电圆盘在 P 点产生的场强大小为

$$E=\int \mathrm{d}E=\frac{\sigma x}{2\varepsilon_0}\int_0^R \frac{r\,\mathrm{d}r}{(r^2+x^2)^{3/2}}=\frac{\sigma}{2\varepsilon_0}\left[1-\frac{x}{(R^2+x^2)^{1/2}}\right]$$

方向沿 x 轴正向。

下面讨论两个极端情况：

(1) 若 $x\ll R$，则 $E=\dfrac{\sigma}{2\varepsilon_0}$。

在非常靠近带电圆盘的场点，圆盘可视为无限大带电平面。此结果表明：无限大均匀带电平面在周围激发的电场强度大小为常数，方向垂直于带电平面。

(2) 若 $x\gg R$，则 $E=\dfrac{\pi R^2\sigma}{4\pi\varepsilon_0 x^2}=\dfrac{q}{4\pi\varepsilon_0 x^2}$。

在远离带电圆盘的场点，圆盘激发的场强与将电荷集中在圆盘中心的一个点电荷激发的场强相同，与带电体的大小、形状无关。

以上例题的求解都是依据电场强度的叠加原理，以点电荷或某些带电体产生的电场为基础，求出带电体系的电场分布，这种方法通常称为场强叠加法。这是计算电场强度的一种常用方法。

第三节　高斯定理

一、电场线

为了形象直观地描述电场在空间中的分布，引入电场线的概念。

如图 9-9 所示，在电场中画出一簇曲线，每条曲线上任一点的切线方向即为该点场强方向，曲线的疏密程度表示场强的大小。定量地说，设想通过某点取一个垂直于电场方向的面元 $\mathrm{d}S_\perp$，则穿过该小面元的电场线数 $\mathrm{d}N$ 满足 $E=\dfrac{\mathrm{d}N}{\mathrm{d}S_\perp}$。满足这样规定的曲线称为**电场线**。

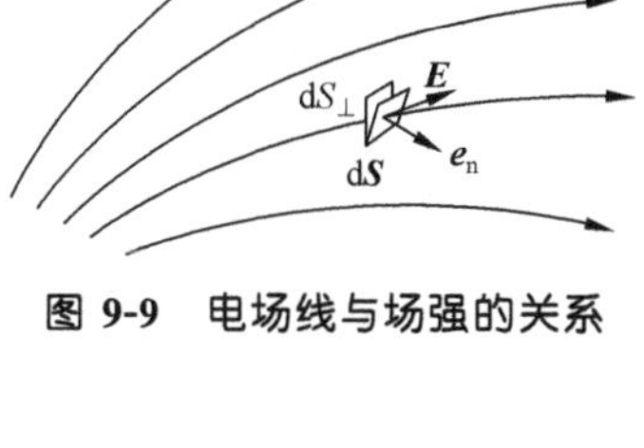

图 9-9　电场线与场强的关系

由上述定义可知，电场线密集的地方，电场强度大；稀疏的地方，电场强度小。图 9-10 是几种典型带电系统产生的电场线分布图。

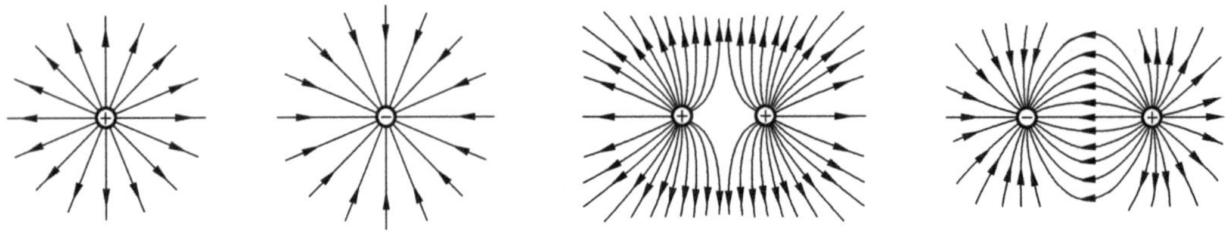

(a) 正点电荷　(b) 负点电荷　(c) 两个等量同号点电荷　(d) 两个等量异号点电荷

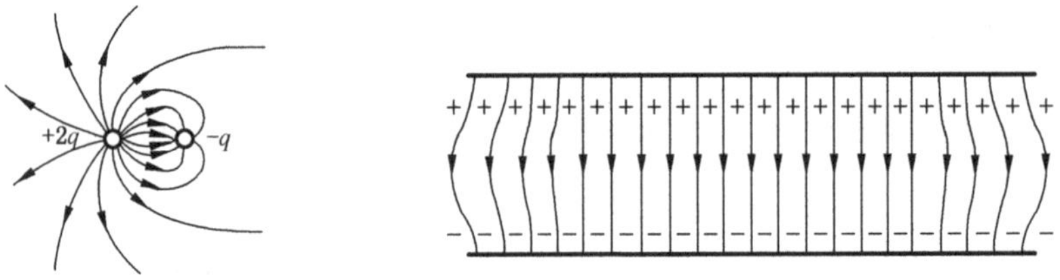

(e) 两个不等量异号点电荷　(f) 带等量异号电荷的平行板

图 9-10　电场线分布图

静电场中电场线有如下性质：

电场线始于正电荷(或无穷远处)，终止于负电荷(或伸向无穷远处)，不会在没有电荷的地方中断；电场线不能形成闭合曲线；在无电荷处任意两条电场线不会相交。

由图 9-10(a)可见，单独一个正点电荷的电场线是以点电荷为中心，沿径矢向外呈辐射状分布；单独一个负点电荷的电场线是以点电荷为中心，沿径矢向内会聚分布(见图 9-10(b))；以点电荷为中心的球面上各点电场线的疏密程度相同，表示场强大小相等。

由图 9-10(f)可见，带等量异号电荷的两平行板靠近中间处各点电场线疏密相同，方向一致，表明各点场强大小相等，方向相同，即为匀强电场。

需要注意的是，电场线表示它所通过的每一点场强的方向，是正电荷放在该点时受力的方向或加速度的方向。因此，一般而言，它不是带电体在该点处的移动方向，即电场线不是电荷在场中运动的轨迹线。

虽然电场线并非电场中的客观存在，但引入电场线概念可以形象地表示电场的空间分布，对分析和研究实际问题很有帮助。在研究某些复杂的电场时，可以采用模拟的方法把电场线作出来，再进行分析研究。

二、电场强度通量

通过电场中某一曲面 S 的电场线数称为该面的**电场强度通量**，简称电通量，用 Φ_e 表示。根据电场线的作图法，在匀强电场中，电场线是一系列均匀分布的有向平行直线。对于一个面积为 S 并且与场强垂直的平面（见图 9-11(a)），显然，它的电通量为

$$\Phi_e = ES$$

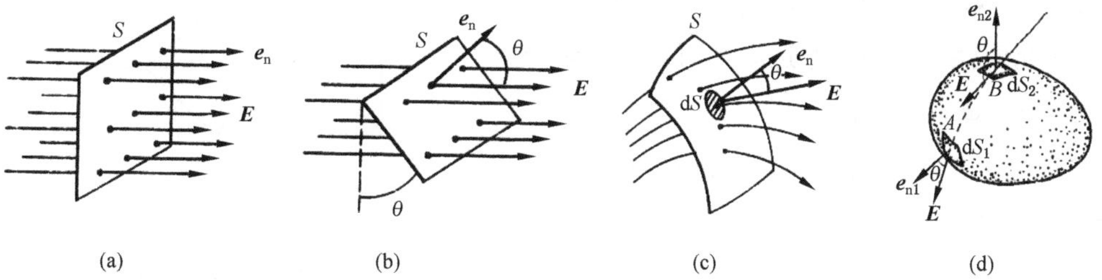

图 9-11 电通量的计算

如果平面 S 与电场方向不垂直，其法线方向单位矢量为 $\boldsymbol{e}_n$，与电场强度 $\boldsymbol{E}$ 的夹角为 θ（如图 9-11(b)所示），那么通过 S 的电通量与其在垂直于 $\boldsymbol{E}$ 方向上的投影面积 $S_\perp$ 的电通量相等，即为

$$\Phi_e = ES_\perp = ES\cos\theta = \boldsymbol{E}\cdot\boldsymbol{S}$$

式中，$\boldsymbol{S}$ 称为面积矢量，其大小即等于面积，方向为法矢量方向，即 $\boldsymbol{S}=S\boldsymbol{e}_n$。

对于非匀强电场中任意曲面（见图 9-11(c)）情况，首先将该曲面分割成无限多个小面积元 $d\boldsymbol{S}$。由于 $d\boldsymbol{S}$ 足够小，其电通量可以按照匀强电场中的平面来处理：

$$d\Phi_e = \boldsymbol{E}\cdot d\boldsymbol{S}$$

通过整个曲面 S 的电通量为该面上无数面积元上电通量的标量和：

$$\Phi_e = \int_S d\Phi_e = \int_S \boldsymbol{E}\cdot d\boldsymbol{S} \tag{9-11}$$

积分遍及整个曲面。

对于闭合曲面（见图 9-11(d)），上式写为

$$\Phi_e = \oint_S \boldsymbol{E}\cdot d\boldsymbol{S} \tag{9-12}$$

对于闭合曲面的面元 $d\boldsymbol{S}$，规定其法线方向由闭合面内指向闭合面外。因此，在电场线穿出闭合曲面处，$\boldsymbol{E}$ 与正法线 $\boldsymbol{e}_n$ 成锐角，$\theta<\pi/2$，电通量为正；在电场线穿入闭合曲面处，$\boldsymbol{E}$ 与正法线 $\boldsymbol{e}_n$ 成钝角，$\theta>\pi/2$，电通量为负。对于整个闭合曲面而言，当穿入闭合曲面的电场线和穿出闭合曲面的电场线数相等时，通过整个闭合曲面的电通量为零。

例 9-6

如图 9-12 所示，有一个三棱柱体放在电场强度 $\boldsymbol{E}=E\boldsymbol{i}$ 的匀强电场中，求三棱柱体各表面及三棱柱体的电场强度通量。

解 如图 9-12 所示，三棱柱由 5 个平面构成了一个闭合曲面，其中 $MNPOM$ 所围面积为 S_1，$MNQM$ 和 $OPRO$ 所围的面积分别为 S_2 和 S_3，$MORQM$ 和 $NPRQN$ 所围的面积分别为 S_4 和 S_5。设在此匀强电场中通过这 5 个面的电通量分别为 Φ_{e1}、Φ_{e2}、Φ_{e3}、Φ_{e4}、Φ_{e5}。

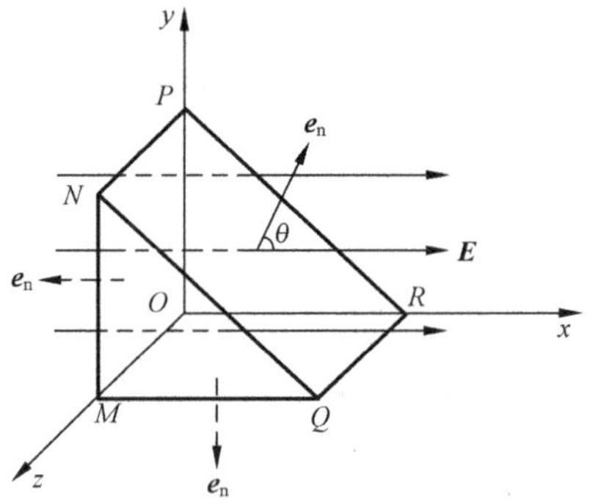

图 9-12 例 9-6 图

由图可知，面 S_1 的法矢量 $\boldsymbol{e}_n$ 和 $\boldsymbol{E}$ 夹角为 π，故通过 S_1 的电通量为

$$\Phi_{e1}=\int_{S_1}\boldsymbol{E}\cdot d\boldsymbol{S}=ES_1\cos\pi=-ES_1$$

面 S_2、S_3 和 S_4 的法矢量 $\boldsymbol{e}_n$ 和 $\boldsymbol{E}$ 垂直，所以

$$\Phi_{e2}=\Phi_{e3}=\Phi_{e4}=\int_S\boldsymbol{E}\cdot dS=0$$

面 S_5 的法矢量 $\boldsymbol{e}_n$ 和 $\boldsymbol{E}$ 夹角为 θ，所以

$$\Phi_{e5}=\int_{S_5}\boldsymbol{E}\cdot d\boldsymbol{S}=ES_5\cos\theta$$

因 $S_5\cos\theta=S_1$，故 $\Phi_{e5}=ES_1$。

通过闭合曲面的电通量为

$$\Phi_e=\Phi_{e1}+\Phi_{e2}+\Phi_{e3}+\Phi_{e4}+\Phi_{e5}=-ES_1+ES_1=0$$

上述结果表明，在匀强电场中穿入与穿出三棱柱体的电场线数目相等，即穿过整个闭合曲面(三棱柱体表面)的电通量为零。

三、高斯定理

德国物理学家高斯通过对电通量的研究导出的**高斯定理**，是电磁学的一条重要规律。其内容为：通过任意闭合曲面的电通量，等于该面所包围的所有电荷的代数和除以 ε_0，与闭合曲面外的电荷无关，即

$$\Phi_e=\oint_S\boldsymbol{E}\cdot d\boldsymbol{S}=\frac{1}{\varepsilon_0}\sum_{i=1}^{k}q_i \tag{9-13}$$

下面对高斯定理作简单的推导。

设真空中有一个正点电荷 q，以 q 所在点为球心，以任意长度 r 为半径，作包围点电荷的球面 S_1，如图 9-13(a)所示。点电荷电场具有球对称性：球面上任一点的电场强度的大小都是 $q/(4\pi\varepsilon_0 r^2)$，场强的方向都沿径矢方向，且处处与球面正交。因此可求得 S_1 的电通量为

$$\Phi_e = \oint_S \boldsymbol{E} \cdot d\boldsymbol{S} = \oint_S \frac{q}{4\pi\varepsilon_0 r^2} dS = \frac{q}{4\pi\varepsilon_0 r^2} \oint_S dS = \frac{q}{\varepsilon_0}$$

此结果与球面的半径无关，说明以 q 为球心的任意大小的球面的电通量都是 q/ε_0。

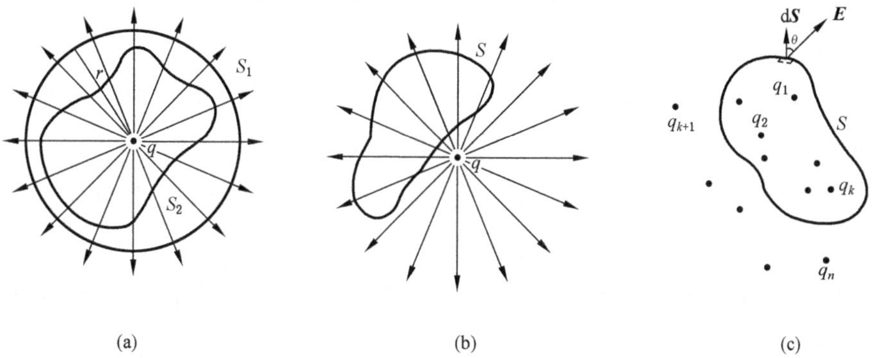

图 9-13　说明高斯定理用图

如果包围点电荷的是任意形状的闭合曲面 S_2，如图 9-13(a)所示，由于电场线的连续性，可以看出通过闭合曲面 S_2 和 S_1 的电场线的数目是相同的。因此 S_2 的电通量也是 q/ε_0。

如果闭合曲面不包围点电荷(见图 9-13(b))，则穿入闭曲面的电场线数与穿出的电场线数相等。因此，通过闭合曲面的电通量为零。这说明，电场中闭合曲面以外的电荷对闭合曲面的电通量无贡献。

以上是由单个点电荷的电场得出的结论。对于由点电荷 $q_1, q_2, \cdots, q_k, q_{k+1}, \cdots, q_n$(其中 $q_1, q_2, \cdots, q_k$ 在闭合曲面内，$q_{k+1}, \cdots, q_n$ 不被闭合曲面包围)组成的电荷系(见图 9-13(c))来说，任一点的总场强为

$$\boldsymbol{E} = \boldsymbol{E}_1 + \boldsymbol{E}_2 + \cdots + \boldsymbol{E}_n$$

因此，通过这个闭合曲面的总电场强度通量为

$$\begin{aligned}\Phi_e &= \oint_S \boldsymbol{E}\cdot d\boldsymbol{S} = \oint_S (\boldsymbol{E}_1+\boldsymbol{E}_2+\cdots+\boldsymbol{E}_n)\cdot d\boldsymbol{S}\\ &= \oint_S \boldsymbol{E}_1\cdot d\boldsymbol{S}+\cdots+\oint_S \boldsymbol{E}_k\cdot d\boldsymbol{S}+\oint_S \boldsymbol{E}_{k+1}\cdot d\boldsymbol{S}+\cdots+\oint_S \boldsymbol{E}_n\cdot d\boldsymbol{S}\\ &= \frac{1}{\varepsilon_0}(q_1+q_2+\cdots+q_k)+0+\cdots+0=\frac{1}{\varepsilon_0}\sum_{i=1}^{k}q_i\end{aligned}$$

即

$$\Phi_e = \oint_S \boldsymbol{E}\cdot d\boldsymbol{S} = \frac{1}{\varepsilon_0}\sum_{i=1}^{k}q_i$$

这就是真空中静电场的高斯定理。闭合曲面 S 通常称为高斯面。

对于高斯定理还应说明的是：

(1) 高斯定理指明了静电场中通过任意闭合曲面的电通量与该曲面所包围电荷之间存在确定的量值关系。闭合曲面外的电荷产生的电场线，对闭合曲面穿进又穿出，故对闭合曲面的电通量无贡献。但闭合曲面外的电荷对空间各点，包括闭合曲面上各点场强都是有贡献的。闭合曲面上的场强应是闭合曲面内、外所有电荷产生的总场强。

(2) 高斯定理虽然是以库仑定律为基础导出的，但它的应用范围要比库仑定律广泛得多。库仑定律仅适用于静电场，而高斯定理不仅对静电场适用，对变化的电场也是适用的。它是电磁场理论的基本方程之一。

四、高斯定理的应用

高斯定理的一个重要应用就是计算带电体周围的场强分布。需要指出，高斯定理虽然对任何电场都适用，但只有场强的分布具有一定的对称性时，才可以应用高斯定理求出场强的分布规律。在这种情况下，应用高斯定理求场强比用叠加方法更简便，下面举例说明。

例 9-7

求带电量为 $+q$、半径为 R 的均匀带电球面的电场分布。

解 对称性分析：带电体的电荷分布具有球对称性，因而电场分布也具有球对称性，即场强方向沿半径呈辐射状向外，与带电球面同心的任意球面上各点场强大小相等。

如图 9-14 所示，在球面外任取一点 P，距球心 O 为 r，以 O 为球心、r 为半径作球面 S 为高斯面。S 的电通量为

$$\Phi_e = \oint_S \boldsymbol{E}\cdot d\boldsymbol{S} = \oint_S E\,dS = E\oint_S dS = E\cdot 4\pi r^2$$

又高斯面 S 内包围的电荷量即为球面所带总电荷 $+q$，因此根据高斯定理，有

$$\Phi_e = q/\varepsilon_0$$

联立上面两式，可得

$$E = \frac{q}{4\pi\varepsilon_0 r^2} \quad (r > R)$$

考虑到 $\boldsymbol{E}$ 的方向，可用矢量式表示为

$$\boldsymbol{E} = \frac{q}{4\pi\varepsilon_0 r^2}\boldsymbol{e}_r \quad (r > R)$$

可见，均匀带电球面外的场强分布，与将全部电荷集中在球心时的点电荷产生的场强相同。

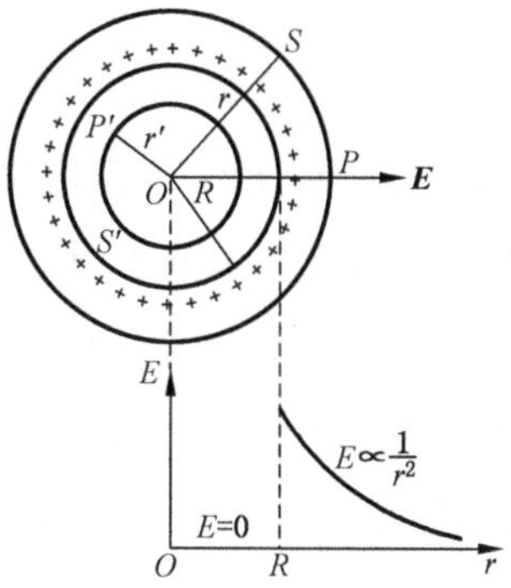

图 9-14　均匀带电球面的电场

再计算球面内场点场强。过球面内任一点 P' 作同心球面 S' 为高斯面，则 S' 内包围的电荷量为零，重复上述计算方法，有

$$\Phi_e = \oint_{S'} \boldsymbol{E} \cdot d\boldsymbol{S} = E \cdot 4\pi r^2 = 0$$

因而

$$E = 0 \quad (r < R)$$

即均匀带电球面内部的场强处处为零。

根据计算结果，可画出均匀带电球面场强大小随 r 的变化曲线，如图 9-14 所示。

例 9-8

求电荷线密度为 λ 的无限长均匀带电直线的电场分布。

解　对称性分析：根据电荷分布的特点可得，带电体产生的电场分布具有轴对称性。任取与带电直线的垂直距离为 r 的场点 P，其电场强度垂直于带电直线沿径向，如图 9-15 所示。图中与 P 点在同一圆柱侧面上的各点电场强度大小都相等，方向沿各点的径向。

过 P 点作一个以带电直线为轴、高为 l 的圆柱形闭合曲面 S 为高斯面，如图所示。则圆柱面侧面的电通量是 $E \cdot 2\pi rl$，上下底面的电通量是零。而圆柱面所包围的总电荷量为 λl，根据高斯定理得

$$\Phi_e = E \cdot 2\pi rl = \lambda l/\varepsilon_0$$

由此得

$$E = \frac{\lambda}{2\pi\varepsilon_0 r}$$

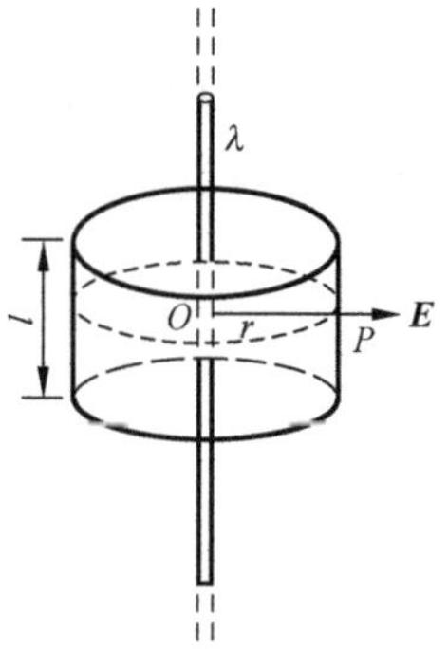

图 9-15　无限长均匀带电直线的电场分析

即无限长均匀带电直线在周围产生的场强与场点到直线的垂直距离 r 成反比，方向垂直于带电直线。

例 9-9

求电荷面密度为 σ(设 $\sigma>0$)的无限大均匀带电平面的电场分布。

解 对称性分析:电荷均匀分布在无限大平面上,则面外任意点均可看成是处于平面的中垂线上。因此两侧与平面等距离的点场强大小相同,方向处处与平面垂直,并背离平面向外。即电场以平面为对称面对称分布,具有面对称性。

取底面过场点 P,侧面穿过带电平面的对称圆柱面为高斯面,如图 9-16 所示。设圆柱面的底面积为 ΔS,由于侧面上场强 $\boldsymbol{E}$ 的方向处处与面元垂直,所以圆柱面侧面的电通量为零。两个底面上场强方向与面积法向矢量平行,且两底面上场强大小相等,所以通过两底面的电通量为 $2E\Delta S$。又高斯面所包围的电荷量为 $\sigma\Delta S$,根据高斯定理可得

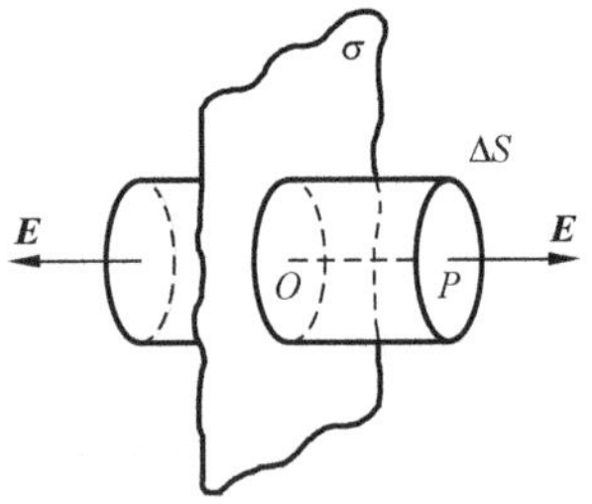

图 9-16 无限大均匀带电平面的电场分析

$$2E\Delta S=\sigma\Delta S/\varepsilon_0$$

所以

$$E=\frac{\sigma}{2\varepsilon_0}$$

可见,无限大均匀带电平面两侧的电场是均匀场,场强方向垂直于带电平面。

由以上例题可知,在电场分布具有某种对称性(如球对称、轴对称和面对称)时,利用高斯定理求场强是特别方便的。现将应用高斯定理解题的步骤总结如下:

(1) 分析给定场强分布的对称性,判断能否应用高斯定理求解场强。

(2) 若能用高斯定理求解场强,则要选择适当的闭合曲面作为高斯面,使它通过待求场强的点。高斯面电通量的计算应当简便,且要求高斯面本身是简单的几何曲面。

(3) 计算高斯面的电通量及高斯面内所含的电量的代数和,应用高斯定理求场强。

第四节 静电场的环路定理 电势

前面从电荷在电场中受力出发研究了静电场的性质,引入了电场强度的概念。本节将从电荷在电场中移动时电场力对电荷做功的角度出发来研究静电场的性质,并引入描述静电场的另一个物理量——电势。

一、静电场的环路定理

如图 9-17 所示,设试验电荷 q_0 在点电荷 Q 产生的电场中由 a 点沿某一路径 L 移动至 b

点，现在计算 q_0 受到的电场力所做的功。显然，在此过程中，作用在 q_0 上的电场力是变力，功的计算需采用变力做功方法处理。计算式为

$$A_{ab}=\int_{a(L)}^{b}\boldsymbol{F}\cdot \mathrm{d}\boldsymbol{l}=\int_{a(L)}^{b}q_0\boldsymbol{E}\cdot \mathrm{d}\boldsymbol{l}$$

如图，$\boldsymbol{E}\cdot \mathrm{d}\boldsymbol{l}=E\mathrm{d}l\cos\theta$，又 $\mathrm{d}l\cos\theta=\mathrm{d}r$，所以

$$A_{ab}=\int_{a(L)}^{b}q_0E\mathrm{d}r=\int_{r_a}^{r_b}q_0\frac{Q}{4\pi\varepsilon_0 r^2}\mathrm{d}r=\frac{Qq_0}{4\pi\varepsilon_0}\left(\frac{1}{r_a}-\frac{1}{r_b}\right) \tag{9-14}$$

式中，r_a 和 r_b 分别为试验电荷 q_0 的始末位置 a 点和 b 点到电荷 Q 的距离。式(9-14)表明，在点电荷产生的电场中，电场力做功只与试验电荷移动的初末位置有关，而与具体路径无关。

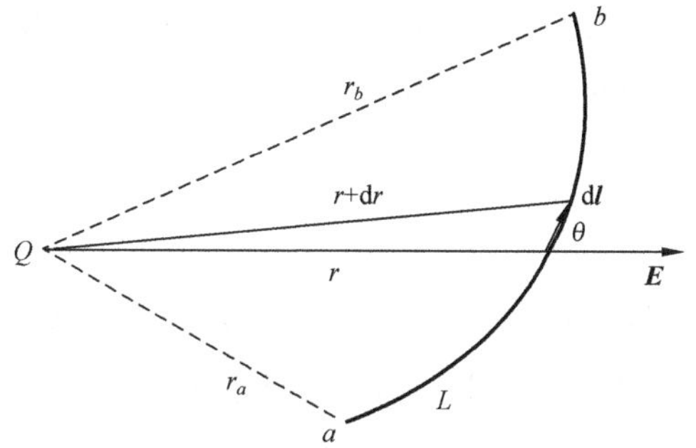

图 9-17　电荷运动时电场力做功的计算

当空间中的电场是由点电荷系激发时，移动 q_0 所经过的路径上各点的场强为各点电荷激发场强的矢量和，即

$$\boldsymbol{E}=\boldsymbol{E}_1+\boldsymbol{E}_2+\cdots+\boldsymbol{E}_n$$

q_0 由 a 运动到 b 的过程中，电场力对 q_0 所做的功为

$$A_{ab}=\int_{a(L)}^{b}\boldsymbol{F}\cdot \mathrm{d}\boldsymbol{l}=\int_{a(L)}^{b}q_0\boldsymbol{E}\cdot \mathrm{d}\boldsymbol{l}=\int_{a(L)}^{b}q_0\boldsymbol{E}_1\cdot \mathrm{d}\boldsymbol{l}+\int_{a(L)}^{b}q_0\boldsymbol{E}_2\cdot \mathrm{d}\boldsymbol{l}+\cdots+\int_{a(L)}^{b}q_0\boldsymbol{E}_n\cdot \mathrm{d}\boldsymbol{l} \tag{9-15}$$

上式右方的每一项是各点电荷单独存在时，试验电荷由 a 运动到 b 静电力对 q_0 所做的功。由于每一项做功都与路径无关，所以总功也与路径无关。

任意的带电体系都可以视为点电荷的集合，由此可得出结论：试验电荷在任意给定的静电场中移动时，电场力所做的功仅与试验电荷的电量及其始末位置有关，而与移动过程中的具体路径无关。这与力学中讨论过的万有引力、弹性力等保守力做功的特征相同，所以静电场力是保守力，静电场是保守场。

当试验电荷 q_0 在静电场中沿一闭合路径 L（见图 9-18）从 a 点出发经 c、b、d 再回到 a 点时，静电场力对其做功为

$$A_{ab}=\oint_L q_0\boldsymbol{E}\cdot\mathrm{d}\boldsymbol{l}=\int_{acb}q_0\boldsymbol{E}\cdot\mathrm{d}\boldsymbol{l}+\int_{bda}q_0\boldsymbol{E}\cdot\mathrm{d}\boldsymbol{l}$$
$$=\int_{acb}q_0\boldsymbol{E}\cdot\mathrm{d}\boldsymbol{l}-\int_{adb}q_0\boldsymbol{E}\cdot\mathrm{d}\boldsymbol{l}=0$$

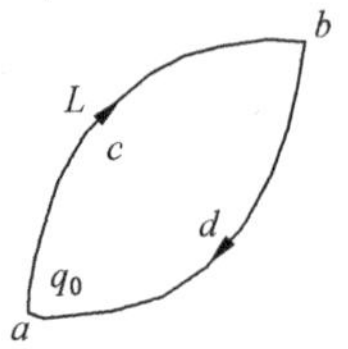

图 9-18 静电场的环路定理

上式的推导应用了“静电场力做功只与试验电荷始末位置有关，与路径无关”的性质。

因为试验电荷电量 q_0 不为零，故有

$$\oint_L \boldsymbol{E}\cdot\mathrm{d}\boldsymbol{l}=0 \tag{9-16}$$

式中，$\oint_L \boldsymbol{E}\cdot\mathrm{d}\boldsymbol{l}$ 表示静电场场强沿任意闭合路径的积分，叫作静电场场强的环流。可见，静电场中，电场强度沿任意闭合路径的线积分恒等于零，这一规律称为**静电场的环路定理**。该定理表明静电场的电场线不可能闭合，静电场是无旋场，这是静电场的重要性质。

二、电势能

既然静电场力是一种保守力，它对电荷所做的功只取决于电荷的始末位置，于是和重力场中的情况相似，可以认为电荷在静电场中任一给定位置具有一定的势能，称为**静电势能**，简称**电势能**，用 W 表示。由于保守力的功等于相应势能增量的负值，静电场力的功就等于静电势能增量的负值。若以 W_a 和 W_b 分别表示试验电荷 q_0 在初始位置 a 和末位置 b 处的电势能，则

$$A_{ab}=q_0\int_a^b \boldsymbol{E}\cdot\mathrm{d}\boldsymbol{l}=-(W_b-W_a) \tag{9-17}$$

由式(9-17)可知，当试验电荷 q_0 在电场中移动，电场力做正功时，电势能减少；电场力做负功时，电势能增加。

电势能与重力势能相似，是一个相对量。为了说明电荷在电场中某一点电势能的大小，必须有一个作为参考的势能“零点”。和力学中的零势能点选取原则相同，电势能零点也是可以任意选取的。为了方便，若电荷分布在有限的空间，通常将无穷远处选作电势能零点。当选定 b 点为零电势能点，即规定 $W_b=0$ 时，由式(9-17)得

$$W_a=A_{a``0"}=q_0\int_a^{``0"} \boldsymbol{E}\cdot\mathrm{d}\boldsymbol{l} \tag{9-18}$$

即电荷在电场中某点的电势能，在量值上等于把电荷由该点移动到电势能零点，静电场力所做的功。

另外，需要指出，电势能是受力电荷与电场的相互作用能，属于电荷与电场组成的系统。

在国际单位制中，电势能的单位是焦耳(J)。

三、电势

由式(9-18)可知,电场中某点的电势能与试验电荷的电量 q_0 有关,所以不能用电荷在静电场中的电势能来描述静电场的性质,正如不能用电荷在电场中受到的电场力来描述电场的性质一样。但是 W_a/q_0 却与 q_0 无关,仅由 a 点处电场的性质决定,所以,这一比值是表征静电场中给定点电场性质的物理量。定义比值 W_a/q_0 为静电场中 a 点的**电势**,用符号 U_a 表示,即

$$U_a=\frac{W_a}{q_0}=\int_a^{“0”}\boldsymbol{E}\cdot\mathrm{d}\boldsymbol{l} \tag{9-19}$$

上式表明:静电场中某点的电势,在数值上等于单位正电荷在该点所具有的电势能;也等于把单位正电荷从该点移动到零电势点处静电场力所做的功。

在国际单位制中,电势的单位是伏特,用 V 表示,$1\ \mathrm{V}=1\ \mathrm{J}\cdot\mathrm{C}^{-1}$。

由电势的定义可知,电势是标量。要确定电场中各点的电势,也必须先选取零参考点。为研究问题方便,在同一问题中电势的零参考点总是与电势能零点选取一致。在理论计算中,对于电荷分布有限的体系,往往选取无穷远处为零电势点;而对于电荷分布在无限空间(如无限长带电线、无限大带电板、无限长带电圆柱面等),电势零点不能选在无限远,应选在有限远点,否则会导致场点的电势为无限大或不确定(见例题 9-12)。实际应用中,常选地球的电势为零。

电场中 a、b 两点之间的电势差值称为电势差,用符号 U_{ab} 表示:

$$U_{ab}=U_a-U_b=\int_a^b\boldsymbol{E}\cdot\mathrm{d}\boldsymbol{l} \tag{9-20}$$

即静电场中 a、b 两点间的电势差,在数值上等于把单位正电荷从 a 点移到 b 点静电场力所做的功。因此,当任一点电荷 q 在电场中从 a 点移动到 b 点时,电场力所做的功可以表示为

$$A_{ab}=q\int_a^b\boldsymbol{E}\cdot\mathrm{d}\boldsymbol{l}=qU_{ab} \tag{9-21}$$

因为静电力所做的功与路径无关,所以当电场确定时,两点间的电势差就完全确定了。电势与零电势点的选取有关,而电势差与零电势点的选取无关。

四、电势叠加原理

在带电量分别为 $q_1,q_2,\cdots,q_n$ 的点电荷系产生的电场中,某点 P 的电势为

$$U_P=\int_P^{“0”}\boldsymbol{E}\cdot\mathrm{d}\boldsymbol{l}$$

式中,$\boldsymbol{E}$ 为点电荷系产生的总电场强度,即

$$\boldsymbol{E}=\boldsymbol{E}_1+\boldsymbol{E}_2+\cdots+\boldsymbol{E}_n=\sum_{i=1}^{n}\boldsymbol{E}_i$$

代入上式得

$$U_P=\int_P^{“0”}\sum_{i=1}^{n}\boldsymbol{E}_i\cdot \mathrm{d}\boldsymbol{l}=\sum_{i=1}^{n}\int_P^{“0”}\boldsymbol{E}_i\cdot \mathrm{d}\boldsymbol{l}=\sum_{i=1}^{n}U_i \tag{9-22}$$

此式称为**电势叠加原理**。它表明,在点电荷系产生的电场中,某点的电势等于各个点电荷单独存在时在该点产生的电势的代数和。

五、电势的计算

点电荷 q 在空间中产生的电场强度为

$$\boldsymbol{E}=\frac{q}{4\pi\varepsilon_0 r^2}\boldsymbol{e}_r$$

若取无穷远处为零电势点,则根据电势的定义式(9-19)可求出距 q 为 r 的任意一点 P 的电势为

$$U_P=\int_P^{\infty}\boldsymbol{E}\cdot \mathrm{d}\boldsymbol{l}=\int_r^{\infty}\frac{q}{4\pi\varepsilon_0 r^2}\mathrm{d}r=\frac{q}{4\pi\varepsilon_0 r} \tag{9-23}$$

可见,以无穷远处为零电势点,点电荷电量 $q>0$ 时,静电场中各点的电势处处为正值;点电荷电量 $q<0$ 时,静电场中各点的电势处处为负值。

有了点电荷产生的电势分布公式,结合电势叠加原理,很容易求出点电荷系产生的电场中某点的电势。设 P 点相对于各点电荷的距离分别为 $r_1, r_2, \cdots, r_n$,则各点电荷单独在 P 点产生的电势分别为

$$U_i=\frac{1}{4\pi\varepsilon_0}\frac{q_i}{r_i}\quad (i=1,\ 2,\ 3,\ \cdots,\ n)$$

所以点电荷系在 P 点产生的总电势为

$$U=\sum_{i=1}^{n}U_i=\sum_{i=1}^{n}\frac{1}{4\pi\varepsilon_0}\frac{q_i}{r_i} \tag{9-24}$$

若电场是由电荷连续分布的带电体产生的,可以把带电体看成许多极小的连续分布的电荷元的集合,将每个电荷元 $\mathrm{d}q$ 都当作点电荷来处理,就可以由式(9-24)得出用叠加原理求电势的积分公式

$$U=\int \mathrm{d}U=\int_Q\frac{1}{4\pi\varepsilon_0}\frac{\mathrm{d}q}{r} \tag{9-25}$$

计算电势一般有两种方法:一是根据已知的电荷分布,由电势叠加原理来计算;二是根据电势的定义式来计算。

例 9-10

如图 9-19 所示，bcd 是以 O 为圆心、以 r 为半径的半圆弧，点 a 与 Ob 共线，且 ab 长度为 r。在 a 点和 O 点分别有一电荷量为 Q 和 q 的点电荷，现将一单位正电荷从 b 点沿半圆弧轨道 bcd 移动到 d 点，求电场力所做的功。

解　设无穷远处电势为零，根据电势叠加原理，b 点和 d 点的电势分别为

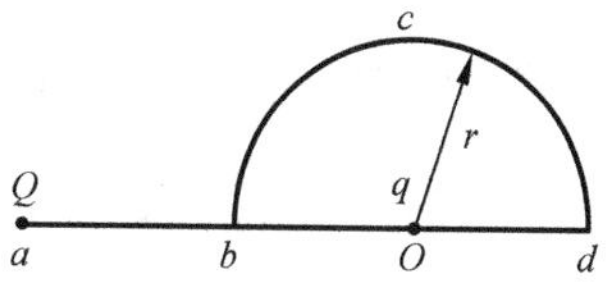

图 9-19　例 9-10 图

$$U_b=\frac{Q}{4\pi\varepsilon_0 r}+\frac{q}{4\pi\varepsilon_0 r},U_d=\frac{Q}{4\pi\varepsilon_0(3r)}+\frac{q}{4\pi\varepsilon_0 r}$$

b 点和 d 点的电势差为

$$U_{bd}=U_b-U_d=\frac{Q}{6\pi\varepsilon_0 r}$$

再由式(9-21)得电荷移动时电场力做功

$$A_{bd}=q_0U_{bd}=1\times\frac{Q}{6\pi\varepsilon_0 r}=\frac{Q}{6\pi\varepsilon_0 r}$$

例 9-11

求半径为 R、带电量为 Q 的均匀带电球面在空间中形成的电势分布。

解　均匀带电球面的场强为

$$\begin{cases}\boldsymbol{E}_1=\boldsymbol{0} & (r<R)\\ \boldsymbol{E}_2=\dfrac{Q}{4\pi\varepsilon_0 r^2}\boldsymbol{e}_r & (r>R)\end{cases}$$

以无限远处为零电势点，积分路径沿 $\boldsymbol{r}$ 方向。由定义式(9-19)，分别计算带电球面内、球面外与球心相距为 r 的 P 点的电势，有

$$r<R:U_1=\int_P^\infty\boldsymbol{E}\cdot\mathrm{d}\boldsymbol{l}=\int_r^R E_1\mathrm{d}r+\int_R^\infty E_2\mathrm{d}r=\int_R^\infty\frac{Q}{4\pi\varepsilon_0 r^2}\mathrm{d}r=\frac{Q}{4\pi\varepsilon_0 R}$$

$$r>R:U_2=\int_P^\infty\boldsymbol{E}\cdot\mathrm{d}\boldsymbol{l}=\int_r^\infty E_2\mathrm{d}r=\int_r^\infty\frac{Q}{4\pi\varepsilon_0 r^2}\mathrm{d}r=\frac{Q}{4\pi\varepsilon_0 r}$$

当 P 点处于球面上，即 $r=R$ 时，$U_P=\dfrac{Q}{4\pi\varepsilon_0 R}=U_1$。

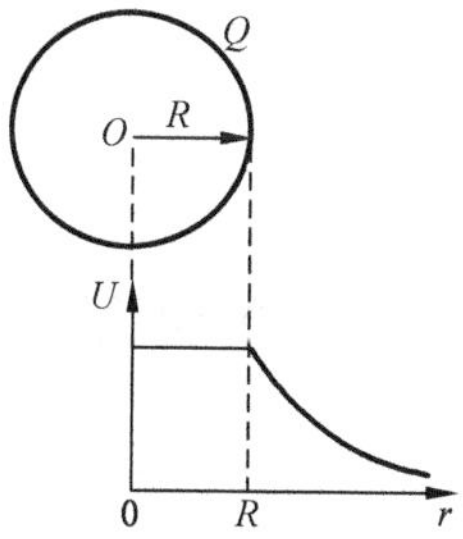

图 9-20　均匀带电球面电势求解

这说明，均匀带电球面内各点的电势都相等，都等于球面上各点的电势；球面外的电势相当于电荷集中在球心的点电荷产生的电势。电势 U 随 r 变化的曲线如图 9-20 所示。

例 9-12

求半径为 r、单位长度上带电量为 λ 的无限长均匀带电圆柱面的电势分布。

解 由于电荷分布的轴对称性,应用高斯定理很容易求出电场强度为

$$\begin{cases} E_1 = 0 & (r < R) \\ E_2 = \dfrac{\lambda}{2\pi\varepsilon_0 r} & (r > R) \end{cases}$$

电场强度的方向垂直于带电圆柱面的轴线。

若本题仍选取无穷远处为零电势点,则由 $\int_P^{\infty} \boldsymbol{E} \cdot \mathrm{d}\boldsymbol{l}$ 的积分结果可知,各点的电势均为无穷大,这是没有意义的。因此,当电荷分布延伸到无穷远时,是不能选取无穷远处为电势零参考点的。在本题的条件下,可以选取某一距带电圆柱面轴线为 r_0 的 P_0 点为电势零点,如图 9-21 所示。

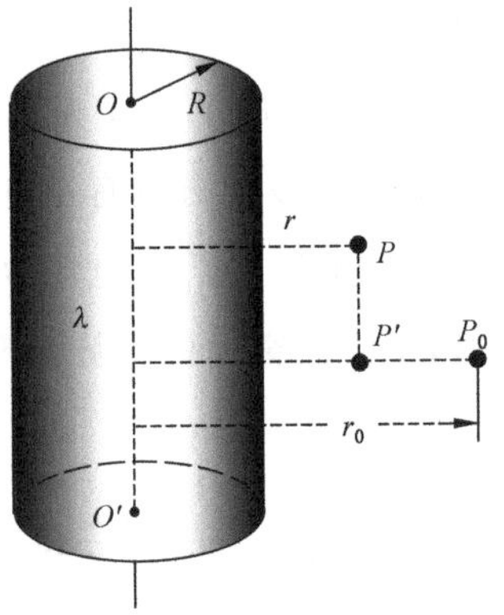

图 9-21 均匀带电圆柱面电势求解

当 $r>R$ 时,与轴线距离为 r 的一点 P 处的电势为

$$U_P = \int_P^{P_0} \boldsymbol{E} \cdot \mathrm{d}\boldsymbol{l} = \int_P^{P'} \boldsymbol{E}_2 \cdot \mathrm{d}\boldsymbol{l} + \int_{P'}^{P_0} \boldsymbol{E}_2 \cdot \mathrm{d}\boldsymbol{l}$$

图中,PP' 和轴线平行,即与电场强度 $\boldsymbol{E}$ 垂直,所以上式右端的第一项积分为零,故

$$U_P = \int_{P'}^{P_0} \boldsymbol{E}_2 \cdot \mathrm{d}\boldsymbol{l} = \int_r^{r_0} \frac{\lambda}{2\pi\varepsilon_0 r} \mathrm{d}r = -\frac{\lambda}{2\pi\varepsilon_0} \ln r + \frac{\lambda}{2\pi\varepsilon_0} \ln r_0$$

这一结果可以一般地表示为 $U_P = -\dfrac{\lambda}{2\pi\varepsilon_0} \ln r + C$,式中 C 是与电势零点位置有关的常数。

当 $r<R$ 时,

$$U_P = \int_r^{R} \boldsymbol{E}_1 \cdot \mathrm{d}\boldsymbol{l} + \int_R^{r_0} \boldsymbol{E}_2 \cdot \mathrm{d}\boldsymbol{l} = 0 + \int_R^{r_0} \frac{\lambda}{2\pi\varepsilon_0 r} \mathrm{d}r = -\frac{\lambda}{2\pi\varepsilon_0} \ln R + C$$

第五节 电场强度与电势的关系

一、等势面

前面我们曾用电场线形象地描述电场中电场强度的分布,同样我们也可以用等势面来形象地描述电场中电势的分布。

在静电场中由电势相等的点组成的面称为**等势面**。不同电荷分布的电场等势面的形状不同,例如点电荷电场中的等势面是以点电荷为球心的一簇同心球面。为了使等势面能够反映出电场强度的分布,规定两个相邻的等势面间的电势差均相等,这样等势面密集的地方电场强度大,稀疏的地方电场强度小。图 9-22 是几种典型的带电体的等势面和电场线分布图,

图中实线表示电场线，虚线表示等势面。

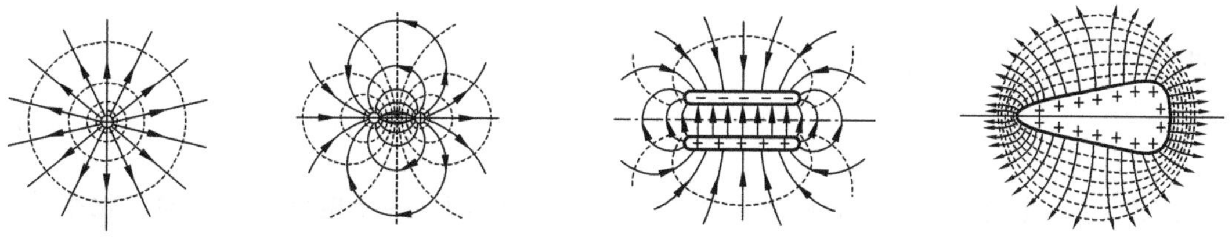

(a) 正点电荷　(b) 电偶极子　(c) 正负带电板　(d) 不规则形状的带电导体

图 9-22 几种典型的带电体周围的电场线和等势面分布图

等势面具有如下性质：

(1) 沿等势面移动电荷，电场力不做功。这一结论可以根据电场力做功与电势差间的关系式 $A_{ab}=qU_{ab}$ 直接得出。

(2) 等势面与电场线处处正交。证明如下：将试验电荷 q_0 沿等势面移动微小位移 $\mathrm{d}\boldsymbol{l}$，电场力做的元功为 0，即有 $\mathrm{d}A=q_0\boldsymbol{E}\cdot\mathrm{d}\boldsymbol{l}=q_0E\mathrm{d}l\cos\theta=0$，式中 θ 为位移与该处电场强度之间的夹角。由于 q_0、E、$\mathrm{d}l$ 均不为零，故必有 $\cos\theta=0$，即 $\theta=\pi/2$，即电场强度与等势面处处垂直。分析静电场力对电荷做功与电荷的电势能变化的关系，可以得出电场线总是指向电势降低的方向。

在实际应用中，画等势面是研究电场的一种极为有用的方法，因为通过实验可以方便地测出等势点，进而得到等势面图，这样就能根据电场线与等势面的关系绘制出电场线，从而了解整个电场的特性。

二、电场强度与电势的关系

电场强度与电势都是描述电场性质的物理量，它们之间必然存在着内在的联系，除式(9-19)给出的积分关系外，还存在微分关系。下面来探讨两者之间的微分关系。

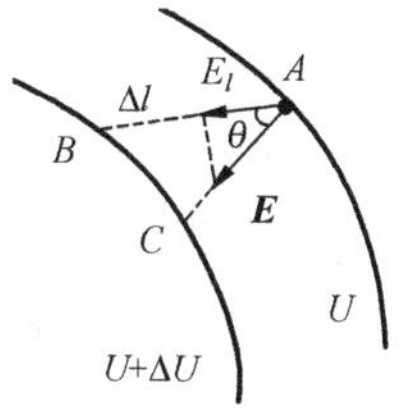

图 9-23 场强和电势关系

如图 9-23 所示，设想在静电场中有两个离得很近的等势面，它们的电势分别为 U 和 $U+\Delta U$。在两个等势面上分别取点 A 和点 B，这两点非常接近，间距为 Δl，因此，它们之间的电场强度 $\boldsymbol{E}$ 可以认为是相同的。设 $\Delta\boldsymbol{l}$ 与 $\boldsymbol{E}$ 之间的夹角为 θ，则将单位正电荷由点 A 移动到点 B，电场力做功为

$$-(U_B-U_A)=\boldsymbol{E}\cdot\Delta\boldsymbol{l}=E\Delta l\cos\theta$$

因为 $-(U_B-U_A)=-\Delta U$，电场强度 $\boldsymbol{E}$ 在 $\Delta\boldsymbol{l}$ 方向上的分量为 $E\cos\theta=E_l$，所以有 $-\Delta U=E_l\Delta l$，或

$$E_l=\frac{-\Delta U}{\Delta l}$$

若将 Δl 取得极小,上式写成:

$$E_l=-\frac{\mathrm{d}U}{\mathrm{d}l} \tag{9-26}$$

此式表明:电场中某一点的场强 $\boldsymbol{E}$ 沿某一方向的分量 E_l 等于电势沿该方向变化率的负值。当电势用直角坐标系表示,即 $U=U(x,y,z)$ 时,场强沿三个坐标轴方向的分量分别为

$$E_x=-\frac{\partial U}{\partial x},E_y=-\frac{\partial U}{\partial y},E_z=-\frac{\partial U}{\partial z}$$

即场强 $\boldsymbol{E}$ 的矢量表达式可写成

$$\boldsymbol{E}=-\left(\frac{\partial U}{\partial x}\boldsymbol{i}+\frac{\partial U}{\partial y}\boldsymbol{j}+\frac{\partial U}{\partial z}\boldsymbol{k}\right) \tag{9-27}$$

在数学上,矢量 $\frac{\partial U}{\partial x}\boldsymbol{i}+\frac{\partial U}{\partial y}\boldsymbol{j}+\frac{\partial U}{\partial z}\boldsymbol{k}$ 称为电势的梯度,用 grad U 或 ∇U 表示。所以上式又可写成:

$$\boldsymbol{E}=-\mathrm{grad}\,U=-\nabla U \tag{9-28}$$

式中,∇ 为梯度算符

$$\nabla=\frac{\partial}{\partial x}\boldsymbol{i}+\frac{\partial}{\partial y}\boldsymbol{j}+\frac{\partial}{\partial z}\boldsymbol{k}$$

式(9-28)即为场强和电势的微分关系,此式表明,电场中某点的场强等于该点电势梯度的负值。

在实际测量时,我们可以比较容易地用仪表测量电势和电势差,而要测量场强则不那么容易,但可以根据场强和电势的关系式(9-28)来计算场强。在理论计算时,由于电势是标量,而场强是矢量,计算 U 要比计算 $\boldsymbol{E}$ 简便得多,所以常常先求 U,然后再求其导数得出 $\boldsymbol{E}$。

例 9-13

求均匀带电圆盘轴线上点的电势分布,并根据场强和电势的关系求轴线上点的场强。

如图 9-24 所示,设圆盘半径为 R,带电量为 q。

解 设轴线上任意一点 P 到圆盘中心的距离为 x。将带电圆盘看成是由一系列半径为 r、宽度为 $\mathrm{d}r$ 的同心带电圆环构成,取无穷远处为零电势点,则由点电荷电势的叠加可得,一个带电圆环在 P 点产生的电势为

$$\mathrm{d}U=\frac{1}{4\pi\varepsilon_0}\frac{\mathrm{d}q}{\sqrt{r^2+x^2}}$$

式中，$dq=\sigma\cdot 2\pi r\,dr$ 为该环上的电量，$\sigma=q/(\pi R^2)$ 为圆盘的面电荷密度。整个圆盘在 P 点产生的电势为

$$U=\int dU=\int_0^R \frac{\sigma\cdot 2\pi r\,dr}{4\pi\varepsilon_0\sqrt{r^2+x^2}}=\frac{\sigma}{2\varepsilon_0}(\sqrt{R^2+x^2}-x)$$

轴线上任一点 P 的电场强度为

$$\boldsymbol{E}=-\frac{dU}{dx}\boldsymbol{i}=\frac{\sigma}{2\varepsilon_0}\left(1-\frac{x}{\sqrt{R^2+x^2}}\right)\boldsymbol{i}$$

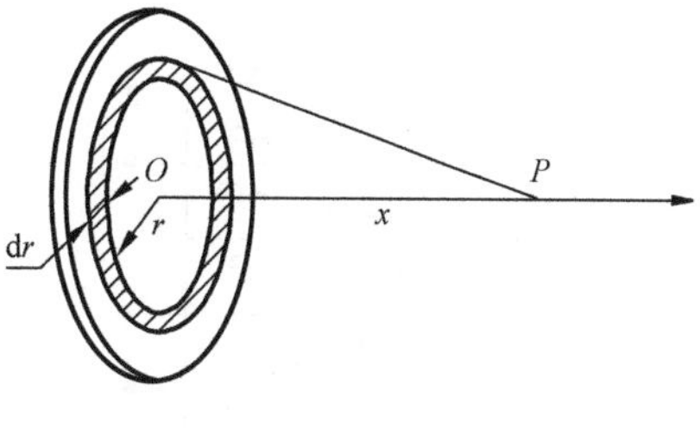

图 9-24 均匀带电圆盘轴线点电势求解

第六节 静电场中的导体

在静电场中引入导体或电介质时，它们将与电场发生相互作用。本节应用静电场的性质来研究处于静电平衡状态下导体的基本特征，下一节研究发生极化后电介质的特征。

一、导体的静电平衡条件

按照导电能力来划分，物体大致可以分为三类：导电能力极强的物体叫作导体；导电能力极微弱或者不能导电的物体叫作绝缘体或电介质；导电能力介于导体与电介质之间的一类物体称为半导体。

像金属、电离气体和电解质溶液等具有良好导电性能的物体都是导体。这里以金属为例来研究静电场与导体相互作用的基本性质和规律。金属导体由大量的带负电的自由电子和带正电的晶格格点上的原子实构成。当导体不带电，也不受外电场作用时，导体中所有电子的负电荷与晶格点阵的正电荷恰好平衡，整个导体或导体中任一部分都是电中性的。这时，导体中的自由电子只存在无规则的热运动，没有定向移动。

无论导体原来是否带电，在外电场的作用下，导体中自由电子将相对于晶格点阵做定向移动，引起导体内电荷的重新分布，这种现象叫作**静电感应现象**。如图 9-25 所示，将不带电的金属板置于匀强电场中，金属板内部的自由电了由于受到电场力的作用，将沿着外电场的反向运动，使金属板与电场垂直的两个侧面出现等量异号电荷，即**感应电荷**。这些电荷在金属板内建立起一个附加电场，其场强 $\boldsymbol{E}'$ 与外电场 $\boldsymbol{E}_0$ 的方向相反。这样，金属板内部的场强 $\boldsymbol{E}$ 就是这两个方向相反的场强的叠加。开始时 $E'<E_0$，金属板内场强被削弱；随着自由电子定向移动的进行，金属板两侧积累电荷量不断增加，从而使 $\boldsymbol{E}'$ 不断增大；当 $\boldsymbol{E}'$ 与 $\boldsymbol{E}_0$ 大小相等时，导体内的总场强处处等于零，这时导体中电荷的定向运动停止，电荷达到了新的平衡分布，称为导体处于**静电平衡状态**。

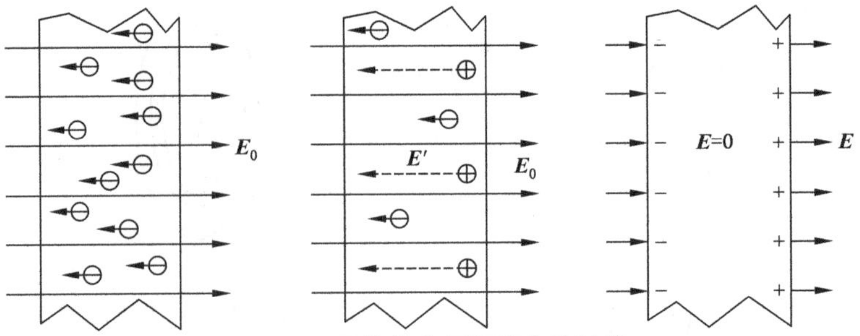

图 9-25 导体静电平衡建立的过程

导体达到静电平衡时,不仅导体内部没有电荷做定向运动,导体表面也必须没有电荷做定向运动。这就要求导体表面处场强的方向与表面垂直,否则,场强的切向分量将使自由电子沿表面做定向运动,从而破坏静电平衡。因此,导体处于静电平衡状态必须满足以下两个条件:

(1) 导体内部的场强处处为零;

(2) 导体表面的场强处处与表面垂直。

导体的静电平衡条件也可以用电势来表述。根据电势差的计算公式,容易得出静电平衡状态时,导体内部以及表面上任意两点间的电势差必然为零,即处于静电平衡的导体是等势体,其表面是等势面。

需要说明的是:静电平衡条件是由导体的电结构特征和静电平衡的要求所决定的,与导体的形状无关;导体在外电场中因静电感应达到静电平衡的过程是极为迅速的,所经历的时间很短,因而处理问题时可直接认为导体已处于静电平衡状态。另外,处在静电场中的导体,由于表面感应电荷的出现,不仅导致在静电平衡条件下导体内部的场强为零,而且还会对原来外电场的分布产生影响。

二、静电平衡时导体上的电荷分布

当带电导体处于静电平衡状态时,导体所带电荷的分布情况,可以根据静电平衡条件得出。设想在导体内作一闭合曲面 S 为高斯面(见图 9-26),由于导体内部电场强度处处为零,通过这一闭合曲面 S 的电通量必然为零,根据高斯定理,得出此闭合曲面 S 内无净电荷。由于所取闭合曲面的任意性,可得出如下结论:当导体达到静电平衡状态时,导体内任意点均无电荷,电荷只能分布在表面上。

如果带电导体内部有空腔存在,而且空腔内没有其他带电体,如图 9-27(a)所示,作高斯面 S、S',应用高斯定理同样可以证明,静电平衡时,不仅导体内部没有净电荷,空腔的内表面也没有净电荷。那么,在空腔内表面上是否可能出现如图 9-27(b)所示的符号相反的正负电荷呢？假如在空腔内表面 A 点出现正电荷，B 点出现负电荷，则在导体空腔内一定有从正电荷发出而终止于负电荷的电场线，而沿着电场线电势降低，则 A 和 B 电势差不为零，这显然与静电平衡状态时导体是等势体相矛盾。因此，此时带电空腔导体的内表面处处没有电荷，电荷只能分布于导体的外表面。

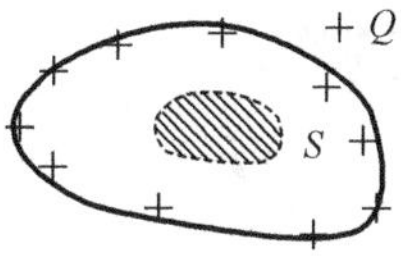

图 9-26 带电导体内处处无电荷

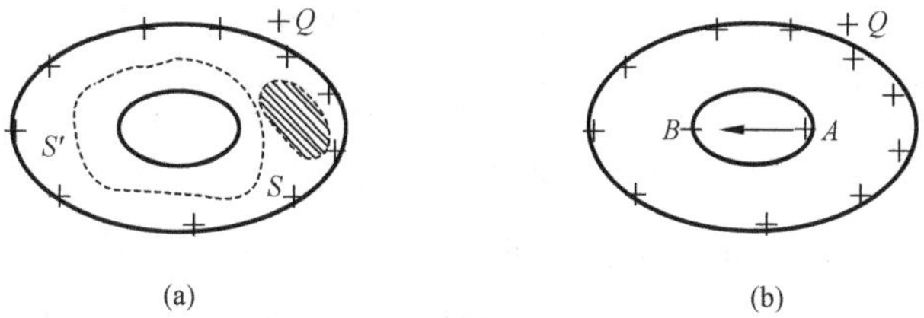

图 9-27 空腔导体内无带电体时，腔内表面上无电荷

如果空腔导体内部有其他带电体存在，重复上面的讨论过程可以得出：此时空腔导体的内表面带电，且所带电量与腔内带电体电量等值异号，外表面所带电量则由电荷守恒定律决定。

由高斯定理还可以导出带电导体表面附近任一点处的场强和该点的电荷面密度 σ 的关系。

如图 9-28 所示，在导体外靠近导体表面处任取一点 P，则 P 点场强 $\boldsymbol{E}$ 与表面垂直。离 P 点最近处的导体表面的电荷面密度为 σ。过 P 点作底面与导体表面平行的小圆柱面为高斯面，底面 ΔS 很小，以致于其上各点场强可视为与 P 点场强相同。由高斯定理可得

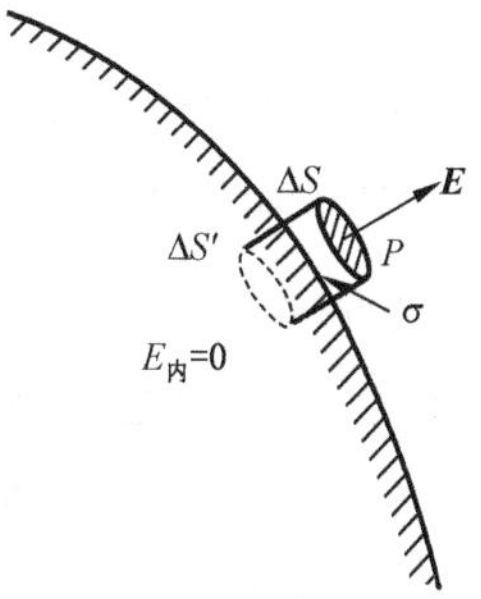

图 9-28 导体表面附近的场强

$$\oint_S \boldsymbol{E} \cdot d\boldsymbol{S} = E\Delta S = \frac{\sigma \Delta S}{\varepsilon_0}$$

即

$$E = \frac{\sigma}{\varepsilon_0} \tag{9-29}$$

由于静电平衡时，导体表面附近的场强垂直于导体表面，因而上式可以写成矢量式

$$\boldsymbol{E} = \frac{\sigma}{\varepsilon_0}\boldsymbol{e}_n \tag{9-30}$$

三、尖端放电

式(9-30)给出了导体表面附近的电场强度与表面电荷面密度之间的关系，而静电平衡后导体表面的电荷如何分布，要由导体的形状和周围的环境共同决定。对处于静电平衡状态的孤立导体而言，实验表明，其表面上电荷面密度的大小与表面的曲率有关。导体表面凸出的

地方曲率较大，电荷比较密集，电荷面密度 σ 较大；导体表面较平坦的地方曲率较小，电荷比较稀疏，电荷面密度 σ 较小；表面凹进去的地方，曲率为负，电荷面密度 σ 更小，如图 9-29 所示。

孤立导体表面较尖的部分，电荷面密度较大，则导致附近具有较强的电场。空气中散存的带电粒子在强电场的作用下加速运动时就可能获得足够大的能量，以致它们和空气分子碰撞时，能使后者离解为电子和离子。这些新的电子和离子与其他空气分子相碰，又能产生新的带电粒子，这样就会出现大量的带电粒子。与尖端电荷异号的带电粒子受到尖端的吸引，飞向尖端，与尖端电荷中和；与尖端上电荷同号的带电粒子受到排斥而从尖端附近飞开。从外表上看，就好像尖端上电荷被“喷射”出来一样，所以称为**尖端放电**(见图 9-30)。

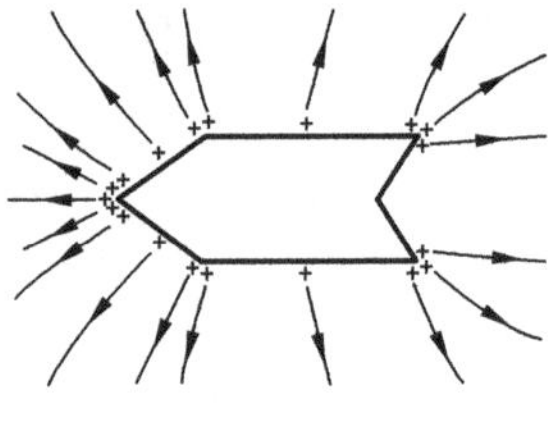

图 9-29 孤立导体表面电荷与曲率的关系

尖端放电会使电能损耗，这是不利的一面。在高压设备上总要把高压电极做成球形，尽可能避免尖锐的棱角，高压输电线使用表面光滑的较粗导线，都是为了避免尖端放电。尖端放电还有可以利用的一面，例如，范德格拉夫起电机就是利用尖端放电的原理制成的。避雷针也是利用其尖端的电场强度大，空气被电离，形成放电通道，使云地间电流通过导线流入地下而使建筑物避免雷击的。

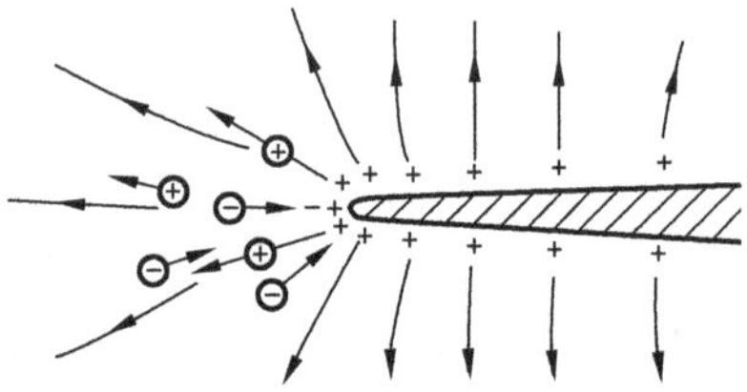

图 9-30 尖端放电

四、静电屏蔽

典型的静电屏蔽装置由空腔导体制成，也可以由较致密的金属网制成。在静电平衡情况下，当导体空腔内无带电体时，空腔内的场强处处为零，即外电场及导体壳的外表面上的电荷在空腔内产生的电场抵消。这种现象称为静电屏蔽，如图 9-31(a)所示。

当导体空腔内有带电体时，只要把导体壳接地，壳外表面出现的感应电荷流入地下，空腔内带电体(例如 $q>0$)所发出的电场线会终止于导体壳内表面的感应电荷上，对壳外不产生影响。这样，接地的空腔导体可以隔离内、外静电场的相互影响。这也是一种静电屏蔽，如图 9-31(b)所示。

静电屏蔽现象在实际中有重要的应用。例如，为了使一些精密的电磁测量仪器不受外界电场的干扰，或者为了避免一些高压电器设备的电场对外界的影响，通常在仪器外面加上金属罩；传送弱信号的连接导线，为了避免外界的干扰，也往往在导线外面包一层金属编制的屏蔽线层。

(a) 空腔导体屏蔽外电场　　　　(b) 接地的空腔导体的屏蔽作用

图 9-31　静电屏蔽

例 9-14

如图 9-32 所示，一个半径为 R_1 的金属球，外面罩着一个内半径为 R_2、外半径为 R_3 的同心金属球壳，现在使球壳和金属球均带正电荷 q，求：

(1)球体与球壳上的电荷分布；

(2)空间中的电势分布。

解　(1) 由导体静电平衡条件可判定：金属球所带电荷 q 分布在其表面上，金属球壳内表面带电量为 $-q$，外表面带电量为 $2q$。又由于金属球与球壳同心，且周围没有其他带电体，因而三个表面上的电荷各自均匀分布。

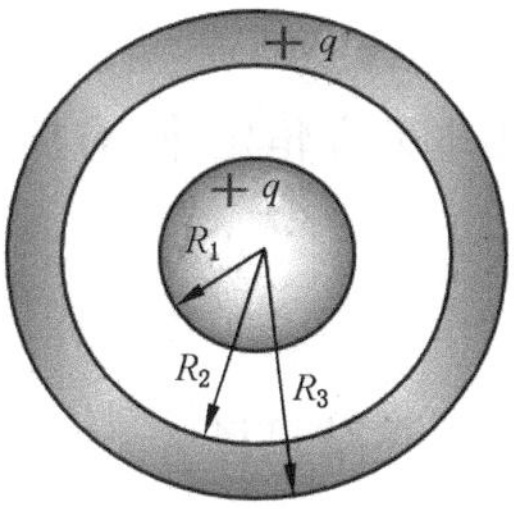

图 9-32　金属球与同心金属球壳

(2) 根据电荷分布情况分析结果可知，此题空间中的电场就相当于三个均匀带电的同心球面共同产生的，可以利用均匀带电球面产生电势的叠加求出空间中的电势分布：

$$r < R_1, U_1 = \frac{q}{4\pi\varepsilon_0 R_1} + \frac{-q}{4\pi\varepsilon_0 R_2} + \frac{2q}{4\pi\varepsilon_0 R_3} = \frac{q}{4\pi\varepsilon_0}\left(\frac{1}{R_1} - \frac{1}{R_2} + \frac{2}{R_3}\right)$$

$$R_1 < r < R_2, U_2 = \frac{q}{4\pi\varepsilon_0 r} + \frac{-q}{4\pi\varepsilon_0 R_2} + \frac{2q}{4\pi\varepsilon_0 R_3} = \frac{q}{4\pi\varepsilon_0}\left(\frac{1}{r} - \frac{1}{R_2} + \frac{2}{R_3}\right)$$

$$R_2 < r < R_3, U_3 = \frac{q}{4\pi\varepsilon_0 r} + \frac{-q}{4\pi\varepsilon_0 r} + \frac{2q}{4\pi\varepsilon_0 R_3} = \frac{q}{2\pi\varepsilon_0 R_3}$$

$$r > R_3, U_4 = \frac{q}{4\pi\varepsilon_0 r} + \frac{-q}{4\pi\varepsilon_0 r} + \frac{2q}{4\pi\varepsilon_0 r} = \frac{q}{2\pi\varepsilon_0 r}$$

本题也可以利用高斯定理或叠加方法求出空间各个区域的场强分布，再利用场强的线积分计算电势分布。

例 9-15

如图 9-33 所示，两面积相同的金属板 A、B 平行放置，其中 A 板带正电荷 Q，B 板不带电，各板的厚度及两板间距远比两板的线度小。求两板表面的电荷面密度及空间的场强分布。

解 按题意,可将这种带电结构看成是由四个无限大的均匀带电平面构成的一个带电系统,并设图中1、2、3、4四个表面的电荷面密度分别为σ_1、σ_2、σ_3、σ_4。取水平向右为x轴的正方向,将所求场区分成图中的Ⅰ、Ⅱ、Ⅲ三个区域。

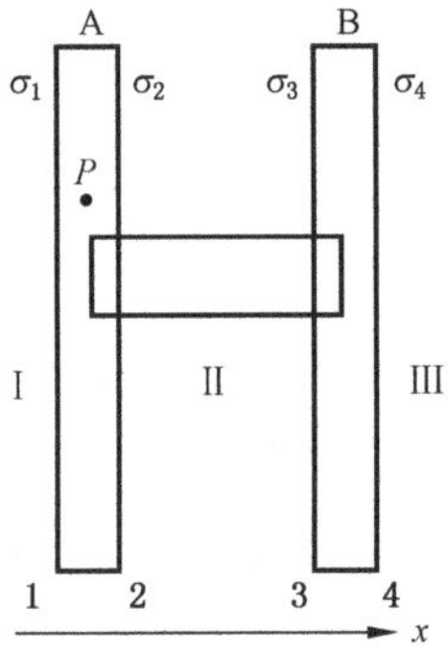

图 9-33 两无限大平行带电导体平板

根据导体静电平衡的条件,对A板内一点,有

$$E_P=\frac{\sigma_1}{2\varepsilon_0}-\frac{\sigma_2}{2\varepsilon_0}-\frac{\sigma_3}{2\varepsilon_0}-\frac{\sigma_4}{2\varepsilon_0}=0$$

同理,对B板内一点,有

$$\frac{\sigma_1}{2\varepsilon_0}+\frac{\sigma_2}{2\varepsilon_0}+\frac{\sigma_3}{2\varepsilon_0}-\frac{\sigma_4}{2\varepsilon_0}=0$$

由以上两式可得

$$\sigma_1=\sigma_4$$

$$\sigma_2=-\sigma_3$$

再由电荷守恒定律,对板A、B分别有

$$(\sigma_1+\sigma_2)S=Q$$

$$(\sigma_3+\sigma_4)S=0$$

联立上述结果得

$$\sigma_1=\sigma_2=\sigma_4=\frac{Q}{2S},\sigma_3=-\frac{Q}{2S}$$

空间各区域的场强分布分别为

$$E_{\text{Ⅰ}}=-\frac{\sigma_1}{2\varepsilon_0}-\frac{\sigma_2}{2\varepsilon_0}-\frac{\sigma_3}{2\varepsilon_0}-\frac{\sigma_4}{2\varepsilon_0}=-\frac{Q}{2\varepsilon_0 S}$$

$$E_{\text{Ⅱ}}=\frac{\sigma_1}{2\varepsilon_0}+\frac{\sigma_2}{2\varepsilon_0}-\frac{\sigma_3}{2\varepsilon_0}-\frac{\sigma_4}{2\varepsilon_0}=\frac{Q}{2\varepsilon_0 S}$$

$$E_{\text{Ⅲ}}=\frac{\sigma_1}{2\varepsilon_0}+\frac{\sigma_2}{2\varepsilon_0}+\frac{\sigma_3}{2\varepsilon_0}+\frac{\sigma_4}{2\varepsilon_0}=\frac{Q}{2\varepsilon_0 S}$$

各区域场强的方向由其正负判定:大于零者表明该区域的场强方向与x轴同向,否则为反向。

注:关于$\sigma_2=-\sigma_3$这一结论,也可以借助高斯定理直接得出,需要作底面在板内、侧面垂直于板面的柱形高斯面(见图9-33),具体过程请读者自行完成。

第七节 静电场中的电介质

一、电介质的分类

电介质就是绝缘介质，主要特征在于其原子中的电子受到的约束力较强，使外层电子处于被束缚状态，因此电介质是不导电的。

电介质中每个中性分子所带正电荷和负电荷量值相等，但是一般地说，这些正、负电荷并不集中于一点。如果在离开分子的距离比分子本身的线度大得多的地方观察，分子中全部负电荷对于一个场点的影响将和一个单独的负点电荷等效，这个等效负点电荷的位置称为这个分子的**负电荷中心**。例如一个电子绕核做匀速圆周运动时，它的"中心"就在圆心。同理，每个分子的全部正电荷也有一个相应的**正电荷中心**。如果分子正、负电荷的中心不重合，这样一对距离极近的等值异号电荷，称为分子的等效电偶极子，它具有的电偶极矩，称为分子的固有电矩。凡具有固有电矩的电介质分子，称为**有极分子**。另一些电介质的分子，正、负电荷中心相互重合，分子的等效电偶极矩为零，这类分子称为**无极分子**。

二、电介质的极化

下面我们分别讨论无极分子和有极分子的极化。

1. 无极分子的位移极化

电荷分布具有较高对称性的分子，如惰性气体分子氦(He)、氖(Ne)、氩(Ar)；双原子分子N_2、O_2、H_2；多原子分子CH_4等，均为无极分子。由无极分子组成的电介质，在没有外电场作用时，整个电介质的任一部分都处于电中性状态。若加上外电场，在电场力的作用下，每个分子的正负电荷中心将被拉开，形成一个等效的电偶极子，如图9-34(a)所示。分子电偶极矩的方向沿外电场方向，这种在外电场作用下产生的电偶极矩称为**感生电矩**。对于一块电介质整体来说，由于每个分子都在外电场作用下成为电偶极子，它们在介质中将作如图9-34(b)所示的排列，沿外电场方向排列成一条条"链子"，链上相邻的偶极子间正、负电荷相互靠近。如果电介质是均匀的，其内部各处仍是电中性的，但是在电介质的两个和外电场强度相垂直的端面上，将分别出现正电荷和负电荷，这就是**极化电荷**。极化电荷不能在电介质中自由移动，也不能离开电介质转移到其他带电体上，因此还称它为**束缚电荷**。这种在外电场作用下，在电介质表面出现极化电荷的现象，叫作**电介质的极化**。外电场愈强，感生电矩也愈大，电介质两表面上出现的极化电荷也愈多；当外电场撤去后，正、负电荷的中心又重合在一起。因此，无极分子类似于一个弹性电偶极子，其电偶极矩的大小与场强成正比。由于无极分子的极化取决于正负电荷中心的相对位移，又因为电子质量比原子核质量小很多，在外电场作用下，主要是电子产生位移，因此，无极分子的极化机制称为**电子性位移极化**。

(a)　　　　　　　　　　(b)

图 9-34　无极分子电介质的极化

2. 有极分子的取向极化

另一类电介质，如纯水(H_2O)、SO_2、H_2S、NH_3、有机酸和聚氯乙烯等，它们的分子是有极分子。在没有外电场时，每个分子都具有固有电矩，但是由于分子的无规则热运动，分子电偶极矩的排列是杂乱无章的。因此，对于任何一块电介质来说，所有分子的固有电偶极矩平均说来相互抵消，矢量和为零，宏观不产生电场。如果加上外电场 $\boldsymbol{E}_0$，则每个分子都受到力矩作用，如图 9-35(a)所示，使分子电矩方向转向外电场方向，于是电偶极矩矢量和不再为零。由于分子热运动的缘故，这种转向并不完全，即所有分子电偶极子不可能很整齐地依照外电场方向排列起来。外电场越强，分子电偶极子排列得越整齐。对于整个电介质而言，不管排列的整齐程度如何，在垂直于外电场方向的两个端面上也产生了极化电荷。由于大多数分子电矩的方向都不同程度地指向右方，所以图 9-35(b)中左端便出现了未被抵消的负束缚电荷，右端出现正束缚电荷。可见，有极分子电介质在外电场作用下产生束缚电荷的过程，是分子转向的结果。这种极化机制称为**取向极化**。一般说来，有极分子在取向极化的同时，也要产生电子位移极化，但取向极化占主导地位。

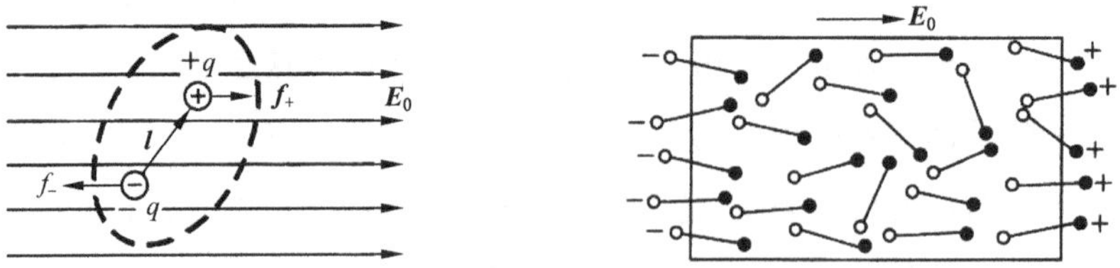

(a)　　　　　　　　　　(b)

图 9-35　有极分子电介质的极化

由上述分析可知，无极分子和有极分子电介质，极化的机制虽然不同，但产生的宏观结果却是相同的，都是在电介质的两个相对端面上出现了等量异号的极化电荷，而且外电场越强，出现的极化电荷越多，极化现象越显著。因此，从宏观上描述电介质的极化现象时，不必区分两类电介质。

三、电介质中的场强

有电荷就会产生电场，因此不仅自由电荷能产生电场，电介质中的束缚电荷同样也要产生电场。这样，电介质中的总电场 $\boldsymbol{E}$ 是自由电荷产生的电场 $\boldsymbol{E}_0$ 和束缚电荷产生的电场 $\boldsymbol{E}'$ 的矢量和，即

$$\boldsymbol{E}=\boldsymbol{E}_0+\boldsymbol{E}' \tag{9-31}$$

就是说，外电场使电介质产生极化，而电介质的极化又改变了原有的外电场，这就是场与物质的相互作用。

下面以充满电介质的平行导体板为例，求电介质中的场强。如图 9-36 所示，设两相距很近的平行导体板，自由电荷面密度分别为 $+\sigma_0$ 和 $-\sigma_0$，板间充入均匀各向同性的电介质。忽略边缘效应，则充入电介质后导体板上的电荷分布不受影响。而电介质发生极化，在电介质上、下表面出现极化电荷，面密度分别为 $-\sigma'$ 和 $+\sigma'$。

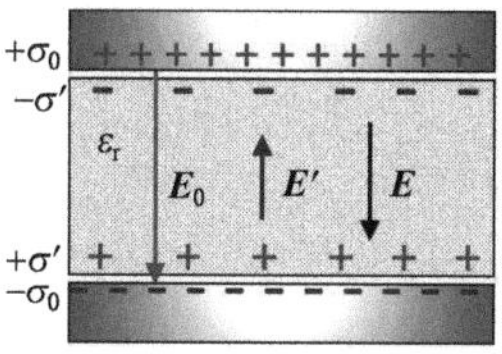

图 9-36 介质中的电场

自由电荷和极化电荷在介质中产生的场强大小分别为

$$E_0=\frac{\sigma_0}{\varepsilon_0},E'=\frac{\sigma'}{\varepsilon_0} \tag{9-32}$$

两者方向相反，因而可得介质中的电场强度大小为

$$E=E_0-E'=\frac{\sigma_0}{\varepsilon_0}-\frac{\sigma'}{\varepsilon_0} \tag{9-33}$$

可见，$E<E_0$。

实验表明，对一定的各向同性均匀电介质，有

$$E=\frac{E_0}{\varepsilon_r} \tag{9-34}$$

式中，ε_r 为一常数，称为该介质的**相对介电常数**(或**相对电容率**)，是无量纲的量。ε_r 由电介质的性质决定。实验表明，除真空中 $\varepsilon_r=1$ 外，所有电介质的 ε_r 均大于 1。

四、电位移矢量 有电介质时的高斯定理

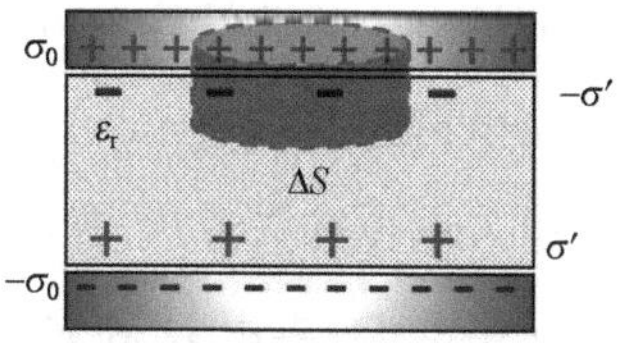

图 9-37 介质中的高斯定理

前面我们研究了真空中静电场的高斯定理，现在讨论如果电场中充满电介质，高斯定理的形式应该有什么变化。

我们仍以相距很近、平行放置的导体板，板间充满均匀的各向同性的电介质为例。如图 9-37 所示，在两导体薄板间作一封闭圆柱形高斯面，使得面积为 ΔS 的两个底面平行于导体板，且一个底面在导体板内，另一个在电介质中。设自由电荷

面密度和极化电荷面密度分别为 σ_0 和 σ'，则高斯面内既包含自由电荷，又包含极化电荷。由高斯定理有

$$\oint_S \boldsymbol{E} \cdot \mathrm{d}\boldsymbol{S} = \frac{1}{\varepsilon_0}(\sigma_0 - \sigma')\Delta S \tag{9-35}$$

联合式(9-32)、式(9-33)和式(9-34)，有

$$\sigma' = \sigma_0\left(1 - \frac{1}{\varepsilon_r}\right) \tag{9-36}$$

将式(9-36)代入式(9-35)可得

$$\oint_S \boldsymbol{E} \cdot \mathrm{d}\boldsymbol{S} = \frac{\sigma_0 \Delta S}{\varepsilon_0 \varepsilon_r}$$

或写成

$$\oint_S \varepsilon_0 \varepsilon_r \boldsymbol{E} \cdot \mathrm{d}\boldsymbol{S} = \sigma_0 \Delta S = q_0$$

式中，q_0 为高斯面内包含的自由电荷的代数和。令

$$\boldsymbol{D} = \varepsilon \boldsymbol{E} = \varepsilon_0 \varepsilon_r \boldsymbol{E} \tag{9-37}$$

式中，$\boldsymbol{D}$ 称为**电位移矢量**，其单位为 $\mathrm{C \cdot m^{-2}}$；$\varepsilon = \varepsilon_0 \varepsilon_r$ 称为电介质的介电常数(或电容率)。式(9-37)是描述电介质中同一点 $\boldsymbol{D}$ 和 $\boldsymbol{E}$ 之间关系的重要公式。引入 $\boldsymbol{D}$ 矢量后，有

$$\oint_S \boldsymbol{D} \cdot \mathrm{d}\boldsymbol{S} = q_0$$

更一般地写作

$$\oint_S \boldsymbol{D} \cdot \mathrm{d}\boldsymbol{S} = \sum_i q_{0i} \tag{9-38}$$

式(9-38)虽然是从特殊情况下得出的，但可以证明它是普遍适用的。此式称为**有电介质时的高斯定理**。当 $\varepsilon_r = 1$ 时，该式回到真空中高斯定理的形式。式中，$\sum_i q_{0i}$ 为高斯面内包围的自由电荷量的代数和；而 $\oint_S \boldsymbol{D} \cdot \mathrm{d}\boldsymbol{S}$ 称为通过高斯面的电位移通量。该式表明：通过任意封闭曲面的电位移通量等于该封闭曲面包围的自由电荷的代数和，与极化电荷以及闭合曲面外的自由电荷无关。

引入电位移矢量后，高斯定理的表达式中只有自由电荷，因而很容易求出均匀对称分布的介质中的 $\boldsymbol{D}$，再由 $\boldsymbol{D}$ 和 $\boldsymbol{E}$ 的关系得出场强 $\boldsymbol{E}$。但需要指出的是，一般而言，电位移矢量 $\boldsymbol{D}$ 是与极化电荷有关的，任意闭合曲面的电位移通量才只和自由电荷有关。另外，由于电荷在电场中所受作用力及任意两点之间的电势差等都是由电场强度 $\boldsymbol{E}$ 确定的，即使在有电介质存在的静电学问题中，具有实际物理意义的量仍然是电场强度，而电位移矢量 $\boldsymbol{D}$ 只是为了分析

讨论问题方便而引入的辅助量。

例 9-16

如图 9-38 所示，一半径为 R、带正电荷 q 的金属球，浸于一个大油箱中，油的相对介电常量为 ε_r，求球外任意一点 P 的场强。

解　由于金属球是等势体，而且介质又以球心为中心对称分布，可知此时的电场分布一定具有球对称性，因此可以用介质中的高斯定理求解。

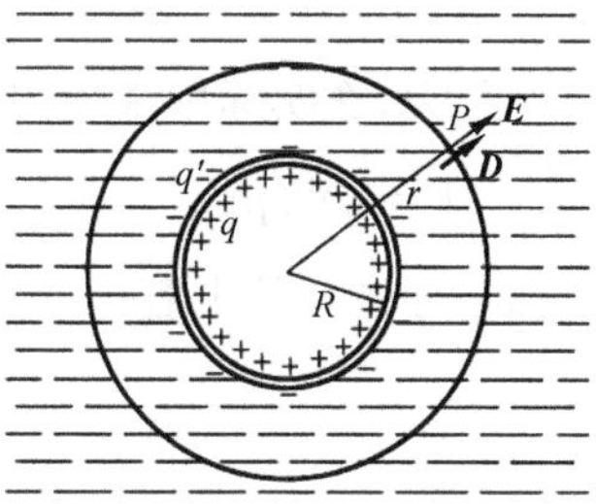

图 9-38　浸在大油箱中的带电导体球的电场

在介质中作一与金属球同心、半径为 r 的球形高斯面，可得

$$\oint_S \boldsymbol{D} \cdot \mathrm{d}\boldsymbol{S} = q$$

即

$$4\pi r^2 D = q$$

所以

$$D = \frac{q}{4\pi r^2}$$

根据关系式 $D = \varepsilon_0 \varepsilon_r E$ 可求得

$$E = \frac{q}{4\pi\varepsilon_0\varepsilon_r r^2}$$

第八节　电容　电容器

电容是电学中一个重要的物理量，它反映了导体容纳电荷的本领。

一、孤立导体的电容

处于静电平衡状态的带电导体总是一个等势体，选定零电势点后，它的电势具有确定值。但是，当大小和形状不同的导体具有相同的电势时，其上所带的电荷并不相等。这好比当大小和形状不同的水槽中水位相等时，其储存的水量并不相等一样。可见，大小和形状不同的导体具有不同的储电性质，这个性质可以用电容这一物理量来描述。

设想将一个半径为 R 的孤立导体球置于相对电容率为 ε_r 的均匀电介质中，以无穷远处为电势零点，当导体球带上电荷量 Q 时，其电势为

$$U = \frac{Q}{4\pi\varepsilon_0\varepsilon_r R}$$

上式表明，孤立导体球的电势与电量成正比，比值 $Q/U = 4\pi\varepsilon_0\varepsilon_r R$ 是一个与 Q 和 U 无关的常

数,我们把 Q 与 U 的比值定义为**孤立导体的电容**,用 C 表示,即

$$C=\frac{Q}{U} \tag{9-39}$$

式中,C 是描写导体的容电能力大小的物理量,数值上等于导体电势 U 为一个单位时导体所带电量 Q 的大小。在国际单位制中,电容的单位是法拉,用 F 表示,$1\ \mathrm{F}=1\ \mathrm{C}\cdot\mathrm{V}^{-1}$。法拉这个单位很大,在实际中常使用微法(μF)和皮法(pF)两个较小的单位,它们间的换算关系是 $1\ \mathrm{F}=10^6\ \mu\mathrm{F}=10^{12}\ \mathrm{pF}$。

孤立导体球的电容为

$$C=4\pi\varepsilon_0\varepsilon_r R$$

二、电容器的电容

实际上,绝对孤立的导体是不存在的,带电导体的电势会受到周围带电体或其他导体的影响。通常用两个彼此绝缘,而又相互靠得很近的导体组成电容器。两个导体叫作电容器的两个极板。当电容器的两极板分别带有等量异号电荷 $+Q$ 和 $-Q$ 时,两极板之间的电势差为 U_1-U_2。定义**电容器的电容**为

$$C=\frac{Q}{U_1-U_2} \tag{9-40}$$

电容器的电容由两极板的大小、形状、相对位置及其间所充的电介质等因素决定,与两极板所带电荷量和电势差无关。

设电容器两极板间为真空时的电容为 C_0,如果在两极板间充满电介质(如蜡纸、云母片或聚乙烯薄膜等),则电容器的电容会增大。这是因为两带电极板间的电场使电介质发生极化,导致原来真空情况下的场强 E_0 减弱到 $E=E_0/\varepsilon_r$,因而两极板间的电势差也减弱到原来电势差的 $1/\varepsilon_r$。则电容器两极板间充满电介质后的电容为

$$C=\varepsilon_r C_0 \tag{9-41}$$

可见,电容器极板间充满电介质后,电容增大为原来的 ε_r 倍。

下面计算几种常见电容器的电容。

1. 平行板电容器

这是一种常见的电容器,由中间充满电介质的两块平行放置的金属板组成,极板的线度远大于板间距离 d,如图 9-39 所示。设两极板 A、B 的面积均为 S,两极板分别带等量异号电荷 $+Q$ 和 $-Q$,其电荷面密度分别以 $+\sigma$、$-\sigma$ 表示。忽略边缘效应,两极板间为匀强电场。根据高斯定理和场强叠加原理即可得到两板间的场强为

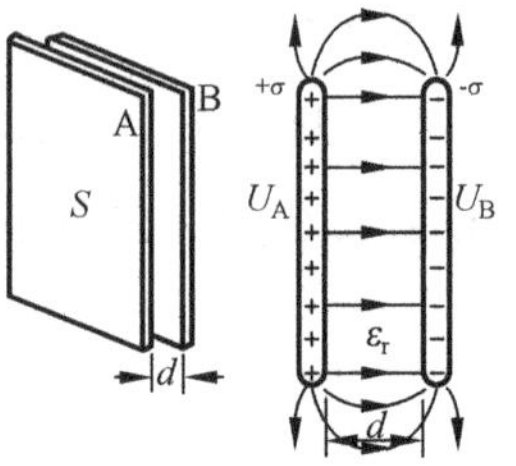

图 9-39　平行板电容器

$$E=\frac{\sigma}{\varepsilon_0\varepsilon_r}$$

于是两板间的电势差为

$$U_A-U_B=Ed=\frac{\sigma}{\varepsilon_0\varepsilon_r}d$$

由式(9-40)可得平行板电容器的电容为

$$C=\frac{Q}{U_A-U_B}=\frac{\sigma S}{\frac{\sigma}{\varepsilon_0\varepsilon_r}d}=\frac{\varepsilon_0\varepsilon_r S}{d} \tag{9-42}$$

可见，C 正比于极板面积 S 以及介质的相对电容率 ε_r，反比于板间距离 d。通过减小 d，并加大 S 就可以获得较大的电容。

2. 球形电容器

如图 9-40 所示，由两个同心金属薄球壳制成的电容器。设内球壳 A 的半径为 R_1，外球壳 B 的半径为 R_2，两球壳间充满相对电容率为 ε_r 的电介质。当内球壳带电量为 $+Q$，外球壳带电量为 $-Q$ 时，由高斯定理可知两球壳之间的场强为

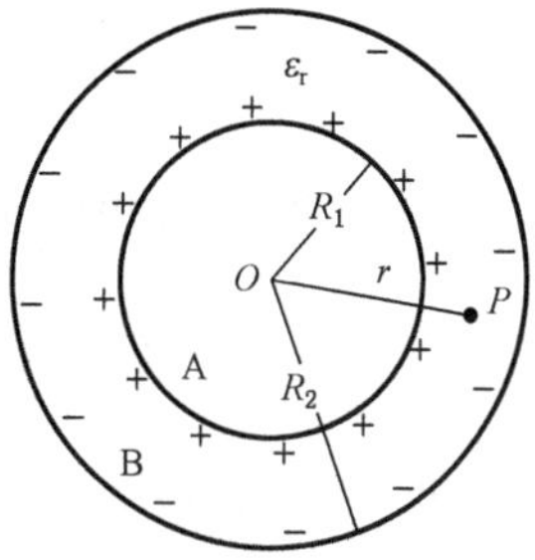

图 9-40 球形电容器

$$E=\frac{1}{4\pi\varepsilon_0\varepsilon_r}\frac{Q}{r^2}$$

方向沿径矢向外，式中 r 为场点到球心的距离。两球壳间的电势差为

$$U_A-U_B=\int_{R_1}^{R_2}E\,\mathrm{d}r=\frac{Q}{4\pi\varepsilon_0\varepsilon_r}\int_{R_1}^{R_2}\frac{\mathrm{d}r}{r^2}=\frac{Q}{4\pi\varepsilon_0\varepsilon_r}\left(\frac{1}{R_1}-\frac{1}{R_2}\right)$$

由电容的定义得球形电容器的电容为

$$C=\frac{Q}{U_A-U_B}=\frac{4\pi\varepsilon_0\varepsilon_r R_1R_2}{R_2-R_1} \tag{9-43}$$

下面讨论两种极端情况：

(1) R_1 和 R_2 都很大，且两球壳间的距离 $d=R_2-R_1$ 很小，则有 $R_1R_2\approx R_1^2$，此时

$$C=\frac{4\pi\varepsilon_0\varepsilon_r R_1^2}{d}=\frac{\varepsilon_0\varepsilon_r S}{d}$$

此即为平行板电容器电容的公式，式中 $S=4\pi R_1^2$ 为球面面积。

(2) $R_2\gg R_1$，则 $R_2-R_1\approx R_2$，此时有

$$C=\frac{4\pi\varepsilon_0\varepsilon_r R_1R_2}{R_2}=4\pi\varepsilon_0\varepsilon_r R_1$$

即为半径为 R_1 的孤立导体球在电介质中的电容。

3. 圆柱形电容器

这是以两个同轴导体薄圆筒 A、B 为极板的电容器。设两圆筒半径分别为 R_1、R_2，轴向长度为 L，两极板间充满相对电容率为 ε_r 的电介质(见图 9-41)。通常 $L \gg R_2 - R_1$，可将两圆筒看成是无限长的，带电时电场的边缘效应可忽略不计，电荷沿轴向均匀分布。

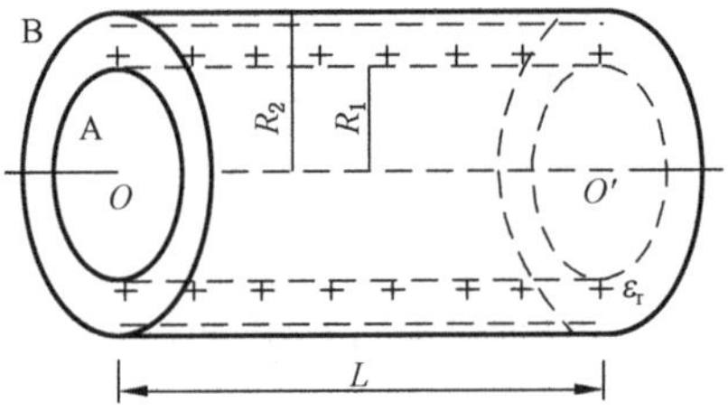

图 9-41　圆柱形电容器

设内、外圆筒带电荷量分别为 $+Q$、$-Q$，电荷线密度 $\lambda = Q/L$。利用高斯定理可得两圆筒间的场强为

$$E = \frac{\lambda}{2\pi\varepsilon_0\varepsilon_r r}$$

场强方向在垂直于轴的平面内沿着半径向外。两圆筒间的电势差为

$$U_A - U_B = \int_{R_1}^{R_2} E\,dr = \frac{\lambda}{2\pi\varepsilon_0\varepsilon_r}\int_{R_1}^{R_2}\frac{dr}{r} = \frac{\lambda}{2\pi\varepsilon_0\varepsilon_r}\ln\frac{R_2}{R_1} = \frac{Q}{2\pi\varepsilon_0\varepsilon_r L}\ln\frac{R_2}{R_1}$$

由电容的定义，柱形电容器的电容为

$$C = \frac{Q}{U_A - U_B} = \frac{2\pi\varepsilon_0\varepsilon_r L}{\ln\dfrac{R_2}{R_1}} \tag{9-44}$$

以上结果再次表明，电容器的电容仅由组成电容器的导体的形状、几何尺寸、相对位置及电容器内充入的电介质决定，与它是否带有电荷和所带电荷量无关，所以电容器的电容是反映电容器本身容电性质的物理量。

计算电容器电容的步骤可以总结如下：先令电容器两个极板分别带上等量异号电荷，再求出两极板间的场强分布，进而计算两极板间的电势差，最后再利用电容器电容的定义式求出电容。

三、电容器的连接

实际使用电容器的性能由两个参数来标定，即电容 C 和耐压 U。这是因为各种绝缘介质都有一定的绝缘强度，即介质所能承受的最大场强，如果介质中的场强超过此值，会使介质变为导体，谓之击穿。电容器上标注的耐压值即为该电容器所能承受的最大电压。在实际应用中，当遇到单独一个电容器在其电容值或耐压值方面不能满足要求时，可以把几个电容器连接起来使用，其连接方式一般有串联、并联和混联三种。

将几个电容器按图 9-42(a)所示的方式连接叫串联。其中，每个电容器的一个极板与另一个电容器的一个极板依次相接，电源接在 A、B 两端，即

$$U_{AB}=U_1+U_2+\cdots+U_n$$

由静电感应可知，每个电容器两极板的电荷量为等值异号，即$+Q$和$-Q$，由电容器定义可得

$$U_1=\frac{Q}{C_1},U_2=\frac{Q}{C_2},\cdots,U_n=\frac{Q}{C_n}$$

所以

$$U_{AB}=\frac{Q}{C_1}+\frac{Q}{C_2}+\cdots+\frac{Q}{C_n}=Q\left(\frac{1}{C_1}+\frac{1}{C_2}+\cdots+\frac{1}{C_n}\right)$$

仍有U_{AB}与Q成正比，我们把Q/U_{AB}叫作串联电容器组的电容(或等效电容)，用C表示，则

$$\frac{1}{C}=\frac{1}{C_1}+\frac{1}{C_2}+\cdots+\frac{1}{C_n} \tag{9-45}$$

上式表明：电容器串联后的总电容的倒数等于各电容器电容倒数之和。

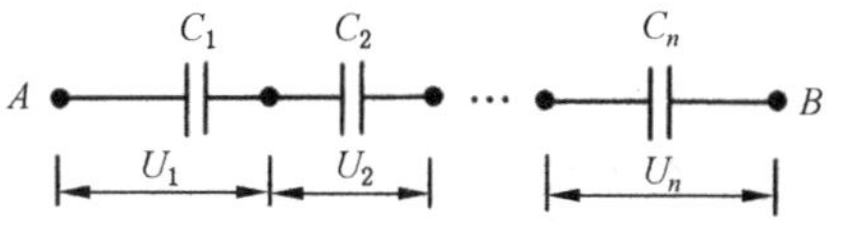

(a) 串联

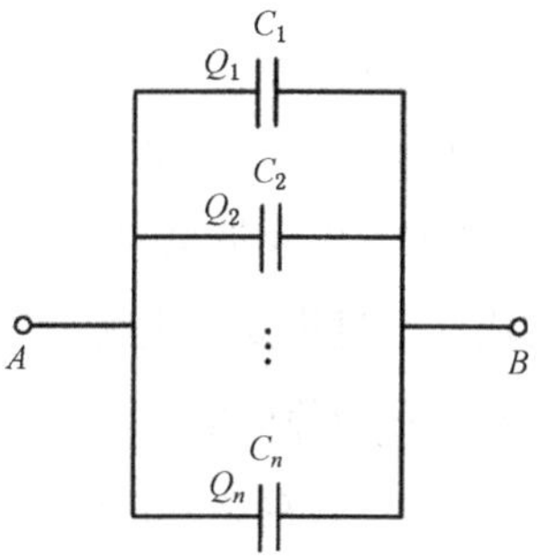

(b) 并联

图 9-42 电容器的串并联

将几个电容器按如图 9-42(b)所示的方式连接叫并联，其中每个电容器的一个极板接到共同点A，另一个极板接到另一共同点B，在A、B两端接电源后，各电容器两极板间的电压相等，即

$$U_{AB}=U_1=U_2=\cdots=U_n$$

分配在每个电容器上的电荷量分别为

$$Q_1=C_1U_1,\ Q_2=C_2U_2,\cdots,\ Q_n=C_nU_n$$

整个电容器组极板所带的电荷量为

$$Q=Q_1+Q_2+\cdots+Q_n$$

所以

$$Q=U_{AB}(C_1+C_2+\cdots+C_n)$$

仍有U_{AB}正比于Q，因此并联电容器组的电容为

$$C=\frac{Q}{U_{AB}}=C_1+C_2+\cdots+C_n \tag{9-46}$$

上式表明:电容器并联后的总电容等于各电容器的电容之和。

由此可见,电容器串联后其总电容减少了,但这时组合电容器所能承受的电压将比单个电容器高;而电容器并联后其总电容虽然增加了,却不能提高组合电容器的耐压。

第九节 静电场能量

一、电容器的静电能

如果将已充电的电容器两极板用导线连接而使其放电,可看到放电的火花,利用放电火花的热能可以熔焊金属,称为"电容储能焊"。放电火花的热量必然是由充了电的电容器中储存的静电能转化而来的。

为了计算电容器储存了多少静电能,下面来分析电容器的充电过程。电容器充电时,电子从电容器的一个极板被拉到电源,并从电源被推到另一极板上去。这时被拉出电子的极板带正电,被推上电子的极板带负电。如此进行下去,充电完毕时电容器极板上带电量的绝对值达到 Q。完成这个过程要靠电源做功,如果用电池充电,就消耗了电池内储存的化学能,使之转化为电容器储存的静电能。

设电容器电容为 C,在充电过程中某一瞬时电容器极板上带电量分别为 $+q$ 和 $-q$,两极板的电势分别为 U_+ 和 U_-,此时将 $\mathrm{d}q$ 从负极板搬运到正极板,按照能量守恒定律,电源做功等于电荷 $\mathrm{d}q$ 从负极板到正极板电势能的增量,即

$$\mathrm{d}A = (U_+ - U_-)\,\mathrm{d}q = \frac{q}{C}\mathrm{d}q$$

在整个充电过程中,电源克服静电场力做的总功为

$$A = \int \mathrm{d}A = \int_0^Q \frac{q}{C}\mathrm{d}q = \frac{Q^2}{2C}$$

这个功的数值就等于电容器充电至 Q 时两极板间所储存的静电能 W_e,即

$$W_e = \frac{Q^2}{2C} \tag{9-47}$$

由于 $Q=UC$,所以上式还可写成

$$W_e = \frac{1}{2}QU \tag{9-48}$$

或

$$W_e = \frac{1}{2}CU^2 \tag{9-49}$$

二、静电场的能量

静电场中，电荷和电场总是同时存在的，因而无法分辨电场能量是与电荷还是电场相关联。但是电磁波可以在空间中传播，变化的电磁场可以脱离场源电荷（或电流）而存在，因此电能是存在于电场中的。既然如此，那电能一定与描述电场特性的物理量——电场强度存在关联。下面从平行板电容器这个特例出发寻找这种联系。

设平行板电容器极板面积为 S，板间距离为 d，则电容器的体积为 $V=Sd$，电容 $C=\varepsilon S/d$，$U=Ed$，代入式(9-49)中得

$$W_{e}=\frac{1}{2}\frac{\varepsilon S}{d}(Ed)^{2}=\frac{1}{2}\varepsilon E^{2}Sd=\frac{1}{2}\varepsilon E^{2}V$$

电容器中单位体积内的电能为

$$w_{e}=\frac{W_{e}}{V}=\frac{1}{2}\varepsilon E^{2}=\frac{1}{2}DE \tag{9-50}$$

式中，w_{e} 称为电场能量密度。虽然表达式(9-50)是通过平行板电容器这一特例得出的，但可以证明它是普遍适用的。

对于不均匀的电场，电场能量密度 w_{e} 是随空间各点而变化的。要计算某一体积 V 中储存的静电能，可在 V 中取体积元 $\mathrm{d}V$，使 $\mathrm{d}V$ 中各点的 w_{e} 相同，则 $\mathrm{d}V$ 中储存的静电能为

$$\mathrm{d}W_{e}=w_{e}\mathrm{d}V$$

整个体积 V 中储存的总静电能为

$$W_{e}=\int_{V}\mathrm{d}W_{e}=\int_{V}w_{e}\mathrm{d}V=\int_{V}\frac{1}{2}\varepsilon E^{2}\mathrm{d}V \tag{9-51}$$

积分遍及存在电场的空间。

例 9-17

一平行板电容器，极板面积为 S，板间充满电容率为 ε 的电介质，充电后极板带电荷量为 Q。此时将极板与电源断开，并将极板间距从 d 缓慢拉动至 $2d$，求电容器能量变化。

解　由平行板电容器的电容公式 $C=\varepsilon S/d$ 可知，当极板间距增大时，其电容将减小。由于极板与电源断开，极板的带电荷量保持不变，则电容器能量变化为

$$\Delta W_{e}=W_{e末}-W_{e初}=\frac{Q^{2}}{2C_{末}}-\frac{Q^{2}}{2C_{初}}=\frac{Q^{2}}{2}\left(\frac{2d}{\varepsilon S}-\frac{d}{\varepsilon S}\right)=\frac{Q^{2}d}{2\varepsilon S}$$

由此可见，电容器的能量增加了，增加的能量来自外力做功。

例 9-18

求在电容率为 ε 的电介质中半径为 R、带电量为 Q 的均匀带电球面的电

场能量。

解 由高斯定理可得球面内部场强处处为零,因此球面内部没有电场能量,电场能量仅储存于球面外部。外部的场强大小为

$$E=\frac{1}{4\pi\varepsilon}\frac{Q}{r^2}\quad(r>R)$$

电场具有球对称性。取与球面同心的半径为 r,厚度为 $\mathrm{d}r$ 的薄球壳为体积元,则薄球壳的体积为

$$\mathrm{d}V=4\pi r^2\mathrm{d}r$$

薄球壳中的电场能量为

$$\mathrm{d}W_{\mathrm{e}}=w_{\mathrm{e}}\mathrm{d}V=\frac{1}{2}\varepsilon E^2\mathrm{d}V=\frac{1}{2}\varepsilon\left(\frac{1}{4\pi\varepsilon}\frac{Q}{r^2}\right)^2 4\pi r^2\mathrm{d}r=\frac{1}{8\pi\varepsilon}\frac{Q^2}{r^2}\mathrm{d}r$$

球面电场的总能量为

$$W_{\mathrm{e}}=\int\mathrm{d}W_{\mathrm{e}}=\int_R^{\infty}\frac{1}{8\pi\varepsilon}\frac{Q^2}{r^2}\mathrm{d}r=\frac{Q^2}{8\pi\varepsilon R}$$

由电容器储能公式计算得到的均匀带电球面的电场能量与上述结果相同,读者可自己验证。

本 章 提 要

1. 真空中的库仑定律 $\boldsymbol{F}=\dfrac{1}{4\pi\varepsilon_0}\dfrac{q_1q_2}{r^2}\boldsymbol{e}_r$

2. 静电力的叠加原理 $\boldsymbol{F}=\sum\limits_{i=1}^{n}\boldsymbol{F}_i$

3. 电场强度 $\boldsymbol{E}=\dfrac{\boldsymbol{F}}{q_0}$

4. 电场强度的叠加原理 $\boldsymbol{E}=\sum\limits_{i=1}^{n}\boldsymbol{E}_i$

5. 高斯定理 $\Phi_{\mathrm{e}}=\oint_S\boldsymbol{E}\cdot\mathrm{d}\boldsymbol{S}=\dfrac{1}{\varepsilon_0}\sum\limits_{i=1}^{k}q_i$

6. 静电场的环路定理 $\oint_L\boldsymbol{E}\cdot\mathrm{d}\boldsymbol{l}=0$

7. 电势能 $W_a=A_{a(0)}=q_0\int_a^{\text{“0”}}\boldsymbol{E}\cdot\mathrm{d}\boldsymbol{l}$

电势 $U_a=\dfrac{W_a}{q_0}=\int_a^{\text{“0”}}\boldsymbol{E}\cdot\mathrm{d}\boldsymbol{l}$

电势差 $U_{ab}=U_a-U_b=\int_a^b \boldsymbol{E}\cdot \mathrm{d}\boldsymbol{l}$

8. 电势叠加原理 $U_P=\sum_{i=1}^{n}U_i$

9. 电势与电场强度的关系 $\boldsymbol{E}=-\mathrm{grad}\,U=-\nabla U$

直角坐标系中 $\boldsymbol{E}=-\left(\frac{\partial U}{\partial x}\boldsymbol{i}+\frac{\partial U}{\partial y}\boldsymbol{j}+\frac{\partial U}{\partial z}\boldsymbol{k}\right)$

10. 导体的静电平衡条件：导体内部的场强处处为零，导体表面的场强处处与表面垂直；整个导体是等势体。

静电平衡导体上的电荷分布：导体内部电荷为零，电荷仅分布于导体表面；孤立导体表面曲率小的地方电荷面密度 σ 小；导体表面附近电场强度 $E=\sigma/\varepsilon_0$。

11. 介质中的高斯定理 $\oint_S \boldsymbol{D}\cdot \mathrm{d}\boldsymbol{S}=\sum_i q_{0i}$，其中 $\boldsymbol{D}=\varepsilon\boldsymbol{E}=\varepsilon_0\varepsilon_r\boldsymbol{E}$

12. 电容器的电容 $C=\frac{Q}{U_A-U_B}$

串联 $\frac{1}{C}=\frac{1}{C_1}+\frac{1}{C_2}+\cdots+\frac{1}{C_n}$

并联 $C=C_1+C_2+\cdots+C_n$

13. 电容器内的静电能 $W_e=\frac{Q^2}{2C}=\frac{1}{2}QU=\frac{1}{2}CU^2$

电场能量密度 $w_e=\frac{\mathrm{d}W_e}{\mathrm{d}V}=\frac{1}{2}\varepsilon E^2=\frac{1}{2}DE$

14. 场强的计算：(1)利用点电荷的场强及叠加原理求解；(2)电荷分布具有高度对称性时，用高斯定理计算；(3)已知电势分布时，用场强和电势的微分关系计算。

15. 电势的计算：(1)利用点电荷的电势及叠加原理求解；(2)已知场强分布时，用场强和电势的积分关系计算。

思　考　题

9-1　点电荷的电场强度为

$$\boldsymbol{E}=\frac{q}{4\pi\varepsilon_0 r^2}\boldsymbol{e}_r$$

从形式上看，当所考察的点与点电荷的距离趋近于 0 时，场强 $\boldsymbol{E}$ 趋近于无限大，这是没有物理意义的。你对此如何解释？

9-2　试比较点电荷与试验电荷两个概念。

9-3　$\boldsymbol{E}=\dfrac{\boldsymbol{F}}{q_0}$与$\boldsymbol{E}=\dfrac{q}{4\pi\varepsilon_0 r^2}\boldsymbol{e}_r$有什么区别和联系?

9-4　点电荷若只受电场力的作用而运动,电场线是否就是点电荷在电场中运动的轨迹?

9-5　均匀带电圆盘、有限长度均匀带电直杆的电荷分布具有对称性,是否可以用高斯定理来求它们产生的电场分布,为什么?

9-6　静电场中任意两点间的电势差与试验电荷的正、负有无关系?把试验电荷从一点移动到另一点,静电力做功与试验电荷的正、负有无关系?为什么?

9-7　判断下列说法是否正确:

(1) 电场强度为零的地方,电势也必定为零;电势为零的地方,电场强度也必定为零。

(2) 电场强度大小相等的地方,电势必定相同;电势相同的地方,电场强度大小也必定相等。

(3) 电场强度较大的地方,电势必定较高;电场强度较小的地方,电势也必定较低。

(4) 带正电的物体电势一定是正的;带负电的物体电势一定是负的。

(5) 不带电的物体电势一定为零;电势为零的物体也一定不带电。

9-8　两个相距不远的带有同号电荷的金属球的相互作用力,为什么比带异号电荷时小?

9-9　设一带电导体表面上某点附近电荷面密度为σ,则紧靠该处表面外侧的场强为$E=\sigma/\varepsilon_0$。若将另一带电体移近,该处场强是否改变?这时场强与该处导体表面的电荷面密度的关系是否仍具有$E=\sigma/\varepsilon_0$的形式?

9-10　给一平行板电容器充电,然后断开电源,将一厚度为极板间距一半的金属板放在两极板之间,试问下述各量如何变化?(1)电容;(2)极板上面电荷;(3)极板间的电势差;(4)极板间的电场强度;(5)电场的能量。如果电源始终接通,上述各量又将如何变化?

9-11　两个极板面积和极板间距离都相等的电容器,一个板间为空气,一个板间为瓷质。二者并联时,哪个储存的电能多?串联时结果又如何?

习　题

9-1　选择题

(1) 关于电场强度的定义式$\boldsymbol{E}=\dfrac{\boldsymbol{F}}{q_0}$,下列说法正确的是(　)。

(A) 场强的大小与试验电荷的大小成反比

(B) 对场中某点,试验电荷受力不因 q_0 而变

(C) 正试验电荷的受力方向就是场强的方向

(D) 若场中某点不放置试验电荷,则 $F=0$,从而 $E=0$

(2) 关于高斯定理有下面几种说法,其中正确的是(　)。

(A) 如果高斯面上 E 处处为零,则该面内必无电荷

(B) 如果穿过高斯面的电场强度通量为零,则高斯面上各点的电场强度一定处处为零

(C) 高斯面上各点的电场强度仅仅由面内所包围的电荷提供

(D) 如果高斯面内有净电荷,则穿过高斯面的电场强度通量必不为零

(E) 高斯定理仅适用于具有高度对称性的电场

(3) 静电场中某点电势的数值等于(　)。

(A) 试验电荷 q_0 置于该点时具有的电势能

(B) 单位试验电荷置于该点时具有的电势能

(C) 单位正电荷置于该点时具有的电势能

(D) 把单位正电荷从该点移到电势零点外力做的功

(4) 一电量为 q 的点电荷位于圆心 O 处,A 是圆内一点,B、C、D 为同一圆周上的三点,如图所示。现将一试验电荷从 A 点分别移动到 B、C、D 各点,则(　)。

(A) 从 A 到 B,电场力做功最大

(B) 从 A 到 C,电场力做功最大

(C) 从 A 到 D,电场力做功最大

(D) 从 A 到各点,电场力做功相等

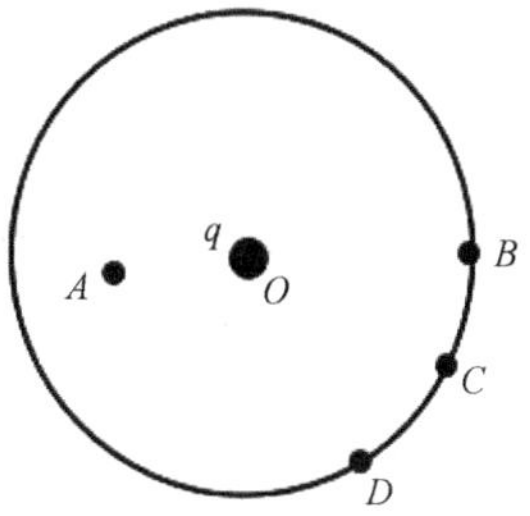

选择题(4)图

(5) 欲测量带正电荷的大导体附近 P 点处的电场强度,将一带电量为 $q_0(q_0>0)$ 的点电荷放在 P 点,如图所示,测得它所受的电场力为 F。若电量 q_0 不是足够小,则(　)

(A) F/q_0 比 P 点处场强的数值小

(B) F/q_0 比 P 点处场强的数值大

(C) F/q_0 与 P 点处场强的数值相等

(D) F/q_0 与 P 点处场强的数值关系无法确定

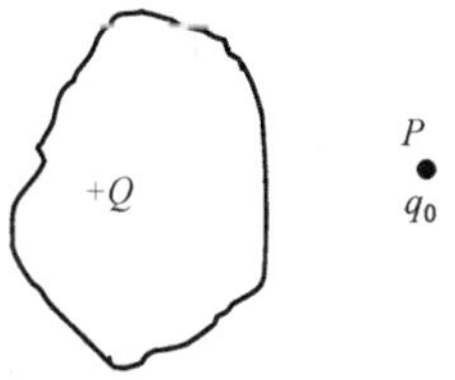

选择题(5)图

(6) 一个平行板电容器,充电后与电源隔开,当用绝缘手柄将电容器两极板间距离拉大,则两极板间的电势差 U_{12}、电场强度的大小 E、电场能量 W 将发生如下变化(　)。

(A) U_{12} 减小,E 减小,W 减小　(B) U_{12} 增大,E 增大,W 增大

(C) U_{12} 增大,E 不变,W 增大　(D) U_{12} 减小,E 不变,W 不变

9-2　有四个点电荷,电量都是$+Q$,分别放在正方形的四个顶点上。在正方形的中心放一个怎样的点电荷 Q',才能使每个电荷都达到平衡?

9-3　一根带电细棒长为 $2l$,沿 x 轴放置,其一端在原点,电荷线密度 $\lambda=Ax$ (A 为大于零的常数)。求 x 轴上 $x=b+2l$ 处的电场强度。

9-4　一个半径为 R 的半圆细环上均匀的分布电荷 Q,求环心处的电场强度。

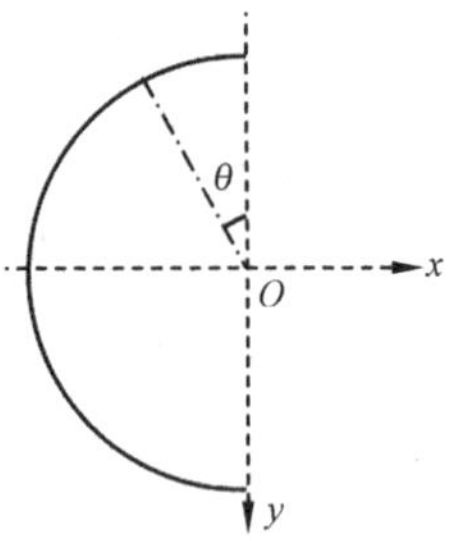

习题 9-5 图

9-5　如图所示,一个半径为 R 的半圆细环上电荷分布不均匀,电荷线密度为 $\lambda=\lambda_0\cos\theta$,其中($\lambda_0>0$),求环心处电场强度的大小和方向。

9-6　一宽为 b 的无限长均匀带电平面薄板,其电荷面密度为 σ。求:

(1) 平板所在平面内,距薄板边缘为 a 处的电场强度;

(2) 通过薄板的几何中心的垂直线上与薄板的距离为 h 处的电场强度。

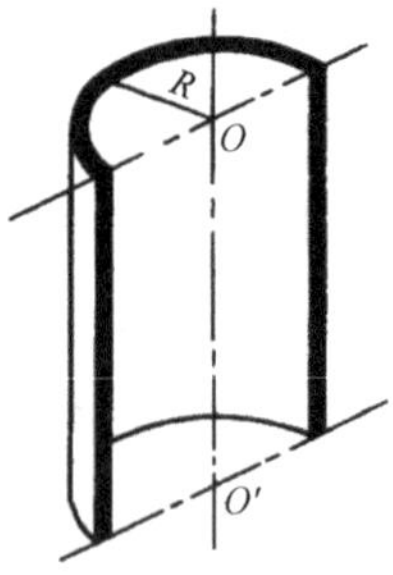

习题 9-7 图

9-7　如图所示,一个半径为 R 的无限长半圆柱面形薄筒,均匀带电,单位长度上的带电量为 λ,求圆柱面轴线上一点的电场强度。

9-8　电荷面密度为 σ 的无限大均匀带电平面,开有一个半径为 R 的圆洞,求在这个圆洞轴线上任一点 P 处的场强。(P 点到圆洞中心的距离取为 x)

9-9　将一个带电量为 q 的点电荷置于立方体的一个顶点上,求通过立方体各个侧面的电通量。

9-10　一个半径为 R 的球体内分布着电荷,其体密度为 $\rho=kr$,r 为径向距离,k 为常数。求空间中的电场强度分布,并画出 E-r 关系曲线。

9-11　两个“无限长”的半径分别为 R_1 和 R_2 的同轴圆柱面,均匀带电,沿轴线方向单位长度上的带电量分别为 λ_1 和 λ_2,求空间中的电场强度分布。

9-12　一个无限长、半径为 R 的圆柱体上的电荷均匀分布,圆柱体单位长度上的电荷量为 λ,用高斯定理求其在空间中形成的电场强度分布。

9-13　如图所示,一个厚度为 d 的无限大均匀带电板,电荷体密度为 ρ,求空间中的电场强度分布。

9-14　如图所示,在点电荷$+q$ 的电场中,若取图中 M 点为电势零点,则 P 点的电势是

多少？

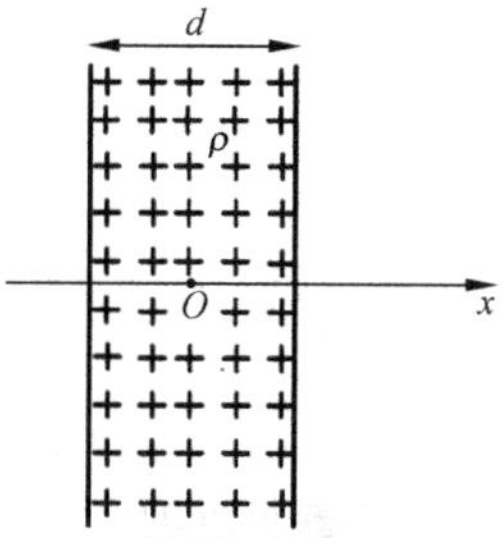

习题 9-13 图

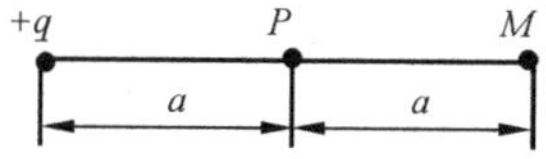

习题 9-14 图

9-15　如图所示，一沿 x 轴放置的长为 l 的不均匀带电细棒，棒的左端距原点距离为 a，其电荷线密度为 $\lambda=\lambda_0(x-a)$，其中 λ_0 为一常量。取无穷远处为零电势参考点，求坐标原点处的电势。

9-16　将一均匀带电细棒弯成如图所示形状，其电荷线密度为 λ，半圆环的半径为 R，两端直线部分的长度也为 R。求：

(1)环心点 O 处的电场强度；

(2)环心点 O 处的电势。(取无限远处电势为零)

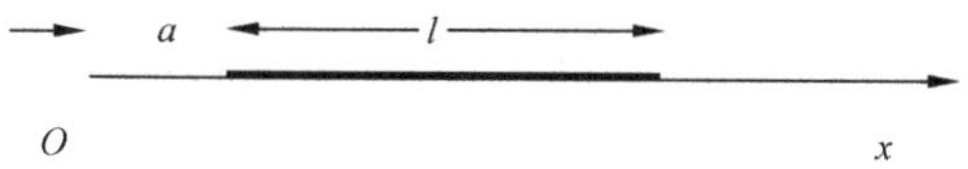

习题 9-15 图

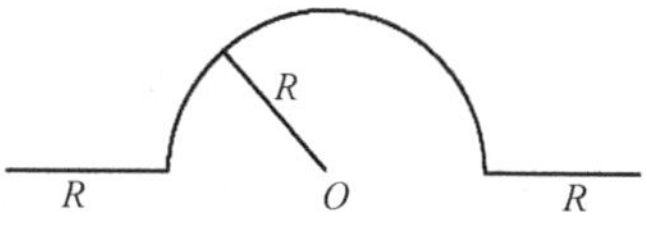

习题 9-16 图

9-17　两个同心的、带等量异号电荷的均匀带电球面，半径分别为 $R_1=0.03\ \text{m}$，$R_2=0.1\ \text{m}$。已知两者的电势差为 450 V，求球面上所带的电量。

9-18　如图所示，A、B、C 三块平行导体平板的面积均为 S，相距很近地放置，其中 A 板带电 Q，B、C 板不带电，A 和 B 间距为 d_1，A 和 C 间距为 d_2。求：

(1)各导体板上的电荷分布和导体板间的电势差；

(2)将 B、C 导体板分别接地，再求导体板上的电荷分布和导体板间的电势差。

9-19　如图所示，在一不带电的金属球旁有一点电荷 $+q$，金属球半径为 R，已知点电荷与金属球心间距离为 r。试求：

(1) 金属球上感应电荷在球心处产生的电场强度及球心处的电势；

(2) 若将金属球接地，球上的净电荷为多少？

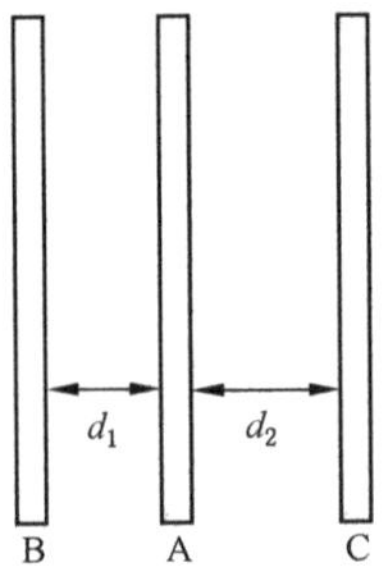

习题 9-18 图

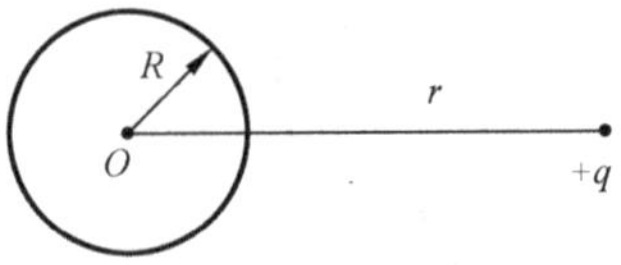

习题 9-19 图

9-20　如图所示,一个内半径为 R_1、外半径为 R_2 的金属球壳,带电量为 Q,球心 O 处放置一个点电荷 q。点 P 与球心相距为 $R_1/2$,点 M 与球心相距 $(R_1+R_2)/2$。求:

(1)P 点的电势;

(2)P、M 两点间的电势差。

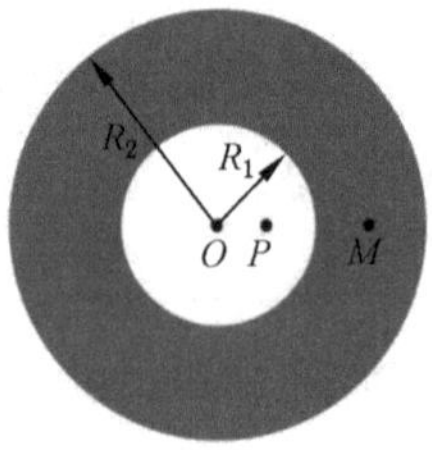

习题 9-20 图

9-21　如图所示,一个半径为 R 的金属球带电量为 Q,在金属球外距离球心为 d 的位置放置一个点电荷 q,若取无穷远处为电势零点,求距离球心为 $R/2$ 处的 P 点的电势。

9-22　如图所示,半径为 R_0 的金属球带有电荷 Q,球外有一层电介质均匀的同心球壳,其内、外半径分别为 R_1 和 R_2,相对电容率为 ε_r。求电介质内、外的电位移、电场强度和电势的分布。

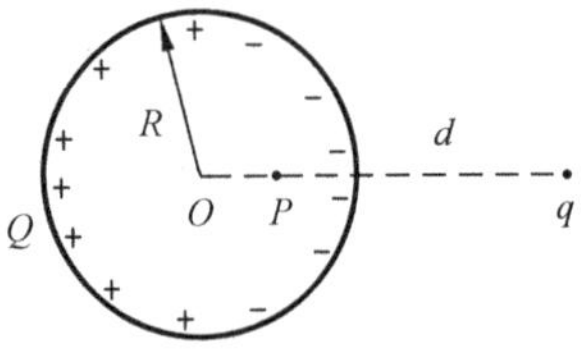

习题 9-21 图

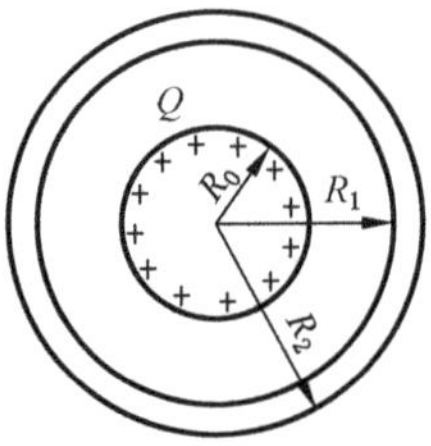

习题 9-22 图

9-23　空气的击穿场强为 $3.0\times10^7\ \mathrm{V\cdot m^{-1}}$,当空气平行板电容器的电势差为 50 kV 时,问每平方米面积的电容最大是多少?

9-24　如图所示,在极板面积为 S、板间距离为 d 的平行板电容器中充入两种体积相同的相对电容率分别为 ε_{r1} 和 ε_{r2} 的电介质,分别计算两种情况下的电容。

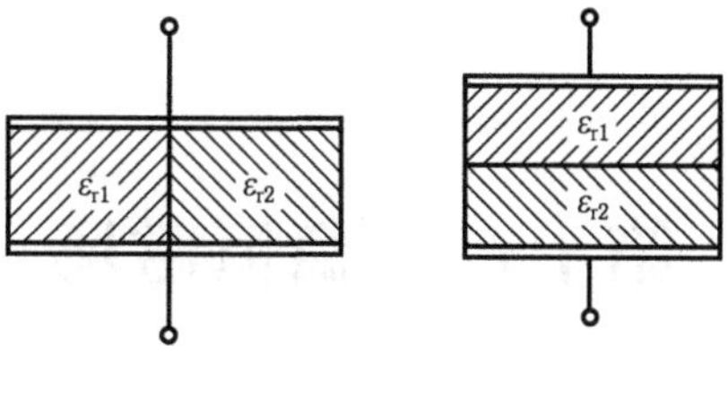

习题 9-24 图

9-25 两个同轴的薄圆柱面，长度都是 l，半径分别是 R_1 和 R_2（$R_2-R_1\ll l$），这两个圆柱面带有等量异号电荷，线密度分别为 λ、$-\lambda$，两圆柱面之间充满电容率为 ε 的电介质。忽略边缘效应，试求：

(1) 在半径为 r（$R_1<r<R_2$）、厚度为 $\mathrm{d}r$ 的圆柱壳中任一点的电场能量密度是多少？

(2) 电介质中的总电场能量是多少？

(3) 从电介质中的总电场能量求圆柱形电容器的电容。

第十章　稳恒磁场

在运动电荷周围除产生电场外，还会产生磁场。如果做宏观定向运动的电荷在空间中的分布不随时间变化，即形成恒定电流，则会在周围产生不随时间变化的磁场，称为稳恒磁场，又称静磁场。虽然稳恒磁场与静电场的性质、规律不同，但在研究方法上却有类似之处，学习时应注意对比。

本章首先介绍恒定电流的概念及其微观解释，然后学习稳恒磁场的基本性质和规律，在此基础上研究磁场对运动电荷、载流导线以及载流线圈的作用。

第一节　恒定电流　电动势

一、电流　电流密度

电荷的定向运动形成电流。形成电流的带电粒子统称为**载流子**，它们可以是电子，正的或负的离子，在半导体中还可能是带正电的"空穴"。为简单起见，如不作特别说明，本章以载流子带正电荷为例进行讨论。

电流的强弱由**电流强度** I 来描述，定义为单位时间内通过导体某一横截面的电荷量。如果在 $\mathrm{d}t$ 时间内，通过导体某横截面的电荷量为 $\mathrm{d}q$，则电流强度表示为

$$I=\frac{\mathrm{d}q}{\mathrm{d}t} \tag{10-1}$$

电流强度是标量，平时所说的电流的方向是指它的流向，规定正电荷定向运动的方向为电流的流向。在国际单位制中电流的单位是安培，简称安，用符号 A 表示。常用单位还有毫安(mA)和微安(μA)，它们之间的关系为

$$1\ \mathrm{A}=10^{3}\ \mathrm{mA}=10^{6}\ \mu\mathrm{A}$$

电流强度反映了单位时间内通过整个导体截面的电量，不能反映电流在导体截面上的分布情况。为细致描述电流的具体分布，引入**电流密度**，用 $\boldsymbol{j}$ 表示。

导体中任意一点的电流密度 $\boldsymbol{j}$ 的方向为正电荷通过该点时的运动方向，其大小等于通过该点垂直于电流方向的单位面积的电流。大块导体中各点 $\boldsymbol{j}$ 有不同的数值和方向，这就构成

一个矢量场，即电流场。仿照用电场线描绘电场分布的做法，可以用电流线描绘电流场。电流线是这样一簇曲线，其上每点的切线方向都和该点的电流密度矢量方向一致，图 10-1 的一簇有向曲线代表的就是一个电流场。如图 10-1(a)所示，设 $dS_\perp$ 为垂直于电流方向的过 P 点的面积元，dI 为通过 $dS_\perp$ 的电流强度，$\boldsymbol{j}_0$ 为正电荷通过 P 点时的运动方向上的单位矢量，则定义

$$\boldsymbol{j}=\frac{dI}{dS_\perp}\boldsymbol{j}_0 \tag{10-2}$$

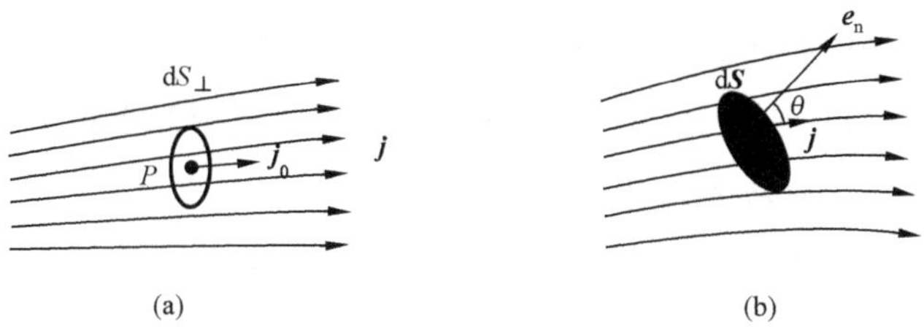

图 10-1　电流密度

在国际单位制中，电流密度的单位是安/平方米($A \cdot m^{-2}$)。

如果面积元 $d\boldsymbol{S}$ 的法线方向 $\boldsymbol{e}_n$ 与电流密度 $\boldsymbol{j}$ 方向成 θ 角，如图 10-1(b)所示，则通过 $d\boldsymbol{S}$ 的电流为

$$dI=j\,dS\cos\theta=\boldsymbol{j}\cdot d\boldsymbol{S}$$

通过导体内任意曲面 S 的电流为

$$I=\int_S \boldsymbol{j}\cdot d\boldsymbol{S} \tag{10-3}$$

即电流等于通过该曲面的电流密度的通量。

若曲面为闭合曲面，规定面积矢量的正方向由闭合曲面内指向面外，则流出该闭合曲面的电流为

$$I=\oint_S \boldsymbol{j}\cdot d\boldsymbol{S} \tag{10-4}$$

上式也表示单位时间内流出该闭合曲面的电荷数。

二、电流的连续方程　稳恒条件

在导体内取任一闭合曲面 S，则根据电荷守恒定律，在单位时间内流出闭合曲面 S 的电荷量应等于单位时间内该闭合曲面中电荷的减少量，即有

$$\oint_S \boldsymbol{j}\cdot d\boldsymbol{S}=-\frac{dq}{dt} \tag{10-5}$$

上式称为**电流的连续方程**。该式表明，电流线终止或发出于电荷发生变化的地方。

当导体中有稳恒电流通过时,任一闭合曲面中流入电荷和流出电荷相同,运动电荷的空间分布保持不变,任一闭合曲面内的电荷数不变。即

$$\frac{\mathrm{d}q}{\mathrm{d}t}=0$$

所以有

$$\oint_S \boldsymbol{j}\cdot\mathrm{d}\boldsymbol{S}=0 \tag{10-6}$$

式(10-6)称为**电流稳恒的条件**。由于任意闭合曲面内的电荷不随时间变化,导体内各点的电荷分布不变。由空间分布不变的运动电荷产生的电场称为稳恒电场。

稳恒电场和静电场的相同点是:电荷在空间的分布,以及空间各点的电场分布均不随时间变化。因此,描述静电场性质的高斯定理和场强的环路定理对于稳恒电场完全适用,在稳恒电场中同样也可以引入电势的概念。

稳恒电场与静电场的不同点是:产生静电场的电荷是静止的,而产生稳恒电场的电荷是在做定向运动的,当空间某点处的电荷移去的同时必有等量电荷来补充,在宏观上达到动态平衡,形成不随时间变化的电荷空间分布;在静电场中的导体内部场强为零,导体上各点电势相等,但在稳恒电场中的导体内部场强不为零,导体两端有电势差且不随时间变化,因而能使电荷定向运动形成稳恒电流;维持静电场不需要消耗能量或者说没有能量转换,但维持稳恒电场必定要消耗能量,例如电池的化学能转变为热能等。

三、电动势

将两个带异号电荷的导体用一导线接通时可以产生电流,但这种电流不能持续。要想得到持续稳恒的电流必须满足两个条件:有一导体回路;回路中有电源。电源可以在其正负极处聚集一定量的正负电荷,使正负极间存在恒定的电势差。当回路接通时,在电源外部,正电荷在稳恒电场的作用下由电源正极运动到负极;在电源内部,正电荷克服静电力由负极移动到正极。因此,电源内必然存在一种力,它能克服静电力对电荷做功,使电荷的电势能增加,这种力称为非静电力。非静电力可以是化学力、机械力、磁力等。由此可见,电源是一种将非静电能转化为电能的装置。

不同的电源将非静电能转化成电能的本领不同。为了定量地描述电源转化能量的本领,引入电动势。在电源内部,单位正电荷由负极移到正极,非静电力做的功称为电源的**电动势**。如果用 A_k 表示在电源内电量为 q 的正电荷从负极移到正极时非静电力做的功,则电源的电动势 $\mathscr{E}$ 表示为

$$\mathscr{E}=\frac{\mathrm{A}_k}{\mathrm{q}}$$

类比于静电场，可以认为在电源内部存在非静电场，定义单位正电荷受到的非静电力为**非静电场强**，用 $\boldsymbol{E}_k$ 表示，即 $\boldsymbol{E}_k=\boldsymbol{F}_k/q$，则电荷 q 所受的非静电力 $\boldsymbol{F}_k=q\boldsymbol{E}_k$。在电源内，正电荷 q 由负极移到正极时非静电力做的功为

$$A_k=\int_{-}^{+} q\boldsymbol{E}_k\cdot \mathrm{d}\boldsymbol{l} \tag{10-7}$$

+、−表示电源的正负极，电源电动势的表示式为

$$\mathscr{E}=\int_{-}^{+} \boldsymbol{E}_k\cdot \mathrm{d}\boldsymbol{l} \tag{10-8}$$

上式表示非静电力集中在一段回路内时对应的电动势。如果非静电力存在于整个回路中，则回路中的电动势为

$$\mathscr{E}=\oint_{l} \boldsymbol{E}_k\cdot \mathrm{d}\boldsymbol{l} \tag{10-9}$$

电动势的单位和电势相同，国际制单位都是伏特(V)，并且都是标量，但它们是两个完全不同的物理量。电动势总是和非静电力做功联系在一起，而电势则和静电力的功相联系。电动势完全取决于电源本身的性质，与外电路无关，而电路中的电势分布则和外电路有关。

第二节　磁场　磁感应强度

一、磁场

静止的电荷间的相互作用是通过其在周围激发的电场来传递的。电流(包括运动电荷)间的相互作用也是通过场来传递的，这种场称为**磁场**。磁场是存在于运动电荷周围空间除电场外的一种特殊物质，它对位于其中的运动电荷有力的作用。因此，运动电荷与运动电荷之间、电流与电流之间、电流(或运动电荷)与磁铁之间的相互作用，都可以看成是它们中的任意一个所激发的磁场对另一个施加作用力的结果。当载流导体在磁场中运动时，磁场力对它做功。磁场和电场一样具有能量，也是物质存在的一种形式。

二、磁感应强度

在静电学中，为了考察空间某处的电场，可以在该处放一静止的试验电荷，通过其受力来定义电场强度 $\boldsymbol{E}$，用以定量地描述电场。与此类似，我们将从磁场对运动电荷的作用力出发，定义磁感应强度 $\boldsymbol{B}$，来定量地描述磁场。但是，$\boldsymbol{B}$ 的定义要比 $\boldsymbol{E}$ 的定义复杂，因为运动电荷受到的磁场力不仅与电荷的多少有关，还与电荷运动速度的大小和方向有关。

在磁场中引入一个运动的试验电荷 q_0，其运动速度为 $\boldsymbol{v}$，实验结果表明：

(1) 在磁场中的每一点都有一个特殊方向，当试验电荷 q_0 沿着这个方向运动时不受力，且该特殊方向与试验电荷电量 q_0 及其运动速度大小 v 无关。

(2) 在磁场某点，当试验电荷垂直于该特殊方向运动时，所受到的磁力最大，用 $\boldsymbol{F}_{\max}$ 表示。

(3) 试验电荷 q_0 沿其他方向运动时，受到的力介于 0 到 $F_{\max}$ 之间，受力方向垂直于试验电荷运动方向和上述特殊方向所构成的平面。

根据实验结果，定义**磁感应强度 $\boldsymbol{B}$** 的方向垂直于运动正试验电荷的最大受力 $\boldsymbol{F}_{\max}$ 与其速度所成平面，指向由 $\boldsymbol{F}_{\max}\times\boldsymbol{v}$ 的方向确定。$\boldsymbol{F}_{\max}$ 的大小与试验电荷的电量和运动速度均成正比，但 $F_{\max}/(q_0 v)$ 的值与试验电荷无关，只由场点决定。因此，可以用 $F_{\max}/(q_0 v)$ 来描述场点磁场的强弱，把这个特征量定义为 $\boldsymbol{B}$ 的大小，即

$$B=\frac{F_{\max}}{q_0 v} \tag{10-10}$$

由以上对磁感应强度矢量 $\boldsymbol{B}$ 的定义可以看出，它与运动电荷的性质无关，仅由磁场自身决定，是空间位置的单值函数。

在国际单位制中，磁感应强度 $\boldsymbol{B}$ 的单位是特斯拉，用符号 T 表示。在高斯单位制中，$\boldsymbol{B}$ 的单位为高斯(Gs)，1 Gs$=10^{-4}$T 。

第三节　毕奥-萨伐尔定律

一、磁场叠加原理

静电场中，当空间存在多个场源电荷时，空间某点的电场强度是所有场源电荷单独存在时激发场强的矢量和，即空间的电场满足场强叠加原理。产生磁场的运动电荷或电流称为磁场源。实验表明，在有若干个磁场源的情况下，它们产生的磁场也服从叠加原理。假如空间存在 n 个磁场源，第 i 个磁场源在空间某点产生的磁感应强度为 $\boldsymbol{B}_i$，则该点的总磁感应强度 $\boldsymbol{B}$ 为

$$\boldsymbol{B}=\sum_{i=1}^{n}\boldsymbol{B}_i \tag{10-11}$$

上式称为**磁感应强度的叠加原理**。

二、毕奥-萨伐尔定律

在讨论带电体产生的静电场时，我们将带电体细分为无数电荷元，利用电荷元激发的电

场叠加来计算总电场强度。对任意形状的细载流导线产生的磁场，也可将其视为无穷多小段电流的集合，利用磁场的叠加原理计算总磁感应强度。各小段电流称为电流元 $I\mathrm{d}\boldsymbol{l}$，电流元是矢量，方向与线元矢量 $\mathrm{d}\boldsymbol{l}$ 一致，为导线上某处的电流方向，I 为导线中的电流强度。每个电流元激发磁感应强度 $\mathrm{d}\boldsymbol{B}$，空间的磁感应强度为这些无限多电流元产生的 $\mathrm{d}\boldsymbol{B}$ 的叠加。

1820 年，法国物理学家毕奥和萨伐尔等人，分析了许多电流回路产生磁场的实验数据，得到结论：长直载流导线在其周围产生的磁感应强度大小 B 与导线中的电流强度 I 成正比，与场点到导线的垂直距离 r 成反比，即 $B\propto I/r$。后经拉普拉斯运用数学方法分析，得出电流元 $I\mathrm{d}\boldsymbol{l}$ 在空间任意一点 P 产生磁场 $\mathrm{d}\boldsymbol{B}$ 的大小为

$$\mathrm{d}B=\frac{\mu_0}{4\pi}\frac{I\mathrm{d}l\sin\theta}{r^2}$$

式中，$\mu_0=4\pi\times10^{-7}\ \mathrm{N\cdot A^{-2}}$ 为真空磁导率。以 $\boldsymbol{e}_r$ 表示电流元指向场点 P 的单位矢量，θ 为 $I\mathrm{d}\boldsymbol{l}$ 与 $\boldsymbol{e}_r$ 的夹角，如图 10-2 所示；$\mathrm{d}\boldsymbol{B}$ 的方向垂直于 $I\mathrm{d}\boldsymbol{l}$ 与 $\boldsymbol{e}_r$ 构成的平面。写成矢量式为

$$\mathrm{d}\boldsymbol{B}=\frac{\mu_0}{4\pi}\frac{I\mathrm{d}\boldsymbol{l}\times\boldsymbol{e}_r}{r^2} \tag{10-12}$$

此式称为毕奥-萨伐尔-拉普拉斯定律，简称**毕奥-萨伐尔定律**。

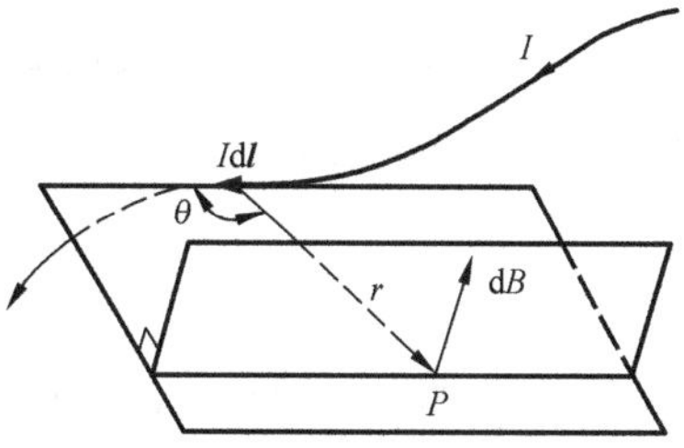

图 10-2　电流元产生的磁感应强度

再根据磁感应强度的叠加原理，任意载流导线在任一 P 点产生的磁感应强度为

$$\boldsymbol{B}=\int\mathrm{d}\boldsymbol{B}=\int\frac{\mu_0}{4\pi}\frac{I\mathrm{d}\boldsymbol{l}\times\boldsymbol{e}_r}{r^2} \tag{10-13}$$

积分遍及整个载流导线。

由于不存在孤立的电流元，所以毕奥-萨伐尔定律不能直接由实验验证，但由毕奥-萨伐尔定律得出的结果均与实际相符，所以证明它是一个正确的半经验公式。

三、毕奥-萨伐尔定律的应用

1. 一段载流直导线产生的磁场

如图 10-3 所示，长为 L 的一段直导线载有由下至上的稳恒电流 I，P 为导线外一点，距离直导线为 a。计算 P 点的磁感应强度时，可将直导线细分成无数个电流元，利用式(10-13)求解。过 P 点作载流直导线的垂线，垂足为 O，以 O 为坐标原点建立平面直角坐标系，如图所示。取坐标 y 处一长为 $\mathrm{d}y$ 的电流元，该电流元到 P 点的位置矢量为 $\boldsymbol{r}$，电流元与 $\boldsymbol{r}$ 的夹角为 θ，它在 P 点产生的磁

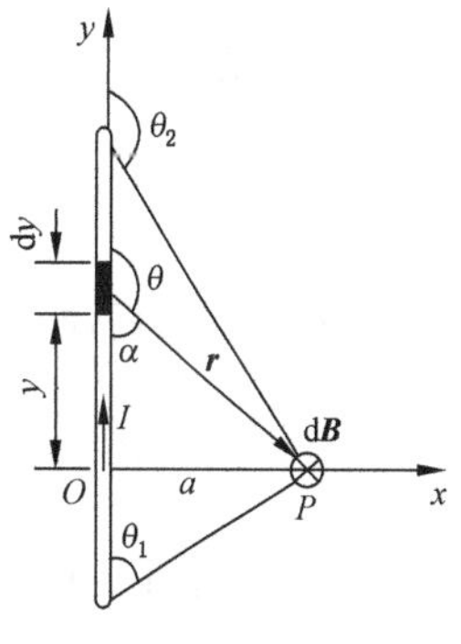

图 10-3　载流直导线

感应强度 d$\boldsymbol{B}$ 大小为

$$\mathrm{d}B=\frac{\mu_0}{4\pi}\frac{I\mathrm{d}y\sin\theta}{r^2}$$

d$\boldsymbol{B}$ 的方向垂直于纸面向里。分析发现,载流导线上各电流元在 P 点产生的 d$\boldsymbol{B}$ 方向都相同,所以 P 点的磁感应强度大小为上式的标量积分

$$B=\int\mathrm{d}B=\int_L\frac{\mu_0}{4\pi}\frac{I\mathrm{d}y\sin\theta}{r^2}$$

式中,y、θ 和 r 都是变量,需要统一变量。由图可得

$$y=-a\cot\theta,\mathrm{d}y=a\csc^2\theta\mathrm{d}\theta,r=a\csc\theta$$

将这三个关系式代入积分式中并积分,得到 P 点的磁感应强度为

$$B=\frac{\mu_0 I}{4\pi a}\int_{\theta_1}^{\theta_2}\sin\theta\mathrm{d}\theta=\frac{\mu_0 I}{4\pi a}(\cos\theta_1-\cos\theta_2)$$

式中,θ_1 和 θ_2 分别为载流直导线两端的电流元与其到 P 点的位矢之间的夹角;$\boldsymbol{B}$ 的方向垂直于纸面向里。可以分析得出,载流直导线周围场点 $\boldsymbol{B}$ 的方向与电流流向间满足右手螺旋法则。

当 P 点非常靠近直导线时,导线可视为“无限长”的。此时积分下限 $\theta_1=0$,上限 $\theta_2=\pi$,P 点的磁感应强度为

$$B=\frac{\mu_0 I}{2\pi a}$$

这一结果表明,在无限长载流直导线周围的磁感应强度与场点到导线的垂直距离成反比。

2. 载流圆线圈在轴线上的磁场

如图 10-4 所示,半径为 R 的圆线圈圆心为 O,载有电流 I,P 点为其轴线上一点,与圆心相距 x。在圆线圈上任取一电流元 $I\mathrm{d}\boldsymbol{l}$,设该电流元到 P 点的位矢为 $\boldsymbol{r}$。电流元在 P 点产生的磁感应强度 d$\boldsymbol{B}$ 的大小为

$$\mathrm{d}B=\frac{\mu_0}{4\pi}\frac{I\mathrm{d}l\sin\theta}{r^2}$$

由于 $I\mathrm{d}\boldsymbol{l}$ 与 $\boldsymbol{r}$ 垂直,所以 $\theta=90°$,上式为

$$\mathrm{d}B=\frac{\mu_0}{4\pi}\frac{I\mathrm{d}l}{r^2}$$

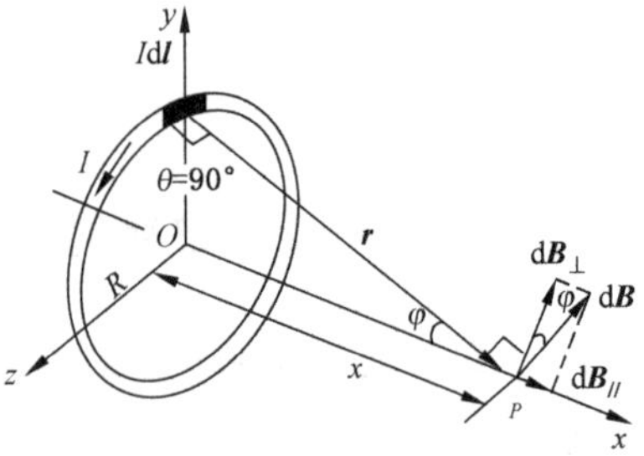

图 10-4　载流圆线圈

d$\boldsymbol{B}$ 的方向垂直于 $I\mathrm{d}\boldsymbol{l}$ 和 $\boldsymbol{r}$ 所决定的平面,如图 10-4 所示。

圆线圈上各电流元在 P 点产生的 d$\boldsymbol{B}$ 方向不同,根据 d$\boldsymbol{B}$ 分布的对称性,建立坐标系如

图，将 d$\boldsymbol{B}$ 沿平行于 x 轴和垂直于 x 轴两个方向进行分解。分析可得，各 d$\boldsymbol{B}_{\perp}$ 相互抵消，即 P 点的磁感应强度 $\boldsymbol{B}$ 在垂直于 x 轴方向的分量为零，所以磁感应强度大小可直接表示为

$$B=\int \mathrm{d}B_{/\!/}$$

由图可知，d$\boldsymbol{B}$ 平行于 x 轴的分量

$$\mathrm{d}B_{/\!/}=\mathrm{d}B\sin\varphi$$

所以 P 点磁感应强度的大小为

$$B=\int_L \mathrm{d}B_{/\!/}=\int_L \frac{\mu_0}{4\pi}\frac{I\mathrm{d}l}{r^2}\sin\varphi=\frac{\mu_0}{4\pi}\frac{I}{r^2}\sin\varphi\cdot 2\pi R=\frac{\mu_0}{2}\frac{IR}{r^2}\sin\varphi$$

因为 $\sin\varphi=R/r=R/\sqrt{R^2+x^2}$，所以

$$B=\frac{\mu_0}{2}\frac{IR^2}{(R^2+x^2)^{3/2}}$$

P 点处磁感应强度 $\boldsymbol{B}$ 的方向与线圈中电流的环绕方向间满足右手螺旋法则。

讨论：

(1) 在圆线圈的圆心处，$x=0$，磁感应强度值为 $B=\mu_0 I/(2R)$。

(2) 当 P 点与圆线圈相距非常远，即 $x\gg R$ 时，磁感应强度值为 $B=\mu_0 IR^2/(2x^3)$。

(3) 若将电流为 I 的 N 匝相同的圆线圈紧靠在一起，则轴线上点的磁感应强度为单匝线圈产生磁场的 N 倍，即

$$B=\frac{\mu_0}{2}\frac{NIR^2}{(R^2+x^2)^{3/2}}$$

定义单匝线圈的**磁矩**矢量 $\boldsymbol{p}_{\mathrm{m}}$

$$\boldsymbol{p}_{\mathrm{m}}=IS\boldsymbol{e}_{\mathrm{n}} \tag{10-14}$$

式中，$\boldsymbol{e}_{\mathrm{n}}$ 表示线圈平面的法向单位矢量，且规定其方向与电流 I 的流向满足右手螺旋法则，S 为线圈所围平面的面积。对于匝数为 N 的多匝线圈，磁矩为

$$\boldsymbol{p}_{\mathrm{m}}=NIS\boldsymbol{e}_{\mathrm{n}}$$

圆线圈轴线上的磁感应强度用磁矩表示为

$$\boldsymbol{B}=\frac{\mu_0}{2\pi}\frac{\boldsymbol{p}_{\mathrm{m}}}{(R^2+x^2)^{3/2}}$$

3. 载流直螺线管轴线上的磁场

直螺线管是指均匀密绕在直圆柱面上的螺旋形线圈，如图 10-5(a)所示。设螺线管的半径为 R，载有电流 I，长度为 L，沿轴向单位长度的线圈匝数为 n。现在来计算直螺线管内轴线上一点 P 的磁场。

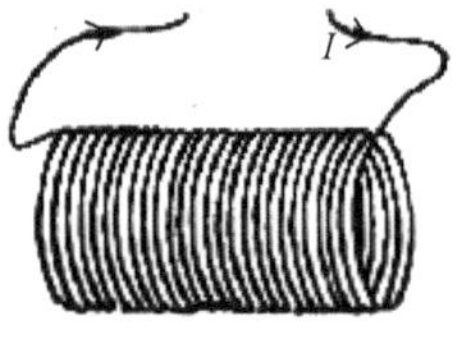

(a)

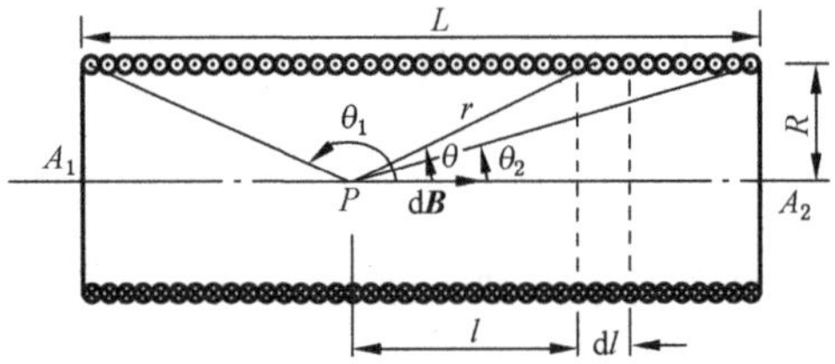

(b)

图 10-5　载流直螺线管

图 10-5(b)是直螺线管沿轴向的剖面图。在螺线管上距 P 点为 l 处任取一小段 $\mathrm{d}l$，在这小段上有 $n\mathrm{d}l$ 匝线圈。由于管上线圈绕得很紧密，这一小段上的线圈相当于电流为 $In\mathrm{d}l$ 的一个圆电流。应用前面载流圆线圈在轴线上的磁场结论可得，它在 P 点处产生的磁感应强度大小为

$$\mathrm{d}B=\frac{\mu_0}{2}\frac{IR^2n\mathrm{d}l}{(R^2+l^2)^{3/2}}$$

$\mathrm{d}\boldsymbol{B}$ 的方向沿轴线向右。因为螺线管的各小段在 P 点产生的磁感应强度的方向都相同，所以整个螺线管在 P 点产生的总磁感应强度大小为

$$B=\int\frac{\mu_0}{2}\frac{IR^2n\mathrm{d}l}{(R^2+l^2)^{3/2}}$$

上式不易直接积分，因此考虑转换为角量的积分，由图 10-5(b)可知

$$l=R\cot\theta,\mathrm{d}l=-R\csc^2\theta\mathrm{d}\theta$$

代入积分式中可得

$$B=\int\frac{\mu_0}{2}\frac{IR^2n\mathrm{d}l}{(R^2+l^2)^{3/2}}=\int_{\theta_1}^{\theta_2}-\frac{\mu_0nI}{2}\sin\theta\mathrm{d}\theta=\frac{\mu_0nI}{2}(\cos\theta_2-\cos\theta_1)$$

磁感应强度 $\boldsymbol{B}$ 的方向与螺线管中电流的流向满足右手定则。

讨论：

(1) 当螺线管的轴向长度 L 远比其半径 R 大时，在物理上认为该螺线管为“无限长”。此时 $\theta_1=\pi,\theta_2=0$。轴线上任意一点的磁感应强度为 $B=\mu_0nI$。这一结果说明，无限长直螺线管轴线上各点的 $\boldsymbol{B}$ 是相同的。以后我们还将证明，无限长直螺线管内不在轴线上的各点，磁感应强度大小也是 μ_0nI，方向都相同，也就是说，无限长直螺线管内部的磁场是匀强磁场。

(2) 对于长直螺线管的端点 A_1，$\theta_1=\frac{\pi}{2},\theta_2=0$。代入磁感应强度的表达式得 $B=\mu_0nI/2$。此值恰好是无限长直螺线管内部磁感应强度的一半。

四、运动电荷的磁场

导体中的电流是大量载流子定向运动的结果，因此，电流激发的磁场，实质是运动着的所有电荷在空间激发磁场的集体表现。

设导体的横截面积为 S，单位体积内有 n 个载流子，每个载流子带有电荷量 q，并以相同速度 $\boldsymbol{v}$ 运动，如图 10-6 所示。根据电流强度的定义可计算得出 $I=qnSv$。

由于电流元无限短，电流元内每个定向运动的电荷在 P 点产生的磁场可认为是相同的。电流元内包含的电荷数为 $\mathrm{d}N=nS\mathrm{d}l$，设每个电荷产生的磁场为 $\boldsymbol{B}$。

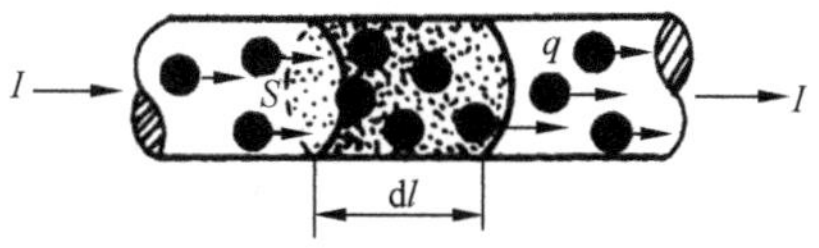

图 10-6　电流元中的运动电荷

根据毕奥-萨伐尔定律，电流元在 P 点产生的磁感应强度为

$$\mathrm{d}\boldsymbol{B}=\frac{\mu_0}{4\pi}\frac{I\mathrm{d}\boldsymbol{l}\times\boldsymbol{e}_r}{r^2}=\frac{\mu_0}{4\pi}\frac{qnSv\mathrm{d}\boldsymbol{l}\times\boldsymbol{e}_r}{r^2}$$

设载流子为正电荷，电荷定向运动速度 $\boldsymbol{v}$ 与 $I\mathrm{d}\boldsymbol{l}$ 同向，上式可变为

$$\mathrm{d}\boldsymbol{B}=\frac{\mu_0}{4\pi}\frac{qnS\mathrm{d}l\boldsymbol{v}\times\boldsymbol{e}_r}{r^2}$$

因此每一个运动电荷产生的磁感应强度为

$$\boldsymbol{B}=\frac{\mathrm{d}\boldsymbol{B}}{\mathrm{d}N}=\frac{\mu_0}{4\pi}\frac{q\boldsymbol{v}\times\boldsymbol{e}_r}{r^2}\qquad(10\text{-}15)$$

其大小等于

$$B=\frac{\mu_0}{4\pi}\frac{qv\sin\theta}{r^2}$$

式中，θ 是电荷的定向运动速度 $\boldsymbol{v}$ 与位矢 $\boldsymbol{r}$ 之间的夹角。$\boldsymbol{B}$ 的方向垂直于速度 $\boldsymbol{v}$ 和位矢 $\boldsymbol{r}$ 所决定的平面，可由右手螺旋定则确定。如果粒子带正电，则 $\boldsymbol{B}$ 的方向沿 $\boldsymbol{v}\times\boldsymbol{r}$ 方向；如果粒子带负电，则 $\boldsymbol{B}$ 的方向沿 $\boldsymbol{v}\times\boldsymbol{r}$ 的反方向，如图 10-7 所示。

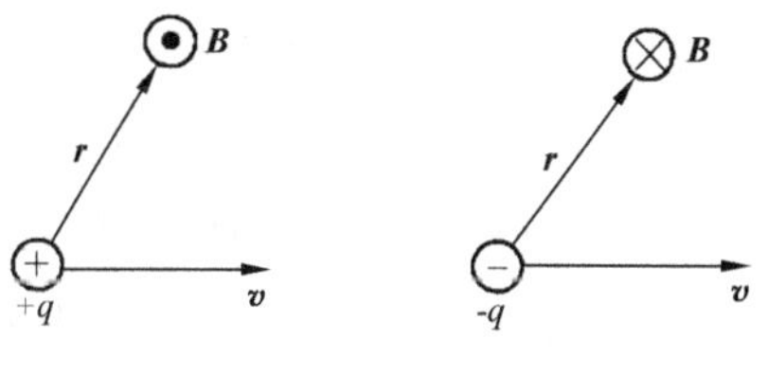

图 10-7　运动电荷的磁场方向

式(10-15)适用于电荷的运动速度远小于光速的情况，对于高速运动的电荷产生的磁场，需要考虑相对论效应，这里不作进一步讨论。

例 10-1

如图 10-8 所示，一半径为 R 的均匀带电薄圆盘的电荷面密度为 σ，并以角速度 ω 绕通过盘心且垂直盘面的轴转动，求圆盘中心处的磁感应强度。

解 设圆盘带正电荷,且绕轴 O 逆时针旋转。在圆盘上取一半径为 r、宽为 $\mathrm{d}r$ 的细环带,此环带的电荷为 $\mathrm{d}q=\sigma 2\pi r\mathrm{d}r$。圆盘以角速度 ω 绕 O 轴旋转,即转动周期为 $T=\frac{2\pi}{\omega}$。于是与此转动环带相当的圆电流为

$$\mathrm{d}I=\frac{\mathrm{d}q}{T}=\frac{\omega}{2\pi}\sigma 2\pi r\,\mathrm{d}r=\sigma\omega r\,\mathrm{d}r$$

利用圆电流在圆心处产生的磁感应强度的结论,可得细环带在盘心产生的磁感应强度大小为

$$\mathrm{d}B=\frac{\mu_0}{2r}\mathrm{d}I=\frac{\mu_0\sigma\omega}{2}\mathrm{d}r$$

于是整个圆盘转动时,在盘心 O 处的磁感应强度大小为

$$B=\int\mathrm{d}B=\frac{\mu_0\sigma\omega}{2}\int_0^R\mathrm{d}r=\frac{\mu_0\sigma\omega R}{2}$$

已设圆盘带正电,因此磁感应强度的方向为垂直纸面向外。

此题也可以利用式(10-15)来求解,此处略去详细过程。

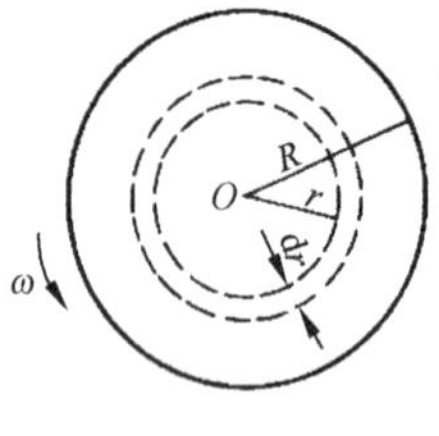

图 10-8 均匀带电的圆盘

第四节 磁通量 磁场的高斯定理

一、磁感应线

如同电场的分布可借助于电场线来描述一样,磁场的分布也可用磁感应线来描述。定义磁感应线是空间中一簇有方向的假想曲线,其上任意一点的切线方向与该点的磁感应强度的方向一致,曲线的疏密程度表示磁感应强度的大小。

为了用实验方法显示磁感应线的分布,可以在磁场中放一块玻璃板,并撒上一薄层铁屑,再轻轻敲击玻璃板,这时铁屑就按照磁感应线的形状排列起来。图 10-9 为直线电流周围的铁屑和磁感应线的平面分布图。图 10-10、图 10-11 分别为圆电流和螺线管电流的磁感应线平面分布图。图中显示出磁感应线的环绕方向与电流的流向间满足右手螺旋定则。

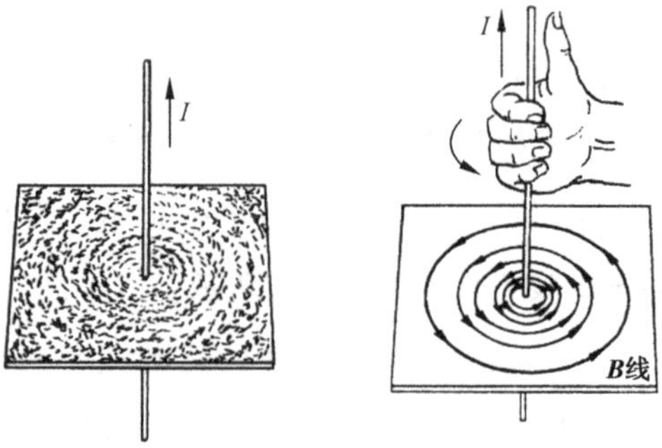

(a) 铁屑分布　　(b) 磁感线

图 10-9 载流长直导线的磁感应线

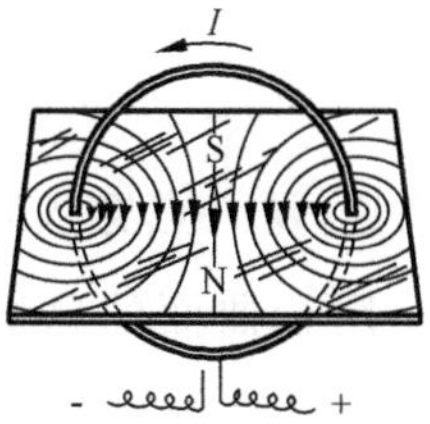

图 10-10　圆形电流的磁感应线

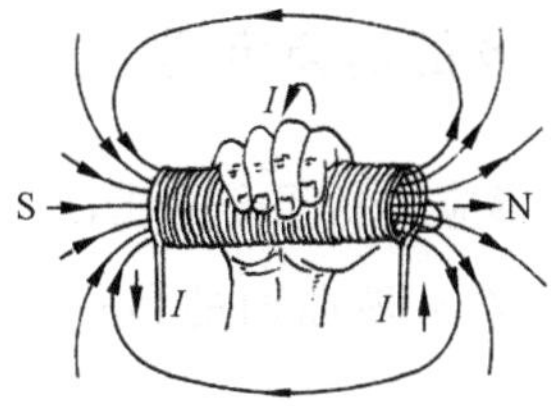

图 10-11　螺线管电流的磁感应线

磁感应线有如下性质：

磁感应线是无头无尾的闭合曲线，在磁场中任一点都不中断，任意两条磁感应线不相交。

二、磁通量

与电通量定义类似，将穿过磁场中某个曲面的磁感应线数称为该曲面的**磁通量**，用符号 Φ_m 表示。对比电通量的定义可得任意曲面的磁通量为

$$\Phi_m = \int_S \boldsymbol{B} \cdot \mathrm{d}\boldsymbol{S} \tag{10-16}$$

积分遍及整个曲面。如果曲面是闭合的，则磁通量 Φ_m 为

$$\Phi_m = \oint_S \boldsymbol{B} \cdot \mathrm{d}\boldsymbol{S} \tag{10-17}$$

规定由内向外为面积矢量的正方向。在国际单位制中，磁通量的单位是韦伯，以符号 Wb 表示。1 Wb=1 T·m²。

例 10-2

如图 10-12 所示，长直导线 AB 通有电流 I，求通过与长直导线共面的矩形面积 $CDEF$ 的磁通量。

解　长直载流导线在矩形面积内产生的是不均匀的磁场，因此需要利用式(10-16)积分求磁通量。

如图所示，在矩形中距导线为 r 处，取一长为 l、宽为 $\mathrm{d}r$ 的长方形面积微元，取其矢量方向为垂直于纸面向里，与磁感应强度方向一致，则面积元 $\mathrm{d}\boldsymbol{S}$ 的磁通量为

$$\mathrm{d}\Phi_m = \boldsymbol{B} \cdot \mathrm{d}\boldsymbol{S} = B\mathrm{d}S = Bl\mathrm{d}r = \frac{\mu_0 I}{2\pi r} l \mathrm{d}r$$

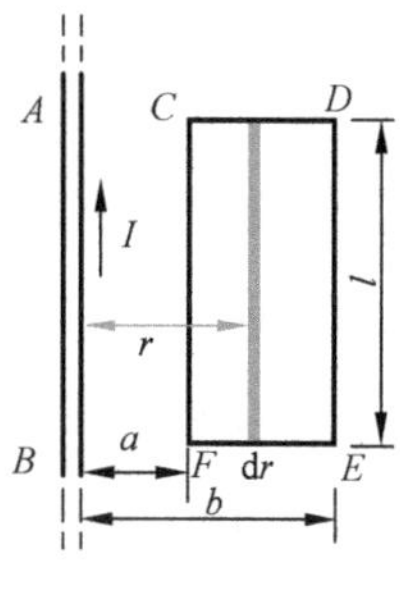

图 10-12　例 10-2 图

整个矩形面积的总磁通量为

$$\Phi_m = \int_S \mathrm{d}\Phi_m = \int_a^b \frac{\mu_0 I}{2\pi r} l \mathrm{d}r = \frac{\mu_0 I l}{2\pi} \ln \frac{b}{a}$$

三、磁场的高斯定理

由于磁感应线是闭合曲线,所以对于任意一个闭合曲面来说,从一点穿入闭合曲面的磁感应线,必然会从该曲面的另一点穿出,所以通过磁场中任一闭合曲面的磁通量一定等于零,即

$$\oint_S \boldsymbol{B} \cdot \mathrm{d}\boldsymbol{S} = 0 \tag{10-18}$$

上式即为**磁场的高斯定理**,它表明磁场是无源场,这是磁场的一个重要特性。

第五节　安培环路定理

描述静电场的性质有两个基本定理:静电场的高斯定理和环路定理。同样,描述稳恒磁场的性质也有两个基本定理:稳恒磁场的高斯定理和安培环路定理。本节讨论安培环路定理及其应用。

一、安培环路定理

安培环路定理可表述为:在稳恒电流的磁场中,磁感应强度 $\boldsymbol{B}$ 沿任意闭合回路 L 的线积分(也称为 $\boldsymbol{B}$ 的环流),等于路径 L 所包围的电流强度的代数和的 μ_0 倍。其数学表达式为

$$\oint_L \boldsymbol{B} \cdot \mathrm{d}\boldsymbol{l} = \mu_0 \sum_{L内} I_i \tag{10-19}$$

安培环路定理可以由毕奥-萨伐尔定律和叠加原理推导出来。由于一般情况下的数学推导十分复杂,这里仅通过无限长载流直导线所产生的磁场这一特例来推导这一定理。下面分几种情况讨论。

(1) 对于电流为 I 的无限长载流直导线,积分环路在与直导线垂直的平面内,且包围电流,环路的绕行方向与电流方向满足右手螺旋定则,如图 10-13 所示。

在环路上线元 $\mathrm{d}\boldsymbol{l}$ 与 $\boldsymbol{B}$ 的夹角用 θ 表示,$\mathrm{d}\boldsymbol{l}$ 对导线的张角为 $\mathrm{d}\varphi$。由图可知,$\mathrm{d}l\cos\theta = r\mathrm{d}\varphi$。所以

$$\boldsymbol{B} \cdot \mathrm{d}\boldsymbol{l} = B\mathrm{d}l\cos\theta = Br\mathrm{d}\varphi = \frac{\mu_0 I}{2\pi r} r\mathrm{d}\varphi = \frac{\mu_0 I}{2\pi}\mathrm{d}\varphi$$

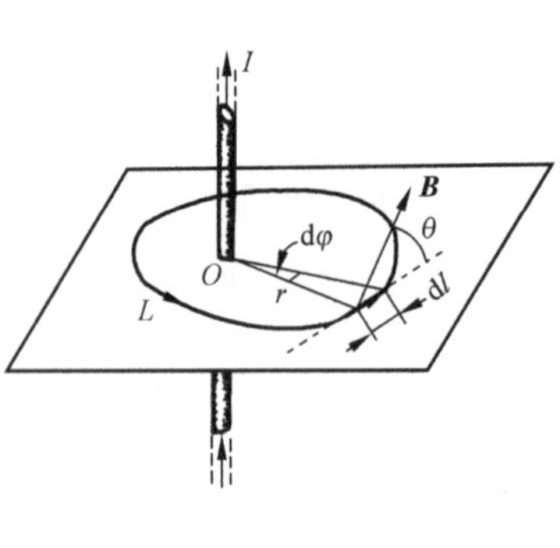

图 10-13　B 的环流

$\boldsymbol{B}$ 沿闭合环路 L 的积分为

$$\oint_L \boldsymbol{B} \cdot \mathrm{d}\boldsymbol{l} = \int_L \frac{\mu_0 I}{2\pi} \mathrm{d}\varphi = \frac{\mu_0 I}{2\pi} \oint \mathrm{d}\varphi = \mu_0 I$$

如果沿同一曲线路径，但改变绕行方向积分，则有

$$\int_L \boldsymbol{B} \cdot \mathrm{d}\boldsymbol{l} = \oint \frac{\mu_0 I}{2\pi}(-\mathrm{d}\varphi) = -\frac{\mu_0 I}{2\pi} \oint \mathrm{d}\varphi = \mu_0(-I)$$

这说明，如果绕行方向和电流方向成右手螺旋，电流视为正值，否则为负值。

(2) 积分环路包围电流，但不在垂直于长直载流导线的平面内，如图10-14所示。对于任意线元矢量 $\mathrm{d}\boldsymbol{l}$，总可将其分解为相互垂直的两个分量：平行于载流导线的分量 $\mathrm{d}\boldsymbol{l}_{/\!/}$ 和垂直于载流导线的分量 $\mathrm{d}\boldsymbol{l}_{\perp}$。从而

$$\oint_L \boldsymbol{B} \cdot \mathrm{d}\boldsymbol{l} = \oint_L \boldsymbol{B} \cdot (\mathrm{d}\boldsymbol{l}_{/\!/} + \mathrm{d}\boldsymbol{l}_{\perp}) = \oint_L \boldsymbol{B} \cdot \mathrm{d}\boldsymbol{l}_{/\!/} + \oint_L \boldsymbol{B} \cdot \mathrm{d}\boldsymbol{l}_{\perp}$$

由于 $\boldsymbol{B} \perp \mathrm{d}\boldsymbol{l}_{/\!/}$，故有 $\oint_L \boldsymbol{B} \cdot \mathrm{d}\boldsymbol{l}_{/\!/} = 0$。由(1)推导的结果可得

$$\oint_L \boldsymbol{B} \cdot \mathrm{d}\boldsymbol{l} = \oint_L \boldsymbol{B} \cdot \mathrm{d}\boldsymbol{l}_{\perp} = \mu_0 I$$

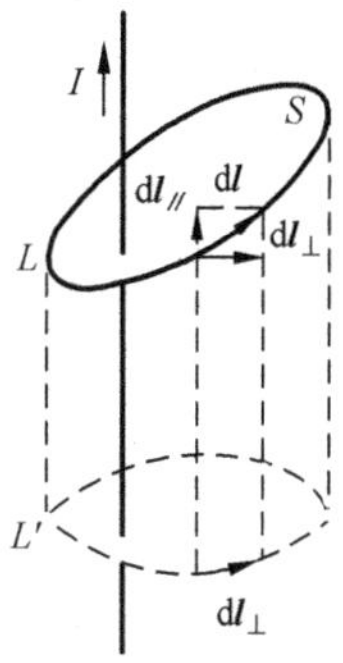

图 10-14 环路不在垂直于导线的平面内

(3) 积分环路在垂直于导线的平面内，但不包围电流，如图10-15所示。由导线与平面交点 O 引出夹角为 $\mathrm{d}\varphi$ 的两条射线，在积分环路 L 上截得线元 $\mathrm{d}\boldsymbol{l}_1$ 和 $\mathrm{d}\boldsymbol{l}_2$，它们分别与对应的 $\boldsymbol{B}_1$ 和 $\boldsymbol{B}_2$ 之间的夹角为 θ_1 和 θ_2。由图可得

$$\boldsymbol{B}_1 \cdot \mathrm{d}\boldsymbol{l}_1 = B_1 \mathrm{d}l_1 \cos\theta_1 = -B_1 r_1 \mathrm{d}\varphi = -\frac{\mu_0 I}{2\pi r_1} r_1 \mathrm{d}\varphi = -\frac{\mu_0 I}{2\pi} \mathrm{d}\varphi$$

$$\boldsymbol{B}_2 \cdot \mathrm{d}\boldsymbol{l}_2 = B_2 \mathrm{d}l_2 \cos\theta_2 = B_2 r_2 \mathrm{d}\varphi = \frac{\mu_0 I}{2\pi r_2} r_2 \mathrm{d}\varphi = \frac{\mu_0 I}{2\pi} \mathrm{d}\varphi$$

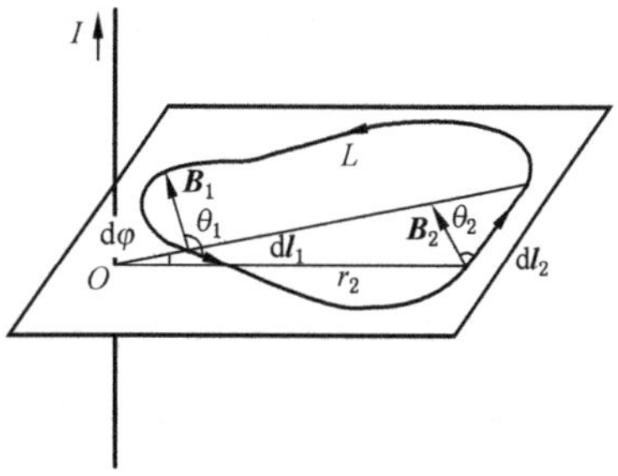

图 10-15 环路不包围电流

整个闭合环路可以被这样分割成无数对线元 $\mathrm{d}\boldsymbol{l}_1$ 和 $\mathrm{d}\boldsymbol{l}_2$，且相应的 $\boldsymbol{B}_1 \cdot \mathrm{d}\boldsymbol{l}_1$ 和 $\boldsymbol{B}_2 \cdot \mathrm{d}\boldsymbol{l}_2$ 值正好相反，在积分中相消，即

$$\boldsymbol{B}_1 \cdot \mathrm{d}\boldsymbol{l}_1 + \boldsymbol{B}_2 \cdot \mathrm{d}\boldsymbol{l}_2 = -\frac{\mu_0 I}{2\pi} \mathrm{d}\varphi + \frac{\mu_0 I}{2\pi} \mathrm{d}\varphi = 0$$

所以，有

$$\oint_L \boldsymbol{B} \cdot \mathrm{d}\boldsymbol{l} = 0$$

上式表明，如果环路并不环绕电流，则 $\boldsymbol{B}$ 沿该环路的线积分为零。

(4) 设有 n 条无限长载流直导线，其中 $I_1, I_2, \cdots, I_k$ 被闭合环路包围，而 $I_{k+1}, I_{k+2}, \cdots, I_n$ 在环路之外。则根据磁场的叠加原理，总磁感应强度 $\boldsymbol{B}$ 沿着环路的积分应为

$$\oint_L \boldsymbol{B} \cdot \mathrm{d}\boldsymbol{l} = \oint_L \boldsymbol{B}_1 \cdot \mathrm{d}\boldsymbol{l} + \oint_L \boldsymbol{B}_2 \cdot \mathrm{d}\boldsymbol{l} + \cdots + \oint_L \boldsymbol{B}_k \cdot \mathrm{d}\boldsymbol{l} + \oint_L \boldsymbol{B}_{k+1} \cdot \mathrm{d}\boldsymbol{l} + \cdots + \oint_L \boldsymbol{B}_n \cdot \mathrm{d}\boldsymbol{l}$$

$$= \mu_0 I_1 + \mu_0 I_2 + \cdots + \mu_0 I_k + 0$$

$$= \mu_0 \sum_{i=1}^{k} I_i$$

式(10-19)得证。

以上虽然是从无限长直电流这一简单情况导出安培环路定理，但可以证明式(10-19)对任意形状的载流导体回路以及任意形状的闭合路径都是成立的。它是一个普适的结论。该定理说明稳恒磁场是有旋场，它与高斯定理一起全面地反映了稳恒磁场的性质，即稳恒磁场是无源有旋场。

对此定理还需要说明的是：

(1) $\sum\limits_{L内} I_i$ 为安培环路 L 所包围的电流的代数和，电流 I 的正负规定如下：当穿过回路 L 的电流方向与回路 L 的绕行方向服从右手螺旋定则时，I 取正值；反之，I 取负值。

(2) 式(10-19)中的 $\boldsymbol{B}$ 是闭合路径上各点的 $\boldsymbol{B}$，它是 L 内、外所有电流激发的总磁感应强度。但是，只有被 L 包围的电流才对 $\boldsymbol{B}$ 沿 L 的环流有贡献。

(3) 安培环路定理仅适用于闭合的稳恒电流回路，对一段电流不适用。

二、安培环路定理的应用

正如利用高斯定理可以计算某些具有高度对称性的带电体的电场分布一样，利用安培环路定理也可以计算某些具有高度对称性的载流导线的磁场分布，以下举例说明这种方法。

1. 无限长均匀载流圆柱体内外的磁场分布

设载流导体为一"无限长"直圆柱形导体，圆柱体横截面的半径为 R，均匀通过的电流为 I，如图 10-16 所示。显然，电流分布具有轴对称性，因此其产生的磁场对柱体中心轴线也有对称性，磁感应线是在垂直于轴线平面内以轴线为中心的圆。求磁场中给定点 P 的磁感应强度时，可以选取过 P 点的磁感应线为环路 L，这样，在环路上任一点的 $\boldsymbol{B}$ 大小处处相等，方向与该点的 $\mathrm{d}\boldsymbol{l}$ 方向一致。由安培环路定理可得

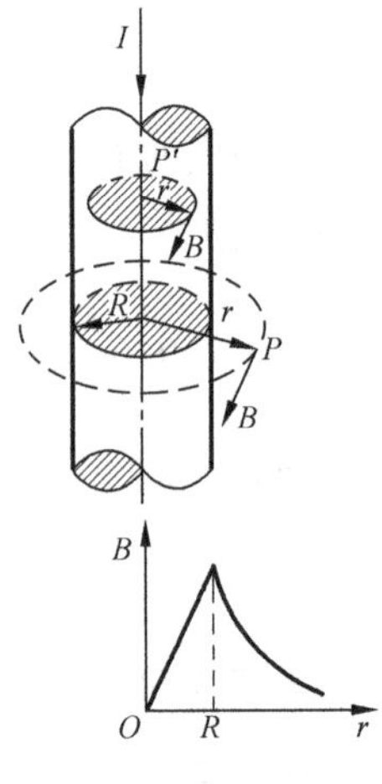

图 10-16 无限长均匀载流圆柱体

$$\oint_L \boldsymbol{B} \cdot \mathrm{d}\boldsymbol{l} = \oint_L B \mathrm{d}l = B\oint_L \mathrm{d}l = B \cdot 2\pi r = \mu_0 I$$

所以圆形回路上任一点的磁感强度为

$$B=\frac{\mu_0 I}{2\pi r}$$

同理,圆柱体内的磁场分布应有同样的对称性,沿回路对 $\boldsymbol{B}$ 线积分,有

$$\oint_{L'}\boldsymbol{B}\cdot \mathrm{d}\boldsymbol{l}=B\cdot 2\pi r=\mu_0\left(\frac{I}{\pi R^2}\pi r^2\right)$$

所以,圆柱体内的磁感应强度为

$$B=\frac{\mu_0 I r}{2\pi R^2}$$

如果是均匀分布的无限长圆柱面形电流,则圆柱面外磁感应强度 $B=\mu_0 I/(2\pi r)$;圆柱面内磁感应强度 $B=0$。

2. 长直载流密绕螺线管内的磁场分布

设有一长直螺线管,单位长度上线圈的匝数为 n,通过每匝线圈的电流强度为 I,求管内某点 P 的磁感应强度。

由于螺线管很长并且密绕,所以管内的磁感应线应与螺线管的轴线平行,在管外,磁感应强度为零,如图 10-17 所示。现经过管内任一点 P,做一矩形闭合回路 $abcda$,ab 段在管内平行于管的轴线,cd 段在管外,也平行于管的轴线,ab 长为 l,bc、da 段与轴垂直。根据对称性分析可知,ab 段各点 $\boldsymbol{B}$ 大小相等,方向相同,cd 段没有磁场,在 bc、da 段 $\boldsymbol{B}\perp \mathrm{d}\boldsymbol{l}$。应用安培环路定理,有

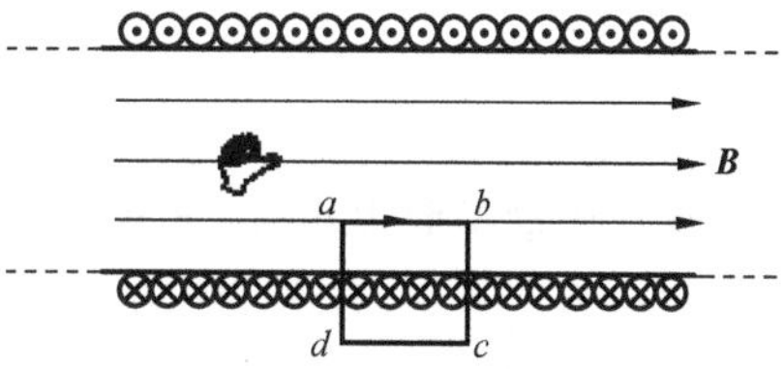

图 10-17 长直密绕螺线管

$$\oint_{abcda}\boldsymbol{B}\cdot \mathrm{d}\boldsymbol{l}=\int_{ab}\boldsymbol{B}\cdot \mathrm{d}\boldsymbol{l}+\int_{bc}\boldsymbol{B}\cdot \mathrm{d}\boldsymbol{l}+\int_{cd}\boldsymbol{B}\cdot \mathrm{d}\boldsymbol{l}+\int_{da}\boldsymbol{B}\cdot \mathrm{d}\boldsymbol{l}$$

$$=\int_{ab}B\mathrm{d}l+0+0+0=Bl=\mu_0 nlI$$

所以,长直密绕螺线管内任一点 P 的磁感强度为

$$B=\mu_0 nI$$

可见,管内磁场与场点位置无关,为匀强磁场。

3. 环形载流螺线管内的磁场分布

均匀密绕在环形管上的线圈形成环形螺线管,也称为螺绕环,如图 10-18 所示。当线圈密绕时,可认为磁场几乎全部集中在管内,管内的磁感应线都是同心圆。在同一条磁感应线上,$\boldsymbol{B}$ 的大小相等,方向沿圆周的切线方向。

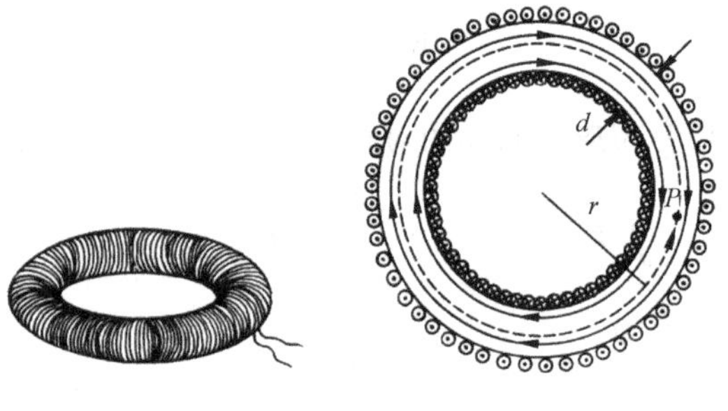

(a) 螺绕环　　(b) 螺绕环内的磁场

图 10-18　环形螺线管

设螺绕环匝数为 N，每匝线圈的电流为 I，现计算管内一点 P 的磁感应强度。取过 P 点的磁感应线(半径为 r 的圆)为闭合回路，则有

$$\oint_L \boldsymbol{B} \cdot \mathrm{d}\boldsymbol{l} = \oint_L B\,\mathrm{d}l = B\oint_L \mathrm{d}l = B \cdot 2\pi r = \mu_0 NI$$

即

$$B = \frac{\mu_0 NI}{2\pi r}$$

在螺绕环横截面很小时，可忽略从环心到环内各点距离的区别，这样管内各点的磁感应强度大小均为

$$B = \frac{\mu_0 NI}{2\pi R} = \mu_0 nI$$

式中，$n = N/(2\pi R)$为螺绕环单位长度上的线圈匝数。

例 10-3

求无限大均匀载流平面的磁场。如图 10-19 所示，无限大导体薄平板垂直于纸面放置，电流方向垂直纸面向外，垂直于电流方向单位宽度导体上的电流为 j。

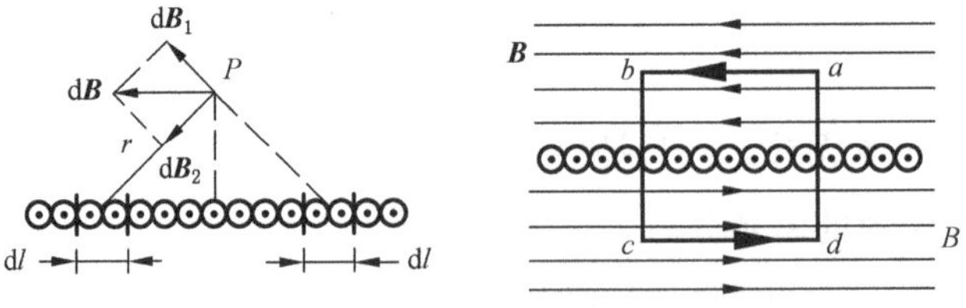

(a)　　(b)

图 10-19　无限大平面电流的磁场

解 无限大平面电流可看成是由无限多根平行排列的长直电流组成。由图 10-19(a)可以分析出任一点 P 处磁场的方向一定平行于电流平面，在该平面两侧 $\boldsymbol{B}$ 的方向相反，又由于电流平面无限大，故与电流平面等距离的各点 $\boldsymbol{B}$ 的大小应相同。根据上述磁场分布的特点，作如图 10-19(b)所示的矩形回路 $abcda$。其中 ab、cd 两边与电流平面平行，且相对于电流平面对称，而 bc 和 da 两边与电流平面垂直。应用安培环路定理有

$$\oint_{abcda} \boldsymbol{B} \cdot \mathrm{d}\boldsymbol{l} = \int_{ab} \boldsymbol{B} \cdot \mathrm{d}\boldsymbol{l} + \int_{bc} \boldsymbol{B} \cdot \mathrm{d}\boldsymbol{l} + \int_{cd} \boldsymbol{B} \cdot \mathrm{d}\boldsymbol{l} + \int_{da} \boldsymbol{B} \cdot \mathrm{d}\boldsymbol{l}$$

$$= B\int_{ab} \mathrm{d}l + 0 + B\int_{cd} \mathrm{d}l + 0 = 2Bl = \mu_0 jl$$

所以，有

$$B = \frac{\mu_0 j}{2}$$

上述结果说明，在无限大均匀平面电流两侧的磁场都为均匀磁场，并且磁感应强度大小相同，方向相反。

第六节 磁场对运动电荷的作用

一、洛伦兹力

在本章第二节磁感应强度 $\boldsymbol{B}$ 的定义中，已得出带电量为 q 的正电荷，在均匀磁场中以速度 $\boldsymbol{v}$ 垂直于磁感应强度 $\boldsymbol{B}$ 运动时，它所受到的磁力为

$$F_{\max} = Bqv$$

一般情况下，运动电荷的速度 $\boldsymbol{v}$ 和磁感应强度 $\boldsymbol{B}$ 之间可以成任意角度 θ。取如图 10-20 所示的坐标系，速度 $\boldsymbol{v}$ 在 xy 平面内，$\boldsymbol{B}$ 沿 y 轴正向。于是可把速度 $\boldsymbol{v}$ 分解为两个分量：沿着磁场方向的分量 $v_y = v\cos\theta$ 和垂直于磁场方向的分量 $v_x = v\sin\theta$。由于电荷的运动方向与 $\boldsymbol{B}$ 的方向一致时电荷所受的磁力为零，所以只需考虑速度 $\boldsymbol{v}$ 垂直于磁场的分量 $v\sin\theta$。这样，运动电荷所受的磁力为

$$F = Bqv\sin\theta$$

根据矢量矢积的定义，可以把上式写成矢量式

$$\boldsymbol{F} = q\boldsymbol{v} \times \boldsymbol{B} \tag{10-20}$$

此式是荷兰物理学家洛伦兹首先提出来的，因而称为**洛伦兹力**。洛伦兹力 $\boldsymbol{F}$ 的方向垂直于运动电荷的速度 $\boldsymbol{v}$ 和磁感应强度 $\boldsymbol{B}$ 所组成的平面，而且符合右手螺旋定则。从式(10-20)可以看出，当 q 为正时，$\boldsymbol{F}$ 的方向即为 $\boldsymbol{v} \times \boldsymbol{B}$ 的方向(见图 10-20)，当 q 为负时，$\boldsymbol{F}$ 的方向为 $-(\boldsymbol{v}\times$

$\boldsymbol{B}$)的方向。

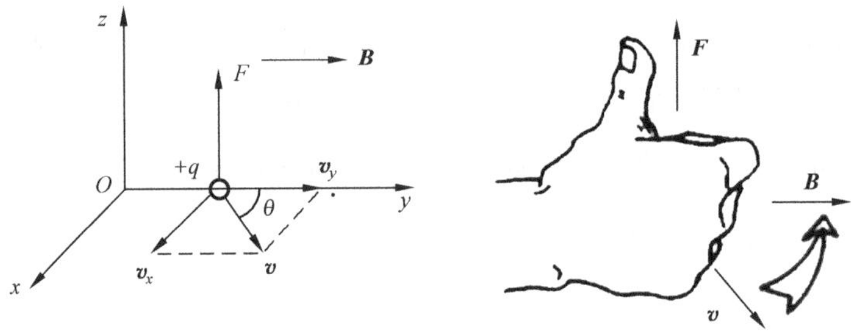

图 10-20 洛伦兹力

由于洛伦兹力的方向始终与电荷运动的方向垂直,因此洛伦兹力不做功,这是洛伦兹力最重要的物理性质,即洛伦兹力不会改变运动电荷速度的大小,只能改变速度的方向,使路径发生弯曲。

二、带电粒子在匀强磁场中的运动

设一带电粒子 q 以初速度 $\boldsymbol{v}$ 进入匀强磁场中,它受到的洛伦兹力与其运动速度有关。

(1) 当 $\boldsymbol{v}/\!/\boldsymbol{B}$ 时,带电粒子不受洛伦兹力作用,此时粒子做匀速直线运动。

(2) 当 $\boldsymbol{v}\perp\boldsymbol{B}$ 时,带电粒子受到的洛伦兹力大小不变,方向垂直于 $\boldsymbol{v}$、$\boldsymbol{B}$ 构成的平面。粒子在垂直于 $\boldsymbol{v}$、$\boldsymbol{B}$ 构成的平面内做匀速圆周运动,如图 10-21(a)所示。

此时,带电粒子受到的洛伦兹力的大小为

$$F=qvB$$

带电粒子做圆周运动的半径为

$$R=\frac{mv}{qB}$$

圆周运动的周期为

$$T=\frac{2\pi m}{qB}$$

(3) 当 $\boldsymbol{v}$ 与 $\boldsymbol{B}$ 有一夹角 θ 时,可将 $\boldsymbol{v}$ 分解为垂直和平行磁场方向的两个分量:$\boldsymbol{v}_{/\!/}=v\cos\theta$,$\boldsymbol{v}_{\perp}=v\sin\theta$。分量 $\boldsymbol{v}_{\perp}$ 使带电粒子在垂直于 $\boldsymbol{B}$ 的平面内做匀速圆周运动;分量 $\boldsymbol{v}_{/\!/}$ 使带电粒子沿平行于 $\boldsymbol{B}$ 的方向做匀速直线运动。所以带电粒子的轨迹将是一条螺旋线,如图 10-21(b)所示,其螺距为 $h=v_{/\!/}T=2\pi mv_{/\!/}/(qB)$。

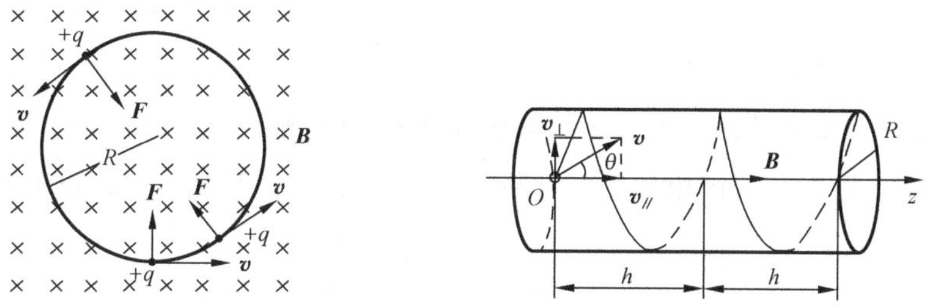

(a) (b)

图 10-21 带电粒子在匀强磁场中的圆周运动(a)和螺旋线运动(b)

带电粒子运动一周前进的距离与 $\boldsymbol{v}_{\perp}$ 无关,所以若从磁场中某点 A 发射出一束很窄的电子流,使它们的速率很接近,并与 $\boldsymbol{B}$ 的夹角都很小,则它们具有近似相同的螺距。这样,各电子会沿不同半径的螺旋线运动,在 $t=NT=N\cdot 2\pi m/(qB)$ 时又重新会聚在一起,这种现象称为磁聚焦。在实际中应用得更多的是短线圈产生的非均匀磁场的磁聚焦作用,该种线圈叫作磁透镜,它在电子显微镜中起了与光学仪器中的透镜类似的作用。

三、霍尔效应

如图 10-22 所示,将一载流导体板放在垂直于板面的磁场中,当有电流 I 沿着垂直于 $\boldsymbol{B}$ 的方向通过导体时,在导体板两侧 AA' 间会产生电势差,这一现象是 1879 年由美国物理学家霍尔发现的,称为**霍尔效应**,其电势差叫作**霍尔电势差**。

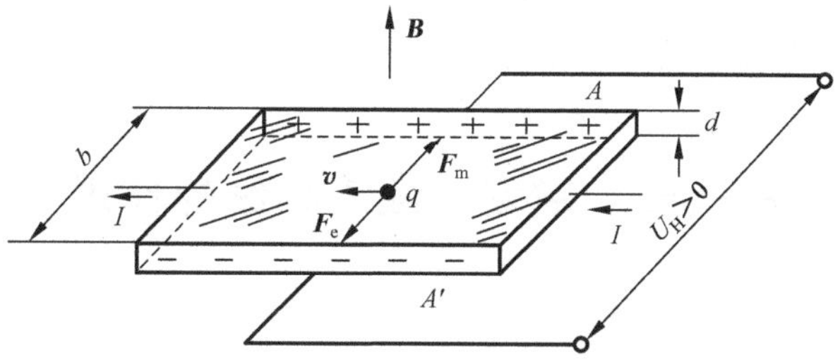

图 10-22 霍尔效应

在磁场不太强时,霍尔电势差 U_{H} 与电流强度 I 和磁感应强度 $\boldsymbol{B}$ 成正比,与板的厚度 d 成反比,即

$$U_{\mathrm{H}}=R_{\mathrm{H}}\frac{IB}{d} \tag{10-21}$$

式中,R_{H} 称为霍尔系数。下面解释霍尔效应的产生原因。

设导体片中载流子带正电,$q>0$,则载流子定向运动的方向与电流相同,如图 10-22 所示。它在磁场中所受洛伦兹力沿 $\boldsymbol{v}\times\boldsymbol{B}$ 的方向,因此载流子在洛伦兹力作用下向 A 面偏转,

结果在 A 面上出现正电荷,同时 A'面出现负电荷,在导体板内激起霍尔电场 E_H,A、A'两面间出现霍尔电势差,且 $U_{A'}<U_A$。

显然,运动电荷受到的洛伦兹力 $\boldsymbol{F}_m$ 和电场力 $\boldsymbol{F}_e$ 方向相反。当 $F_m=F_e$,即 $E_H=vB$ 时,载流子不再偏转,A、A'两面间电势差达到稳定,系统达到动态平衡。因此霍尔电势差为

$$U_H=E_Hb=vBb=\frac{IB}{qnd} \tag{10-22}$$

与式(10-21)比较可得霍尔系数为

$$R_H=\frac{1}{qn} \tag{10-23}$$

霍尔系数的正负与载流子的正负有关,当 $q>0$,$R_H>0$,这时 $U_{AA'}>0$。反之 $q<0$,则 $R_H<0$,$U_{AA'}<0$,即载流子定向运动的方向与电流反向,它在磁场中所受洛伦兹力的方向沿 $-(\boldsymbol{v}\times\boldsymbol{B})$的方向,在洛伦兹力作用下向 A 面偏转,结果在 A 面上出现负电荷,同时 A'面出现正电荷,所以 $U_{A'}>U_A$。由此可见,可根据 A、A'两面间出现霍尔电势差的正负判断载流子的正负。

利用式(10-21),可以测得霍尔系数 R_H,进而计算出导体中载流子的浓度 n。金属导体中载流子浓度很大,霍尔系数很小,而半导体中载流子浓度很小,霍尔系数较大,霍尔效应明显,所以霍尔片一般由半导体做成。

霍尔效应在许多领域得到了应用。根据半导体的霍尔效应,可以确定半导体的类型,也可以测量半导体载流子的浓度。此外,还可以利用霍尔效应测量磁场、电流、功率等,测量磁场的高斯计就是根据霍尔效应的原理制成的。

第七节 磁场对载流导线的作用

一、安培力

载流导线处在磁场中时,大量定向运动的载流子受到洛伦兹力作用,其宏观效果表现为载流导线受到磁场的作用力,这种力称为**安培力**。

如图 10-23 所示,设磁场中一电流元 $I\mathrm{d}\boldsymbol{l}$ 与磁场 $\boldsymbol{B}$ 的夹角为 θ,导线中载流子浓度为 n,每个载流子的电荷量为 q,定向运动速度为 $\boldsymbol{v}$,电流元横截面为 S。根据电流定义可得电流为 $I=qnSv$。根据洛伦兹力公式,每个电荷受力为

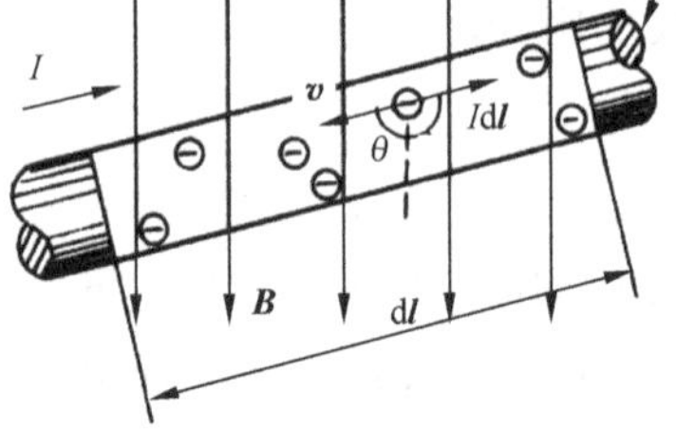

图 10-23 磁场对电流元的作用力

$$\boldsymbol{F}=q\boldsymbol{v}\times\boldsymbol{B}$$

电流元中的载流子数目为

$$\mathrm{d}N = nS\mathrm{d}l$$

由于电流元内各载流子受力近似相同，所以电流元受的安培力为

$$\mathrm{d}\boldsymbol{F} = \boldsymbol{F}\mathrm{d}N = nS\mathrm{d}l(q\boldsymbol{v}\times\boldsymbol{B}) = qnSv\mathrm{d}\boldsymbol{l}\times\boldsymbol{B} = I\mathrm{d}\boldsymbol{l}\times\boldsymbol{B}$$

此结果称为**安培定律**。一段导线受的安培力为

$$\boldsymbol{F} = \int \mathrm{d}\boldsymbol{F} = \int_L I\mathrm{d}\boldsymbol{l}\times\boldsymbol{B} \tag{10-24}$$

例 10-4

如图 10-24 所示，一通有电流的闭合回路放在磁感应强度为 $\boldsymbol{B}$ 的匀强磁场中，回路所在平面与 $\boldsymbol{B}$ 垂直。此回路由直导线 AB 和半径为 r 的圆弧导线 BCA 组成。若回路的电流为 I，其流向为顺时针，计算整个回路所受的磁场力。

解 整个回路所受的力为直导线 AB 和弧形导线 BCA 所受力的矢量和。直导线 AB 受力 $\boldsymbol{F}_1$ 的大小为

$$F_1 = BI\overline{AB}$$

方向沿 y 轴负方向。

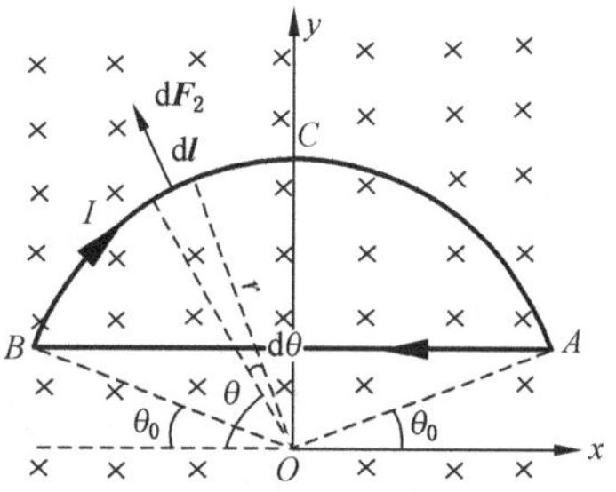

图 10-24 例 10-4 图

在弧形导线 BCA 上取一线元 $\mathrm{d}\boldsymbol{l}$，其受力 $\mathrm{d}\boldsymbol{F}_2 = I\mathrm{d}\boldsymbol{l}\times\boldsymbol{B}$，大小为

$$\mathrm{d}F_2 = BI\mathrm{d}l$$

方向如图所示。

由对称性分析可知，圆弧上所有线元沿 Ox 轴方向受力的总和为零，即

$$F_{2x} = \int \mathrm{d}F_{2x} = 0$$

而沿 Oy 轴方向所有分力均铅直向上。于是圆弧上所有线元的合力 $\boldsymbol{F}_2$ 的大小为

$$F_2 = F_{2y} = \int \mathrm{d}F_{2y} = \int \mathrm{d}F_2 \sin\theta = \int IB\mathrm{d}l\sin\theta = \int_{\theta_0}^{\pi-\theta_0} IBr\sin\theta\mathrm{d}\theta = IB(2r\cos\theta_0)$$

式中，$2r\cos\theta_0 = \overline{AB}$，于是上式为 $F_2 = BI\overline{AB}$，方向沿 y 轴正向。

上述计算结果表明，载流直导线 AB 与圆弧形导线 BCA 所受磁场力大小相等，方向相反，它们的总和为零。这就是说，闭合载流导线回路在均匀磁场中所受磁场力的合力为零。这一结论不仅对此题中的闭合回路是正确的，而且对均匀磁场中任意形状的平面闭合回路都是正确的。

例 10-5

如图 10-25 所示，通有电流 I_1 的长直导线旁边有一长为 b 的通有电流 I_2 的导线 MN，且 MN 与长直导线共面。求 I_1 作用在载流导线 MN 上的磁场力。

解 电流 I_1 在 MN 上任意电流元 $I_2\mathrm{d}\boldsymbol{l}$(与 I_1 相距为 x)处产生的磁感应强度大小为

$$B=\frac{\mu_0 I_1}{2\pi x}$$

方向垂直纸面向里。

根据式(10-24)可得,电流元所受的安培力大小为

$$\mathrm{d}F=BI_2\mathrm{d}l=\frac{\mu_0 I_1 I_2}{2\pi x}\mathrm{d}l=\frac{\mu_0 I_1 I_2}{2\pi x}\frac{\mathrm{d}x}{\cos 30^\circ}$$

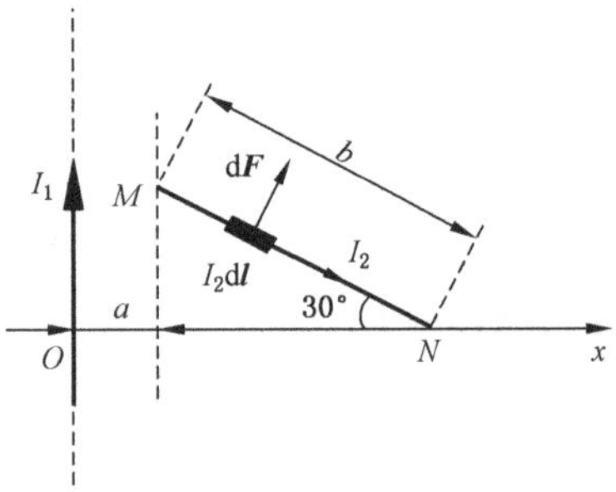

图 10-25 例 10-5 图

方向垂直于电流元,如图所示。由于各电流元受力方向相同,所以 MN 受到总的磁场力大小为

$$F=\int\mathrm{d}F=\int_a^{a+b\cos 30^\circ}\frac{\mu_0 I_1 I_2}{2\pi x}\frac{\mathrm{d}x}{\cos 30^\circ}=\frac{\mu_0 I_1 I_2}{2\pi\cos 30^\circ}\ln\frac{a+b\cos 30^\circ}{a}$$

$$=\frac{\mu_0 I_1 I_2\sqrt{3}}{3\pi}\ln\left(1+\frac{\sqrt{3}b}{2a}\right)$$

$\boldsymbol{F}$ 方向垂直导线 MN,如图中所示。

例 10-6

如图 10-26 所示,设真空中的两根相距为 a 的无限长平行直导线,分别通以电流 I_1 和 I_2,且电流流向相同。试求单位长度的导线所受的安培力。

解 电流 I_1 在 I_2 处产生的磁感应强度大小为

$$B=\frac{\mu_0 I_1}{2\pi a}$$

方向与 I_2 流向垂直。根据安培力公式,电流 I_2 上任一电流元 $I_2\mathrm{d}\boldsymbol{l}_2$ 所受的安培力大小为

$$\mathrm{d}F_2=BI_2\mathrm{d}l_2=\frac{\mu_0 I_1 I_2}{2\pi a}\mathrm{d}l_2$$

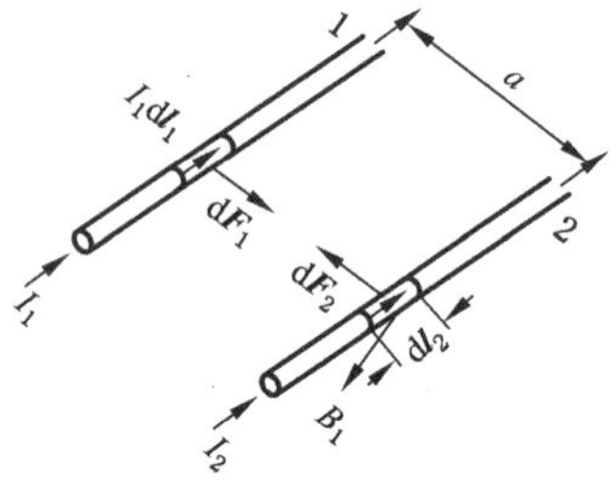

图 10-26 平行长直导线间的相互作用

方向如图所示。所以电流 I_2 单位长度上受到的安培力大小为

$$f_{21}=\frac{\mathrm{d}F_2}{\mathrm{d}l_2}=\frac{\mu_0 I_1 I_2}{2\pi a}$$

同理,电流 I_1 单位长度所受的安培力也为 $f_{12}=\mu_0 I_1 I_2/(2\pi a)$,$\boldsymbol{f}_{12}$ 与 $\boldsymbol{f}_{21}$ 等值反向。I_1 和 I_2 同向时,两电流相互吸引;I_1 和 I_2 反向时,两电流相互排斥。

需要指出,在国际单位制中,电流单位——安培(A)的定义是:在真空中相距 1 m 的两条长直平行导线中,通有大小相同的电流,当每米导线所受的作用力为 2×10^{-7} N 时,导线中的

电流规定为 1 A。

二、磁场对载流线圈的作用

利用安培定律可以分析载流线圈在磁场中所受的作用。在均匀磁场中,线圈所受合力为零,这种作用表现为力矩的作用。

如图 10-27(a)所示,一刚性平面矩形线圈 $MNOPM$ 置于均匀磁场 $\boldsymbol{B}$ 中,线圈边长分别为 l_1 和 l_2,通有电流 I,线圈平面法线方向 $\boldsymbol{e}_n$(规定 $\boldsymbol{e}_n$ 与线圈中电流方向成右手螺旋关系)与 $\boldsymbol{B}$ 的夹角为 θ。根据安培力公式,导线 PM、NO 所受安培力的大小为

$$F_3=F_4=BIl_1\sin\left(\frac{\pi}{2}-\theta\right)=BIl_1\cos\theta$$

它们方向相反,在同一直线上,因而相互抵消。

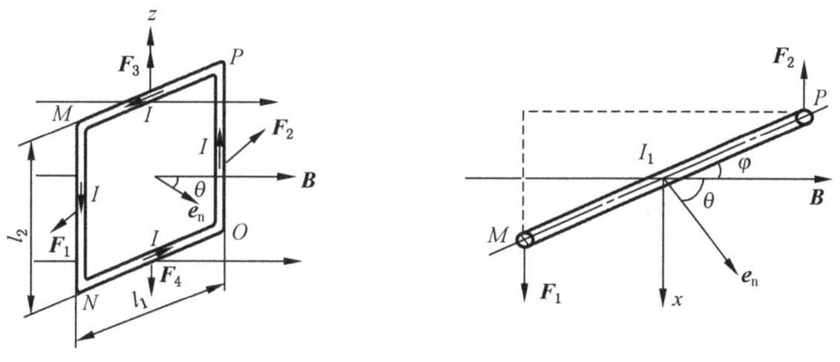

(a) 前视图　　(b) 俯视图

图 10-27　磁场对载流线圈的作用

导线 MN、OP 所受安培力的大小为

$$F_1=F_2=BIl_2$$

这对力等值反向,但不在同一直线上,形成力偶,如图 10-27(b)所示。线圈所受合力为零,但合力矩不为零,大小为

$$M=F_1l_1\sin\theta=BIl_2l_1\sin\theta=BIS\sin\theta$$

方向垂直于纸面向外。

当线圈为 N 匝时,线圈所受合力矩大小为

$$M=BNIS\sin\theta$$

式中,S 为线圈所围面积。考虑到前面引入的磁矩的定义 $\boldsymbol{p}_m=IS\boldsymbol{e}_n$(线圈为 N 匝时,$\boldsymbol{p}_m=NIS\boldsymbol{e}_n$),线圈受到的力矩可表示为

$$\boldsymbol{M}=\boldsymbol{p}_m\times\boldsymbol{B} \tag{10-25}$$

磁力矩的方向由 $\boldsymbol{p}_m \times \boldsymbol{B}$ 来确定。上式可推广到位于均匀磁场中任何形状的平面载流线圈。当 $\theta=\pi/2$ 或 $3\pi/2$ 时,线圈受到的磁力矩最大,$M=p_m B$;当 $\theta=0$ 或 $\theta=\pi$ 时,$M=0$,但前者是稳定平衡状态,后者为非稳定平衡状态。

第八节　磁场中的磁介质

一、磁介质的分类

物质在磁场中会受到磁场的作用而发生变化,即发生磁化。一切能够被磁化的物质都称为**磁介质**。磁化了的磁介质要激起附加磁场,也会对原来的磁场产生影响。

应当指出的是,磁介质对磁场的影响远比电介质对电场的影响复杂得多。不同的磁介质在磁场中的表现是很不相同的。假设没有磁介质时,某点的磁感应强度为 $\boldsymbol{B}_0$,放入磁介质后,因磁介质被磁化产生的附加磁感应强度为 $\boldsymbol{B}'$,那么该点的磁感应强度 $\boldsymbol{B}$ 应为这两个磁感应强度的矢量和,即

$$\boldsymbol{B}=\boldsymbol{B}_0+\boldsymbol{B}' \tag{10-26}$$

$\boldsymbol{B}$ 和 $\boldsymbol{B}_0$ 的大小比值定义为磁介质的相对磁导率 μ_r,即

$$\mu_r=\frac{B}{B_0} \tag{10-27}$$

而

$$\mu=\mu_r\mu_0$$

式中,μ 称为磁介质的磁导率。μ 和 μ_r 都是取决于磁介质本身的量。μ_r 的大小反映了磁介质被磁化后对磁场影响的程度。实验指出磁介质可分为三类:

1. 顺磁质

顺磁质放在外磁场 $\boldsymbol{B}_0$ 中时,附加磁感应强度 $\boldsymbol{B}'$ 与 $\boldsymbol{B}_0$ 方向相同,数值上 $B' \ll B_0$,因而其相对磁导率 $\mu_r>1$。锰、铬、铝、钨、钠、钾、铂、氧化铜、氧及空气等都属于顺磁质。

2. 抗磁质

抗磁质放在外磁场 $\boldsymbol{B}_0$ 中时,附加磁感应强度 $\boldsymbol{B}'$ 与 $\boldsymbol{B}_0$ 方向相反,数值上 $B' \ll B_0$,因而其相对磁导率 $\mu_r<1$。铋、铜、金、银、汞、氯化钠、氮及水等都是抗磁质。

3. 铁磁质

铁磁质放在外磁场 $\boldsymbol{B}_0$ 中时,附加磁感应强度 $\boldsymbol{B}'$ 与 $\boldsymbol{B}_0$ 方向相同,数值上 $B' \gg B_0$(可达 $10^2 \sim 10^4$ 倍),因而其相对磁导率 $\mu_r \gg 1$。如铁、镍、钴、铁镍合金、硅钢及某些含铁的氧化物等都属于铁磁质。磁化的铁磁质使磁场大大加强。

根据磁介质对磁场影响的强弱，还可将顺磁质和抗磁质统称为弱磁性物质，而铁磁质称为强磁性物质。

二、顺磁质、抗磁质的磁化机理

下面用分子电流学说来说明顺磁质和抗磁质的磁化现象。物质都是由分子、原子组成的，分子或原子中的电子都要不停地同时参与两种运动：环绕原子核的轨道运动和电子本身的自旋。这两种运动分别等效于一个电流分布，从而产生轨道磁矩和自旋磁矩。一个分子内所有电子的轨道磁矩和自旋磁矩的矢量和称为分子的固有磁矩，简称**分子磁矩**，用 $\boldsymbol{p}_{\mathrm{m}}$ 表示。分子磁矩可以用一个等效的圆电流表示，这就是安培当年为了解释磁性起源而设想的分子电流。

在顺磁质中，虽然每个分子都具有磁矩，但在没有外磁场时，顺磁质并不显现磁性。这是因为分子处在热运动中，各分子磁矩 $\boldsymbol{p}_{\mathrm{m}}$ 的取向是无规则的，如图 10-28(a)所示。在任意一个宏观小体积内，所有分子磁矩的矢量和等于零，所以宏观上顺磁质不显磁性。如果给顺磁质加上外磁场，各分子磁矩因受到磁力矩的作用，分子磁矩 $\boldsymbol{p}_{\mathrm{m}}$ 趋于向外磁场方向转动，如图 10-28(b)所示。分于磁矩排列的整齐程度与外磁场的强弱和介质的温度有关。外磁场愈强、介质的温度愈低，分子磁矩排列愈整齐。整齐排列的分子磁矩，产生了一个与外磁场同向的附加磁场 $\boldsymbol{B}'$，所以顺磁质中的磁场 $\boldsymbol{B}$ 大于 $\boldsymbol{B}_0$，顺磁质的相对磁导率 μ_{r} 大于 1。

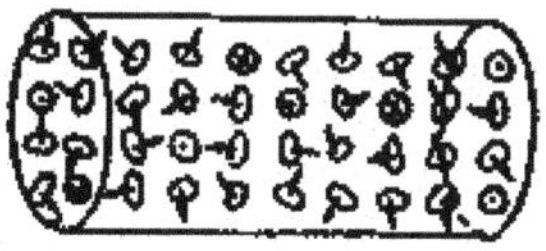

(a) 无外磁场时

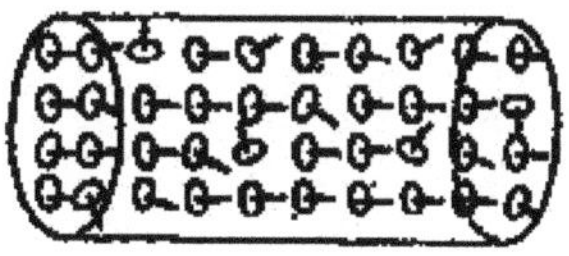

(b) 有外磁场时

图 10-28　顺磁质中分子磁矩的取向

抗磁质的分子磁矩 $\boldsymbol{p}_{\mathrm{m}}=0$。在无外磁场时，介质不显磁性。可以证明，在外磁场作用下，每个抗磁质分子将产生与外磁场 $\boldsymbol{B}_0$ 方向相反的附加磁矩 $\Delta\boldsymbol{p}_{\mathrm{m}}$。所有具有附加磁矩的分子产生了与外磁场 $\boldsymbol{B}_0$ 方向相反的附加磁场 $\boldsymbol{B}'$。所以磁介质中的磁场 $\boldsymbol{B}$ 小于 $\boldsymbol{B}_0$，抗磁质的相对磁导率 μ_{r} 小于 1。

应该指出，在外磁场作用下，每个顺磁质分子也会产生与外磁场反向的附加磁矩 $\Delta\boldsymbol{p}_{\mathrm{m}}$，但其效应与分子磁矩沿外场排列的磁效应相比小得多，因而可以忽略。

三、磁场强度　有磁介质时的安培环路定理

顺磁质放到外磁场中时，顺磁质中的分子固有磁矩要沿着磁场方向取向，而抗磁质放到

外磁场中时,抗磁质中的分子要产生附加磁矩。这些磁矩等效成小圆电流,可以分析出磁介质内任意一点,相邻分子的分子电流都是成对而反向的,因而相互抵消;但是在磁介质表面,分子电流不能抵消,它们与传导电流流向相同,结果在磁介质表面上形成了宏观的电流分布,这种电流称为**磁化电流**(或束缚电流),用 I_S 表示,如图 10-29 所示。同理,在外磁场作用下,抗磁质表面也会产生磁化电流,但方向和传导电流相反。

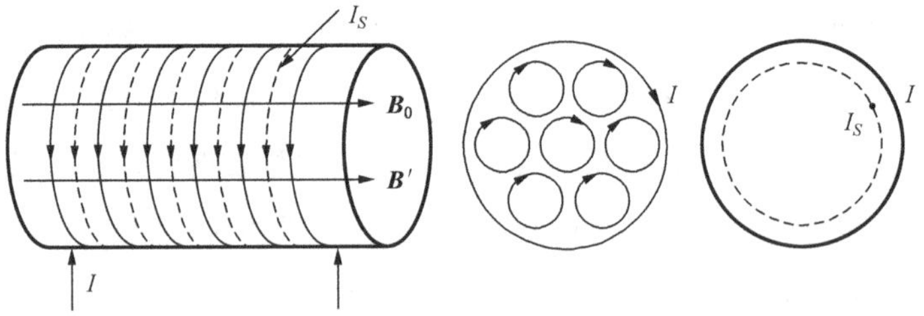

图 10-29 顺磁质中的磁化电流

现在我们利用一个特殊的例子来讨论磁介质中的安培环路定理,并将所得结论推广到一般情形。

如图 10-30 所示,有一均匀密绕细螺绕环,总线圈匝数为 N,导线通有电流 I_0。根据安培环路定理,当螺绕环内为真空时,在螺绕环内,以螺绕环过环心的轴线上一点为圆心,r 为半径的圆周上的磁感强度大小为

$$B_0=\frac{\mu_0 N I_0}{2\pi r}$$

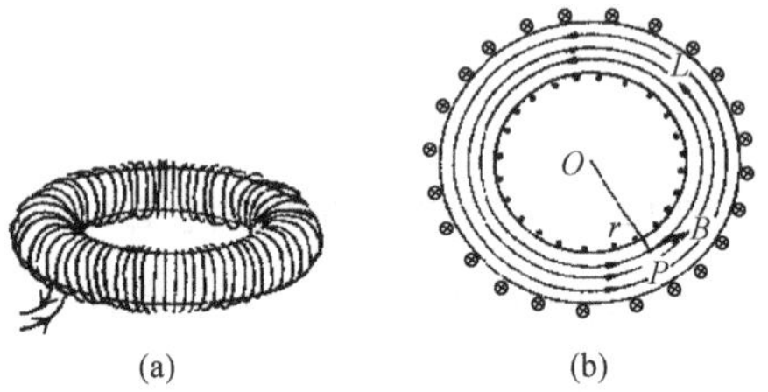

图 10-30 均匀密绕细螺绕环

如果螺绕环内充满相对磁导率为 μ_r 的各向同性均匀磁介质,则在磁介质表面会产生磁化电流。由对称性可知,磁化电流在磁介质表面将均匀分布。根据安培环路定理,在相同圆周上的磁感应强度大小应为

$$B=\frac{\mu_0(NI_0+I_S)}{2\pi r}$$

I_S 为圆周包围的总磁化电流。又因为 $\boldsymbol{B}=\mu_r\boldsymbol{B}_0$，所以有

$$\frac{B}{B_0}=\mu_r=\frac{NI_0+I_S}{NI_0}$$

如果在相同的圆周上对磁感应强度线积分，应有

$$\oint_L \boldsymbol{B}\cdot d\boldsymbol{l}=\mu_0(NI_0+I_S)=\mu_r\mu_0 NI_0$$

所以，有

$$\oint_L\left(\frac{\boldsymbol{B}}{\mu_r\mu_0}\right)\cdot d\boldsymbol{l}=NI_0$$

定义磁场强度矢量

$$\boldsymbol{H}=\boldsymbol{B}/(\mu_r\mu_0)=\boldsymbol{B}/\mu \tag{10-28}$$

则有

$$\oint_L \boldsymbol{H}\cdot d\boldsymbol{l}=NI_0$$

写成更一般的形式为

$$\oint_L \boldsymbol{H}\cdot d\boldsymbol{l}=\sum I \tag{10-29}$$

这一结果虽然是由特例导出的，但可以证明它对任意的恒定磁场、任意的磁介质分布以及任意的闭合路径都是适用的。式(10-29)称为**有磁介质时的安培环路定理**。它说明：在稳恒磁场中，磁场强度 $\boldsymbol{H}$ 沿任意闭合回路的线积分等于该闭合回路所包围的传导电流的代数和，与磁化电流以及闭合回路之外的传导电流无关。

需要注意的是，虽然 $\boldsymbol{H}$ 的环流仅与回路所包围的传导电流有关，与磁化电流及回路之外的传导电流无关，但是，磁场强度及磁感应强度是由空间中所有电流决定的。

当传导电流以及各向同性均匀磁介质的分布具有一定对称性时，可以先用有磁介质时的安培环路定理求出磁场强度 $\boldsymbol{H}$ 的分布，再由 $\boldsymbol{B}=\mu\boldsymbol{H}$ 求出磁感应强度的分布。

例 10-7

如图 10-31 所示，有两个半径分别为 R_1、R_2 的"无限长"同轴圆柱形和薄圆筒形导体，在它们之间充以相对磁导率为 μ_r 的磁介质。当两导体通以相反方向的电流 I（假设电流在导体内均匀分布）时，试求空间中磁场强度 $\boldsymbol{H}$ 和磁感应强度 $\boldsymbol{B}$ 的分布。

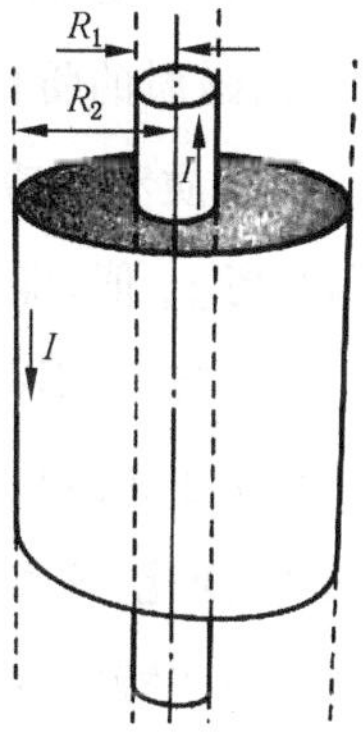

图 10-31 例 10-7 图

解 因电流均匀分布,磁场呈轴对称,以轴线上一点为圆心,在垂直于轴线的平面内以半径 r 作圆。在该圆周上,磁场强度及磁感应强度的大小处处相等,方向沿圆周的切线方向。以上述圆周为积分路径 L,L 的绕行方向与内芯传导电流的方向满足右手螺旋定则。应用安培环路定理求解。

(1) 当 $r<R_1$(圆柱体内)时,有

$$\oint_L \boldsymbol{H}_1 \cdot \mathrm{d}\boldsymbol{l} = H_1 2\pi r = \frac{I}{\pi R_1^2}\pi r^2 = \frac{Ir^2}{R_1^2}$$

可得

$$H_1 = \frac{Ir}{2\pi R_1^2}, B_1 = \mu_0 H_1 = \frac{\mu_0 Ir}{2\pi R_1^2}$$

(2) 当 $R_1<r<R_2$(磁介质内)时,有

$$\oint_L \boldsymbol{H}_2 \cdot \mathrm{d}\boldsymbol{l} = H_2 2\pi r = I$$

可得

$$H_2 = \frac{I}{2\pi r}, B_2 = \mu_r \mu_0 H_2 = \frac{\mu_r \mu_0 I}{2\pi r}$$

(3) 当 $r>R_2$(圆筒外)时,有

$$\oint_L \boldsymbol{H}_3 \cdot \mathrm{d}\boldsymbol{l} = H_3 2\pi r = I - I = 0$$

可得

$$H_3 = 0, B_3 = \mu_0 H_3 = 0$$

四、铁磁质

顺磁质和抗磁质的磁化性能都很微弱,μ_r 接近于 1。而铁磁质磁化性能很强,是一种性能特异、用途广泛的磁介质。

1. 铁磁质的特性

与顺磁质和抗磁质相比,铁磁质的特性可归纳如下:

(1) 高 μ_r 值,即 $\mu_r \gg 1$,$B \gg B_0$。

(2) B 与 H 不存在简单线性关系,μ_r 不再是常数而是 H 的函数。

(3) 存在磁滞现象。当铁磁质材料的磁性状态改变时,磁感应强度 B 的变化落后于磁场强度 H 的变化,这种现象称为**磁滞**。

(4) 存在特定的临界温度,称为**居里点**。当温度超过居里点时,铁磁质失去铁磁性而表现出顺磁质特性。

2. 铁磁质的起始磁化曲线

把一块从未被磁化过的铁磁材料做成环状，外面绕上若干匝线圈。线圈中通入电流后，铁磁质就会被磁化。改变电流 I，可以依次测得许多组 H 和 B 的值，从刚开始被磁化，到出现饱和磁化状态的这段曲线称为**起始磁化曲线**，如图 10-32 所示，它可近似为由 Om、mn 和 na 三段构成。图中与 a 点对应的 B 值称为饱和磁感应强度，用 B_m 表示。根据磁化曲线得到 μ_r 随外磁场 H 的变化曲线也对应地画在图 10-32 中，显然铁磁质的相对磁导率 μ_r 不是常数。

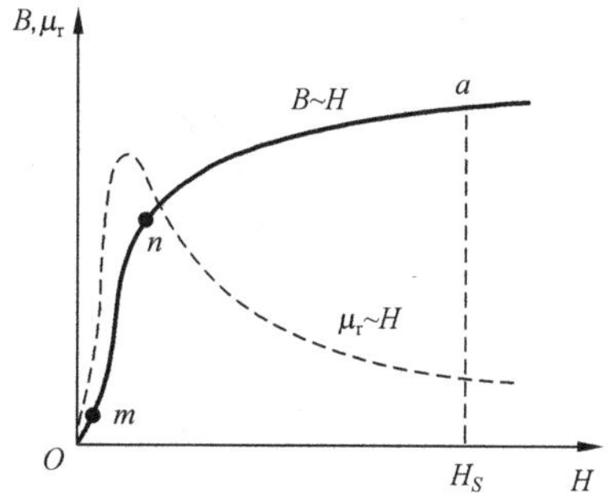

图 10-32　铁磁质的起始磁化曲线（实线）和相对磁导率（虚线）

3. 磁滞回线

当铁磁质达到饱和磁化状态 a 后，逐步减小 H，B 也随之减小，但要落后于 H 的变化。B 不是沿原来的磁化曲线减小，而是沿曲线 ab 下降，如图 10-33 所示。当 H 降至零时，铁磁质中的 B 并不为零，而是保留一定的值 B_r，B_r 称为剩余磁感应强度，简称**剩磁**。为了消除剩磁，必须施加反向外磁场。只有当反向磁场达到 $H=H_c$ 时，才有 $B=0$，通常将反向磁场强度 H_c 的大小称为**矫顽力**。继续增加反向磁场，铁磁质将被反向磁化，即 $\boldsymbol{B}$ 反向，直到反向饱和磁化状态 d。一般说来，反向饱和磁感应强度与正向磁化时相等。此后，若使反向磁场强度 H 逐渐减小到零，再正向增加，铁磁质的状态将沿曲线 efa 再次回到正向饱和磁化状态。磁化曲线形成了一条具有方向性的闭合曲线，此闭合曲线称为**磁滞回线**。

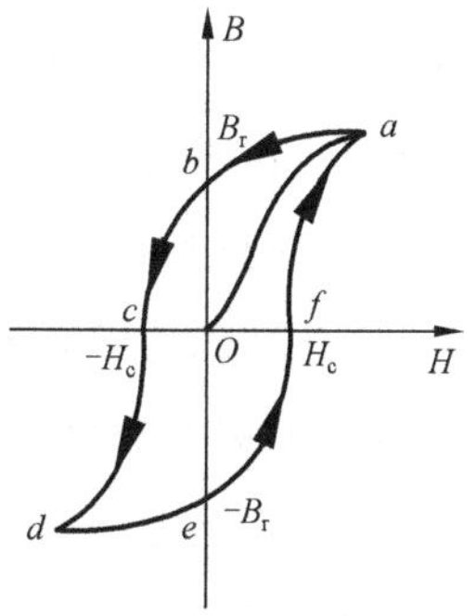

图 10-33　磁滞回线

磁滞现象表明铁磁质的磁化过程是不可逆过程。由于磁滞现象的存在，在磁化过程中有能量损失，这种能量损耗称为磁滞损耗。理论分析表明，在缓慢磁化的条件下，磁滞损耗与磁滞回线的面积成正比。

工程上把磁滞回线细而窄、矫顽力很小的铁磁质叫软磁材料，如图 10-34(a)所示。软磁材料容易磁化也容易去磁，可用来制造电子器件中的电感元件、变压器、电机、继电器等器件的铁芯。磁滞回线宽、矫顽力大的铁磁质叫硬磁材料，如图 10-34(b)所示。硬磁材料在外加磁场去掉以后仍能保留很强的剩磁，适于制造永久磁体。例如磁电式仪表、耳机、小型直流电动机以及雷达中的磁控管等用的永久磁铁。还有一种铁磁材料，其磁滞回线接近于矩形，叫作矩磁材料(见图 10-34(c))。其特点是剩余磁感应强度 B_r 接近于饱和磁感应强度 B_m，常在计算机和自动控制等技术中用作“记忆”元件。

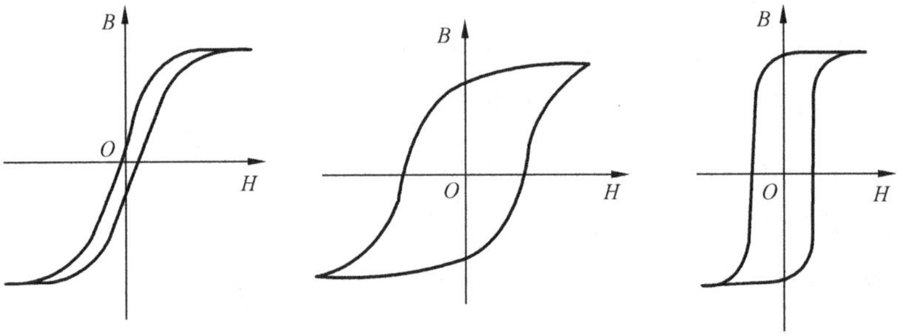

(a) 软磁材料　　(b) 硬磁材料　　(c) 矩形材料

图 10-34　不同铁磁质的磁滞回线

4. 铁磁质的磁化机理

图 10-35　磁畴

从物质的原子结构观点来看,铁磁质内电子间因自旋引起的相互作用非常强烈,在这种作用下,铁磁质内形成了一些自发磁化的微小区域,叫作**磁畴**,如图 10-35 所示。每个磁畴中,各个电子的自旋磁矩排列得很整齐,具有很强的磁性。在没有外磁场时,各磁畴的方向各异,因此铁磁质宏观上对外不显示磁性。当处在外磁场中时,铁磁质内各个磁畴的磁矩在外磁场的作用下都趋向于沿外磁场方向排列,也就是说,不是像顺磁质那样使单个原子、分子发生转向,而是使整个磁畴转向外磁场方向,所以在不强的外磁场作用下,铁磁质可以表现出很强的磁性,附加磁感应强度远大于外磁场。

实验表明,铁磁质的磁化和温度有关。随着温度的升高,它的磁化能力逐渐减小。当温度升高到某一值时,磁性完全消失,铁磁质退化成顺磁质,这一温度称为居里温度或居里点。这是因为铁磁质中自发磁化区域因剧烈的分子热运动而遭破坏,磁畴就瓦解了,因而铁磁性消失,过渡到顺磁质。铁、钴、镍的居里温度分别为 1 040 K、1 388 K 和 631 K。

本章提要

1. 电流的连续性方程:$\oint_S \boldsymbol{j} \cdot \mathrm{d}\boldsymbol{S} = -\dfrac{\mathrm{d}q}{\mathrm{d}t}$

2. 电流稳恒的条件:$\oint_S \boldsymbol{j} \cdot \mathrm{d}\boldsymbol{S} = 0$

3. 电动势的表示式:$E = \int_{-}^{+} \boldsymbol{E}_{\mathrm{k}} \cdot \mathrm{d}\boldsymbol{l}$

4. 毕奥-萨伐尔定律：$\mathrm{d}\boldsymbol{B}=\frac{\mu_0}{4\pi}\frac{I\mathrm{d}\boldsymbol{l}\times\boldsymbol{e}_r}{r^2}$

5. 运动电荷产生的磁场：$\boldsymbol{B}=\frac{\mu_0}{4\pi}\frac{q\boldsymbol{v}\times\boldsymbol{e}_r}{r^2}$

6. 磁场的高斯定理：$\oint_S\boldsymbol{B}\cdot\mathrm{d}\boldsymbol{S}=0$

7. 稳恒磁场的安培环路定理：$\oint_L\boldsymbol{B}\cdot\mathrm{d}\boldsymbol{l}=\mu_0\sum_{L内}I_i$

8. 洛伦兹力：$\boldsymbol{F}=q\boldsymbol{v}\times\boldsymbol{B}$

9. 霍尔效应：$U_H=\frac{IB}{qnd}$

10. 安培力：$\mathrm{d}\boldsymbol{F}=I\mathrm{d}\boldsymbol{l}\times\boldsymbol{B}$

11. 均匀磁场对平面载流线圈的磁力矩：$\boldsymbol{M}=\boldsymbol{P}_{\mathrm{m}}\times\boldsymbol{B}$

12. 磁介质：顺磁质：$\mu_{\mathrm{r}}>1$；

抗磁质：$\mu_{\mathrm{r}}<1$；

铁磁质：$\mu_{\mathrm{r}}\gg1$。

13. 有磁介质时的安培环路定理：$\oint_L\boldsymbol{H}\cdot\mathrm{d}\boldsymbol{l}=\sum I$

思 考 题

10-1 试比较电动势和电势差。

10-2 说一说电流元 $I\mathrm{d}\boldsymbol{l}$ 激发磁场 $\mathrm{d}\boldsymbol{B}$ 与电荷元 $\mathrm{d}q$ 激发电场 $\mathrm{d}\boldsymbol{E}$ 有何异同。

10-3 两根通有同样电流 I 的长直导线十字交叉放在一起，交叉点相互绝缘。判断何处的合磁场为零。

10-4 在磁场中，若穿过某一闭合曲面的磁通量为零，那么，穿过另一非闭合曲面的磁通量是否也为零呢？

10-5 稳恒磁场是不是保守场？

10-6 下面三种情况下，能否用安培环路定理来求解磁感应强度？为什么？

(1) 有限长载流直导线产生的磁场；

(2) 圆电流产生的磁场；

(3) 两无限长同轴均匀载流圆柱面之间的磁场。

10-7 能否利用磁场对带电粒子的作用力来增大粒子的动能？

10-8 在均匀磁场中,有两个面积相等、通有相同电流的线圈,一个是三角形,另一个是矩形,这两个线圈所受的最大磁力矩是否相等?磁力的合力是否相等?

10-9 为什么一块磁铁能吸引一块原来并未磁化的铁块?

10-10 飞机在天空水平向西飞行,为什么两边的机翼上电荷较多?

习 题

10-1 选择题

(1) 如图两个半径为 R 的相同的金属环在 a、b 两点接触(a,b 连线为环直径),并相互垂直放置,电流 I 由 a 端流入,b 端出,则环中心 O 点的磁感应强度大小为( )。

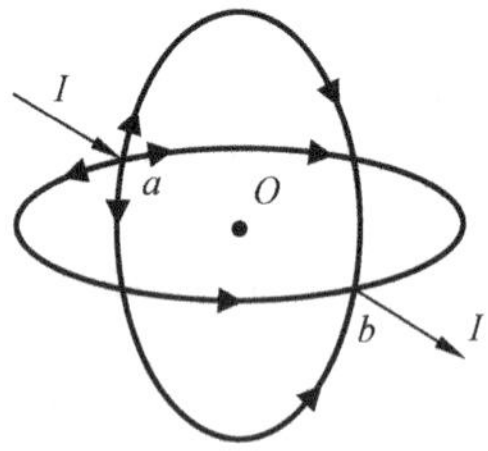

选择题(1)图

(A) 0 (B) $\dfrac{\mu_0 I}{4R}$ (C) $\dfrac{\sqrt{2}\mu_0 I}{4R}$ (D) $\dfrac{\mu_0 I}{R}$

(2) 在磁感应强度为 $\boldsymbol{B}$ 的均匀磁场中作一半径为 r 的半球面 S,S 边线所在平面的法线方向单位矢量与 $\boldsymbol{B}$ 的夹角为 θ,如图所示,则通过半球面 S 的磁通量为( )。

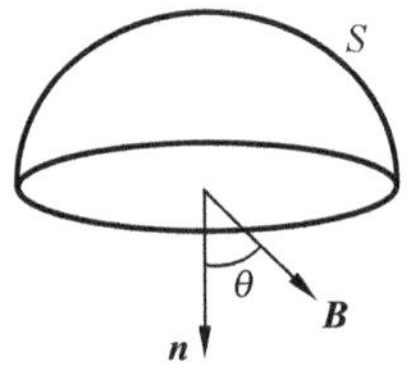

选择题(2)图

(A) $\pi r^2 B$ (B) $2\pi r^2 B$ (C) $-\pi r^2 B\sin\theta$ (D) $-\pi r^2 B\cos\theta$

(3) 所讨论的空间处在稳恒磁场中,对于安培环路定理的理解,正确的是( )。

(A) 若 $\oint_L \boldsymbol{B}\cdot \mathrm{d}\boldsymbol{l}=0$,则 L 上 $\boldsymbol{B}$ 必定处处为零

(B) 若 $\oint_L \boldsymbol{B}\cdot \mathrm{d}\boldsymbol{l}=0$,则 L 必定不包围电流

(C) 若 $\oint_L \boldsymbol{B}\cdot \mathrm{d}\boldsymbol{l}=0$,则 L 所包围电流的代数和为零

(D) 回路 L 上各点的 $\boldsymbol{B}$ 仅与所包围的电流有关

(4) 一电荷量为 q 的粒子在均匀磁场中运动,下列说法正确的是( )。

(A) 只要速度大小相同,粒子所受的洛仑兹力就相同

(B) 在速度不变的前提下,若电荷 q 变为 $-q$,则粒子受力反向,数值不变

(C) 粒子进入磁场后,其动能和动量都不变

(D) 洛仑兹力与速度方向垂直,所以带电粒子运动的轨迹必定是圆

(5) 磁介质有三种,用相对磁导率 μ_r 表征它们各自的特性,正确的是( )。

(A) 顺磁质 $\mu_r>0$，抗磁质 $\mu_r<0$，铁磁质 $\mu_r\gg0$

(B) 顺磁质 $\mu_r>1$，抗磁质 $\mu_r=1$，铁磁质 $\mu_r\gg1$

(C) 顺磁质 $\mu_r>1$，抗磁质 $\mu_r<1$，铁磁质 $\mu_r\gg1$

(D) 顺磁质 $\mu_r>0$，抗磁质 $\mu_r<0$，铁磁质 $\mu_r\gg1$

10-2　如图(a)、(b)所示，边长为 a 的正方形四个顶角上各有一根“无限长”载流直导线，各导线中电流大小 i 相同，试确定正方形中心处磁感应强度的大小和方向。

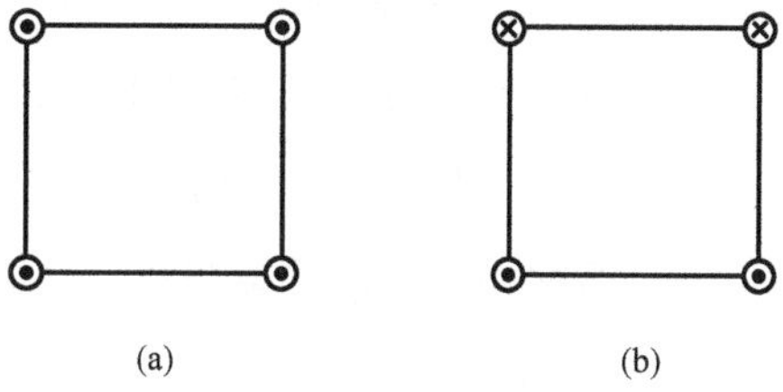

习题 10-2 图

10-3　图示载流 i 的导线包括一段半径为 R、圆心在 C、圆心角为 $\frac{\pi}{3}$ 的圆弧和两端延长线分别通过圆心 C 的长直导线。试求整个导线在圆心产生的磁感应强度。

10-4　将通有电流 I 的导线在同一平面内弯成如图所示的形状，求 D 点的磁感应强度 $\boldsymbol{B}$ 的大小。

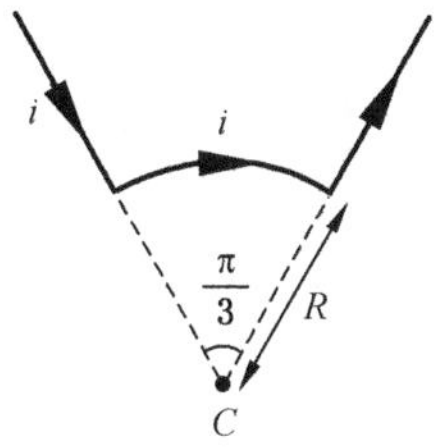

习题 10-3 图

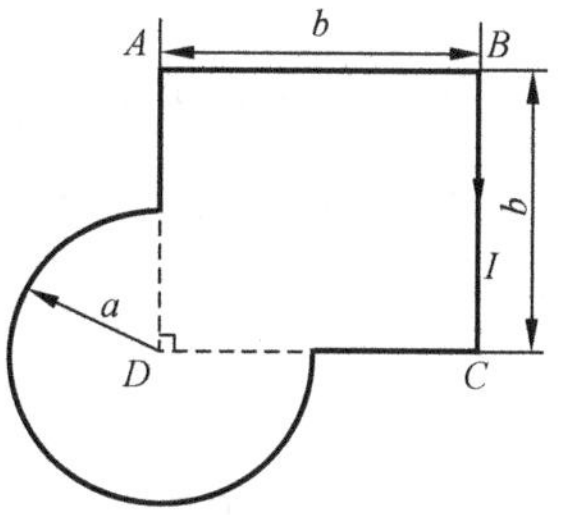

习题 10-4 图

10-5　如图所示，有一无限长通有电流的扁平铜片，宽度为 a，厚度不计，电流 I 在铜片上均匀分布，在铜片外与铜片共面，离铜片右边缘为 b 处的 P 点的磁感强度的大小为多少？

10-6　如图所示，一个半径为 R 的无限长半圆柱面导体，沿长度方向的电流 I 在柱面上均匀分布。求半圆柱面轴线 OO' 的磁感强度。

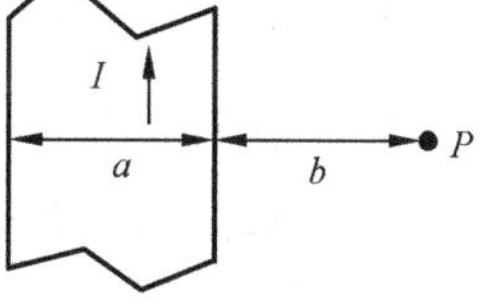

习题 10-5 图

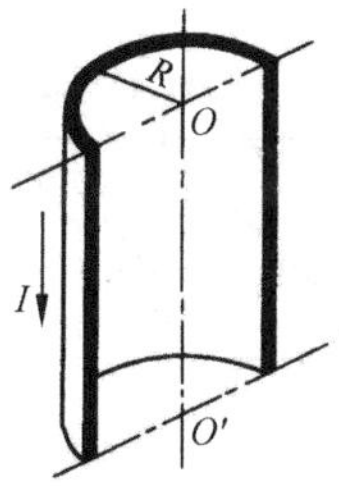

习题 10-6 图

10-7 如图所示，一根半径为 R 的无限长载流直导体，导体上有一半径为 R' 的圆柱形空腔，其轴与直导体的轴平行，两轴相距为 d。电流 I 沿导体轴向流过，并均匀分布在横截面上。

(1)求空腔中心的磁感应强度；

(2)证明空腔中的磁场是均匀磁场。

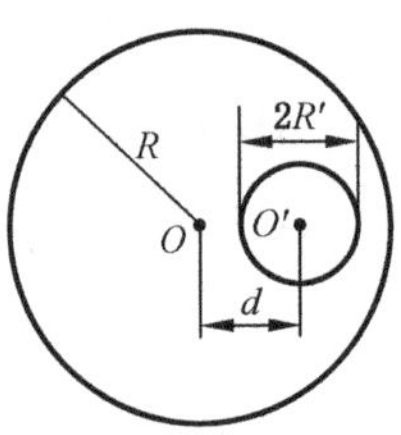

习题 10-7 图

10-8 有一均匀带电圆环，带电量为 q，半径为 R，绕中心轴以角速度 ω 转动，求圆环中心处的磁场。

10-9 截面积为矩形的螺绕环，尺寸如图所示，均匀密绕共 N 匝，通以电流 I，试证明通过螺绕环截面的磁通量为

$$\Phi_{\mathrm{m}}=\frac{\mu_0 NIh}{2\pi}\ln\frac{D_1}{D_2}$$

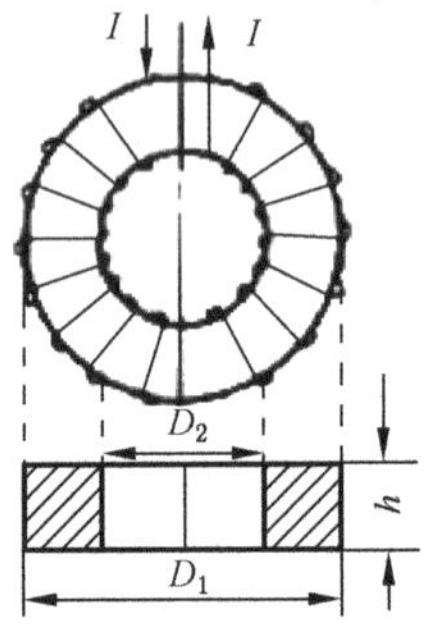

习题 10-9 图

10-10 利用霍尔元件可以测量磁场的磁感应强度，设一霍尔元件用金属材料制成，其厚度为 d，载流子数密度为 n，将霍尔元件放入待测磁场中，测得霍尔电压为 U，电流为 I。求此时待测磁场的磁感应强度。

10-11 一块半导体的体积为 $V=abc$，如图所示，沿 x 方向有电流 I，在 z 方向有均匀磁场 $\boldsymbol{B}$。实验测得的数据为 $a=0.10\ \mathrm{cm}$，$b=0.35\ \mathrm{cm}$，$c=1.0\ \mathrm{cm}$，$I=1.0\ \mathrm{mA}$，$B=0.30\ \mathrm{T}$，半导体片两侧的霍尔电势差 $U_{AA'}=6.55\ \mathrm{mV}$。

(1)问这块半导体是 P 型还是 N 型？

(2)求载流子浓度。

10-12 一根长直导线和一个矩形回路的摆放位置如图所示，长直导线中的电流为 I_1，矩形回路的长宽分别为 b、l，其中通有电流 I_2，矩形回路的近边距长直导线为 d，试计算整个回路所受 I_1 的合力。

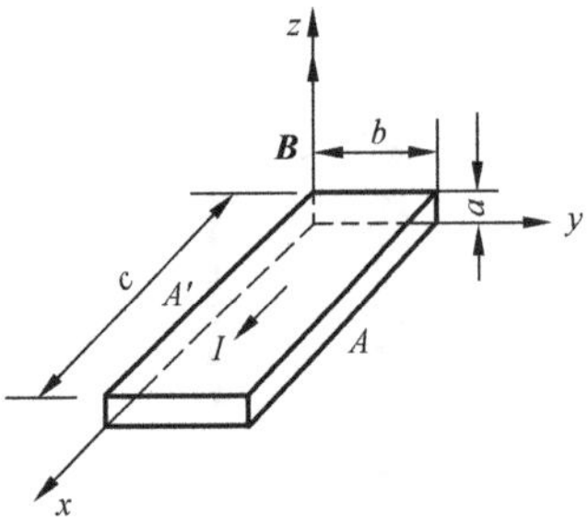

习题 10-11 图

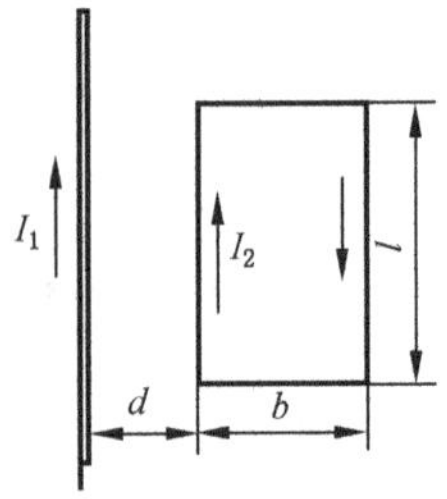

习题 10-12 图

10-13 如图所示，有一无限长载流直导线，通有电流 I_1。另有一半径为 R 的圆形电流 I_2，其直径 AB 与电流 I_1 重合，在相交处绝缘，求：

(1) 半圆 ACB 受力的大小和方向；

(2) 整个圆形电流 I_2 受力的大小和方向；

(3) 线圈所受磁力矩。

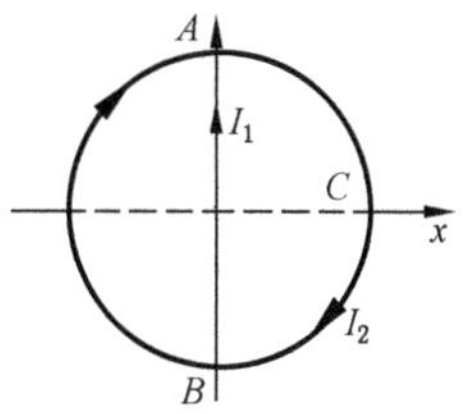

习题 10-13 图

10-14 一无限长直导线上通有电流 I_1，在其一侧放一载有电流 I_2 的直导线 AB，AB 长为 l，与 I_1 共面，且垂直于 I_1，近端与 I_1 相距为 d。试求：

(1)AB 导线受力的大小和方向；

(2)若 AB 可视作刚体，将 A 端固定，求磁场力对 AB 的力矩。

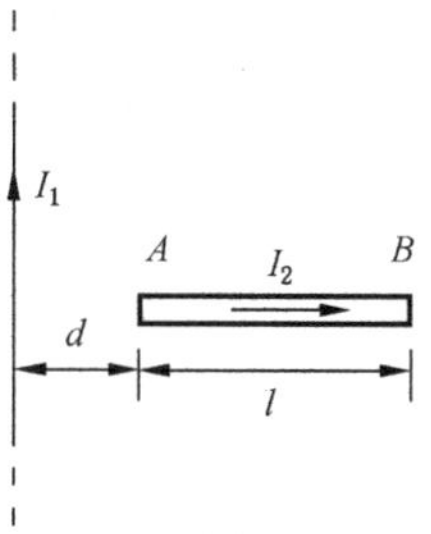

习题 10-14 图

10-15 一半径为 R 的薄圆盘，放在磁感强度为 $\boldsymbol{B}$ 的均匀磁场中，$\boldsymbol{B}$ 的方向与盘面平行，圆盘表面的电荷面密度为 σ，若圆盘以角速度 ω 绕通过盘心并垂直盘面的轴转动。试证明作用在圆盘上的磁力矩为

$$M=\frac{\sigma\omega\pi BR^4}{4}$$

10-16 为了测定某种磁性材料的相对磁导率 μ_r，常将这种材料做成截面为矩形的环形样品，然后用漆包线绕成一个螺绕环，设圆环的平均周长为 0.1 m，横截面积为 $0.5\times10^{-4}\ \text{m}^2$，线圈匝数为 200 匝，当线圈通以 0.1 A 的电流时测得穿过圆环横截面积的磁通量为 6.0×10^{-5} Wb，求此时该材料的相对磁导率 μ_r。

第十一章　电磁感应

受到奥斯特发现电流磁效应的启发，法拉第等科学家提出了“磁能否产生电”的科学问题。经过多年潜心研究，法拉第终于在 1831 年 8 月 29 日实验发现“磁可以生电”，即电磁感应现象。电磁感应的发现促进了电磁学的发展，为麦克斯韦电磁场理论的建立奠定了实验基础，并且揭开了第二次工业革命的序幕，使人类历史从此进入了电气化时代。

第一节　法拉第电磁感应定律

一、电磁感应现象

当闭合导体回路的磁通量发生变化时，在回路中会产生电流，这种现象称为**电磁感应现象**，回路中出现的电流称为**感应电流**。感应电流的出现说明导体回路中存在电动势，这种电动势称为**感应电动势**。电磁感应现象发生的根本原因在于回路的磁通量的变化，无论这种磁通量变化的原因如何。下面基于几个典型实验，剖析电磁感应现象产生的本质，深化对电磁感应的理解。

实验一：如图 11-1 所示，线圈 L 和检流计 G 构成闭合导体回路。如果磁棒不动，则检流计示数为零，说明回路中没有感应电流，即没有感应电动势，这说明感应电动势的出现和回路的磁通量的大小无关。当磁棒插入或者抽出线圈时，检流计的指针发生偏转。磁棒运动越快，指针偏转角度越大，说明回路中电流越大，电动势越大。插入与抽出磁棒相比，检流计指针的偏转方向相反，表明电流方向相反，电动势方向相反。

实验二：如图 11-2 所示，线圈 M 和检流计构成导体回路Ⅰ，线圈 A 和电源、电键、变阻器构成导体回路Ⅱ，线圈 A 和线圈 M 绝缘又彼此靠近，且相对位置不变。将回路Ⅱ中电键接通瞬间，回路Ⅰ中会出现瞬时电流。将回路Ⅱ中的电流恒定后，回路Ⅰ中电流就会消失。将回路Ⅱ的电键断开瞬间，回路Ⅰ中出现与接通瞬间反向的电流。当改变回路Ⅱ中的电流大小时，回路Ⅰ也会出现电流。这表明回路Ⅱ中电流的变化也会在回路Ⅰ中产生感应电动势。

实验三：在如图 11-3 所示的匀强磁场中，一导体棒与连有检流计的 U 形导轨构成闭合回路。若将导体棒左右移动，则检流计的指针会发生偏转，且偏转方向与导体棒移动方向有关。导体棒在磁场中移动越快，检流计的指针偏转角度越大，说明回路中感应电流越大。

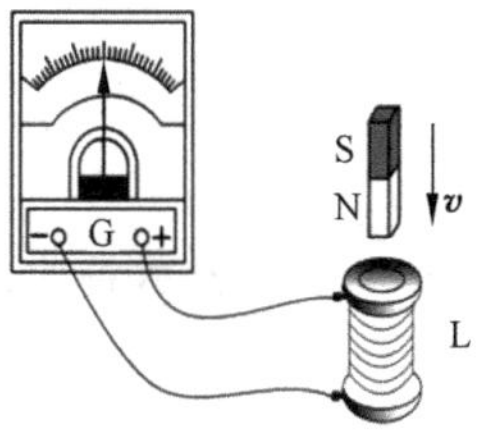

图 11-1 回路所处磁场变化

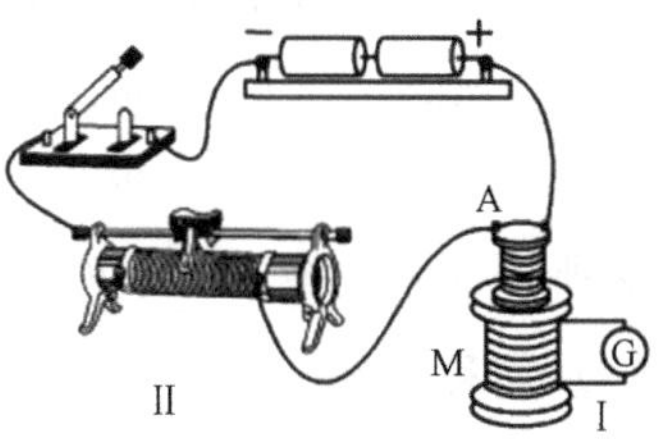

图 11-2 回路附近电流变化

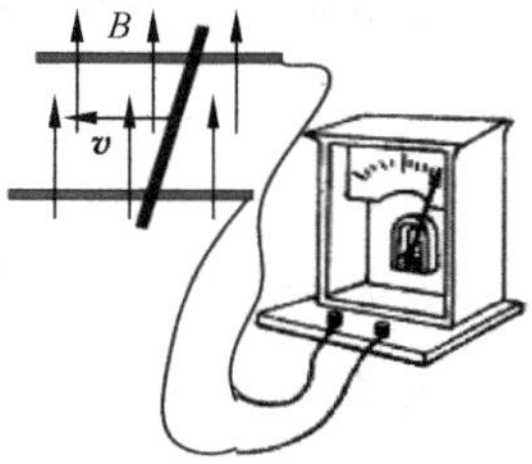

图 11-3 回路中部分导体在磁场中移动

实验一、二的共性在于线圈所处的磁场都发生了变化，从而导致感应电动势和感应电流的出现。与之相比，实验三中回路所处的磁场不变，而回路所围的面积发生了变化，这同样产生了电磁感应现象。无论是实验一、二中磁场的变化，还是实验三导体回路所围面积的变化，均导致回路所围的磁通量变化。基于上述三个实验结果，可以看出：产生电磁感应现象的根本原因在于回路磁通量的变化。实验同时表明磁通量对时间的变化率越大，即变化越快，回路中的感应电流越大，感应电动势越大。如实验一所示，如果磁棒不动，则检流计示数为零，说明回路感应电动势和回路的磁通量的大小无关，只与磁通量的变化有关。

二、楞次定律

1834 年，物理学家楞次对大量电磁感应实验进行总结，提出了判断感应电流方向的方法，即**楞次定律**。楞次定律可表述为：闭合回路中感应电流的方向，总是使得它产生的磁场反抗引起感应电流的磁通量的变化。当回路所围的磁通量增加时，感应电流产生的附加磁场将阻碍磁通量的增加；回路所围的磁通量减小时，感应电流产生的磁场将阻碍磁通量的减小。如果将感应电流的效应视为电磁感应的“结果”，回路的磁通量的变化视为电磁感应的产生“原因”，楞次定律也可简述为：“结果”阻碍“原因”。

三、法拉第电磁感应定律

基于法拉第和楞次的研究成果，纽曼总结出了电磁感应定律的数学表示式，在国际单位制中表示为

$$\mathscr{E}_i = -\frac{d\Phi}{dt} \tag{11-1}$$

式(11-1)表明：回路中产生的感应电动势等于回路所围的磁通量对时间变化率的负值，

即为**法拉第电磁感应定律**。

当回路由多匝线圈串联构成时,磁通量的变化在每匝线圈中均会诱导出感应电动势,则回路的总感应电动势等于每匝线圈感应电动势的代数和,即

$$\mathscr{E}_i=-\frac{d\Phi_1}{dt}-\frac{d\Phi_2}{dt}-\cdots-\frac{d\Phi_N}{dt}=-\frac{d\Psi}{dt} \tag{11-2}$$

式中,$\Phi_1,\Phi_2,\cdots,\Phi_N$ 表示各匝线圈所围面积的磁通量;$\Psi=\Phi_1+\Phi_2+\cdots+\Phi_N$ 表示各匝线圈的磁通量之和,称为线圈的磁通链数,简称磁链。

如果穿过每匝线圈的磁通量均相同,则线圈的总电动势可表示为

$$\mathscr{E}_i=-N\frac{d\Phi}{dt} \tag{11-3}$$

式中,Φ 表示一匝线圈的磁通量,N 表示线圈的匝数。

式(11-1)、(11-2)和(11-3)中的负号与回路中感应电动势的方向有关,是楞次定律的数学表示。

感应电动势的方向既可以由楞次定律判断,也可以依据法拉第电磁感应定律判断,其步骤如下:(1)选取回路的绕行方向。(2)根据右手螺旋法则确定回路所围面积的正法线方向:右手四指弯曲方向沿着选定的回路绕向,伸直拇指的方向即规定为回路所围面积的正法线方向。(3)判断磁通量的正负:当磁感线与该面积的正法线方向的夹角小于 90°时,磁通量为正,大于 90°时,磁通量为负值。(4)根据式(11-1)得到感应电动势 $\mathscr{E}_i$。如果 $\mathscr{E}_i>0$,表示感应电动势的方向“沿着”选取的回路绕向;如果 $\mathscr{E}_i<0$,表示感应电动势的方向“逆着”选取的回路绕向。

关于法拉第电磁感应定律,应该明确以下两点:

(1) 感应电动势的产生与回路是否为导体无关。如果回路是导体,回路中的感应电动势和感应电流同时存在;如果不是导体回路,则感应电流不存在,但感应电动势仍然存在。因此,与感应电流相比,感应电动势更能反映电磁感应现象的本质。

(2) 感应电动势与回路的磁通量的大小无关,只与回路的磁通量的变化快慢有关。

假设导体回路的总电阻为 R,根据欧姆定律,回路中的感应电流应为

$$I_i=\frac{\mathscr{E}_i}{R}=-\frac{1}{R}\frac{d\Phi}{dt} \tag{11-4}$$

在 t_1 到 t_2 时间间隔内,经过回路中任意横截面的电荷量为

$$q=\int_{t_1}^{t_2}I_i dt=\int_{\Phi_1}^{\Phi_2}-\frac{d\Phi}{R}=\frac{\Phi_1-\Phi_2}{R} \tag{11-5}$$

式中,Φ_1 和 Φ_2 分别为 t_1 和 t_2 时刻导体回路的磁通量。这表明通过回路的感应电荷量与电

磁感应发生的时间、感应电动势以及感应电流的大小无关，只与磁通量的变化量和回路电阻有关。冲击电流计的工作原理就是基于该物理机制。

例 11-1

如图 11-4 所示，一条长直导线中通有时变电流 $i=I_0 e^{-\frac{t}{\tau}}$，$I_0$、$\tau$ 均为常数。在此导线附近平行放置一矩形导体回路，回路的宽为 b，长为 c，回路和长直导线处于同一平面内，一条边与导线相距为 a。求回路中的感应电动势表示式。

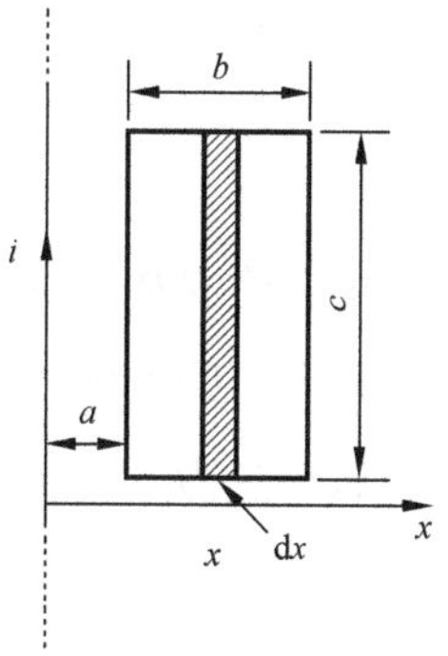

图 11-4 例 11-1 图

解 建立如图所示的坐标系，t 时刻距长直导线 x 处的磁感应强度为

$$B=\frac{\mu_0 i}{2\pi x}$$

以顺时针方向为回路绕向，则回路所围面积正法线方向垂直纸面向里，与磁场方向一致。根据磁场的分布特征，在矩形回路所围的平面上取一个矩形面元 $dS=c\,dx$，则通过该面元的磁通量为

$$d\Phi=B\,dS=\frac{\mu_0 i}{2\pi x}c\,dx$$

t 时刻通过整个线圈的磁通量为

$$\Phi=\int d\Phi=\int_a^{a+b}\frac{\mu_0 i}{2\pi x}c\,dx=\frac{\mu_0 I_0 c}{2\pi}\left(\ln\frac{a+b}{a}\right)e^{-\frac{t}{\tau}}$$

根据法拉第电磁感应定律，线圈中的感应电动势为

$$\mathscr{E}_i=-\frac{d\Phi}{dt}=\frac{\mu_0 I_0 c}{2\pi\tau}\left(\ln\frac{a+b}{a}\right)e^{-\frac{t}{\tau}}$$

因为 $\mathscr{E}_i>0$，所以回路中的感应电动势方向沿顺时针方向。

例 11-2

如图 11-5 所示，有一弯成三角的金属架 COD，导体棒 MN 垂直 OD，以恒定速度 v 在金属架上向右滑动，$t=0$ 时，N 与 O 点重合，此时磁场方向垂直于纸面向外。空间中各点的磁感应强度为 $B=kx\cos\omega t$，(其中 k 和 ω 为常数)。求回路中的感应电动势。

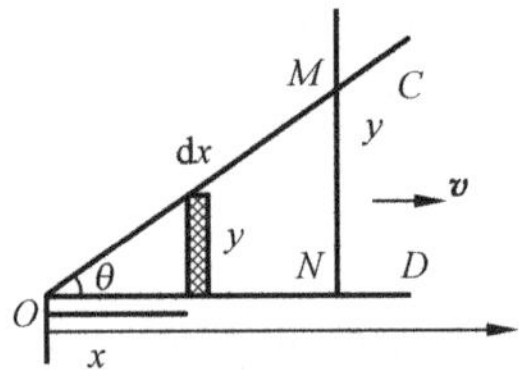

图 11-5　例 11-2 图

解　建立如图所示的坐标系,选逆时针方向为回路绕行正方向。根据磁场的分布特征,在三角形回路所围的平面上取与导体棒 MN 平行的一矩形面元,面积为 $dS=y\,dx$,则通过面元的磁通量为

$$d\Phi=B\,dS=kx\cos\omega t\cdot y\,dx=kx\cos\omega t\cdot x\tan\theta\,dx$$

三角形回路所围的磁通量为

$$\Phi=\int_0^{vt}k\cos\omega t\cdot\tan\theta\cdot x^2\,dx$$

$$=\frac{1}{3}k\cos\omega t\cdot\tan\theta\cdot v^3t^3$$

回路内的感应电动势为

$$\mathscr{E}_i=-\frac{d\Phi}{dt}=-\frac{1}{3}kv^3\tan\theta(-\omega t^3\sin\omega t+3t^2\cos\omega t)$$

$\mathscr{E}_i>0$ 时,回路内的感应电动势方向沿逆时针方向;$\mathscr{E}_i<0$ 时,回路内的感应电动势方向沿顺时针方向。

第二节　动生电动势和感生电动势

按照磁通量变化的原因,感应电动势可分为动生电动势和感生电动势。空间中磁场不变,由于导体回路的整体或者一部分在磁场中运动而引起的感应电动势称为**动生电动势**;回路不动,由于磁场的变化而引起的感应电动势称为**感生电动势**。

一、动生电动势

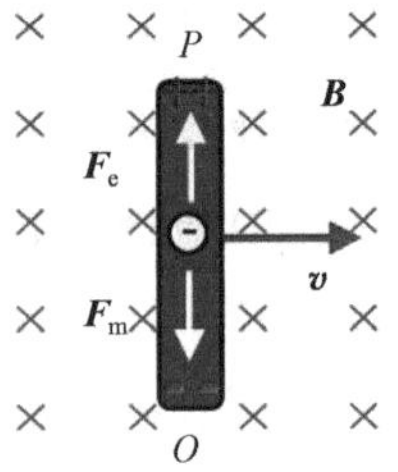

图 11-6　动生电动势

如图 11-6 所示,在磁感应强度为 $\boldsymbol{B}$ 的均匀磁场中,有一条长为 l 的导体棒 OP 以速度 $\boldsymbol{v}$ 向右运动,且 $\boldsymbol{v}$、$\boldsymbol{B}$ 和导体棒三者两两垂直。导体棒内自由电子随导体棒一起运动时会受到洛伦兹力的作用,洛伦兹力为 $\boldsymbol{F}_m=(-e)\boldsymbol{v}\times\boldsymbol{B}$,方向由 P 指向 O。在洛伦兹力作用下,电子向 O 端移动。因此导体棒 O 端积累了负电荷,P 端积累了正电

荷。导体棒两端的正负电荷在棒内产生静电场，静电场对电子的静电场力由 $\boldsymbol{F}_e$ 表示。当作用于电子的静电场力 $\boldsymbol{F}_e$ 与洛伦兹力 $\boldsymbol{F}_m$ 达到平衡时，导体棒两端的电势差趋于稳定。导体棒相当于一个电源，对应的非静电场力即为洛伦兹力，非静电场强为

$$\boldsymbol{E}_k = \frac{\boldsymbol{F}_m}{-e} = \boldsymbol{v} \times \boldsymbol{B} \tag{11-6}$$

根据电动势的定义式，导线棒 OP 上产生的动生电动势为

$$\mathscr{E}_i = \int_O^P \boldsymbol{E}_k \cdot d\boldsymbol{l} = \int_O^P (\boldsymbol{v} \times \boldsymbol{B}) \cdot d\boldsymbol{l} \tag{11-7}$$

上式虽然是由特例得到的，但对任意磁场中任意形状的运动导体均成立，具有普适性。

例 11-3

如图 11-7 所示，在磁感强度为 $\boldsymbol{B}$ 的匀强磁场中有一个长为 L 的铜棒，铜棒以角速度 ω 在垂直磁场方向的平面内绕铜棒的 O 端顺时针转动。求铜棒两端的感应电动势。

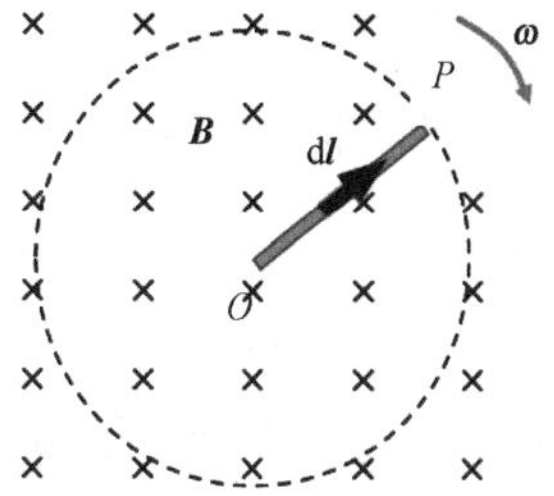

图 11-7 例 11-3 图

解 在铜棒上任选一个线元 $d\boldsymbol{l}$，线元到 O 端的距离为 l。规定 $d\boldsymbol{l}$ 方向由 O 端指向 P 端，由于 $\boldsymbol{v}\times\boldsymbol{B}$ 与 $d\boldsymbol{l}$ 方向相同，所以线元 $d\boldsymbol{l}$ 的动生电动势为

$$d\mathscr{E}_i = (\boldsymbol{v} \times \boldsymbol{B}) \cdot d\boldsymbol{l} = vB\,dl = \omega lB\,dl$$

所以，铜棒的电动势为

$$\mathscr{E}_i = \int_O^P d\mathscr{E}_i = \int_0^L \omega lB\,dl = \frac{1}{2}\omega BL^2$$

因为 $\mathscr{E}_i > 0$，所以铜棒的电动势方向由 O 端指向 P 端，大小为 $\frac{1}{2}\omega BL^2$。

二、感生电动势 感生电场

把一个闭合导体回路放置在变化的磁场中，由于回路磁通量的变化，在回路中会产生感生电动势和感应电流，这说明回路中存在使电荷做定向运动的非静电场。由于感应电流产生的原因是导体回路的磁通量发生了变化，与空间是否存在带电体无关，因此不是静电场。关于感生电动势对应的非静电场和非静电力，麦克斯韦提出了**涡旋电场**假说：变化的磁场在其周围空间激发电场。这种电场也称为**感生电场**，感生电场的场强用符号 $\boldsymbol{E}_V$ 表示。感生电场即为感生电动势对应的非静电场。根据电动势和非静电场场强的关系式和法拉第电磁感应定律，闭合回路的感生电动势可表示为

$$\mathscr{E}_i = \oint_L \boldsymbol{E}_V \cdot d\boldsymbol{l} = -\frac{d\Phi}{dt} \tag{11-8}$$

由式(11-8)可知,与静电场不同,感生电场的环流一般不等于零,即感生电场是有旋场。因此感生电场也称为**有旋电场**,或**涡旋电场**。

对于感生电动势,回路的磁通量的变化只是由于磁场变化引起的,因此求磁通量对时间的导数,只需要考虑磁场随时间的变化。因此,式(11-8)可写为

$$\mathscr{E}_{\mathrm{i}}=\oint_{L}\boldsymbol{E}_{\mathrm{V}}\cdot\mathrm{d}\boldsymbol{l}=-\frac{\mathrm{d}}{\mathrm{d}t}\int_{S}\boldsymbol{B}\cdot\mathrm{d}\boldsymbol{S}=\int_{S}\left(-\frac{\partial\boldsymbol{B}}{\partial t}\right)\cdot\mathrm{d}\boldsymbol{S}\tag{11-9}$$

式中,$\partial\boldsymbol{B}/\partial t$ 是空间各点的磁感应强度对时间的偏导。$-\partial\boldsymbol{B}/\partial t$ 与感生电场的场强 $\boldsymbol{E}_{\mathrm{V}}$ 在方向上遵从右手螺旋关系,即右手弯曲四指的方向为 $\boldsymbol{E}_{\mathrm{V}}$ 方向,伸直的拇指方向为$-\partial\boldsymbol{B}/\partial t$ 的方向。式(11-9)表明,变化的磁场会在空间产生感生电场。

关于感生电动势和感生电场,需要注意两点:(1)式(11-8)和式(11-9)不只对导体回路成立,对绝缘体回路甚至假想回路均适用,即感生电动势不依赖于导体回路而存在;(2)磁场变化时,不仅在磁场充斥的空间内产生感生电场,在磁场的外部空间也会产生感生电场。

感生电场与静电场的相同之处在于都对电荷有力的作用,不同点主要表现在场的产生原因和特征两个方面。静电场是静电荷在其周围激发的,而感生电场是由变化的磁场产生的;静电场的电场线始于正电荷,终止于负电荷,不形成闭合曲线,静电场是有源无旋场,而感生电场的电场线则是无头无尾的闭合曲线,是**无源有旋场**。

例 11-4

如图 11-8 所示,有一个截面为矩形的螺绕环,螺绕环内半径为 R_1,外半径为 R_2,截面高度为 h,总匝数为 N。中心轴线有一根载流直导线,电流以变化率 $\mathrm{d}I/\mathrm{d}t=k$ 均匀增大。求螺绕环中的感生电动势。

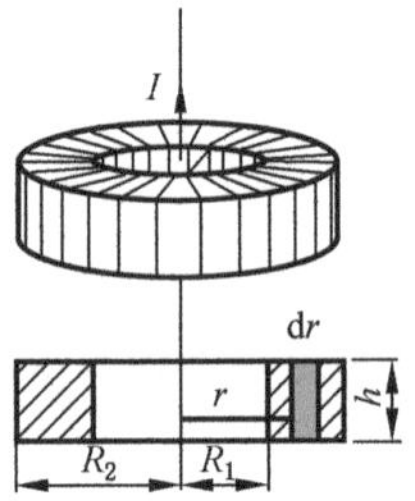

图 11-8 例 11-4 图

解 根据对称性分析可得,长直电流产生的磁场和螺绕环的截面处处垂直,大小为

$$B=\frac{\mu_0 I}{2\pi r}$$

r 表示截面上一点到长直电流的距离。在螺绕环的截面上选取条形面元,面积为 $\mathrm{d}S=h\,\mathrm{d}r$,通过面元的磁通量为

$$\mathrm{d}\Phi=\frac{\mu_0 I}{2\pi r}h\,\mathrm{d}r$$

所以,通过螺绕环截面的磁通量为

$$\Phi=\int_{R_1}^{R_2}\frac{\mu_0 I}{2\pi r}h\,\mathrm{d}r=\frac{\mu_0 I}{2\pi}h\ln\frac{R_2}{R_1}$$

螺绕环 N 匝线圈的磁通链数为

$$\Psi = N\frac{\mu_0 I}{2\pi}h\ln\frac{R_2}{R_1}$$

根据法拉第电磁感应定律，长直电流变化率为 k 时螺绕环的感生电动势为

$$\mathscr{E}_i = -\frac{d\Psi}{dt} = -N\frac{\mu_0}{2\pi}h\ln\frac{R_2}{R_1}\frac{dI}{dt} = -Nk\frac{\mu_0}{2\pi}h\ln\frac{R_2}{R_1}$$

所以感生电动势的大小为 $Nk\frac{\mu_0}{2\pi}h\ln\frac{R_2}{R_1}$。

对于一般磁场变化产生的感生电场的解析解不容易得到，但是由特殊对称性的磁场变化产生的感生电场则可能得到精确解，比如横截面为圆形的长直螺线管内的磁场变化产生的感生电场。

例 11-5

如图 11-9 所示，一个横截面为圆形的长直螺线管，圆截面的半径为 R，管内为匀强磁场，方向垂直纸面向里，磁场以恒定的变化率 dB/dt 均匀增加。求螺线管内外的感生电场的场强分布。

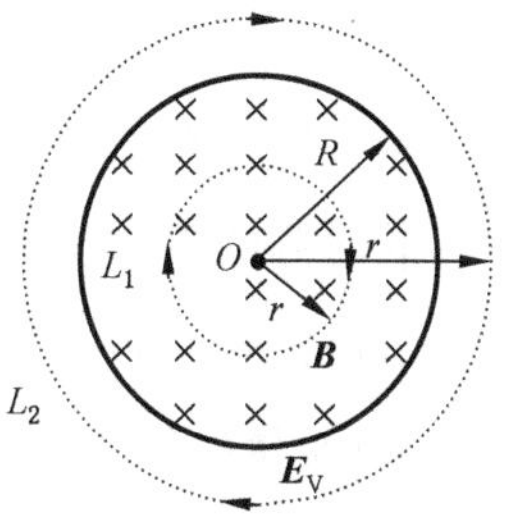

图 11-9　长直螺线管内磁场

解　由对称性分析可知，在截面上，感应电场的电场线应为圆心在轴线上的一系列同心圆，同一个圆上各点感生电场的大小相等，方向沿圆的切线方向。

(1) 在螺线管内($r<R$)

取半径为 r 的圆周 L_1 为积分回路，并选取顺时针方向为回路绕向，则回路所围的平面正法线方向与磁场同方向。由于回路 L_1 上各点 E_V 大小相等，方向沿圆周切线方向，所以有

$$\mathscr{E}_i = \oint_L \boldsymbol{E}_V \cdot d\boldsymbol{l} = 2\pi r E_V = -\frac{d}{dt}\int_S \boldsymbol{B}\cdot d\boldsymbol{S} = -\pi r^2\frac{d\boldsymbol{B}}{dt}$$

所以螺线管内，感生电场的场强 E_V 为

$$E_V = -\frac{r}{2}\frac{dB}{dt}$$

因为 $E_V<0$，所以感生电场方向为逆时针。

(2) 在螺线管外($r>R$)

取半径为 r 的圆周 L_2 为积分回路，仍选取顺时针方向为回路绕向，则回路所围的平面正法线方向与磁场同方向。由于 E_V 分布的对称性，所以有

$$\mathscr{E}_i = \oint_L \boldsymbol{E}_V \cdot d\boldsymbol{l} = 2\pi r E_V = -\frac{d}{dt}\int_S \boldsymbol{B}\cdot d\boldsymbol{S}$$

由于只有螺线管内有磁场，所以

$$-\frac{\mathrm{d}}{\mathrm{d}t}\int_S \boldsymbol{B}\cdot \mathrm{d}\boldsymbol{S}=-\pi R^2\frac{\mathrm{d}B}{\mathrm{d}t}$$

所以在螺线管外,感生电场的场强为

$$E_{\mathrm{V}}=-\frac{R^2}{2r}\frac{\mathrm{d}B}{\mathrm{d}t}$$

因为 $E_{\mathrm{V}}<0$,所以感生电场方向仍为逆时针方向。

基于计算结果,螺线管内、外 E_{V} 的大小随 r 变化的关系曲线如图 11-10 所示。这一结果再次表明当某处磁场变化时,不仅在磁场区域可以产生感生电场,在没有磁场的区域同样会产生感生电场。

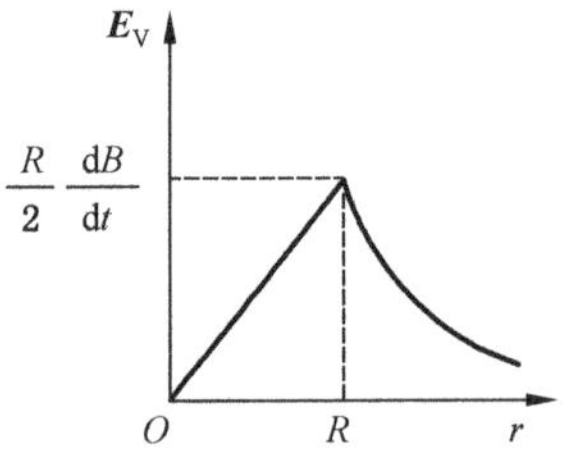

图 11-10 感生电场分布

三、涡电流

当块状导体在磁场中运动或者处于变化的磁场中时,由于导体自成回路,其内部电荷也会在感应电动势的驱动下定向运动,形成涡旋状的感应电流,这种电流称为**涡电流**。

在工程技术中涡电流有很重要的应用。感应电炉利用了涡电流的热效应,交变电流的频率越大,磁通量的变化率越大,感生电动势越大,涡电流越强,从而产生大量的焦耳热,这就是感应电炉的工作原理。感应电炉具有效率高、速度快、加热均匀、易于控制等优点,可以用于金属的冶炼和热处理,由于感应电炉熔炼可以在无氧环境下进行,特别适用于冶炼高纯金属、特种钢和特种合金等。利用涡电流在磁场中的安培力效应,可以实现磁悬浮和磁搅拌,也可以用于仪器、仪表中的电磁阻尼器。

有些情况下,涡电流需要尽可能避免或抑制。发电机、电动机、变压器等电器设备的磁芯中,涡电流会导致涡流损耗,同时易造成电器设备的损坏。为了减小涡电流,常把铁芯变压器的硅钢片磁芯用薄层绝缘材料隔开。当前铁基非晶带材制备的变压器更是极大地降低了磁芯中的涡电流,这种变压器现在已经规模化商用。

第三节 自感和互感

导体回路中电流的变化会在回路自身以及附近的其他回路中产生感应电动势。回路中电流变化时,在自身回路中引起感应电动势的现象称为**自感现象**,产生的电动势称为**自感电动势**;一个回路中电流的变化在附近的其他回路中引起感应电动势的现象称为**互感现象**,产生的电动势称为**互感电动势**。

一、自感

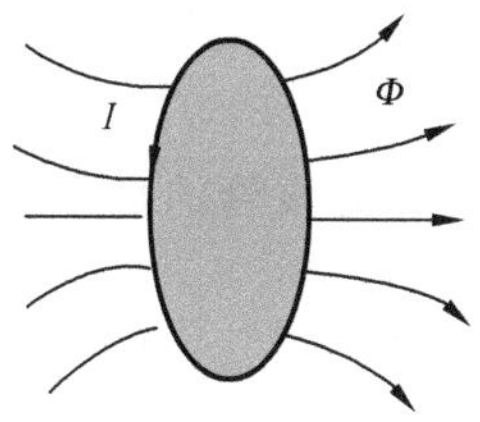

图 11-11　自感

如图 11-11 所示，导体回路中的电流强度为 I，回路匝数为 N。根据毕奥-萨伐尔定律，回路中电流在空间各点产生的磁感应强度与电流强度 I 成正比，因此，电流在回路自身上贡献的磁通链数应与电流 I 成正比，即

$$\Psi = LI \tag{11-10}$$

式中，系数 L 称为该回路的**自感系数**，简称**自感**。

自感系数 L 与回路中电流 I 大小无关，仅取决于回路的尺寸、形状、匝数以及线圈中的磁介质。在国际单位制(SI)中，自感系数的单位为亨利(H)，此外还有毫亨(mH)和微亨(μH)，$1\text{H}=10^3\text{mH}=10^6\mu\text{H}$。

当回路中电流变化时，根据式(11-2)和式(11-10)可得回路中的自感电动势为

$$\mathscr{E}_{\mathrm{i}} = -L\frac{\mathrm{d}I}{\mathrm{d}t} - I\frac{\mathrm{d}L}{\mathrm{d}t} \tag{11-11}$$

如果回路的自感系数不变，回路中自感电动势为

$$\mathscr{E}_{\mathrm{i}} = -L\frac{\mathrm{d}I}{\mathrm{d}t} \tag{11-12}$$

式(11-12)中负号是楞次定律的表现，表明回路中自感电动势总是阻碍自身电流的变化。

自感现象在电工和无线电技术中均有广泛的应用。自感线圈是交流电路或无线电技术中的基本元件，和电容器组合可以构成谐振电路和滤波器。此外，自感线圈还是日光灯镇流器的关键元件。自感现象有时也会产生危害，在大型电动设备中，由于自感的作用，切断电流瞬间会在开关处产生强烈的电弧，为了避免发生事故，必须使用带有灭弧结构的开关。

一个导体线圈的自感系数通常需要用实验测量得到，但是当线圈比较特殊时，也可以依据式(11-10)计算得到。

例 11-6

一个长直密绕螺线管，长为 l，横截面积为 S，线圈匝数为 N，螺线管中充满相对磁导率为 μ_r 的磁介质。试求螺线管的自感系数。

解　设螺线管中通有电流 I，忽略边缘效应，管内可看作均匀磁场，磁感应强度为

$$B = \mu_0\mu_r nI = \mu_0\mu_r\frac{N}{l}I$$

螺线管的磁通链数为

$$\Psi = NBS = \mu_0\mu_r \frac{N^2}{l} IS$$

所以螺线管的自感系数为

$$L = \frac{\Psi}{I} = \mu_0\mu_r \frac{N^2}{l} S = \mu_0\mu_r n^2 lS = \mu_0\mu_r n^2 V$$

式中,V 为螺线管的体积;$n=\frac{N}{l}$为螺线管单位长度上的匝数。由此可见,线圈的自感系数与电流无关,与线圈自身形状、大小以及线圈内部的磁介质有关。

例 11-7

有一个截面积为 S、半径为 R 的细密绕螺绕环,螺绕环总匝数为 N,螺绕环内充满磁导率为 μ 的铁磁质。求螺绕环的自感系数。

解 假设螺绕环的导线中电流为 I,根据磁场的环路定理,螺绕环内部的磁感应强度大小为

$$B = \frac{\mu NI}{2\pi R}$$

所以,螺绕环 N 匝线圈的磁通链数为

$$\Psi = N \frac{\mu NI}{2\pi R} S$$

则螺绕环中的自感系数为

$$L = \frac{\Psi}{I} = \frac{\mu N^2}{2\pi R} S$$

二、互感

如图 11-12 所示,有两个邻近的导体回路 1 和 2,设回路 1 中电流为 I_1,电流 I_1 会在回路 2 所围的面积上激发磁场,并对回路 2 的磁通链数产生贡献,计为 Ψ_{21}。根据毕奥-萨伐尔定律和磁通量与磁感应强度的关系,Ψ_{21} 与 I_1 成正比,即

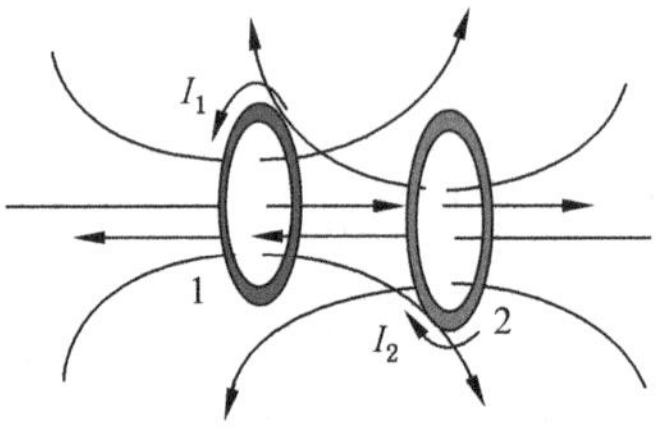

图 11-12 互感

$$\Psi_{21} = M_{21} I_1 \tag{11-13}$$

式中,比例系数 M_{21} 称为回路 1 对回路 2 的互感系数。

同理,如果回路 2 中有电流 I_2,电流 I_2 激发的磁场对回路 1 的磁通链数的贡献由 Ψ_{12} 表示,Ψ_{12} 也应与 I_2 成正比,即

$$\Psi_{12} = M_{12} I_2 \tag{11-14}$$

式中,M_{12} 称为回路 2 对回路 1 的互感系数。

理论和实验都可以证明，$M_{12}=M_{21}$，所以不再区分，统一由 M 表示。因此，式(11-13)和(11-14)可简化为

$$\Psi_{21}=MI_1,\Psi_{12}=MI_2 \tag{11-15}$$

比例系数 M 称为两回路的**互感系数**，简称**互感**。互感与回路中电流无关，只与两个线圈的尺寸、形状、匝数、相对位置以及周围磁介质有关。

如果两回路互感不变，电流 I_1 变化时，在回路 2 上产生的互感电动势为

$$\mathscr{E}_{21}=-\frac{\mathrm{d}\Psi_{21}}{\mathrm{d}t}=-M\frac{\mathrm{d}I_1}{\mathrm{d}t} \tag{11-16}$$

同理，当电流 I_2 变化时，在回路 1 上产生的互感电动势为

$$\mathscr{E}_{12}=-\frac{\mathrm{d}\Psi_{12}}{\mathrm{d}t}=-M\frac{\mathrm{d}I_2}{\mathrm{d}t} \tag{11-17}$$

式(11-16)与(11-17)中的负号表示：一个回路中产生的互感电动势，要阻碍另一个回路中电流的变化。

在电工和无线电技术中，经常利用导体回路之间的互感将交变的电信号或电能由一个电路传递到另一个互不连通的电路。例如，变压器就是通过互感现象将电能由一个电路转移到另一个电路，同时根据目标实现电压的升降。有时又需要避免互感现象的发生，为此，通常采用磁屏蔽的方法将某些器件保护起来。

两回路之间的互感通常直接由实验测定，但是对于一些比较特殊的情况，互感可以计算得到。

例 11-8

如图 11-13 所示，有一个截面为矩形的螺绕环，螺绕环内半径为 R_1，外半径为 R_2，截面高度为 h，总匝数为 N。中心轴线有一根长直导线。求长直导线和螺绕环之间的互感系数。

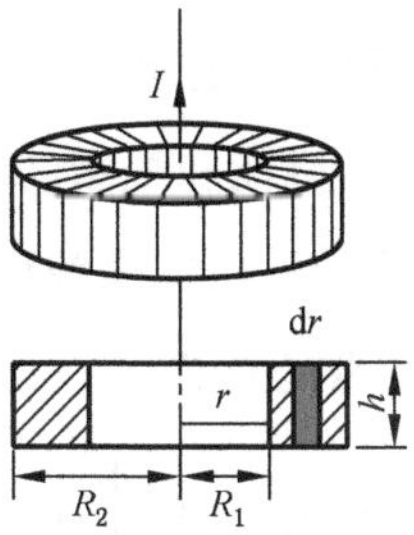

图 11-13　例 11-8 图

解　假设长直导线中通有电流 I，根据对称性分析可得，长直导线中电流 I 产生的磁场和螺绕环的截面处处垂直，大小为

$$B=\frac{\mu_0 I}{2\pi r}$$

式中,r 为螺绕环截面上一点到长直导线的距离。在螺绕环的截面上选取如图所示的矩形面元,面积为 $\mathrm{d}S=h\,\mathrm{d}r$,通过面元的磁通量为

$$\mathrm{d}\Phi=\frac{\mu_0 I}{2\pi r}h\,\mathrm{d}r$$

所以,通过螺绕环截面的磁通量为

$$\Phi=\int_{R_1}^{R_2}\frac{\mu_0 I}{2\pi r}h\,\mathrm{d}r=\frac{\mu_0 I}{2\pi}h\ln\frac{R_2}{R_1}$$

螺绕环上 N 匝线圈的磁通链数为

$$\Psi=N\frac{\mu_0 I}{2\pi}h\ln\frac{R_2}{R_1}$$

根据互感系数的定义,长直导线和螺绕环之间的互感系数为

$$M=\frac{\Psi}{I}=N\frac{\mu_0}{2\pi}h\ln\frac{R_2}{R_1}$$

第四节　磁场能量

一、磁能

在前面静电场章节中讲到,带电体周围的电场会储存电场能。与之类似,磁场也会储存磁场能。如图 11-14 所示,自感线圈、电阻、电源和电键构成导体回路。根据楞次定律,电键闭合时,回路中出现的自感电动势将阻碍电流的增加,电流将从零逐渐增大至稳定值 I。在电流增加的过程中,电源克服线圈的自感电动势做功,这部分功转化为线圈的磁能。下面以此为例讨论线圈的磁能和线圈的自感系数 L、电流 I 的关系。

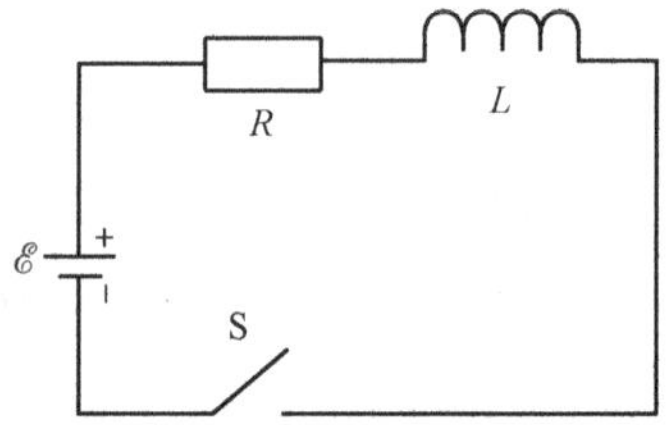

图 11-14　载流线圈的磁能

设 t 时刻线圈中的电流为 i,根据式(11-12),线圈中产生的自感电动势为 $\mathscr{E}_i=-L\,\mathrm{d}i/\mathrm{d}t$。$\mathrm{d}t$ 时间内,电源克服线圈自感电动势所做的功为

$$\mathrm{d}A=-\mathscr{E}_i i\,\mathrm{d}t=L\frac{\mathrm{d}i}{\mathrm{d}t}i\,\mathrm{d}t=Li\,\mathrm{d}i \tag{11-18}$$

在电流由零增加到稳定值 I 的过程中,电源克服线圈自感电动势所做的功为

$$A=\int\mathrm{d}A=\int_0^I Li\,\mathrm{d}i=\frac{1}{2}LI^2 \tag{11-19}$$

根据能量守恒,线圈中的磁能等于电源克服自感电动势所做的总功。因此**线圈的磁能**为

$$W_m = \frac{1}{2}LI^2 \tag{11-20}$$

二、磁场能量密度

和电容器储存的静电能类似,线圈的磁能也是以场的形式存在的。将单位体积内的磁场能称为**磁场能量密度**,以 w_m 表示。下面以长直密绕螺线管为例,引入磁场能量密度的表示式。假设螺线管内充满磁导率为 μ 的均匀磁介质,螺线管所围的体积为 V。若忽略边界效应,磁场只分布于螺线管内,并且为匀强磁场。所以螺线管内各点的磁场能量密度应该处处相同,为

$$w_m = \frac{W_m}{V} \tag{11-21}$$

假设螺线管中电流为 I,因为长直螺线管的自感为 $L=\mu n^2 V$,螺线管的磁能为

$$W_m = LI^2/2 = \mu n^2 I^2 V/2$$

所以**磁场能量密度**为

$$w_m = \frac{W_m}{V} = \frac{1}{2}\mu n^2 I^2 \tag{11-22}$$

因为长直螺线管内磁感应强度为 $B=\mu nI$、磁场强度为 $H=nI$,所以磁场能量密度可表示为

$$w_m = \frac{1}{2}\frac{B^2}{\mu} = \frac{1}{2}BH = \frac{1}{2}\mu H^2 \tag{11-23}$$

需要指出,式(11-23)虽然是由长直密绕螺线管的特例得到的,但适用于任意的磁场。

例 11-9

如图 11-15 所示,有一长直载流圆柱型导体,半径为 R,导体的磁导率为 μ。电流为 I 时,求单位长度的导体内的磁能。

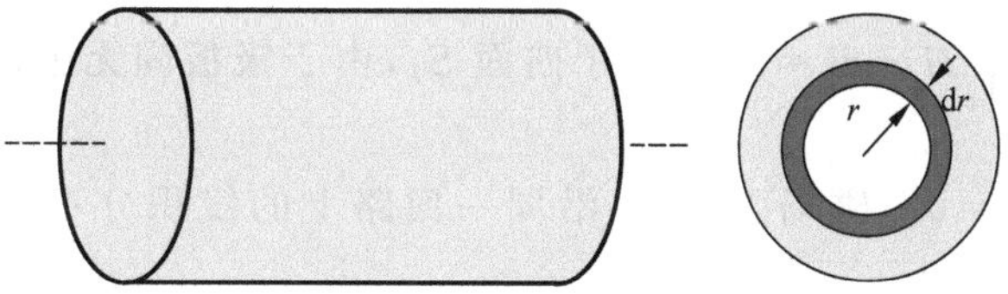

图 11-15　例 11-9 图

解　由安培环路定理可得,圆柱型导体内距轴线为 r 处的磁感应强度为

$$B = \frac{\mu I r}{2\pi R^2}$$

磁场能量密度为

$$w_m = \frac{1}{2}\frac{B^2}{\mu} = \frac{\mu I^2 r^2}{8\pi^2 R^4}$$

在电缆的芯线和金属圆筒之间选取一个单位长度、内半径为 r、外半径为 $r+\mathrm{d}r$ 的薄圆筒,圆筒内的磁能为

$$\mathrm{d}W_m = w_m \mathrm{d}V = \frac{\mu I^2 r^2}{8\pi^2 R^4} 2\pi r\,\mathrm{d}r = \frac{\mu I^2 r^3}{4\pi R^4}\mathrm{d}r$$

所以,单位长度的同轴电缆芯线与圆筒之间储存的磁能为

$$W_m = \int_0^R \frac{\mu I^2 r^3}{4\pi R^4}\mathrm{d}r = \frac{\mu I^2}{16\pi}$$

第五节　电磁场的麦克斯韦方程组

19 世纪下半叶,关于静电场和稳恒磁场的实验基础和理论基础已基本成熟。英国物理学家麦克斯韦系统总结了库仑、法拉第等众多物理学家的电磁学研究成果,并在此基础上,创造性地提出了"涡旋电场"和"位移电流"两个基本假说,建立了完整的电磁场理论体系。

一、位移电流

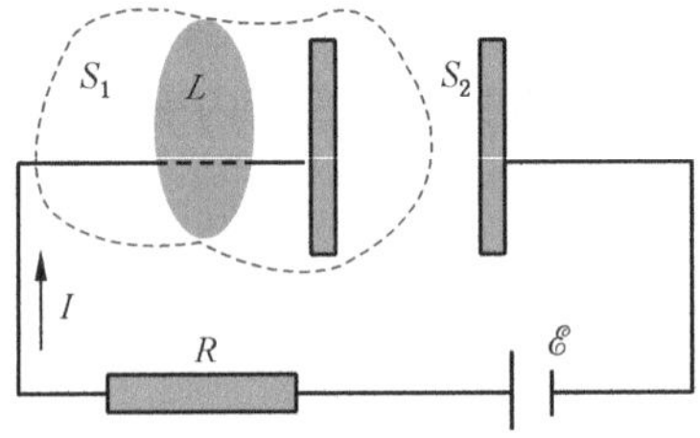

图 11-16　安培环路定理失效

稳恒磁场遵从的安培环路定理为 $\oint_L \boldsymbol{H}\cdot\mathrm{d}\boldsymbol{l} = I_0$,其中 I_0 是穿过以积分回路 L 为边界的任意曲面的传导电流的代数和。这一定理不适用于非稳恒电流产生的磁场。例如,在如图 11-16 所示的电容器充电回路中,在电容器的一个极板附近取一闭合回路 L,并以它为边界作两个任意曲面 S_1 和 S_2,S_1 与导线相交,S_2 在电容器的两个极板之间。若磁场仍满足稳恒磁场的安培环路定理,则对于曲面 S_1,由于导线电流穿过 S_1,所以有 $\oint_L \boldsymbol{H}\cdot\mathrm{d}\boldsymbol{l} = I$;但对于曲面 S_2,由于极板间无电流,没有电流穿过曲面 S_2,所以有 $\oint_L \boldsymbol{H}\cdot\mathrm{d}\boldsymbol{l} = 0$。磁场强度 $\boldsymbol{H}$ 沿同一回路上的线积分不可能有两个值,这说明 $\oint_L \boldsymbol{H}\cdot\mathrm{d}\boldsymbol{l} = I_0$ 在非稳恒磁场中不成立。

要得到对任意磁场都普适的安培环路定理,就必须保证电流的连续性,这必然要求在电容器极板之间存在一种"电流",以接续导线中的传导电流。麦克斯韦为了建立非稳恒磁场的

安培环路定理，提出了位移电流假说。下面就以图 11-16 中平行板电容器的充电过程为例介绍由麦克斯韦提出的位移电流。

设 t 时刻电容器极板的电量为 q，导线中传导电流为 I_c。根据电流的连续性原理，可得

$$I_c=\oint_S \boldsymbol{j}_c\cdot \mathrm{d}\boldsymbol{S}=-\frac{\mathrm{d}q}{\mathrm{d}t} \tag{11-24}$$

式中，S 是由曲面 S_1 和 S_2 组成的闭合曲面，$\boldsymbol{j}_c$ 为曲面 S 上各点的传导电流密度。结合电介质中的高斯定理 $\oint_S \boldsymbol{D}\cdot \mathrm{d}\boldsymbol{S}=q$，可得

$$\frac{\mathrm{d}q}{\mathrm{d}t}=\frac{\mathrm{d}}{\mathrm{d}t}\oint_S \boldsymbol{D}\cdot \mathrm{d}\boldsymbol{S}=\oint_S \frac{\partial \boldsymbol{D}}{\partial t}\cdot \mathrm{d}\boldsymbol{S} \tag{11-25}$$

式(11-24)和(11-25)联立，可得

$$\oint_S \left(\boldsymbol{j}_c+\frac{\partial \boldsymbol{D}}{\partial t}\right)\cdot \mathrm{d}\boldsymbol{S}=0 \tag{11-26}$$

也就是在曲面 S_1 和 S_2 上

$$\int_{S_1} \left(\boldsymbol{j}_c+\frac{\partial \boldsymbol{D}}{\partial t}\right)\cdot \mathrm{d}\boldsymbol{S}=\int_{S_2} \left(\boldsymbol{j}_c+\frac{\partial \boldsymbol{D}}{\partial t}\right)\cdot \mathrm{d}\boldsymbol{S} \tag{11-27}$$

式(11-27)表明，如果将 $\int \frac{\partial \boldsymbol{D}}{\partial t}\cdot \mathrm{d}\boldsymbol{S}$ 看成一种电流，则这种电流与传导电流的和在回路中连续。因此将其称为**位移电流**，用 I_d 表示

$$I_d=\int_S \frac{\partial \boldsymbol{D}}{\partial t}\cdot \mathrm{d}\boldsymbol{S}=\frac{\mathrm{d}}{\mathrm{d}t}\int_S \boldsymbol{D}\cdot \mathrm{d}\boldsymbol{S}=\frac{\mathrm{d}\psi}{\mathrm{d}t} \tag{11-28}$$

式中，$\psi=\int_S \boldsymbol{D}\cdot \mathrm{d}\boldsymbol{S}$ 为曲面 S 上的电位移通量。将 $\partial \boldsymbol{D}/\partial t$ 称为**位移电流密度**，由 $\boldsymbol{j}_d$ 表示，即

$$\boldsymbol{j}_d=\frac{\partial \boldsymbol{D}}{\partial t} \tag{11-29}$$

定义了位移电流后，空间中的位移电流 $I_d=\frac{\mathrm{d}\psi}{\mathrm{d}t}$ 与传导电流 $I_c=\int_S \boldsymbol{j}_c\cdot \mathrm{d}\boldsymbol{S}$ 的和称为**全电流**。在图 11-16 所示电路中，如果不考虑边界效应，导线中只有传导电流，电容器两极板之间只有位移电流，而全电流在空间中连续。

二、全电流安培环路定理

麦克斯韦在提出位移电流的基础上，将稳恒电流产生的磁场的安培环路定理进一步推广，得到了**全电流安培环路定理**。即

$$\oint_L \boldsymbol{H}\cdot \mathrm{d}\boldsymbol{l}=\int_S (\boldsymbol{j}_c+\boldsymbol{j}_d)\cdot \mathrm{d}\boldsymbol{S}=I_c+\int_S \frac{\partial \boldsymbol{D}}{\partial t}\cdot \mathrm{d}\boldsymbol{S} \tag{11-30}$$

全电流安培环路定理表明:在任意磁场中,磁场强度沿任意闭合回路的线积分,等于该回路所围的全电流。位移电流假说的实质在于:变化的电场会产生磁场。这一假说深刻揭示了电场和磁场的内在联系。

麦克斯韦在位移电流假说和涡旋电场假说的基础上,进一步预言了电磁波的存在,并指出光的本质就是电磁波。1888 年,德国物理学家赫兹从实验上证明了电磁波的存在,从而间接证明了位移电流假说的正确性。

需要指出,尽管传导电流和位移电流均可以激发磁场,但两者的本质不同。传导电流是电荷定向运动的结果,而位移电流则源于电场的变化;传导电流一般要产生热效应,而位移电流不会产生热效应;传导电流只在导体中出现,而位移电流的产生不需要导体。

三、麦克斯韦方程组

如果考虑到变化磁场产生的感生电场,空间中电场应为静电场和感生电场的叠加。由于感生电场是无源场,所以空间中任意电场的高斯定理仍为

$$\oint_S \boldsymbol{D} \cdot \mathrm{d}\boldsymbol{S} = q_0 \tag{11-31}$$

但是,考虑到式(11-9)中感生电场和变化磁场的关系,任意电场的环路定理应改变为

$$\oint_L \boldsymbol{E} \cdot \mathrm{d}\boldsymbol{l} = \int_S \left(-\frac{\partial \boldsymbol{B}}{\partial t}\right) \cdot \mathrm{d}\boldsymbol{S} \tag{11-32}$$

如果考虑到位移电流产生的磁场,空间磁场应为传导电流和位移电流共同激发的磁场,磁场的环路定理需要考虑位移电流的贡献;但是无论磁场的产生原因如何,磁感线总是闭合的,所以任意磁场的高斯定理形式不变。因此,任意磁场的高斯定理和环路定理的表示式为

$$\oint_S \boldsymbol{B} \cdot \mathrm{d}\boldsymbol{S} = 0 \tag{11-33}$$

$$\oint_L \boldsymbol{H} \cdot \mathrm{d}\boldsymbol{l} = I_c + \int_S \frac{\partial \boldsymbol{D}}{\partial t} \cdot \mathrm{d}\boldsymbol{S} \tag{11-34}$$

综上,任意电磁场遵循的高斯定理和环路定理可归纳为

$$\begin{cases} \oint_S \boldsymbol{D} \cdot \mathrm{d}\boldsymbol{S} = q_0 \\ \oint_L \boldsymbol{E} \cdot \mathrm{d}\boldsymbol{l} = \int_S \left(-\frac{\partial \boldsymbol{B}}{\partial t}\right) \cdot \mathrm{d}\boldsymbol{S} \\ \oint_S \boldsymbol{B} \cdot \mathrm{d}\boldsymbol{S} = 0 \\ \oint_L \boldsymbol{H} \cdot \mathrm{d}\boldsymbol{l} = I_c + \int_S \frac{\partial \boldsymbol{D}}{\partial t} \cdot \mathrm{d}\boldsymbol{S} \end{cases} \tag{11-35}$$

方程组(11-35)称为**麦克斯韦方程组**。

利用矢量分析中的高斯定理和斯托克斯定理，可以由式(11-35)得到麦克斯韦方程组的微分形式为

$$\begin{cases} \nabla\cdot \boldsymbol{D}=\rho_0 \\ \nabla\times \boldsymbol{E}=-\dfrac{\partial \boldsymbol{B}}{\partial t} \\ \nabla\cdot \boldsymbol{B}=0 \\ \nabla\times \boldsymbol{H}=\boldsymbol{j}_c+\dfrac{\partial \boldsymbol{D}}{\partial t} \end{cases} \tag{11-36}$$

式中，ρ_0 表示空间中自由电荷的体密度；$\boldsymbol{j}_c$ 表示传导电流密度；$\dfrac{\partial \boldsymbol{D}}{\partial t}$表示位移电流密度。考虑电介质和磁介质的存在，需要附加三个描述电介质和磁介质的关系式，即

$$\begin{cases} \boldsymbol{D}=\varepsilon_0\varepsilon_r\boldsymbol{E} \\ \boldsymbol{B}=\mu_0\mu_r\boldsymbol{H} \\ \boldsymbol{j}_c=\sigma\boldsymbol{E} \end{cases} \tag{11-37}$$

这里，ε_r、μ_r、σ 分别为相对电容率、相对磁导率和电导率，关系式 $\boldsymbol{j}_c=\sigma\boldsymbol{E}$ 为欧姆定律的微分形式。

麦克斯韦方程组全面反映了电场和磁场的基本性质，揭示了电场和磁场之间的联系。如果边界条件和初始条件确定，原则上可以确定任意时刻、任意位置处的电场和磁场。麦克斯韦电磁理论是 19 世纪物理学发展史的一个里程碑，是物理学的又一次大综合。爱因斯坦评价说："这是自牛顿以来物理学所经历的最深刻和富有成果的一项真正观念上的变革。"

本章提要

1. 法拉第电磁感应定律：$\mathscr{E}_i=-\dfrac{d\Phi}{dt}$

2. 动生电动势：$\mathscr{E}_i=\int_O^P(\boldsymbol{v}\times\boldsymbol{B})\cdot d\boldsymbol{l}$

3. 感生电动势：$\mathscr{E}_i=\oint_L\boldsymbol{E}_V\cdot d\boldsymbol{l}=\int_S\left(-\dfrac{\partial \boldsymbol{B}}{\partial t}\right)\cdot d\boldsymbol{S}$

4. 自感电动势：$\mathscr{E}_i=-L\dfrac{dI}{dt}$

5. 互感电动势：$\mathscr{E}_{21}=-M\dfrac{dI_1}{dt}$，$\mathscr{E}_{12}=-M\dfrac{dI_2}{dt}$

6. 自感磁能：$W_m=\frac{1}{2}LI^2$

7. 磁场能量密度：$w_m=\frac{1}{2}\frac{B^2}{\mu}=\frac{1}{2}BH=\frac{1}{2}\mu H^2$

8. 位移电流密度 $\boldsymbol{j}_d=\frac{\partial \boldsymbol{D}}{\partial t}$；位移电流 $I_d=\int_S \boldsymbol{j}_d\cdot d\boldsymbol{S}=\frac{d\psi}{dt}$

9. 全电流安培环路定理：$\oint_L \boldsymbol{H}\cdot d\boldsymbol{l}=I_c+I_d$

10. 麦克斯韦方程组积分形式：
$$\begin{cases}\oint_S \boldsymbol{D}\cdot d\boldsymbol{S}=q_0\\ \oint_L \boldsymbol{E}\cdot d\boldsymbol{l}=\int_S\left(-\frac{\partial \boldsymbol{B}}{\partial t}\right)\cdot d\boldsymbol{S}\\ \oint_S \boldsymbol{B}\cdot d\boldsymbol{S}=0\\ \oint_L \boldsymbol{H}\cdot d\boldsymbol{l}=I_c+\int_S \frac{\partial \boldsymbol{D}}{\partial t}\cdot d\boldsymbol{S}\end{cases}$$

11. 麦克斯韦方程组微分形式：
$$\begin{cases}\nabla\cdot\boldsymbol{D}=\rho_0\\ \nabla\times\boldsymbol{E}=-\frac{\partial \boldsymbol{B}}{\partial t}\\ \nabla\cdot\boldsymbol{B}=0\\ \nabla\times\boldsymbol{H}=\boldsymbol{j}_c+\frac{\partial \boldsymbol{D}}{\partial t}\end{cases}$$

思　考　题

11-1　日常生活中哪些物品用到了电磁感应定律？

11-2　如图所示，三个矩形导体回路，它们的一个边长度相同，在同一竖直平面内有一水平放置的载流长直导线。三个回路以相同速度向下移动，当移到如图所示位置(回路 a 和 c 相对长直导线对称)时，哪个回路的感应电动势最大，哪个回路的感应电动势最小？

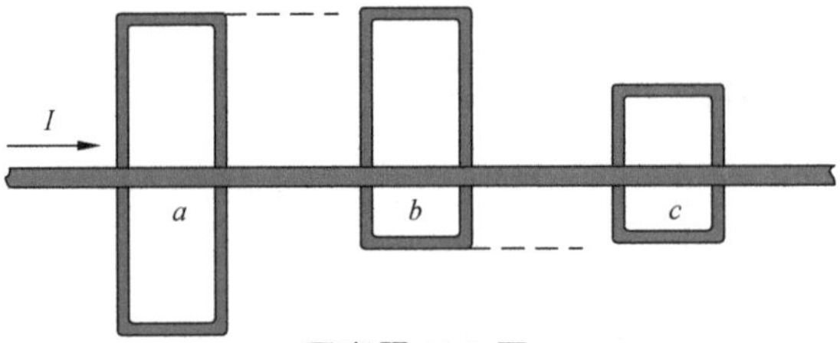

思考题 11-2 图

11-3　一个光滑细杆上悬挂两个闭合圆环，一个为金属材料，一个为绝缘体材料。有一个磁铁穿过两个圆环的过程中，圆环如何移动？

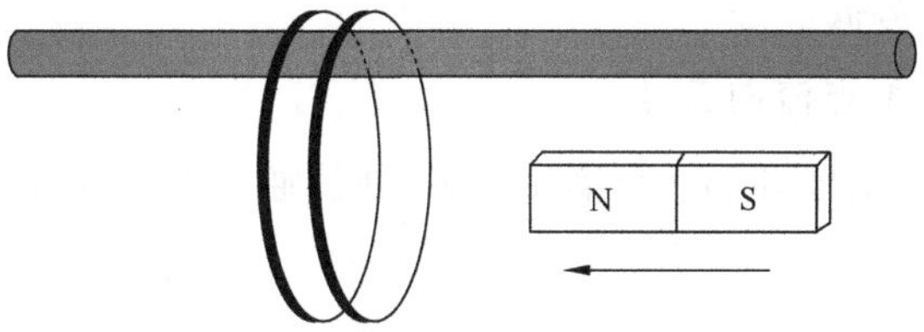

思考题 11-3 图

11-4　一个自感线圈的自感系数与哪些因素有关，是否与线圈中通过的电流有关？如何绕制一个自感系数为零的线圈？两个线圈之间的互感系数和哪些因素有关？如何使得两个线圈之间的互感系数为零？

11-5　两个螺线管的横截面积、长度均相同，导线只缠绕一层绕组，相邻各匝导线紧密相连，内部充满相同磁导率的介质。两个螺线管分别用粗导线和细导线缠绕，哪个螺线管的自感系数大？

11-6　为什么电动机断电时会在闸刀处产生电火花？这种产生电火花的能量来自哪里？如何消除这种电弧？

11-7　变压器工作原理是什么？变压器铁芯为什么做成彼此绝缘的硅钢片状结构？

11-8　电子仪表会用到电磁阻尼，你是否可以预想一下电磁阻尼装置的基本构造，其工作原理是什么？

11-9　在下列各种场中，哪些是有旋场，哪些是无旋场？(1)静电场；(2)稳恒磁场；(3)感应电场。

11-10　两个相距不太远的线圈，如何放置使其互感最大？如何放置会使其互感为零？

11-11　手机无线快充技术的基本原理是什么？

11-12　什么叫位移电流？试比较位移电流与传导电流的异同。

11-13　试比较静电场与有旋电场的异同。

习　　题

11-1　选择题

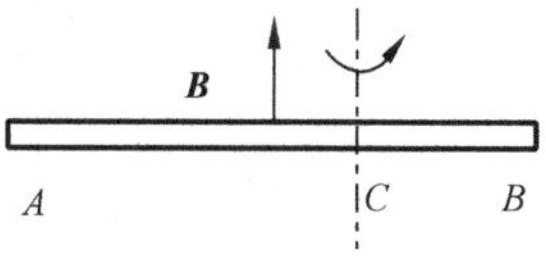

选择题(1)图

(1) 如图所示，导体棒 AB 在均匀磁场中绕通过 C 点的垂直于棒长且沿磁场方向的轴 OO' 转动(角速度 $\boldsymbol{\omega}$ 与 $\boldsymbol{B}$ 同方向)，BC 的长度为棒长的 1/3，则(　)。

(A) A 点比 B 点电势高

(B) A 点与 B 点电势相等

(C) A 点比 B 点电势低

(D) 有稳恒电流从 A 点流向 B 点

(2) 将形状完全相同的铜环和木环静止放置,并使通过两个环面的磁通量随时间的变化率相等,则( )。

(A) 铜环中有感应电动势,木环中无感应电动势

(B) 铜环中感应电动势大,木环中感应电动势小

(C) 铜环中感应电动势小,木环中感应电动势大

(D) 两环中的感应电动势相等

(3) 圆柱形空间内,磁感应强度 B 正以 $\frac{\mathrm{d}B}{\mathrm{d}t}>0$ 的变化率增加,金属棒如图所示放置,则金属棒上 a、b、c 三点电势之间关系是( )。

(A) $U_a=U_b=U_c$ (B) $U_a<U_b<U_c$

(C) $U_a>U_b>U_c$ (D) $U_a>U_b=U_c$

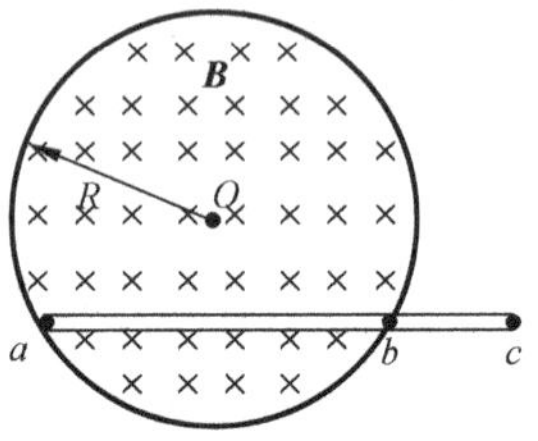

选择题(3)图

(4) 有两个长直密绕的螺线管,长度及匝数均相同,半径分别为 r_1 和 r_2。管内充满均匀介质,其磁导率分别为 μ_1 和 μ_2。$r_1:r_2=1:2$,$\mu_1:\mu_2=2:1$,当将两只螺线管串联在电路中通电稳定后,其自感系数之比 $L_1:L_2$ 与磁能之比 $W_{m1}:W_{m2}$ 分别为:

(A) $L_1:L_2=1:1, W_{m1}:W_{m2}=1:1$ (B) $L_1:L_2=1:2, W_{m1}:W_{m2}=1:1$

(C) $L_1:L_2=1:2, W_{m1}:W_{m2}=1:2$ (D) $L_1:L_2=2:1, W_{m1}:W_{m2}=2:1$

(5) 真空中两根很长的相距为 $2a$ 的平行直导线与电源组成闭合回路,如图所示。已知导线中的电流为 I,则在两导线正中间某点 P 处的磁能密度为( )。

(A) $\frac{1}{\mu_0}\left(\frac{\mu_0 I}{2\pi a}\right)^2$ (B) $\frac{1}{2\mu_0}\left(\frac{\mu_0 I}{2\pi a}\right)^2$ (C) $\frac{1}{2\mu_0}\left(\frac{\mu_0 I}{\pi a}\right)^2$ (D) 0

(6) 如图所示,有一平板电容器,在它充电时(忽略边缘效应),沿环路 L_1、L_2 磁场强度 $\boldsymbol{H}$ 的环流中,必有以下关系( )。

(A) $\oint_{L_1}\boldsymbol{H}\cdot\mathrm{d}\boldsymbol{l}>\oint_{L_2}\boldsymbol{H}\cdot\mathrm{d}\boldsymbol{l}$ (B) $\oint_{L_1}\boldsymbol{H}\cdot\mathrm{d}\boldsymbol{l}=\oint_{L_2}\boldsymbol{H}\cdot\mathrm{d}\boldsymbol{l}$

(C) $\oint_{L_1}\boldsymbol{H}\cdot\mathrm{d}\boldsymbol{l}<\oint_{L_2}\boldsymbol{H}\cdot\mathrm{d}\boldsymbol{l}$ (D) $\oint_{L_1}\boldsymbol{H}\cdot\mathrm{d}\boldsymbol{l}=0$

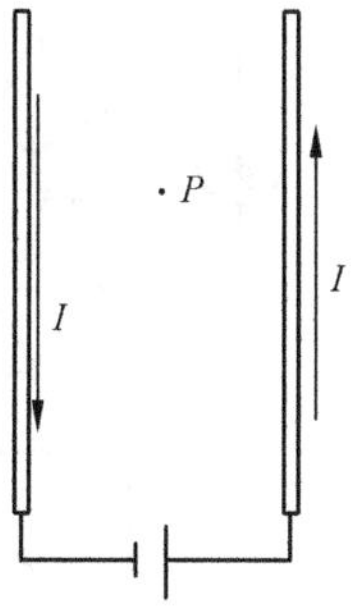

选择题(5)图

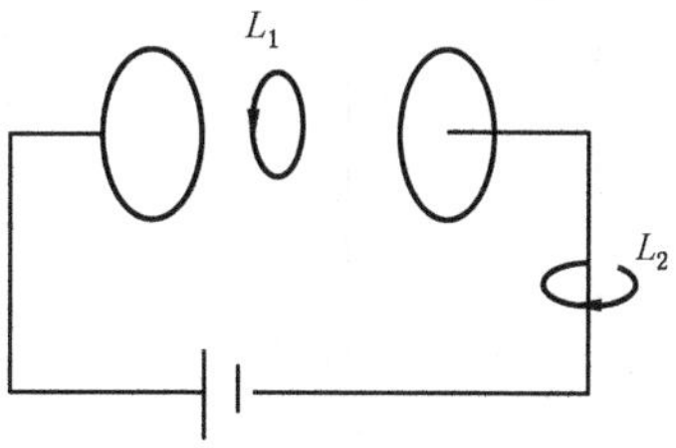

选择题(6)图

11-2　如图所示，长直导线 AC 中的电流 I 沿导线向上，并以 $dI/dt=2\ A\cdot s^{-1}$ 的变化率均匀增长。导线附近放一个与之同面的直角三角形线框，其一边与导线平行，位置及线框尺寸如图所示。求此线框中产生的感应电动势的大小和方向。

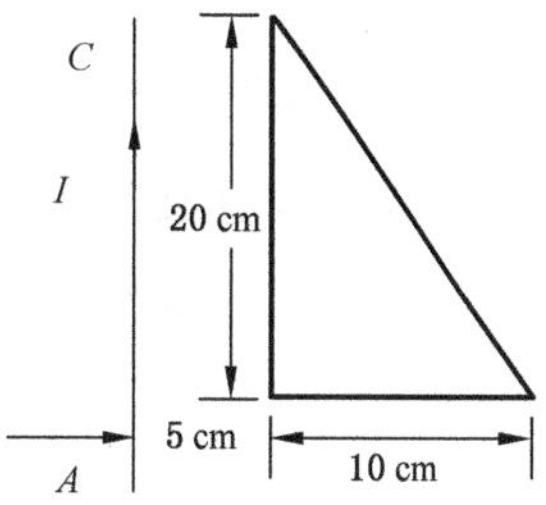

习题 11-2 图

11-3　如图所示，在长直载流导线的附近放置一个与导线共面的矩形导体线框，导线中电流为 I，沿导线向上，该线框在垂直于导线方向上以速率 v 向右移动。求线框移动至图示位置时感应电动势的大小和方向。

11-4　有一半径为 R 的无限长实心圆柱形导体，载有方向沿轴向上的电流 I，并且电流均匀分布在导体横截面上。一宽为 R、长为 l 的矩形回路(与导体轴线共面)以速度 $\boldsymbol{v}$ 向导体外运动(设导体有一个很小的缝隙，但不影响电流及磁场的分布，如图)。设初始时刻矩形回路的左边与导体中心轴线重合，求：

(1) $t\left(t<\dfrac{R}{v}\right)$时刻回路中的感应电动势；

(2) 回路中感应电动势方向改变的时刻。

11-5　如图所示，螺绕环 A 中充满了铁磁质，管的截面积 S 为 $2.0\ cm^2$，沿环每厘米绕有 100 匝线圈，通有电流 $I_1=4.0\times10^{-2}\,A$。在环上再绕一线圈 C，共 10 匝，其电阻为 $0.10\ \Omega$，今将电键 S 突然开启，线圈 C 中的感应电荷为 $2.0\times10^{-3}\,C$。求：当螺绕环中通有电流 I_1 时，铁磁质中的磁感强度 B 和铁磁质的相对磁导率 μ_r。

11-6　如图所示，在电流为 I 的无限长直载流导线产生的磁场中，有一根长度为 b 的铜棒 MN 垂直于载流导线放置，并处于同一平面内，铜棒到载流导线的最小距离为 a。铜棒平行载流导线以速度 $\boldsymbol{v}$ 运动，求铜棒 MN 上的动生电动势。

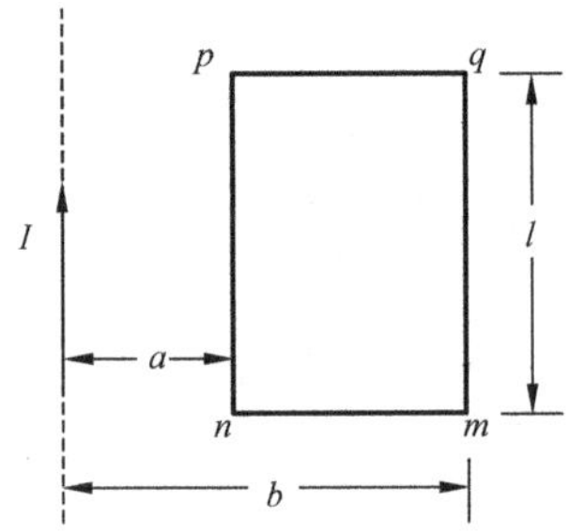

习题 11-3 图

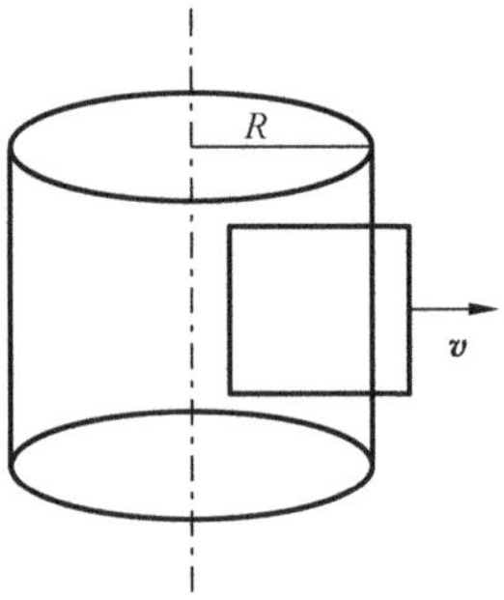

习题 11-4 图

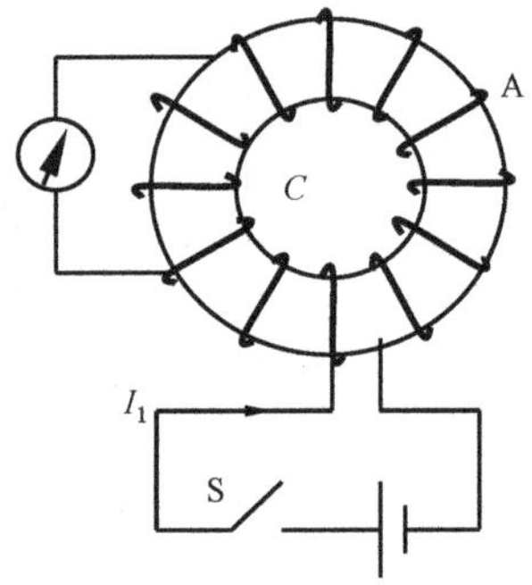

习题 11-5 图

11-7　如图所示,长度为 b 的金属杆位于两无限长直导线所在的平面的正中间,金属杆和长直导线垂直放置。两长直导线相距 a,通以大小相等、方向相反的电流 I。当金属杆以速度 $\boldsymbol{v}$ 平行于长直导线运动时,求金属杆两端的电动势及其方向。

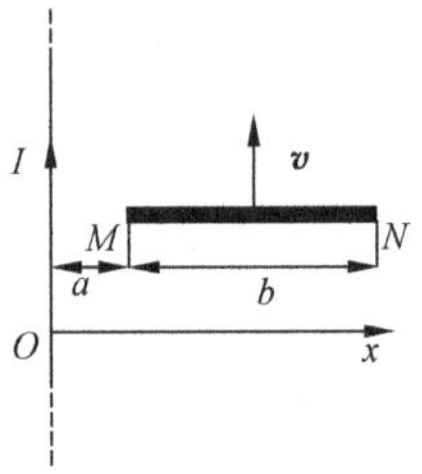

习题 11-6 图

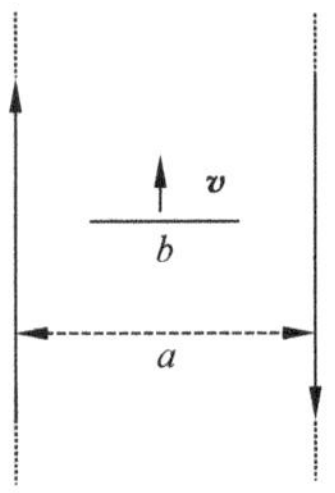

习题 11-7 图

11-8　有一个面积为 4.0 cm^2、匝数为 50 的小圆形线圈 A,和一半径为 20 cm 共 100 匝的大圆形线圈 B,两线圈处于同一个平面内,并且同心。求:

(1) 两线圈的互感;

(2) 当线圈 B 中的电流的变化率为 $-50\ A\cdot s^{-1}$ 时,线圈 A 中感应电动势的大小和方向。

11-9　如图所示,有一密绕螺绕环,其匝数密度 $n=5\ 000\ m^{-1}$,截面积 $S=2\times10^{-3}\ m^2$,金属丝的两端和电源及可变电阻器 R 联成闭合回路。若在环上再统一线圈 A,匝数为 5,电阻为 2 Ω,两端与电流计 G 接成一个闭合回路。当调节可变电阻使螺绕环的电流 I 每秒降低 20 A。求:

(1) 线圈 A 中的感应电动势和感应电流;

(2) 两秒钟内通过线圈 A 的感应电量。

11-10　如图所示,在半径为 R 的圆柱形空间中存在着均匀磁场,$\boldsymbol{B}$ 的方向与圆柱的轴线平行,如有一长为 l 的金属棒放在磁场中,设 $\boldsymbol{B}$ 随时间的变化率为常量。试证棒上感应电动

势的大小为 $\mathscr{E}_{\mathrm{i}}=\frac{\mathrm{d}B}{\mathrm{d}t}\frac{l}{2}\sqrt{R^{2}-\left(\frac{l}{2}\right)^{2}}$。

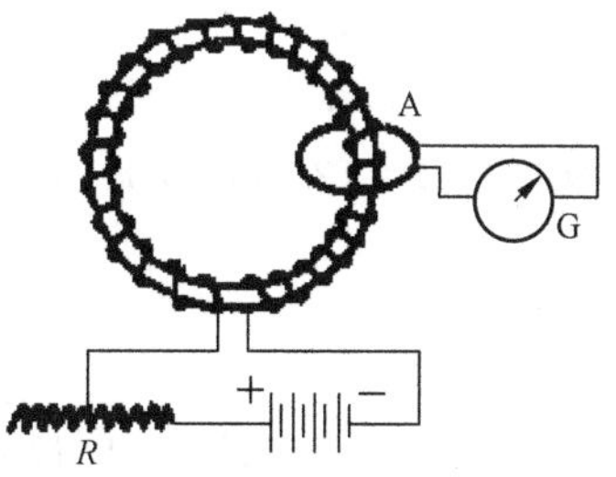

习题 11-9 图

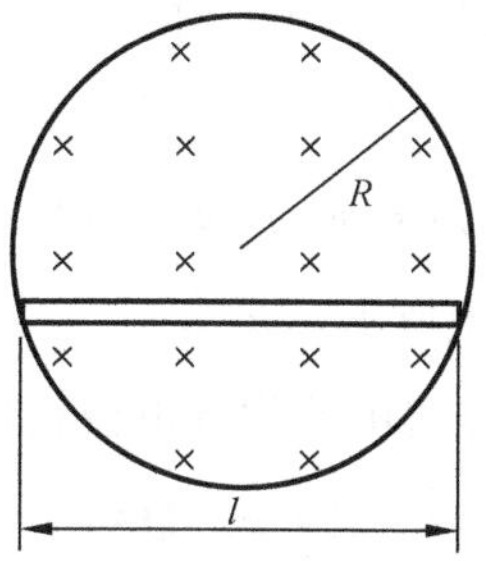

习题 11-10 图

11-11　如图所示，导线 AB 长为 l，可绕其端点 A 以角速度 ω 转动，有电流为 I 的长直载流导线与其共面。求导线转至图中位置时，动生电动势的大小和方向。

11-12　如图所示，正方形线框边长为 a，一开始时，线框的下边在图中虚线的位置，由静止自由下落，线框质量为 M，电阻为 R。求线框的上边进入磁场前其速度与时间的关系。

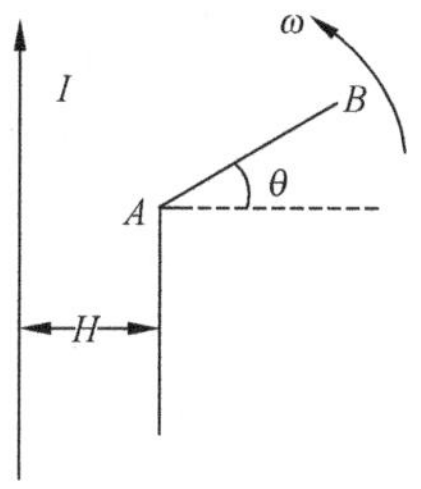

习题 11-11 图

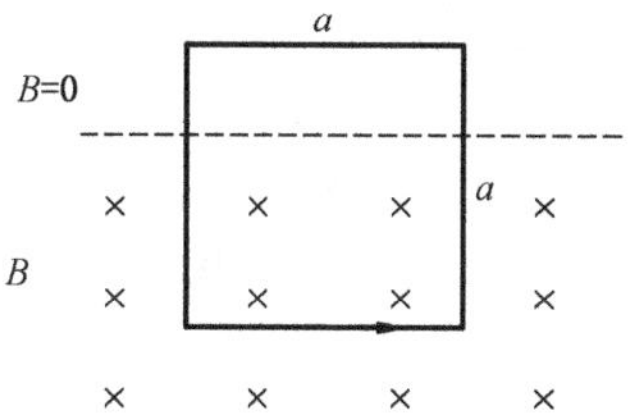

习题 11-12 图

11-13　有一螺线管，线圈匝数为 N，长度为 l，管心是两个套在一起的同轴圆柱体形各向同性均匀磁介质，其截面积分别为 S_1 和 S_2，磁导率分别为 μ_1 和 μ_2。忽略螺线管的边缘效应，求螺线管的自感。

11-14　两根长平行导线间的距离 20 cm，在导线上通以 20 A 的反向恒定电流。

(1) 若导线半径为 10 mm，求两导线构成系统，每单位长度的自感系数；

(2) 若将导线分开到距离 40 cm，求磁场对每根导线单位长度所做的功。

11-15　如图所示，有两个同轴的长直密绕螺线管，长度均为 l，半径分别为 R_1 和 R_2($R_1<R_2$)，匝数分别为 N_1 和 N_2，求两个螺线管之间的互感。

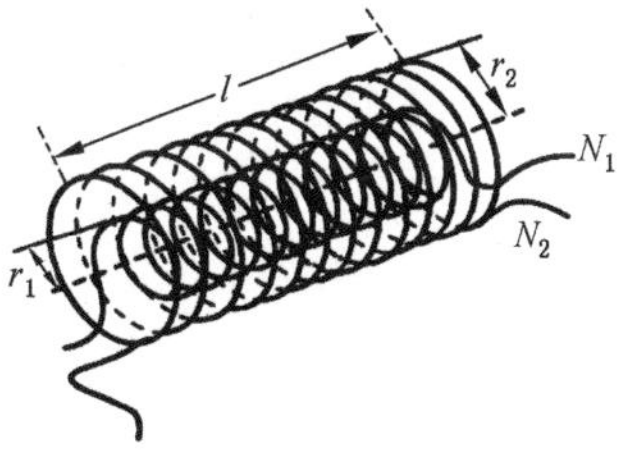

习题 11-15 图

11-16　一同轴电缆，内圆柱的半径为 r_1，外圆筒的内、

外半径分别为 r_2 和 r_3，外圆筒和内圆柱体的电流方向相反，大小相同，均为 I，截面上的电流都是均匀分布的。求：

(1) 圆柱体内、圆柱体与圆筒之间、圆筒内、圆筒外磁能密度；

(2) 单位长度同轴电缆中储存的磁能。

11-17　如图所示，设平行板电容器内各点的交变电场强度 $E=720\sin 10^5\pi t\ \mathrm{V\cdot m^{-1}}$，正方向规定如图所示。试求：

(1) 电容器中的位移电流密度；

(2) 电容器内距中心联线 $r=10^{-2}$ m 的一点 P，当 $t=0$ 和 $t=0.5\times10^{-5}$ s 时磁场强度的大小及方向(不考虑传导电流产生的磁场)。

11-18　如图所示，电荷 $+q$ 以速度 $\boldsymbol{v}$ 向 O 点运动，$+q$ 到 O 点的距离为 x，在 O 点处作半径为 a 的圆平面，圆平面与 $\boldsymbol{v}$ 垂直。求：通过此圆所围面积的位移电流。

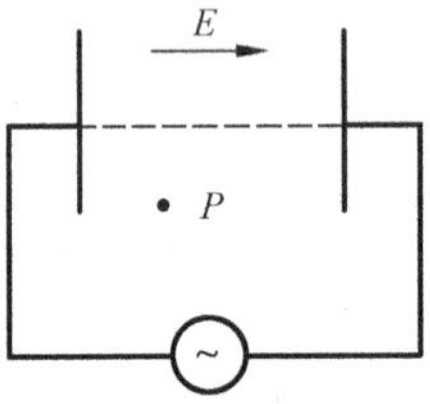

习题 11-17 图

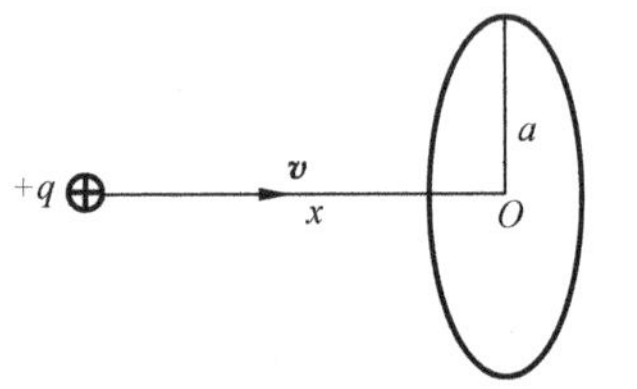

习题 11-18 图

第十二章　气体动理论

热学是研究物质的热性质和热运动规律及应用的一门学科，是物理学的一个重要组成部分。在日常生活和生产实践中，通常用温度来表示物体的冷热程度；热的物体温度高，冷的物体温度低。在熔解、凝固、凝结、汽化、蒸发等现象中都发生与温度有关的物理性质的变化，这些变化称为热现象。从微观看，热现象就是宏观物体内部大量分子或原子等微观粒子的永不停息的、无规则热运动的平均效果。

研究热运动有两种方法，一种是直接通过观察和实验去总结热运动的规律性，这种方法叫热力学方法。用热力学方法得到的理论，是热运动的宏观理论，叫热力学。另一种方法是从物质的微观结构出发，即从分子运动和分子间相互作用出发，去研究热运动的规律。这要用到统计方法，用这种方法研究大量分子的行为的理论叫统计物理学。本章主要讨论的是统计物理学中有代表性的，在历史上发展较早的一部分——气体动理论。

气体动理论是统计物理学中研究较早，且在研究方法上具有代表性的一部分。本章以气体为研究对象，从气体分子热运动的观点出发，对个别分子的运动应用力学规律，对大量气体分子的集体行为应用统计平均的方法来研究气体的宏观热学性质和规律，以及它们与分子微观量的平均值之间的关系，从而揭示这些性质和规律的本质。

本章先介绍平衡态、温度、状态方程等热学基本概念。然后介绍统计理论的基本知识，即气体分子运动理论，包括理想气体压强、温度的微观本质、能量均分定理、气体分子的速率分布规律以及气体分子的平均自由程和平均碰撞频率。

第一节　平衡态　温度　状态方程

一、平衡态　温度　状态参量

在热学中，把作为研究对象的一个物体或一组物体称为**热力学系统**，简称为**系统**。系统以外的物体统称**外界**。如研究气缸内气体的体积、压强等变化时，气缸内的气体就是一个热力学系统，而气缸壁、活塞、发动机的其他部分以及大气等都是外界。一般情况下，系统与外界之间既有能量交换(例如做功、传递热量),又有物质交换(例如蒸发、扩散、泄露)。根据系统与外界交换的特点,通常把系统分为三种:一种是不受外界影响的系统,称为孤立系统,是与外界既无能量交换,又无物质交换的理想系统;第二种是封闭系统,是与外界只有能量交换,而无物质交换的系统;第三种是开放系统,是与外界既有能量交换,又有物质交换的系统。

热力学系统按所处的状态不同,可以区分为平衡态系统和非平衡态系统。对于一个不受外界影响的系统,不论其初始状态如何,经过足够长的时间后,必将达到一个宏观性质不再随时间变化的稳定状态,这样的状态称为**平衡态**。反之,就称为非平衡态。因此,系统处于平衡态时,必须同时满足两个条件:一是系统与外界在宏观上无能量和物质的交换;二是系统的宏观性质不随时间变化。实际上,不受外界影响、永远保持不变的系统是没有的。平衡态只是一种理想状态,是在一定条件下,对实际情况的概括和抽象。当实际系统处于相对稳定的情形时,我们就可以近似认为该系统处于平衡态。

彼此之间能够发生热交换的两个热力学系统的接触叫作**热接触**。热接触后两个系统的状态都将发生变化,但经过一段时间后,两个系统的状态不再改变,达到一个共同的平衡态。此时两个系统之间不再发生热传递,称两系统达到**热平衡**。如果两个热力学系统中的每一个都与第三个热力学系统处于热平衡,则它们彼此也必定处于热平衡。这个结论通常叫作**热力学第零定律**。

用来描述系统运动状态的物理量称为**物态参量**或**状态参量**。在力学中,描述质点做机械运动的状态参量为位矢和速度,我们称其为力学量。而在讨论由做热运动的大量分子构成的气体的状态时,位矢和速度只能用来描述气体分子的微观状态,而不能描述整个气体的宏观状态。对于一定量的气体,可用压强 p、体积 V 和温度 T 来描述它的状态。将气体的压强、体积和温度这三个物理量称作**气体的状态参量**。

压强是指气体作用于容器器壁并指向器壁单位面积上的垂直作用力,是气体分子对器壁碰撞的宏观表现,以 p 表示。在国际单位制中,压强的单位是帕斯卡,符号为 Pa,$1\ \mathrm{Pa}=1\ \mathrm{N}\cdot\mathrm{m}^{-2}$。通常,人们把纬度为 45°海平面处测得 0 ℃时大气压的值($p_0=1\ \mathrm{atm}=0.101\ 3\ \mathrm{MPa}$)称为标准大气压。

体积一般用 V 表示,在国际单位制中,体积的单位为 m^3,有时也用“升”,符号为 L,即 $1\ \mathrm{L}=1\ \mathrm{dm}^3=10^{-3}\ \mathrm{m}^3$。气体的体积是指气体分子热运动所能到达的空间,通常就是容器的容积。

温度的概念比较复杂,微观上反映了物体中分子热运动的剧烈程度,宏观上表示物体的冷热程度,并规定较热的物体有较高的温度。要想定量地确定一物体的温度,必须对不同的温度给以具体的数量的标志,温度的数值表示方法称为**温标**。各种温度计的数值都是由各种温标决定的。

国际上规定热力学温标为基本温标，用符号 T 表示。热力学温度的单位为开尔文，它是国际单位制中七个基本单位之一，简称开，符号是 K。另外，摄氏温标是我们常用的温标，用符号 t 表示，其单位为摄氏度，符号是℃。热力学温度 T 和摄氏温度 t 的关系是

$$T(\mathrm{K}) = 273.15 + t(℃)$$

二、理想气体的状态方程

当一定量的气体处于平衡态时，它的三个状态参量 p、V、T 之间存在一定的函数关系，我们把热平衡态下，各个状态参量之间的关系叫作系统的**状态方程**。实验表明，在压强不太大（与大气压相比）、温度不太低（与室温比）的条件下，各种气体都遵守三大实验定律，即玻意尔（Boyle）定律、查理（Charles）定律、盖-吕萨克（Gay-Lussac）定律。在任何情况下都能严格遵从上述三个实验定律的气体称为**理想气体**。

由气体的三个实验定律得到一定质量的**理想气体状态方程**为

$$pV = \frac{M}{M_{\mathrm{mol}}}RT = \frac{V}{V_{\mathrm{mol}}}RT \tag{12-1}$$

即

$$pV = \mu RT \tag{12-2}$$

式中，R 被称为普适气体常数或摩尔气体常数，

$$R = \frac{p_0 V_{\mathrm{mol}}}{T_0} = \frac{1.013 \times 10^5 \times 22.4 \times 10^{-3}}{273.15}\ \mathrm{J \cdot mol^{-1} \cdot K^{-1}} = 8.31\ \mathrm{J \cdot mol^{-1} \cdot K^{-1}}$$

M_{mol} 为气体的摩尔质量；M 为气体质量；p 为气体压强；V_{mol} 为摩尔体积（1 mol 理想气体在标准状态下的体积为 22.4 L），V 为气体的体积；T 为热力学温度；μ 为气体的摩尔数。式(12-1)或式(12-2)是理想气体处于平衡态时各宏观状态参量之间的关系。

1 mol 的任何气体中都有 N_A 个分子，$N_A = 6.022 \times 10^{23}\ \mathrm{mol^{-1}}$，称为阿伏加德罗常数。因此，理想气体的状态方程还可以写成其他形式。

若以 N 表示体积 V 中的气体分子总数，则 $\mu = N/N_A$，理想气体的状态方程可写为

$$p = \frac{N}{V}\frac{R}{N_A}T \tag{12-3}$$

式中，$N/V = n$ 表示单位体积内的分子数，简称分子数密度。R 和 N_A 均为常数，所以其比值也为常数，可用另一符号来替代，令 $k = \frac{R}{N_A} = \frac{8.31}{6.022 \times 10^{23}}\ \mathrm{J \cdot K^{-1}} = 1.38 \times 10^{-23}\ \mathrm{J \cdot K^{-1}}$，称为玻耳兹曼常数。上式可改写为

$$p = nkT \tag{12-4}$$

由理想气体的状态方程可以看出,一定质量的气体,其状态参量只有两个是独立的,因此只需用两个状态参量(如 p、V)便可确定其平衡态。以 p、V 为参量所作的状态图称为 p-V 图。p-V 图中的每一点都有一组确定的 p、V 值。如图 12-1 所示,曲线上面每一点都代表了该理想气体的一个平衡态。

例 12-1

氧气瓶的容积为 $3.2\times10^{-2}\ \mathrm{m^3}$,其中,氧气的压强为 1.3×10^{7} Pa,为了避免经常洗瓶,氧气厂规定压强降到 10^{6} Pa 时就要重新充气。设某实验室每天用 1.013×10^{5} Pa 的氧气 $0.2\ \mathrm{m^3}$,试问在温度不变的情况下,一瓶氧气可用多少天?

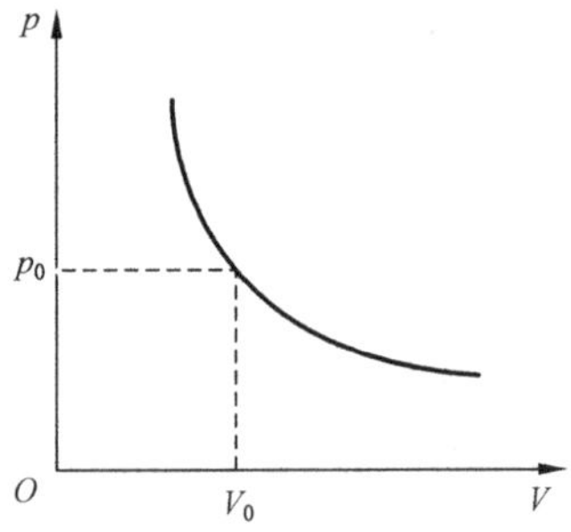

图 12-1 p-V 图

解 以氧气瓶中的氧气为研究对象,按题意在使用过程中体积 V、温度 T 保持不变,根据状态方程 $pV=\dfrac{M}{M_{\mathrm{mol}}}RT$ 可求出使用前后氧气瓶中氧气的质量。设使用前后瓶中氧气的质量分别为 M_1 和 M_2,则

使用前
$$M_1=\frac{p_1VM_{\mathrm{mol}}}{RT}$$

使用后
$$M_2=\frac{p_2VM_{\mathrm{mol}}}{RT}$$

又设每天使用的氧气的质量为 M_3,压强为 p_3,体积为 V_3,根据状态方程得

$$M_3=\frac{p_3V_3M_{\mathrm{mol}}}{RT}$$

再设一瓶氧气可以使用 n 天,则

$$n=\frac{M_1-M_2}{M_3}=\frac{(p_1-p_2)V}{p_3V_3}=\frac{(1.3\times10^{7}-10^{6})\times3.2\times10^{-2}}{1.013\times10^{5}\times0.2}=19(\text{天})$$

第二节 理想气体的压强与温度

一、理想气体分子模型和统计假设

从分子运动和分子相互作用来看,理想气体的分子模型为:

1. 分子可以看作质点

在标准状态下，气体分子间的平均距离约为分子有效直径的 50 倍。气体越稀薄，分子间距比其有效直径越大，所以，一般情况下，气体分子可视为质点。

2. 除碰撞瞬间外，分子力可以略去不计

由于气体分子间距很大，除碰撞瞬间有力作用外，分子间的相互作用力可以忽略。因此，在两次碰撞之间，分子做匀速直线运动，即自由运动。

3. 分子间的碰撞是完全弹性的

由于处于平衡态下气体的宏观性质不变，这表明系统的能量不因碰撞而损失。因此分子间及分子与器壁之间的碰撞是完全弹性碰撞。

综上所述，理想气体的分子模型是自由地、无规则地运动着的弹性质点群。

含有大量分子的理想气体中，由于频繁的碰撞，一个分子的运动状态是极为复杂和难以预测的，而大量分子的整体却呈现确定的规律性，这是统计平均的效果。平衡态时，理想气体分子的统计假设有：

1. 在无外场作用时，气体分子在各处出现的概率相同

平均而言，分子的数密度 n 处处相同，沿各个方向运动的分子数相同。

2. 分子可以有各种不同的速度，速度取向在各方向是等概率的

平衡态时，气体的性质与方向无关，分子速度按方向的分布是完全相同的，各个方向上速率的各种平均值相等。

二、理想气体的压强公式

宏观上气体的压强是指器壁单位面积上受到的正压力。从微观上看，容器内的分子处于永不停息的无规则运动中，不断地碰撞器壁，每个分子与器壁碰撞时，都给器壁一定的冲量，使器壁受到冲力的作用。虽然单个分子对器壁的碰撞是间断的、偶然的，但对大量分子而言，任何时刻都有许多分子与器壁碰撞。因而，器壁受到一个均匀的、持续的压力作用。因此大量分子对器壁的碰撞宏观上表现为气体的压强，气体的压强是大量分子碰撞器壁的集中表现。

如图 12-2 所示，假设有一个边长分别为 x、y、z 的长方形容器，其中贮有由 N 个同类气体分子构成的理想气体，每个分子的质量为 m。由于容器内分子数目巨大，所以容器壁上的每部分都受到大量分子的碰撞，从而使器壁受到均匀的、连续的冲力。因为气体处于平衡态，各处的压强均相等，因此，只要计算容器中任何一个器壁所受的压强就可以了。我们可以先求出大量分子施于器壁的力 F。分子施于器壁的力与器壁施于分子的力大小相等方向相反，根据动量定理,力的冲量等于动量的变化,所以,只要求出单位时间内分子动量的改变,就得到器壁施于分子的力,它的反作用力就是分子施于器壁的力,这个力除以器壁的面积,就得到分子施于器壁的压强。

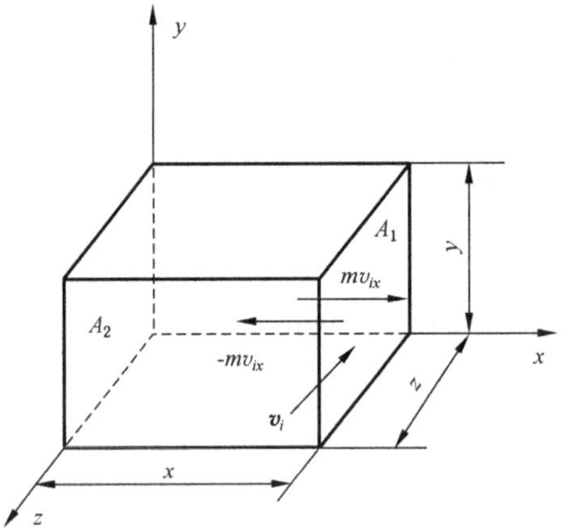

图 12-2 分子运动示意图

按照这个思路,我们分以下几步来求出气体的压强。

(1) 首先看单个分子在一次碰撞中施于 A_1 面的冲量,(A_1 面垂直于 x 轴)

设某一分子的速度为 $\boldsymbol{v}_i$,速度的三个分量分别为 v_{ix}、v_{iy}、v_{iz},由于碰撞是完全弹性的,所以碰撞前后分子在 y、z 两方向上的速度分量不变,在 x 方向上的速度分量由 v_{ix} 变为 $-v_{ix}$,大小不变方向反向。这样,分子在碰撞过程中的动量改变为 $(-mv_{ix})-mv_{ix}=-2mv_{ix}$。根据动量定理,这就等于 A_1 面施于分子的冲量,再根据牛顿第三定律得,分子施于 A_1 面的冲量为 $2mv_{ix}$。

(2) 计算在 $\mathrm{d}t$ 时间内单个分子施于 A_1 面的冲量:它应等于 $2mv_{ix}$ 乘以 $\mathrm{d}t$ 时间内分子与 A_1 面碰撞的次数,即

$$2mv_{ix}\cdot\frac{\mathrm{d}t}{2x/v_{ix}}=\frac{mv_{ix}^2}{x}\mathrm{d}t$$

(3) 容器内所有分子在 $\mathrm{d}t$ 时间内施于 A_1 面的总冲量,显然等于 $\mathrm{d}t$ 时间内所有分子施于器壁 A_1 面的冲量之和,即

$$\mathrm{d}I=\frac{m}{x}(v_{1x}^2+v_{2x}^2+v_{3x}^2+\cdots)\mathrm{d}t=\frac{m}{x}\Big(\sum_{i=1}^{N}v_{ix}^2\Big)\mathrm{d}t$$

根据动量定理,单位时间内施于器壁 A_1 的总冲量,就等于分子施于 A_1 面的平均作用力 $\overline{F}$。

$$\overline{F}=\frac{\mathrm{d}I}{\mathrm{d}t}=\frac{m}{x}\sum_{i=1}^{N}v_{ix}^2$$

在平衡态下，气体的性质与方向无关，分子向各个方向运动的几率相等，对大量分子来说，三个速度分量的平均值必然相等，即

$$\overline{v_x}=\overline{v_y}=\overline{v_z}，同时\overline{v_x^2}=\overline{v_y^2}=\overline{v_z^2}$$

又因为$|\boldsymbol{v}_i|^2=|\boldsymbol{v}_{ix}|^2+|\boldsymbol{v}_{iy}|^2+|\boldsymbol{v}_{iz}|^2$，则有$\overline{v^2}=\dfrac{\sum v_i^2}{N}=\dfrac{\sum v_{ix}^2}{N}+\dfrac{\sum v_{iy}^2}{N}+\dfrac{\sum v_{iz}^2}{N}=\overline{v_x^2}+\overline{v_y^2}+\overline{v_z^2}$，即$\overline{v_x^2}=\overline{v_y^2}=\overline{v_z^2}=\dfrac{1}{3}\overline{v^2}$。

根据定义：$\overline{v_x^2}=\dfrac{1}{N}\sum_{i=1}^{N}v_{ix}^2$，则 A_1 面所受的平均作用力 $\overline{F}$ 可写为

$$\overline{F}=\frac{m}{x}\sum_{i=1}^{N}v_{ix}^2=\frac{Nm}{x}\cdot\frac{1}{N}\sum_{i=1}^{N}v_{ix}^2=\frac{Nm}{x}\cdot\overline{v_{ix}^2}=\frac{1}{3}\frac{Nm}{x}\overline{v^2}$$

(4) 求 A_1 面的压强：由于 A_1 面的面积 $S=yz$，故压强为

$$p=\frac{\overline{F}}{yz}=\frac{1}{3}\frac{Nm}{xyz}\overline{v^2}=\frac{1}{3}\frac{N}{V}m\overline{v^2}=\frac{1}{3}nm\overline{v^2} \tag{12-5}$$

式中，n 为分子数密度，令 $\overline{\varepsilon}_k=\dfrac{1}{2}m\overline{v^2}$，称为分子平均平动动能，代入上式，压强还可写为

$$p=\frac{2}{3}n\overline{\varepsilon_k} \tag{12-6}$$

理想气体的压强公式是气体动理论的基本结论之一。

式(12-6)中，压强是描述气体的宏观量，分子平均平动动能是微观量的统计平均值，分子数密度也是统计平均值。所以，压强公式反映了宏观量与微观量的统计平均值之间的关系，是个统计规律。

从微观结构看，压强是大量分子和器壁碰撞的过程中，单位时间内施于器壁单位面积上的平均冲量。

气体作用于器壁的压强，是大量分子和器壁碰撞所产生的平均效应，描述的是大量分子的平均行为，具有统计意义，单独谈某个分子作用于器壁的压强是毫无意义的。

宏观量压强是可以直接测量的，微观量分子平均平动动能是不能直接测量的，所以压强公式无法用实验直接验证。但从这个公式出发将能很好地解释或论证已验证过的理想气体各种实验定律。

最后要指出的是，在推导压强公式的过程中，为简化起见，没有考虑分子间的相互碰撞。如考虑分子间的碰撞，压强公式仍然成立。

例 12-2

求标准状态下 1 m^3 气体所含的分子数[称为洛施密特常量(Loschmidt Number)]，并估

算分子间的平均距离。

解 由式(12-4)得标准状态下气体分子数密度为

$$n=\frac{p}{kT}=\frac{1.013\times10^{5}}{1.38\times10^{-23}\times273.15}\approx2.678\times10^{25}(\mathrm{m}^{3})$$

设分子的平均间距为 $\bar{l}$,则由

$$\bar{l}^{3}=\frac{1}{n}$$

得

$$\bar{l}=\sqrt[3]{\frac{1}{n}}\approx10^{-9}(\mathrm{m}^{3})$$

分子有效直径的数量级为 10^{-10} m。估计表明,常温常压下气体分子间的平均距离约为分子直径的 10 倍。

三、理想气体的温度公式

根据理想气体压强公式

$$p=\frac{2}{3}n\overline{\varepsilon_{\mathrm{k}}}$$

以及式(12-4)

$$p=nkT$$

可得

$$\overline{\varepsilon_{\mathrm{k}}}=\frac{3}{2}kT \tag{12-7}$$

上式称为理想气体的**温度公式**,也称**能量公式**。它和压强公式一样,也是气体动理论的基本公式之一。它给出宏观量温度与微观量分子平动动能的统计平均值之间的关系,也是统计规律,不能由实验直接验证。

从微观结构看,理想气体温度是气体分子平均平动动能的量度。理想气体处于平衡态时,气体温度越高,分子平均平动动能越大,分子热运动就越激烈。因此,温度是表征大量气体分子热运动的激烈程度的宏观物理量,这就是宏观量温度的微观本质。温度是大量分子热运动的集体表现,它具有统计意义,仅就个别分子而言,温度是没有意义的。

由式(12-7)可以看出,$T=0$ K 是不可能达到的,因为分子在永不停息地运动,所以分子的平均平动动能不可能为零。

例 12-3

从压强公式和温度公式导出道尔顿分压定律,即混合气体的压强等于各种气体的分压强

之和。

证明 设有 n 种不发生化学作用的不同气体，单位体积内所含分子数分别为 n_{v_1}，n_{v_2}，…，则混合气体单位体积内的分子数为

$$n_v = n_{v_1} + n_{v_2} + \cdots$$

根据压强公式，混合气体的压强为

$$p = \frac{2}{3} n_v \left(\frac{1}{2} m \overline{v^2}\right)$$

又根据温度公式 $\overline{\varepsilon_k} = \frac{3}{2} kT$，在相同温度下，各种气体分子的平均平动动能相等，即

$$\frac{1}{2} m_1 \overline{v_1^{\ 2}} = \frac{1}{2} m_2 \overline{v_2^{\ 2}} = \cdots = \frac{1}{2} m \overline{v^2} = \frac{3}{2} kT$$

式中，$\frac{1}{2} m_1 \overline{v_1^{\ 2}}$，$\frac{1}{2} m_2 \overline{v_2^{\ 2}}$，…分别为各种气体的平均平动动能；$\frac{1}{2} m \overline{v^2}$ 为混合气体的平均平动动能。所以，混合气体的压强为

$$p = \frac{2}{3} n_{v_1} \cdot \frac{1}{2} m_1 \overline{v_1^{\ 2}} + \frac{2}{3} n_{v_2} \cdot \frac{1}{2} m_2 \overline{v_2^{\ 2}} + \cdots$$

于是得

$$p = p_1 + p_2 + \cdots$$

第三节 能量按自由度均分定理

一、自由度

上节介绍了温度为 T 的理想气体处于平衡态时，气体分子的平均平动动能和温度的关系，那里只考虑了分子的平动。如果把分子仅仅当作弹性质点来处理，其结果与实验事实并不完全相符，还必须考虑分子本身的结构。分子是由原子组成的，单原子分子（如 He、Ne、Ar 等）的运动只有平动，而双原子分子（如 H_2、N_2、O_2 等）和多原子分子（如 CH_4、H_2O 等）不仅有平动，而且还有转动和同一分子中原子间的振动。所以，气体分子热运动的能量也应包括这些运动所具有的能量。为了阐明气体分子无规则运动的能量所遵循的统计规律，并且在此基础上求出理想气体的内能，我们需引入自由度的概念。确定一个物体的空间位置所需的独立坐标数，称为该物体的**自由度**，用 i 表示。将自由度按运动形式分为平动自由度、转动自由度、振动自由度三种，分别用 t、r、v 来表示，则它们的关系为

$$i = t + r + v \tag{12-8}$$

如果理想气体是由单原子分子组成的,分子本身大小可忽略不计。故单原子分子可当成是质点,其运动形式只有平动,确定它的空间位置需要 x、y、z 三个独立坐标即可,所以单原子分子的自由度为 3,即只有 3 个平动自由度。

如果理想气体是由双原子分子或多原子分子组成的,分子的运动不仅有平动,还可能有转动和振动。

对于双原子分子和多原子分子,如果构成分子的原子之间无相对位置变化,这样的分子称为刚性分子;反之称为非刚性分子。

刚性双原子分子,其两个原子之间的距离,在运动过程中可视为不变,相当于一根质量不计的刚性细杆与这两个原子相连。刚体的一般运动,可以看成是其质心的平动和刚体绕通过质心轴转动这两种运动的合成。假设点 c 为双原子分子的质心,并选如图 12-3 所示的坐标。双原子分子的运动可看成是质心的平动,以及通过质心 c 绕 x 轴和 z 轴的转动。由于两个质点绕其连线的 y 轴转动是没有意义的,由此可知,确定其质心的位置需要 3 个独立坐标,确定绕通过绕质心轴的转动需要 2 个独立坐标。故刚性双原子分子的自由度为 5 个,其中平动自由度为 3 个,转动自由度为 2 个。

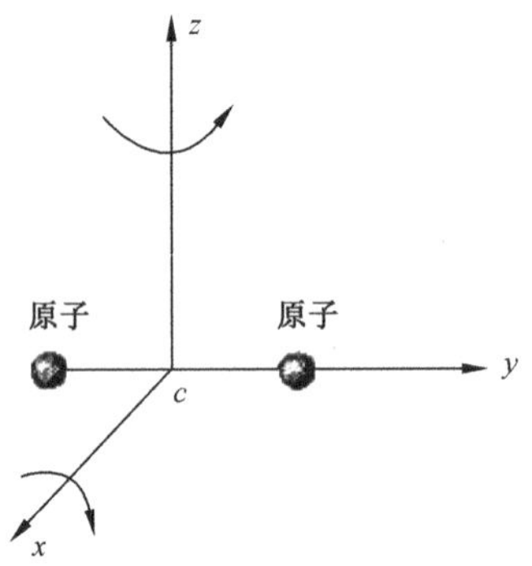

图 12-3 双原子分子坐标

非刚性双原子分子,其两个原子之间的距离,在运动过程中是变化着的,相当于一根质量不计的弹簧与这两个原子相连。非刚性双原子分子的一般运动,可以看成是其质心的平动和分子绕通过质心轴转动以及两个原子间的振动这三种运动的合成。由以上分析可知,除了 3 个平动自由度、2 个转动自由度之外,还有 1 个 y 轴方向的振动自由度。故非刚性双原子分子的自由度为 6 个,其中平动自由度为 3 个,转动自由度为 2 个,振动自由度为 1 个。

3 个以上原子组成的分子称为多原子分子,其中刚性分子的自由度与刚性三原子分子的自由度相同。刚性三原子分子,只要 3 个原子不是线性排列的,由前面可知刚性双原子分子需要 5 个独立坐标,而此 3 原子中的 2 原子和它们的连线(y 轴)确定后,第三个原子仍可绕确定下来的连线(y 轴)转动,那么绕 y 轴的转动仍需要 1 个独立坐标。因此,刚性三原子分子共有 6 个自由度,其中平动自由度 3 个,转动自由度 3 个。

非刚性多原子分子的精确分析涉及量子理论,另外在常温下用经典方法认为分子是刚性的也能给出与实验大致相符的结果,这里不再详细讨论非刚性多原子分子的自由度。

二、能量均分定理

由于非刚性分子平均能量的讨论比较复杂，这里不作介绍，只讨论刚性分子。

根据前面的知识我们知道，理想气体分子的平均平动动能为：$\overline{\varepsilon_k}=\frac{1}{2}m\overline{v^2}=\frac{3}{2}kT$，且$\overline{v^2}=\overline{v_x^2}+\overline{v_y^2}+\overline{v_z^2}$，以及$\overline{v_x^2}=\overline{v_y^2}=\overline{v_z^2}=\frac{1}{3}\overline{v^2}$，因此，可以看出对于单个分子来说，其每个独立坐标分量的平均平动动能为

$$\frac{1}{2}m\overline{v_x^2}=\frac{1}{2}m\overline{v_y^2}=\frac{1}{2}m\overline{v_z^2}=\frac{1}{3}\left(\frac{1}{2}m\overline{v^2}\right)=\frac{1}{3}\left(\frac{3}{2}kT\right)=\frac{1}{2}kT$$

即分子在每一个平动自由度上具有相同的平均动能，其大小等于$\frac{1}{2}kT$，这就是说，分子的平均平动动能$\frac{3}{2}kT$是均匀地分配于每一个平动自由度上的。

上述结论可以推广到分子的转动，从而得出一个普遍的结论——能量均分定理：在温度为T的平衡态下，气体分子的每一个自由度都具有相同的平均动能，其大小都等于$\frac{1}{2}kT$。故分子的平均总动能应为平均平动动能、平均转动动能、平均振动动能之和。

$$\bar{\varepsilon}=\frac{i}{2}kT=\frac{1}{2}(t+r+v)kT \tag{12-9}$$

例如，单原子分子，$i=t+r+v=3+0+0=3$，分子平均动能为$\frac{3}{2}kT$；

刚性双原子分子，$i=t+r+v=3+2+0=5$，分子平均动能为$\frac{5}{2}kT$；

非刚性双原子分子，$i=t+r+v=3+2+1=6$，分子平均动能为$3kT$；

刚性三原子分子，$i=t+r+v=3+3+0=6$，分子平均动能为$3kT$。

能量按自由度均分定理是经典理论的一个重要结论。它是关于分子热运动动能的统计规律，是对大量分子统计平均的结果，对于个别分子来说，在任一瞬时它的各种形式的能量和总动能完全可能与根据能均分定理所确定的平均值有很大的差别，而且每一种形式的动能也不见得按自由度均分。对于大量分子整体来说，动能之所以会按自由度均分是依靠分子的无规则碰撞实现的，在碰撞的过程中，一个分子的能量可以传递给另一个分子，一种形式的能量可以转化为另一种形式的能量，而且能量可以从一个自由度转移到另一个自由度。分配于某一种形式或某一个自由度上的能量多，则在碰撞时能量由这种形式、这一自由度转化到其他形式或其他自由度的几率就比较大，因此达到平衡状态时，能量就按自由度平均分配。

三、理想气体的内能

气体所有分子的各种形式的动能、分子内部原子间的振动势能以及所有分子间相互作用的势能的总和,叫作**气体的内能**。这里我们只讨论刚性分子理想气体的内能。

对于刚性分子理想气体来说,分子间无相互作用,所以其内能只是分子的各种形式动能的总和。

对于 1 mol 理想气体来说,其中含有 N_A 个分子,每个分子的平均动能为 $\frac{i}{2}kT$,因此,该理想气体的内能为

$$E_{mol}=N_A\left(\frac{i}{2}kT\right)=\frac{i}{2}RT \tag{12-10}$$

对于质量为 M 的理想气体来说,其摩尔数为 $\mu=\frac{M}{M_{mol}}$,则该气体的内能为

$$E=\frac{M}{M_{mol}}\ \frac{i}{2}RT=\mu\ \frac{i}{2}RT \tag{12-11}$$

由此可见,理想气体的内能不仅与温度有关,还与气体的自由度有关。若该气体已经确定,则自由度就为一常量,理想气体的内能就只是气体温度的单值函数,而与气体的体积和压强无关,这是理想气体的一个重要性质。若理想气体的温度升高为 $\mathrm{d}T$,其内能增量 $\mathrm{d}E$ 为

$$\mathrm{d}E=\mu\ \frac{i}{2}R\,\mathrm{d}T \tag{12-12}$$

例 12-4

有 1 mol 氧气,视为刚性分子,其温度为 27 ℃。求:

(1) 一个氧分子的平均平动动能、平均转动动能和平均总动能;

(2) 1 mol 氧气的内能、平动动能和转动动能;

(3) 若温度升高 1 ℃时,其内能增加多少?

解 (1)氧气分子是双原子分子,平动自由度 $t=3$,转动自由度 $r=2$,自由度 $i=t+r=5$

根据能量按自由度均分定理,一个氧分子的平均平动动能、平均转动动能和平均动能分别为

$$\overline{\varepsilon_k}=\frac{3}{2}kT=\frac{3}{2}\times 1.38\times 10^{-23}\times(273+27)=6.21\times 10^{-21}\,(\mathrm{J})$$

$$\overline{\varepsilon_r}=\frac{2}{2}kT=\frac{2}{2}\times 1.38\times 10^{-23}\times(273+27)=4.14\times 10^{-21}\,(\mathrm{J})$$

$$\bar{\varepsilon}=\frac{5}{2}kT=\frac{5}{2}\times 1.38\times 10^{-23}\times(273+27)=1.04\times 10^{-20}\,(\mathrm{J})$$

(2) 1 mol 氧气分子的平动动能、转动动能和内能分别为

$$E_k = N_A \cdot \frac{3}{2}kT = \frac{3}{2}RT = \frac{3}{2} \times 8.31 \times (273 + 27) = 3.74 \times 10^3 (\text{J})$$

$$E_r = N_A \cdot \frac{2}{2}kT = RT = 8.31 \times (273 + 27) = 2.49 \times 10^3 (\text{J})$$

$$E = E_k + E_r = N_A \cdot \frac{5}{2}kT = \frac{5}{2}RT = \frac{5}{2} \times 8.31 \times (273 + 27) = 6.23 \times 10^3 (\text{J})$$

当温度升高 1 ℃时，1 mol 氧气的内能的增量为

$$\Delta E = \frac{i}{2}R\Delta T = \frac{5}{2} \times 8.31 \times 1 = 20.8(\text{J})$$

例 12-5

容器中有 2 L 刚性双原子分子理想气体，其压强为 $p = 1.5 \times 10^5$ Pa，求该气体的平动动能、转动动能、内能。

解 刚性双原子分子的平动自由度 $t=3$，转动自由度 $r=2$，设该气体含有 N 个分子，则总平动动能为

$$E_k = \overline{\varepsilon_k} = N\ \frac{3}{2}kT$$

由理想气体状态方程 $pV = NkT$ 得总平动动能为

$$E_k = N\ \frac{3}{2}kT = \frac{3}{2}pV = 450(\text{J})$$

总转动动能

$$E_r = N\ \frac{2}{2}kT = \frac{2}{2}pV = 300(\text{J})$$

气体的内能

$$E = E_k + E_r = 750(\text{J})$$

第四节 麦克斯韦速率分布律

由大量分子组成的气体，因分子间的频繁碰撞，各个分子的速度大小和方向瞬息万变。任一时刻，某个分子具有多大的运动速率完全是偶然的，可以是零到无穷大之间的任何值。但理论和实验都证明，在平衡态下，大量气体分子的速率是按确定的统计规律分布的。1859 年，英国物理学家麦克斯韦从理论上导出了气体分子速率分布律——麦克斯韦速率分布律。这一定律现在已经被大量实验所证实，并得到了广泛的应用。

一、气体分子的速率分布函数

为了描述气体分子按速率的分布情况,研究它的定量规律,先引入速率分布函数的概念。

设分子总数为 N 的一定量气体在平衡态时,速率分布在 $v \sim v+\mathrm{d}v$ 区间内的分子数为 $\mathrm{d}N$,则 $\dfrac{\mathrm{d}N}{N}$ 表示 N 个气体分子中,速率在 $v \sim v+\mathrm{d}v$ 区间内的分子数 $\mathrm{d}N$ 占总分子数 N 的比率(百分比),这个比率也表示分子处在速率区间 $v \sim v+\mathrm{d}v$ 内的概率。显然,这个比值与速率区间的宽度 $\mathrm{d}v$ 成正比,即 $\dfrac{\mathrm{d}N}{N} \propto \mathrm{d}v$,同时与速率 v 也有关,可写成

$$\frac{\mathrm{d}N}{N}=f(v)\mathrm{d}v \tag{12-13}$$

或

$$f(v)=\frac{1}{N}\frac{\mathrm{d}N}{\mathrm{d}v} \tag{12-14}$$

式中,$f(v)$是速率分布函数,它表示气体分子在速率 v 附近,单位速率区间内的分子数占总分子数的比率,是分子速率处于 v 附近单位速率区间内的概率,也叫作概率密度。

对于全部气体分子而言,其分布在 0～∞这个速率范围内的概率为 1,所以有

$$\int_0^{\infty} f(v)\mathrm{d}v=\int_0^{N}\frac{\mathrm{d}N}{N}=1 \tag{12-15}$$

这个关系是由速率分布函数 $f(v)$本身的物理意义所决定的,它是速率分布函数 $f(v)$所必须满足的条件,叫作速率分布函数归一化条件。

二、麦克斯韦速率分布律

1859 年,麦克斯韦在理论上推导出,在平衡态时气体分子速率在 $v \sim v+\mathrm{d}v$ 区间的分子数 $\mathrm{d}N$ 占总分子数 N 的比率为

$$\frac{\mathrm{d}N}{N}=f(v)\mathrm{d}v=4\pi\left(\frac{m}{2\pi kT}\right)^{\frac{3}{2}}\mathrm{e}^{-\frac{mv^2}{2kT}}v^2\mathrm{d}v \tag{12-16}$$

上式称为麦克斯韦速率分布律,式中的 T 是气体的热力学温度;m 是气体分子的质量;k 是玻耳兹曼常数。

将上式代入式(12-14)可得速率分布函数

$$f(v)=4\pi\left(\frac{m}{2\pi kT}\right)^{\frac{3}{2}}\mathrm{e}^{-\frac{mv^2}{2kT}}v^2 \tag{12-17}$$

此式称为麦克斯韦速率分布函数,可见 $f(v)$与 T 有关。

如图 12-4 所示为麦克斯韦速率分布曲线，从图中可看出，曲线从坐标原点出发，经过一个极大值之后，随着速率的增大而又逐渐趋近于横坐标轴，这说明在气体中，分子的速率可以具有从零到无穷大之间的一切数值。但是速率很大和速率很小的分子数所占的比率都很小，而具有中等速率的分子数很多，所占的比率很大。

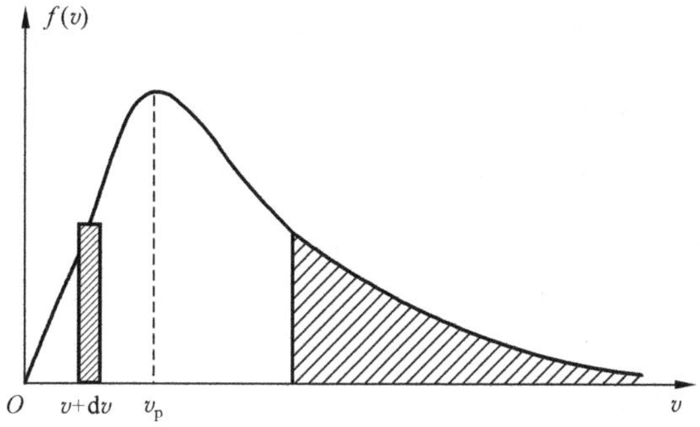

图 12-4　麦克斯韦速率分布图

三、三种统计速率

利用麦克斯韦速率分布律可以导出三种统计速率公式，它们在讨论气体分子的运动规律中有重要作用。

1. 最可几速率（最概然速率）v_p

与 $f(v)$ 极大值对应的速率叫做**最可几速率**，它的物理意义是：如果把整个速率范围分成许多相等的小区间，则分布在 v_p 所在的区间内的分子比率最大。

令 $\frac{df(v)}{dv}=0$，可求出

$$v_p=\sqrt{\frac{2kT}{m}}=\sqrt{\frac{2RT}{M_{mol}}}\approx 1.41\sqrt{\frac{RT}{M_{mol}}} \tag{12-18}$$

由图 12-5 可见，对于一定分子质量 m 的理想气体，分布曲线的形状随温度 T 而变。在同一温度下，分布曲线的形状因气体的分子质量 m 不同而异。由统计规律可知，麦克斯韦速率分布律只对大量分子组成的体系才成立，仅适用于气体的平衡态，根据归一性原理，曲线下的总面积恒等于 1。

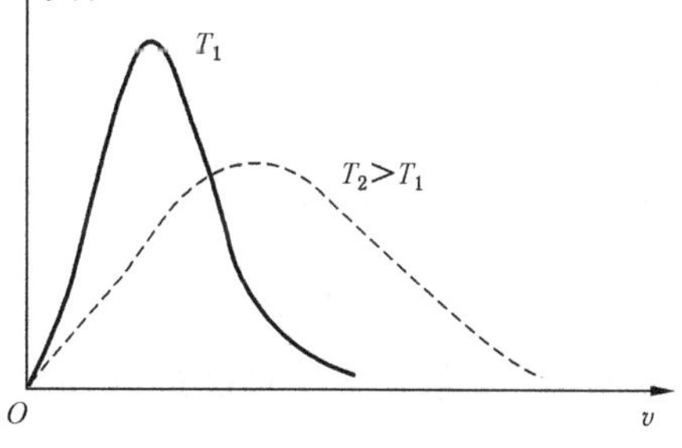

图 12-5　随温度而变的分子速率分布曲线

2. 平均速率 $\overline{v}$

大量分子的速率的算术平均值叫作分子的**平均速率**。

由 $\dfrac{dN}{N}=f(v)dv$ 可知,分布在任一速率区间内的分子数为

$$dN=Nf(v)dv$$

由于 dv 很小,可以近似地认为这 dN 个分子的速率是相同的,都等于 v。这样,这 dN 个分子的速率的总和就是 vdN,把这个结果对所有可能的速率间隔求和就得到全部分子的速率的总和,再除以分子总数 N 即求出分子的平均速率,所以有

$$\overline{v}=\frac{\int_0^{\infty}v\,dN}{N}=\int_0^{\infty}vf(v)dv=\int_0^{\infty}v4\pi\left(\frac{m}{2\pi kT}\right)^{\frac{3}{2}}e^{-\frac{mv^2}{2kT}}v^2dv$$

求解上式得到分子的平均速率 $\overline{v}$ 为

$$\overline{v}=\sqrt{\frac{8kT}{\pi m}}=\sqrt{\frac{8RT}{\pi M_{mol}}}\approx 1.60\sqrt{\frac{RT}{M_{mol}}} \tag{12-19}$$

可见,气体分子的平均速率 $\overline{v}$ 亦与 T 有关,它主要用于讨论分子之间的碰撞。

3. 方均根速率$\sqrt{\overline{v^2}}$

大量气体分子速率平方平均值的平方根称为**方均根速率**,用$\sqrt{\overline{v^2}}$ 表示。根据之前平均速率的讨论方法,分子速率平方的平均值也可这样求

$$\overline{v^2}=\frac{\int_0^{\infty}v^2dN}{N}=\int_0^{\infty}v^2f(v)dv=\int_0^{\infty}v^24\pi\left(\frac{m}{2\pi kT}\right)^{\frac{3}{2}}e^{-\frac{mv^2}{2kT}}v^2dv$$

求解上式得到分子的方均根速率为

$$\sqrt{\overline{v^2}}=\sqrt{\frac{3kT}{m}}=\sqrt{\frac{3RT}{M_{mol}}}\approx 1.73\sqrt{\frac{RT}{M_{mol}}} \tag{12-20}$$

也可根据气体分子温度公式$\overline{\varepsilon_k}=\dfrac{3}{2}kT$,以及平均平动动能公式$\overline{\varepsilon_k}=\dfrac{1}{2}m\,\overline{v^2}$,联立推导出方均根速率。

由此可见,方均根速率$\sqrt{\overline{v^2}}$ 也与 T 有关,它与分子的平均动能相联系。

可以看出,一种气体分子的三种速率中,$\sqrt{\overline{v^2}}>\overline{v}>v_p$,它们都是气体温度 T 的函数。这三种速率都具有统计平均的意义,从不同的方面反映了大量分子热运动的统计规律。

例 12-6

计算 27 ℃时,氧分子的最概然速率、平均速率和方均根速率。

解　氧气的摩尔质量为 $M_{mol}=3.2\times10^{-2}\ \mathrm{kg\cdot mol^{-1}}$，已知温度为 $T=300\ \mathrm{K}$，根据三种速率公式，可分别求得

$$v_p=\sqrt{\frac{2RT}{M_{mol}}}=\sqrt{\frac{2\times8.31\times300}{3.2\times10^{-2}}}\approx395(\mathrm{m\cdot s^{-1}})$$

$$\bar{v}=\sqrt{\frac{8RT}{\pi M_{mol}}}=\sqrt{\frac{8\times8.31\times300}{3.2\times10^{-2}\times3.14}}\approx446(\mathrm{m\cdot s^{-1}})$$

$$\sqrt{\overline{v^2}}=\sqrt{\frac{3RT}{M_{mol}}}=\sqrt{\frac{3\times8.31\times300}{3.2\times10^{-2}}}\approx483(\mathrm{m\cdot s^{-1}})$$

可见，在 27 ℃时，氧分子平均以 $446\ \mathrm{m\cdot s^{-1}}$ 的速率做无规则运动，这一速率与子弹飞行的速率相当。

例 12-7

试计算处于平衡态的气体分子在 $v_p\sim1.01v_p$ 内分子数占总分子数的百分比。

解　根据麦克斯韦速率分布函数

$$f(v)=\frac{\mathrm{d}N}{N\mathrm{d}v}=4\pi\left(\frac{m}{2\pi kT}\right)^{\frac{3}{2}}\mathrm{e}^{-\frac{mv^2}{2kT}}v^2$$

可改写为

$$f(v)\Delta v=\frac{\Delta N}{N}=4\pi\left(\frac{m}{2\pi kT}\right)^{\frac{3}{2}}\mathrm{e}^{-\frac{mv^2}{2kT}}v^2\Delta v$$

由于 $v_p=\sqrt{\frac{2kT}{m}}$，代入上式得

$$\frac{\Delta N}{N}=\frac{4}{\sqrt{\pi}}\mathrm{e}^{-\frac{v^2}{v_p^2}}\cdot\frac{v^2}{v_p^2}\cdot\frac{\Delta v}{v_p}$$

根据题意，$v=v_p$，$\Delta v=0.01v_p$，代入上式得

$$\frac{\Delta N}{N}=\frac{4}{\sqrt{\pi}}\mathrm{e}^{-1}\times0.01\times100\%\approx0.83\%$$

例 12-8

金属导体中自由电子的运动可看作类似于气体分子的运动（称为电子气），设导体中共有 N 个自由电子，其中电子的最大速率为 v_m，电子速率分布函数为

$$f(v)=\frac{\mathrm{d}N}{N\mathrm{d}v}=\begin{cases}Av^2,v_m\geqslant v>0\\0,\ v>v_m\end{cases}$$

(1) 求常数 A；

(2) 求该电子气平均速率 $\overline{v}$；

(3) 求该电子气的方均根速率$\sqrt{\overline{v^2}}$。

解 (1) 由于速率分布函数满足归一化条件，即

$$\int_0^{\infty} f(v)\mathrm{d}v = \int_0^{v_\mathrm{m}} Av^2 \mathrm{d}v = 1$$

可解得

$$A = \frac{3}{v_\mathrm{m}^3}$$

(2) 根据平均速率的定义，可得

$$\overline{v} = \int_0^{\infty} vf(v)\mathrm{d}v = \int_0^{v_\mathrm{m}} vf(v)\mathrm{d}v = \int_0^{v_\mathrm{m}} v(Av^2)\mathrm{d}v = \frac{A}{4}v_\mathrm{m}^4 = \frac{3}{4}v_\mathrm{m}$$

(3) 根据 $\overline{v^2} = \int_0^{\infty} v^2 f(v)\mathrm{d}v$ 得到粒子的方均根速率为

$$\sqrt{\overline{v^2}} = \sqrt{\int_0^{\infty} v^2 f(v)\mathrm{d}v} = \sqrt{\int_0^{v_\mathrm{m}} v^2 (Av^2)\mathrm{d}v} = \sqrt{\frac{A}{5}v_\mathrm{m}^5} = \frac{\sqrt{15}}{5}v_\mathrm{m}$$

第五节　气体分子的碰撞和平均自由程

室温下，空气分子平均速率约为 $4\times10^2\ \mathrm{m\cdot s^{-1}}$，声速约为 $3\times10^2\ \mathrm{m\cdot s^{-1}}$，两者是同数量级的，前者还稍快些。早在 1858 年，克劳修斯就提出一个有趣的问题：若摔破一瓶香水，声音和气味是否该差不多同时传到某一点？事实上，声音要先到，气味的传播要慢得多。克劳修斯认为，这是因为香水分子在运动过程中不断与其他分子碰撞，每碰撞一次，速度的大小和方向就会发生改变，其所走的路径如图 12-6 所示，是一条十分复杂的折线。

每个分子在任意两次连续碰撞之间所通过的自由路程叫作**自由程**，大量自由程的平均值叫作**平均自由程**，用 $\overline{\lambda}$ 表示。每个分子在单位时间内与其他分子相碰的平均次数，称为**平均碰撞频率**，用 $\overline{Z}$ 表示。分子的自由程长短不等，因而分子的碰撞频率也大小不等，并且是随机变化的。但是大量分子的无规则运动使得分子的自由程和碰撞频率服从一定的统计规律，可以采用求统计平均值的办法分别计算平均自由程和平均碰撞频率。

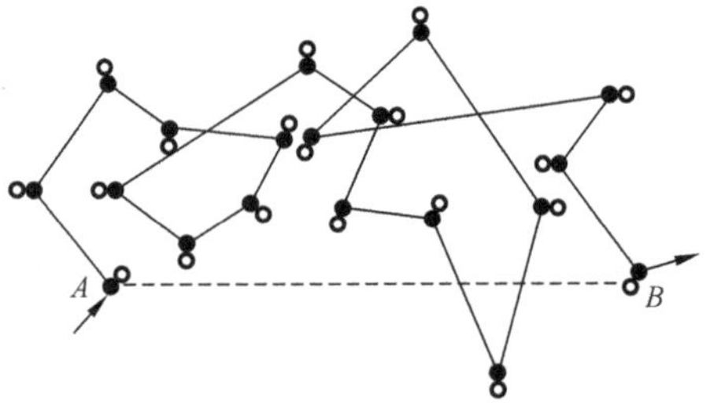

图 12-6　分子碰撞示意图

在研究分子碰撞时，可认为气体分子是一个有效直径为 d 的刚性球。设想一个分子 A 以平均速率 $\overline{v}$ 运动，其余分子都静止，跟踪 A 分子，计算它在一段时间 Δt 内与多少个分子碰撞，即可得平均碰撞频率。为计算与 A 分子碰撞的分子数，以 A 分子中心的运动轨迹为轴线，以分子有效直径 d 为半径做曲折圆柱体，如图 12-7 所示，显然，凡是分子中心在圆柱体内的分子都将与 A 分子相碰撞，圆柱体内分子数就是 A 分子与其他分子碰撞的次数。

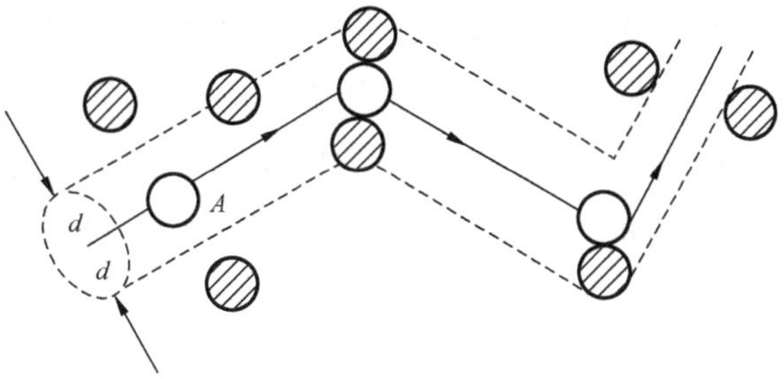

图 12-7　分子碰撞区域示意图

假设单位体积分子数为 n，曲折圆柱体的截面积 $\sigma=\pi d^2$（也称为碰撞截面），曲折圆柱体的高为 $\overline{v}\Delta t$，圆柱体内的分子数为 $n\pi d^2\overline{v}\Delta t$，即 Δt 时间内 A 分子的碰撞次数为 $n\pi d^2\overline{v}\Delta t$。则平均碰撞频率 $\overline{Z}$ 为

$$\overline{Z}=\frac{\pi d^2\overline{v}n\Delta t}{\Delta t}=\pi d^2\overline{v}n \tag{12-21}$$

上式是假定仅有 A 分子运动，其他分子均静止得出的结论，而实际上所有分子都在永不停息地运动着，因此要对上式进行修正，麦克斯韦从理论上计算出修正系数为$\sqrt{2}$，则平均碰撞频率为

$$\overline{Z}=\sqrt{2}\pi d^2\overline{v}n \tag{12-22}$$

由此可见，平均碰撞频率与分子数密度成正比，与分子有效直径的平方成正比，还与分子的平均速率成正比。

在标准状态下，平均碰撞频率的数量级为 $10^9\ \mathrm{s}^{-1}$，平均来说，一个分子在 1 s 内就要与其他分子碰撞几十亿次，这样频繁的碰撞是日常生活中难以想象的，可见分子热运动中存在着极大无规则性，大量分子的频繁碰撞使整体表现出统计规律性。

由平均自由程的定义：每个分子在任意两次连续碰撞之间所通过的自由路程的平均值，可得到平均自由程、平均碰撞频率以及平均速率之间存在如下关系：

$$\overline{\lambda}=\frac{\overline{v}}{\overline{Z}} \tag{12-23}$$

结合式(12-22)和式(12-23)得到分子平均自由程

$$\bar{\lambda}=\frac{1}{\sqrt{2}\pi d^{2}n} \tag{12-24}$$

可见气体分子的平均自由程与分子数密度成反比,与分子有效直径的平方成反比。

将 $p=nkT$ 代入上式可得

$$\bar{\lambda}=\frac{kT}{\sqrt{2}\pi d^{2}p} \tag{12-25}$$

这说明,当温度一定时,$\bar{\lambda}$ 与 p 成反比。工业生产中为了使保温瓶(杜瓦瓶)保温,通常将瓶胆做成极薄的夹壁层,将夹壁层抽成真空,使壁内压强很小,即 1 Pa 左右。这时壁层内分子的理论平均自由程约 0.5 cm,大于夹壁层间距,平均碰撞频率是标准状态下的十万分之一,大大减少了分子与两边夹壁碰撞的机会(瓶胆内分子与夹壁层两壁碰撞,在内胆吸热,外胆放热),极大地降低了保温瓶中热量的损失,实现保温的目的。

应该指出,在推导分子的平均碰撞频率的过程中,把气体分子当作直径为 d 的刚性小球,并把分子间的碰撞看成完全弹性碰撞,这都不能准确地反映实际情况。因为分子是一个由电子和原于核组成的复杂系统,并不是一个球体,而且分子的相互作用也很复杂,分子的碰撞过程也并非完全弹性碰撞,碰撞实质上是在分子力作用下的散射过程。两个分子质心靠近的最小距离的平均值就是 d,因而把 d 称为分子的有效直径。

在标准状态下,各种气体分子的平均碰撞频率 $\bar{Z}$ 的数量级为 $10^{9}\ \mathrm{s}^{-1}$,平均自由程 $\bar{\lambda}$ 的数量级为 $10^{-8}\sim10^{-7}$ m,也就是说,平均而言一个分子在 1 s 内要与其他分子发生约几十亿次碰撞。由于频繁的碰撞,使得分子平均自由程非常短,表 12-1 列出了几种气体分子在标准状态下的平均自由程。

表 12-1　标准状态下几种气体分子的 $\bar{\lambda}$

气体	氢	氮	氧	空气
$\bar{\lambda}$/m	1.123×10^{-7}	0.599×10^{-7}	0.647×10^{-7}	7×10^{-8}

例 12-9

计算空气分子在标准状态下的平均自由程和碰撞频率,取分子的有效直径为 $d=3.5\times10^{-10}$ m,空气的摩尔质量为 $M_{\mathrm{mol}}=29\times10^{-3}\ \mathrm{kg\cdot mol^{-1}}$。

解　已知 $T=273$ K, $p=1.01\times10^{5}$ Pa, $d=3.5\times10^{-10}$ m, $k=1.38\times10^{-23}\ \mathrm{J\cdot K^{-1}}$ 代入式(12-25)得

$$\bar{\lambda}=\frac{kT}{\sqrt{2}\pi d^{2}p}=\frac{1.38\times10^{-23}\times273}{\sqrt{2}\times3.14\times(3.5\times10^{-10})^{2}\times1.01\times10^{5}}=6.9\times10^{-8}\,(\mathrm{m})$$

另由 $\bar{v}=\sqrt{\dfrac{8kT}{\pi m}}$ 可得 $\bar{v}=448\ \mathrm{m\cdot s^{-1}}$,则平均碰撞频率为

$$\overline{Z}=\frac{\overline{v}}{\overline{\lambda}}=\frac{448}{6.9\times10^{-8}}=6.5\times10^{9}(\mathrm{s}^{-1})$$

可见，平均地讲，每个分子每秒与其他分子碰撞65亿次。

例 12-10

标准状态下 N_2 分子的有效直径为 3.8×10^{-10} m，求它在标准状态下的平均自由程和平均碰撞频率。

解　平均自由程

$$\overline{\lambda}=\frac{kT}{\sqrt{2}\pi d^2 p}=\frac{1.38\times10^{-23}\times273}{\sqrt{2}\pi\times(3.8\times10^{-10})^2\times1.013\times10^5}=5.8\times10^{-8}(\mathrm{m})$$

N_2 的分子量为28，标准状态下的平均速率为

$$\overline{v}=\sqrt{\frac{8RT}{\pi M_{\mathrm{mol}}}}=\sqrt{\frac{8\times8.31\times273}{3.14\times28\times10^{-3}}}=454(\mathrm{m\cdot s^{-1}})$$

平均碰撞频率为

$$\overline{Z}=\frac{\overline{v}}{\overline{\lambda}}=\frac{454}{5.8\times10^{-8}}=7.8\times10^{9}(\mathrm{m\cdot s^{-1}})$$

本章提要

1. 理想气体状态方程：$pV=\frac{M}{M_{\mathrm{mol}}}RT=\mu RT$

2. 理想气体压强公式：$p=nkT=\frac{2}{3}n\overline{\varepsilon}_{\mathrm{k}}=\frac{1}{3}nm\overline{v^2}$

3. 分子自由度：单原子分子，$i=t+r+v=3+0+0=3$，分子平均动能为$\frac{3}{2}kT$；

   刚性双原子分子，$i=t+r+v=3+2+0=5$，分子平均动能为$\frac{5}{2}kT$；

   非刚性双原子分子，$i=t+r+v=3+2+1=6$，分子平均动能为 $3kT$；

   刚性三原子分子，$i=t+r+v=3+3+0=6$，分子平均动能为 $3kT$；

4. 理想气体的内能公式：$E=\frac{M}{M_{\mathrm{mol}}}\frac{i}{2}RT=\mu\frac{i}{2}RT$

5. 理想气体分子速率分布函数：$f(v)=\frac{1}{N}\frac{\mathrm{d}N}{\mathrm{d}v}$

6. 归一化条件：$\int_0^{\infty}f(v)\mathrm{d}v=\int_0^{N}\frac{\mathrm{d}N}{N}=1$

7. 三种速率：最可几速率，$v_p=\sqrt{\frac{2kT}{m}}=\sqrt{\frac{2RT}{M_{mol}}}\approx 1.41\sqrt{\frac{RT}{M_{mol}}}$

平均速率，$\bar{v}=\sqrt{\frac{8kT}{\pi m}}=\sqrt{\frac{8RT}{\pi M_{mol}}}\approx 1.60\sqrt{\frac{RT}{M_{mol}}}$

方均根速率，$\sqrt{\overline{v^2}}=\sqrt{\frac{3kT}{m}}=\sqrt{\frac{3RT}{M_{mol}}}\approx 1.73\sqrt{\frac{RT}{M_{mol}}}$

8. 平均自由程：$\bar{\lambda}=\frac{\bar{v}}{\bar{Z}}=\frac{1}{\sqrt{2}\pi d^2 n}=\frac{kT}{\sqrt{2}\pi d^2 p}$

思 考 题

12-1 气体的平衡状态有何特征？当气体处于平衡状态时还有分子热运动吗？与力学中所指的平衡有何不同？实际上能不能达到平衡态？

12-2 一金属杆一端置于沸水中，另一端和冰接触，当沸水和冰的温度维持不变时，金属杆上各点的温度将不随时间而变化。试问金属杆这时是否处于平衡态？为什么？

12-3 水银气压计中上面空着的部分为什么要保持真空？如果混进了空气，将产生什么影响？能通过刻度修正这一影响吗？

12-4 有人认为："对于一定质量的某种气体，如果同时符合三个气体实验定律(玻意尔定理、查理定律、盖-吕萨克定律)中的任意两个，那么它就必然符合第三个定律。"这种说法对吗？为什么？

12-5 一年四季大气压强一般差别不大，为什么在冬天空气的密度比较大？

12-6 (1) 在一个封闭容器中装有某种理想气体，如果保持它的压强和体积不变，问温度能否改变？

(2) 又有两个同样大小的封闭容器，装着同一种气体，压强相同，问它们的温度是否一定相同？

12-7 如果气体由几种类型的分子组成，试写出混合气体的压强公式。

12-8 对于一定量的气体来说，当温度不变时，气体的压强随体积的减小而增大(玻意尔定律)；当体积不变时，压强随温度的升高而增大(查理定律)。从宏观来看，这两种变化同样使压强增大，从微观(分子运动)来看，它们有什么区别？

12-9 两瓶不同类的气体，设分子平均平动动能相同，但气体的密度不相同，问它们的温度是否相同？压强是否相同？

12-10 怎样理解一个分子的平均平动动能 $\overline{\varepsilon_k}=\frac{3}{2}kT$？如果容器内仅有一个分子，能否根据此式计算它的动能？

12-11 在同一温度下，不同气体分子的平均平动动能相等，就氢分子和氧分子比较，氧分子的质量比氢分子大，是否每个氢分子的速率一定比氧分子的速率大？

12-12 一定质量的气体，保持体积不变，当温度增加时分子运动得更剧烈，因而平均碰撞次数增多，平均自由程是否也因此而减小？

12-13 如果盛有气体的容器相对于某坐标系匀速运动，容器内的分子速度相对于这个坐标系也增大了，温度也因此而升高吗？

习　题

12-1 选择题

(1) 已知氢气和氧气的温度相同，请判断下列说法正确的是(　)。

(A) 氧分子的质量比氢分子的大，所以氧气的压强一定大于氢气的压强

(B) 氧分子的质量比氢分子的大，所以氧气的密度一定大于氢气的压强

(C) 氧分子的质量比氢分子的大，所以氢分子的速率一定大于氧分子的速率

(D) 氧分子的质量比氢分子的大，所以氢分子的方均根速率一定大于氧分子的方均根速率

(2) 有容积不同的 A、B 两个容器，A 中装有单原子分子理想气体，B 中装有双原子分子理想气体，若两种气体的压强相同，那么这两种气体的单位体积的内能 $(E/V)_A$ 和 $(E/V)_B$ 的关系(　)。

(A) $(E/V)_A<(E/V)_B$　(B) $(E/V)_A>(E/V)_B$

(C) $(E/V)_A=(E/V)_B$　(D) 不能确定

(3) 两个容器内分别盛有氢气和氦气，若它们的温度和质量分别相等，则(　)。

(A) 两种气体分子的平均平动动能相等

(B) 两种气体分子的平均动能相等

(C) 两种气体分子的平均速率相等

(D) 两种气体的内能相等

(4) 已知一定量的某种理想气体，在温度为 T_1 与 T_2 时的分子最概然速率分别为 v_{p_1} 和 v_{p_2}，分子速率分布函数的最大值分别为 $f(v_{p_1})$和 $f(v_{p_2})$，若 $T_1>T_2$，则(　)。

(A) $v_{p_1} > v_{p_2}, f(v_{p_1}) > f(v_{p_2})$ (B) $v_{p_1} > v_{p_2}, f(v_{p_1}) < f(v_{p_2})$

(C) $v_{p_1} < v_{p_2}, f(v_{p_1}) > f(v_{p_2})$ (D) $v_{p_1} < v_{p_2}, f(v_{p_1}) < f(v_{p_2})$

(5) 一定量的理想气体,在温度不变的条件下,当压强降低时,分子的平均碰撞次数 $\overline{Z}$ 和平均自由程 $\overline{\lambda}$ 的变化情况是( )。

(A) $\overline{Z}$ 和 $\overline{\lambda}$ 都增大 (B) $\overline{Z}$ 和 $\overline{\lambda}$ 都减小

(C) $\overline{Z}$ 增大而 $\overline{\lambda}$ 减小 (D) $\overline{Z}$ 减小而 $\overline{\lambda}$ 增大

12-2 设有 N 个粒子的系统,其速率分布如图所示。求:

(1) 分布函数 $f(v)$ 的表达式;

(2) a 与 v_0 之间的关系;

(3) 速度在 $1.5v_0$ 到 $2.0v_0$ 之间的粒子数;

(4) 粒子的平均速率;

(5) $0.5v_0$ 到 v_0 区间内粒子平均速率。

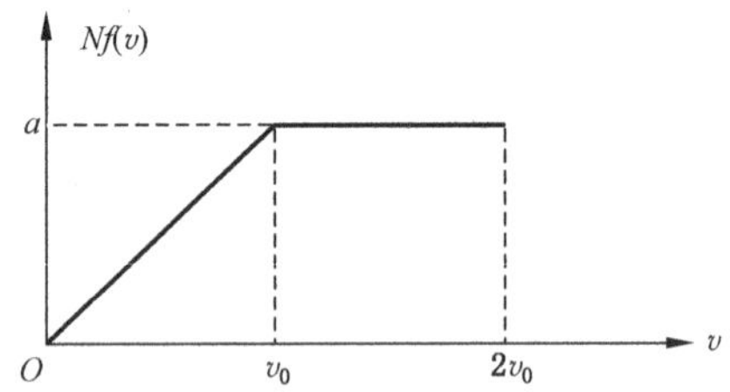

习题 12-2 图

12-3 容器中储有氧气,其压强为 $p=1$ atm,温度为 27 ℃,求:

(1) 单位体积中的分子 n; (4) 平均速率 $\overline{v}$;

(2) 氧分子的质量 m; (5) 方均根速率 $\sqrt{\overline{v^2}}$;

(3) 气体密度 ρ; (6) 分子的平均动能 $\overline{\varepsilon}$。

12-4 一真空管的真空度约为 1.38×10^{-3} Pa,试求在 27 ℃时单位体积中的分子数及分子的平均自由程(设分子的有效直径 $d=3\times10^{-10}$ m)。

12-5 (1) 求氮气在标准状态下的平均碰撞频率;

(2) 若温度不变,气压降到 1.33×10^{-4} Pa,平均碰撞频率又为多少(设分子有效直径 10^{-10} m)。

12-6 一抽气机转速 $\omega=400\ \text{r}\cdot\text{min}^{-1}$,抽气机每分钟能抽出气体 20 L。设容器的容积 $V_0=2.0$ L,问经过多长时间后才能使容器内的压强由 0.101 MPa 降为 133 Pa。设抽气过程中温度始终不变。

12-7 定体气体温度计测温泡浸在水的三相点槽内时,其中气体的压强为 6.7×10^3 Pa。求:

(1)用温度计测量 300 K 的温度时,气体的压强是多少?

(2)当气体的压强为 9.1×10^3 Pa 时,待测温度是多少?

12-8 分子质量为 m 的气体在温度 T 下处于平衡。若以 v_x、v_y、v_z 及 v 分别表示分子速度的 x、y、z 三个分量及其速率,试求下述各量的平均值:

(1) v_x；　(2) $v_x{}^2$；　(3) $v_x v^2$；　(4) $v_x{}^2 v_y$；　(5) $(v_x+bv_y)^2$。

12-9　一粒小到肉眼恰好可见、质量约为 10^{-11} kg 的灰尘微粒落入一杯冰水中，由于表面张力而浮在液体表面做二维自由运动，试问它的方均根速率是多大？

12-10　从反应堆（温度 $T=4\ 000$ K）中逸出一个氢分子（有效直径为 2.2×10^{-10} m）以方均根速率进入一个盛有冷氩气（氩原子的有效直径为 3.6×10^{-10} m，氩气温度为 300 K）的容器，氩原子的数密度为 $4.0\times10^{25}\ \mathrm{m^{-3}}$。试问：

(1)若把氢分子与氩原子均看作刚性球，它们相碰时质心间最短距离是多少？

(2)氢分子在单位时间内受到的碰撞次数是多少？

第十三章　热力学基础

热力学是以实验为依据，从能量的观点分析和研究物质状态变化过程中有关热、功和内能变化的关系与条件，研究热现象的宏观理论。热力学不考虑物质的微观结构和微观变化过程。由热力学得到的物质的宏观性质，可用分子动理论的观点揭示和阐明其微观本质；同时气体分子动理论的结论，也可在热力学中得到验证。

在本章中，我们将讨论热力学系统在状态变化过程中有关功、热量和能量转换的规律——热力学第一定律及其应用，然后讨论循环过程、卡诺循环及循环效率等概念，最后介绍关于自然界宏观过程进行方向的基本规律——热力学第二定律。热力学第一定律和第二定律不仅成为热力学理论的基础，而且在热机、制冷、化工、冶金、气象等各行各业都得到了广泛应用。

第一节　热力学第一定律　内能

一、准静态过程

当热力学系统的状态随时间发生变化时，我们称系统经历了一个热力学过程。该过程将使系统从一个平衡态被破坏开始到新的平衡态所需要的时间，叫作**弛豫时间**。如果过程进行的每一时刻系统均处于无限接近平衡态，称系统经历了一个**准静态过程**。显然这是一种理想的热力学过程，是一种极限过程，通常可以认为准静态过程是“无限缓慢”进行的过程。实际发生的过程往往进行得较快，在新的平衡态达到之前，系统又发生了下一步的变化，系统经历的是一系列的非平衡态，称这样的过程为**非静态过程**。显然，非静态过程是由一系列不平衡的中间状态组成的。实际发生的热力学过程，都是非静态过程。

处于非平衡态的系统内部各处性质是不均匀的，无法用统一确定的状态参量进行描述，因而非静态过程不便于进行研究。准静态过程中的每一时刻，系统都无限接近平衡态，对于研究其中的热力学现象就具有重要的意义。为了便于理解准静态过程的概念，下面举一个例子。

图 13-1 是一个尺度为 $L=1\ \mathrm{m}$ 带活塞忽略摩擦的容器，内有常温下的氢气，假设氢气分子的平均速率为 $\bar{v}\approx 10^{3}\ \mathrm{m\cdot s^{-1}}$，其弛豫时间近似为 $L/\bar{v}\approx 10^{-3}\ \mathrm{s}$，如果压缩气体的缓慢程度远小于 $1\ \mathrm{m\cdot s^{-1}}$，则压缩过程可近似看成准静态过程，反之即非静态过程。可见，所谓准静态过程就是过程无限缓慢进行的理想极限。

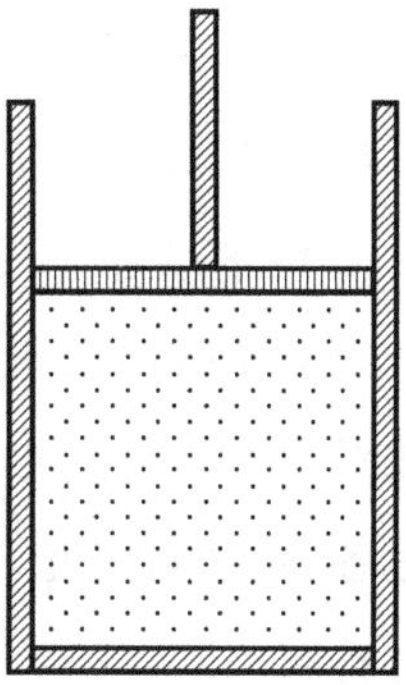

图 13-1　气缸中的氢气

在准静态过程中，系统经历的每一个平衡态都有确定的状态参量，即有确定的压强和体积。由于系统的每一个平衡态对应 p-V 图上的一个点，因此准静态过程对应 p-V 图上的一条曲线，称为过程曲线，如图 13-2 所示。但对于非静态过程，由于无法用确定的压强和体积描述过程中的每一状态，因此所经历的状态在 p-V 图中无对应的点，因此无对应的过程曲线(一般用虚线表示非静态过程)。

二、功、热量、内能

1. 准静态过程中的功

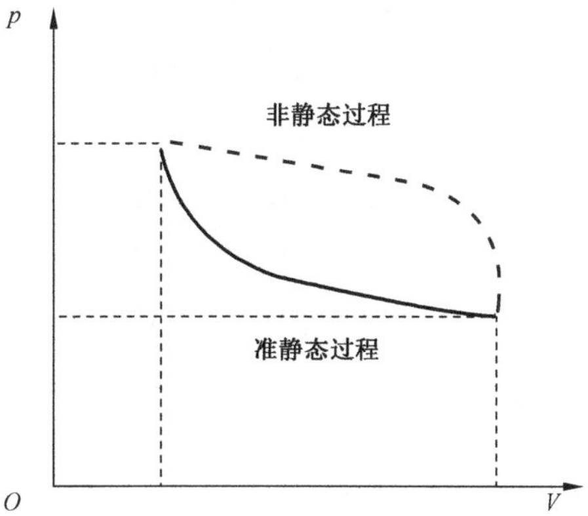

图 13-2　准静态和非静态过程曲线

在非静态过程中，由于状态参量 p、V、T 不确定，外界对系统做功是无法定量表述的，一般采用实验测定。而在准静态过程中，外界对系统做功或系统对外界做功都可以用平衡态的状态参量表示，通过系统体积变化而做的功简称体积功。

现以气缸内气体体积变化时的做功为例。如图 13-3 所示，设气体盛在一个圆柱形的筒内，筒内装有活塞，可无摩擦地移动。当气缸内的气体准静态膨胀时，气体任何时刻都处于平衡态，即气体对活塞的作用力始终与外界的作用力相等，设气体的压强为 p，活塞的面积为 S，当活塞向右移 $\mathrm{d}L$ 距离时，系统对外界所做的功为

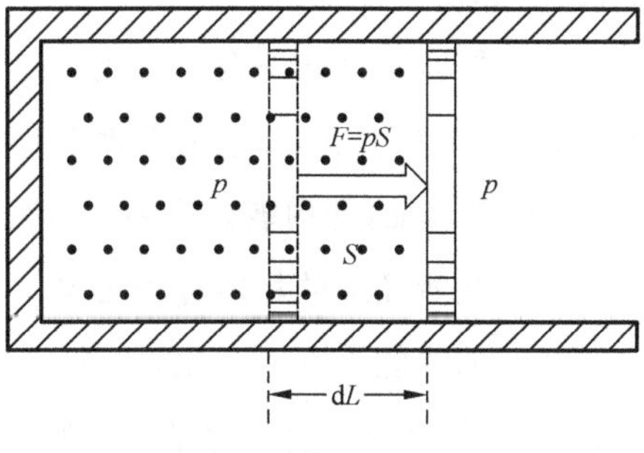

图 13-3　做功示意图

$$\mathrm{d}A=F\mathrm{d}L=(pS)\mathrm{d}L=p\mathrm{d}V \quad (13\text{-}1)$$

当系统体积膨胀时，系统对外界做正功，$\mathrm{d}A>0$；当系统体积减小时，系统对外界做负功，$\mathrm{d}A<0$。在一个有限的准静态过程中，系统的体积由 V_1 变为 V_2 时，系统对外界所做的功为

$$A=\int_{V_1}^{V_2} p\,\mathrm{d}V \tag{13-2}$$

如图 13-4 所示,系统对外界所做的功在数值上等于 p-V 图中准静态过程曲线与 V 轴所围的面积。而 p-V 图中连接始末状态的过程曲线有无穷多条,每条曲线对应不同的热力学过程,每条曲线与 V 轴所围面积也各不相同,因此,功不是态函数,而是过程量,与具体过程有关。

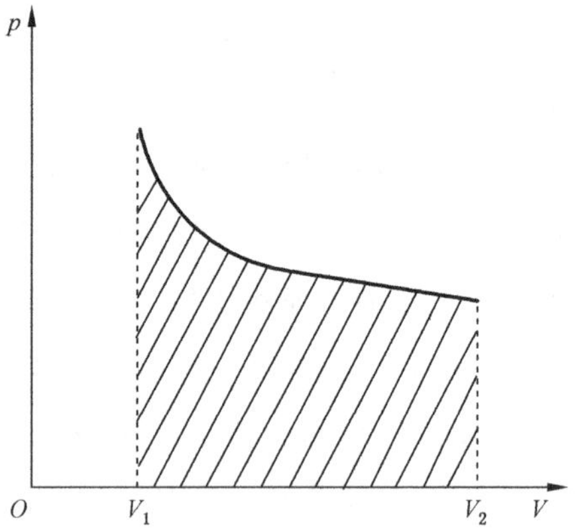

图 13-4 p-V 图中的功的描述

2. 热量

如图 13-5 所示,温度不同的两个物体 A、B 互相接触后,热的物体要变冷,冷的物体要变热,最后达到热平衡,具有相同的温度 T,对于这种现象,我们称为**热传递**。焦耳做了大量的实验,发现传热和做功都可以使物体温度升高(内能增加),并精确地测出了传热和做功的数值关系(热功当量)。

热力学系统从外界吸收的**热量**定义为在不做功过程中系统内能的增量,用符号 Q 表示,其国际单位为 J(焦耳)。我们规定:当系统从外界吸收热量时 $Q>0$,系统向外界放热时 $Q<0$。

热量与功一样都是过程量,从微观上看,传热相当于内能在不同系统之间的流动。

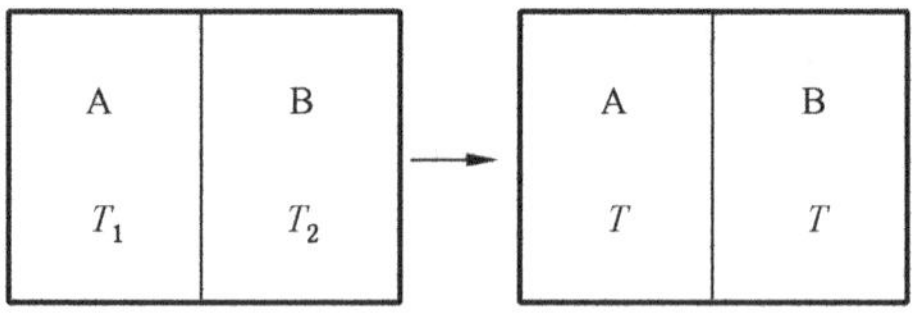

图 13-5 热量交换示意图

3. 内能

外界对系统做功或向系统传递热量都可以使系统的状态发生改变。例如活塞压缩气体,活塞对气体做功,气体状态发生变化。同样,把一壶冷水放在电炉上加热,水的温度会逐渐升高,水的状态发生了改变。系统的状态可以用一物理量 E 来表征,即**内能**。当系统由初始状态变化到末状态时,内能的增量 ΔE 是一个确定值,而与系统所经历的具体过程无关。如果系统由初始状态经历一系列变化后又回到初始状态,则系统的内能不发生变化,即 $\Delta E=0$。因此,与功、热量等过程量不同,内能是状态量。

从微观上看,内能包括:分子无规则热运动动能,分子间的相互作用能,分子、原子内的能量,原子核内的能量等。此外,当有电磁场与系统相互作用时,还应包括相应的电磁形式能量。

三、热力学第一定律

一般情况下,系统与外界之间既有热量的交换,又要做机械功。实验表明,系统从外界吸

收的热量等于系统内能的增加和对外做功之和，即

$$Q = \Delta E + A \tag{13-3}$$

该式实质为包含热量交换在内的能量转化和守恒定律，称为**热力学第一定律**。

式(13-3)说明，当系统从外界吸收热量后，一部分用来增加系统的内能，另一部分用来对外界做功。若热力学系统经历一个无穷小的微过程，式(13-3)可用微分形式来表示

$$\mathrm{d}Q = \mathrm{d}E + \mathrm{d}A \tag{13-4}$$

热力学第一定律是普遍的能量守恒定律，既适用于流体，也适用于固体；既适用于准静态过程，也适用于非静态过程。对于简单系统经历准静态过程，则热力学第一定律可表示为

$$\mathrm{d}Q = \mathrm{d}E + p\,\mathrm{d}V \tag{13-5}$$

或

$$Q = E_2 - E_1 + \int_{V_1}^{V_2} p\,\mathrm{d}V \tag{13-6}$$

在历史上，人们曾经幻想制造一种机器，它不需要任何动力和燃料，却能不断地对外做功，这种机器被称为第一类永动机。根据能量转化与守恒定律，做功必须由能量转化而来，不能无中生有地创造能量，所以这种永动机是不可能存在的。因此，热力学第一定律还有另一种表述：第一类永动机是不可能制造成功的。

例 13-1

一系统由图中的 A 态经 ABC 到达 C 态时，吸收了 350 J 的热量，同时对外做 126 J 的功：

(1)如果沿 ADC 进行，则系统做功 42 J，问这时系统吸收了多少热量？

(2)当系统由 C 态沿曲线 CA 返回 A 态时，如果外界对系统做功 84 J，问系统吸热还是放热？热量传递是多少？

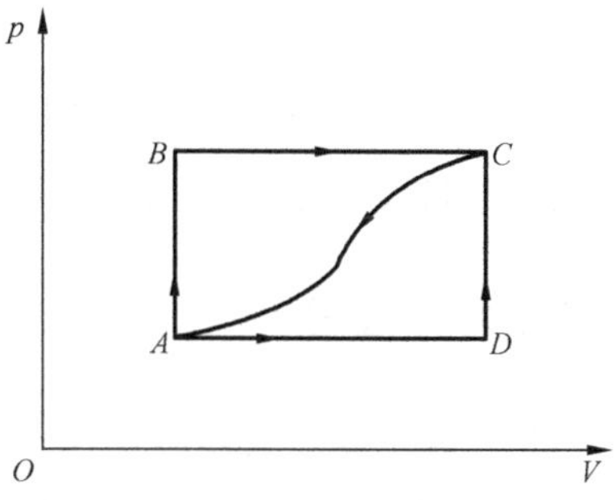

图 13-6　例 13-1 图

解　依题意，系统经历 ABC 过程，吸热 $Q=350$ J，做功 $A=126$ J，据热力学第一定律，从 A 到 C 系统内能的变化是

$$\Delta E = E_C - E_A = Q - A = 350 - 126 = 224(\mathrm{J})$$

(1) 如果沿 ADC 进行，系统做功 $A=42$ J，内能增量为 $\Delta E=E_C-E_A=224$ J，依据热力学第一定律，有

$$Q_1 = A + \Delta E = 42 + 224 = 266(\mathrm{J})$$

$Q_1>0$，表明在此过程中系统吸热 266 J。

(2) 系统从 C 沿曲线 CA 至 A 时,系统做功 A 为 -84 J,内能增量为 $\Delta E = E_A - E_C = -224$ J,根据热力学第一定律,有

$$Q_2 = \Delta E + A_2 = -224 - 84 = -308(\text{J})$$

$Q_2 < 0$,表明在此过程中系统放热 308 J。

第二节　热容　理想气体的等值过程

一、热容

一个系统在某一过程中,温度升高 1 K 时所吸收的热量称为系统在该过程中的**热容**,用 C 来表示,定义为

$$C = \lim_{\Delta T \to 0} \frac{\Delta Q}{\Delta T} = \frac{\text{d}Q}{\text{d}T} \tag{13-7}$$

即系统升高单位温度所吸收的热量,单位为 $\text{J} \cdot \text{K}^{-1}$。1 mol 物质的热容叫作**摩尔热容**,记为 C_m,单位为 $\text{J} \cdot \text{K}^{-1} \cdot \text{mol}^{-1}$。

热量是与过程有关的物理量,因此热容也是过程量。系统经历不同的过程,其热容也不相同。在实际问题中,经常用到 1 mol 物质在等体过程及等压过程中的热容,称为**定体摩尔热容 $C_{V,\text{m}}$** 和**定压摩尔热容 $C_{p,\text{m}}$**,分别定义为

$$C_{V,\text{m}} = \frac{\text{d}Q_V}{\text{d}T} \tag{13-8}$$

$$C_{p,\text{m}} = \frac{\text{d}Q_p}{\text{d}T} \tag{13-9}$$

式中,$C_{V,\text{m}}$、$C_{p,\text{m}}$ 分别表示物质的量为 1 mol 的系统在等体过程和等压过程中升高单位温度所吸收的热量;$\text{d}Q_V$、$\text{d}Q_p$ 分别表示系统在等体过程和等压过程中所吸收的热量。

二、等体过程

等体过程中理想气体的体积不发生变化,例如缓慢加热密闭在某容器中的气体。由于 $V=$恒量,因此 $\text{d}V=0$,则 $\text{d}A = p\,\text{d}V = 0$,系统对外界不做功。在 p-V 图中可表示为平行于 p 轴的一条线段,如图 13-7 所示。

由热力学第一定律,系统吸收的热量为

$$\text{d}Q_V = \text{d}E + p\,\text{d}V = \text{d}E$$

说明此时系统吸收的热量全部转化为系统的内能增量。

根据理想气体的内能公式(12-12)

$$dE=\mu\frac{i}{2}R\,dT$$

并对上式两边进行积分,可得等体过程中系统所吸收的热量为

$$Q_V=\Delta E=\mu\frac{i}{2}R(T_2-T_1)=\mu\frac{i}{2}R\Delta T \tag{13-10}$$

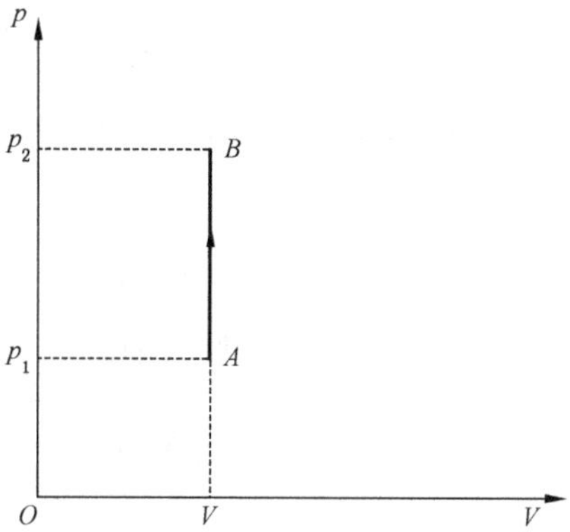

图 13-7　等体过程

对于 $\mu=1$ mol 的气体,将上式代入定体摩尔热容的定义式(13-8),可知

$$C_{V,m}=\frac{dQ_V}{dT}=\frac{\frac{i}{2}R\,dT}{dT}=\frac{i}{2}R \tag{13-11}$$

可以看出,定体摩尔热容只与气体分子的自由度 i 有关,对于单原子分子气体,其自由度 $i=3$,则 $C_{V,m}=\frac{3}{2}R$;对于刚性双原子分子气体,其自由度 $i=5$,则 $C_{V,m}=\frac{5}{2}R$,依此类推。

将式(13-11)代入式(13-10)中,可得

$$Q_V=\Delta E=\mu\frac{i}{2}R\Delta T=\mu C_{V,m}\Delta T \tag{13-12}$$

因此,理想气体内能公式还可以写为微分形式

$$dE=\mu\frac{i}{2}R\,dT=\mu C_{V,m}\,dT \tag{13-13}$$

三、等压过程

等压过程中理想气体的压强不发生变化,$p=$恒量,在 p-V 图中可表示为平行于 V 轴的一条线段,如图 13-8 所示。在等压过程中,根据热力学第一定律可知

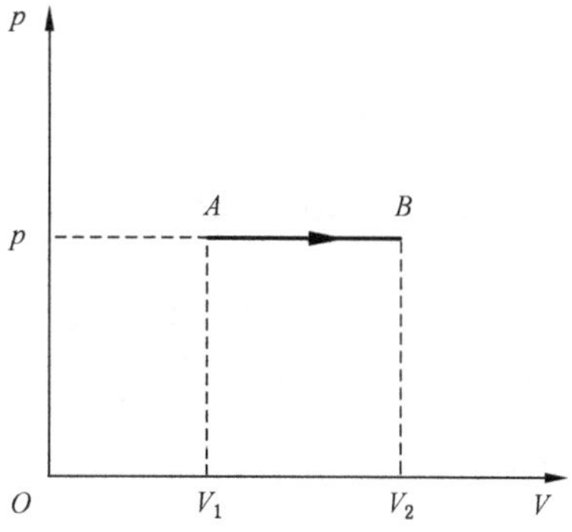

图 13-8　等压过程

$$dQ_p=dE+p\,dV=\mu\frac{i}{2}R\,dT+p\,dV \tag{13-14}$$

对于整个过程则有

$$Q_p=\Delta E+p\Delta V=\mu\,\frac{i}{2}R(T_2-T_1)+p(V_2-V_1)\tag{13-15}$$

可见,在等压过程中气体吸收的热量一部分用于增加气体的内能,另一部分使气体对外做功。

根据理想气体状态方程,$pV=\mu RT$,可推出 $p(V_2-V_1)=\mu R(T_2-T_1)$,代入式(13-15),可知系统吸收的热量还可以写为

$$Q_p=\mu\,\frac{i}{2}R(T_2-T_1)+\mu R(T_2-T_1)=\mu\,\frac{i+2}{2}R(T_2-T_1)\tag{13-16}$$

由定压摩尔热容的定义 $C_{p,\mathrm{m}}=\dfrac{\mathrm{d}Q_p}{\mathrm{d}T}$,对于 μ mol 的理想气体在等压过程中所吸收的热量可写为

$$Q_p=\mu C_{p,\mathrm{m}}(T_2-T_1)\tag{13-17}$$

将式(13-17)与式(13-16)对比可得

$$C_{p,\mathrm{m}}=\frac{i+2}{2}R\tag{13-18}$$

从上式可以看出,定压摩尔热容也只与气体分子的自由度 i 有关,对于单原子分子气体,其自由度 $i=3$,则 $C_{p,\mathrm{m}}=\dfrac{5}{2}R$;对于刚性双原子分子气体,其自由度 $i=5$,则 $C_{p,\mathrm{m}}=\dfrac{7}{2}R$,依此类推。

四、等温过程

等温过程中理想气体的温度不发生变化,$T=$恒量,因此 $\mathrm{d}T=0$,则 $\mathrm{d}E=\mu\,\dfrac{i}{2}R\mathrm{d}T=0$,系统的内能不变。在 p-V 图中等温过程可表示为第一象限的双曲线,如图 13-9 所示。

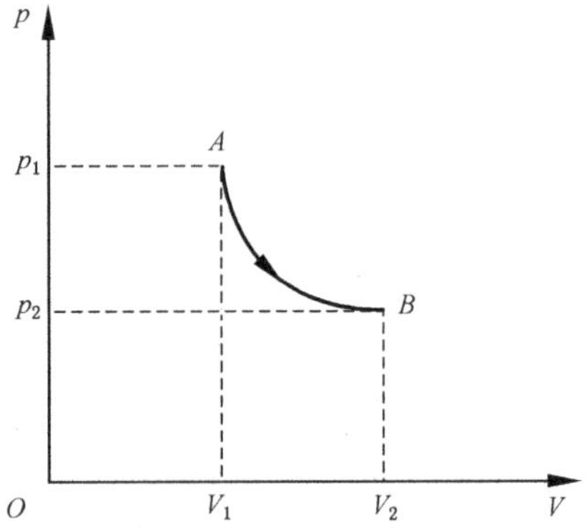

图 13-9　等温过程

由热力学第一定律可知,该过程中系统吸收的热量全部用来对外界做功,即 $\mathrm{d}Q_T=\mathrm{d}A$,其中 $\mathrm{d}Q_T$ 表示等温过程系统吸收的热量。将准静态过程中功的公式代入可得

$$Q_T=A=\int_{V_1}^{V_2}p\,\mathrm{d}V=\int_{V_1}^{V_2}\mu RT\,\frac{\mathrm{d}V}{V}=\mu RT\ln\frac{V_2}{V_1}\tag{13-19}$$

在等温过程中 $p_1V_1=p_2V_2$,所以上式也可写为

$$Q_T = A = \mu RT\ln\frac{p_1}{p_2} \tag{13-20}$$

五、$C_{p,m}$ 与 $C_{V,m}$ 的关系及比热容 γ

由式(13-11)和式(13-18)可知 $C_{V,m}$ 与 $C_{p,m}$ 的关系为

$$C_{p,m} = C_{V,m} + R \tag{13-21}$$

此式称为**迈耶公式**,即理想气体的定压摩尔热容比定体摩尔热容大一个恒量 R。这是由于等体过程中气体吸收的热量仅用于增加系统的内能,而等压过程中气体吸收的热量除了用于增加系统内能之外还需用于对外界做功。

定义理想气体的定压摩尔热容与定体摩尔热容之比为**比热容**,用 γ 表示,即

$$\gamma = \frac{C_{p,m}}{C_{V,m}} = \frac{C_{V,m}+R}{C_{V,m}} = 1 + \frac{R}{C_{V,m}} \tag{13-22}$$

由于 $C_{V,m} = \frac{i}{2}R$,则

$$\gamma = \frac{i+2}{i} \tag{13-23}$$

可以看出 $\gamma > 1$,工程上称 γ 为**绝热系数**。

例 13-2

将 500 J 的热量传送给标准状态下的 2 mol 的氢气,问:

(1) 若体积不变,这热量转变成了什么? 氢气的温度变为多少?

(2) 若温度不变,这热量转变成了什么? 氢的压强和体积各变为多少?

(3) 若压强不变,这热量转变成了什么? 氢的温度及体积各变为多少?

解 (1) 将 500 J 的热量传给 2 mol 氢气,在体积不变的情况下,氢气吸收的热量全部变为内能 $Q = \Delta E = \mu C_{V,m}(T_2 - T_1)$

而
$$\Delta T = \frac{Q}{\mu C_{V,m}} = \frac{500}{2\times\frac{5}{2}\times 8.31} \approx 12\ (\text{K})$$

从而
$$T_2 = 273\ \text{K} + 12\ \text{K} = 285\ \text{K}$$

(2) 在温度不变的情况下,氢气吸收的热量转变成气体对外做的功为

$$Q = A = \mu RT\ln\frac{V_2}{V_1}$$

而

$$\ln\frac{V_2}{V_1} = \frac{Q}{\mu RT} = \frac{500}{2\times 8.31\times 273} \approx 0.11$$

则 $$V_2=V_1e^{0.11}=2\times22.4\times10^{-3}\times e^{0.11}\approx5.0\times10^{-2}(m^3)=50\ (L)$$

$$p_2=\frac{p_1V_1}{V_2}=\frac{1.0\times2\times22.4}{50}\approx0.9\ (atm)$$

(3) 在压强不变的情况下,吸取的热量一部分转变为内能的增量,一部分转变成气体对外所做的功,即

$$Q=\Delta E+A=\mu C_{V,m}(T_2-T_1)+\mu R(T_2-T_1)=\mu C_{p,m}(T_2-T_1)$$

又 $$T_2-T_1=\frac{Q}{\mu C_{p,m}}=\frac{Q}{2\times\frac{i+2}{2}R}=\frac{500}{7\times8.31}\approx8.6\ (K)$$

$$T_2=273\ K+8.6\ K=281.6\ K$$

因此 $$V_2=\frac{T_2}{T_1}V_1=\frac{281.6}{273}\times2\times22.4\approx0.046\ (m^3)=46\ (L)$$

第三节 绝热过程 多方过程

一、绝热过程方程

在绝热过程中气体与外界没有热量交换,即 $dQ=0$,这时气体内能的增量等于其对外界做功的负值

$$dE=-dA=-p\,dV$$

由理想气体的内能公式(13-13),可得

$$\mu C_{V,m}dT=-p\,dV$$

根据理想气体状态方程为 $pV=\mu RT$,对其两边取微分,有

$$p\,dV+V\,dp=\mu R\,dT$$

与前式联立,消去 dT,有 $C_{V,m}\frac{p\,dV+V\,dp}{R}=-p\,dV$,即

$$(C_{V,m}+R)p\,dV+C_{V,m}V\,dp=0$$

把 $C_{V,m}+R=C_{p,m}$,$\gamma=\frac{C_{p,m}}{C_{V,m}}$ 代入上式,得

$$\gamma\frac{dV}{V}+\frac{dp}{p}=0 \tag{13-24}$$

积分得

$$pV^{\gamma}=C_1(常量) \tag{13-25}$$

这就是理想气体准静态**绝热过程方程**,也称为**泊松公式**。利用理想气体状态方程,式

(13-25)还可写为

$$V^{\gamma-1}T=C_2\text{（常量）} \tag{13-26}$$

$$p^{\gamma-1}T^{-\gamma}=C_3\text{（常量）} \tag{13-27}$$

应该注意，以上三个式中的各个常量是不相同的。

二、准静态绝热过程的功

准静态绝热过程的功可以应用绝热过程方程来推出，对于过程中的任意中间态，总有 $pV^{\gamma}=p_1V_1^{\gamma}=$常量，解出

$$p=\frac{p_1V_1^{\gamma}}{V^{\gamma}}$$

代入 $A=\int_{V1}^{V2}p\,\mathrm{d}V$ 得

$$\begin{aligned}A&=\int_{V1}^{V2}p\,\mathrm{d}V=p_1V_1^{\gamma}\int_{V1}^{V2}\frac{\mathrm{d}V}{V^{\gamma}}\\&=\frac{p_1V_1^{\gamma}}{\gamma-1}\left(\frac{1}{V_1^{\gamma-1}}-\frac{1}{V_2^{\gamma-1}}\right)\\&=\frac{p_1V_1-p_2V_2}{\gamma-1}\end{aligned} \tag{13-28}$$

三、准静态绝热过程曲线

将等温过程和绝热过程在同一个 p-V 图中表示出来，它们相交于 A 点如图 13-10 所示。利用等温过程方程 $pV=$常量，可求得等温线在 A 点的斜率为

$$\left(\frac{\mathrm{d}p}{\mathrm{d}V}\right)_T=-\frac{p_A}{V_A}$$

同理，利用绝热过程方程可得绝热线在 A 点的斜率为

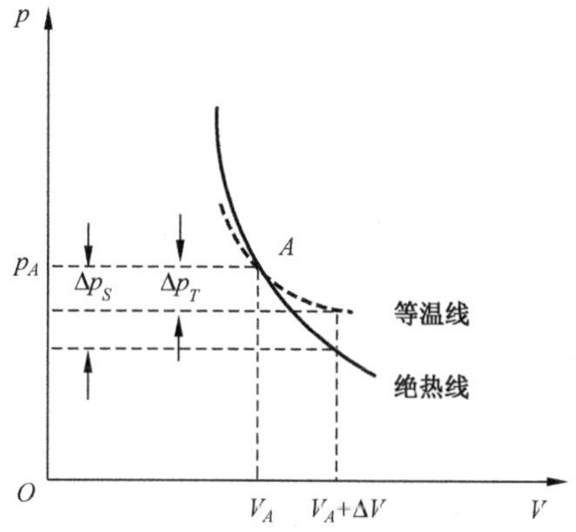

图 13-10　等温线和绝热线

$$\left(\frac{\mathrm{d}p}{\mathrm{d}V}\right)_S=-\gamma\frac{p_A}{V_A}$$

由于 $\gamma>1$，所以绝热线的斜率绝对值大于等温线的斜率绝对值，绝热线要比等温线陡。从物理上看，在等温膨胀过程中，压强的降低仅仅是体积增大（气体的数密度减小）所造成；而绝热膨胀过程中，除了体积增大是引起压强降低的原因以外，还有温度降低也会引起压强降

低。所以,当气体膨胀相同的体积时,在绝热过程中压强的降低比在等温过程中要多,即 Δp_S 的值要比 Δp_T 的值大。

例 13-3

如图 13-11 所示,设有 5 mol 的氢气,最初的压强为 1.013×10^5 Pa,温度为 20 ℃,求在下列过程中,把氢气体积压缩为原来的 $\frac{1}{10}$ 需要做的功:

(1) 等温过程;

(2) 绝热过程。

解 (1) 对于等温过程,根据 $A=\mu RT\ln\frac{V_2}{V_1}$ 可得氢气由点 1 等温压缩到点 2′所做的功为

$$A=\mu RT\ln\frac{V_2}{V_1}=5\times8.31\times293\times\ln\frac{1}{10}\approx-2.80\times10^4\ (\text{J})$$

式中的负号表示外界对系统做功。

(2) 因为氢气是双原子分子,可近似求得 $\gamma=1.40$,所以对于绝热过程,根据 $TV^{\gamma-1}=$常量,可以求得点 2 的温度为

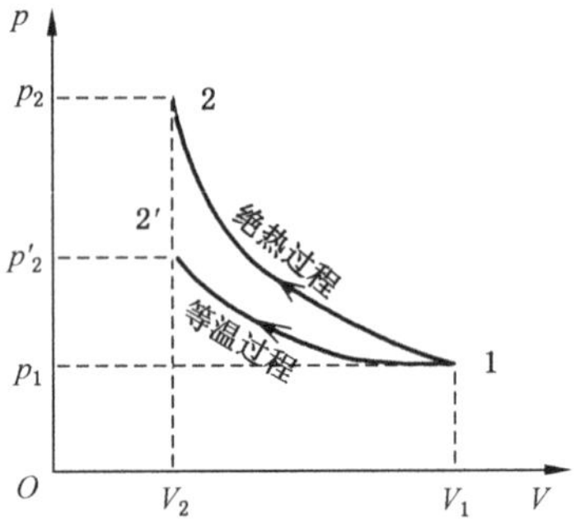

图 13-11 例 13-3 图

$$T_2=T_1\left(\frac{V_1}{V_2}\right)^{\gamma-1}=293\times10^{0.40}\approx753\ (\text{K})$$

再由绝热过程系统对外界做功等于内能增量的负值,可求氢气从点 1 到点 2 所做的功为

$$A=-\mu C_{V,\text{m}}\Delta T=-\mu C_{V,m}(T_2-T_1)$$

考虑氢气的定体摩尔热容 $C_{V,\text{m}}=20.44\ \text{J}\cdot\text{mol}\cdot\text{K}^{-1}$,把数据代入上式得

$$A=-5\times20.44\times(753-293)\approx-4.7\times10^4\ (\text{J})$$

例 13-4

1 mol 氦气,由状态 $A(p_1,V_1)$ 先等压加热至体积增大 1 倍,再等体加热至压强增大 1 倍,最后再经绝热膨胀,使其温度降至初始温度,如图 13-12 所示,其中,$p_1=1$ atm,$V_1=1$ L。试求:

(1) 整个过程内能的变化;

(2) 整个过程对外所做的功;

(3) 整个过程吸收的热量。

解 根据题中条件可得

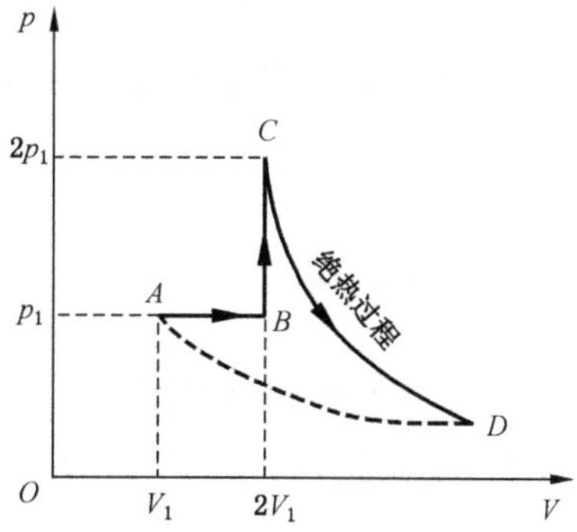

图 13-12 例 13-4 图

$p_A = p_B = 1\ \text{atm}, p_C = 2\ \text{atm}, V_A = 1\text{L}, V_B = V_C = 2V_A = 2\text{L}$，$C_{V,\text{m}} = \frac{3}{2}R, C_{p,\text{m}} = \frac{5}{2}R$，$\gamma = \frac{i+2}{i} = \frac{5}{3}$。因 A、D 在同一等温线上，应有 $p_A V_A = p_D V_D$。

(1) 内能的变化 $\Delta E = E_D - E_A = \mu C_{V,\text{m}}(T_D - T_A) = 0$。

(2) 系统对外做的功

$$A = A_{AB} + A_{BC} + A_{CD}$$

由于

$$A_{AB} = p_A(V_B - V_A) = 1 \times (2-1) = 1\ (\text{atm} \cdot \text{L})$$

$$A_{BC} = 0$$

$$A_{CD} = -\Delta E_{CD} = -\mu C_{V,\text{m}}(T_D - T_C) = -\frac{3}{2}R(T_D - 4T_D)$$

$$= \frac{9}{2}RT_D = \frac{9}{2}RT_A = \frac{9}{2}p_A V_A = 4.5(\text{atm} \cdot \text{L})$$

所以 $A = A_{AB} + A_{BC} + A_{CD} = 5.5(\text{atm} \cdot \text{L}) = 5.5 \times 1.013 \times 10^5 \times 10^{-3} \approx 5.57 \times 10^2(\text{J})$

(3) 整个过程中吸收的热量

$$Q = Q_{AB} + Q_{BC} + Q_{CD}$$

由于

$$Q_{AB} = \mu C_{p,\text{m}}(T_B - T_A) = \frac{5}{2}R(T_B - T_A)$$

$$= \frac{5}{2}(p_B V_B - p_A V_A) = \frac{5}{2} \times (1 \times 2 - 1 \times 1)$$

$$= 2.5(\text{atm} \cdot \text{L})$$

$$Q_{BC} = \mu C_{V,\text{m}}(T_C - T_B) = \frac{3}{2}R(T_C - T_B)$$

$$= \frac{3}{2}(p_C V_C - p_B V_B) = \frac{3}{2} \times (2 \times 2 - 1 \times 2)$$

$$= 3(\text{atm} \cdot \text{L})$$

$$Q_{CD} = 0$$

所以

$$Q = Q_{AB} + Q_{BC} + Q_{CD} = 5.5\ (\mathrm{atm \cdot L}) \approx 5.57 \times 10^2\ (\mathrm{J})$$

整个过程吸收的热量也可由热力学第一定律求得

$$Q = \Delta E + A = 0 + A = 5.57 \times 10^2\ (\mathrm{J})$$

四、多方过程

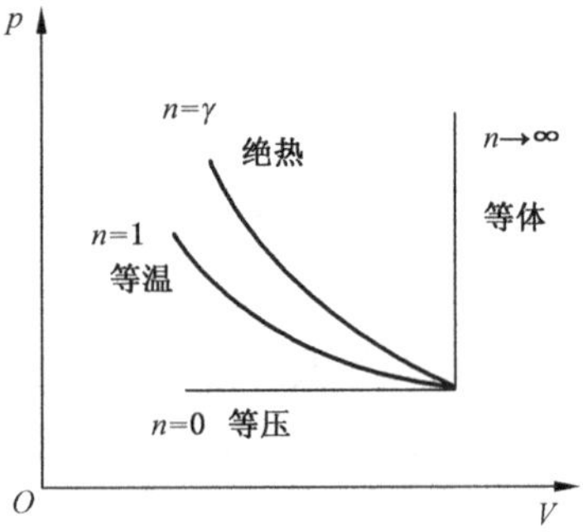

图 13-13 多方过程

实际上,气体所进行的过程往往既不是等温过程也不是绝热过程,而是介于两者之间的过程,常用下列公式表达气体所进行的实际过程

$$pV^n = 常数 \tag{13-29}$$

称理想气体经历了**多方过程**,其中 n 为常数,称为多方指数。前面所介绍的四种等值过程可以看作是多方过程的特例,如图 13-13 所示:当 $n=0$ 时,对应等压过程;当 $n \to \infty$时,对应等体过程;当 $n=1$ 时,对应等温过程;当 $n=\gamma$ 时,对应绝热过程。在多方过程中系统对外界做的功与绝热过程类似,只是将绝热指数换为多方指数,即

$$A = \frac{P_2V_2 - P_1V_1}{1-n}$$

在多方过程中理想气体的内能改变仍然为式(13-13)。吸收的热量为

$$Q = \mu\left(C_{V,\mathrm{m}} - \frac{R}{n-1}\right)(T_2 - T_1) \tag{13-30}$$

式中,$n \neq 1$。由式(13-30)可知,当温度升高时气体是吸热还是放热,与多方指数 n 的大小有关,多方指数取值不同时,多方过程的热容可以大于零,也可以小于零。下面寻找多方过程摩尔热容与多方指数的具体关系。对任一微过程,式(13-30)变为

$$\mathrm{d}Q = \mu\left(C_{V,\mathrm{m}} - \frac{R}{n-1}\right)\mathrm{d}T$$

由此可得多方过程的摩尔热容为

$$C_\mathrm{m} = C_{V,\mathrm{m}} + \frac{R}{1-n} = C_{V,\mathrm{m}} + \frac{C_{p,\mathrm{m}} - C_{V,\mathrm{m}}}{1-n}$$

或

$$C_\mathrm{m} = \frac{\gamma - n}{1-n} C_{V,\mathrm{m}} \tag{13-31}$$

利用式(13-31)反解出 n,即

$$n = \frac{C_\mathrm{m} - C_{p,\mathrm{m}}}{C_\mathrm{m} - C_{V,\mathrm{m}}} \tag{13-32}$$

该式说明，只要某一过程的热容为常数，则该过程一定是多方过程。多方过程仍然是一类特殊过程，它并不能涵盖所有可能的热力学过程。

第四节　循环过程　卡诺循环

一、循环过程

热力学最初是在研究热机工作过程的基础上发展起来的，研究各种过程的主要目的之一，就是探索怎样才能提高热机的效率。**热机**是指通过某种工作物质不断地把吸收的热量转换为机械功的装置，如蒸汽机、内燃机、汽轮机、喷气发动机、火箭发动机等都是热机。以蒸汽机为例，水在锅炉中加热变为高温高压蒸汽，推动涡轮机做功，再将蒸汽冷却凝结为水，以后往复这样的过程。

在热机工作过程中，被用来吸收热量并对外做功的物质称为**工作物质**(简称**工质**)。对蒸汽机来说，蒸汽就是工质。一个系统或工质经历一系列变化后又回到原来状态，就说它经历了一个循环过程，简称**循环**。若一个系统在一个循环中所经历的是准静态过程，则在 p-V 图上对应一条闭合曲线，如图 13-14 所示。

沿闭合曲线的循环过程可以有两个方向，将 p-V 图中沿闭合曲线顺时针方向进行的循环叫作**正循环**，图 13-14 就是一个正循环，沿逆时针方向的循环叫作**逆循环**。由于内能是状态的单值函数，所以经过一个循环后工质回到原来状态时，内能变化 $\Delta E=0$，这是循环过程的基本特征。

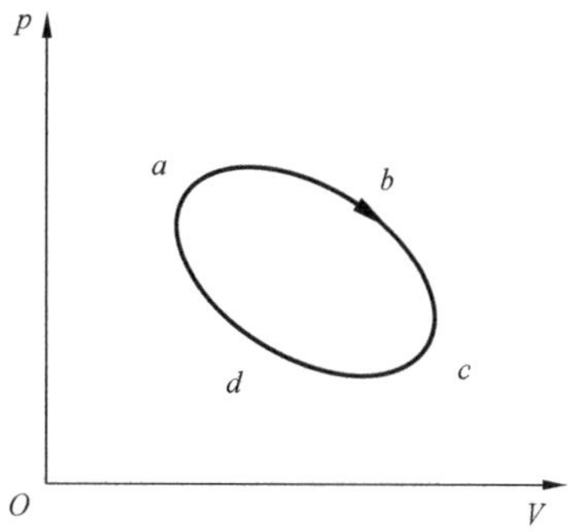

图 13-14　循环过程示意图

二、热机循环和热机效率

热机所经历的循环就是正循环。在正循环过程中，系统一般从高温热源吸热，向低温热源放热，设吸热、放热的量值分别是为 Q_1、Q_2，经过一次循环对外做的净功 $A=Q_1-Q_2$。所做净功在数值上等于 p-V 图上循环曲线所包围的面积。

热机的性能可以用循环效率来描述，性能好的热机应该是少消耗燃料而多对外做功。因此，在一个完整的循环过程中，系统对外做的净功 A 与吸收的热量 Q_1 的比值，称为**热机效率**或**循环效率**，即

$$\eta=\frac{A}{Q_1}=\frac{Q_1-Q_2}{Q_1}=1-\frac{Q_2}{Q_1} \tag{13-33}$$

热机效率实质上就是热机的热功转换率。不同种类的热机，工质不同，组成循环的分过程也不同，p-V 图上循环曲线的形状就不一样。因此，尽管工作原理相同，但热机的效率往往是不同的。

例 13-5

1 mol 单原子分子理想气体，自状态 A 起作如图 13-15 所示的循环。其中 AB、CD 为等体过程，BC、DA 是等压过程。有关数据已在图上注明。求：

(1) 循环过程中吸收和放出的热量和所做的净功；

(2) 循环的效率 η。

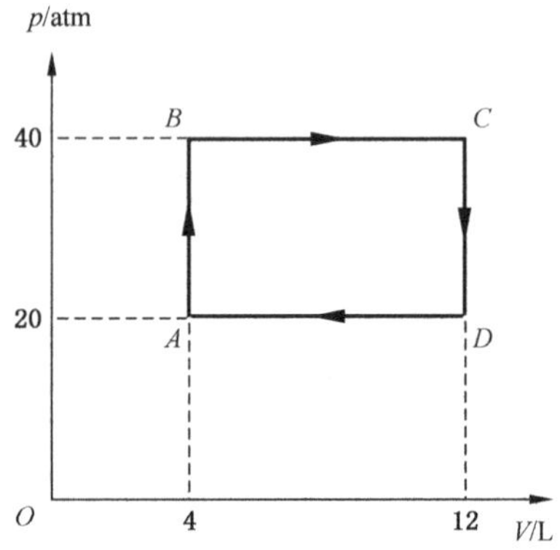

图 13-15 例 13-5 图

解 (1) 先求各过程的吸热或放热

$A\to B$ 等体升温过程(吸热)

$$Q_{AB}=\mu C_{V,m}(T_B-T_A)=\frac{i}{2}R(T_B-T_A)$$

$$=\frac{i}{2}(p_BV_B-p_AV_A)$$

$$=\frac{3}{2}\times(40\times4-20\times4)=120(\text{atm}\cdot\text{L})$$

$$\approx1.22\times10^4\ (\text{J})$$

$B\to C$ 等压膨胀过程(吸热)

$$Q_{BC}=\mu C_{p,m}(T_C-T_B)=\frac{i+2}{2}R(T_C-T_B)=\frac{i+2}{2}(p_CV_C-p_BV_B)$$

$$=\frac{5}{2}\times(40\times12-40\times4)=800(\text{atm}\cdot\text{L})\approx8.10\times10^4(\text{J})$$

$C\to D$ 等体降温过程(放热)

$$Q_{CD}=|\mu C_{V,m}(T_D-T_C)|=\frac{i}{2}R(T_C-T_D)=\frac{3}{2}(p_CV_C-p_DV_D)$$

$$=\frac{3}{2}\times(40\times12-20\times12)=360(\text{atm}\cdot\text{L})\approx3.65\times10^4(\text{J})$$

$D\to A$ 等压压缩过程(放热)

$$Q_{DA}=|\mu C_{p,m}(T_A-T_D)|=\frac{i+2}{2}R(T_D-T_A)=\frac{5}{2}(p_DV_D-p_AV_A)$$

$$=\frac{5}{2}\times(20\times12-20\times4)=400(\text{atm}\cdot\text{L})\approx4.05\times10^4(\text{J})$$

循环过程吸收的热量为

$$Q_1 = Q_{AB} + Q_{BC} = (8.10 + 1.22) \times 10^4 = 9.32 \times 10^4\ (\mathrm{J})$$

循环过程放出的热量为

$$Q_2 = Q_{CD} + Q_{DA} = (3.65 + 4.05) \times 10^4 = 7.70 \times 10^4\ (\mathrm{J})$$

循环过程所做的净功为

$$A_{净} = Q_1 - Q_2 = 1.62 \times 10^4\ (\mathrm{J})$$

(2) 循环效率为

$$\eta = \frac{A_{净}}{Q_1} = \frac{Q_1 - Q_2}{Q_1} = \frac{(9.32 - 7.70) \times 10^4}{9.32 \times 10^4} \times 100\% \approx 17.4\%$$

三、制冷机循环和制冷系数

制冷机(如冰箱、空调)所经历的循环就是逆循环,对应于 p-V 图上沿逆时针进行的循环曲线。这种循环依靠外界对工质做功 A,使工质由低温热源吸热 Q_2 而向高温热源放热 Q_1,于是有 $Q_1 = Q_2 + A$ 。

性能好的制冷机,应该是外界做较少的功,但能从低温热源吸收较多的热量。因此,在一个完整的循环过程中,系统从低温热源吸收的热量 Q_2 与外界对系统所做的功 A 的比值,称为**制冷系数**,即

$$e = \frac{Q_2}{A} = \frac{Q_2}{Q_1 - Q_2} \tag{13-34}$$

最常用的制冷机就是电冰箱,压缩机对工质(氨或氟利昂)做功,使工质气化而从低温热源(冷藏或冷冻室)吸热,再使之液化而向外界放热。由式(13-34)可以看出,制冷系数可以大于 1,也可以小于 1。

四、卡诺热机循环的效率

19 世纪上半叶,热机虽已在生产实践中得到广泛应用,但效率普遍不高。为了进一步提高热机的效率,1824 年,法国青年工程师卡诺(S. Carnot)提出了一种理想循环,该循环由两个等温过程和两个绝热过程构成,在该循环过程中工质只与两个恒温热源交换热量,这样的循环叫作**卡诺循环**,如图 13-16(a)所示。严格按卡诺循环工作的热机或制冷机称为**卡诺机**。

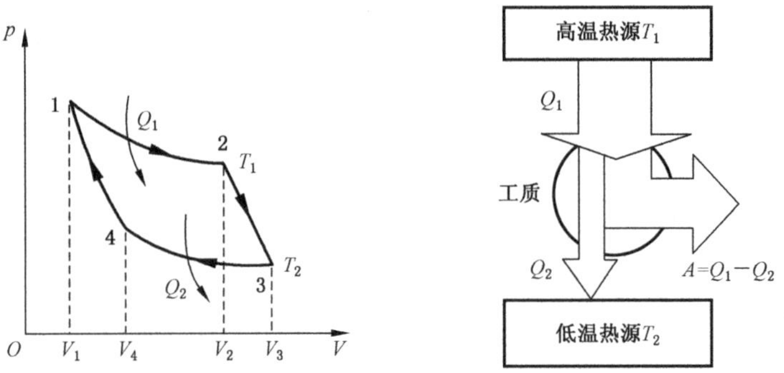

(a) 理想气体的卡诺循环(热机)　　(b) 卡诺热机的能流图

图 13-16　卡诺循环

1 → 2 过程为气体与温度为 T_1 的高温热源接触作等温膨胀,体积由 V_1 增大到 V_2,在此过程中,气体对外界做功为 A_1,从高温热源吸收的热量为 Q_1。它从高温热源吸收的热量为

$$Q_1=\mu RT_1\ln\frac{V_2}{V_1}$$

2 → 3 过程为气体与高温热源分开,作绝热膨胀,温度逐渐降为 T_2,体积增大到 V_3,此过程中,气体对外做功,没有热量交换。

3 → 4 过程为气体与温度为 T_2 的低温热源接触作等温压缩,体积由 V_3 缩小到 V_4,在此过程中,外界对气体做功为 A_2,气体向低温热源放出热量 Q_2,温度保持不变。它向低温热源放出的热量为

$$Q_2=\mu RT_2\ln\frac{V_3}{V_4}$$

4 → 1 过程为气体与低温热源分开,经绝热压缩,回到原来的状态 1,完成一次循环,过程中没有热量交换,外界对气体做功将全部转化为气体的内能。

对于 2 → 3 与 4 → 1 两个绝热过程,利用绝热方程式(13-26)可得如下关系:

$$T_1V_2^{\gamma-1}=T_2V_3^{\gamma-1}$$

$$T_1V_1^{\gamma-1}=T_2V_4^{\gamma-1}$$

两式相比,可得

$$\frac{V_2}{V_1}=\frac{V_3}{V_4}$$

由循环过程的基本特征可知,经过这样一个完整的循环,气体总的吸热 Q_1,放热 Q_2,内能不变,因此根据热力学第一定律,气体对外所做的功 A(即四个过程中气体对外做功的代数

和)为 $A=Q_1-Q_2$，由热机效率的定义可得到上述卡诺循环的效率为

$$\eta_{卡诺}=\frac{A}{Q_1}=\frac{Q_1-Q_2}{Q_1}=1-\frac{Q_2}{Q_1}=1-\frac{\mu RT_2\ln\frac{V_3}{V_4}}{\mu RT_1\ln\frac{V_2}{V_1}}=1-\frac{T_2}{T_1} \tag{13-35}$$

由于整个循环过程中只涉及两个热源，故也称为双热源循环，其能量转化情况如图 13-16(b)所示。

由此可见，为了提高热机的效率，可通过提高高温热源的温度，或降低低温热源的温度来实现。当然后一种方法是不经济的，因为温度越低的热源，要使其温度更低，制冷的效率也会更低(见下面卡诺制冷系数与热源温度的关系)。对于蒸汽机，若蒸汽锅炉的温度取 230 ℃，冷却器的温度取 30 ℃，可以估算热机的效率为 40%左右。考虑到其他损耗，实际蒸汽机的效率只有 15%左右。

例 13-6

一定质量的理想气体，进行如图 13-17 所示的循环过程。其中，$A\to B$ 为绝热压缩，$B\to C$ 为等体升压，$C\to D$ 为绝热膨胀，$D\to A$ 为等体降压，试用压缩比 $\frac{V}{V_0}$ 表示这个循环效率。

解　四个准静态过程如下：

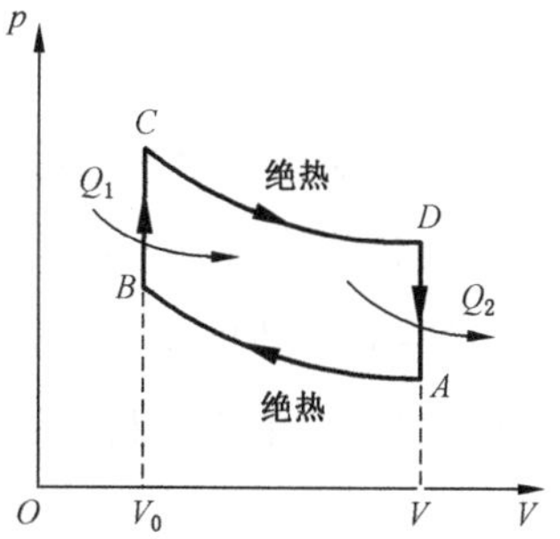

图 13-17　例 13-6 图

(1) 绝热压缩过程 $A\to B$：活塞自右向左移动，将吸入气缸的混合气体自 A 状态压缩至 B 状态。

(2) 等容吸热过程 $B\to C$：在混合气体压缩至 B 状态时，用电火花引爆混合气体，气体压力随之突增。但由于爆炸时间极短，活塞移动距离极小，故将这一过程看作等容增压过程。

(3) 绝热膨胀过程 $C\to D$：爆炸后的气体压力巨大，这一巨大的压力推动活塞对外做功，同时压力也随着气体的膨胀而降低，这一过程看作绝热膨胀过程。

(4) 等容放热过程 $D\to A$：开放排气口，气体的压力将骤然降至外界大气压力，这一过程看作等容降压过程。

上述循环是四冲程汽油内燃机的工作循环，称为奥托循环。在奥托循环中，气体主要在等容过程 $B\to C$ 中吸热，而在等容过程 $D\to A$ 中放热。由等容过程的特征知，气体在 $B\to C$ 过程中吸收的热量 Q_1 和在 $D\to A$ 过程中向外放出的热量 Q_2 分别为

$B \to C$ 为等体升压过程(吸热)

$$Q_1 = \mu C_{V,\mathrm{m}}(T_C - T_B)$$

$D \to A$ 为等体降压过程(放热)

$$Q_2 = |\mu C_{V,\mathrm{m}}(T_A - T_D)| = \mu C_{V,\mathrm{m}}(T_D - T_A)$$

循环的效率为

$$\eta = 1 - \frac{Q_2}{Q_1} = 1 - \frac{\mu C_{V,\mathrm{m}}(T_D - T_A)}{\mu C_{V,\mathrm{m}}(T_C - T_B)} = 1 - \frac{T_D - T_A}{T_C - T_B}$$

从 $A \to B$ 、$C \to D$ 两绝热过程可得

$$\frac{T_B}{T_A} = \frac{T_C}{T_D} = \frac{T_C - T_B}{T_D - T_A} = \left(\frac{V_A}{V_B}\right)^{\gamma-1}$$

代入效率公式,有

$$\eta = 1 - \frac{Q_2}{Q_1} = 1 - \frac{T_D - T_A}{T_C - T_B} = 1 - \frac{1}{\dfrac{T_C - T_B}{T_D - T_A}} = 1 - \frac{1}{\dfrac{T_B}{T_A}} = 1 - \frac{1}{\left(\dfrac{V_A}{V_B}\right)^{\gamma-1}}$$

令 $R = \dfrac{V_A}{V_B} = \dfrac{V}{V_0}$ (压缩比),则效率公式可写为

$$\eta = 1 - \frac{1}{R^{\gamma-1}}$$

由此可见,这一循环的效率完全由压缩比 R 决定,压缩比越大,则效率越高。

实际的压缩比不能太大,否则,汽油蒸汽与空气的混合气体在尚未压缩到 B 点时,温度已升高到使混合气体自燃,反而使循环效率降低,并产生震动。一般汽油内燃机的压缩比为 4.5~7,设混合气体的绝热系数 $\gamma = 1.4$,由上式可求得压缩比为 6 时的效率为 51.2%,这是最理想的效率,汽油内燃机的实际效率一般只有 25%左右。

五、卡诺制冷机循环

若卡诺循环按逆时针方向进行,则构成卡诺制冷机。准静态的卡诺逆循环,其 p-V 图如图 13-18(a)所示,能量转化关系如图 13-18(b)所示。

气体在外界做功的前提下从低温热源吸收热量

$$Q_2 = \mu R T_2 \ln \frac{V_3}{V_4}$$

向高温热源释放热量

$$Q_1 = \mu R T_1 \ln \frac{V_2}{V_1}$$

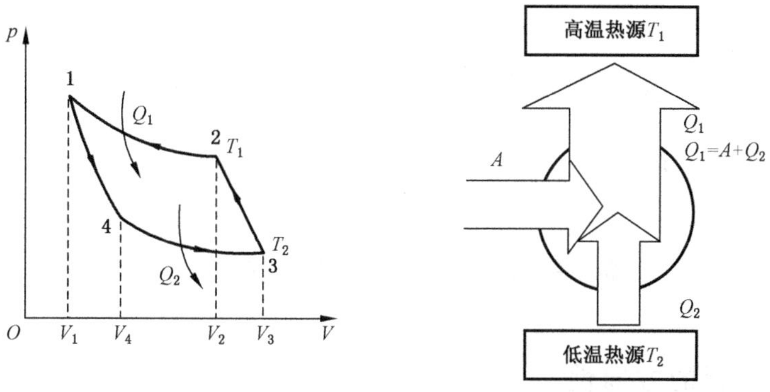

(a) 理想气体的卡诺逆循环（制冷机）　　(b) 卡诺制冷机的能流图

图 13-18　卡诺逆循环

同样利用前面的分析方法和式(13-34)可求得卡诺制冷机的制冷系数为

$$e_{卡诺}=\frac{Q_2}{Q_1-Q_2}=\frac{T_2}{T_1-T_2} \tag{13-36}$$

一般条件下使用的制冷机，其制冷系数大致在 2 到 7 之间。

例 13-7

一卡诺制冷机，从 0 ℃的水中吸收热量，向 27 ℃的房间放热。假定将 50 kg 的 0 ℃的水变成 0 ℃的冰。试问：

(1) 释放于房间的热量有多少？使制冷机运转所需要的机械功是多少？

(2) 如用此制冷机从－10 ℃的冷藏库中吸收相等的热量，需多做多少机械功？

解　(1) 卡诺制冷机从 $T_2=273$ K(即 0 ℃)的低温热源吸收热量 Q_2，向高温热源 $T_1=300$ K(即 27 ℃)的房间放热，需对卡诺制冷机输入机械功 A，此时对高温热源实际放出的热量为 $Q_1=Q_2+A$ 。冰的溶解热为 $3.35\times10^5\ \mathrm{J\cdot kg^{-1}}$，使 50 kg 的水变成冰，需卡诺制冷机吸收热量为

$$Q_2=3.35\times10^5\times50=1.675\times10^7\ (\mathrm{J})$$

该卡诺制冷机的制冷系数为　$e=\dfrac{T_2}{T_1-T_2}=\dfrac{273}{300-273}\approx10.1$

再由式(13-34)算得

$$A_1=\frac{Q_2}{e}=\frac{1.675\times10^7}{10.1}\approx1.66\times10^6\ (\mathrm{J})$$

$$Q_1=A_1+Q_2\approx1.84\times10^7\ (\mathrm{J})$$

(2) 如从 $T_2=263$ K(即－10 ℃)的冷库中吸收相等的热量 Q_2，则这时制冷系数为

$$e=\frac{T_2}{T_1-T_2}=\frac{263}{300-263}\approx 7.11$$

所需的功为 $$A_2=\frac{Q_2}{e}=\frac{1.675\times 10^7}{7.11}\approx 2.36\times 10^6\ (\mathrm{J})$$

由此可知,需多做的功为 $\Delta A=A_2-A_1=7.0\times 10^5\ (\mathrm{J})$

第五节 热力学第二定律

一、热力学过程的方向性

热力学第一定律指出,任何热力学过程都必须满足能量守恒定律,但该定律对过程进行的方向没有限制。那么在自然界中凡是满足能量守恒定律的过程一定能自动发生吗?

大量事实表明,满足能量守恒的过程不一定都能实现,自然界中实际的热力学过程都是按一定的方向进行的,反方向的热力学过程是不可能自动发生的。例如热量可以从高温物体传到低温物体,但不可能自动地从低温物体传到高温物体。在焦耳实验中,重物下降会使水温升高,但水不可能自发地降低温度然后使重物升高。

这些现象说明,还应有一个规律来支配热力学过程的自发进行,将该规律称为热力学第二定律,该定律有多种表述方式。

二、热力学第二定律的开尔文表述和克劳修斯表述

1. 开尔文表述

热机不可能从单一热源吸收热量,使之完全变为有用的功而不产生其他影响。这就是热力学第二定律的开尔文表述。

也就是说,热机的效率不会等于100%,一定小于1。假如存在能从单一热源吸收热量,使之完全变为有用功而不产生其他影响的热机,我们称这种热机为第二类永动机。可以想象让海水温度降低0.01 ℃,就将为人类提供巨大的能量,将海洋作为单一热源的热机完全可以认为是永动机。开尔文表述的等效表述为:第二类永动机是不可能造成的。

应该说明,若系统所经历的不是循环过程,则系统可以从单一热源吸热并转化为功。如理想气体等温膨胀从单一热源吸热,并全部转化为对外所做的功,但气体的体积增大了,即产生了其他影响。

2. 克劳修斯表述

不可能把热量从低温物体传到高温物体而不引起其他变化,或者说,热量不可能自动地

从低温物体传到高温物体，这称为热力学第二定律的克劳修斯表述。

该表述是说，热量不能自发地从低温物体传到高温物体。当有外界干预时，热量可以从低温物体传向高温物体。例如，制冷机的制冷过程，外界的干预是输入了电功，使冷冻室更冷。

开尔文表述和克劳修斯表述在形式上看上去有较大的差别，但物理内涵是相同的。可以证明，这两种表述是完全等价的（证明过程此处略）。

为了给出热力学过程方向性的更普遍表述方式，可以引入可逆过程和不可逆过程的概念。

三、可逆过程和不可逆过程

一个系统由某一状态出发，经过某一过程达到另一状态，如果存在另一过程，它能使系统和外界完全复原，则原来的过程为**可逆过程**；反之，如果用任何方法都不可能使系统和外界完全复原，则称为**不可逆过程**。

一个过程是不可逆的，并不是说该过程不能逆向进行，而是说当过程逆向进行时，无论通过如何曲折复杂的途径都不能将正过程的痕迹完全消除掉。自然界中与热现象有关的一切实际宏观过程都是不可逆的，而且都是按确定的方向进行的，热力学第二定律就表明了这种规律。

可见，热力学第二定律的开尔文表述就是说功变热的过程是不可逆的，而克劳修斯表述就是指出热传导过程是不可逆的。必须注意，对于功变热过程的不可逆性不能简单地理解为：功可以完全变为热，而热不能完全变为功。正确的理解是：在不引起其他变化或产生其他影响的条件下，热不能完全变为功。对于热传导过程的不可逆性也是这样，在有外界影响的条件下，热量是可以从低温物体传到高温物体的。

气体向真空中自由膨胀的过程是不可逆过程，是经典的热力学问题，称为绝热自由膨胀过程。如图 13-19 所示，容器用隔板分为两部分，初始状态是一边盛有气体，一边为真空；抽去隔板后，气体向真空膨胀（不做功，称自由膨胀），末状态为气体均匀分布在整个容器。如果要使气体返回到初始状态（一边盛气体一边为真空），外界不做功是不可能的。而外界做了功就表明外界没有复原。因此，气体的自由膨胀过程是不可逆的。

此外，像气体的扩散、水的汽化、固体的升华、生命体的生长与衰老等都是不可逆过程。实际上自然界中的一切自发过程都是不可逆过程。而可逆过程则是理想的，是实际过程在一定条件下的近似。那么，这样的条件是什么呢？下面举例加以说明。

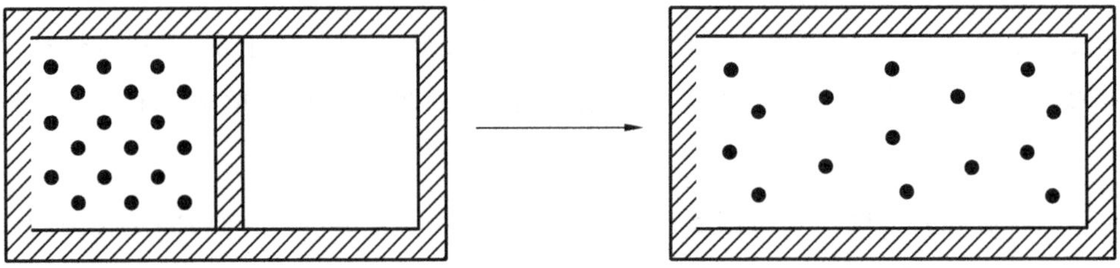

图 13-19 气体的绝热自由膨胀过程

设带有活塞的气缸中盛有理想气体。当活塞无限缓慢地移动时,气体状态的变化过程可看成是准静态过程。如果能忽略活塞与气缸壁之间的摩擦力,忽略气体间的黏滞力等所引起的能量耗散效应,则气体的正逆两过程经历了相同的平衡态,正逆两过程都是准静态过程,又由于没有能量耗散效应,在正逆两过程完成时,不仅系统回到了原来的状态(即系统复原),而且外界也未发生任何变化。因此,进行得无限缓慢的无能量耗散的准静态过程是可逆过程。

例 13-8

如图 13-19 所示,设有一绝热容器用隔板分成体积都等于 V_0 的两部分,左半部充满压强为 P_0、温度为 T_0 的理想气体,右半部分为真空,抽去隔板,气体自由膨账而充满整个容器,问:当恢复平衡后,气体的压强是多少?

解 该过程为绝热自由膨胀过程,是非静态过程,但仍满足热力学第一定律。因为是绝热过程,即 $Q=0$。所以有

$$E-E_0+A=0$$

由于气体向真空膨胀,对外不做功,即 $A=0$。

故

$$E-E_0=0$$

即气体经过绝热自由膨胀,内能保持不变。对于理想气体,内能是温度的函数,所以

$$T=T_0$$

据状态方程,对于始、末两态满足

$$\frac{p_0V_0}{T_0}=\frac{2pV_0}{T}$$

得出

$$p=\frac{p_0}{2}$$

必须指出,绝热自由膨胀虽然是绝热过程,但这个过程是非静态过程,即中间状态都不是

平衡态。因此，绝热过程方程不再适用，因为它仅适用准静态绝热过程。同理，也不能认为绝热自由膨胀过程是等温过程。

四、热力学第二定律的核心内容和统计意义

一切与热现象有关的实际宏观过程都是不可逆的，这是热力学第二定律的核心内容，也是该定律最普遍的表述方式。这一客观规律的重要意义在于它指明了实际宏观过程进行的方向和限度。例如，绝热自由膨胀过程的方向是气体向体积增大的方向进行（而不是自由收缩），限度是直到达到新的平衡态为止（不会停留在中间的非平衡态）。

从本质上看，为什么自发过程具有方向性呢？我们仍以绝热自由膨胀过程为例来说明。利用概率理论可以估算，气体分子均匀分布于整个容器的概率远大于气体分子聚集到容器某一侧的概率，而孤立系统中发生的过程总是由概率小的状态向概率大的状态进行，这就是热力学第二定律的统计意义。

五、卡诺定理

如果热机的循环过程为可逆循环，则称该热机为可逆热机；如果制冷机的循环过程为可逆循环，则称该制冷机为可逆制冷机；否则，称为不可逆热机和不可逆制冷机。利用热力学第二定律可以直接得到如下推论：

(1)在相同的高温热源和相同的低温热源之间工作的一切可逆热机，其效率都相等，与工作物质无关，即

$$\eta_{\text{可逆}}=\frac{Q_1-Q_2}{Q_1}=\frac{T_1-T_2}{T_1} \tag{13-37}$$

(2) 在相同的高温热源和相同的低温热源之间工作的一切不可逆热机，其效率都不可能大于可逆热机的效率，即

$$\eta_{\text{不可逆}}=\frac{Q_1-Q_2}{Q_1}<\frac{T_1-T_2}{T_1} \tag{13-38}$$

这一结论是由卡诺在 1824 年提出的，称为**卡诺定理**。

对于制冷机的效能，相应的结论有：

(1) 在相同的高温热源和相同的低温热源之间的一切可逆制冷机。其制冷系数都相等，与工作物质无关，即

$$e_{\text{可逆}}=\frac{Q_2}{Q_1-Q_2}=\frac{T_2}{T_1-T_2} \tag{13-39}$$

(2) 在相同的高温热源和相同的低温热源之间工作的一切不可逆制冷机，其制冷系数不可能大于可逆制机的制冷系数，即

$$e_{\text{不可逆}}=\frac{Q_2}{Q_1-Q_2}<\frac{T_2}{T_1-T_2} \tag{13-40}$$

*第六节 熵 熵增加原理

水往低处流是因为水的末位置比初始位置低，与此现象类似，自发的热力学过程具有方向性，说明热力学系统所处的“位置”(即某个态函数)在初、末态上有差异。本节将在热力学第二定律的基础上引入热力学系统的这一态函数，并将其称为熵。

一、克劳修斯等式与不等式

克劳修斯在卡诺定理的基础上进一步研究，建立了克劳修斯不等式。用 η 表示可逆热机和不可逆热机的效率，综合卡诺定理(1)、(2)两条，有

$$\eta=\frac{Q_1-Q_2}{Q_1}\leqslant\frac{T_1-T_2}{T_1}$$

其中等号对应可逆热机，不等号对应不可逆热机。以上不等式也可写为

$$\frac{Q_1}{T_1}-\frac{Q_2}{T_2}\leqslant 0$$

上述两式中的 Q_1、Q_2 都表示吸热、放热的绝对值。考虑到 Q_2 是向低温热源放热，若令 Q_2 代表在 T_2 热源处吸收的热量，则上式可改写为

$$\frac{Q_1}{T_1}+\frac{Q_2}{T_2}\leqslant 0$$

该式说明，当一个热力学系统从某初态出发，依次与两个温度为 T_1 和 T_2 的热源接触，并吸热 Q_1 和 Q_2，然后回到初态，则在这两个热源吸收的热量和对应热源温度的比值之和 $\frac{Q_1}{T_1}+\frac{Q_2}{T_2}$ 不大于零。对可逆卡诺循环热温比之和等于零，不可逆卡诺循环热温比之和小于零。

若考虑任一个可逆循环，如图 13-20 所示，该循环可认为是由一系列微小可逆卡诺循环组成，对第 i 个小可逆卡诺循环，有

$$\frac{\Delta Q_{i1}}{T_{i1}}+\frac{\Delta Q_{i2}}{T_{i2}}=0$$

将所有可逆卡诺循环加一起，则

$$\sum_i \frac{\Delta Q_i}{T_i}=0$$

若微小卡诺循环为无限小时，此时的求和变为积分形式：

$$\oint_{\text{可逆}} \frac{\mathrm{d}Q}{T}=0$$

对于不可逆循环，上式可变为

$$\oint_{\text{不可逆}} \frac{\mathrm{d}Q}{T}<0$$

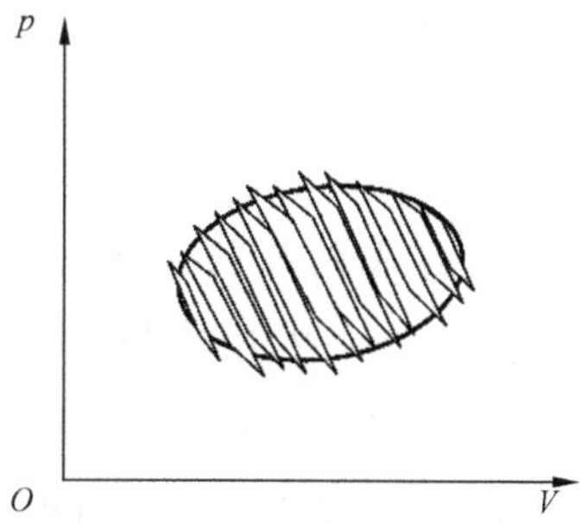

图 13-20 可逆循环微分图

系统在任意一个不可逆循环过程中热温比的积分一定小于零，将其称为**克劳修斯不等式**。

在两个积分中，dQ 为系统在任一微过程中从外界热源吸收的热量，T 为热源的温度，对可逆循环 T 同时也是系统的温度。将两个积分合并后，得

$$\oint \frac{\mathrm{d}Q}{T}\leqslant 0 \tag{13-41}$$

这说明系统在任意一个循环过程中热温比的积分一定不大于零。

二、熵的概念

可逆循环过程应满足克劳修斯等式

$$\oint \frac{\mathrm{d}Q}{T}=0$$

该式表明，对于任何物质，热温比沿任何可逆循环的积分为零。

如图 13-21 所示，环路积分可分成两段积分：

$$\int_{\mathrm{I}\,A}^{B} \frac{\mathrm{d}Q}{T}+\int_{\mathrm{II}\,B}^{A} \frac{\mathrm{d}Q}{T}=0$$

即

$$\int_{\mathrm{I}\,A}^{B} \frac{\mathrm{d}Q}{T}=\int_{\mathrm{II}\,A}^{B} \frac{\mathrm{d}Q}{T}$$

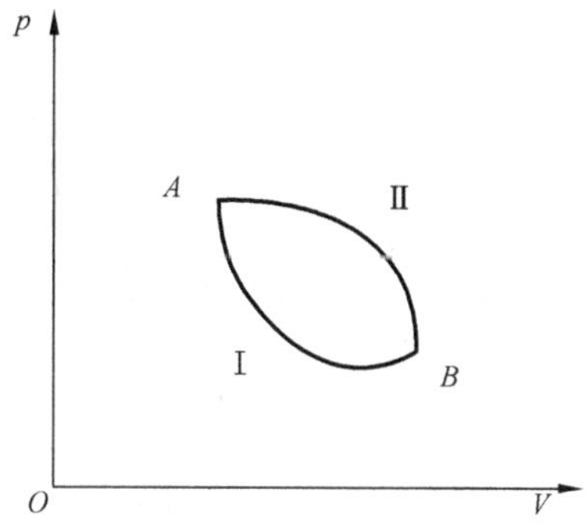

图 13-21 可逆循环

上式表明，对于两个不同的可逆过程，初态和终态确定后，在这两个状态之间的热温比的积分值只与初态和末态有关系，而与具体的可逆过程无关。这样，通过热温比沿可逆过程的积分，克劳修斯引入态函数熵，用 S 表示，S 在两个平衡态 A、B

之间的差值定义为

$$S_B - S_A = \int_{A(\text{可逆})}^{B} \frac{dQ}{T} = \int_A^B dS \tag{13-42}$$

积分沿由 A 到 B 的任意可逆路径进行。S_A 和 S_B 分别表示系统在状态 A 和状态 B 的熵,该式表明,在一热力学过程中,系统从初态 A 变化到末态 B 时,系统熵的增量等于初态 A 和末态 B 之间任一可逆过程热温比的积分。显然,式(13-42)只给出了两个状态的熵函数的差值,熵函数可以有任意的相加常数。由式(13-42)定义的熵具有可加性,即系统的熵变等于各子系统的熵变之和。熵的单位是 $J \cdot K^{-1}$,即焦耳每开尔文。

特别要注意的是,积分 $\int_{A(\text{可逆})}^{B} \frac{dQ}{T}$ 的值仅仅对于可逆过程才与路径无关。如果系统经历不可逆过程由平衡态 A 到平衡态 B,由于熵是状态的单值函数,系统熵的变化也是确定的,与过程是不是可逆过程无关。这样,求 B、A 两状态的熵差时,可预先在 A、B 两状态之间设计一个可逆过程,然后由式(13-42)进行计算。

由式(13-42)可知,对于无限小的可逆过程,有

$$dS = \frac{dQ}{T} \tag{13-43}$$

如图 13-22 所示的不可逆循环由可逆路径Ⅱ和不可逆路径Ⅰ组成(不可逆路径在 p-V 图上用虚线表示,以示与可逆路径的区别)。不可逆循环应满足劳修斯不等式

$$\oint \frac{dQ}{T} < 0$$

即

$$\int_{\substack{A\\ \text{Ⅰ}}}^{B} \frac{dQ}{T} + \int_{\substack{B\\ \text{Ⅱ}}}^{A} \frac{dQ}{T} < 0$$

$$\int_{\substack{A\\ \text{Ⅰ}}}^{B} \frac{dQ}{T} < \int_{\substack{A\\ \text{Ⅱ}}}^{B} \frac{dQ}{T}$$

由于路径Ⅱ是可逆路径,故 $S_B - S_A = \int_{A(\text{可逆})}^{B} \frac{dQ}{T} = \int_A^B dS$,注意到路径Ⅰ是不可逆的,有

$$\int_{A(\text{不可逆})}^{B} \frac{dQ}{T} < \Delta S \tag{13-44}$$

对于一个无限小过程,有

$$dS \geqslant \frac{dQ}{T} \tag{13-45}$$

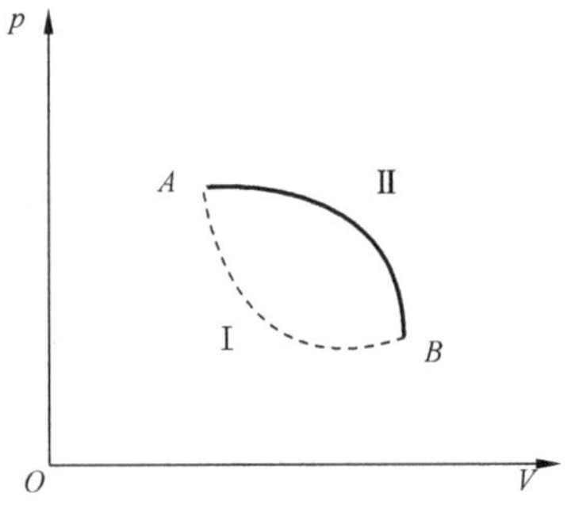

图 13-22 不可逆循环

式(13-45)中,等号对应于可逆过程,不等号对应于不可逆过程。

三、熵增加原理

由式(13-45)可知,在孤立系统或绝热系统内部发生的过程,一定有 $dQ=0$,这时

$$dS \geqslant 0 \tag{13-46}$$

该式表明,一个孤立系统或绝热系统的熵永不减少,将这一结论称为**熵增加原理**。

可见,孤立系统或绝热系统中的可逆过程,其熵不变;孤立系统或绝热系统中的不可逆过程其熵一定增大,平衡态对应于熵最大的状态。

这里应该说明:

(1) 熵增加原理为热力学第二定律的数学表述,以定量的方式指出了自发过程的方向。

(2) 若系统处在非平衡态,这时可将系统划分为一系列子系统,只要系统不是远离平衡态,所有子系统可认为处在各自的平衡态上,系统的熵为各子系统熵之和,即

$$S=\sum_i S_i$$

设一个孤立系开始处在非平衡态,过程进行的方向一定是趋向平衡态,即在自发过程中以平衡态的熵最大。

(3) 对于非绝热系统或非孤立系统,由于有热量的交换,系统的熵可以减少。一般系统的熵变由两部分构成(熵流 dS_e 和熵产生 dS_i):

$$dS=dS_i+dS_e \tag{13-47}$$

熵流 dS_e 是外界流入系统的熵,系统吸热 $dS_e>0$,放热 $dS_e<0$,绝热 $dS_e=0$;熵产生 dS_i 是系统内部产生的,是由于过程的不可逆性引起的,对不可逆过程 $dS_i>0$,可逆过程 $dS_i=0$,对任意过程熵产生不可能小于零。

在孤立系统或绝热系统中 $dS_e=0$,这时系统的熵变等于熵产生,即

$$dS=dS_i \geqslant 0$$

熵增加原理的根源在于熵产生不小于零。熵增加原理指出了自然界中过程演化的方向,是最重要的自然规律之一。熵的概念突破了物理学和自然科学的界限,在信息、生物、经济和社会学等领域已得到了广泛的应用。

例 13-9

有一绝热容器,用一隔板把容器分为两部分,其体积分别为 V_1 和 V_2,V_1 内有 N 个分子的理想气体,V_2 为真空。若把隔板抽掉,试求气体重新平衡后熵增加多少?

解 气体自由膨胀过程显然是一个不可逆过程,为了计算熵变,必须设想一个可逆过程,因为过程是绝热的,且与外界没有功交换,因此系统内能不变即 $dE=0$。所以,可以设想由状

态 V_1 膨胀到 V_1+V_2 的过程经历的是可逆的等温膨胀过程，它吸收的热量为

$$dQ_{可逆}=p\,dV$$

根据熵变公式

$$S_2-S_1=\int\frac{dQ}{T}=\int\frac{p\,dV}{T}$$

又根据

$$p=nkT=\frac{NkT}{V}$$

代入上式得

$$S_2-S_1=Nk\int_{V_1}^{V_1+V_2}\frac{dV}{V}=Nk\ln\frac{V_1+V_2}{V_1}$$

由于 $V_1+V_2>V_1$，所以 $S_2-S_1>0$，因此，自由膨胀过程是沿着熵增加的方向进行的。

例 13-10

求 1 kg 的水在恒压下由 0 ℃的水变到 100 ℃水蒸气的熵变(水的比热为 4.18 $kJ\cdot kg^{-1}\cdot K^{-1}$；汽化热为 $\lambda=2\ 253\ kJ\cdot kg^{-1}$)。

解 根据熵值具有可加性，总的熵变等于由 0 ℃的水变到 100 ℃水和由 100 ℃水变到 100 ℃水蒸气两者熵值增加之和。

先计算由 0 ℃的水变到 100 ℃水的熵变。先设想该过程是一个可逆等压过程，它是利用从 $T_1=273$ K 到 $T_2=373$ K 之间一系列温度相差无限小的恒温热源对系统无限缓慢地供热来完成的，则系统的熵变为

$$S_B-S_A=\int_A^B\frac{dQ_p}{T}=\int_{T_1}^{T_2}\frac{mc\,dT}{T}=mc\ln\frac{T_2}{T_1}=1\times4.18\ln\frac{373}{273}\approx1.30\ (kJ\cdot K^{-1})$$

再计算由 100 ℃水变到 100 ℃水蒸气的熵变，由于汽化过程温度不变，可设想为一个可逆等温过程，其熵变为

$$S_C-S_B=\int_B^C\frac{dQ_T}{T}=\frac{m\lambda}{T}$$

式中，λ 为水的汽化热，其值为 $\lambda=2\ 253\ kJ\cdot K^{-1}$，代入上式得

$$S_C-S_B=\frac{1\times2\ 253}{373}\approx6.04\ (kJ\cdot K^{-1})$$

所以，由 0 ℃的水变为 100 ℃水蒸气的熵变为

$$\Delta S_{AC}=S_C-S_A=(S_C-S_B)+(S_B-S_A)=1.30+6.04=7.34\ (kJ\cdot K^{-1})$$

说明水升温汽化过程熵是增加的。

本章提要

1. 热力学第一定律：$Q=\Delta E+A$

2. 热容 C 定义：$C=\frac{\mathrm{d}Q}{\mathrm{d}T}$

定压摩尔热容：$C_{p,\mathrm{m}}=\frac{\mathrm{d}Q_p}{\mathrm{d}T}$

定体摩尔热容：$C_{V,\mathrm{m}}=\frac{\mathrm{d}Q_V}{\mathrm{d}T}$

3. $C_{p,\mathrm{m}}$ 和 $C_{V,\mathrm{m}}$ 的关系：$C_{V,\mathrm{m}}=\frac{i}{2}R$ ，$C_{p,\mathrm{m}}=\frac{i+2}{2}R$

迈耶公式：$C_{p,\mathrm{m}}=C_{V,\mathrm{m}}+R$

4. 比热容：$\gamma=\frac{C_{p,\mathrm{m}}}{C_{V,\mathrm{m}}}=\frac{C_{V,\mathrm{m}}+R}{C_{V,\mathrm{m}}}=1+\frac{R}{C_{V,\mathrm{m}}}=\frac{i+2}{i}$

5. 等体过程

特征方程：$V=$恒量，$\frac{p_1}{T_1}=\frac{p_2}{T_2}$

图像：在 p-V 图中可表示为平行于 p 轴的一条线段

系统对外做功：$\mathrm{d}A_V=p\mathrm{d}V=0$

系统吸收的热量和内能增量：$Q_V=\Delta E=\mu\frac{i}{2}R(T_2-T_1)=\mu\frac{i}{2}R\Delta T$

6. 等压过程

特征方程：$p=$恒量，$\frac{V_1}{T_1}=\frac{V_2}{T_2}$

图像：在 p-V 图中可表示为平行于 V 轴的一条线段

系统对外做功：$A=p(V_2-V_1)$

系统吸收的热量：$Q_p=\mu\frac{i+2}{2}R(T_2-T_1)=\mu C_{p,\mathrm{m}}(T_2-T_1)$

系统内能增量：$\Delta E=\mu\frac{i}{2}R\Delta T$

7. 等温过程

特征方程：$T=$恒量，$p_1V_1=p_2V_2$

图像:在 p-V 图中可表示为第一象限的双曲线

系统对外做功:$A_T=\mu RT\ln\frac{p_1}{p_2}$

系统吸收的热量:$Q_T=A_T=\mu RT\ln\frac{p_1}{p_2}$

系统内能增量:$\Delta E=0$

8. 绝热过程

特征方程:$pV^\gamma=$常数;$V^{\gamma-1}T=$常数;$p^{\gamma-1}T^{-\gamma}=$常数

图像:在 p-V 图中可表示为第一象限的曲线

系统对外做功:$A_S=\frac{1}{\gamma-1}(p_1V_1-p_2V_2)$

系统吸收的热量:$Q=0$

系统内能增量:$\Delta E=\mu\frac{i}{2}R\Delta T$

9. 多方过程 $pV^n=C$(常数)

当 $n=0$,$p=$常量,为等压过程;

当 $n=1$,$pV=$常量,为等温过程;

当 $n=\gamma$,$pV^\gamma=$常量,为绝热过程;

当 $n\to\infty$,$p^{1/n}V=$常量,即 $V=$常量,为等容过程。

10. 热机效率:$\eta=\frac{A}{Q_1}=\frac{Q_1-Q_2}{Q_1}=1-\frac{Q_2}{Q_1}$

11. 制冷系数:$e=\frac{Q_2}{A}=\frac{Q_2}{Q_1-Q_2}$

12. 热力学第二定律的开尔文表述:不可能从单一热源吸收热量,使之完全变为有用功而不产生其他影响。

13. 热力学第二定律的克劳修斯表述:不可能把热量从低温物体传到高温物体而不引起其他变化,或不可能使热量自动从低温物体传到高温物体。

14. 卡诺定理

(1) 在相同的高温热源和相同的低温热源之间工作的一切可逆热机,其效率都相等,与工作物质无关,即

$$\eta_{\text{可逆}}=\frac{Q_1-Q_2}{Q_1}=\frac{T_1-T_2}{T_1}$$

(2) 在相同的高温热源和相同的低温热源之间工作的一切不可逆热机,其效率都不可能

大于可逆热机的效率，即

$$\eta_{\text{不可逆}} = \frac{Q_1 - Q_2}{Q_1} < \frac{T_1 - T_2}{T_1}$$

15. 熵增加原理：$\Delta S \geqslant 0$，孤立系统中的可逆过程，其熵不变；孤立系统中的不可逆过程其熵增加，平衡态对应于熵最大的状态。

思　考　题

13-1　分析下列两种说法是否正确：

(1) 物体的温度愈高，则热量愈多？

(2) 物体的温度愈高，则内能愈大？

13-2　小球作非弹性碰撞时会产生热，作弹性碰撞时则不会产生热。气体分子碰撞是弹性的，为什么气体会有热能？

13-3　理想气体的内能是状态的单值函数，对理想气体内能的意义作下面的几种理解是否正确？

(1) 气体处在一定的状态，就具有一定的内能；

(2) 对应于某一状态的内能是可以直接测定的；

(3) 对应于某一状态，内能只具有一个数值，不可能有两个或两个以上的值；

(4) 当理想气体的状态改变时，内能一定跟着改变。

13-4　系统由某一初状态开始，进行不同的过程，问在下列两种情况中，各过程所引起的内能变化是否相同？

(1) 各过程所做的功相同；

(2) 各过程所做的功相同，并且与外界交换的热量也相同。

13-5　摩尔数相同的三种理想气体：氧、氮和二氧化碳，从相同的初状态开始进行等体吸热，如果吸热相同，问温度升高是否相同？压强增加是否相同？

13-6　两个一样的气缸，在相同的温度下作等温膨胀，其中一个膨胀到体积增为原来体积的两倍时停止；另一个则膨胀到压强降为原来压强的一半时停止。问它们对外所做的功是否相同？

13-7　为什么气体的比热容的数值可以有无穷多个？什么情况下气体的比热容为零？什么情况下气体的比热容为无穷大？什么情况下是正？什么情况下是负？

13-8　两条等温线能否相交？能否相切？

13-9 解释下面两个现象：

(1) 为什么热的空气能上升？

(2) 由于热空气上升，在房子里，天花板附近的空气的温度较高，但在高空处为什么愈高而温度愈低？

13-10 突然打开装有压缩空气的瓶子的瓶塞，使空气跑出来，让瓶内压强和大气相同，又立刻重新塞上瓶塞。稍过一会儿，瓶内的压强又大于大气的压强，这现象如何解释？

习 题

13-1 选择题

(1) 以下说法正确的是( )。

(A) 功可以完全变成热，但热不能完全变成功

(B) 热量只能从高温物体传到低温物体，不能从低温物体传到高温物体

(C) 可逆过程就是能沿反方向进行的过程，不可逆过程就是不能沿反方向进行的过程

(D) 所有真实发生的过程都是不可逆的

(2) 如图所示，当气缸中的活塞迅速向外移动从而使气体膨胀时，气体所经历的过程( )。

(A) 是平衡过程，它能用 p-V 图上的一条曲线表示

(B) 不是平衡过程，但是能用 p-V 图上的一条曲线表示

(C) 不是平衡过程，不能用 p-V 图上的一条曲线表示

(D) 是平衡过程，但不能用 p-V 图上的一条曲线表示

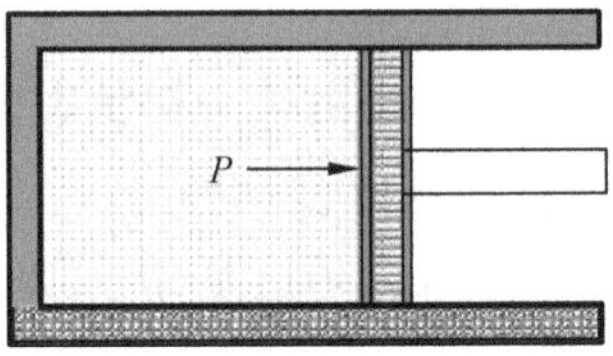

选择题(2)图

(3) 质量一定的理想气体，从相同状态出发，分别经历等温过程、等压过程和绝热过程，使其体积增加一倍，那么气体温度的改变(绝对值)在( )。

(A) 绝热过程中最大，等压过程中最小

(B) 绝热过程中最大，等温过程中最小

(C) 等压过程中最大，绝热过程中最小

(D) 等压过程中最大，等温过程中最小

(4) 理想气体向真空作绝热膨胀( )。

(A) 膨胀后,温度不变,压强减小

(B) 膨胀后,温度降低,压强减小

(C) 膨胀后,温度升高,压强减小

(D) 膨胀后,温度不变,压强不变

(5) 热力学第二定律表明( )。

(A) 不可能从单一热源吸收热量使之全部变为有用的功

(B) 在一个可逆过程中,工作物质净吸热等于对外做的功

(C) 摩擦生热的过程是不可逆的

(D) 热量不可能从低温物体向高温物体传递

13-2 1 mol 气体作准静态等温膨胀,由初体积 $V_{i,m}$ 变成终体积 $V_{f,m}$,试计算如下过程中所做的功。若物态方程式是

(1) $p(V_m-b)=RT$ (R、b 是常数);

(2) $pV_m=RT\left(1-\dfrac{B}{V_m}\right)$ [R 是常数,$B=f(T)$]。

13-3 利用大气压随高度变化的微分公式 $\mathrm{d}p/p=-(M_m g/RT)\mathrm{d}z$,证明高度 h 处的大气压强为

$$p=p_0\left(1-\frac{M_m gh}{C_{p,m}T_0}\right)^{\gamma/(\gamma-1)}$$

其中 T_0 和 p_0 分别为地面的温度和压强,M_m 为空气的平均摩尔质量。假设上升空气的膨胀是准静态绝热过程。

13-4 用绝热壁做成一圆柱形的容器,在容器中间放置一无摩擦的、绝热的可动活塞,活塞两侧各有 μ mol 的理想气体。设气体定体摩尔热容 $C_{V,m}$ 为常数,$\gamma=1.5$。将一通电线圈放在活塞左侧气体中,对气体缓慢加热。左侧气体膨胀,同时通过活塞压缩右方气体,最后使右方气体压强增为 $(27/8)p_0$。试问:

(1)对活塞右侧气体做了多少功?

(2)右侧气体的终温是多少?

(3)左侧气体的终温是多少?

(4)左侧气体吸收了多少热量?

13-5 如图所示,一系统由状态 a 沿 acb 到达状态 b 的过程中,有 350 J 热量传入系统,而系统做功 126 J。

(1) 若沿 adb 时,系统做功 42 J,问有多少热量传入系统?

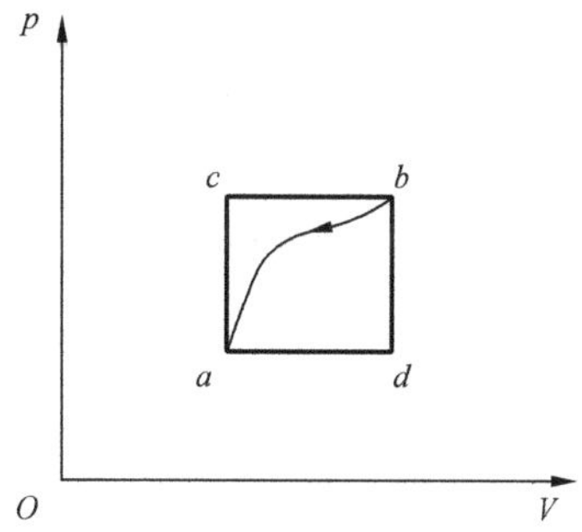

习题 13-5 图

(2) 若系统由状态 b 沿曲线 ba 返回状态 a 时,外界对系统做功为 84 J,试问系统是吸热还是放热?热量传递是多少?

13-6 1 mol 单原子理想气体从 300 K 加热到 350 K,问在下列两个过程中吸收了多少热量?增加了多少内能?对外做了多少功?

(1) 体积保持不变;

(2) 压强保持不变。

13-7 一个绝热容器中盛有摩尔质量为 M_{mol},比热容比为 γ 的理想气体,整个容器以速度 v 运动,若容器突然停止运动,求气体温度的升高量(设气体分子的机械能全部转变为内能)。

13-8 理想气体由初状态(p_1,V_1)经绝热膨胀至末状态(p_2,V_2)。试证此过程中气体所做的功为 $A=\dfrac{p_1V_1-p_2V_2}{\gamma-1}$,式中 γ 为气体的比热容比。

13-9 如图所示是一理想气体所经历的循环过程,其中 AB 和 CD 是等压过程,BC 和 DA 为绝热过程,已知 B 点和 C 点的温度分别为 T_2 和 T_3,求此循环效率。这是卡诺循环吗?

13-10 如图所示为一定量的理想气体所经历的循环过程的 T-V 图,其中 CA 为绝热过程,状态 $A(T_1,V_1)$ 和状态 $B(T_1,V_2)$ 为已知。求:

(1) 状态 C 的 p、V、T(设气体的 γ 和摩尔数已知);

(2) 在 AB、BC 两过程中工作物质与热源所交换的热量,是吸热还是放热?

(3)循环的效率。

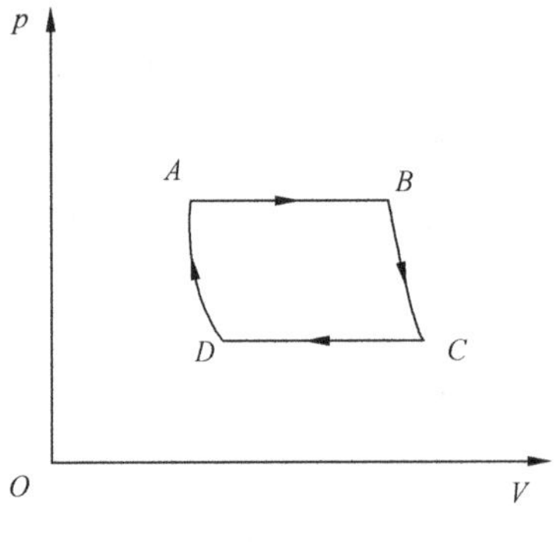

习题 13-9 图

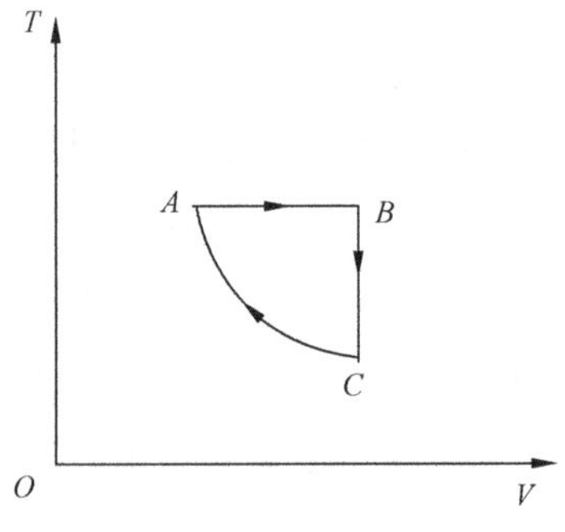

习题 13-10 图

第十四章　狭义相对论

20 世纪初，爱因斯坦在察觉到经典力学的相对性原理与麦克斯韦电磁理论相矛盾后，以“相对性原理”和“光速不变原理”两个基本假设为基础建立了狭义相对论，提出了新的时空观和物质观。相对论和量子论是近代物理学的两大理论支柱，是现代高新技术的理论基础。相对论分为适用于惯性参考系的狭义相对论和适用于一般参考系的广义相对论。广义相对论考虑物质质量对时空的影响，是关于引力的理论。狭义相对论不考虑质量对时空的影响，是相对论的特殊情况。本章只对狭义相对论的基本内容作简要介绍。

第一节　伽利略坐标变换式　力学相对性原理

在狭义相对论建立之前，经典力学与绝对时空观相联系，即时间和空间都是绝对的，二者之间没有任何联系。因此，绝对时空观认为时间的量度（如时间间隔）和空间的量度（如两点间的距离）在不同的惯性参考系中都是相同的。

一、伽利略坐标变换式

经典力学中的伽利略坐标变换式是以绝对时空观为依据建立的。

如图 14-1 所示，两个惯性参考系 S 和 S'，它们的对应坐标轴相互平行，且 x 轴与 x' 轴相互重合。起始时刻（即，$t=t'=0$）两个惯性系的原点重合，S' 系相对于 S 系以速度 $\boldsymbol{u}$ 沿 x 轴正方向运动。依照上述规定，同一质点在 S 系中的时空坐标 (x, y, z, t) 和在 S' 系中的时空坐标 (x', y', z', t') 之间有如下关系

$$\begin{cases} x' = x - ut \\ y' = y \\ z' = z \\ t' = t \end{cases} \tag{14-1}$$

式(14-1)就是两个惯性系之间的**伽利略坐标变换式**。

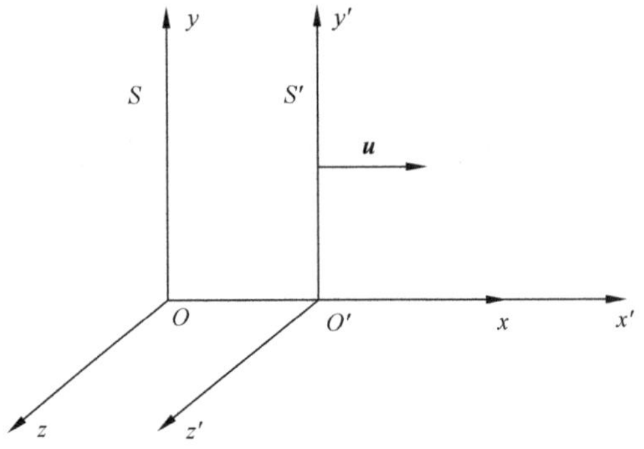

图 14-1 惯性系 S' 相对惯性系 S 做匀速直线运动

由伽利略变换式可以得出：

(1) 时间的量度是绝对的，与惯性参考系的运动状态无关。所有惯性系中的时间是相同的，即 $t'=t$。由此得出，同一事件在不同惯性系中所经历的时间间隔相同，即 $\Delta t'=\Delta t$。

(2) 在不同的惯性系中，同一时刻对两点间距离进行测量，结果也是相同的，即 $\Delta L'=\Delta L$。这表明空间的量度也是绝对的，与惯性参考系的运动状态无关。

总之，在伽利略变换下，时间与空间均与参考系的运动状态无关，时间与空间互不联系，都是绝对的。

二、力学相对性原理

由式(14-1)可得，质点的速度和加速度在两个惯性参考系中的对应关系为

$$\boldsymbol{v}'=\boldsymbol{v}-\boldsymbol{u},\boldsymbol{a}'=\boldsymbol{a} \tag{14-2}$$

可见，在伽利略变换下，物体的运动速度是相对的，加速度是绝对的。经典力学认为质点的质量和其运动速度没有关系，因而不受参考系的影响；质点间的作用力只跟质点的相对位置或相对运动有关，与参考系无关。所以，在伽利略变换下，不同惯性系中的力 $\boldsymbol{F}$ 和质量 m 不变，即 $\boldsymbol{F}'=\boldsymbol{F},m'=m$。

设在惯性参考系 S 中，牛顿第二定律成立，$\boldsymbol{F}=m\boldsymbol{a}$，那么，在惯性参考系 S' 中必然有

$$\boldsymbol{F}'=m'\boldsymbol{a}' \tag{14-3}$$

这说明在所有惯性系中力学定律(包括牛顿运动定律、能量守恒定律、动量守恒定律和角动量守恒定律)都相同，是等价的，具有相同的数学表述。这就是牛顿力学的相对性原理。

由于力学定律在伽利略变换下是不变的，所以，从某种意义上说，伽利略变换是力学相对性原理的数学表达。

三、伽利略变换与经典电磁理论的矛盾

在物体的运动速度远低于真空中的光速时，牛顿力学定律和伽利略变换原则上可以解决任何惯性系中物体的运动问题。然而，涉及电磁现象时，麦克斯韦电磁理论给出真空中电磁波的传播速度与光速相同，即 $c=(\varepsilon_0\mu_0)^{-1/2}$，其中，$\varepsilon_0$ 和 μ_0 是两个电磁学常量，与参考系无关。所以，在所有的惯性系中光速是恒定不变的。这与伽利略变换式给出的“运动速度是相对的”这一结论相矛盾。由此看来，伽利略变换对电磁现象不适用。因此，同属经典物理学的经典力学和经典电磁学具有完全不同的性质，说明经典电磁学不满足相对性原理。

第二节 狭义相对论基本原理 洛伦兹变换

爱因斯坦认为相对性原理应该具有普适性，电磁现象和牛顿力学一样也是服从相对性原理的。既然伽利略变换不适用于电磁现象，那么，是否存在另一种变换，使麦克斯韦方程对它具有不变性，从而使它满足相对性原理呢？

一、狭义相对论的两个基本假设

1905 年，爱因斯坦在他的论文《论运动物体的电动力学》中提出如下两条基本假设：

(1) 相对性原理：基本物理定律在所有的惯性系中都相同。

“在所有的惯性系中都相同”意思是指在某一变换下不变。相对性原理表明一切惯性系都是等价的。这一原理是力学相对性原理的推广，使相对性原理不仅适用于力学现象，也适用于电磁现象以及所有物理现象。

(2) 光速不变原理：在所有惯性系中，光在真空中的光速具有相同的值 c。

光速不变原理表明在任何惯性系中，光在真空中的速率都相等，与光源和观察者的相对运动无关。这一结论来自电动力学的成果，它也为很多精确的实验和观察所证实。

基于以上两条基本假设，爱因斯坦建立起一套完整的理论——狭义相对论，从而把物理学推到了一个崭新的阶段。狭义相对论指出了经典时空观的局限性，使人类的时空观念发生了根本性的变革。

二、洛伦兹变换

假设 S'系和 S 系是两个相对做匀速直线运动的惯性系，如图 14-2 所示。规定 S'系和 S 系相应的坐标轴互相平行，S'系沿 S 系的 x 轴正方向以速度 $\boldsymbol{u}$ 运动，起始时(即 $t=t'=0$)两

个坐标系的原点重合,它们的时钟都指示零。在这两个惯性系之间推导新的变换,新变换要符合狭义相对论的两个基本假设。

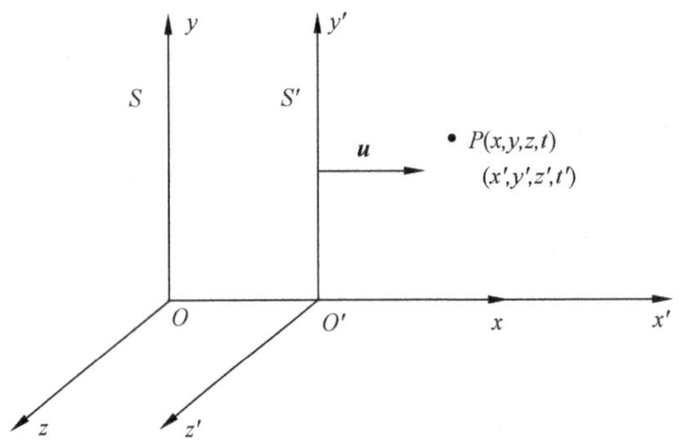

图 14-2 洛伦兹变换式用图

尽管伽利略变换是经典时空观的集中体现,它不遵守光速不变原理,但它在一定条件下仍是具有普遍意义的规律,当运动速度远小于真空中的光速时,新变换应该能过渡到伽利略变换。参照伽利略变换,可以推想新变换也应是线性的,同时,只在相对运动方向上时空坐标会出现在同一方程中。于是,可以简单地假设

$$x' = k(x - ut) \tag{14-4}$$

式中,k 是比例系数。考虑到 S 系和 S'系做相对运动,还应有

$$x = k(x' + ut') \tag{14-5}$$

由式(14-4)和式(14-5)得到

$$t' = kt - \frac{k^2 - 1}{ku}x \tag{14-6}$$

$$t = kt' + \frac{k^2 - 1}{ku}x' \tag{14-7}$$

根据狭义相对论的第二个基本假定,当初始条件 $t = t' = 0$ 时,两惯性系的原点重合。此时,若原点处有一点光源发出光脉冲,在 S 系和 S'系中分别观察时,都以速率 c 向各方向传播,于是,光在 x 轴和 x'轴正方向上的传播距离分别为

$$x = ct \tag{14-8}$$

$$x' = ct' \tag{14-9}$$

由式(14-4)、(14-5)、(14-8)和式(14-9)得到

$$k = \frac{1}{\sqrt{1 - \frac{u^2}{c^2}}} = \frac{1}{\sqrt{1 - \beta^2}}, \beta = \frac{u}{c} \tag{14-10}$$

将式(14-10)代入式(14-4)、(14-6)得到

$$x' = \frac{x - ut}{\sqrt{1-\beta^2}}, t' = \frac{t - \frac{u}{c^2}x}{\sqrt{1-\beta^2}}$$

因而,同一事件在两惯性系 S 和 S'中的时空坐标变换关系为

$$\begin{cases} x' = \dfrac{x - ut}{\sqrt{1-\beta^2}} \\ y' = y \\ z' = z \\ t' = \dfrac{t - \frac{u}{c^2}x}{\sqrt{1-\beta^2}} \end{cases} \tag{14-11}$$

同样,将式(14-10)代入式(14-5)和(14-7)可以得到

$$\begin{cases} x = \dfrac{x' + ut'}{\sqrt{1-\beta^2}} \\ y = y' \\ z = z' \\ t = \dfrac{t' + \frac{u}{c^2}x'}{\sqrt{1-\beta^2}} \end{cases} \tag{14-12}$$

式(14-11)被称为**洛伦兹变换**,式(14-12)是其逆变换。

从洛伦兹变换可以看出如下性质:

(1) $u<c$ 时,才能保证变换式中不出现虚数,因此一切物体的运动速度不能超过真空中的光速 c。

(2) $u \ll c$ 时,洛伦兹变换就过渡到伽利略变换。

三、相对论速度变换

现在讨论同一运动质点在 S 系和 S'系中速度之间的变换关系。对洛伦兹变换式(14-11)求微分得到

$$\mathrm{d}x' = \frac{\mathrm{d}x - u\,\mathrm{d}t}{\sqrt{1-\beta^2}}, \mathrm{d}y' = \mathrm{d}y, \mathrm{d}z' = \mathrm{d}z, \mathrm{d}t' = \frac{\mathrm{d}t - \frac{u}{c^2}\mathrm{d}x}{\sqrt{1-\beta^2}} \tag{14-13}$$

将式(14-13)中第一、二、三式分别除以第四式,便可得到速度之间的变换关系:

$$v'_x=\frac{v_x-u}{1-\frac{u}{c^2}v_x},v'_y=\frac{v_y\sqrt{1-\beta^2}}{1-\frac{u}{c^2}v_x},v'_z=\frac{v_z\sqrt{1-\beta^2}}{1-\frac{u}{c^2}v_x} \tag{14-14}$$

式(14-14)是由 S 系到 S'系的**相对论速度变换公式**。利用同样的方法,可以得到上述速度变换的逆变换如下

$$v_x=\frac{v'_x+u}{1+\frac{u}{c^2}v'_x},v_y=\frac{v'_y\sqrt{1-\beta^2}}{1+\frac{u}{c^2}v'_x},v_z=\frac{v'_z\sqrt{1-\beta^2}}{1+\frac{u}{c^2}v'_x} \tag{14-15}$$

由相对论的速度变换式可知:

(1) 当 $u\ll c$ 时,又回到伽利略速度变换式。

(2) 尽管 $y'=y$、$z'=z$,但是 $v'_y\neq v_y$、$v'_z\neq v_z$。

(3) 速度变换仍遵循光速不变原理。

第三节 狭义相对论的时空观

在洛伦兹变换下,时间与距离的量度随惯性参考系的不同而不同,这与我们日常经验大相径庭,但这些结论却被近代高能物理中的许多实验所证实。下面我们讨论同时性的相对性、时间膨胀和长度收缩。

一、同时性的相对性

根据伽利略变换,在惯性系 S 中观察者观测到两事件同时发生,则在另一惯性系 S'中观察者也观测到两事件同时发生。因此,同时是绝对的。

但在狭义相对论中,时间和时间间隔都与观察者的运动状态相关。一个惯性系中同时发生的两个事件,在另一个惯性系中观测就未必是同时发生的。

设在 S 系中,观测到两个不同地点同时发生了事件 A 和 B,它们的时空坐标分别为 $A(x_1,y_1,z_1,t_1)$和 $B(x_2,y_2,z_2,t_2)$。因为两个事件同时发生,所以 $t_1=t_2$。而在 S'系中,观测这两个事件的发生时间分别为 t'_1 和 t'_2,其时间间隔为 $\Delta t'=t'_2-t'_1$。由洛伦兹变换式(14-11)得到

$$\Delta t'=t'_2-t'_1=\frac{t_2-\frac{u}{c^2}x_2}{\sqrt{1-\beta^2}}-\frac{t_1-\frac{u}{c^2}x_1}{\sqrt{1-\beta^2}}=\frac{\frac{u}{c^2}(x_1-x_2)}{\sqrt{1-\beta^2}}\neq 0 \tag{14-16}$$

由此可见,在 S 系中两个不同地点同时发生的事件,在 S'系中看来不是同时发生的。这便

是同时性的相对性。由于运动是相对的，此效应也是互逆的，如果在 S'系中两个不同地点同时发生的事件，在 S 系中看来也不是同时发生的。只有两个事件是在同一个惯性系中同时、同地发生的，在不同惯性系看来两个事件才是同时的。可见，在狭义相对论中时空是紧密联系的。

二、时间膨胀

时间膨胀又叫运动的时钟变慢。考虑在运动的惯性系 S'中同一地点 x'处先后发生了两个事件，事件发生的时间是 t_1' 和 t_2'，时间间隔为 $\Delta t'=t_2'-t_1'$，常称 $\Delta t'$为固有时间 Δt_0。同样是这两个事件，在 S 系中的时间间隔为 $\Delta t=t_2-t_1$，利用洛伦兹变换式可得到

$$\Delta t=t_2-t_1=\frac{t_2'+\frac{u}{c^2}x'}{\sqrt{1-\beta^2}}-\frac{t_1'+\frac{u}{c^2}x'}{\sqrt{1-\beta^2}}=\frac{\Delta t'}{\sqrt{1-\beta^2}}=\frac{\Delta t_0}{\sqrt{1-\beta^2}} \tag{14-17}$$

由此可见，在 S'系中测得同一地点相继发生的两个事件的时间间隔为 $\Delta t'$，那么在 S 系中测得同样两个事件的时间间隔 Δt 比 $\Delta t'$长，或者说，相对于 S 系运动的时钟变慢了。反之，在 S 系中测得同一地点相继发生的两个事件的时间间隔为 Δt，那么在 S'系中测得的时间间隔 $\Delta t'$也比 Δt 长，这就是运动的时钟变慢效应。

例 14-1

在大气上层 9 000 m 处，宇宙射线中有 μ^-子，速率约为 $0.998c$，μ^-子在静止参考系中的平均寿命为 2×10^{-6} s，之后就会衰变为电子和中微子，试解释地面实验室为什么能接收到其信号？

解 在静止参考系中，若没有相对论的时间膨胀效应，按 μ^- 子的运动速率和平均寿命 $\Delta t'=2\times10^{-6}$ s 计算，它在衰变前走过的距离为

$$u\Delta t'=0.998c\times2\times10^{-6}=598.8(\mathrm{m})$$

这个距离远小于大气层到地面的距离，所以，它是不可能到达实验室的。

但是，考虑到时间膨胀效应，将运动参考系建立在 μ^- 子上，在地面参考系中观测，μ^- 子的平均寿命由式(14-17)求得

$$\Delta t=\frac{\Delta t'}{\sqrt{1-u^2/c^2}}=\frac{2\times10^{-6}}{\sqrt{1-0.998^2}}=3.16\times10^{-5}(\mathrm{s})$$

它在衰变前移动的距离为

$$u\Delta t=0.998c\times3.16\times10^{-5}=9\ 461(\mathrm{m})$$

所以，它能够到达地面，可被实验室接收到信号。

三、长度收缩

长度收缩又称洛伦兹收缩。把与待测物体相对静止的惯性系中测得的物体长度称为固

有长度,记作 L_0。设 S'系中沿 x'轴静止放置一根细棒,测得棒的固有长度为 $L_0=x'_2-x'_1$。在 S 系中 t 时刻同时测量棒的两端位置,得到两个端点的坐标分别为 x_1 和 x_2,则棒的长度为 $L=x_2-x_1$,叫作运动长度。由洛伦兹变换式可以得到棒的固有长度为

$$L_0=x'_2-x'_1=\frac{x_2-ut}{\sqrt{1-\beta^2}}-\frac{x_1-ut}{\sqrt{1-\beta^2}}=\frac{x_2-x_1}{\sqrt{1-\beta^2}}=\frac{L}{\sqrt{1-\beta^2}}$$

即

$$L=L_0\sqrt{1-\beta^2} \tag{14-18}$$

式(14-18)表明,在与待测物体做相对运动的惯性系中测量到的物体长度比其固有长度缩短了。由于运动的相对性,如果细棒静止于 S 系中,那么,在 S'系中测得的长度也是以相同的因子缩短的。长度收缩只发生在物体运动的方向上,在垂直于运动方向上不收缩。

例 14-2

一静止长度为 5 m 的飞船相对地球以 9 km·s^{-1} 的速率做直线运动,从地面上测量,飞船的长度是多少?

解 从地面上测得飞船的长度为

$$L=L_0\sqrt{1-\beta^2}=5\times\sqrt{1-[(9\times10^3)/(3\times10^8)]^2}=4.999\ 999\ 997\ 7(\mathrm{m})$$

这个结果比飞船固有长度只缩短了 2.3×10^{-9} m,差别极其微小,难以测出。

第四节 狭义相对论动力学

相对性原理要求物理定律在所有惯性系中具有相同的形式,描述物理定律的方程式应是满足洛伦兹变换的不变式。这样,描述粒子动力学的物理量都必须重新定义,如质量、动量和能量等,并且要求在低速近似下,它们可以过渡到经典力学中相对应的物理量。

一、质量与速度的关系

在经典力学中,质点的质量是一个与速度无关的常量。由动能定理可知,通过做功可以增加质点的动能,同时质点的速率也将增大。原则上质点速率的增量没有限制,但是实验上发现,通过在两电极之间施加电压的方法加速电子时,无论施加多大的电压都无法使电子的速率达到光速,这是经典力学不能解释的。这意味着物体的质量应该是速度的函数,不是一个常量。下面利用洛伦兹变换来推导相对论质量和速度的关系。

我们仍然定义质点动量等于其质量与速度的乘积,即 $\boldsymbol{p}=m\boldsymbol{v}$。假设在惯性系 S 中有一质量为 m 的粒子静止在 x_0 处,后由于内力作用分裂成质量相同的两个粒子 A 和 B,分别以速度 v 和

$-v$ 沿 x 轴运动,如图 14-3 所示。如果在粒子 A 上建立 S'坐标系,则 S'系以速度 v 沿 x 轴正方向运动。在 S'系中,由相对论速度变换公式得到分裂后的粒子 A 和粒子 B 的速度分别为

$$v'_A = 0, v'_B = \frac{-2v}{1+\frac{v^2}{c^2}} \tag{14-19}$$

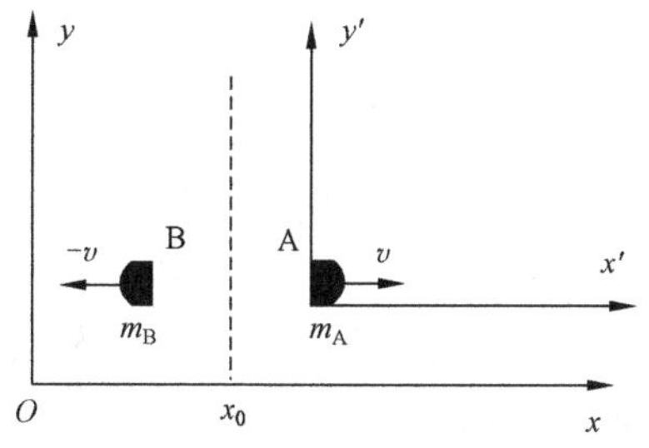

图 14-3　质速关系

可解得

$$v = -\frac{c^2}{v'_B}\left(1-\sqrt{1-\frac{v'^2_B}{c^2}}\right) \tag{14-20}$$

在 S 系中观察,粒子分裂后质心位置不变,仍在 x_0 处。但在 S'系中看来质心以 $-v$ 沿 x 轴负方向运动,此速度也可由质心的定义求出,即

$$v'_0 = -v = \frac{m_A v'_A + m_B v'_B}{m_A + m_B} = \frac{m_B v'_B}{m_A + m_B}$$

将式(14-20)代入上式,经简化得到

$$m_B = \frac{m_A}{\sqrt{1-\frac{v'^2_B}{c^2}}}$$

由上面的讨论可知,在 S 系中观察粒子分裂后的两部分质量相等,速率相同,但在 S'系中观察它们的运动速率是不同的,因而质量也不相等。A 静止,其质量 m_A 称为**静止质量**,用 m_0 表示。B 以速率 v'_B 运动,其质量 m_B 称为**相对论质量**,用 m 表示,用 v 表示 v'_B,便可以得到**质量-速率关系**

$$m = \frac{m_0}{\sqrt{1-\frac{v^2}{c^2}}} \tag{14-21}$$

相对论质量 m 是速率的函数,当 $v \ll c$ 时,$m \approx m_0$,可以认为质量与速率无关,就等于静止质量。当物体速率趋近于光速时,其质量就趋近于无穷,所以光速 c 是一切物体速率的上限。

二、狭义相对论动力学的基本方程

根据质量-速率关系,**相对论动量**定义为

$$\boldsymbol{p}=m\boldsymbol{v}=\frac{m_0\boldsymbol{v}}{\sqrt{1-\frac{v^2}{c^2}}}=\frac{m_0\boldsymbol{v}}{\sqrt{1-\beta^2}},\beta=\frac{v}{c} \tag{14-22}$$

当有外力 $\boldsymbol{F}$ 作用于质点时,由式(14-22)可得

$$\boldsymbol{F}=\frac{\mathrm{d}\boldsymbol{p}}{\mathrm{d}t}=\frac{\mathrm{d}}{\mathrm{d}t}\left(\frac{m_0\boldsymbol{v}}{\sqrt{1-\beta^2}}\right) \tag{14-23}$$

这便是**相对论动力学的基本方程**。若作用在质点系上的合外力为零,则系统的总动量为一守恒量。由相对论动量表达式可得系统的动量守恒定律为

$$\sum\boldsymbol{p}_i=\sum m_i\boldsymbol{v}_i=\sum\frac{m_{0i}\boldsymbol{v}_i}{\sqrt{1-\beta^2}}=\text{常矢量} \tag{14-24}$$

当质点运动速度远小于光速时,式(14-23)可写成

$$\boldsymbol{F}=\frac{\mathrm{d}(m_0\boldsymbol{v})}{\mathrm{d}t}=m_0\frac{\mathrm{d}\boldsymbol{v}}{\mathrm{d}t}=m_0\boldsymbol{a}$$

这正是经典力学的牛顿第二定律。同样,在 $v\ll c$ 的情形下,动量守恒定律表达式(14-24)可写为

$$\sum\boldsymbol{p}_i=\sum m_i\boldsymbol{v}_i=\sum\frac{m_{0i}\boldsymbol{v}_i}{\sqrt{1-\beta^2}}=\sum m_{0i}\boldsymbol{v}_i=\text{常矢量}$$

这也正是经典力学的动量守恒定律。

总之,相对论质量、动量的概念,以及相对论动力学方程表达式(14-23)和动量守恒定律表达式(14-24)具有普遍意义。牛顿力学只是相对论力学在物体低速运动情况下的近似。

三、质量与能量的关系

由式(14-23)出发,可推得狭义相对论中质量与能量的关系。在相对论力学中仍可使用牛顿力学中的动能定理,即质点动能增量等于合力做的功。设一质点在变力作用下,由静止开始沿 x 轴做一维运动,当质点的速度为 v 时,有

$$\mathrm{d}E_\mathrm{k}=F_x\mathrm{d}x=\frac{\mathrm{d}(mv)}{\mathrm{d}t}\mathrm{d}x=v\mathrm{d}(mv)=mv\mathrm{d}v+v^2\mathrm{d}m \tag{14-25}$$

由质量-速率关系式(14-21)得

$$m^2v^2=m^2c^2-m_0^2c^2$$

对等式两边取微分,整理可得

$$mv\mathrm{d}v + v^2\mathrm{d}m = c^2\mathrm{d}m$$

将上式代入式(14-25)中,然后积分得

$$E_\mathrm{k} = \int c^2\mathrm{d}m = mc^2 + D$$

式中,D 是积分常量。若取质点速率为零时,动能为零,可得 $D = -m_0c^2$,于是

$$E_\mathrm{k} = mc^2 - m_0c^2 = \Delta mc^2 \tag{14-26}$$

上式便是相对论中质点动能的表达式。可见,动能就是由于质点运动而增加的能量,其值等于 Δmc^2,这里 $\Delta m = m - m_0$,是相对论质量与静止质量之差。当 $v \ll c$ 时,有

$$\left(1 - \frac{v^2}{c^2}\right)^{-\frac{1}{2}} \approx 1 + \frac{1}{2}\frac{v^2}{c^2}$$

代入式(14-26),即可得到

$$E_\mathrm{k} = \frac{1}{2}m_0v^2$$

这便是经典力学中质点动能的表示式。所以经典力学中质点的动能是相对论中质点动能在低速情形下的近似。

将式(14-26)改写为

$$mc^2 = E_\mathrm{k} + m_0c^2 \tag{14-27}$$

爱因斯坦认为上式中的 m_0c^2 是粒子静止时具有的能量,称为**静止能量**,简称**静能**,它可以表示为

$$E_0 = m_0c^2 \tag{14-28}$$

mc^2 是质点的总能量,它是质点动能与静能之和。如以符号 E 表示质点的总能量,则有

$$E = mc^2 \tag{14-29}$$

这就是**相对论质能关系式**。

相对论把粒子的能量 E 与质量 m 直接联系起来,这一结论具有重要意义。它表明一定的质量对应于一定的能量,二者之间的数值关系只相差一个常量因子 c^2。

按照相对论的概念,几个粒子在相互作用过程中,普遍的能量守恒应表示为

$$\sum_i E_i = \sum_i (m_ic^2) = \text{常量} \tag{14-30}$$

并由此得到质量守恒

$$\sum_i m_i = \text{常量} \tag{14-31}$$

历史上能量守恒和质量守恒是分别发现的两条相互独立的自然规律,但是二者在相对论

中得到了统一。在相对论建立之前,质量守恒只涉及粒子的静止质量,它只是相对论质量守恒在粒子能量变化很小时的近似。一般情况下,当涉及能量变化较大时,以上守恒给出的静止质量也是可以变的。在原子核反应及高能粒子实验中,大量事实都证实了式(14-29)所表示的质能关系的正确性。原子时代可以说是随着这一关系的发现而到来的。

在核反应中,如果以 m_{01} 和 m_{02} 分别表示反应粒子和生成粒子的总静止质量,以 E_{k1} 和 E_{k2} 分别表示反应前后它们的总动能。根据能量守恒定律(14-30),得到

$$m_{01}c^2+E_{k1}=m_{02}c^2+E_{k2}$$

于是

$$E_{k2}-E_{k1}=(m_{01}-m_{02})c^2 \tag{14-32}$$

或者写成

$$\Delta E=\Delta m_0 c^2 \tag{14-33}$$

式中,$\Delta E=E_{k2}-E_{k1}$ 表示粒子总动能的增量,也就是核反应所释放的能量。$\Delta m_0=m_{01}-m_{02}$ 表示经反应后粒子总静止质量的减少量,称为**质量亏损**。式(14-33)表明核反应中释放的总能量等于质量亏损与光速 c 平方的乘积,它是关于原子能的一个基本公式。

例 14-3

如图 14-4 所示,参考系 S 中有两个静止质量为 m_0 的粒子 A 和 B,在 x 方向上分别以速度 v 和 $-v$ 运动,相撞后合在一起成为一个静止质量为 M_0 的粒子,求 M_0。

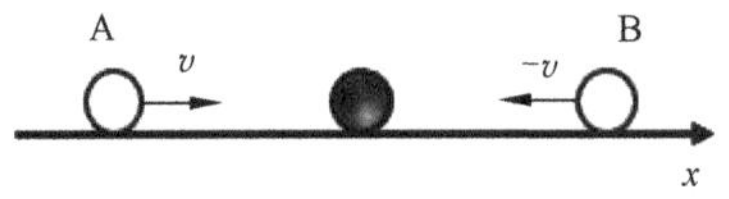

图 14-4 粒子的碰撞

解 以 M 表示合成粒子的质量,其速度为 u,根据动量守恒得

$$m_A v-m_B v=Mu$$

因为

$$m_A=m_B=\frac{m_0}{\sqrt{1-v^2/c^2}}$$

所以,$u=0$,即合成后粒子是静止的,$M=M_0$。

由碰撞前后系统的能量守恒,得 $M_0c^2=m_Ac^2+m_Bc^2$,即

$$M_0=m_A+m_B=\frac{2m_0}{\sqrt{1-v^2/c^2}}$$

结果表明,M_0 不等于 $2m_0$,而是更大。这是因为碰撞前两粒子的动能通过非弹性碰撞转化为

合成粒子的静能了，所以碰撞后系统的静能增加了。本例说明，碰撞前后系统的动能 E_k、静能和静止质量并不守恒，但是总能量 E 和总质量是守恒的。这一结果也说明，相对论力学中的碰撞问题与经典力学中的碰撞问题有不同的特征。

四、相对论能量和动量的关系

由动量表示式 $\boldsymbol{p}=m\boldsymbol{v}$ 得到 $p^2=m^2v^2$，代入质量-速率关系中，整理可得

$$m^2c^2=p^2+m_0^2c^2$$

用 c^2 乘以等式两边，则有

$$E^2=p^2c^2+E_0^2 \tag{14-34}$$

这便是质点的**相对论能量-动量关系式**。式中右边第二项 $E_0^2=m_0^2c^4$，是粒子静能的平方，因为 m_0 和 c 都是不变量，故 E_0^2 是不变量。所以，$E^2-p^2c^2$ 也是洛伦兹变换下的不变量。

对于光子，$m_0=0$，因此

$$p=\frac{E}{c}=\frac{h\nu}{c}=\frac{h}{\lambda} \tag{14-35}$$

式中，ν 是光的频率，λ 是光的波长。

下面讨论，当 $v\ll c$ 时，相对论能量-动量关系又回到经典力学情形，并得到动能-动量关系式。

粒子的动能 $E_k=E-E_0$，由相对论能量-动量关系，式(14-34)可得

$$E_k=\frac{p^2c^2}{E+E_0}=\frac{p^2}{\dfrac{E}{c^2}+\dfrac{E_0}{c^2}}=\frac{p^2}{m+m_0}$$

在 $v\ll c$ 情况下，$m=m_0$，于是得到

$$E_k=\frac{p^2}{2m_0} \tag{14-36}$$

这便是经典力学的动能-动量关系。

本章提要

1. 牛顿的绝对时空观

伽利略坐标变换式：$x'=x-ut, y'=y, z'=z, t'=t$

伽利略速度变换式：$v'_x=v_x-u, v'_y=v_y, v'_z=v_z$

力学相对性原理：$a'_x=a_x$

2. 狭义相对论基本假设

(1) 相对性原理:基本物理定律在所有的惯性系中都相同,不存在任何一个特殊的(例如“绝对静止”的)惯性系。

(2) 光速不变原理:在所有惯性系中,光在真空中的光速具有相同的值 c。

3. 洛伦兹变换

坐标变换式:$x'=\dfrac{x-ut}{\sqrt{1-u^2/c^2}}, y'=y, z'=z, t'=\dfrac{t-\dfrac{u}{c^2}x}{\sqrt{1-u^2/c^2}}$

速度变换式:$v'_x=\dfrac{v_x-u}{1-\dfrac{u}{c^2}v_x}, v'_y=\dfrac{v_y}{1-\dfrac{u}{c^2}v_x}\sqrt{1-u^2/c^2}, v'_z=\dfrac{v_z}{1-\dfrac{u}{c^2}v_x}\sqrt{1-u^2/c^2}$

4. 同时性的相对性

在 S 系中两个不同地点同时发生的事件,在 S' 系中看来不是同时发生的。而在 S' 系中两个不同地点同时发生的事件,在 S 系中看来也不是同时发生的。

5. 时间膨胀

$$\Delta t=\frac{\Delta t_0}{\sqrt{1-u^2/c^2}}$$

6. 长度收缩

$$L=L_0\sqrt{1-u^2/c^2}$$

7. 相对论质量

$$m=\frac{m_0}{\sqrt{1-v^2/c^2}}$$

8. 相对论动力学基本方程

$$\boldsymbol{p}=m\boldsymbol{v}=\frac{m_0\boldsymbol{v}}{\sqrt{1-v^2/c^2}}$$

$$\boldsymbol{F}=\frac{\mathrm{d}\boldsymbol{p}}{\mathrm{d}t}=\frac{\mathrm{d}}{\mathrm{d}t}(m\boldsymbol{v})$$

9. 相对论能量

质能关系:$E=mc^2$

静止能量:$E_0=m_0c^2$

相对论动能:$E_{\mathrm{k}}=mc^2-m_0c^2$

10. 相对论能量-动量关系

$$E^2=p^2c^2+E_0^2$$

思 考 题

14-1 什么是力学相对性原理？在一个参考系内做力学实验能否测出该参考系相对于惯性系的加速度？

14-2 试说明洛伦兹变换与伽利略变换有何区别和联系？

14-3 同时性的相对性是什么意思？

14-4 前进中的一列火车的车头和车尾各遭到一次闪电轰击，据车上的观察者测定这两次轰击是同时发生的。试问，据地面上的观察者测定它们是否仍然同时？如果不同时，何处先遭到轰击？

14-5 何谓时间膨胀(或钟慢)效应？

14-6 何谓长度收缩效应？在垂直于相对运动速度的方向上有无此效应？

14-7 相对论中，在垂直于运动速度的方向上，为什么长度的量度与参考系无关，而这些方向上速度的分量却又和参考系有关？

14-8 在相对论中质量与速度存在什么关系？你能说明一切物体速率的上限是光速的原因吗？

14-9 在相对论中动力学基本方程的形式如何？它与牛顿第二定律有什么区别和联系？

14-10 在相对论中一物体的总能量 E 与其动能 E_k 和静能 E_0 有什么联系？

14-11 在相对论中物体的动能与经典力学中的动能有什么区别和联系？

14-12 在相对论中普遍的能量守恒和质量守恒是何含义？

习 题

14-1 选择题

(1) 在一惯性系中，两个事件是同时不同地发生的，则在其他惯性系中观测，它们(　)。

(A) 一定同时发生

(B) 可能同时发生

(C) 不可能同时，但可能同地发生

(D) 不可能同时，也不可能同地发生

(2) 在一惯性系中，两个事件是同地不同时发生的，则在其他惯性系中观测，它们(　)。

(A) 一定同地发生

(B) 可能同地发生

(C) 不可能同地,但可能同时发生

(D) 不可能同地,也不可能同时发生

14-2 惯性系 S'相对于另一惯性系 S 以 $0.60c$ 的速率沿公共轴 x 和 x'做匀速直线运动,以两坐标原点重合时刻作为计时起点。在 S 系中有一个光信号 A,观察者测得它的时空坐标为 $x_A=66$ m,$t_A=3\times10^{-7}$ s,在 S'系中有也一个光信号 B,观察者测得它的时空坐标为 $x'_B=10$ m,$t'_B=2.5\times10^{-7}$ s,试求两个惯性系中的观察者分别测得的这两个光信号的空间间隔和时间间隔。

14-3 设在正负电子对撞机中,电子和正电子以速度 $0.9c$ 相向飞行,求它们之间的相对速度为多少?

14-4 航天飞机以 $0.5c$ 的速率相对于地球飞行,宇航员突然发现有一火箭正以 $0.6c$ 的速率从后方接近自己,试求火箭相对于地面的速度。

14-5 宇宙飞船以 $0.8c$ 的速率飞向离地球为 8 光年的某星体,试求地面上的观察者和飞船上的观察者分别测得的飞船到达该星体所需的时间。

14-6 π^+ 介子是一种不稳定的微观粒子,当它相对于实验室静止时,它的平均寿命为 2.5×10^{-8} s,之后会衰变为一个 μ^+ 子和一个中微子。人们设想通过测量高速运动的 π^+ 介子的寿命,验证相对论的时间膨胀效应。今产生一束 π^+ 介子,在实验室下测得其速度为 $u=0.99c$,并测得它在衰变前的平均飞行距离为 52 m,试证明这些测量结果是一致的。

14-7 静止时边长为 a 的正立方体,当它以速率 $0.5c$ 沿与其一个边平行的方向相对于实验室运动时,在实验室中测得它的体积是多少?

14-8 一根米尺静止在 S'系中,与 $O'x'$轴成 30°角。如果在 S 系中测得该米尺与 Ox 轴成 45°角,试求 S'系的速率,又在 S 系中测得米尺的长度是多少?

14-9 设火箭的静止质量为 100 t,当它以第二宇宙速度飞行时,它的质量增加了多少?

14-10 试求两个质子和两个中子结合成一个氦核 ${}^4_2He$ 放出的能量。已知质子与中子的静止质量分别为 $m_p=1.007\ 28$ amu,$m_n=1.008\ 66$ amu,氦核的静止质量为 $m_{He}=4.00\ 150$ amu,amu 为原子质量单位,1 amu$=1.66\times10^{-27}$ kg。

14-11 一个被加速器加速的电子,其能量为 3.00×10^9 eV。试问:

(1) 这时的电子质量是静止质量的多少倍?

(2) 这个电子的速率是多少?

14-12 若一个电子的总能量为 5.0×10^6 eV,求该电子的静能、动能、动量和速率。

14-13 粒子的静止质量为 m_0,当其动能等于其静能时,其质量和动量各等于多少?

第十五章　量子物理基础

到了 19 世纪末期，经典物理学理论在当时看来已经发展到了相当完善的阶段，一般的物理现象都可以从相应的理论中得到令人信服的解释。然而，一些新的实验事实，如黑体辐射、光电效应、原子的光谱线系，以及固体在低温下的比热等，都是用经典理论无法解释的，从而使经典物理学陷入了非常困难的境地。

在寻求黑体辐射、光电效应、原子光谱等实验规律的理论解释的过程中，人们认识到自然界在微观上是量子化的，而电磁波和微观粒子同时具有波动性和粒子性，即波粒二象性。在此基础上建立了描述微观粒子运动规律的理论——量子力学，使得经典的牛顿力学在微观领域被量子力学所取代。本章介绍与建立量子化概念有关的实验基础、量子理论的建立和发展过程，以及量子力学的基本原理。

第一节　黑体辐射　普朗克量子假设

一、热辐射和黑体

物体中的原子、分子因受到热激发而不断地向外发射电磁波，这种辐射与物体的温度有关，称为**热辐射**。辐射的能量随物体的温度而变化。另一方面，物体在任何温度下还要吸收和反射外界射来的电磁波。如果物体在同一时间内辐射出去的能量恰等于吸收的能量，这种热辐射就称为平衡热辐射。辐射达到平衡时，物体具有固定的温度。

不同物体在某一频率范围内发射和吸收电磁辐射的能力是不同的。设有一个物体，在任何温度下都能够全部吸收各种波长的辐射能而完全不发生反射和透射，则称此物体为**绝对黑体**。自然界中的物体都不是绝对黑体，但我们可以设计一个理想模型来对绝对黑体进行研究。设有一个空心容器，器壁由不透明材料制成，器壁上开有一个小孔，如图 15-1 所示。当射线射入小孔后，在空腔内进行多次反射，每反射一次空腔内壁就将吸收一部分能量。如果小孔口

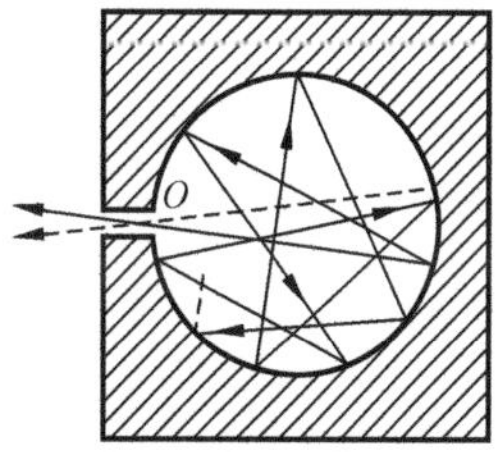

图 15-1　绝对黑体的模型

的面积远小于容器内壁总面积,一般情况下,射线在内壁上的反射次数 n 将很大,使得从小孔射入空腔的射线能量几乎全部被吸收。因此,我们可以把这个小孔口表面认为是绝对黑体的表面。另一方面,如果将这空心容器的内腔壁加热,使其保持一定的温度 T,那么从小孔发出的辐射也可以认为是与小孔口等面积的绝对黑体在温度为 T 时的辐射,称之为**黑体辐射**。

二、黑体辐射的基本规律

为定量描述热辐射的基本规律,定义单位时间内,从温度为 T 的物体表面单位面积上所辐射的各种波长的电磁波能量的总和为**辐射出射度**,简称**辐出度**。它是辐射物体的绝对温度 T 的函数,用 $M(T)$表示,单位为 $\mathrm{W \cdot m^{-2}}$。

物体在 $\lambda \sim \lambda + \mathrm{d}\lambda$ 波长范围内的辐出度为 $\mathrm{d}M(T)$,定义

$$M_\lambda(T) = \frac{\mathrm{d}M(T)}{\mathrm{d}\lambda} \tag{15-1}$$

为该物体的**单色辐出度**。$M_\lambda(T)$也与物体的材料和表面性质有关。

1. 斯特藩-玻尔兹曼定律

在一定温度下,绝对黑体的 $M_\lambda(T)$按波长分布的实验曲线如图 15-2 所示。图中每条曲线下的面积等于绝对黑体在该温度下的辐出度 $M(T)$,即

$$M(T) = \int_0^\infty M_\lambda(T)\mathrm{d}\lambda$$

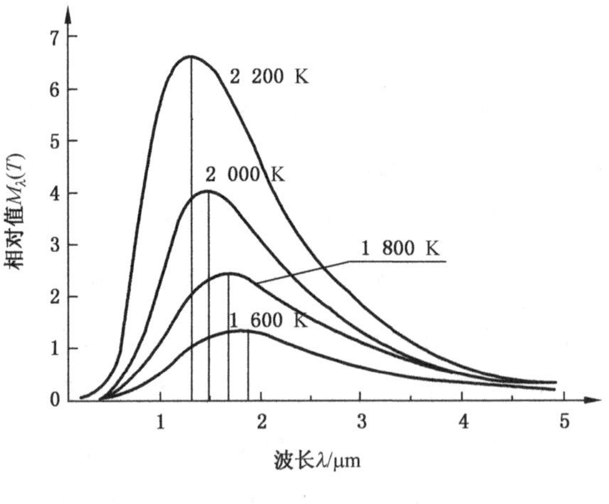

图 15-2 黑体单色辐出度按波长分布曲线

由图可见,$M(T)$随温度的升高而迅速增加。1879 年,斯特藩从实验中总结出,绝对黑体的辐出度与温度的四次方成正比,即

$$M(T) = \sigma T^4 \tag{15-2}$$

1884 年，玻尔兹曼从理论上证明了这一结果，式(15-2)称为**斯特藩-玻尔兹曼定律**。式中，比例常量 $\sigma=5.67\times10^{-8}\ \mathrm{W\cdot m^{-2}\cdot K^{-4}}$，称为斯特藩-玻尔兹曼常量。

2. 维恩位移定律

图 15-2 中的每一条曲线上，$M_\lambda(T)$都有一最大值，相应这最大值的波长用 λ_m 表示。实验表明，绝对温度 T 越高，λ_m 值越小。1893 年，维恩根据热力学理论推导出，两者之间满足关系

$$\lambda_m T=b \tag{15-3}$$

式中，常量 $b=2.898\times10^{-3}\ \mathrm{m\cdot K}$，上式称为**维恩位移定律**。

斯特藩-玻尔兹曼定律和维恩位移定律在现代科学技术中具有广泛的应用，是光测高温学、遥感和红外追踪等技术的物理基础。在波长 $\lambda_m=550\ \mathrm{nm}$ 附近，太阳的单色辐出度最大。如果把太阳看作是绝对黑体，从式(15-3)可算出太阳的表面温度为 5 270 K。

3. 经典物理学的困难

19 世纪末，许多物理学家由经典电磁理论和统计物理出发，试图从理论上找出与图 15-2 中的实验曲线一致的函数关系式 $M_\lambda(T)=f(\lambda,T)$，但都未能如愿。其中，最著名的是维恩公式和瑞利-金斯公式。维恩公式在短波段与实验曲线符合得很好，但是在长波范围，理论与实验曲线有明显的偏离，如图 15-3 所示。而瑞利-金斯公式只适用于长波波段，在紫外区域的短波极限 $M_\lambda(T)\to\infty$，这就是物理学历史上所谓的“紫外灾难”。显然，黑体辐射所引起的反常现象暴露了经典理论的严重缺陷。

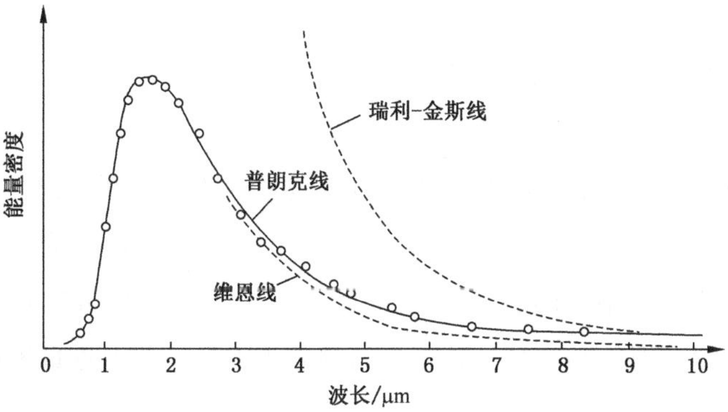

图 15-3 黑体辐射公式与实验曲线

三、普朗克量子假设

1900 年 10 月，理论物理学家普朗克找到了一个和实验结果符合得非常好的经验公式，即

$$M_\lambda(T)=2\pi hc^2\frac{\lambda^{-5}}{e^{hc/k\lambda T}-1} \tag{15-4}$$

这就是**普朗克黑体辐射公式**，简称**普朗克公式**。式中，c 为光速；k 为玻尔兹曼常量；$h=6.63\times10^{-34}$ J·s，称为**普朗克常量**。

由于电磁波的波长 λ 和频率 ν 的乘积等于光速 c，即 $\lambda\nu=c$，所以

$$\frac{d\nu}{d\lambda}=-\frac{\nu}{\lambda}=-\frac{\nu^2}{c}$$

将式(15-4)用频率和温度的函数 $M_\nu(T)$ 来表示。由

$$dM(T)=M_\lambda(T)d\lambda=-M_\nu(T)d\nu$$

可将式(15-4)改写为

$$M_\nu(T)=2\pi hc^{-2}\frac{\nu^3}{e^{h\nu/kT}-1} \tag{15-5}$$

对于满足 $h\nu\ll kT$ 的低频长波部分，普朗克公式可转化为瑞利-金斯公式。而在 $h\nu\gg kT$ 的高频范围，普朗克公式可以转化为维恩公式。

1900 年 12 月 14 日普朗克在他的一篇论文中提出，如果作出下述假定，就可以从理论上推导出黑体辐射公式。

(1) 黑体由带电的线性谐振子组成(如把构成空腔壁的原子、分子的振动视作线性谐振子)，由于带电的关系，线性谐振子能够辐射电磁波，并和周围的电磁场交换能量；

(2) 这些谐振子不同于经典物理学中的描述，只可能处于某些特殊的状态，在这些状态中，相应的能量是某一最小能量 ε 的整数倍，即

$$\varepsilon,2\varepsilon,3\varepsilon,\cdots,n\varepsilon,\cdots$$

n 为正整数。对于频率为 ν 的谐振子来说，最小能量为

$$\varepsilon=h\nu \tag{15-6}$$

式中，ε 称为**能量子**。在辐射或吸收能量时，振子从这些状态之一跃迁到另一个状态。

在能量的观点上，普朗克的量子假设与经典物理学有着本质的不同。他首次引入了能量不连续的概念，指出存在着最小的能量单元(能量子 $h\nu$)，物体发射或吸收的能量必须是这个最小单元的整数倍，并且是一份一份地按不连续的方式进行。普朗克量子假设圆满地从理论上解释了热辐射现象，打开了认识微观世界的大门。

第二节　光电效应

金属及其化合物在光照下能够发射电子，这种现象称为**光电效应**，所发射的电子称为**光**

电子。

一、光电效应的实验规律

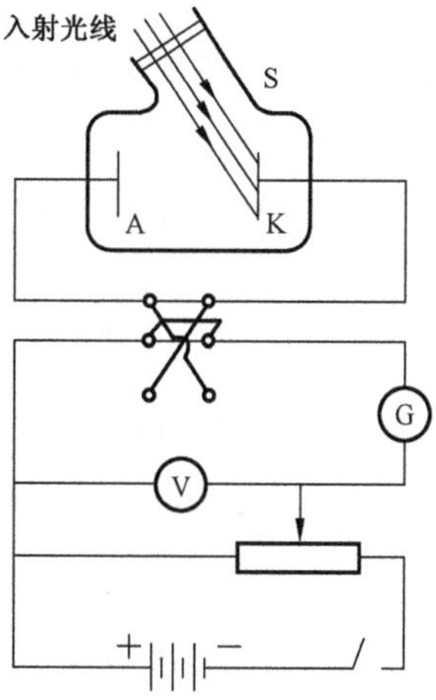

图 15-4　真空中光电效应实验装置图

研究光电效应的实验装置如图 15-4 所示。S 为真空玻璃容器，器内装有阴极 K 和阳极 A。当用单色光照射阴极 K 时，阴极上会有光电子逸出，它们在加速电场作用下飞向阳极 A，形成电流 I，称为**光电流**。改变电势差 U_{AK}，测量光电流 I，可得伏安特性曲线。

1. 光电效应的实验规律

（1）饱和光电流强度 I_S 与入射光强成正比。

以一定强度的单色光照射阴极 K 时，随着电势差 U_{AK} 的增大，光电流 I 也增大并趋于一个饱和值 I_S，且 I_S 与入射光强成正比，如图 15-5 所示。

光电流 I 的大小反映了单位时间内飞到 A 极上电子数的多少。当光电流达到饱和时，说明阴极 K 上逸出的光电子全部飞到阳极 A 上，这也说明，单位时间内阴极逸出的光电子数与入射光强成正比。

（2）光电子的最大初动能与入射光强无关，与入射光频率成线性关系。

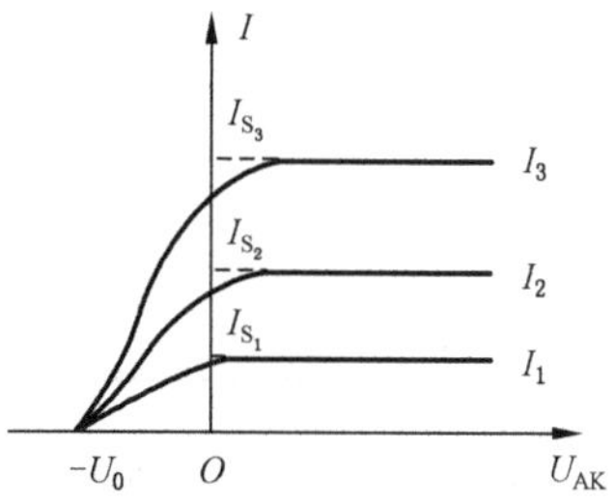

图 15-5　光电效应实验结果

由图 15-5 可见，当电势差 U_{AK} 为零时，光电流并不为零。只有在两极间加反向电压，且反向电压的绝对值增大到一定值 U_0 时，光电流才为零，U_0 称为遏止电压。由此可见，从阴极 K 逸出的光电子具有初动能。当 U 为负值时，电子飞向 A 极的过程中会受到电场的阻碍，初动能小的电子将无法到达 A 极。当反向电压足够大时，那些具有最大初动能的光电子也必须将其动能全部用于克服外电场力做功而无法到达 A 极，此时光电流才为零。因此，光电子的最大初动能和遏止电压的关系为

$$\frac{1}{2}mv_m^2 = eU_0 \tag{15-7}$$

式中，m 和 e 分别是电子的静止质量和电量；v_m 是光电子逸出金属表面的最大速率。由图 15-5 可知，U_0 与入射光强无关，所以，光电子的最大初动能也与入射光强无关。

图 15-6 是几种金属的 U_0-ν 实验曲线，表明遏止电压 U_0 与入射光频率 ν 之间具有线性关

系,表示为

$$U_0 = \alpha\nu - \varphi \tag{15-8}$$

式中,α 与 φ 都是正数。α 为与阴极金属材料性质无关的普适常量,φ 是由阴极金属材料性质决定的量。将上式代入式(15-7)可得

$$\frac{1}{2}mv_m^2 = e\alpha\nu - A \tag{15-9}$$

式中,$A = e\varphi$,称为光电子的**逸出功**。由此可见,光电子的最大初动能随入射光频率的增加而线性增加。

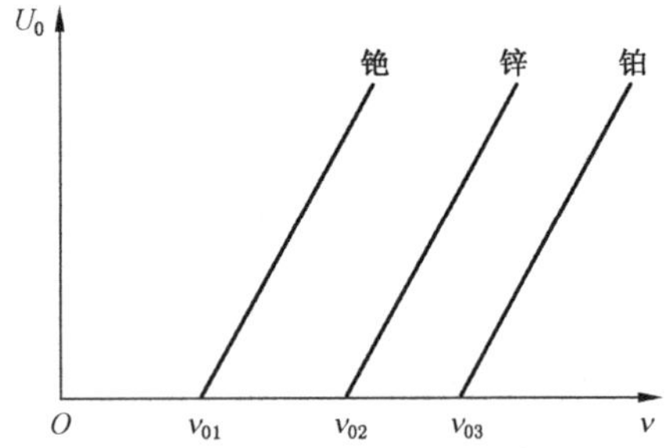

图 15-6 遏止电压与入射光频率的关系

(3) 存在一个截止频率。

将式(15-9)改写为

$$\frac{1}{2}mv_m^2 = e\alpha(\nu - \nu_0) \tag{15-10}$$

可以看出,由于动能必须是正值,所以要使受光照射的物体能够释出电子,入射光的频率必须大于 ν_0。因此,截止频率 ν_0 也被称为光电效应的**红限频率**,相应的波长称为**红限波长**。低于此截止频率时,不管入射光的强度有多大,均不会产生光电效应。由式(15-10)可知,红限频率为

$$\nu_0 = \frac{A}{e\alpha} \tag{15-11}$$

表 15-1 列出了部分金属的逸出功和红限频率。

表 15-1 几种金属的逸出功和红限频率

金属	逸出功 A/eV	红限频率和波长		波段
		$\nu_0/10^{14}$ Hz	λ_0/nm	
铯 Cs	1.94	4.69	639	红
铷 Rb	2.13	5.15	582	黄
钠 Na	2.29	5.53	541	绿
钙 Ca	3.20	7.73	387	近紫外
金 Au	4.80	11.60	258	远紫外

(4) 光电效应是瞬时发生的。

实验表明:只要入射光频率 $\nu > \nu_0$,则光电流几乎是与光照同时开始的,即使光强很弱也是如此。观测到光电子的时刻,相对入射光照射到阴极表面的时刻约有 10^{-9} s 延迟,且与入

射光强度无关。

2. 经典物理解释的困难

按照光的经典电磁理论，入射光波的能量只与光的强度有关，在光的照射下，金属中的电子从入射光中吸收能量，从而逸出金属表面。逸出时的初动能应决定于光振动的振幅，也就是光的强度。因此，光电子的初动能应随入射光强的增加而增加。如果光强足够供应电子从金属表面释出时所需的能量，则光电效应应该对任何频率的光都会发生。金属中的电子从入射光波中吸收能量时，必须要积累到一定的量值（至少等于逸出功），才会释出电子。入射光越弱，能量积累时间（从而延迟时间）就应该越长。可见，经典电磁理论与光电效应的实验规律有着深刻的矛盾。

二、爱因斯坦的光子假说

1905 年 3 月，爱因斯坦提出光子假设，并且用它成功地解释了光电效应的实验事实。爱因斯坦认为：光不仅在发射或吸收过程中具有粒子性，而且在空间传播时也具有粒子性，即一束光是一粒一粒以光速 c 运动的粒子流，每一个粒子携带的能量为

$$E = h\nu \tag{15-12}$$

这些光粒子称为**光量子**，也称为**光子**。

当光照射到金属表面时，一个光子的能量可以立即被一个电子所吸收，不需要积累能量的时间。这就说明了光电效应的瞬时性。但是，只有当入射光的频率足够高，以致每个电子吸收的能量足够大时，电子才有可能克服阻力做功（即逸出功）而逸出金属表面。根据能量守恒与转换定律，逸出电子的最大初动能应为

$$\frac{1}{2}mv_{\mathrm{m}}^{2} = h\nu - A \tag{15-13}$$

这个方程称为**爱因斯坦光电效应方程**。

由此可见，当 $\nu<\nu_0=A/h$ 时，电子吸收的能量不足以克服金属表面的束缚，因而不能从金属中逸出。这就解释了红限频率 ν_0 的存在。由式(15-13)还可以看出，光电子的最大初动能仅依赖于入射光的频率，而不依赖于入射光的强度。入射光强取决于单位时间通过垂直于传播方向的单位面积的光子数，而光子数只影响光电子数的多少从而影响饱和电流 I_{S} 的大小。至此，光电效应的实验规律得到了圆满解释。

三、光的波粒二象性

由于光子以速度 c 运动，为使其运动质量有意义，必须假定光子的“静止”质量为零。运

动质量可由相对论质能关系式 $E=mc^2$ 求出,即

$$m=\frac{E}{c^2}=\frac{h\nu}{c^2}=\frac{h}{c\lambda} \tag{15-14}$$

光子的动量为

$$p=mc=\frac{h}{\lambda} \tag{15-15}$$

光子假说加深了人们对光的本性认识。光是粒子性与波动性的统一体,这种特性称为**光的波粒二象性**。从式(15-12)和(15-15)可以看到,描述光的粒子特征的能量和动量,与描述其波动特征的频率和波长之间,通过普朗克常数紧密地联系在一起。

第三节 康普顿散射

1923 年,康普顿在实验中发现,当 X 射线被物质散射时,除了波长不变的散射光外,还有一些散射光的波长比入射光的波长要长。这种改变波长的散射称为**康普顿效应**,或**康普顿散射**。康普顿用爱因斯坦光子假说对此效应作出了解释。

康普顿散射的实验装置如图 15-7 所示。由 X 射线源发出的一束单色 X 射线($\lambda_0 \approx 0.1$ nm)经过光阑后投射到散射体(石墨、石蜡等)上,位于散射角 θ 方向的摄谱仪探测该方向上的散射光的波长及其相对强度。

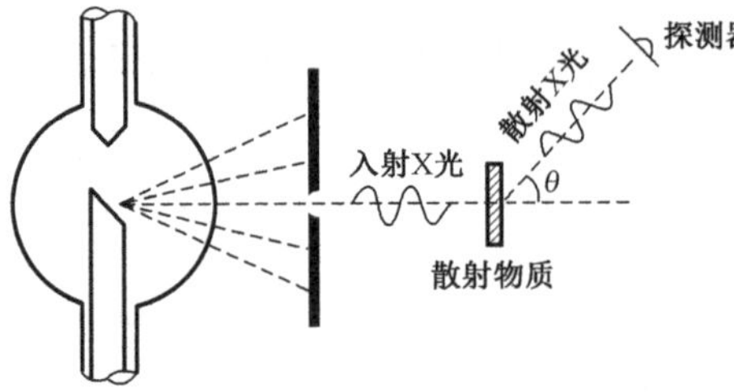

图 15-7 康普顿散射实验

由实验观测得出:

(1) 在原子量小的散射物质中,康普顿散射较强;在原子量大的散射物质中,康普顿散射较弱。

(2) 波长的改变量仅与散射角 θ 有关,与入射 X 射线的波长及散射物质无关,如图 15-8 所示。

康普顿用光子的概念成功解释了这个现象。他假设入射光是由光子流组成,这些光子不但具有能量 $h\nu$,还具有动量 h/λ。这些光子与原来静止的自由电子之间发生弹性碰撞,在碰撞过程中满足能量和动量守恒。如图 15-9 所示,碰撞过程中的动量和能量守恒可以写成以下形式:

$$\begin{cases}\dfrac{h}{\lambda_0}=\dfrac{h}{\lambda}\cos\theta+mv\cos\varphi \\ \dfrac{h}{\lambda}\sin\theta-mv\sin\varphi=0\end{cases} \tag{15-16}$$

$$h\nu_0+m_0c^2=h\nu+mc^2 \tag{15-17}$$

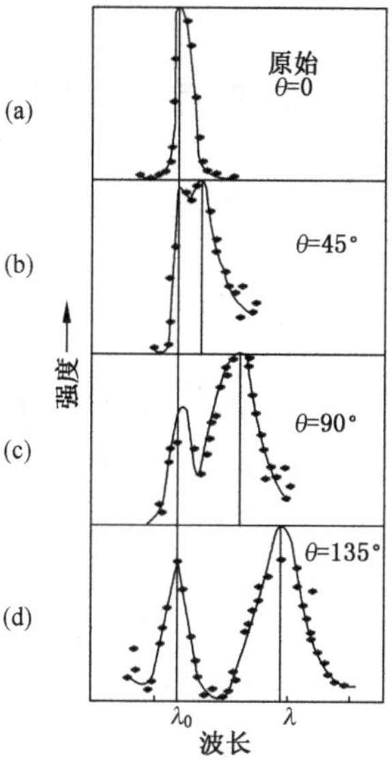

图 15-8　石墨的康普顿效应

式中，m_0 为电子静质量；m 和 v 为碰撞后电子的质量和运动速度。将式(15-16)中的 φ 消去，得

$$m^2v^2=h^2\left(\frac{1}{\lambda_0^2}+\frac{1}{\lambda^2}\right)-\frac{2h^2}{\lambda_0\lambda}\cos\theta \tag{15-18}$$

利用 $\nu=c/\lambda$，式(15-17)改写为

$$mc=\frac{h}{c}(\nu_0-\nu)+m_0c=h\left(\frac{1}{\lambda_0}-\frac{1}{\lambda}\right)+m_0c$$

对该等式两边取平方后减去式(15-18)，并且由电子的质速关系式 $m=\dfrac{m_0}{\sqrt{1-v^2/c^2}}$，可得

$$\Delta\lambda=\lambda-\lambda_0=\frac{h}{m_0c}(1-\cos\theta)=2\lambda_c\sin^2\frac{\theta}{2} \tag{15-19}$$

式中，$\lambda_c=h/m_0c=2.426\times10^{-3}$ nm，称为电子的**康普顿波长**，它与短波 X 射线的波长相当。式(15-19)表明，散射光波长改变量 $\Delta\lambda$ 与入射光波长和散射物质均无关，只取决于散射角 θ，$\Delta\lambda$ 的理论值与实验结果相符合。

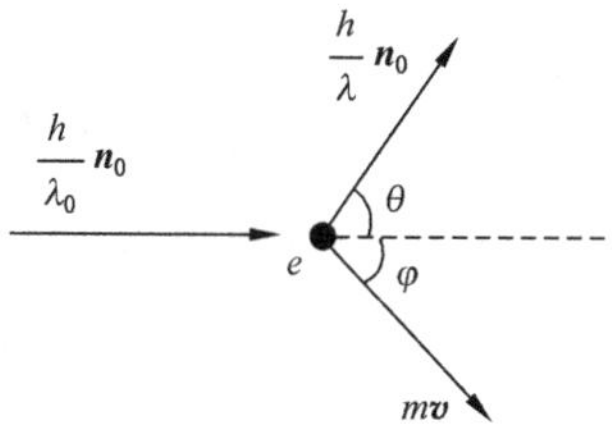

图 15-9　光子与静止电子碰撞

如果光子与原子中束缚很紧的电子碰撞，光子将与整个原子之间交换能量，但原子质量远大于光子，此时光子能量不会发生显著变化，因而散射光的频率近似不变，散射光中仍有与入射光波长相同的射线。轻原子中电子一般束缚较弱，而重原子中的电子只有外层电子束缚较弱，内层电子一般束缚较紧。所以原子量小的物质，康普顿散射较强。

第四节　氢原子理论

19 世纪，人们发现每一种化学元素都有一套各自对应的独特的原子光谱，光谱中的谱线不是连续的，而是分立的线状光谱。但局限于对原子结构所知甚少，当时还无法对原子光谱的发射机理作出解释。玻尔发展了普朗克的量子假设和爱因斯坦的光子假说，创立了关于氢原子结构的半经典量子理论,从理论上圆满地解释了氢原子光谱的规律。

一、氢原子光谱的实验规律

1890 年,里德伯在巴尔末工作的基础上提出了氢原子光谱公式的常用形式,即

$$\tilde{\nu}=\frac{1}{\lambda}=R_{\mathrm{H}}\left(\frac{1}{n_f^2}-\frac{1}{n_i^2}\right),n_f=1,2,3,\cdots,n_i=n_f+1,n_f+2,n_f+3,\cdots \tag{15-20}$$

式中,$\tilde{\nu}$ 是波长的倒数,称为**波数**,常用来表征谱线。$R_{\mathrm{H}}=1.096\ 775\ 8\times10^{7}\ \mathrm{m}^{-1}$,称为氢光谱的**里德伯常数**。不同的 n_f 为不同的谱线系,如表 15-2 中所列。

表 15-2 氢原子线光谱系

谱线系名称	谱线波段	n_f	n_i
莱曼系	紫外区	1	2,3,…
巴尔末系	可见光区	2	3,4,…
帕邢系	近红外区	3	4,5,…
布拉开系	红外区	4	5,6,…
普丰德系	红外区	5	6,7,…
汉弗莱系	红外区	6	7,8,…

图 15-10 是氢原子光谱巴尔末系的实测结果。按式(15-20)所得的值与实验值都是吻合的。而 $n_i\to\infty$ 时,巴尔末系波长的极限值为 364.56 nm。

应当指出,氢原子光谱的谱线规律启示人们,原子的内部存在着固有的规律性。

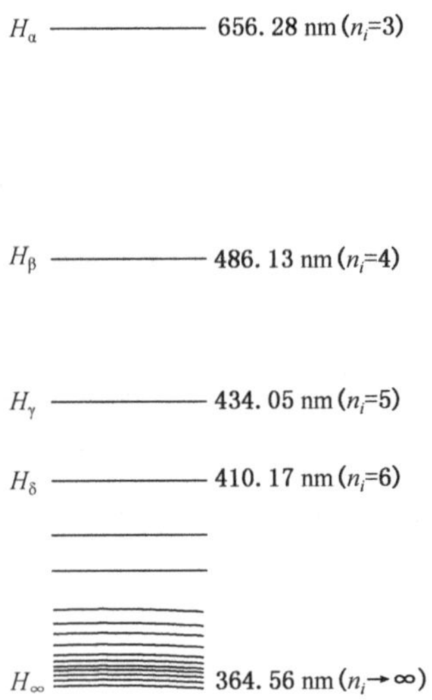

图 15-10 氢原子线光谱的巴尔末系

二、卢瑟福原子模型

1897 年,汤姆逊发现电子后,人们对原子结构模型提出了各种猜测。1909 年,在盖革和马斯登所做的金箔对 α 粒子的散射实验中,除了大量粒子在小角度范围内的散射,还有少数粒子的散射角大于 90°,甚至接近 180°。这让卢瑟福认识到只有原子的质量集中于中心,且带正电荷,才能使一些 α 粒子发生大角度散射。于是,1911 年 5 月,他提出了原子的有核模型:原子的中心有一带正电的原子核,它几乎集中了原子的全部质量,电子围绕这个核旋转,核的尺寸与整个原子相比是很小的。氢原子就是由原子核和一个核外

电子组成的，电子以速率 v 绕原子核做半径为 r 的圆轨道运动。

但是，根据经典的电磁理论，电子在做匀速圆周运动时，会不断地向外辐射电磁波，其频率等于电子绕核旋转的频率。随着电磁辐射，它的能量要逐渐减少，从而使电子轨道半径不断减小，直至与原子核相遇。所以，原子应该是一个不稳定的系统。这与事实相矛盾，说明经典理论不能解释原子有核模型下的原子光谱规律。

三、玻尔的氢原子理论

1913 年，玻尔在卢瑟福的原子有核模型基础上，综合普朗克的量子假设和氢原子光谱公式，提出了以下三条假设，玻尔的氢原子理论就是以这三条假设为基础的。

1. 定态假设

电子在原子中，可以在一些特定的离散的圆轨道上运动而不辐射电磁波，这时原子处于稳定状态，简称“**定态**”，并具有一定的能量。各个定态的能量用 E_n 表示，$n=1,2,3,\cdots$。我们把 $n=1$ 时原子所处的定态称为“**基态**”，此时电子轨道最靠近原子核，原子具有最低能量。

2. 量子化条件

电子以速率 v 在半径为 r 的圆周上绕原子核运动时，只有电子轨道角动量 L 等于 $h/2\pi$ 的整数倍的那些轨道才是稳定的，即

$$L=mvr=n\frac{h}{2\pi},n=1,2,3,\cdots \qquad (15\text{-}21)$$

式中，n 叫作**主量子数**。此式称作**量子化条件**，也叫**量子条件**。

3. 频率条件

当原子从高能量的定态跃迁到低能量的定态，亦即电子从高能量 E_i 的轨道跃迁到低能量 E_f 的轨道上时，要发射一个光子，其频率 ν 由下式给出：

$$h\nu=E_i-E_f \qquad (15\text{-}22)$$

此式叫作**频率条件**。

玻尔理论是氢原子构造的早期量子理论，假设中的第一条是经验性的，它解决了原子的稳定性问题，是玻尔对原子结构理论的重大贡献，因为它违反了经典物理学的原则，经典物理学允许电子有连续的可能轨道。第二条是玻尔根据对应原理的精神提出的。第三条是从普朗克量子假设引申来的，用以解释原子光谱的起源。

下面根据玻尔的三条假设计算氢原子的定态轨道半径和能级公式，并解释氢原子光谱的规律。设带有电荷 e 的氢原子核不动，质量为 m_e、电荷为 $-e$ 的电子绕核在半径为 r_n 的稳定轨道上做圆周运动，速率为 v。电子绕原子核做圆周运动时受到的向心力就是作用到电子上

的库仑力,因此,有

$$m_e \frac{v^2}{r_n} = \frac{1}{4\pi\varepsilon_0} \frac{e^2}{r_n^2} \tag{15-23}$$

将式(15-21)中的 v 代入上式,得

$$r_n = \frac{\varepsilon_0 h^2}{\pi m_e e^2} n^2 = r_1 n^2, n = 1,2,3,\cdots \tag{15-24}$$

式中,$r_1 = \varepsilon_0 h^2/(\pi m_e e^2) = 5.29 \times 10^{-11}$ m,为第一轨道半径,叫作玻尔半径。氢原子各定态的电子轨道如图 15-11 所示。

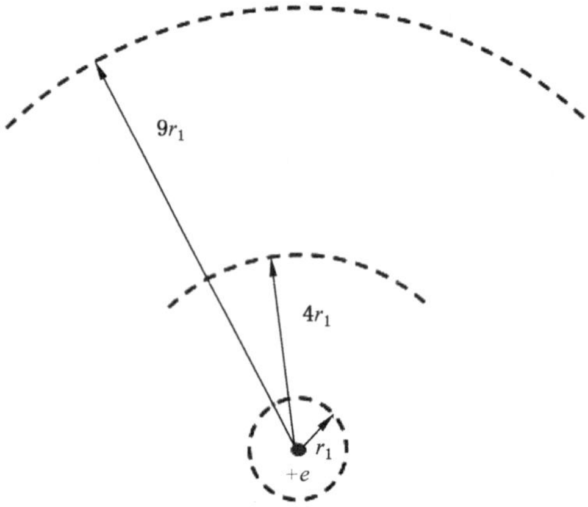

图 15-11 氢原子的电子轨道

氢原子的定态能量 E_n 是电子在第 n 个轨道上的动能与原子内电子和核的电势能之和,将无穷远处选为电势能零点,则定态能量为

$$E_n = \frac{1}{2} m_e v^2 - \frac{1}{4\pi\varepsilon_0} \frac{e^2}{r_n}$$

把式(15-23)和(15-24)代入上式,得

$$E_n = -\frac{m_e e^4}{8\varepsilon_0^2 h^2} \frac{1}{n^2} = \frac{E_1}{n^2} \tag{15-25}$$

式中,$E_1 = -m_e e^4/(8\varepsilon_0^2 h^2) = -13.58$ eV,为原子的基态能量。由式(15-25)可知,原子的各定态能量是量子化的,对应的能量值 E_n 称为原子的**能级**。式(15-25)就是玻尔理论的氢原子能级公式,可见原子能级是分立的。$n=1$ 的定态称为原子的基态,$n=2,3,4,\cdots$ 的定态称为**激发态**。原子在基态或激发态时电子没有脱离原子核的束缚,这些态统称为**束缚态**。原子受到激发,吸收外界能量,可以从较低能级跃迁到较高能级。当 $n\to\infty$ 时,$E_\infty \to 0$,原子发生电离。使原子电离所需要的能量称为**电离能**。实验测得的基态氢原子的电离能值 13.6 eV 与玻尔理论给出的基态氢原子能量值相符。原子电离后的状态称为**电离态**。

当原子从高能级 E_i 向低能级 E_f 跃迁时会发射一个光子,其频率和波数分别为

$$\nu = \frac{E_i - E_f}{h} \tag{15-26}$$

$$\tilde{\nu} = \frac{1}{\lambda} = \frac{\nu}{c} = \frac{E_i - E_f}{hc} \tag{15-27}$$

将式(15-25)代入上式,得到

$$\tilde{\nu} = \frac{m_e e^4}{8\varepsilon_0^2 h^3 c}\left(\frac{1}{n_f^2} - \frac{1}{n_i^2}\right), n_i > n_f \tag{15-28}$$

这与里德伯根据实验规律提出的氢原子光谱公式(15-20)是一致的,由此得到里德伯常数的

理论值为

$$R_H=\frac{m_e e^4}{8\varepsilon_0^2 h^3 c}=1.097\ 373\ 1\times10^7\ \mathrm{m^{-1}}$$

这与实验值符合得很好。图 15-12 给出了氢原子能级之间的跃迁与各谱线系的对应关系。

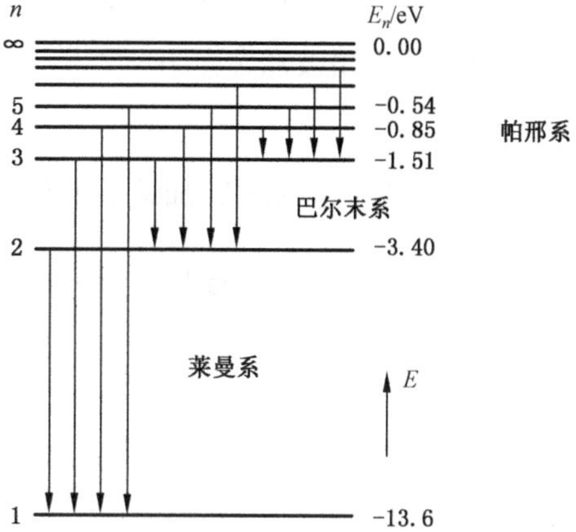

图 15-12　氢原子能级跃迁与光谱系

玻尔理论成功地解释了氢原子光谱的规律性，它提出的能级概念也被弗兰克-赫兹实验所证实。但是，玻尔理论也有很大的局限性。它只能计算氢原子及类氢原子的光谱频率，不能计算复杂的原子光谱；对谱线的强度、宽度、偏振等问题也不能作出解释。此外，玻尔理论还存在逻辑上的缺点，它把微观粒子看成是遵守经典力学的质点。同时，又赋予它们量子化的特征(角动量的量子化、能量量子化)。它把经典理论和量子化条件生硬地结合起来，缺乏完整一致的理论体系。即便如此，玻尔理论对量子力学的发展仍有着重大的先导作用和影响，并且它所使用的电子轨道能级等纯粒子性的语言较为形象，至今仍被使用。

第五节　实物粒子的波粒二象性

一、德布罗意波假设

光具有波粒二象性，已为实验所证实。那么，其他实物粒子是否也如光一样具有二象性呢？1924 年 11 月，德布罗意提出假设：所有具有动量和能量的像电子那样的物质客体都具有波动性。他要把粒子观点和波动观点统一起来，赋予“量子”真正的含义。

德布罗意将描述光的波粒二象性的关系式应用到实物粒子上，提出同样用频率 ν 和波长 λ 来描述实物粒子的波动性，二者与描述实物粒子的粒子性的能量 E 和动量 p 满足下式：

$$\nu=\frac{E}{h},\lambda=\frac{h}{p} \tag{15-29}$$

这两个式子统称为**德布罗意公式**，这种波称为**德布罗意波**或**物质波**。

对于宏观物体，例如一颗质量为 0.01 kg 的子弹，其飞行速度为 300 m·s^{-1}，由式(15-

29)算得相应的德布罗意波长为 2.21×10^{-34} m。可见,宏观物体的波长如此之小,以致实验上也无法测量。而微观粒子的质量很小,例如一个电子,质量为 9.1×10^{-31} kg,被加速电压加速后的速度为 $5\times10^{6}\ \mathrm{m\cdot s^{-1}}$,若忽略相对论效应,其德布罗意波长为 0.15 nm,与软 X 射线波长同量级,实验上可以观测。所以,宏观物体只表现出粒子性,而微观粒子既可以表现出粒子性,也可以表现出波动性。

例 15-1

计算电子被加速电压 U 加速后的德布罗意波长($U\leqslant10^{4}$ V,可不考虑相对论效应)。

解 加速后电子的动能 $E_k=\frac{1}{2}mv^2=eU$,则

$$p=mv=\sqrt{2meU}$$

由式(15-29),得

$$\lambda=\frac{h}{p}=\frac{h}{\sqrt{2meU}}=\frac{1.225}{\sqrt{U}}(\mathrm{nm})$$

若 $U=150$ V,则 $\lambda=0.1$ nm,德布罗意波长非常短。

二、德布罗意波的实验验证

1927 年,德布罗意假设率先被戴维孙和革末采用类似布拉格父子解释 X 射线衍射现象的方法所验证。他们用镍单晶表面对低能电子束进行散射,观察到了类似于 X 射线衍射的电子衍射现象,从而证实了电子具有波动性。

同年,汤姆孙用实验证明了电子在穿过金属片后也像 X 射线一样产生衍射现象,图 15-13 是电子束通过多晶薄片时的衍射图样。后来,人们又做了中子、质子、原子、分子的衍射实验,都证实了这些粒子具有波动性。波粒二象性是微观粒子的特性,德布罗意公式是描述微观粒子波粒二象性的基本公式。

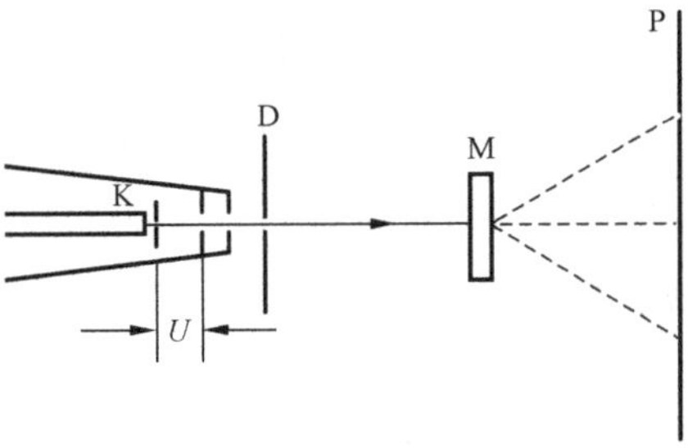

(a)

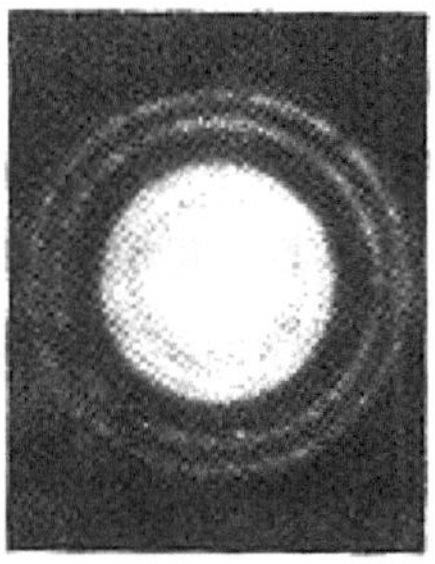

(b)

图 15-13 电子束通过多晶铝箔的衍射图样

三、德布罗意波的统计解释

对于实物粒子波动性的解释，在 1926 年玻恩提出概率波的概念后得到一致公认。玻恩认为电子衍射图样是由于电子在各处出现的概率不同而引起的，电子密集（或衍射图样亮条纹）的地方概率很大，电子稀疏的地方概率则很小；而从波动的观点来看，电子密集的地方表示波的强度大，电子稀疏的地方表示波的强度小。所以，某处附近电子出现的概率就反映了在该处德布罗意波的强度。对于电子是如此，对于其他微观粒子也是如此。普遍地说，在某处德布罗意波的强度是与粒子在该处出现的概率成正比的。这就是德布罗意波的统计解释。它把粒子的波动性和粒子性正确地联系起来，成为量子力学的基本观点之一。

第六节　不确定关系

在经典力学中，一个质点的运动状态是用位置坐标和动量来描述的，而且这两个量可以同时准确地予以测定，这就是牛顿力学的确定性。但对于一个微观粒子来说，由于波动性，其任一时刻的空间位置都不具有确定性，只能用概率波给出在各处出现的概率，与此相联系，粒子在各时刻也不具有确定的动量。下面我们以电子的单缝衍射为例来进行讨论。

如图 15-14 所示，一束电子沿 y 轴方向射向带有狭缝的屏 AB，狭缝宽度为 b，在屏后的照相底片 CD 上观察到电子的衍射图样。对于一个电子来说，在通过狭缝的瞬间，它是从缝上哪一点通过的，其坐标 x 为多少？这是我们不能准确确定的，只能说该电子确实是通过了狭缝。所以，电子在 x 轴上的坐标的不确定范围等于狭缝的宽度，即 $\Delta x = b$。

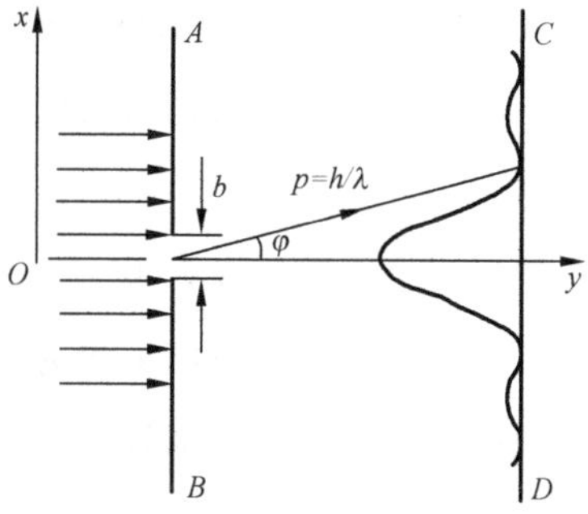

图 15-14　用电子衍射说明不确定关系

由图 15-14 可以看到，如果只考虑一级（即 $k=1$）衍射图样，则电子被限制在衍射第一级最小对应的衍射角 φ 范围内。根据单缝衍射暗纹条件，有 $\sin\varphi = \lambda/\Delta x$。由于衍射的缘故，电子动量的大小不变，$p = h/\lambda$，其动量在 x 方向的分量为

$$0 \leqslant p_x \leqslant p\sin\varphi$$

因此，p_x 的不确定范围为

$$\Delta p_x = p\sin\varphi = \frac{h}{\lambda}\frac{\lambda}{\Delta x} = \frac{h}{\Delta x}$$

上式可写为

$$\Delta x \Delta p_x = h$$

如果把衍射图样的其他条纹($k \geqslant 1$)也考虑在内,上式应改写成

$$\Delta x \Delta p_x \geqslant h \tag{15-30}$$

这个关系式叫作**不确定关系**(也称为测不准关系),是海森伯于 1927 年提出的。不确定关系不仅适用于电子,也适用于其他微观粒子。式(15-30)表明,对于微观粒子不能同时用确定的位置和确定的动量来描述,粒子的位置坐标不确定量越小,则同方向上的动量不确定量越大。反之亦然。

不确定关系不仅存在于坐标和动量之间,也存在于能量和时间之间。如果微观体系处于某一状态的时间为 Δt,则其能量必有一个不确定量 ΔE,二者之间关系为

$$\Delta E \Delta t \geqslant h \tag{15-31}$$

将式(15-31)应用于原子系统可以讨论原子各激发态能级宽度 ΔE 和该能级平均寿命 Δt 之间的关系。Δt 越长的能级越稳定,ΔE 越小,能量越确定。因此,基态能级的能量最确定。

应该强调的是,作用量子 h 是一个极小的量,其数量级仅为 10^{-34}。所以,不确定关系只对微观粒子起作用,而对宏观物体就不起作用了。例如,对于一颗质量为 10 g 的子弹,其飞行速率为 200 $m \cdot s^{-1}$,若其动量的不确定范围为动量的 0.01%(这在宏观范围是十分精确的了),由式(15-30)得其位置的不确定范围为 3×10^{-30} m,这个值远小于原子核的大小,所以,子弹的动量和位置都能精确地确定。

例 15-2

原子大小的数量级为 10^{-10} m,求原子中电子运动速率的不确定量。

解 电子的位置不确定量为原子的线度,即 $\Delta x = 10^{-10}$ m,由不确定关系式(15-30),得电子运动速率的不确定范围为

$$\Delta v = \frac{h}{m_e \Delta x} = \frac{6.63 \times 10^{-34}}{9.11 \times 10^{-31} \times 10^{-10}} = 7.3 \times 10^6 (m \cdot s^{-1})$$

该值与氢原子中电子的轨道运动速率(约为 10^6 $m \cdot s^{-1}$)具有相同的量级,说明对于原子中的电子,在任一时刻它没有确定的位置和速率,这时电子的波动性显著。

第七节 波函数 薛定谔方程

描述微观粒子属性和运动规律的系统理论是量子力学,它是薛定谔、海森伯等人在 1925—1926 年期间初步建立起来的。本节介绍非相对论性量子力学的一些基本概念和基本

方程。

一、波函数

考虑到微观粒子具有波动性，其运动状态不能用经典力学中的坐标和动量来描述，薛定谔提出用物质波波函数来描述微观粒子的运动状态，它是时间和空间坐标的函数，用 $\Psi(\boldsymbol{r},t)$ 表示。例如，一个沿 x 轴正方向运动的不受外力作用的自由粒子，由于能量 E 和动量 p 都是恒量，由德布罗意关系式可知，其物质波的频率 $\nu=\dfrac{E}{h}$ 和波长 $\lambda=\dfrac{h}{p}$ 也都不随时间变化，因此自由粒子的物质波是一个单色平面波，可表示为

$$\Psi(x,t)=\psi_0\mathrm{e}^{-\mathrm{i}2\pi\left(\nu t-\frac{x}{\lambda}\right)}=\psi_0\mathrm{e}^{-\frac{\mathrm{i}}{\hbar}(Et-px)} \tag{15-32}$$

式中，ψ_0 是一个待定的常数，$\psi_0\mathrm{e}^{-\frac{\mathrm{i}}{\hbar}px}$ 相当于 x 处波函数的复振幅，而 $\mathrm{e}^{-\frac{\mathrm{i}}{\hbar}Et}$ 则反映波函数随时间的变化，$\hbar=h/2\pi$ 为约化普朗克常数。

物质波波函数是复数，其本身并不代表任何可观测的物理量。玻恩指出，实物粒子的物质波是一种概率波；t 时刻一个粒子在空间 $\boldsymbol{r}$ 处附近的体积元 $\mathrm{d}V$ 中出现的概率 $\mathrm{d}W$ 与该处波函数的绝对值的平方成正比，可以写成

$$\mathrm{d}W=|\Psi(\boldsymbol{r},t)|^2\mathrm{d}V=\Psi(\boldsymbol{r},t)\Psi^*(\boldsymbol{r},t)\mathrm{d}V$$

式中，$\Psi^*(\boldsymbol{r},t)$ 是波函数 $\Psi(\boldsymbol{r},t)$ 的共轭复数。$|\Psi(\boldsymbol{r},t)|^2$ 代表 t 时刻粒子在空间 $\boldsymbol{r}$ 处的单位体积内出现的概率，又称为**概率密度**。这就是波函数的物理意义。

由于在空间任一点粒子出现的概率应该唯一和有限，空间各点概率分布应该连续变化，因此波函数必须**单值**、**有限**、**连续**，不符合这三个条件的 $\Psi(\boldsymbol{r},t)$ 函数是没有物理意义的，它就不代表物理实在。在两种不同势场的交界处，波函数及其一阶导数也是连续的。又因为在一定时刻粒子必定要在空间的某一点出现，因此粒子在空间各点出现的概率总和等于 1，即

$$\iiint|\Psi(\boldsymbol{r},t)|^2\mathrm{d}x\,\mathrm{d}y\,\mathrm{d}z=1 \tag{15-33}$$

上式称为**波函数的归一化条件**，其积分区域遍及粒子可能到达的整个空间。

二、薛定谔方程

薛定谔建立了适用于低速的微观粒子在外力场中运动的微分方程，也就是物质波波函数所满足的方程，称为**薛定谔方程**。

质量为 m 的粒子在外力场中运动时，一般情况下，其势能 V 不仅是空间坐标的函数，还是时间的函数，即 $V=V(\boldsymbol{r},t)$，含时薛定谔方程为

$$\left[-\frac{\hbar^2}{2m}\left(\frac{\partial^2}{\partial x^2}+\frac{\partial^2}{\partial y^2}+\frac{\partial^2}{\partial z^2}\right)+V(\boldsymbol{r},t)\right]\Psi(\boldsymbol{r},t)=\mathrm{i}\hbar\frac{\partial\Psi(\boldsymbol{r},t)}{\partial t} \tag{15-34}$$

在有些情况下,微观粒子在稳定力场中运动,其势能函数 V 与时间无关,$V(\boldsymbol{r},t)=V(\boldsymbol{r})$,粒子能量 E(动能 $p^2/2m$ 与势能 V 之和)是一个不随时间变化的常量,这时粒子处于定态。粒子的定态波函数可以写成坐标函数与时间函数的乘积,即

$$\Psi(\boldsymbol{r},t)=\psi(\boldsymbol{r})\mathrm{e}^{-\frac{\mathrm{i}}{\hbar}Et} \tag{15-35}$$

不难看出,粒子处于定态时,它在空间各点出现的概率密度 $|\Psi(\boldsymbol{r},t)|^2=|\psi(\boldsymbol{r})|^2$ 与时间无关,即概率密度在空间形成稳定分布。将式(15-35)代入方程(15-34)得

$$\left(\frac{\partial^2}{\partial x^2}+\frac{\partial^2}{\partial y^2}+\frac{\partial^2}{\partial z^2}\right)\psi(\boldsymbol{r})+\frac{2m}{\hbar^2}(E-V)\psi(\boldsymbol{r})=0 \tag{15-36}$$

方程(15-36)不含时间 t,称为**定态薛定谔方程**,它的解 $\psi(\boldsymbol{r})$ 通常称为**定态波函数**。如果粒子在一维空间运动,$\psi=\psi(x)$,方程(15-36)简化为

$$\frac{\mathrm{d}^2\psi(x)}{\mathrm{d}x^2}+\frac{2m}{\hbar^2}(E-V)\psi(x)=0 \tag{15-37}$$

方程(15-37)称为**一维定态薛定谔方程**。

在关于微观粒子的各种定态问题中,把势能函数 $V(\boldsymbol{r})$ 的具体形式(如,氢原子中的电子,$V(r)=-\frac{1}{4\pi\varepsilon_0}\frac{e^2}{r}$;一维线性谐振子,$V(x)=\frac{1}{2}m\omega^2x^2$ 等)代入定态薛定谔方程进行求解,即可得到定态波函数,同时也就确定了概率密度的分布以及能量和角动量等。

三、一维无限深势阱中的粒子

设质量为 m 的粒子,只能在 $0<x<a$ 的区域内自由运动。在边界上受到突然升高的势能的阻拦,即

$$V(x)=\begin{cases}0, 0<x<a\\ \infty, x\leqslant 0 \text{ 或 } x\geqslant a\end{cases} \tag{15-38}$$

这种理想化的势能曲线称为**一维无限深势阱**,如图 15-15 所示。可以看出,势能中不显含时间 t,因此,只需解一维定态薛定谔方程(15-37)即可。

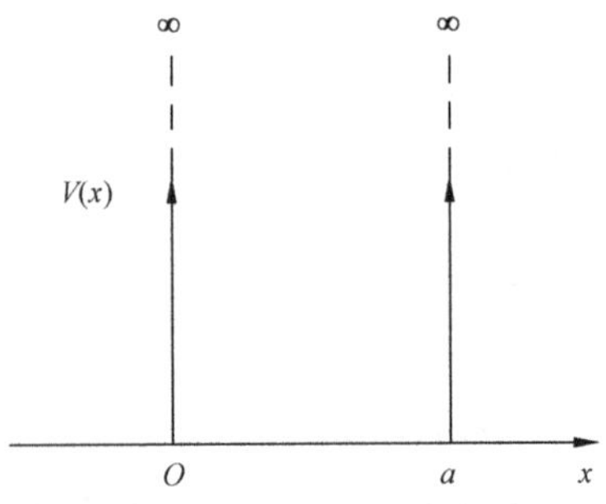

图 15-15 一维无限深势阱

粒子是被限制在势阱中运动的,所以粒子不可能穿透无限高的势阱壁。因此,在势阱外粒子出现的概率应为零,即 $x\leqslant 0$ 或 $x\geqslant a$ 时,$\psi(x)=0$。

当 $0<x<a$ 时，一维定态薛定谔方程为

$$\frac{d^2\psi(x)}{dx^2}+\frac{2mE}{\hbar^2}\psi(x)=0 \tag{15-39}$$

令 $k=\sqrt{2mE}/\hbar$，方程(15-39)的通解可表示为

$$\psi(x)=A\sin kx+B\cos kx \tag{15-40}$$

式中，常量 A、B、k 可由边值条件及函数的归一化条件来确定。根据波函数的连续性要求，式(15-40)所给出的势阱内粒子的波函数在势阱边界上要连续，须满足 $\psi(0)=0$，$\psi(a)=0$。由式(15-40)可得 $B=0$，所以

$$\psi(x)=A\sin kx \tag{15-41}$$

其中，

$$k=\frac{n\pi}{a},n=1,2,3,\cdots$$

将 $k=\sqrt{2mE}/\hbar$ 代入上式，可得

$$E=E_n=\left(\frac{\pi^2\hbar^2}{2ma^2}\right)n^2 \tag{15-42}$$

这说明，粒子的能量只能取式(15-42)所给出的离散值，即能量是量子化的。每一个能量值 E_n 对应一个能级，这些能量值称为**能量本征值**。n 实际上相当于玻尔理论中的量子数，但在这里 n 的得到非常自然，而在玻尔理论中量子化条件及量子数是人为加上的。因为 n 不能取零(动能不为零)，所以，$n=1$ 称为粒子的**基态能级**，对应着粒子所可能具有的最低能量 $E_1=\frac{\pi^2\hbar^2}{2ma^2}$。

当 $n=2,3,4,\cdots$ 时，可得 $E_n=n^2E_1$，一维势阱中粒子的能级分布如图 15-16 所示。与本征值 E_n 相应的波函数为

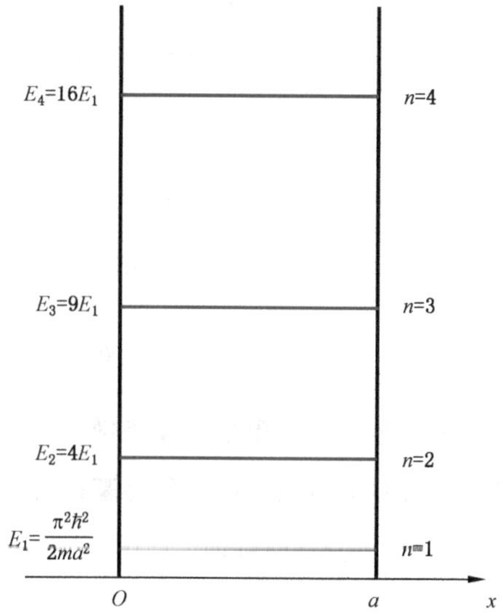

图 15-16 一维势阱中粒子的能级

$$\psi_n(x)=A\sin\frac{n\pi}{a}x,0<x<a \tag{15-43}$$

式中，A 可由归一化条件确定，即粒子在空间各处的概率总和等于 1，将式(15-43)代入式(15-33)，有

$$\int_{-\infty}^{\infty} |\psi_n(x)|^2 \mathrm{d}x = \int_0^a A^2 \sin^2\left(\frac{n\pi}{a}x\right) \mathrm{d}x = A^2 \ \frac{a}{2} = 1$$

所以，$A=\sqrt{2/a}$，归一化后的波函数可表示为

$$\psi_n(x) = \begin{cases} \sqrt{\dfrac{2}{a}} \sin\left(\dfrac{n\pi}{a}x\right), & 0 < x < a \\ 0, & x \leqslant 0 \text{ 或 } x \geqslant a \end{cases} \tag{15-44}$$

对于不同的 n，可得 $\psi_n(x)$和$|\psi_n(x)|^2$ 的曲线如图 15-17 所示。

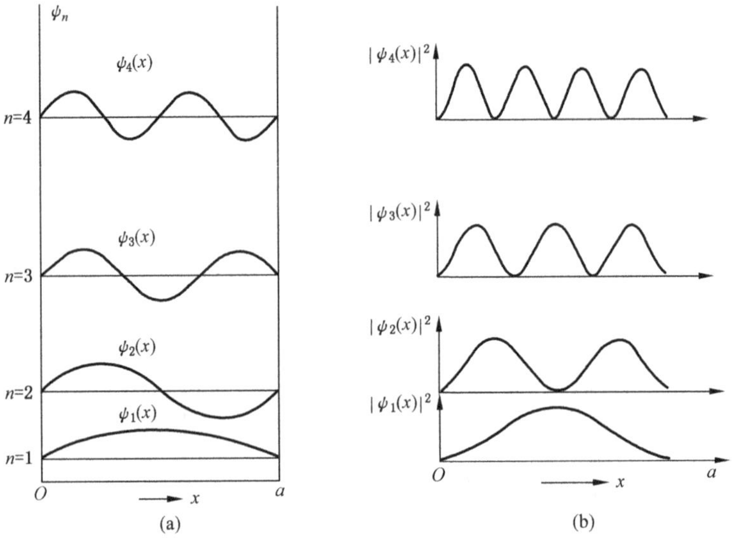

图 15-17　一维势阱中粒子的波函数和概率分布

将式(15-44)代入式(15-35)，得到波函数

$$\Psi_n(x,t) = \sqrt{\frac{2}{a}} \sin\left(\frac{n\pi}{a}x\right) \mathrm{e}^{-\frac{i}{\hbar}E_n t} \tag{15-45}$$

这些波函数叫作**能量本征波函数**。由每个本征波函数所描述的粒子状态称为粒子的**能量本征态**，其中，能量最低的态称为**基态**，能量较大的态称为**激发态**。

利用式(15-45)可证

$$\int_{-\infty}^{\infty} \Psi_m^* \Psi_n \mathrm{d}x = 0, m \neq n$$

上式说明，定态波函数的能量本征波函数 Ψ_n 和 Ψ_m 之间满足正交关系。考虑到波函数的归一化条件，一维无限深势阱中粒子定态波函数的正交归一性可表示为

$$\int_{-\infty}^{\infty} \Psi_m^* \Psi_n \mathrm{d}x = \delta_{mn} \tag{15-46}$$

式中，

$$\delta_{mn}=\begin{cases}1, & m=n\\0, & m\neq n\end{cases}$$

这种描写束缚态粒子的定态波函数的正交归一关系是普遍成立的,在许多问题中都会应用到。

一维无限深势阱中的粒子运动问题可以用来近似分析束缚在金属内的自由电子的运动。近似条件是在金属内部($0<x<a$),不考虑电子间的相互碰撞,也不考虑正离子晶格点阵产生的电场力对电子的作用,即电子不受力作用;在金属表面($x=0, a$)处势能突然升高,使得电子不能越出金属表面;把三维空间的运动当作一维处理。

应当指出,薛定谔方程是量子力学的基本方程,它是由薛定谔"猜"加"凑"得出来的,不能由已有的基本原理推导得出。但将这个方程应用于分子、原子等微观体系所得到的大量结果都和实验符合,这就说明了它的正确性。

本章提要

1. 黑体辐射的实验规律

斯特藩-玻尔兹曼定律:$M(T)=\sigma T^4$

维恩位移定律:$\lambda_{\mathrm{m}} T=b$

2. 普朗克量子假设

普朗克能量子:$\varepsilon=h\nu$

普朗克公式:$M_\nu(T)=2\pi h\nu^3 c^{-2}\dfrac{1}{\mathrm{e}^{h\nu/kT}-1}$

3. 爱因斯坦光子假说

光子能量:$E=h\nu$

光子动量:$p=h/\lambda$

光电效应方程:$\dfrac{1}{2}mv_{\mathrm{m}}^2=h\nu-A$

红限频率:$\nu_0=A/h$

4. 康普顿散射

康普顿波长改变量:$\Delta\lambda=\dfrac{2h}{m_0 c}\sin^2\dfrac{\theta}{2}$

5. 玻尔的氢原子理论

(1) 里德伯公式：$\tilde{\nu}=\frac{1}{\lambda}=R_{\mathrm{H}}\left(\frac{1}{n_f^2}-\frac{1}{n_i^2}\right)$

(2) 玻尔理论的基本假设

① 电子在原子中,可以在一些特定的圆轨道上运动而不辐射电磁波,这时,原子处于稳定状态(定态),并具有一定的能量。

② 电子以速度 v 在半径为 r 的圆周上绕核运动时,只有电子的角动量 L 等于 $h/2\pi$ 的整数倍的那些轨道才是稳定的,即

$$L=mvr=n\frac{h}{2\pi}$$

③ 当原子从高能量的定态跃迁到低能量的定态时,要发射频率为 ν 的光子,且

$$h\nu=E_2-E_1$$

6. 德布罗意物质波

德布罗意波的频率：$\nu=E/h$

德布罗意波的波长：$\lambda=h/p$

7. 海森伯不确定关系

$$\Delta x\Delta p_x\geqslant h,\Delta y\Delta p_y\geqslant h,\Delta z\Delta p_z\geqslant h,\Delta E\Delta t\geqslant h$$

8. 薛定谔方程

$$\left[-\frac{\hbar^2}{2m}\left(\frac{\partial^2}{\partial x^2}+\frac{\partial^2}{\partial y^2}+\frac{\partial^2}{\partial z^2}\right)+V(\boldsymbol{r},t)\right]\Psi(\boldsymbol{r},t)=\mathrm{i}\hbar\frac{\partial\Psi(\boldsymbol{r},t)}{\partial t}$$

9. 一维定态薛定谔方程

$$\frac{\mathrm{d}^2\psi(x)}{\mathrm{d}x^2}+\frac{2m}{\hbar^2}(E-V)\psi(x)=0$$

思 考 题

15-1 人体也向外发出热辐射,为什么在黑暗中还是看不见人呢？试用维恩位移定律估算人体的电磁辐射中,单色辐出度最大的波长是多少？

15-2 有两个同样的物体,一个是黑色的,一个是白色的,且温度也相同,把它们放在高温的环境中,哪一个物体温度升高较快？如果把它们放在低温环境中,哪一个物体温度降得较快？

15-3　用一束红光照射某金属，不能产生光电效应，如果用透镜把光聚焦到金属上，并经历相当长时间，能否产生光电效应？

15-4　如果用紫外光照射一金属板，金属板会发射电子，但经过一段时间后，将停止发射，为什么？

15-5　为什么对光电效应只考虑光子的能量转化，而对康普顿散射效应还要考虑光子的动量转化？

15-6　康普顿效应中，在什么条件下才可以把散射物质中的电子近似看成静止的自由电子？

15-7　氢原子能量为负值的状态意义是什么？

15-8　实物粒子的德布罗意波与电磁波、机械波有何不同，试说明之。

15-9　根据不确定关系，一个分子在温度为 0 K 时，它能完全静止吗？

15-10　波函数归一化是什么意思？

习　题

15-1　选择题

(1) 关于光电效应和康普顿效应中电子与光子的相互作用过程，下列说法正确的是(　　)。

(A) 两种效应中电子和光子的相互作用都服从动量守恒定律和能量守恒定律

(B) 两种效应中都是电子吸收光子能量

(C) 两种效应中电子和光子的相互作用都是弹性碰撞过程

(D) 光电效应中电子吸收光子能量，康普顿效应中光子与电子发生弹性碰撞

(2) 一个光子和一个电子具有相同的波长，则(　　)。

(A) 光子的动量大于电子的动量

(B) 光子的动量小于电子的动量

(C) 光子的动量等于电子的动量

(D) 以上说法都不对

15-2　北极星的光谱辐出度的极大值在波长为 350 nm 处，求：

(1) 北极星表面的温度；

(2) 北极星表面的辐出度。

15-3　锂的红限波长为 500 nm，以波长为 330 nm 的紫外光照射锂表面，求锂放出的光电子的初速度。

15-4　试求波长为下列数值的光子的能量、动量及质量。

(1) 波长为 1 500 nm 的红外线;

(2) 波长为 500 nm 的可见光;

(3) 波长为 20 nm 的紫外线;

(4) 波长为 0.15 nm 的 X 射线;

(5) 波长为 1.0×10^{-3} nm 的 γ 射线。

15-5　一光子与一静止的自由电子相碰撞,电子可能获得的最大能量为 6.0×10^{4} eV,求入射光子的波长和能量。

15-6　如用能量为 12.6 eV 的电子轰击氢原子,将产生哪些谱线?

15-7　具有能量 15 eV 的光子,被氢原子中处于第一玻尔轨道的电子所吸收,形成一个光电子。求:

(1) 此光电子远离质子时的速度为多大?

(2) 它的德布罗意波长是多少?

15-8　若一个电子的动能等于它的静能,求该电子的动量、速度及其德布罗意波的波长。

15-9　一个电子位置的不确定量为 5.0×10^{-2} nm 时,其速率的不确定量为多少?

15-10　试证:如果粒子位置的不确定量等于其德布罗意波长,则此粒子速度的不确定量大于或等于其速度。

15-11　已知一维运动粒子的波函数为

$$\Psi(x)=\begin{cases}Ax\mathrm{e}^{-\lambda x}, & x\geqslant 0\\ 0, & x<0\end{cases}$$

式中,$\lambda>0$,试求:

(1) 归一化常数 A 和归一化波函数;

(2) 该粒子位置坐标的概率分布函数(又称概率密度);

(3) 在何处找到粒子的概率最大。

习 题 答 案

第九章　静电场习题答案

9-1　选择题

(1) C;(2) D;(3) C;(4) D ;(5) A;(6) C

9-2　$-\dfrac{2\sqrt{2}+1}{4}Q$

9-3　$\dfrac{A}{4\pi\varepsilon_0}\left(\ln\dfrac{b}{b+2l}+\dfrac{2l}{b}\right)$,沿 x 轴正向

9-4　$\dfrac{Q}{2\pi^2\varepsilon_0 R^2}$,沿环的对称轴

9-5　$\dfrac{\lambda_0}{8\varepsilon_0 R}$,$y$ 轴正向

9-6　(1)$\dfrac{\sigma}{2\pi\varepsilon_0}\ln\dfrac{a+b}{a}$;(2)$\dfrac{\sigma}{\pi\varepsilon_0}\arctan\dfrac{b}{2h}$

9-7　$\dfrac{\lambda}{\pi^2\varepsilon_0 R}$

9-8　$\dfrac{\sigma x}{2\varepsilon_0(R^2+x^2)^{1/2}}$,垂直于平面向外

9-9　0,$\dfrac{q}{24\varepsilon_0}$

9-10　$\dfrac{kr^2}{4\varepsilon_0}\boldsymbol{e}_r(0\leqslant r\leqslant R)$;$\dfrac{kR^4}{4\varepsilon_0 r^2}\boldsymbol{e}_r(r>R)$

9-11　$r<R_1:E=0$;$R_1<r<R_2:E=\dfrac{\lambda_1}{2\pi\varepsilon_0 r}$;$r>R_2:E=\dfrac{\lambda_1+\lambda_2}{2\pi\varepsilon_0 r}$

9-12　$\dfrac{\lambda r}{2\pi\varepsilon_0 R^2}(r<R)$;$\dfrac{\lambda}{2\pi\varepsilon_0 r}(r>R)$

9-13　$E=\dfrac{\rho d}{2\varepsilon_0}\left(x\geqslant\dfrac{d}{2}\text{或 }x\leqslant-\dfrac{d}{2}\right)$;$E=\dfrac{\rho x}{\varepsilon_0}\left(-\dfrac{d}{2}\leqslant x\leqslant\dfrac{d}{2}\right)$

9-14　$\dfrac{q}{8\pi\varepsilon_0 a}$

9-15　$\dfrac{\lambda}{4\pi\varepsilon_0}\left(l-a\ln\dfrac{l+a}{a}\right)$

9-16　(1) $\dfrac{\lambda}{2\pi\varepsilon_0 R}$;(2) $\dfrac{\lambda}{4\pi\varepsilon_0}(\pi+2\ln 2)$

9-17　2.14×10^{-9}

9-18　(1)(从左至右)$\frac{1}{2}Q,-\frac{1}{2}Q,\frac{1}{2}Q,\frac{1}{2}Q,-\frac{1}{2}Q,\frac{1}{2}Q;-\dfrac{Q}{2\varepsilon_0 S}d_1,\dfrac{Q}{2\varepsilon_0 S}d_2$;

(2)(从左至右)$0,-\dfrac{d_2}{d_1+d_2}Q,\dfrac{d_2}{d_1+d_2}Q,\dfrac{d_1}{d_1+d_2}Q,-\dfrac{d_1}{d_1+d_2}Q,0$;

$-\dfrac{Q}{\varepsilon_0 S}\dfrac{d_1d_2}{d_1+d_2},\dfrac{Q}{\varepsilon_0 S}\dfrac{d_1d_2}{d_1+d_2}$

9-19　(1) $\dfrac{q}{4\pi\varepsilon_0 r^2},\dfrac{q}{4\pi\varepsilon_0 r}$;(2) $-\dfrac{R}{r}q$

9-20　(1) $\dfrac{1}{4\pi\varepsilon_0}\left(\dfrac{q}{R_1}+\dfrac{Q+q}{R_2}\right)$;(2)$\dfrac{1}{4\pi\varepsilon_0}\dfrac{q}{R_1}$

9-21　$\dfrac{Q}{4\pi\varepsilon_0 R}+\dfrac{q}{4\pi\varepsilon_0 d}$

9-22

$r<R_0$:　$D=0$　$E=0$　$U=\dfrac{Q}{4\pi\varepsilon_0}\left[\dfrac{1}{R_0}-\dfrac{1}{R_1}+\dfrac{1}{R_2}+\dfrac{1}{\varepsilon_r}\left(\dfrac{1}{R_1}-\dfrac{1}{R_2}\right)\right]$

$R_0<r<R_1$:　$D=\dfrac{Q}{4\pi r^2}$　$E=\dfrac{Q}{4\pi\varepsilon_0 r^2}$　$U=\dfrac{Q}{4\pi\varepsilon_0}\left[\dfrac{1}{r}-\dfrac{1}{R_1}+\dfrac{1}{R_2}+\dfrac{1}{\varepsilon_r}\left(\dfrac{1}{R_1}-\dfrac{1}{R_2}\right)\right]$

$R_1<r<R_2$:　$D=\dfrac{Q}{4\pi r^2}$　$E=\dfrac{Q}{4\pi\varepsilon_0\varepsilon_r r^2}$　$U=\dfrac{Q}{4\pi\varepsilon_0}\left[\dfrac{1}{R_2}+\dfrac{1}{\varepsilon_r}\left(\dfrac{1}{r}-\dfrac{1}{R_2}\right)\right]$

$r>R_2$:　$D=\dfrac{Q}{4\pi r^2}$　$E=\dfrac{Q}{4\pi\varepsilon_0 r^2}$　$U=\dfrac{Q}{4\pi\varepsilon_0 r}$

9-23　$5.3\times10^{-9}\ \mathrm{F\cdot m^2}$

9-24　$\dfrac{(\varepsilon_{r1}+\varepsilon_{r2})\varepsilon_0 S}{2d},\dfrac{2\varepsilon_{r1}\varepsilon_{r2}\varepsilon_0 S}{(\varepsilon_{r1}+\varepsilon_{r2})d}$

9-25　(1)$\dfrac{\lambda^2}{8\pi^2\varepsilon r^2}$;(2)$\dfrac{l\lambda^2}{4\pi\varepsilon}\ln\dfrac{R_2}{R_1}$;(3)$\dfrac{2\pi\varepsilon l}{\ln\dfrac{R_2}{R_1}}$

第十章　稳恒磁场习题答案

10-1　选择题

(1) A;(2) D;(3) C;(4) B;(5) C

10-2　0；$\frac{2\mu_0 i}{\pi a}$，水平向左

10-3　$\frac{\mu_0 i}{12R}$

10-4　$\frac{\sqrt{2}\mu_0 I}{4\pi b}+\frac{3\mu_0 I}{8a}$

10-5　$\frac{\mu_0 I}{2\pi a}\ln\frac{a+b}{b}$

10-6　$\frac{\mu_0 I}{\pi^2 R}$

10-7　(1)$\frac{\mu_0 Id}{2\pi(R^2-R'^2)}$；(2)略

10-8　$\frac{\mu_0 q\omega}{4\pi R}$

10-9　略

10-10　$\frac{Uned}{I}$

10-11　N 型；$2.86\times10^{20}\ \mathrm{m}^{-3}$

10-12　$\frac{\mu_0 I_1 I_2 l}{2\pi d}-\frac{\mu_0 I_1 I_2 l}{2\pi(d+b)}$

10-13　(1)$\frac{\mu_0 I_1 I_2}{2}$，方向沿 x 轴正向；(2)$\mu_0 I_1 I_2$，方向沿 x 轴正向；(3)0

10-14　$\frac{\mu_0 I_1 I_2}{2\pi}\ln\frac{d+l}{d}$，$\frac{\mu_0 I_1 I_2 l}{2\pi}-\frac{\mu_0 I_1 I_2 d}{2\pi}\ln\frac{d+l}{d}$

10-15　略

10-16　4.78×10^3

第十一章　电磁感应习题答案

11-1　选择题

(1)A；(2)D；(3)B；(4)C；(5)C；(6)C

11-2　5.18×10^{-8} V，沿逆时针绕行方向

11-3　$\frac{\mu_0 IlV}{2\pi a}-\frac{\mu_0 IlV}{2\pi b}$；顺时针

11-4　(1)$v\frac{\mu_0 Il}{2\pi}\left(\frac{1}{R+vt}-\frac{vt}{R^2}\right)$；(2)$\frac{(\sqrt{5}-1)R}{2v}$

11-5　0.10 T;199

11-6　$\frac{\mu_0 I}{2\pi}v\ln\frac{a+b}{a}$,电动势方向由 N 到 M

11-7　$\frac{\mu_0 I}{\pi}v\ln\frac{a+b}{a-b}$,电动势方向向左

11-8　(1) 6.28×10^{-6} H;(2) 3.14×10^{-4} V,线圈 A 中电动势方向和线圈 B 中电流同向

11-9　(1) 1.256×10^{-3} V,6.28×10^{4} A;(2) 1.256×10^{-3} C

11-10　略

11-11　$\frac{\mu_0 I\omega}{2\pi\cos^2\theta}\left(L\cos\theta-H\ln\frac{L\cos\theta+H}{H}\right)$,由 B 到 A

11-12　$v(t)=\frac{MgR}{B^2a^2}\left(1-e^{-\frac{B^2a^2}{MR}t}\right)$

11-13　$\frac{N^2(\mu_1 S_1+\mu_2 S_2)}{l}$

11-14　(1) 1.22 μH;(2) 5.54×10^{-5} J

11-15　$\mu_0\frac{N_1N_2}{L}\pi {r_1}^2$

11-16　$w_m=\begin{cases}\frac{\mu_0 I^2 r^2}{8\pi^2 {r_1}^4}, & r<r_1\\ \frac{\mu_0 I^2}{8\pi^2 r^2}, & r_1<r<r_2\\ \frac{\mu_0 I^2}{8\pi^2 r^2}\left(\frac{r_3^2-r^2}{r_3^2-r_2^2}\right)^2, & r_2<r<r_3\\ 0, & r>r_3\end{cases}$,$W_m=\frac{\mu_0 I^2}{4\pi}\left(\ln\frac{r_2}{r_1}+\frac{r_3^2}{r_3^2-r_2^2}\ln\frac{r_3}{r_2}\right)$

11-17　(1) $720\times10^5\pi\varepsilon_0\cos\ 10^5\pi t$;(2) $t=0$ 时,$H=3.6\times10^5\pi\varepsilon_0$,$t=0.5\times10^{-5}$ 时 $H=0$

11-18　$\frac{qa^2v}{2(x^2+a^2)^{3/2}}$

第十二章　气体动理论习题答案

12-1　选择题

(1) D;(2) A;(3) A; (4) B; (5) D

12-2 $f(v)=\begin{cases} av/Nv_0, & 0\leqslant v\leqslant v_0 \\ a/N, & v_0<v<2v_0 \\ 0, & v>2v_0 \end{cases}$,$f(v)$满足归一化条件,但这里纵坐标是 $Nf(v)$

而不是 $f(v)$ 故曲线下的总面积为 N;$a=\frac{2N}{3v_0}$;$\Delta N=\frac{1}{3}N$;$\bar{v}=\frac{9}{7}v_0$;$\bar{v}=\frac{11}{9}v_0$

12-3 $n=2.415\times10^{25}\ \mathrm{m^{-3}}$;$m=5.32\times10^{-26}\ \mathrm{kg}$;$\rho=1.3\ \mathrm{kg\cdot m^{-3}}$;$\bar{v}=446.58\ \mathrm{m\cdot s^{-1}}$

$\sqrt{\overline{v^2}}\approx482.87\ \mathrm{m\cdot s^{-1}}$;$\bar{\varepsilon}=6.21\times10^{-21}\ \mathrm{J}$

12-4 $n=3.33\times10^{17}\ \mathrm{m^{-3}}$;$\bar{\lambda}=7.5\ \mathrm{m}$

12-5 $\overline{Z}=5.44\times10^{8}\ \mathrm{s^{-1}}$;$\overline{Z}=0.714\ \mathrm{s^{-1}}$

12-6 40 s

12-7 7.4×10^{3} Pa; 371 K

12-8 0;$\frac{kT}{m}$;0;0;$(1+b^2)\frac{kT}{m}$

12-9 $2.7\times10^{-5}\ \mathrm{m\cdot s^{-1}}$

12-10 2.9×10^{-10} m;$7.5\times10^{10}\ \mathrm{s^{-1}}$

第十三章 热力学基础习题答案

13-1 选择题

(1) D;(2) C;(3) D;(4) A;(5) C

13-2 $RT\ln\frac{V_{\mathrm{f,m}}-b}{V_{\mathrm{i,m}}-b}$;$RT\ln\frac{V_{\mathrm{f,m}}}{V_{\mathrm{i,m}}}+\frac{BRT}{V_{\mathrm{f,m}}}-\frac{BRT}{V_{\mathrm{i,m}}}$

13-3 略

13-4 γRT_0;$\frac{3}{2}T_0$;$\frac{21}{4}T_0$

13-5 吸热 266(J);放热-308(J)

13-6 等体过程:$Q=\Delta E=623.25$(J),$A=0$;

等压过程:$Q=1\ 038.75$(J),$\Delta E=623.25$(J),$A=415.5$(J)

13-7 $\Delta T=\frac{1}{2R}M_{\mathrm{mol}}v^2(\gamma-1)$

13-8 略

13-9 $\eta=1-\frac{T_3}{T_2}$;不是卡诺循环,因为不是工作在两个恒定热源之间

13-10 $V_c=V_2, p_c=\frac{\mu R}{V_2}T_1\left(\frac{V_1}{V_2}\right)^{\gamma-1}, T_c=\left(\frac{V_1}{V_2}\right)^{\gamma-1}T_1$;

$AB: Q=\mu RT_1\ln\frac{V_2}{V_1}>0$,吸热;$BC: Q=\mu\frac{R}{\gamma-1}T_1\left[\left(\frac{V_1}{V_2}\right)^{\gamma-1}-1\right]<0$,放热;

$$\eta=1-\frac{\left[1-\left(\frac{V_1}{V_2}\right)^{\gamma-1}\right]}{(\gamma-1)\ln\frac{V_1}{V_2}}$$

第十四章 狭义相对论习题答案

14-1 (1) D;(2) D

14-2 $\Delta x=2.75$ m,$\Delta t=3.75\times10^{-8}$ s,$\Delta x'=5$ m,$\Delta t'=4\times10^{-8}$ s

14-3 $0.994c$

14-4 $0.85c$

14-5 10 年,6 年

14-6 略

14-7 $0.866a^3$

14-8 $0.816c$,0.707 m

14-9 0.07 g

14-10 4.54×10^{-12} J

14-11 (1)5.86×10^3;(2)$0.999\ 999\ 985c$

14-12 0.512×10^6 eV,4.489×10^6 eV,2.66×10^{-21} kg·m·s^{-1},$0.995c$

14-13 $2m_0$,$\sqrt{3}m_0c$

第十五章 量子物理基础习题答案

15-1 (1) D;(2) C

15-2 (1)8 280 K;(2)2.7×10^8 W·m^{-2}

15-3 6.71×10^5 m·s^{-1}

15-4 (1) 1.33×10^{-19} J,4.42×10^{-28} kg·m·s^{-1},1.47×10^{-36} kg;

(2) 3.99×10^{-19} J,1.33×10^{-27} kg·m·s^{-1},4.41×10^{-36} kg;

(3) 9.97×10^{-18} J,3.31×10^{-26} kg·m·s^{-1},1.10×10^{-34} kg;

(4) 1.33×10^{-15} J,4.42×10^{-24} kg·m·s^{-1},1.47×10^{-32} kg;

(5) 1.99×10^{-13} J, 6.63×10^{-22} kg·m·s^{-1}, 2.21×10^{-30} kg

15-5　7.9×10^{-3} nm, 158 keV

15-6　102.6 nm, 657.9 nm, 121.6nm

15-7　(1) 7.0×10^{5} m·s^{-1}; (2) 1.04 nm

15-8　4.73×10^{-22} kg·m·s^{-1}, $0.866c$, 0.001 4 nm

15-9　1.46×10^{7} m·s^{-1}

15-10　略

15-11　(1) $A=2\lambda^{3/2}$, $\Psi(x)=\begin{cases}2\lambda^{3/2}x\,\mathrm{e}^{-\lambda x}, x\geqslant 0\\ 0, x<0\end{cases}$;

(2) $|\Psi(x)|^2=\begin{cases}4\lambda^{3}x^{2}\mathrm{e}^{-2\lambda x}, x\geqslant 0\\ 0, x<0\end{cases}$;

(3) $x=1/\lambda$

常用基本物理量表

物理量	符号	数值
真空中光束	c	$2.997\ 924\ 58\times10^{8}\ \mathrm{m\cdot s^{-1}}$
真空磁导率	μ_0	$4\pi\times10^{-7}=12.566\ 370\ 614\times10^{-7}\ \mathrm{N\cdot A^{-2}}$
真空电容率	ε_0	$8.854\ 187\ 817\times10^{-12}\ \mathrm{F\cdot m^{-1}}$
万有引力常数	G	$6.674\ 08(31)\times10^{-11}\ \mathrm{m^3\cdot kg^{-1}\cdot s^{-2}}$
普朗克常数	h	$6.626\ 070\ 040(81)\times10^{-34}\ \mathrm{J\cdot s}$
阿伏加德罗常数	N_A	$6.022\ 140\ 857\times10^{23}\ \mathrm{mol^{-1}}$
摩尔气体常数	R	$8.314\ 459\ 8\ \mathrm{J\cdot mol^{-1}\cdot K^{-1}}$
玻尔兹曼常数	k	$1.380\ 648\ 52\times10^{-23}\ \mathrm{J\cdot K^{-1}}$
斯特藩-波尔兹曼常数	σ	$5.670\ 367\times10^{-8}\ \mathrm{W\cdot m^{-2}\cdot K^{-4}}$
基本电荷	e	$1.602\ 176\ 620\ 8\times10^{-19}\ \mathrm{C}$
电子静质量	m_e	$9.109\ 383\ 56\times10^{-31}\ \mathrm{kg}$
质子静质量	m_p	$1.672\ 621\ 898\times10^{-27}\ \mathrm{kg}$
中子静质量	m_n	$1.674\ 927\ 471\times10^{-27}\ \mathrm{kg}$
电子磁矩	μ_e	$-9.284\ 764\ 620\times10^{-24}\ \mathrm{J\cdot T^{-1}}$
质子磁矩	μ_p	$1.410\ 606\ 787\ 310^{-26}\ \mathrm{J\cdot T^{-1}}$
中子磁矩	μ_n	$-0.966\ 236\ 50\times10^{-26}\ \mathrm{J\cdot T^{-1}}$
玻尔磁子	μ_B	$9.274\ 009\ 994\times10^{-24}\ \mathrm{J\cdot T^{-1}}$
里德伯常量	R_∞	$10\ 973\ 731.568\ 508\ \mathrm{m^{-1}}$